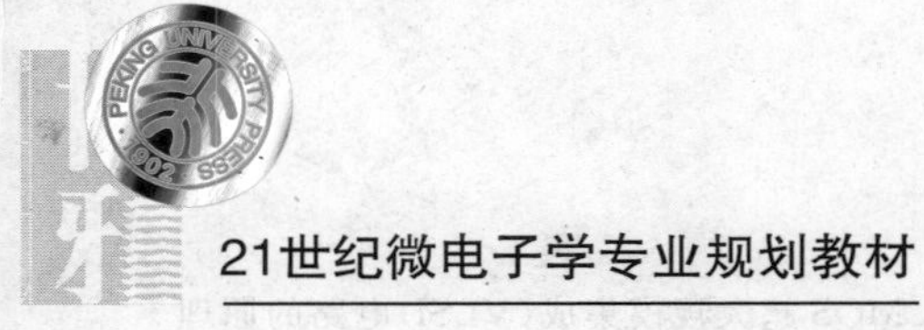

21世纪微电子学专业规划教材

超大规模集成电路分析与设计

Analysis and Design of VLSI Circuits

王源 贾嵩 崔小欣 王润声 甘学温 编著

北京大学出版社
PEKING UNIVERSITY PRESS

内容提要

本书是在学生对 CMOS 逻辑电路有一定了解的基础上，讨论 CMOS 超大规模集成(VLSI)电路的原理与设计的。本书第一章介绍 CMOS VLSI 电路发展的基本理论——scaling down 理论，分析器件特征尺寸减小对 CMOS VLSI 电路的影响。该书第二、三、四章是 CMOS VLSI 电路分析的重点，主要分析构成数字系统的存储器、运算器和控制器的结构、电路工作原理和设计考虑。第五章讨论 CMOS VLSI 电路和版图的设计方法，重点讲解全定制和半定制设计方法。第六章对 SOI CMOS 和 BiCMOS 技术做一个简单介绍，并讨论了 CMOS 技术的发展趋势。

本书内容是基于作者给"微电子学与固体电子学"专业研究生讲授"VLSI 电路分析与设计"课程中多年的教学积累加工整理而成的，本书的特点是深入到电路层级和器件层级的分析。书中引用了大量的文献资料，反映了 CMOS VLSI 电路发展中的重要研究成果。本书内容先进、讲解透彻、便于自学。本书可以作为电子科学与技术学科，特别是微电子学科的研究生和高年级本科生的教材。对于从事 CMOS VLSI 电路设计、制作和应用的研究人员和工程技术人员也有重要的参考价值。

图书在版编目(CIP)数据

超大规模集成电路分析与设计/王源等编著. —北京：北京大学出版社，2014.7
(21 世纪微电子学专业规划教材)
ISBN 978-7-301-24430-2

Ⅰ. 超… Ⅱ. ①王… Ⅲ. ①超大规模集成电路—电路分析—高等学校—教材②超大规模集成电路—电路设计—高等学校—教材 Ⅳ. ①TN47

中国版本图书馆 CIP 数据核字 (2014) 第 137709 号

书　　　名：超大规模集成电路分析与设计
著作责任者：王　源　贾　嵩　崔小欣　王润声　甘学温　编著
责 任 编 辑：沈承凤
标 准 书 号：ISBN 978-7-301-24430-2/TP・1338
出 版 发 行：北京大学出版社
地　　　址：北京市海淀区成府路 205 号　100871
网　　　址：http://www.pup.cn　新浪官方微博：@北京大学出版社
电 子 信 箱：zpup@pup.cn
电　　　话：邮购部 62752015　发行部 62750672　编辑部 62752038　出版部 62754962
印　刷　者：北京大学印刷厂
经　销　者：新华书店
787 毫米×980 毫米　16 开本　29 印张　721 千字
2014 年 7 月第 1 版　2014 年 7 月第 1 次印刷
定　　　价：58.00 元

前　言

在20世纪50年代集成电路面世初期，没有人能想象这样一片小小的晶片能对世界产生如此大的影响，没人能预料到如今它已在我们的生活中无处不在。集成电路衍生出了整个信息产业，四五十年代动辄上吨重的计算机已被现在的人人都有的智能手机、PAD等智能终端所取代。集成电路产业是电子信息产业的核心和基石，是掌握现代经济与产业信息化竞争主动权的关键所在，是影响国家经济、政治、国防综合竞争力的战略性产业，已成为信息时代国家综合实力和国际竞争力的重要标志，成为国家安全和国防建设的根本命脉。

在过去的50年里，硅基集成电路技术一直沿着摩尔定律高速发展。集成度的增长速度直接反映了集成电路的发展。1971年Intel推出的第一款微处理器4004采用10μm工艺，集成度仅为2 300个元件，时钟频率为0.108MHz。而2011年10月份Intel宣布的基于新型3-D三栅器件结构的四核酷睿i7 Ivy Bridge处理器，采用22nm工艺，集成度为14.8亿个晶体管，最高时钟频率为3.5GHz。这也标志着集成电路技术开始进入22nm时代。根据国际半导体技术发展蓝图(ITRS)组织预测，目前这种发展速度至少可以持续到2026年，其器件的特征尺寸将缩小至7nm。虽然硅基集成电路技术在未来相当长的时间内仍将是主流，但是器件及电路会不可避免地逼近其极限。这一缩比极限不仅是物理(或技术)上的，同时也是经济学上的，并且经济学瓶颈可能会比物理极限更早显现。所以，为了维持集成电路产业的高速发展，集成电路技术已经逐渐进入“后摩尔”时代。“后摩尔”时代的集成电路在技术路线上面临延续摩尔定律(“More Moore”)和超越摩尔定律(“More Than Moore”)的两种选择。“More Moore”的技术路线，是基于硅基集成电路继续沿着小型化、提高集成度的路线发展的。但是，随着器件特征尺寸不断缩小，使单个晶体管出现若干二级物理效应带来的技术问题，传统CMOS技术难以逾越这些技术壁垒，必须开发新型器件结构、新材料、新工艺技术改善器件和电路的性能，同时继续推进系统级芯片(SoC)技术。“More Than Moore”的技术路线，是以在现有摩尔定律技术的基础上，通过集成射频无源器件、高压功率器件、传感器与MEMS器件、生物芯片等功能单元，实现更多、更复杂的人机交互与信息获取等功能，从而满足消费电子、无线通信、交通与汽车电子、航空航天、生物医学、工业控制、能源等领域不断增长的需求。超越摩尔定律的实现手段是异质集成，如系统级封装(SiP)。还可以引入三维集成技术，比如硅通孔(TSV)和近场无线互连等技术。

我国集成电路产业在经历了艰难的探索前进阶段之后，从1990年进入了快速发展时期。近几年，我国半导体工业和集成电路制造产业发展非常迅速，已经成为世界上重要的集成电路制造国家之一。2012年我国集成电路市场需求约8 500亿人民币，已经超过世界集成电路市场份额的50%。相对于巨大的集成电路市场需求，我国集成电路产业规模远远不能满足电子信息产业发展的需要，供需差距使集成电路连续多年列为我国单项产品进口额之首。要使我国从集成电路消费大国发展为集成电路产业强国，必须培养大批的集成电路设计人才。我国在集成电路设计方面自主创新的产品还很少，需要培养学生深入掌握集成电路器件和电路的工作原理。只有深入理解，才能举一反三，改革创新。正是在这种情况下，北京大学于1990年开设了"VLSI电路分析与设计"作为"微电子学与固体电子学"专业研究生的必修课程，先后由甘学温教授和王源副教授主讲。经过多年的教学工作的积累，我们编写了这本教材。本书的几位作者有着丰富的教学经验和从事集成电路设计与制作的科研实践。在编写过程中作者结合实际经验，并参考国外先进的教材和文献资料，力求使教材内容具有先进性，同时强调教材要有普及性和实用性。本书注重器件和电路分析，通过大量的具体电路结构讲解电路工作原理、电路设计考虑以及器件结构和电路结构的改进。

冯·诺依曼1945年提出计算机硬件体系由运算器、控制器、存储器和输入输出设备四部分组成，本书正是按照这样的架构来组成的。全书共分6章。

第一章主要讨论了集成电路发展的指导理论——按比例缩小理论，分析了CMOS集成电路在器件尺寸不断缩小特别是进入纳米尺度时面临的问题和挑战，讨论了改善器件和电路性能的新工艺、新的器件结构等新技术。

第二章讨论了存储器的结构，详细分析了DRAM、SRAM、Flash等主流存储器的单元电路原理和改进，同时对CTM、RRAM等新型存储器进行了介绍。

第三章分析了运算器的主要功能模块——算术逻辑单元、移位器和乘法器的结构和电路设计。

第四章讨论了控制器的实现，着重讨论了微控制器的原理和具体电路结构。

第五章讨论了超大规模集成电路的设计方法，给出了全定制设计、半定制设计和SoC设计方法流程。

第六章讨论了后摩尔时代集成电路面临的挑战以及应对这些挑战发展的BiCMOS、SOI以及新型纳米CMOS技术。

本书第一章由甘学温执笔。第二章和第五章由王源执笔。第三章由贾嵩执笔。第四章由崔小欣执笔。第六章由甘学温和王润声共同完成。最后由王源和甘学温对全书进行了审核。在本书编写过程中得到了北京大学微纳电子学系同事们的关心和支持，也得到很多学生的帮助。吉利久教授、张兴教授、刘晓彦教授审阅了书稿；刘黎、刘宇超等同学帮助绘制了大量的插图，唐昱、杨帆等同学帮助搜集一些资料。作者在此向所有关心和帮助我们的领导、同事和学生表示衷心的感谢。还要感谢北京大学给予的研究生课程建设立项资助和北京大学出版社给予的教材建设立项资助，感谢北京大学出版社为本书的出版所做的大量工作。

由于作者水平有限，书中难免有错误和疏漏之处，诚恳欢迎读者提出批评指正。

作　者

2013年12月于北京大学

目　录

第一章　MOS 器件按比例缩小及其影响

不断缩小器件尺寸、提高集成密度，一直是 CMOS 集成电路发展的动力和趋势。早在 1965 年，G. E. Moore 就分析了集成电路的发展，提出了对集成电路发展的科学预测[1]。1975 年摩尔再次分析并预测了集成电路的发展[2]。集成电路芯片内的晶体管数目（即芯片的集成度）大约每 18 个月翻一番，这就是著名的摩尔定律，几十年来，集成电路一直遵循摩尔定律向前发展。图 1-1 比较了摩尔定律的预测和集成电路实际发展情况[3]。1975 年摩尔进一步分析了集成度不断提高的原因，这来自三方面的进步：器件尺寸不断减小，芯片面积不断加大以及器件结构和电路结构设计的改进，图 1-2 说明了这三方面的进步对集成度提高的贡献。器件尺寸缩小和芯片面积增大，使单个芯片内可以容纳更多的器件，而设计的改进使同样功能的电路可以采用更小的面积实现，这三方面的贡献使集成电路的集成密度随时间指数增长。第一章主要讨论器件尺寸缩小的问题，第二、三章将涉及器件和电路结构的设计及改进。

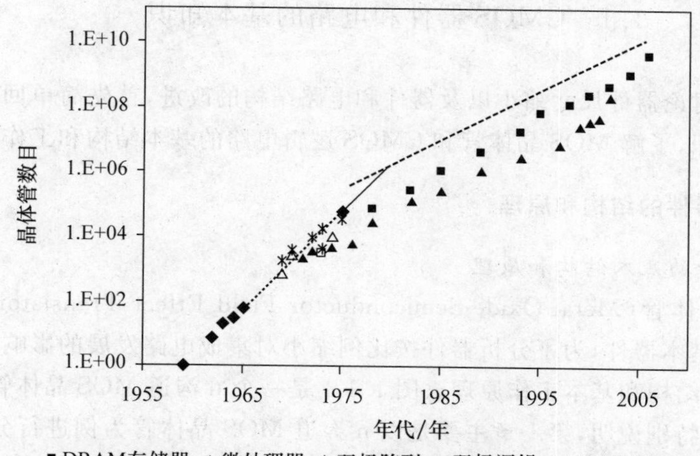

图 1-1　摩尔定律的预测和集成电路实际发展情况

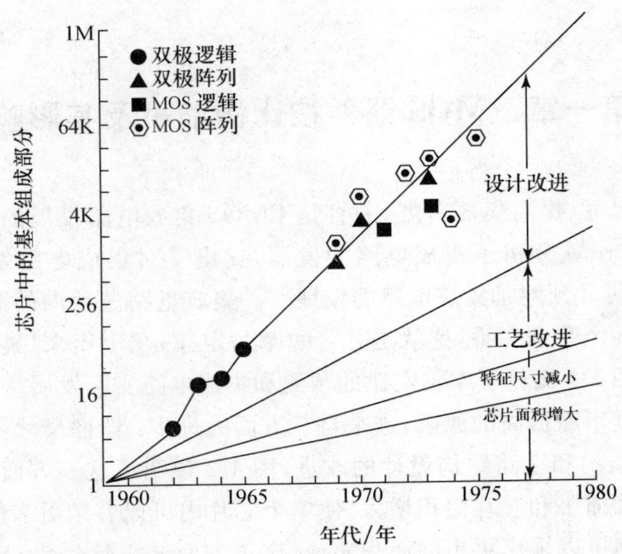

图 1-2　工艺和设计的改进对提高集成度的贡献

1.1　CMOS 器件和电路的基本知识

为了后面深入讨论器件尺寸缩小以及器件和电路结构的改进，首先简单回顾 CMOS 器件和电路的基本知识，了解 MOS 晶体管和 CMOS 逻辑电路的基本结构和工作原理[4]。

1.1.1　MOS 器件的结构和原理

1. MOS 晶体管的基本结构和原理

MOS 场效应晶体管(Metal-Oxide-Semiconductor Field Effect Transistor，MOSFET)是构成集成电路的基本器件，为了分析器件按比例缩小对集成电路发展的影响，首先要了解 MOS 晶体管的基本结构和基本工作原理。图 1.1-1 是一个 n 沟道 MOS 晶体管的平面和剖面示意图，如果没有特别说明，第一章主要是以 n 沟道 MOS 晶体管为例进行分析讨论。从图 1.1-1 看出 MOS 晶体管的结构特点，沿水平方向看(见图(a))，有 3 个区：源区、栅区(下面对应沟道区)和漏区，分别引出电极：源极(S)、栅极(G)和漏极(D)。从栅极向下沿纵深方向是 3 层结构(见图(b))，金属(或高掺杂的多晶硅)栅极、栅绝缘层(一般是二氧化硅)，下面是半导体硅衬底(即体区)，这就是金属-氧化物-半导体构成的 MOS(Metal-Oxide-Semiconductor)结构。从剖面图看出 MOS 晶体管是一个 4 端器件，除了源极、栅极、漏极，还有衬底(体区)引出(B)。图中还标明了 MOS 晶体管的结构参数：沟道长度 L、沟道宽度 W、栅氧化层厚度 t_{ox} 和源、漏区结深 x_j。这些参数对 MOS 晶体管性能有重要影响。由于源、漏区的横向扩散，沟道长

度 L(即 2 个冶金结之间的距离)比栅长 L_g 要小,为了清楚起见,图(b)把栅区放大了。

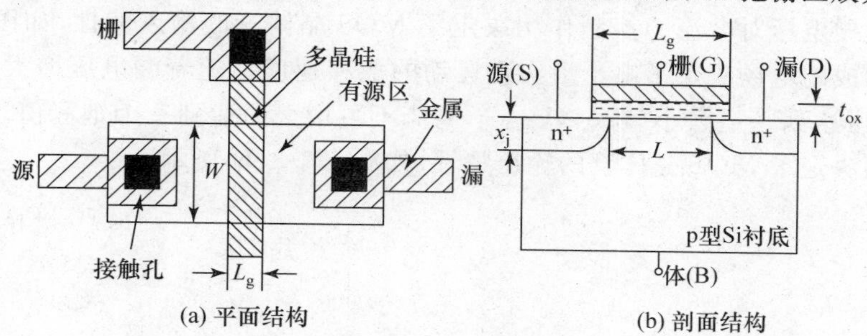

图 1.1-1 一个 n 沟道 MOS 晶体管的平面和剖面示意图

顾名思义,MOSFET 名称的前半部分(MOS)反映了它的结构特点,后半部分(FET)反映了它的工作原理。一般 n 沟道 MOS 晶体管的源极和衬底接地,栅极和漏极相对源极加正电压,栅电压形成的纵向(x 方向)电场排斥 p 型衬底中的空穴,吸引电子,当栅电压足够大($V_{GS}>V_T$,V_T 为阈值电压),就使得栅极下面的半导体表面形成 n 型反型层,即 n 型沟道。如果漏极加正电压,形成从漏极到源极的横向(y 方向)电场,在这个电场作用下,n 型沟道中的电子从源极向漏极运动,形成 MOS 晶体管的导通电流(I_D)。图 1.1-2 示意说明 MOS 晶体管的工作原理。如果没加栅电压和漏电压,栅极下方半导体表面不能形成 n 型沟道,n^+ 源区和 n^+ 漏区是被 p 型半导体隔离的 2 个区域,像 2 个孤立的水池,它们虽然都有大量电子,但是电子不能流动。即使加上漏电压也不能有电流,因为从 n^+ 源区到 p 型衬底到 n^+ 漏区之间会有反偏的 pn 结。当栅极加上足够大的电压,栅极下面的半导体表面形成 n 型沟道把源-漏区连通,就相当于在 2 个水池之间架设一条水管,但是如果没有加漏电压,沟道两端电位相等,没有沿沟道方向的电场,仍然没有电流。就像 2 个水池,虽然有管道连通,但是两边水位相同,还是不能流动。当加上漏电压后($V_{DS}>0$),形成沿沟道方向的电场,使电子定向运动形成电流。因此,MOS 晶体管工作是靠栅电压和漏电压形成的电场,这就是场效应晶体管的原理。

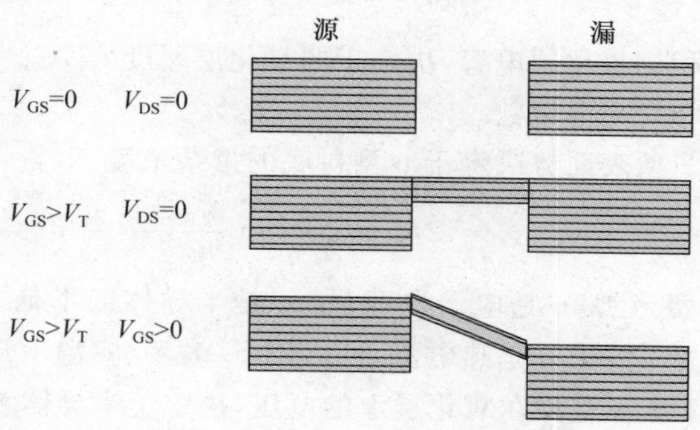

图 1.1-2 MOS 晶体管工作原理示意图

栅电压形成的纵向电场决定了反型层的形成以及反型层中电子的浓度，电子浓度越大，电流就越大。栅电压对电流的控制作用决定了 MOS 晶体管的输入特性，如图 1.1-3(a)所示。漏电压形成的电场决定了电子沿沟道运动的漂移速度。随着漏电压增大，电流逐渐增大，但是漏电压达到一定大小($V_{DS} \geqslant V_{Dsat}$)，电流不再增大而达到一个饱和值。漏电压对电流的控制作用决定了 MOS 晶体管的输出特性，如图 1.1-3(b)所示。

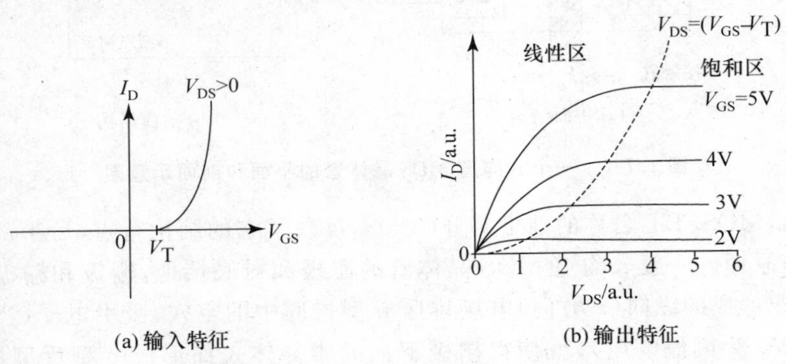

图 1.1-3　MOS 晶体管的输入、输出特性曲线

2. MOS 晶体管的阈值电压

从输入特性看出 V_T 是 MOS 晶体管的一个重要参数，它是使沟道区半导体表面达到强反型状态(形成反型沟道)所需要的栅压，叫做 MOS 晶体管的阈值电压。

$$V_T = V_{FB} + \phi_s - \frac{Q_{Bm}}{C_{ox}} \tag{1.1-1}$$

栅电压的作用有 3 部分，一是克服平带电压 V_{FB}，二是降在半导体表面耗尽层上的电压即表面势 ϕ_s，三是降在氧化层上的电压。Q_{Bm} 为强反型状态表面耗尽层电荷面密度。平带电压 V_{FB} 决定于栅材料和硅衬底之间的功函数差 ϕ_{MS} 以及栅氧化层中的电荷 Q_{ox}，即

$$V_{FB} = \phi_{MS} - \frac{Q_{ox}}{C_{ox}} \tag{1.1-2}$$

公式中的 C_{ox} 是单位面积栅氧化层电容，决定于栅氧化层厚度 t_{ox}，$C_{ox}=\varepsilon_0\varepsilon_{ox}/t_{ox}$，$\varepsilon_0$ 是真空电容率，ε_{ox} 是二氧化硅的相对介电常数。

公式(1.1-1)中第 2 项表面势决定于 p 型衬底的掺杂浓度 N_A，

$$\phi_s = 2\phi_F = 2\frac{kT}{q}\ln\frac{N_A}{n_i} \tag{1.1-3}$$

其中 ϕ_F 叫做半导体的费米势，q 是电子电荷量，n_i 是半导体的本征载流子浓度(室温下为 $1.5\times10^{-10}\ \text{cm}^{-3}$)。公式中 kT/q 是热电势，可以用 V_t 表示(室温下近似为 0.026 V)。

公式(1.1-1)中的第 3 项是降在氧化层上的电压，决定于半导体表面耗尽层的电荷面密度。由于正栅压排斥 p 型衬底的空穴，在沟道区表面形成带负电的电离受主杂质，即表面空间电荷区(表面耗尽层)，耗尽层电荷面密度也与衬底掺杂浓度 N_A 有关，

$$Q_{Bm} = -\sqrt{2\varepsilon_0\varepsilon_{si}qN_A(2\phi_F)} \tag{1.1-4}$$

其中，ε_{si}是硅材料的相对介电常数。对 n 沟道 MOS 晶体管平带电压是负值，表面势是正值，表面耗尽层的电荷是电离受主杂质，是负电荷。一般数字电路中需要栅电压控制 MOS 晶体管的开关，要求 n 沟道 MOS 晶体管具有正的阈值电压，因此要求阈值电压的后 2 项之和要大于平带电压的绝对值，或者说，希望平带电压的绝对值要小。由以上分析看出阈值电压主要由工艺条件决定，如栅材料的功函数、栅氧化层中的电荷、栅氧化层厚度、衬底掺杂浓度等。在电路设计中还可以通过施加衬底偏压 V_{BS} 调整阈值电压。当 MOS 晶体管的体端相对源极加电压 V_{BS}（对 n 沟道 MOS 晶体管一般 $V_{BS}<0$），将使表面耗尽层展宽，耗尽层电荷增加，因此使阈值电压增大。有衬底偏压时的阈值电压用式

$$V_T = V_{FB} + 2\phi_F + \gamma\sqrt{2\phi_F - V_{BS}} \tag{1.1-5}$$

计算，其中 $\gamma=\dfrac{\sqrt{2\varepsilon_0\varepsilon_{si}qN_A}}{C_{ox}}$叫做衬偏调制系数或体效应系数。

3. MOS 晶体管的电流

从输入特性看出，当栅电压大于阈值电压时，MOS 晶体管导通；从输出特性看出，在漏电压比较小时工作在线性区，电流随漏电压近似线性增加；当漏电压大于漏饱和电压 $V_{Dsat}=V_{GS}-V_T$ 时，电流达到饱和。线性区和饱和区电流分别是

$$I_D = \beta\left[(V_{GS} - V_T)V_{DS} - \frac{1}{2}V_{DS}^2\right] \tag{1.1-6}$$

$$I_D = \frac{1}{2}\beta(V_{GS} - V_T)^2 \tag{1.1-7}$$

其中 $\beta=\dfrac{W}{L}\mu_{eff}C_{ox}$是 MOS 晶体管的导电因子，$\mu_{eff}$是反型层中载流子的有效迁移率。导电因子是重要的器件参数，它由两部分组成：$\beta'=\mu_{eff}C_{ox}$是本征导电因子，由工艺决定；W/L 是 MOS 晶体管的宽长比，由电路设计决定。

在电路分析中也可以用各节点电位计算电流，下面给出一个以各节点电位为变量的统一电流公式：

$$I_D = K[(V_G - V_T - V_S)^2 - (V_G - V_T - V_D)^2] \tag{1.1-8}$$

其中

$$K = \frac{1}{2}\beta = \frac{1}{2}\frac{W}{L}\mu_{eff}C_{ox} \tag{1.1-9}$$

也叫做导电因子或叫 K 因子。对于 n 沟道 MOS 晶体管，当式(1.1-8)中两个小括号内的值都小于或等于 0 时，MOS 晶体管截止，电流为 0；两个小括号内的值都大于 0 时，MOS 晶体管工作在线性区，该公式给出线性区电流；当第 1 个小括号内的值大于 0，而第 2 个小括号内的值小于或等于 0 时，MOS 晶体管工作在饱和区，只用第一项计算饱和区电流。这个公式反映了 MOS 晶体管源、漏的对称性。

图 1.1-3 给出的输入特性是理想情况，在栅电压小于阈值电压时电流为 0。实际上

$V_{GS}=V_T$ 时电流并不为0。阈值电压定义为表面势达到 $2\phi_F$ 即表面达到强反型的情况，然而，当表面势超过 ϕ_F 以后半导体表面已经反型，只是在达到强反型以前反型载流子数量很少。在 $\phi_F \leqslant \phi_s \leqslant 2\phi_F$ 这个范围，MOS 晶体管处于表面弱反型状态，这个区域叫做亚阈值区。由于亚阈值区沟道中存在反型载流子，因而电流不为零。在数字电路中 MOS 晶体管作为开关器件，亚阈值电流构成 MOS 晶体管截止态（关态）的泄漏电流，会增加电路的静态功耗。在亚阈值区反型载流子数量很少，是少子，以扩散运动为主，在强反型以后沟道中反型载流子成为多子，以漂移运动为主。亚阈值电流可以近似用

$$I_D = I_0 \exp\left(\frac{V_{GS}-V_T}{nV_t}\right)(1-e^{-V_{DS}/V_t}) \tag{1.1-10}$$

计算，公式中 I_0 是 $V_{GS}=V_T$ 时的电流，$n=1+\frac{C_{it}}{C_{ox}}+\frac{C_D}{C_{ox}}$ 是略大于1的数，其中 C_{it} 是反映 Si-SiO$_2$ 界面陷阱电荷变化的电容，C_D 是表面耗尽层电容。由于 $V_{DS} \gg V_t$，亚阈值电流基本与漏电压无关。从图1.1-4[5]看出不同 V_{DS} 对应的亚阈值电流基本相同，而强反型以后的电流不同。

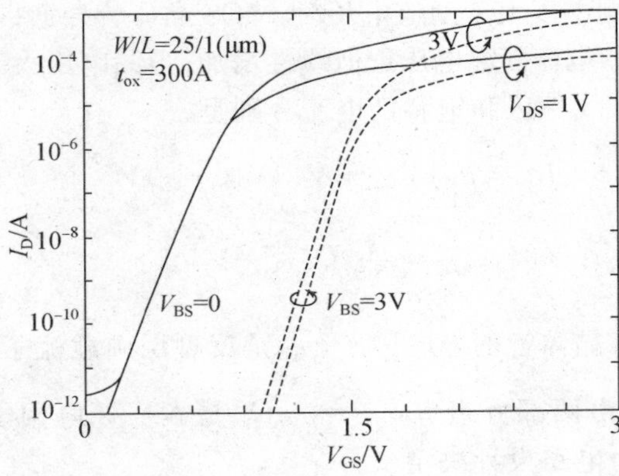

图 1.1-4 亚阈值电流特性

亚阈值电流在半对数坐标中随栅电压呈线性变化，其变化斜率的倒数叫做亚阈值斜率，也叫亚阈值摆幅，用 S 表示，它也是 MOS 晶体管的一个重要参数，反映了亚阈值电流减小一个数量级所对应的栅电压的变化，即

$$S = \frac{dV_{GS}}{d(\log_{10} I_D)} \tag{1.1-11}$$

根据亚阈值电流公式可以得到：

$$S = (\ln 10)nV_t \tag{1.1-12}$$

显然，在室温下 S 的最小值大约是 60 mV/dec。

4. MOS 晶体管的本征电容

当加在 MOS 晶体管上的电压变化时，会引起 MOS 晶体管内部的电荷发生变化，表现

出电容特性，与 MOS 晶体管有关的电容会影响电路的瞬态特性。MOS 晶体管的电容分为本征电容和寄生电容，下面给出本征电容，寄生电容在第 5 节寄生效应里讨论。

MOS 晶体管的本征电容是与沟道区电荷变化相联系的电容，它由沟道区的氧化层电容和半导体电容串连构成。根据简单的 Meyer 模型，把整个沟道区的分布电容等效为栅-源、栅-漏和栅-衬底 3 个电容。当 MOS 晶体管导通时形成反型沟道，反型层电荷屏蔽了外电场对体区耗尽层电荷的影响，栅-衬底电容为 0。把反型层电荷变化的电容分成栅-源电容(C_{GS})和栅-漏电容(C_{GD})两部分。在线性区反型层电荷沿沟道近似均匀分布，栅-源和栅-漏电容近似相等，各为整个栅氧化层电容的一半，即

$$C_{GS} = C_{GD} = \frac{1}{2}WLC_{ox} \tag{1.1-13}$$

当 MOS 晶体管进入饱和区后，沟道在漏端夹断，使 C_{GD}减小到零，C_{GS}达到最大值，即

$$C_{GS} = \frac{2}{3}WLC_{ox},\ C_{GD} = 0 \tag{1.1-14}$$

图 1.1-5 给出了 C_{GS}和 C_{GD}随漏电压的变化[6]。

当 MOS 晶体管截止时，不存在反型沟道，与反型层电荷变化相联系的栅-源和栅-漏电容都为零。这时存在与耗尽层电荷变化相联系的栅-衬底电容 C_{GB}。C_{GB}的值与半导体表面状况有关。当半导体表面存在多子积累层时，

$$C_{GB} = WLC_{ox} \tag{1.1-15}$$

当表面耗尽或弱反型时，C_{GB}决定于栅氧化层电容与半导体表面耗尽层电容串联的结果，即

$$C_{GB} = \left(\frac{1}{C_G} + \frac{1}{C_D}\right)^{-1} = \frac{WLC_{ox}}{[1 + 4(V_{GS} - V_{FB})/\gamma^2]^{1/2}} \tag{1.1-16}$$

图 1.1-6 给出了本征电容随栅电压的变化[7]。

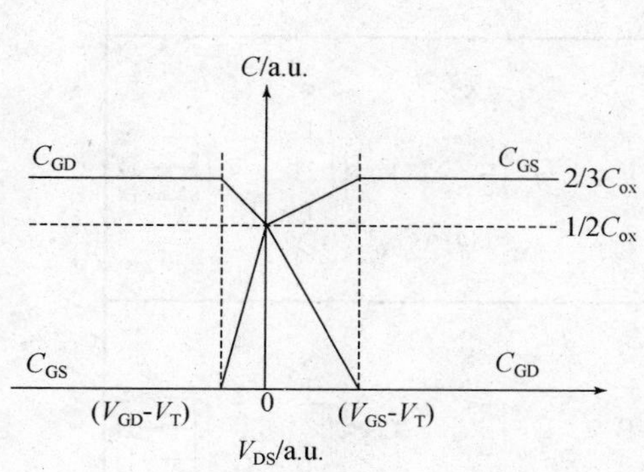

图 1.1-5　C_{GS}和 C_{GD}随漏电压的变化

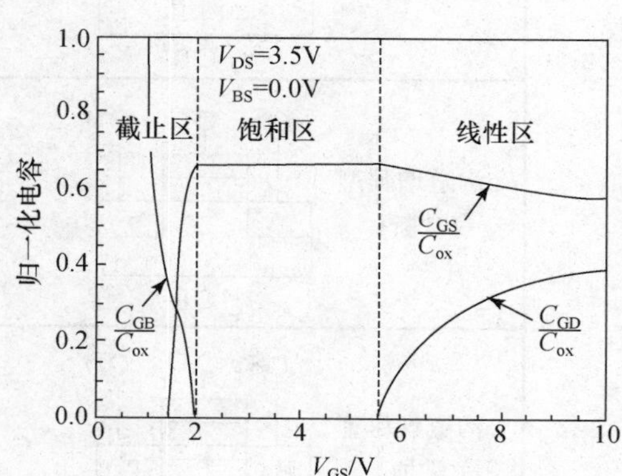

图 1.1-6　本征电容随栅电压的变化

5. MOS 晶体管的分类

上面讨论的 MOS 晶体管结构和基本工作原理是针对 n 沟道 MOS 晶体管，简称

nMOS，它是在 p 型硅上形成 n^+ 源、漏区，导通时形成 n 型沟道，靠电子导电。还有一类 MOS 晶体管是在 n 型硅上形成 p^+ 源、漏区，导通时形成 p 型沟道，靠空穴导电，这就是 p 沟道 MOS 晶体管，简称 pMOS。pMOS 工作时的电压极性与 nMOS 刚好相反，阈值电压是负值，需要加负的栅电压和漏电压。上面的电流公式对 pMOS 也适用，对公式(1.1-8)，pMOS 的判断刚好相反，只取小于 0 的项。从图 1.1-1 看出 MOS 晶体管的源、漏区是同样的结构，源、漏极的区分是根据工作时电位的高、低决定的。对 nMOS 电位高的是漏极，或者说电流是从漏极流向源极；对 pMOS 电位高的是源极，电流是从源极流向漏极。上面讨论的 MOS 晶体管是靠栅电压控制才能导通，栅压为 0 时不存在反型沟道不能导通，这种 MOS 晶体管叫做增强型 MOS 晶体管，也叫常断型。还有的 MOS 晶体管在栅压为 0 时就已经存在反型沟道，不加栅压就可以导通，相反，需要加反向栅压使原始沟道耗尽才能截止，这种叫做耗尽型 MOS 晶体管，也叫常通型。现在的集成电路中很少用到耗尽型 MOS 晶体管。表 1.1-1 总结了 MOS 晶体管的种类并给出常用的表示符号[4]，本书中采用第 3 种符号。

表 1.1-1　MOS 晶体管的种类和表示符号

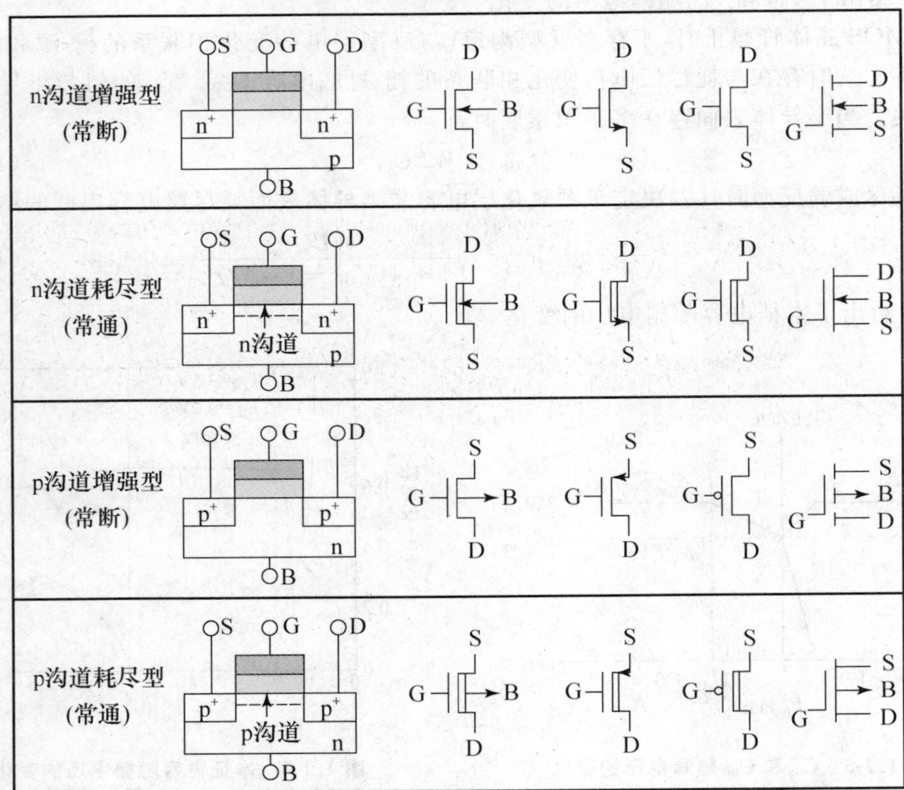

CMOS 集成电路(Complementary MOS Integrated Circuits)是利用 nMOS 和 pMOS 的互补特性构成电路，需要在一个芯片内同时形成 nMOS 和 pMOS。为了解决两种器件需要

不同类型衬底的问题，采用做阱的方法，图 1.1-7 是一个 n 阱 CMOS 的剖面结构。

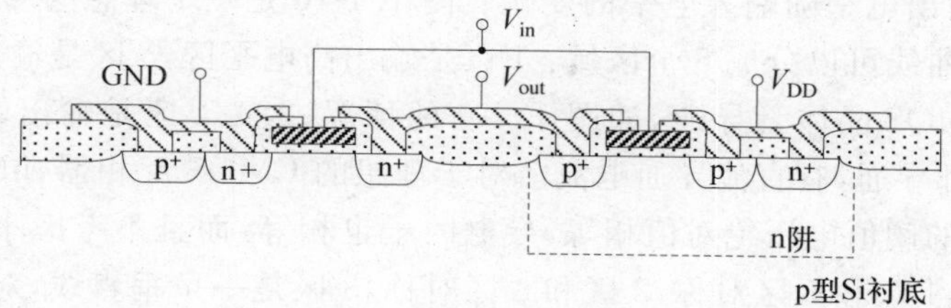

图 1.1-7　CMOS 结构的剖面图

1.1.2　CMOS 逻辑电路基础

数字系统中用到的 CMOS 逻辑电路主要有这样几种类型：静态逻辑电路、类 nMOS 逻辑电路、动态逻辑电路和传输门逻辑电路；另外，触发器也是用途广泛的基本单元电路。下面简单介绍这些基本单元电路的结构特点、工作原理和电路性能[4,8]。

1. 静态逻辑电路

静态 CMOS 逻辑电路是以 CMOS 反相器为基础构成的。一个 CMOS 反相器由一个增强型的 pMOS 和一个增强型的 nMOS 组成，2 个 MOS 晶体管的栅极连在一起接输入信号，2 个 MOS 晶体管的漏极连在一起作输出端，pMOS 的源极和体区（n 阱）共同接电源电压 V_{DD}，nMOS 的源极和体区（p 型衬底）共同接地。MOS 晶体管的源区和体区相连使衬底偏压为 0，没有体效应的影响，另外也保证源-漏和衬底的 pn 结不会正偏。图 1.1-8 给出了 CMOS 反相器的电路结构。

当输入是高电平时（$V_{in}=V_{DD}$），pMOS 截止、nMOS 导通，nMOS 把输出拉到 0；当输入是低电平时（$V_{in}=0$），pMOS 导通、nMOS 截止，pMOS 把输出拉到 V_{DD}。CMOS 反相器利用 nMOS 和 pMOS 轮流导通，使输出和输入反相。图 1.1-9 示意说明 CMOS 反相器的基本原理。可以看出，当输入稳定在高电平或低电平时，CMOS 反相器中只有一个 MOS 晶体管导通，没有直流导通电流，静态功耗基本为 0，而且输出的逻辑电平与器件参数无关，这就叫无比电路，而且，高电平达到最高电位 V_{DD}、低电平达到最低电位 0，有最大的逻辑摆幅，这些正是 CMOS 电路的优点。

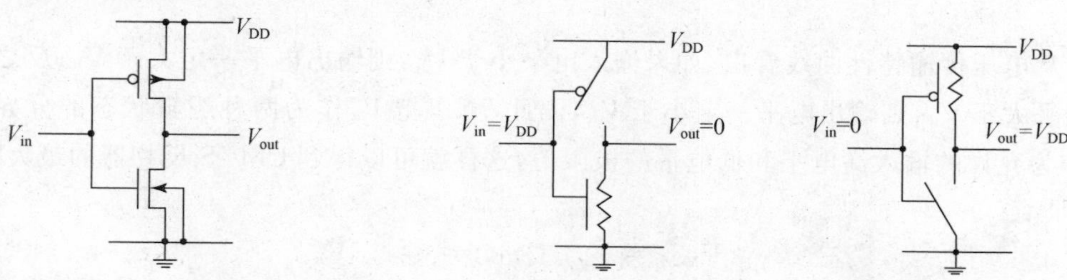

图 1.1-8　CMOS 反相器结构　　**图 1.1-9　CMOS 反相器的开关原理**

对 CMOS 反相器我们主要关心它的直流特性和瞬态特性。直流电压传输特性曲线反映了直流状态下输出电平随输入电平的变化。图 1.1-10 是一个理想的 CMOS 反相器的电压传输特性曲线，曲线可以分成 5 个区域：1 区是输出高电平区，5 区是输出低电平区，在这两个区只有一个 MOS 晶体管导通，如图 1.1-9 的情况；2、3、4 区是输出转变区，在转变区 nMOS 和 pMOS 都导通，有直流导通电流。对于理想的 CMOS 反相器，nMOS 和 pMOS 参数完全对称，它们的阈值电压绝对值相等，导电因子也相等，而且不考虑小尺寸器件的二级效应，这种情况下，1 区和 5 区对称，2 区和 4 区对称，3 区是一条垂直线，对应的输入电平叫做逻辑阈值电平或转换电平，用 V_{it} 表示。根据直流情况 nMOS 和 pMOS 电流相等的条件，可以得到：

$$V_{it} = \frac{\sqrt{K_r} V_{TN} + V_{DD} + V_{TP}}{1 + \sqrt{K_r}} \tag{1.1-17}$$

其中，$K_r = K_N / K_P$ 是反相器重要的设计参数，叫做反相器的比例因子，下标中的 N 和 P 分别表示 nMOS 和 pMOS 器件。CMOS 反相器的直流特性就决定于 V_{TN}、V_{TP} 和 K_r，如果 nMOS 和 pMOS 的参数对称，即 $V_{TN} = -V_{TP}$，$K_r = 1$，则 $V_{it} = 0.5V_{DD}$，刚好在高、低电平中间。实际上，nMOS 和 pMOS 的参数不会完全对称，而且小尺寸器件的饱和区电流还会随 V_{DS} 电压变化，因此，转变区的 3 区不是一条垂直线，转换电平也不可能刚好是 $0.5V_{DD}$。图 1.1-11 给出了用 SPICE 仿真得到的一个实际 CMOS 反相器的直流电压传输特性。

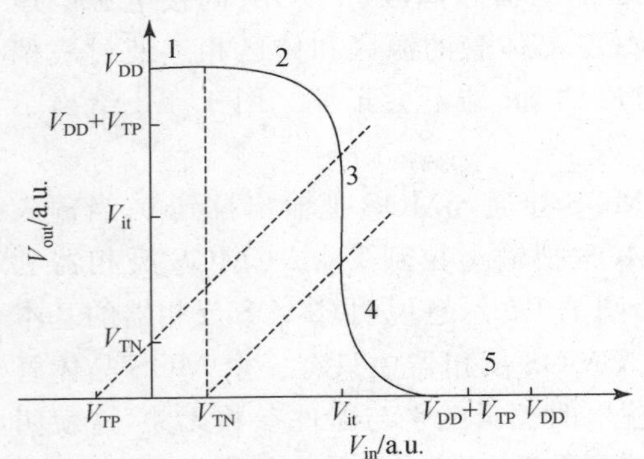

图1.1-10 理想 CMOS 反相器的电压传输特性

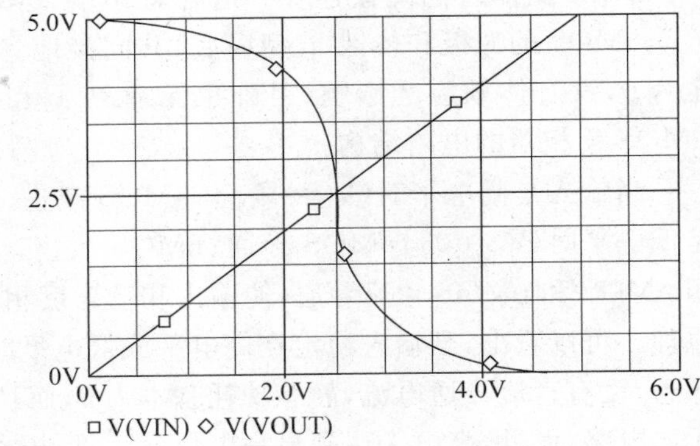

图1.1-11 SPICE 仿真的 CMOS 反相器的电压传输特性

从电压传输特性曲线看出，如果输入电平小于 V_{it}，则输出电平一定大于 V_{it}；反之，若输入电平大于 V_{it}，则输出电平一定小于 V_{it}，因此，可以把 V_{it} 作为两种逻辑状态的分界点，把 V_{it} 作为允许的输入高电平和低电平的极限值，这样就可以得到 CMOS 反相器的最大噪声容限，即

$$V_{NLM} = V_{it}, \quad V_{NHM} = V_{DD} - V_{it} \tag{1.1-18}$$

V_{NLM} 表示最大的输入低电平噪声容限，V_{NHM} 表示最大的输入高电平噪声容限，如果 $V_{it} =$

$0.5V_{DD}$，则

$$V_{NHM} = V_{NLM} = \frac{1}{2}V_{DD}$$

如果 $V_{it} \neq 0.5V_{DD}$，则 $V_{NHM} \neq V_{NLM}$，它们当中较小的一个决定了反相器能承受的最大噪声容限。因此，从直流特性考虑，希望采用对称设计的反相器，或者将 V_{it} 调整至 $0.5V_{DD}$。

CMOS 反相器的瞬态特性反映的是：输入信号随时间变化时，输出信号的瞬态响应时间。如果输入信号是一个阶跃变化信号，当输入信号跳变时输出不能随之跳变，输出信号要变化必须对输出节点电容充放电，因此有一定的输出上升时间（t_r）和输出下降时间（t_f），图 1.1-12给出了 t_f 和 t_r 的定义，图中 V_L 表示逻辑摆幅，CMOS 反相器的逻辑摆幅是 V_{DD}。上升时间决定于导通的 pMOS 对输出节点负载电容（C_L）充电需要的时间，下降时间决定于导通的 nMOS 对输出节点负载电容放电需要的时间。通过求解电容充、放电的微分方程，可以得到：

$$t_r = \frac{C_L}{K_P} \cdot \left[\frac{-V_{TP} - 0.1V_{DD}}{(V_{DD} + V_{TP})^2} + \frac{1}{2(V_{DD} + V_{TP})}\ln\left(\frac{1.9V_{DD} + 2V_{TP}}{0.1V_{DD}}\right)\right] \tag{1.1-19}$$

$$t_f = \frac{C_L}{K_N} \cdot \left[\frac{V_{TN} - 0.1V_{DD}}{(V_{DD} - V_{TN})^2} + \frac{1}{2(V_{DD} - V_{TN})}\ln\left(\frac{1.9V_{DD} - 2V_{TN}}{0.1V_{DD}}\right)\right] \tag{1.1-20}$$

显然，如果采用对称设计，上升时间和下降时间也相等。

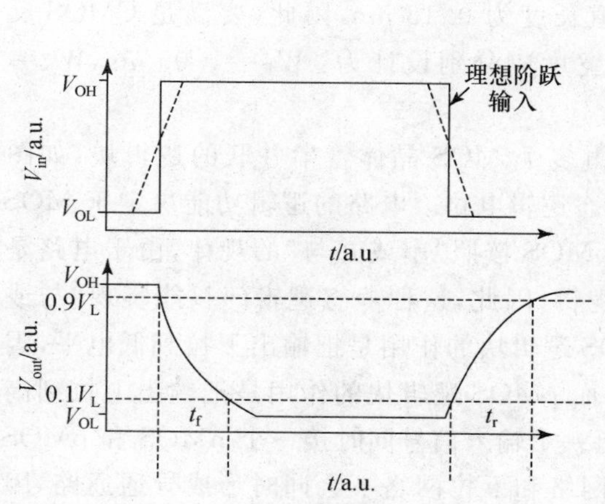

图 1.1-12　下降时间和上升时间的定义

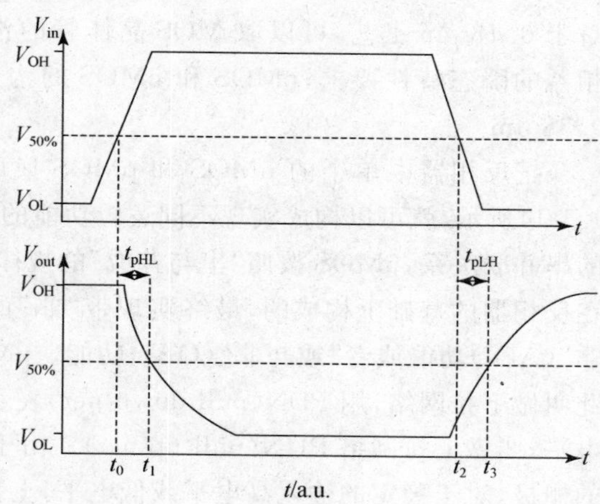

图 1.1-13　传输延迟时间的定义

由于实际电路的输入信号都不是阶跃信号，在非阶跃输入条件下常常用传输延迟时间反映电路的瞬态特性。图 1.1-13 说明了传输延迟时间的定义，从输入信号上升边的 50%到输出信号下降边的 50%所对应的时间为 t_{pHL}；从输入信号下降边的 50%到输出信号上升边的 50%所对应的时间为 t_{pLH}。由于 t_{pHL} 和 t_{pLH} 不一定相等，用它们的平均值作为传输延迟时间，即

$$t_p = \frac{t_{pHL}+t_{pLH}}{2} = \frac{C_L V_{DD}}{2}\left[\frac{1}{K_N(V_{DD}-V_{TN})^2}+\frac{1}{K_P(V_{DD}+V_{TP})^2}\right] \quad (1.1\text{-}21)$$

采用对称设计时 $K_N=K_P=K, V_{TN}=-V_{TP}=V_T$，则

$$t_p = t_{pHL} = t_{pLH} = \frac{C_L V_{DD}}{K(V_{DD}-V_T)^2}$$

CMOS 反相器的设计就是根据对直流特性或瞬态特性的要求，在给定的工艺条件（V_{DD}、V_T、t_{ox}、μ_n 和 μ_p）下，确定 nMOS 和 pMOS 的尺寸。一般集成电路中所有 MOS 晶体管的沟道长度都相同，决定于工艺特征尺寸，因此，最终只是确定每个 MOS 晶体管的沟道宽度。

例如：设计一个 CMOS 反相器，要求在驱动 10fF 外部负载电容的情况下，输出上升和下降时间都不能大于 40ps。针对 0.13 μm 工艺，已知：$V_{TN}=0.30$ V，$V_{TP}=-0.28$ V，$\mu_n=220\ \text{cm}^2/\text{V}\cdot\text{s}$，$\mu_p=76\ \text{cm}^2/\text{V}\cdot\text{s}$，$t_{ox}=2.6$ nm，$V_{DD}=1.2$ V。

对于 10fF 外部负载电容的情况，可以近似忽略 MOS 晶体管的漏区 pn 结电容，因此 $C_L=10\text{fF}$，根据公式(1.1-19)和(1.1-20)可以分别得到：$K_P=4.09\times10^{-4}\ \text{A/V}^2$，$K_N=4.29\times10^{-4}\ \text{A/V}^2$。由 t_{ox} 可以计算出 C_{ox}，再根据 K 因子的公式(1.1-9)，就可以得到

$$\left(\frac{W}{L}\right)_P = 8.12,\quad \left(\frac{W}{L}\right)_N = 2.94$$

对于 0.13 μm 工艺，可以取 MOS 晶体管的沟道长度为 0.13 μm，因此，要满足 CMOS 反相器的瞬态特性要求，pMOS 和 nMOS 的沟道宽度应分别设计为：$W_P=1.05\ \mu\text{m}$，$W_N=0.38\ \mu\text{m}$。

把反相器中单个的 nMOS 和 pMOS 换成由多个 MOS 晶体管串并联的逻辑块，如图 1.1-14所示，就可以构成实现不同逻辑功能的静态逻辑电路。电路的逻辑功能决定于 MOS 的串并联关系，nMOS 按照"串与并或"的规律，pMOS 按照"串或并与"的规律，由于电路是在反相器的基础上构成的，最终实现带"非"的逻辑，因此，这种静态逻辑门只能实现"与或非"(AOI)功能或者"或与非"(OAI)功能。nMOS 逻辑块的作用是把输出下拉到低电平，因此叫做下拉网络，用 PDN(pull down net)表示，而 pMOS 逻辑块的作用是把输出上拉到高电平，叫做上拉网络 PUN(pull up net)。由于每一个输入信号同时接一个 nMOS 和 pMOS 的栅极，对于稳定的输入高电平或低电平，上拉网络和下拉网络不会同时形成导通通路，因此，静态 CMOS 逻辑电路保持了 CMOS 反相器无比电路的优点，即：逻辑电平与器件参数无关、有最大的逻辑摆幅、没有直流电流。但是，对于 n 输入的逻辑门需要 2n 个 MOS 晶体管，电路占用的面积大，这是静态 CMOS 逻辑电路的缺点。

如果用静态 CMOS 电路实现 $Y=\overline{(A+B)C+D}$，根据前面给出的电路组成规律，可以画出实现这个功能的电路图。在 nMOS 构成的下拉网络中，M_{NA} 管与 M_{NB} 管先并联然后与 M_{NC} 管串联，构成了第 1 个子电路，另一侧 M_{ND} 管独立构成了第 2 个子电路，之后第 1 个子电路与第 2 个子电路并联。在 pMOS 构成的上拉网络中，M_{PA} 管与 M_{PB} 管先串联然后与

M_{PC}管并联，之后再与 M_{PD}管串联。图 1.1-15 给出了完整电路图。对于给定的电路图，也是按照 nMOS"串与并或"、pMOS"串或并与"的规律，分析其逻辑功能。

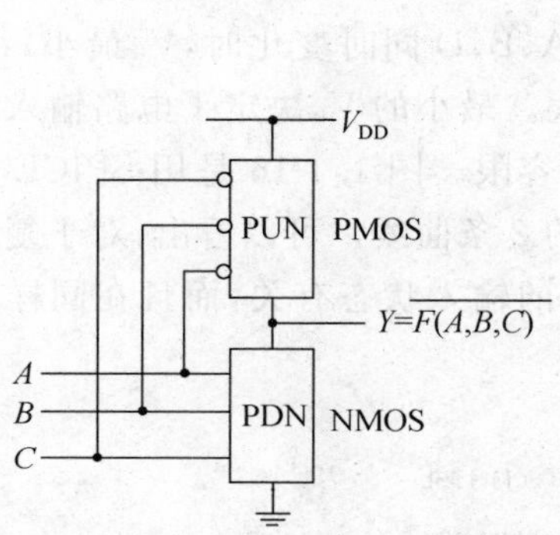

图 1.1-14 静态 CMOS 逻辑电路的结构

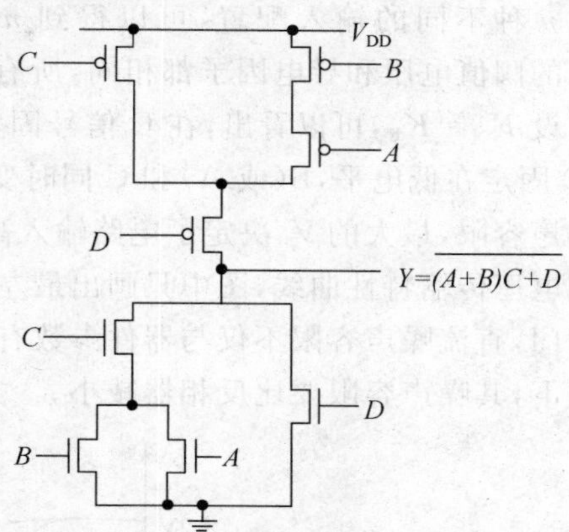

图 1.1-15 实现 $Y=\overline{(A+B)C+D}$的 CMOS 电路

对于静态 CMOS 逻辑电路的分析与设计，可以采用等效反相器方法。分析电路的直流特性时，根据输入信号确定哪个 MOS 晶体管截止，哪个 MOS 晶体管起作用，这样就把上拉网络用一个等效的 pMOS 表示，把下拉网络用一个等效 nMOS 表示，因此，一个复杂的逻辑门就等效为一个 CMOS 反相器，就可以套用反相器的分析方法和计算公式。例如，对图 1.1-15 所示的电路，假设所有输入信号同步变化，即所有输入信号的电压完全相等，而且所有 nMOS 的阈值电压都相同，所有 pMOS 的阈值电压也都相同。对于下拉网络中的第 1 个子电路，其等效的导电因子

$$K_{N,eff,1}=\left(\frac{1}{K_{NC}}+\frac{1}{K_{NA}+K_{NB}}\right)^{-1} \tag{1.1-22}$$

其中 K_{NA}、K_{NB}、K_{NC}为 M_{NA}、M_{NB}、M_{NC}的导电因子。第 1 个子电路与第 2 个子电路并联，构成了整个下拉网络，那么整个下拉网络的等效导电因子

$$K_{N,eff}=K_{ND}+\left(\frac{1}{K_{NC}}+\frac{1}{K_{NA}+K_{NB}}\right)^{-1} \tag{1.1-23}$$

其中 K_{ND}为 M_{ND}管的导电因子。对于上拉网络，采用类似分析可以得到其等效导电因子

$$K_{P,eff}=\left[\left(\frac{K_{PA}K_{PB}}{K_{PA}+K_{PB}}+K_{PC}\right)^{-1}+\left(\frac{1}{K_{PD}}\right)\right]^{-1} \tag{1.1-24}$$

其中 K_{PA}、K_{PB}、K_{PC}、K_{PD} 分别为 M_{PA}、M_{PB}、M_{PC}、M_{PD} 管的等效导电因子。计算等效导电因子与计算电阻回路的总电阻是相似的，因为 MOS 晶体管的导通电阻与导电因子成反比。在电路中并联的 MOS 晶体管越多，得到的等效导电因子就越大；而串联的 MOS 晶体管越多，等效导电因子就越小。

在得到了上拉网络和下拉网络的等效导电因子之后，就可以利用等效反相器计算出逻

辑阈值电平，从而可以画出其直流电压传输特性曲线。如果几个输入信号不同步，则要考虑不同输入条件下的逻辑阈值电平和直流电压传输特性曲线，忽略衬偏效应的影响，n 个输入信号有 n 种不同的输入配置，可以得到 n 个不同的直流电压传输特性曲线。如果所有 nMOS 的阈值电压和导电因子都相同，所有 pMOS 的阈值电压和导电因子也都相同，并进一步假设 $K_N = K_P$，可以看出，在 C 信号固定在高电平，A、B、D 同时变化时，V_{it} 最小；A（或 B）和 D 固定在低电平，B（或 A）和 C 同时变化时，V_{it} 最大。最小的 V_{it} 决定了电路输入低电平的噪声容限，最大的 V_{it} 决定了电路输入高电平的噪声容限。图 1.1-16 是用 SPICE 仿真的直流电压传输特性曲线，图中只画出最左边和最右边的 2 条曲线。可以看出，对于复杂的与或非门，直流噪声容限不仅与器件参数有关，还与电路的输入状态有关，而且在同样的器件参数下，其噪声容限要比反相器减小。

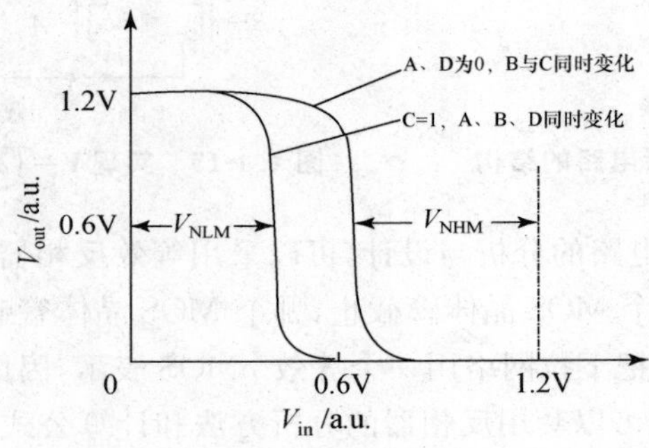

图 1.1-16　电路 $Y=\overline{(A+B)C+D}$ 的直流电压传输特性

对复杂逻辑门的瞬态特性分析要考虑最坏情况下是否满足电路速度的要求，电路的输出上升时间决定于上拉网络中串联管子最多的支路，电路的输出下降时间决定于下拉网络中串联管子最多的支路。例如图 1.1-15 的电路，在分析瞬态特性时，等效反相器中的等效 pMOS 导电因子取为

$$K_{P,eff} = \left[\frac{1}{K_A} + \frac{1}{K_B} + \frac{1}{K_D}\right]^{-1} \tag{1.1-25}$$

如果所有 pMOS 导电因子相同，都是 K_P，则 $K_{P,eff} = 1/3K_P$。类似地，等效反相器中的等效 nMOS 导电因子决定于

$$K_{N,eff} = \left[\frac{1}{K_A} + \frac{1}{K_C}\right]^{-1} \quad 或 \quad K_{N,eff} = \left[\frac{1}{K_B} + \frac{1}{K_C}\right]^{-1} \tag{1.1-26}$$

如果所有 nMOS 导电因子相同，都是 K_N，则 $K_{N,eff} = 1/2K_N$。用 $K_{P,eff}$ 和 $K_{N,eff}$ 代入反相器的公式，就可以计算出这个电路的最大上升时间、下降时间以及传输延迟时间。不过要注意，公式中的负载电容与反相器不同，负载电容要计入输出节点连接的所有 pMOS 和 nMOS 的漏区 pn 结电容，再加上外部负载电容。可以看出，如果复杂逻辑门和反相器中管子的参数相同，它的延迟时间也会比反相器大，串联管子越多延迟时间越大。

2. 类 nMOS 逻辑电路

图 1.1-17 给出了类 nMOS 逻辑电路的基本结构。与静态 CMOS 逻辑电路相比，它只用一个下拉网络实现逻辑功能，而上拉网络用一个常导通的 pMOS 代替，这样可以简化电路，减小面积，这正是这种电路的优点。类似地，也可以只用上拉网络实现逻辑功能，下拉网络用一个常导通的 nMOS 代替，如图 1.1-18 所示，这种电路叫做类 pMOS 电路。在 VLSI 中，如果对电路面积要求严格而对性能要求不高，可以采用类 nMOS 或类 pMOS 电路。

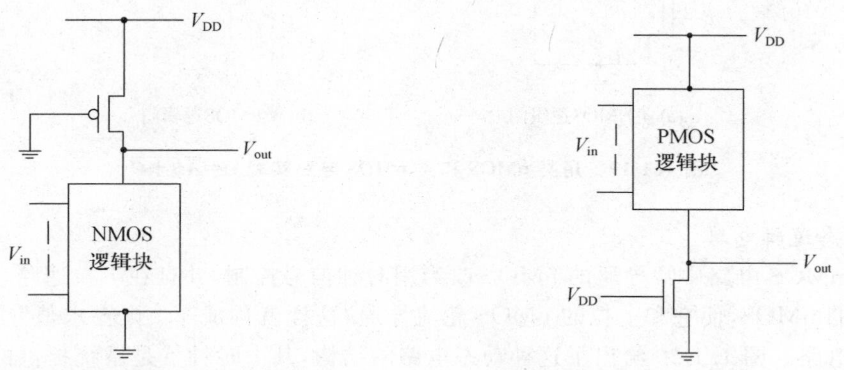

图 1.1-17　类 nMOS 电路的基本结构　　**图 1.1-18　类 pMOS 电路的基本结构**

用类 nMOS 或类 pMOS 电路实现一定逻辑功能时，仍然按照“nMOS 串与并或”、“pMOS 串或并与”的规律。如图 1.1-19(a)、(b)分别给出了用类 nMOS 和类 pMOS 电路实现 $Y=\overline{AB+C}$的电路图。

类 nMOS 和类 pMOS 电路是以牺牲电路性能来换取面积的减小，它们不再具有无比电路的优点。以图 1.1-19(a)的类 nMOS 电路为例，由于上拉的 pMOS 管是常导通的，在电路输出低电平时，会形成电源到地的直流通路，有较大的静态功耗，同时低电平达不到 0，输出低电平由式

$$V_{OL}=\frac{(V_{DD}+V_{TP})^2}{2K_r(V_{DD}-V_{TN})} \tag{1.1-27}$$

决定，其中，

$$K_r=\frac{K_{Neff}}{K_P} \tag{1.1-28}$$

为了保证低电平满足要求，要求 K_r 要足够大，也就是要增大 nMOS 导电因子，减小 pMOS 的导电因子。但是，pMOS 导电因子太小又会使电路的输出上升时间增大。

由于电路性能退化，特别是静态功耗大，限制了这类电路的应用。

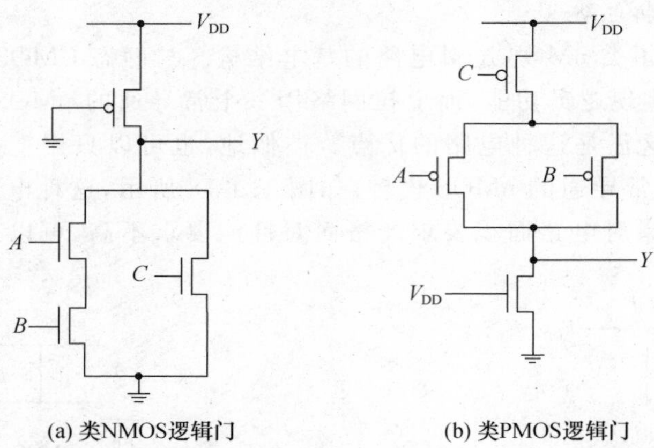

图 1.1-19　用类 nMOS 和类 pMOS 电路实现 $Y=\overline{AB+C}$

3. 动态逻辑电路

把类 nMOS 电路中常导通的 pMOS 改为用时钟信号控制，并且在下拉通路增加一个受时钟控制的 nMOS，使它和上拉的 pMOS 轮流导通，这样就构成了"预充-求值"工作模式的动态逻辑电路。图 1.1-20 给出了这种动态电路的结构，其中时钟 ϕ 是系统提供的周期变化的信号，不是逻辑输入变量。在 ϕ 为低电平的半个周期，M_P 导通、M_N 截止，输出为高电平 V_{DD}。注意，这个高电平不代表电路的逻辑值，这个阶段叫做预充阶段。在 ϕ 为高电平的半个周期，M_N 导通，M_P 截止，nMOS 逻辑块根据输入信号决定输出的逻辑电平，这个阶段叫做求值阶段。若求值结果是低电平，则形成下拉通路，把输出拉到低电平 0；若求值结果是高电平，则不会形成下拉通路，输出保持预充的高电平，这个高电平靠输出节点电容动态保持。用 nMOS 逻辑块求值的动态电路中 nMOS 占多数，又叫做富 nMOS 动态电路。类似地，也可以构成富 pMOS 动态电路，如图 1.1-21 所示。

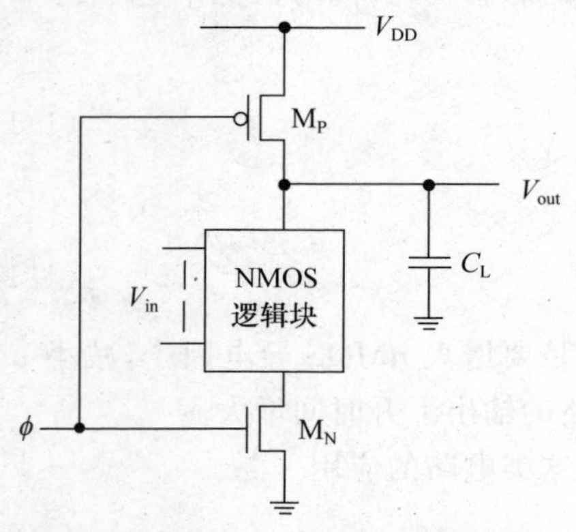

图 1.1-20　富 nMOS 动态电路结构

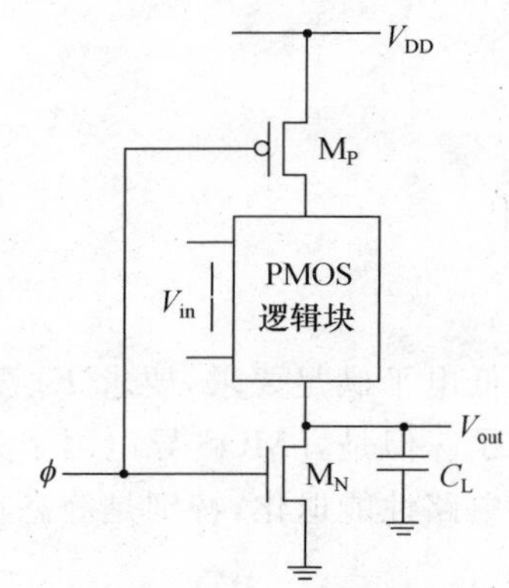

图 1.1-21　富 pMOS 动态电路结构

动态电路中受时钟控制的 M_P 和 M_N 不会同时导通,电路不会形成直流通路,保持了无比电路的优点,同时比静态CMOS电路节省一个逻辑块,有利于提高集成密度,由于简化了电路,减小了输出节点的电容,也有利于提高速度,这些是动态电路的优点。但是动态电路存在一些特殊问题,需要设计时加以考虑。

第一是级连问题。富nMOS电路的输出不能直接送入下一级富nMOS电路,因为预充阶段的输出高电平(不代表真正的逻辑结果)可能使下一级nMOS误导通;同样,富pMOS电路的输出也不能直接送到富pMOS电路。可以采取富nMOS与富pMOS交替级连的方法。另外,可以在动态电路输出端加一级静态CMOS反相器,富nMOS电路预充的高电平反相后是低电平,就不会使下级nMOS导通,而且通过反相器可以提高输出驱动能力。这样就构成了多米诺CMOS电路,如图1.1-22所示,第一级动态电路实现 $\overline{AB}$,经过反相器就实现了 A 和 B 的与。

第二是电路输出的可靠性问题。以图1.1-22中的动态电路为例,如果在求值时 A 和 B 有一个是低电平或都是低电平,则 V_1 输出高电平,由于求值阶段 M_{P1} 截止,V_1 的高电平是靠节点电容动态保持,电路中的各种泄漏电流会使电容存储的电荷丢失,造成高电平下降。另外,中间节点电容(如 M_1 和 M_2 中间的节点)也可能引起电荷分享,也会使输出高电平下降。对多米诺电路可以采用增加反馈管的方法避免动态电路输出高电平下降,如图1.1-23所示,增加一个pMOS管 M_f,当 V_1 节点保持高电平时,M_f 导通对 V_1 节点充电,只要 M_f 的导通电流大于泄漏电流,就可以使高电平保持在 V_{DD}。在 V_1 输出低电平时,M_f 截止不影响电路工作。要注意的是:在 V_1 从高电平向低电平变化的初期,M_f 仍然导通,为了不影响电路的输出下降时间,M_f 的导电因子必须设计的比较小。

第三是时钟信号问题。动态电路需要时钟信号,还要考虑时钟频率的影响,电路的延迟时间限制了时钟的最高频率,动态节点的信号保持时间限制了时钟的最低频率。

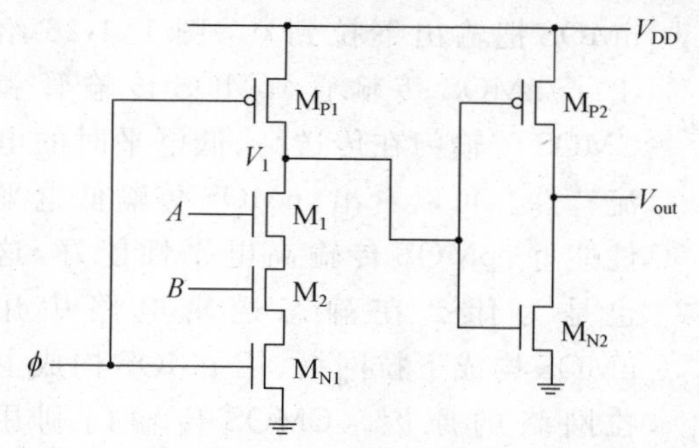

图1.1-22　多米诺CMOS电路

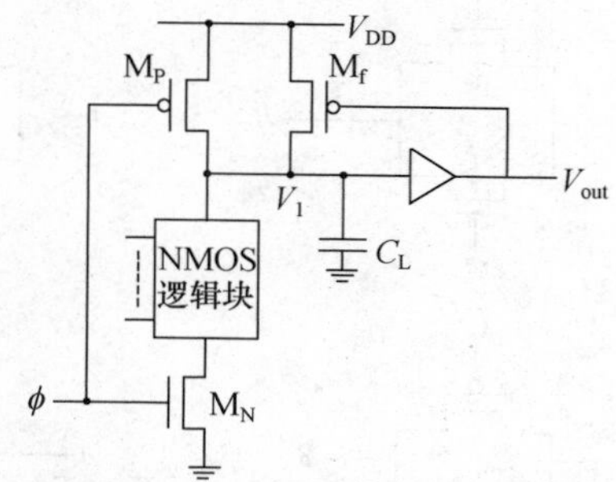

图1.1-23　增加反馈管的多米诺电路

4. 传输门逻辑电路

前面讨论的各种逻辑电路中,nMOS只起到下拉作用,pMOS只起到上拉作用,也就是说,nMOS导通是把低电平传送到输出端,pMOS导通是把高电平传送到输出端。在这些电路中 MOS 晶体管的源、漏极是固定的。由于 MOS 晶体管的源、漏区是完全对称的结构，MOS 晶体管的源、漏极可以互换使用，因而可以双向导通。对于源、漏极不固定而可以双向传送信号的 MOS 晶体管就叫做传输管(pass transistor)或传输门(transmission gate)。

图 1.1-24 是一个 nMOS 做传输门使用的情况，源、漏极分别作为输入和输出端，栅极加一个控制信号 V_c，当 V_c 是低电平时 nMOS 截止，输出与输入隔离；当 V_c 是高电平时 nMOS 导通，输入信号传送到输出端。传送高电平时输入端是 nMOS 的漏极，输出端是 nMOS 的源极；传送低电平时源、漏极刚好相反。如果输入高电平和 V_c 的高电平都是 V_{DD}，则 nMOS 传输门输出高电平只能达到 V_{DD}-V_{TN}，因为输出达到 V_{DD}-V_{TN}时 nMOS 截止，不能继续对输出节点电容充电，这就是 nMOS 传输门存在的输出高电平阈值损失问题。类似地，也可以用 pMOS 做传输门，pMOS 传输低电平存在阈值损失，当输入信号和 V_c 都是 0 时，输出低电平是 $-V_{TP}$($V_{TP}<0$)。

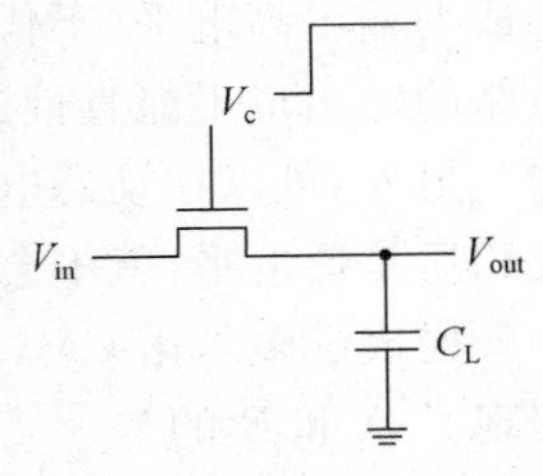

图 1.1-24　nMOS 传输门

为了获得好的传输特性，可以把一个 nMOS 和一个 pMOS 并联作为一个传输门，这就是 CMOS 传输门，图 1.1-25 给出了 CMOS 传输门的结构和逻辑符号。CMOS 传输门和 CMOS 反相器都是由一个 nMOS 和一个 pMOS 构成的，但是它们的连接方式不同，工作原理也不同。在 CMOS 反相器中，MOS 晶体管的源、漏极是固定的，nMOS 和 pMOS 的栅极共同接输入信号，它们不会同时导通。而在 CMOS 传输门中，MOS 晶体管的源、漏极是不固定的，根据传送的信号确定，而且，nMOS 和 pMOS 的栅极接一对相反的控制信号，两个管子同时导通或截止。当两个管子导通时共同传送输入信号，若传送高电平，当输出达到 V_{DD}-V_{TN}时 nMOS 截止，但是 pMOS 仍然导通，可以使输出达到合格的高电平 V_{DD}。类似地，传送低电平最终靠 nMOS 把输出下拉到 0。图 1.1-26 给出了 nMOS 传输管、pMOS 传输管和 CMOS 传输门在传送高、低电平时的电流特性。可以看出，nMOS 传输低电平性能好、pMOS 传输高电平性能好，这也是为什么在静态逻辑电路中用 nMOS 构成下拉网络、用 pMOS 构成上拉网络的原因。CMOS 传输门利用 nMOS 和 pMOS 的互补特性，改善了传输门的性能，获得了近似线性的电流-电压特性。

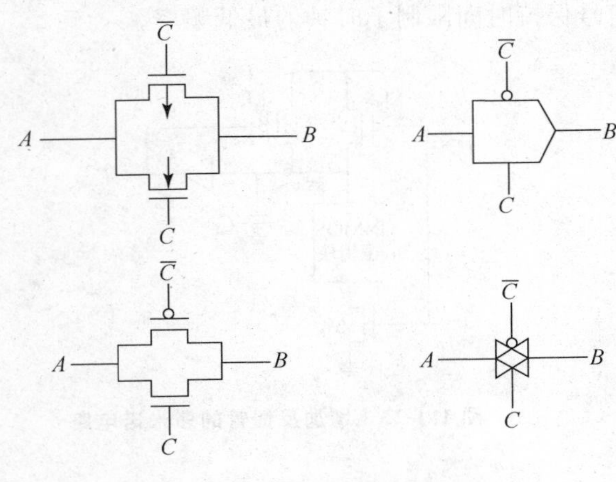

图 1.1-25　CMOS 传输门

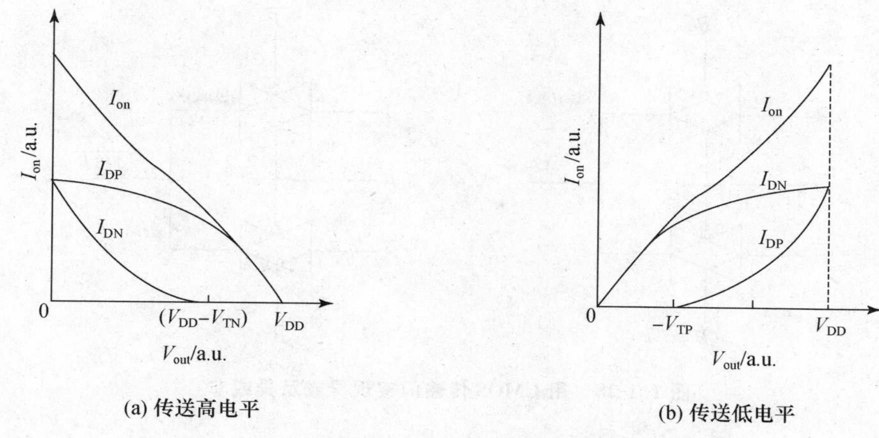

(a) 传送高电平　　　(b) 传送低电平

图 1.1-26　nMOS、pMOS 和 CMOS 传输门的电流特性

传输门的双向导通特性为 CMOS 逻辑电路设计增加了灵活性。传输门具有很强的逻辑组合能力，利用传输门的逻辑特点可以简化电路，减小面积，有利于提高速度和集成密度。下面以 nMOS 传输门为例说明传输门的逻辑规律。对于图 1.1-27(a)的 nMOS 传输门，当 C 是高电平时，nMOS 导通把 A 信号传送到输出端；当 C 是低电平时，nMOS 截止，输出信号无法确定，用 X 表示不确定状态，则可以写出输出信号 Y 的逻辑表达式：

$$Y = CA + \bar{C}X \tag{1.1-29}$$

同理，可以写出图中(b)和(c)电路对应的逻辑表达式：

$$Y = C_1C_2A + \overline{C_1C_2}X \tag{1.1-30}$$

$$Y = C_1\overline{C_2}A + C_2\overline{C_1}B + C_1C_2X + \overline{C_1 + C_2}X \tag{1.1-31}$$

如果能消除输出不确定状态，那么用传输门串、并联就可以实现某种与-或逻辑。对于 CMOS 传输门逻辑规律相同。图 1.1-28 给出了用 CMOS 传输门实现异或及异或非的电路，可以看出，只要合理地安排栅极信号，就可以避免输出不确定状态。用传输门实现的电路非常简单，而且同样的电路改变输入信号就可以实现不同的功能，这正说明传输门的逻辑灵活性。

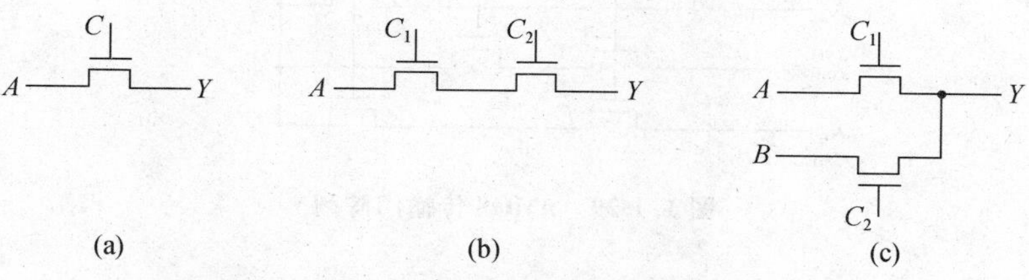

图 1.1-27　传输门的逻辑规律

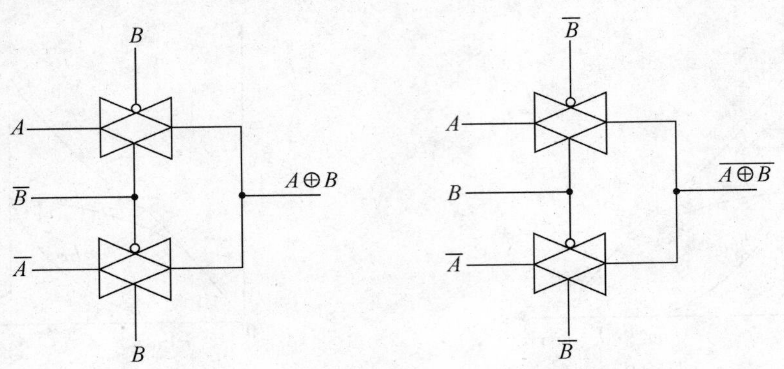

图 1.1-28 用 CMOS 传输门实现异或及异或非

用传输门串、并联可以构成一个规则的阵列，如图 1.1-29 所示，这种电路形式叫做传输门阵列。根据传输门的逻辑特点，可以写出输出信号 Y 的逻辑表达式：

$$Y = K_3AB + K_2A\overline{B} + K_1\overline{A}B + K_0\overline{A}\,\overline{B}$$

如果把 A、B 看作 2 个操作数，把 $K_3K_2K_1K_0$ 作为一组控制代码，则根据控制代码的值，可以实现对 A、B 两个操作数的不同操作。例如，当 $K_3K_2K_1K_0=0001$ 时，

$$Y = 0+0+0+\overline{A}\,\overline{B} = \overline{A+B}$$

显然，实现了"或非"逻辑操作。当 $K_3K_2K_1K_0=0110$ 时，

$$Y = 0+A\overline{B}+\overline{A}B+0$$

实现了"半加"运算。如果再用这样一个电路把上面的输出信号与进位输入信号"半加"，就可以实现加法运算。表 1.1-2 列出了上述传输门阵列对应不同控制代码所能实现的功能。这种用 1 个电路实现对 2 个操作数的多种不同操作运算的电路又叫做多功能发生器。在有些数据通道中就是以这种多功能发生器为基础，配合进位链电路来实现 ALU。

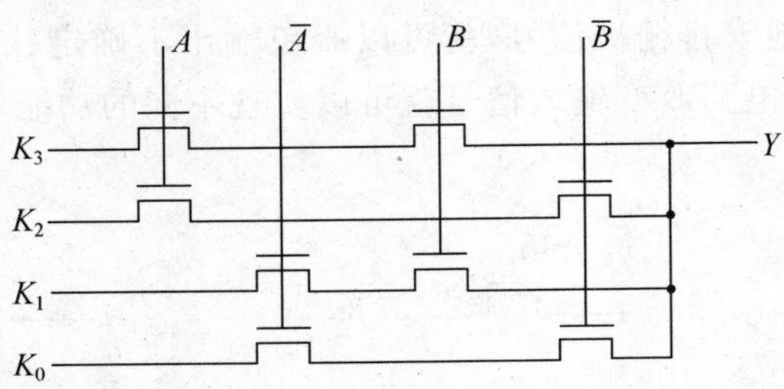

图 1.1-29 nMOS 传输门阵列

表 1.1-2　多功能发生器的真值表

K_3	K_2	K_1	K_0	Y
0	0	0	0	0
0	0	0	1	$\overline{A}\,\overline{B}$
0	0	1	0	$\overline{A}B$
0	0	1	1	$\overline{A}$
0	1	0	0	$A\overline{B}$
0	1	0	1	$\overline{B}$
0	1	1	0	$A\oplus B$
0	1	1	1	$\overline{A}+\overline{B}$
1	0	0	0	AB
1	0	0	1	$A\odot B$
1	0	1	0	B
1	0	1	1	$\overline{A}+B$
1	1	0	0	A
1	1	0	1	$A+\overline{B}$
1	1	1	0	$A+B$
1	1	1	1	1

5. 触发器

在数字系统中经常要用到时序逻辑电路,时序逻辑电路的输出不仅与电路的输入信号有关,还与系统原来的状态有关,因此,需要有存储器件来记忆电路前一时刻的状态。在时序逻辑电路中常用触发器作为状态记忆部件。触发器以双稳态电路为核心构成。双稳态电路具有2个稳定的工作状态,因而可以用来存储二进制信号。用2个反相器输入、输出交叉耦合就构成了双稳态电路,如图1.1-30所示。当V_1是高电平时反相器F_1输出低电平,这个低电平V_2又作为反相器F_2的输入,使其输出高电平,从而维持V_1为高电平、V_2为低电平的状态,如图1.1-31中的A点,只要不断电这个状态可以长期保持。同样,双稳态电路也可以稳定在V_1为低电平、V_2为高电平的状态,如图1.1-31中的B点。从图1.1-31看出,2个反相器的电压传输特性曲线还有一个交点C,这是个亚稳态。在理想情况下,2个反相器的参数完全对称,它们可以稳定在相同的逻辑阈值点C点,但是,实际上很难保证2个反相器的参数完全对称,而且还存在外界的干扰,使C点无法维持住。

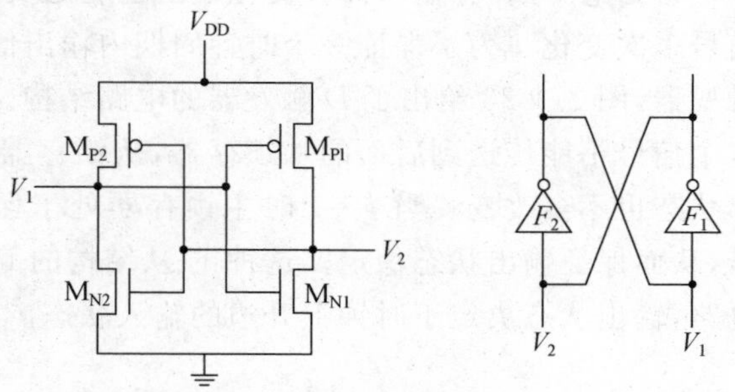

图 1.1-30　双稳态电路

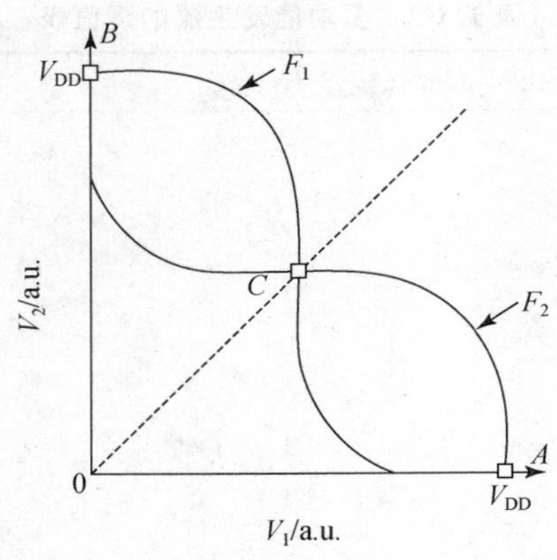

图 1.1-31 双稳态电路的电压传输特性

仅用双稳态电路还无法实现信息存储，因为双稳态电路所处的状态是随机的，无法控制。在双稳态电路的基础上，配上适当的输入控制电路就可以构成实用的存储部件，即各种触发器。D 锁存器和 D 触发器是时序逻辑电路中应用非常广泛的部件。一种用 CMOS 传输门和反相器构成的 D 锁存器是 VLSI 中更常用的电路结构，如图 1.1-32 所示。当 $\phi=1$ 时传输门 TG_1 导通，TG_2 断开，输入数据 D 经过两级反相器输出；当 $\phi=0$ 时传输门 TG_1 断开，外部信号不起作用，TG_2 导通，使两个反相器输入、输出交叉耦合，构成一个双稳态电路保持原来的数据。锁存器是电平触发，在 ϕ 为高电平期间，输入信号变化输出也随之变化，因此，在一个时钟周期内可能出现输出信号多次变化。为了保证一个时钟周期内输出信号只能翻转一次，应该采用主-从结构的 D 触发器，图 1.1-33 给出了 D 触发器的电路结构。当 $\phi=0$ 时前面的主锁存器接受输入信号，这个信号不能传送到后面的从锁存器，从锁存器处于保持状态，因此，即使 D 信号变化，输出状态也不会改变。当 $\phi=1$ 时主锁存器处于保持状态，从锁存器接受主锁存器保持的信号，从而保证输出状态稳定。这种主-从结构的 D 触发器是时钟边沿触发，对于图 1.1-33 的电路，输出状态决定于时钟上升边的输入状态。

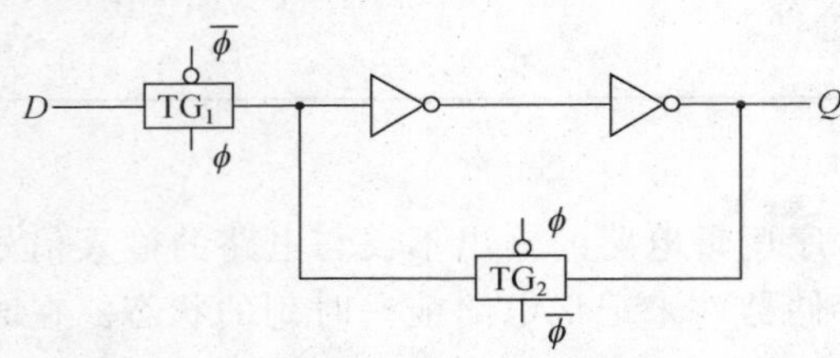

图 1.1-32 D 锁存器结构

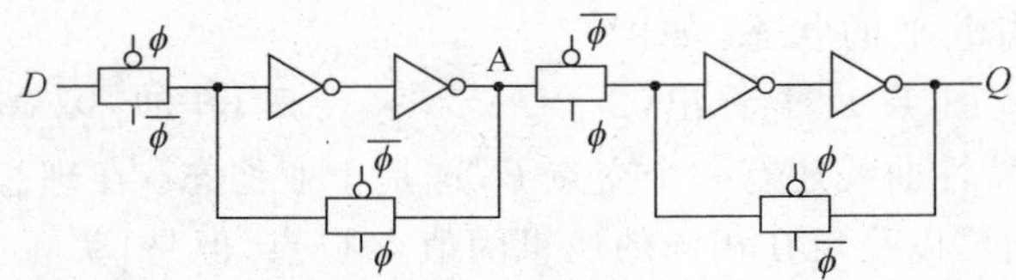

图 1.1-33 主-从结构 D 触发器

实际数字系统中常常需要有直接置位和复位控制的触发器，因此要把单端输入的反相器改为2输入的与非门或者或非门，而且采用双端输出，输出信号再经过反相器提高驱动能力。图1.1-34是给出了一个用或非门实现的D触发器电路结构。该电路还有一个改进，就是减少了输出信号Q经过的逻辑门，从而提高了输出响应速度。

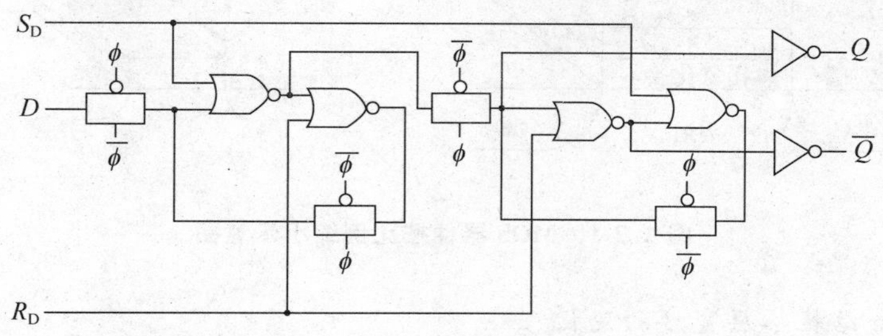

图1.1-34　一个实际的D触发器电路结构

1.2　按比例缩小理论

器件尺寸的缩小会对器件性能和电路性能带来影响，特别是MOS晶体管沟道长度的缩小会引起各种短沟效应。为了在提高集成度的同时使电路性能也不断改善，器件尺寸的缩小不能是任意的，必须遵从一定的规则。人们在这方面进行了理论和实践的研究。1974年R. H. Dennard等人首先提出了MOS器件"按比例缩小"(scaling down)的理论[9]。由于影响器件性能的许多效应都与器件内的电场有关，按比例缩小理论的基本出发点就是维持器件内部的电场不变，从而避免随着器件尺寸缩小使电场增强而带来的问题。这种维持器件内部电场不变的按比例缩小规则就叫作"恒定电场规则"，简称为CE(Constant Electric-field)规则。当然，在实际发展中并不是完全遵循CE规则。下面将分析器件尺寸缩小的规则以及器件尺寸不断减小的影响。

1.2.1　CE规则按比例缩小理论

在本章分析中如果没有特别说明都是以增强型nMOS为例讨论器件尺寸缩小的性能变化。图1.2-1示意地画出按CE规则缩小前后的MOS晶体管结构，按照CE规则，器件尺寸(包括横向尺寸和纵向尺寸)、工作电压和衬底掺杂浓度三个方面都按同样的比例因子变化。首先，所有的器件尺寸都缩小α倍($\alpha>1$)，如图所示，$L'=L/\alpha$，$W'=W/\alpha$，$t'_{ox}=t_{ox}/\alpha$，$x'_j=x_j/\alpha$；其次，加到器件各端点的工作电压也按同一比例系数缩小，即$V'=V/\alpha$；另外衬底掺杂浓度要按同样的比例系数增大，即$N'_A=\alpha N_A$。由于工作电压与器件尺寸按同样比例缩小，使得器件内部电场保持不变，因此这种缩小规则叫做恒定电场按比例缩小，即CE规则。

下面分析一下按CE规则缩小后的器件性能是如何变化的。

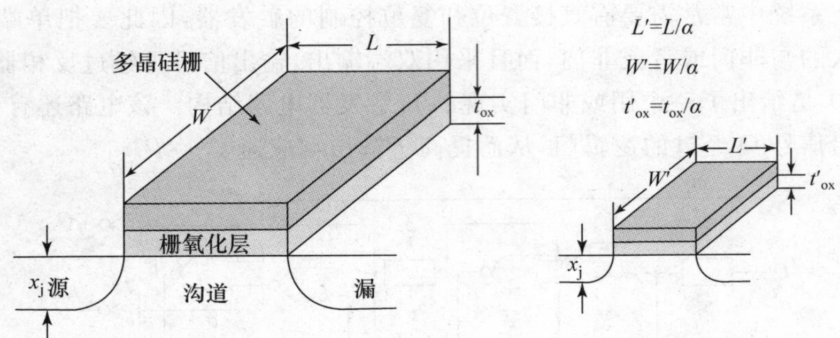

图 1.2-1 MOS 器件按比例缩小示意图

1. 源、漏 pn 结耗尽层宽度的变化

MOS 晶体管的源、漏区和衬底形成 pn 结，在正常工作时，源、漏 pn 结处于零偏压或反偏压，有一定的 pn 结耗尽层宽度。如果 MOS 晶体管的沟道长度缩短而源、漏 pn 结耗尽层宽度不能按比例缩小，将会造成源、漏 pn 结耗尽层连通，使器件无法正常工作。因此，要求源、漏 pn 结耗尽层宽度和沟道长度一样按比例缩小。

对于 nMOS 器件，工作时漏 pn 结上有较大的反偏压，因此主要考虑漏 pn 结耗尽层宽度的变化，耗尽层宽度用式

$$x_{\rm d}=\left[\frac{2\varepsilon_0\varepsilon_{\rm si}}{qN_{\rm A}}(V_{\rm bi}+V_{\rm DS}-V_{\rm BS})\right]^{1/2} \tag{1.2-1}$$

计算，其中 $V_{\rm bi}$是 pn 结自建势，$V_{\rm BS}$是 MOS 晶体管的衬底偏压。器件按比例缩小后，$N'_{\rm A}=\alpha N_{\rm A}$，$V'_{\rm DS}=V_{\rm DS}/\alpha$，$V'_{\rm BS}=V_{\rm BS}/\alpha$，则

$$x'_{\rm d}=\left[\frac{2\varepsilon_0\varepsilon_{\rm si}}{qN'_{\rm A}}(V_{\rm bi}+V'_{\rm DS}-V'_{\rm BS})\right]^{1/2}=\left\{\frac{2\varepsilon_0\varepsilon_{\rm si}}{q\alpha N_{\rm A}}[V_{\rm bi}+(V_{\rm DS}-V_{\rm BS})/\alpha]\right\}^{1/2}$$

当 $V'_{\rm DS}-V'_{\rm BS}\gg V_{\rm bi}$时，

$$x'_{\rm d}\approx x_{\rm d}/\alpha \tag{1.2-2}$$

通过按比例降低工作电压和提高衬底掺杂浓度，可以使源、漏 pn 结耗尽层宽度和外部尺寸一样按比例缩小。

2. 阈值电压的变化

按比例缩小后器件的阈值电压可以用式

$$V'_{\rm T}=\phi'_{\rm MS}-\frac{Q_{\rm ox}}{C'_{\rm ox}}+2\phi'_{\rm F}+\left[\frac{2\varepsilon_0\varepsilon_{\rm si}qN'_{\rm A}}{C'^{2}_{\rm ox}}(2\phi'_{\rm F}-V'_{\rm BS})\right]^{1/2} \tag{1.2-3}$$

计算。由于氧化层电荷及界面态是不按比例变化的，假定 $Q_{\rm ox}$不变。栅氧化层厚度按比例缩小，即 $t'_{\rm ox}=t_{\rm ox}/\alpha$，使栅氧化层电容按比例增大，即 $C'_{\rm ox}=\alpha C_{\rm ox}$。另外，由于衬底掺杂浓度的变化，使 $\phi'_{\rm MS}$和 $2\phi'_{\rm F}$都发生变化。但是 $\phi'_{\rm F}$是与 $N'_{\rm A}$的增加成对数关系，$\phi'_{\rm MS}$和 $2\phi'_{\rm F}$都不能严格按比例变化，因此 $\phi'_{\rm F}$的变化妨碍了阈值电压的精确按比例变化。不过，考虑到 $2\phi_{\rm F}$ 和 $\phi_{\rm MS}$符

号相反，大致抵消，可以近似忽略这两项变化的影响，则

$$
\begin{aligned}
V'_{\mathrm{T}} &\approx -\frac{Q_{\mathrm{ox}}}{C'_{\mathrm{ox}}}+\frac{\sqrt{2\varepsilon_0\varepsilon_{\mathrm{si}}qN'_{\mathrm{A}}(2\phi'_{\mathrm{F}}-V'_{\mathrm{BS}})}}{C'_{\mathrm{ox}}} \\
&\approx \frac{1}{\alpha}\left[-\frac{Q_{\mathrm{ox}}}{C_{\mathrm{ox}}}+\frac{1}{C_{\mathrm{ox}}}\sqrt{2\varepsilon_0\varepsilon_{\mathrm{si}}qN_{\mathrm{A}}(2\phi_{\mathrm{F}}-V_{\mathrm{BS}})/\alpha}\right] \\
&\approx V_{\mathrm{T}}/\alpha
\end{aligned} \tag{1.2-4}
$$

为了使上式第二项能严格按比例缩小，要求 $2\phi'_{\mathrm{F}}-V'_{\mathrm{BS}}=(2\phi_{\mathrm{F}}-V_{\mathrm{BS}})/\alpha$，这就要求有较大的衬底偏压。

3. 器件工作电流的变化

根据 MOS 晶体管导通电流公式(1.1-6)可以得到按比例缩小后器件的工作电流

$$I'_{\mathrm{D}}=\frac{W'}{L'}\mu_{\mathrm{eff}}C'_{\mathrm{ox}}\left[(V'_{\mathrm{GS}}-V'_{\mathrm{T}})V'_{\mathrm{DS}}-\frac{1}{2}V'^{2}_{\mathrm{DS}}\right] \tag{1.2-5}$$

由于器件尺寸按同一比例因子缩小，$W'=W/\alpha$，$L'=L/\alpha$，$t'_{\mathrm{ox}}=t_{\mathrm{ox}}/\alpha$，而器件的工作电压也按同一比例缩小，$V'_{\mathrm{GS}}=V_{\mathrm{GS}}/\alpha$，$V'_{\mathrm{DS}}=V_{\mathrm{DS}}/\alpha$，若认为阈值电压也近似按同一比例缩小，即 $V'_{\mathrm{T}}=V_{\mathrm{T}}/\alpha$，则可以看出按 CE 规则缩小后的器件，其导通电流也缩小 α 倍，即

$$I'_{\mathrm{D}}=I_{\mathrm{D}}/\alpha \tag{1.2-6}$$

尽管电流缩小 α 倍，但是由于沟道宽度也缩小 α 倍，所以单位沟道宽度的电流密度不变。另外由于单位面积栅氧化层电容增大 α 倍，使器件的导因子不是缩小而是增大 α 倍。

$$\beta'=\frac{W'}{L'}\mu_{\mathrm{eff}}C'_{\mathrm{ox}}=\alpha\beta \tag{1.2-7}$$

上面的分析中假定载流子的有效迁移率不变，实际上由于衬底掺杂浓度的提高，迁移率要稍微降低一些，这会对导电因子和工作电流带来影响。图 1.2-2 和图 1.2-3 比较了按 CE 规则缩小前后 2 个器件的实际测量特性[9]。从图中可以看出按比例缩小后器件的特性基本符合 CE 理论的预计。

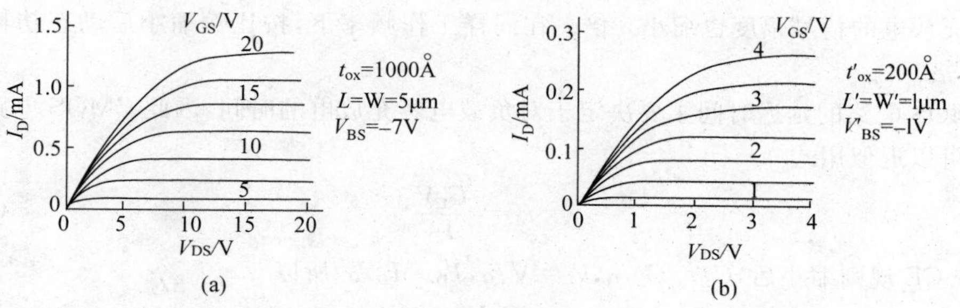

图 1.2-2　按比例缩小前后 MOS 晶体管的输出特性

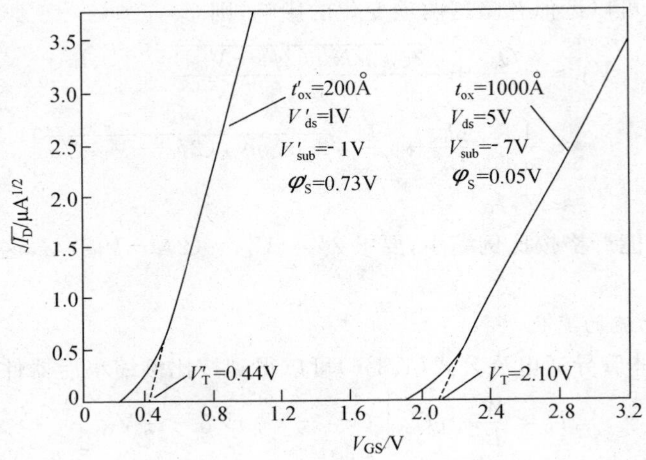

图 1.2-3　按比例缩小前后 MOS 晶体管的输入特性

4. 电路的功耗和延迟时间的变化

电路的功耗决定于工作电流和电压的乘积，按 CE 规则缩小后的器件，其工作电流缩小 α 倍，另外由于工作电压也缩小 α 倍，因此使电路的静态功耗有 α^2 倍的降低。

$$P'_S = I'_D \cdot V'_{DD} = I_D/\alpha \cdot V_{DD}/\alpha = P_S/\alpha^2 \tag{1.2-8}$$

不过，对于数字 CMOS 电路，没有静态直流导通电流，静态功耗是由各种泄漏电流引起的。对 CMOS 电路，主要是工作中对负载电容充放电所消耗的动态功耗，它由下式计算：

$$P_D = C_L V^2 f \tag{1.2-9}$$

在内部电路，负载电容 C_L 主要是下级 MOS 晶体管的栅电容，因此

$$C_L = C_{ox} WL \tag{1.2-10}$$

按比例缩小后，$C'_L = C'_{ox} W'L' = C_L/\alpha$，负载电容比原来缩小 α 倍。另外工作电压缩小 α 倍，使电容充放电的信号幅度也缩小 α 倍。在同样工作频率下，按比例缩小后动态功耗比原来减小 α^3 倍。

CMOS 电路的延迟时间主要决定于对负载电容充放电的时间，因此 CMOS 电路的门延迟时间可以近似用式

$$t_d = \frac{C_L V}{I_D} \tag{1.2-11}$$

估算，按 CE 规则缩小后，$C'_L = C_L/\alpha$，$V' = V/\alpha$，$I'_D = I_D/\alpha$，所以

$$t'_d = \frac{C'_L V'}{I'_D} = t_d/\alpha \tag{1.2-12}$$

也就是说按比例缩小后的 CMOS 电路的门延迟时间比原来缩小 α 倍，因而使电路工作速度得到提高。考虑到工作速度的改善，使工作频率可以提高 α 倍，因此，电路的动态功耗也和静态功耗一样近似比原来缩小 α^2 倍。

在一定工艺水平下提高速度和降低功耗总是互相矛盾的，一般常用功耗-延迟乘积(power-delay productor, PDP)作为反映电路性能的电路优值。可以看到按CE规则缩小后使电路优值得到很大的改善。

$$(PDP)' = P't'_{\mathrm{d}} = PDP/\alpha^3 \tag{1.2-13}$$

以上分析说明，集成电路中的器件按CE规则缩小，不仅可以使集成度提高，而且可以使电路性能得到改善。概括起来，恒定电场规则按比例缩小可以得到三方面重要改善：一是集成度 α^2 倍增长，二是使电路速度 α 倍提高，三是功耗有 α^2 倍的缩小。

1.2.2　CV规则按比例缩小理论

尽管恒定电场规则按比例缩小给集成电路带来三方面改善，但是要求电源电压与器件尺寸同样按比例减小的方案实际上并没有被普遍接受。因为自20世纪70年代中期5V电源电压的集成电路已成为标准产品，为了整机使用的方便，必须考虑各种电路产品的兼容性，因此希望保持标准的5V工作电压。实际上在相当长一段时间内，尽管集成电路中的器件尺寸不断缩小，但是集成电路一直保持着5V工作电压。这样，就发展起恒定电压的按比例缩小规则，即CV(constant voltage)规则。按CV规则缩小时，器件的横向尺寸和纵向尺寸如沟道长度 L、沟道宽度 W、栅氧化层厚度 t_{ox} 和源、漏结深 x_{j} 都同样缩小 α 倍，但是所加电压保持不变。为了使耗尽层宽度随器件尺寸一起缩小，则衬底掺杂浓度必须增大 α^2 倍。按CV规则缩小后器件性能变化如下。

1. 源、漏结耗尽层宽度变化

$$x'_{\mathrm{d}} = \left[\frac{2\varepsilon_0\varepsilon_{\mathrm{si}}}{qN'_{\mathrm{A}}}(V_{\mathrm{bi}} + V_{\mathrm{DS}} - V_{\mathrm{BS}})\right]^{1/2} = x_{\mathrm{d}}/\alpha \tag{1.2-14}$$

这里忽略了衬底掺杂浓度变化对pn结自建势 V_{bi} 的影响。由于电压保持不变，衬底掺杂浓度增大 α^2 倍，使耗尽层宽度和其他器件尺寸一样，按比例缩小 α 倍。

2. 阈值电压的变化

$$V'_{\mathrm{T}} = \phi'_{\mathrm{MS}} - \frac{Q_{\mathrm{ox}}}{C'_{\mathrm{ox}}} + 2\phi'_{\mathrm{F}} + \frac{[2\varepsilon_0\varepsilon_{\mathrm{si}}qN'_{\mathrm{A}}(2\phi'_{\mathrm{F}} - V_{\mathrm{BS}})]^{1/2}}{C'_{\mathrm{ox}}} \tag{1.2-15}$$

按比例缩小后，$C'_{\mathrm{ox}} = \alpha C_{\mathrm{ox}}$，$N'_{\mathrm{A}} = \alpha^2 N_{\mathrm{A}}$，忽略表面势的变化，公式中最后一项在缩小前后保持不变。由于 ϕ'_{MS} 和 $2\phi'_{\mathrm{F}}$ 基本抵消，衬底掺杂浓度变化的影响也可以不考虑。只是由于栅氧化层电容的增大，第2项缩小 α 倍，但这项总体上说影响较小。按CV规则，希望阈值电压和其他工作电压一样保持不变。一般可以通过离子注入来调节阈值电压，使之达到期望值。

3. 器件工作电流的变化

$$I'_{\mathrm{D}} = \beta'\left[(V_{\mathrm{GS}} - V_{\mathrm{T}})V_{\mathrm{DS}} - \frac{1}{2}V_{\mathrm{DS}}^2\right] \tag{1.2-16}$$

前面已经分析过，器件尺寸按比例缩小后，其导电因子增大 α 倍，即 $\beta' = \alpha\beta$，故按CV规则缩小后器件的导通电流也增大 α 倍。当然衬底掺杂浓度有 α^2 倍增长，会使载流子的有效迁移率下降，使导电因子增大不到 α 倍。实际上按 CV 规则缩小后，器件的导通电流近似增大 $\sqrt{\alpha}$ 倍。由于 MOS 晶体管沟道宽度缩小 α 倍，而电流增大 α 倍，这将使单位沟道宽度的电流密度增长 α^2 倍。这是按 CV 规则缩小后带来的一个问题。

4. 电路功耗和延迟时间的变化

由于工作电压保持不变，按 CV 规则缩小后器件导通电流呈 α 倍增长，使电路的静态功耗也呈 α 倍增长，即

$$P'_{\mathrm{S}} = I'_{\mathrm{D}}V_{\mathrm{DD}} = \alpha I_{\mathrm{D}}V_{\mathrm{DD}} = \alpha P_{\mathrm{S}} \tag{1.2-17}$$

按比例缩小后，内部电路的负载电容缩小 α 倍，$C'_{\mathrm{L}} = C_{\mathrm{L}}/\alpha$。由于工作电压不变，而导通电流 α 倍增加，使得按 CV 规则缩小后电路的门延时间呈 α^2 倍缩小。

$$t'_{\mathrm{d}} = \frac{C'_{\mathrm{L}}V}{I'_{\mathrm{D}}} = \frac{(C_{\mathrm{L}}/\alpha)V}{\alpha I_{\mathrm{D}}} = t_{\mathrm{d}}/\alpha^2 \tag{1.2-18}$$

这说明器件按 CV 规则缩小，使电路的工作速度可以有 α^2 倍的改进。这也正是 CV 规则在相当长一段时间内实施的一个重要原因。

当然速度的提高是以增加功耗为代价的。特别是由于器件尺寸的缩小，使得单元电路的面积也以 α^2 倍缩小，因而使每功能电路的功耗密度以 α^3 倍增长，这是 CV 规则按比例缩小的一个严重问题。但是按 CV 规则缩小后电路的优值仍然得到了改善，尽管不如 CE 规则改善大，

$$(PDP)' = P' \cdot t'_{\mathrm{d}} = \alpha P \cdot t/\alpha^2 = PDP/\alpha \tag{1.2-19}$$

概括起来，恒定电压规则按比例缩小带来的好处是：集成度呈 α^2 倍增长，使电路速度呈 α^2 倍提高，另外，保持工作电压不变，有利于整机使用，也使电路的噪声容限不下降。

1.2.3 优化的按比例缩小规则

恒定电场按比例缩小可以使集成电路的集成密度和工作速度有很大改善，但是要求不断降低工作电压，这给使用带来不便。由于希望维持标准的 5V 工作电压，从而使恒定电压规则的按比例缩小在实际上持续了相当长的时间。然而，当器件尺寸缩小到一定程度，如进入到深亚微米阶段，强电场及高功耗和功耗密度引起的各种问题限制了按 CV 规则的进一步缩小，电源电压必须降低。为了不使阈值电压太低而引起亚阈值泄漏电流，实际上电源电压下降比器件尺寸下降有所减缓，也就是说，在 CMOS 集成电路发展中实际上采用的不是完全等比例的缩小，而是广义的等比例缩小，或者说是优化的按比例缩小规则[10,11]。在 20 世纪 90 年代以后 CMOS 集成电路发展中实际采用是不等比例缩小规则，器件尺寸仍然呈 α 倍缩小，而电源电压以一个较小的比例因子缩小，尽管器件内的电场会有所增加，但是可以维持电场的分布不变，这就是准恒定电场（quasi-constant electric-field, QCE）规则。表 1.2-1 列出了这种 QCE 按比例缩小规则[11]。

表 1.2-1　准恒定电场按比例缩小规则

参　数	缩小的比例系数
器件尺寸	$1/\alpha$
电压	ε/α
掺杂浓度	$\varepsilon\alpha$
电场强度	ε

由于电压缩小的比例因子比 CE 规则乘了一个 $\varepsilon(\alpha>\varepsilon>1)$ 倍，使电压下降减缓；同时使衬底掺杂度以 $\varepsilon\alpha$ 倍增大，保持耗尽层宽度和器件尺寸一样按比例缩小，从而维持器件内部电场分布不变，只是各处场强增大 ε 倍。只要 ε 比较小，电场强度增加不明显。

按这种规则缩小后器件的导通电流变为：

$$I'_{\mathrm{D}} \propto \beta' V'^2 = \alpha\beta \cdot \left(\frac{\varepsilon}{\alpha}V\right)^2 = \frac{\varepsilon^2}{\alpha}I_{\mathrm{D}} \tag{1.2-20}$$

电流比缩小前增大了 ε^2/α 倍，比按 CE 规则缩小的器件增大 ε^2 倍。

电路的延迟时间变化是：

$$t'_{\mathrm{d}} \propto C'_{\mathrm{L}}\frac{V'}{I'_{\mathrm{D}}} = \frac{1}{\varepsilon\alpha}t_{\mathrm{d}} \tag{1.2-21}$$

相对 CE 规则在工作速度上有 ε 倍提高。

按比例缩小后单位功能电路的功耗是：

$$P' \propto I'V' = \frac{\varepsilon^3}{\alpha^2}P \tag{1.2-22}$$

按比例缩小后单位功能电路的功耗是原来的 ε^3/α^2 倍，若 $\varepsilon^3/\alpha^2>1$，则功耗增加。

这种按比例缩小的好处是可以使电路工作速度比按 CE 规则有更大的改善，但是功耗又不会显著增加。不过由于电场强度增大 ε 倍，当 ε 大到一定程度，高场下的速度饱和效应以及为抑制热载流子效应采用 LDD 结构而增加的源漏区串联电阻的影响会使速度增长减小。对 ε 的另一个限制是功耗，根据动态功耗的公式 $P=C_{\mathrm{L}}V^2 f$，在工作频率一定的条件下，这种按比例缩小规则使功耗比按 CE 规则缩小有 ε^2 倍增长。

图 1.2-4 给出了 CMOS 集成电路实际按比例缩小的变化[11]，图中给出了三代典型产品。可以看出，栅氧化层厚度的减小近似与沟道长度呈线性变化。图右上角标注的管子宽度和连线电容的数值是针对 $L=1\ \mu\mathrm{m}$ 那一代的，对后两代产品相应缩小。电压的缩小比器件尺寸缩小减缓，近似为 L 缩小比例的平方根关系。尽管电压缩小比例减缓，但是由于速度饱和及源、漏区串联电阻的影响，实际延迟时间的改善只是近似与沟道长度减小成线性关系，并没有更大的改进。

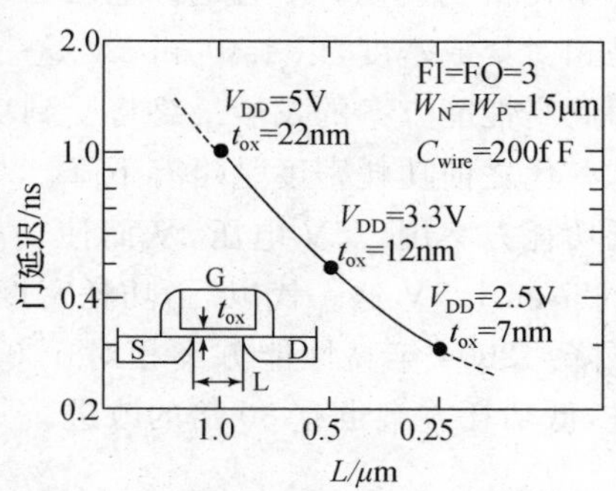

图 1.2-4　CMOS 按比例缩小的性能变化

另外，在实际按比例缩小过程中，也不希望连线宽度缩小太多，因此可以采用更优化的不等比例缩小。器件的沟道长度和栅氧化层厚度按 α_d 的因子缩小，而沟道宽度和连线宽度(一般是单元电路内部连线)按另一比例因子 α_w 缩小。这样，速度按比例因子 α_d 增加，集成密度按 α_w^2 的规律改善，电压以 ε/α_d 的比例变化，则在恒定频率的条件下，功耗密度比一般的 QCE 规则减小 α_w/α_d 倍，比 CE 规则增大 $\varepsilon^2\alpha_w/\alpha_d$[11]。

1.2.4 CMOS 按比例缩小的趋势

从以上分析看出，为了提高电路速度，希望电源电压缩小的比例减缓，即采用尽可能大的 ε，但是 ε 的增大使器件内部的电场增强，强电场将引起电路的可靠性问题，而且强电场引起的载流子速度饱和等问题也会限制速度的提高。另一方面，为了降低电路的功耗，适应电池供电的便携式系统的要求，又希望电源电压更快地下降。然而阈值电压要随电源电压一起下降又将导致电路泄漏电流增大，而使静态功耗增加。在未来 CMOS 按比例缩小的过程中如何满足这些矛盾的要求呢，这就需要根据电路的应用要求采取不同的方案。为此提出了两种按比例缩小的方案：一个叫做“高性能方案”，是以提高速度为主要目标；另一个叫做“低功耗方案”，是以功耗作为优化的目标。高性能方案为了获得更高的工作速度，电压下降得更为缓慢，当然电压的选择也要保证可靠性的要求；低功耗方案是以牺牲速度来换取更低的功耗，电压下降较快。

图 1.2-5 比较了按“高性能方案”和“低功耗方案”缩小后器件内部电场的变化和功耗密度的变化[11]。电场以 CE 规则作为参考基准，该图(a)中最上面的曲线是高性能方案。对应每代器件的沟道长度，电源电压的确定是在保证有足够可靠性的情况下用速度最优化得到的。该图中第二条曲线是低功耗方案。这个方案的目标是降低功耗，从而可以在按比例缩小的 CMOS 电路中保持一定的功耗密度，同时使速度相对高性能方案下降不超过 1.5 倍。该图中第三条曲线是按 CE 规则缩小的情况，用来进行对比。该图中括号内的数字是电源电压。CE 规则是恒定在 5 V/μm 的电场下，以 1.0 μm 沟道长度为起点，对应这个尺寸 CMOS 工作在 5V 电压性能相对功耗是最优化的。图 1.2-5(b)比较了高性能和低功耗方案的功耗密度变化。尽管电源电压在减小，但是由于器件密度的极大增加(图中括号内的数字是相对集成密度，以 1.0 μm 5V 这一代集成度为 1.0)，高性能方案的功耗密度有明显增加，因此高性能方案的发展最终将受到功耗密度的限制。低功耗方案在缩小到 0.25 μm 1.5V 这一代之前功耗密度是略有下降。对 0.25 μm 这一代，高性能方案采用 2.5V 电源电压，而低功耗方案用1.5V 电压，从而使功耗密度减小 3.5 倍，而性能退化大约是 30%。然而从 0.25 μm1.5V 这一代以后，功耗密度增加，这是因为阈值电压不能太小限制了电源电压的下降。2004 年高性能方案相对 1.0 μm 5V 这一代技术在功耗-延时乘积上有 110 倍的改进，低功耗方案也有 80 倍的改进。

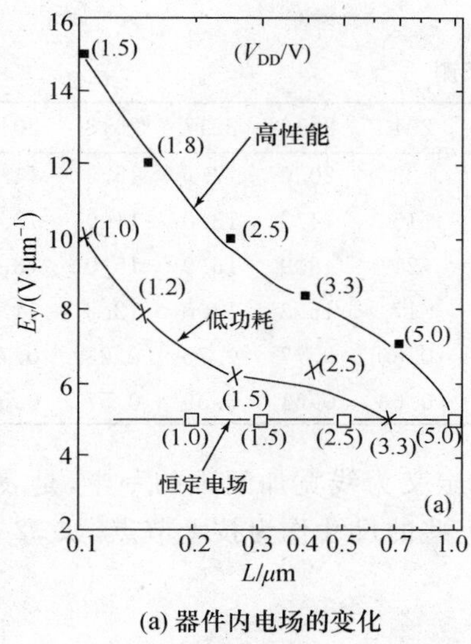

(a) 器件内电场的变化

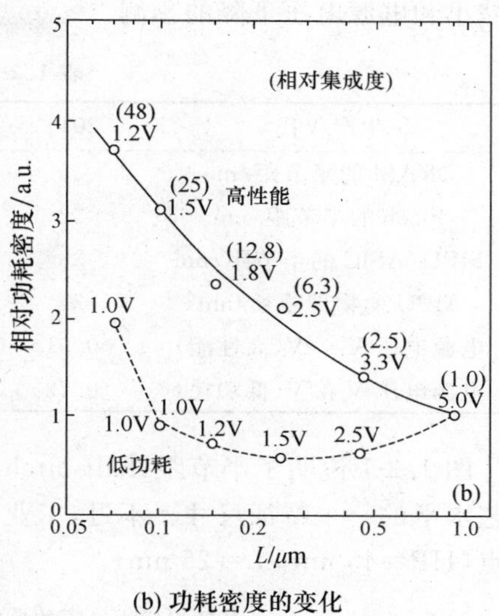

(b) 功耗密度的变化

图 1.2-5 高性能和低功耗方案的性能比较

图 1.2-6 比较了"高性能方案"和"低功耗方案"的电路延迟时间，可见"低功耗方案"是以牺牲速度来换取功耗和功耗密度的降低[12]。因此，在实际按比例缩小的发展中要根据应用要求采用更优化的方案。

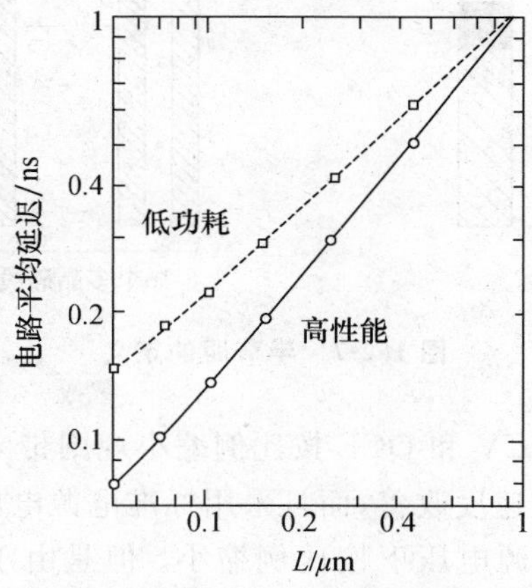

图 1.2-6 高性能和低功耗方案电路延迟时间的比较

器件尺寸缩小的趋势一直是半导体业界关注的问题，也是研究的一个热点。国际半导体技术发展蓝图(International Technology Roadmap for Semiconductors，ITRS)就是专家们给出的发展预测。ITRS 一般 1—2 年更新一次，表 1.2-2 给出了 ITRS 2011 年对器件尺寸缩小和电源电压下降的预测[13]。

表 1.2-2　ITRS2011 年的预测

生产年代	2011	2012	2013	2014	2015	2016	2017	2018	2019
DRAM 的半节距/nm	36	32	28	25	23	20.0	17.9	15.9	14.2
Flash 的半节距/nm	22	20	18	17	15	14.2	13.0	11.9	10.9
MPU/ASIC 的半节距/nm	38	32	27	24	21	18.9	16.9	15.0	13.4
MPU 的物理栅长/nm	24	22	20	18	17	15.3	14.0	12.8	11.7
电源电压 V_{DD}/V(高性能)	0.91	0.87	0.85	0.82	0.80	0.77	0.75	0.73	0.71
电源电压 V_{DD}/V(低功耗)	0.72	0.70	0.67	0.65	0.63	0.61	0.59	0.57	0.55

图 1.2-7 说明了半节距(half pitch，HP)的含义，它定义为线宽加间距的一半，是表征工艺水平的一个特征尺寸。不过，工业界常用比 HP 小一些的尺寸作为技术节点，如 32 nm 节点(HP＝45 nm，L＝25 nm)。

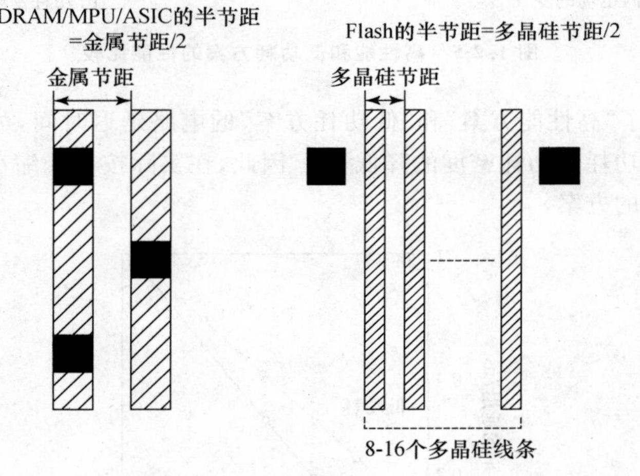

图 1.2-7　半节距的定义

表 1.2-3 总结比较了 CE、CV 和 QCE 按比例缩小规则带来的器件和电路性能的变化。由于 CV 规则可以得到最大的速度改善，而且采用标准电源电压给使用带来方便，在相当长一段时间里都是在恒定 5V 电源电压下按比例缩小。但是由于功耗和场强的增加，限制了 CV 规则的缩小，在器件尺寸缩小到深亚微米以后，实际执行的是准恒定电场规则，电压缓慢下降。电压每降低一次，都要维持一定时间，在这段时间内器件尺寸仍在下降。也就是说电源电压按几个大的台阶下降，而器件尺寸按更小的台阶逐步下降。不过，当器件尺寸进入到纳米时代，电源电压下降的台阶越来越小，电压几乎和器件尺寸同步下降。图 1.2-8 说明了电源电压减小的趋势[3]。

表 1.2-3 MOS器件按比例缩小规则总结

参数	CE规则	CV规则	QCE规则
器件尺寸	$1/\alpha$	$1/\alpha$	$1/\alpha$
电压	$1/\alpha$	1	ε/α
掺杂浓度	α	α^2	$\varepsilon\alpha$
耗尽层宽度	$1/\alpha$	$1/\alpha$	$1/\alpha$
阈值电压	$1/\alpha$	1	ε/α
电流	$1/\alpha$	α	ε^2/α
负载电容	$1/\alpha$	$1/\alpha$	$1/\alpha$
电场强度	1	α	ε
电路门延迟	$1/\alpha$	$1/\alpha^2$	$1/\varepsilon\alpha$
功耗	$1/\alpha^2$	α	ε^3/α^2
功耗密度	1	α^3	ε^3
功耗—延时乘积	$1/\alpha^3$	$1/\alpha$	ε^2/α^3

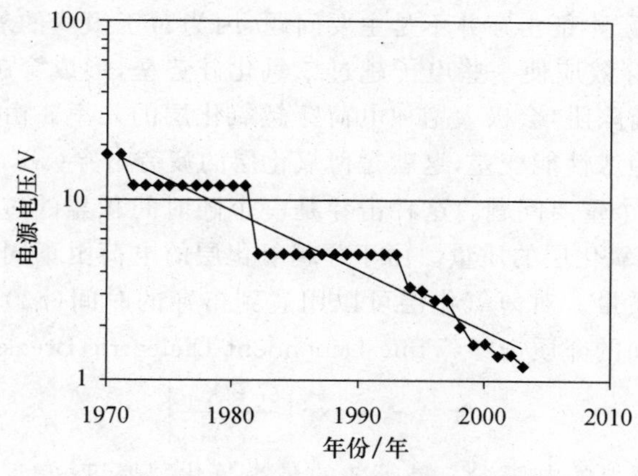

图 1.2-8 电源电压减小的趋势

总之，CE规则是按比例缩小的理论基础，但实际执行的是QCE规则，而在一段时间内又往往维持CV规则。

1.3 高场效应对小尺寸器件性能的影响

在MOS器件尺寸缩小过程中，电源电压或者在一段时间维持不变，或者以较小的比例因子下降。由于电源电压的下降比起器件尺寸缩小要缓慢，这就造成实际器件中的电场强度不断增加。对缩小到深亚微米乃至纳米尺度的MOS器件，必须考虑强电场可能引起的问题。

1.3.1 栅氧化层减薄的限制

根据按比例缩小理论，在MOS器件尺寸缩小过程中，为了抑制短沟效应和提高MOS晶体管的导电因子，MOS晶体管的栅氧化层厚度t_{ox}基本和沟道长度L一起按同样比例缩小。当L缩小到0.1 μm (100 nm)时，相应的栅氧化层厚度约3 nm，制备这样薄的氧化层要求工艺控制精度必须在原子线度之内，要采用原子层淀积(Atomic Layer Deposition, ALD)技术。即使不考虑工艺技术的限制，也还有很多问题将限制氧化层的减薄，主要是：氧化层的击穿和可靠性，薄氧化层的隧穿电流对器件和电路性能的影响，多晶硅栅耗尽和反型层电容引起的器件性能退化等问题。

1. 氧化层的击穿和可靠性

当氧化层中的电场强度超过一定界限，将会引起氧化层的击穿。在强电场下引起的碰撞-离化产生大量高能量的电子，这些电子可以越过二氧化硅禁带(9 eV)进入导带。大量电子进入导带破坏了二氧化硅的绝缘性，这就是绝缘介质的本征击穿。二氧化硅发生本征击穿的临界电场强度约10^7 V/cm。

不过，对于栅氧化层本征击穿并不是主要问题，因为对于很薄的氧化层，在达到本征击穿电场之前会由于隧穿效应使一些电子越过二氧化硅势垒，形成穿越氧化层的隧穿电流。如果氧化层中存在电荷陷阱，会极大增加电荷穿越氧化层的几率。由于电荷穿越氧化层会造成氧化层损伤使其绝缘性能变差，这就是薄氧化层的疲劳击穿(wear out)，它是薄氧化层MOS器件可靠性的一个重要问题。这种击穿是一个随时间积累的过程。过去常用达到击穿的电荷量Q_{bd}来评价氧化层的质量。由于穿越氧化层的电荷由不同机制产生，用Q_{bd}不能很好地反映氧化层的质量。对薄氧化层可以用达到击穿的时间(t_{bd})即氧化层的寿命来反映薄氧化层依赖于时间的介质击穿(Time Dependent Dielectric Breakdown, TDDB)特性。

$$t_{bd} = \tau_0 \cdot \exp\left|\frac{G \cdot X_{eff}}{V_{ox}}\right| \tag{1.3-1}$$

其中，V_{ox}是加在氧化层上的电压，X_{eff}是等效的最小氧化层厚度，它反映了工艺加工造成氧化层厚度不均匀的影响，以及氧化层内的缺陷造成局部电荷俘获率提高或使$Si\text{-}SiO_2$势垒高度下降的作用。公式中G和τ_0是反映$\ln(t_{bd})$与氧化层电场的倒数($1/E_{ox}$)成线性关系的斜率和截距，它们是与温度有关的常数，在室温下，$G \approx 360$ MV/cm，$\tau_0 \approx 1\times10^{-11}$ s[14]。图1.3-1给出了根据公式和测量数据得到的氧化层寿命与氧化层上电压的关系[15]。

对于一定的工作电压，为了保证氧化层有一定的寿命限制了氧化层厚度的减小。如果要求氧化层有20年寿命，则要保证氧化层中的最大电场强度不超过8 MV/cm，由此限定了不同工作电压下的最小氧化层厚度。实际上因为缺陷的存在使氧化层的击穿电场降低30%左右。对于20年的寿命，实际允许的氧化层电场为5～5.5 MV/cm。为了保证器件的可靠性，实际要求的氧化层厚度要比理论预测的厚度大很多。

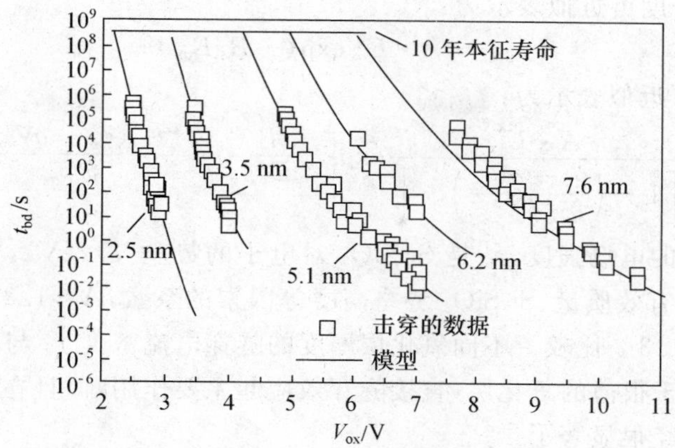

图 1.3-1 氧化层寿命与氧化层上电压的关系

2. 氧化层隧穿电流对器件性能的影响

由于工作电压不能和器件尺寸以同样的比例缩小，造成器件内部电场增强。当 MOS 器件的沟道长度缩小到 100 nm 以下，栅氧化层中的电场强度已经超过 5 MV/cm，电场的增强引起显著的隧穿电流。穿越栅氧化层的隧穿电流形成栅极泄漏电流，不仅破坏栅绝缘性，也使电路静态功耗加大。隧穿电流还会影响 MOS 器件的 I-V 特性和器件的阈值电压。另外，隧穿电流穿越氧化层，增加氧化层损伤，进一步降低了氧化层的可靠性。

对于 MOS 结构的隧穿电流机制已有大量的理论和实验研究。当栅氧化层厚度大于 6 nm 时，主要是 F-N(Fowler-Nordheim)隧穿电流。这种情况下，氧化层的势垒是三角形势垒，如图 1.3-2(a)[16] 所示。对于更薄的栅氧化层，则主要是直接隧穿电流，这种情况下，氧化层上的压降比 Si-SiO_2 的势垒高度小，隧穿势垒是梯形势垒，如图 1.3-2(b)[16] 所示。

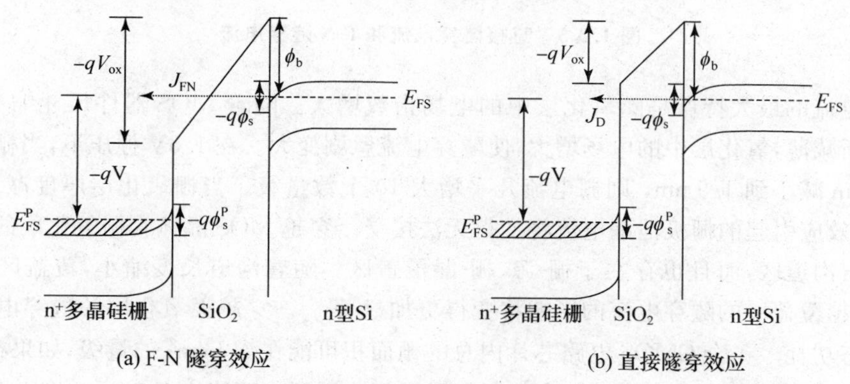

图 1.3-2 n^+ 多晶硅栅/SiO_2/n 型 Si 能带图

F-N 隧穿电流密度可近似表示为：

$$J_{FN} = A \cdot E_{ox}^2 \exp(-B/E_{ox}) \tag{1.3-2}$$

直接隧穿电流密度可近似表示为：

$$J_D = \frac{A \cdot E_{ox}^2}{\left[1-\left(\frac{\phi_b - qV_{ox}}{\phi_b}\right)^{1/2}\right]^2} \exp\left[-\frac{B}{E_{ox}} \cdot \frac{\phi_b^{3/2} - (\phi_b - qV_{ox})^{3/2}}{\phi_b^{3/2}}\right] \tag{1.3-3}$$

其中 E_{ox}是氧化层中的电场强度，ϕ_b 是 $Si\text{-}SiO_2$ 对电子的势垒（3.2eV），V_{ox}是氧化层上的电压，A、B 是依赖电子有效质量、$Si\text{-}SiO_2$ 势垒高度等因素的系数，$A \approx 1.25 \times 10^{-6}\ A/V^2$，$B \approx 233.5\ MV/cm$。图 1.3-3 比较了不同氧化层厚度的隧穿电流密度 J_g 与栅压 V_G 的关系[15]，从图中可以看出，对于很薄的氧化层，直接隧穿效应起主要作用，而且在较小的栅压（<3V）下，直接隧穿电流已经很显著了。

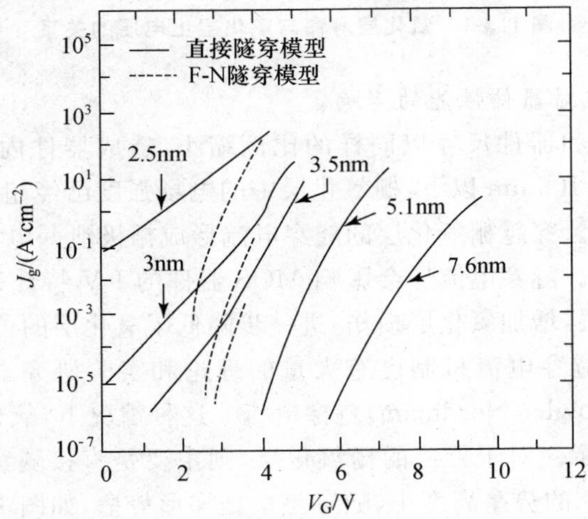

图 1.3-3　直接隧穿电流和 F-N 隧穿电流

隧穿电流的最大特点是随氧化层中的电场指数增大。随着 MOS 器件尺寸缩小，栅氧化层厚度不断减薄，氧化层中的电场增大，使隧穿电流急剧变大。在 1.5V 栅压下，当栅氧化层厚度从 3.6 nm 减小到 1.5 nm，则栅电流几乎增大 10 个数量级。当栅氧化层厚度减小到 2 nm 以下，隧穿效应引起的栅极泄漏电流将变得无法接受。穿越 MOS 晶体管栅氧化层的隧穿电流不仅存在于沟道区，而且也存在于栅-源、栅-漏覆盖区。随着沟道长度缩小，覆盖区所占的比例增大，穿越覆盖区的隧穿电流的影响将变得更加显著[17]。穿越栅氧化层的隧穿电流增加了电路的静态功耗。一个 CMOS 电路芯片内总的栅面积可能在 0.1 cm^2 的量级，如果在 1V 工作电压下允许的泄漏电流是 1 A/cm^2，由此限制了栅氧化层厚度不能小于 2 nm。图 1.3-4 是通过测量和模拟得到的不同栅氧化层厚度的 MOS 晶体管的栅电流与栅压的关系[18]，模拟结果是根据量子模型得到的。图中标出了由 1 A/cm^2 隧穿电流密度限定的栅氧化层厚度。

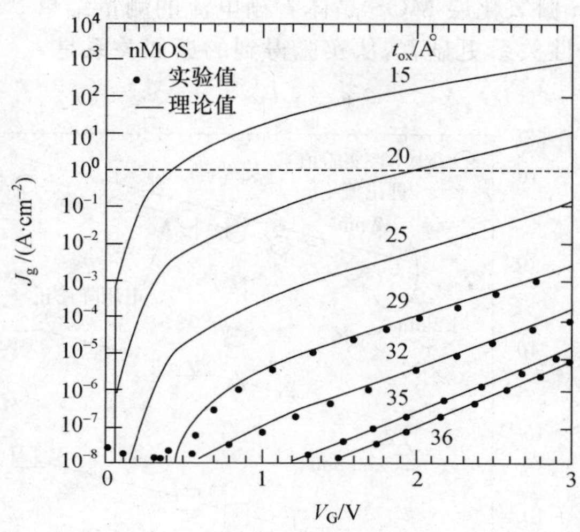

图 1.3-4　MOS 晶体管的 J_g-V_G 曲线

对于薄栅氧化层的 MOS 晶体管，穿越栅氧化层的隧穿电流还将影响器件的阈值电压，并造成阈值电压的起伏。栅电流要经过多晶硅栅和栅氧化层进入沟道，当氧化层减薄时氧化层的等效电阻 R_{SiO_2} 减小，从而使降在多晶硅电阻 R_{poly} 上的电压加大，使器件的阈值电压要增加 R_{poly} I_g，而且 I_g 电流的统计分布也将造成阈值电压的起伏。图 1.3-5 说明了 R_{poly} I_g 对阈值电压的影响[19]。

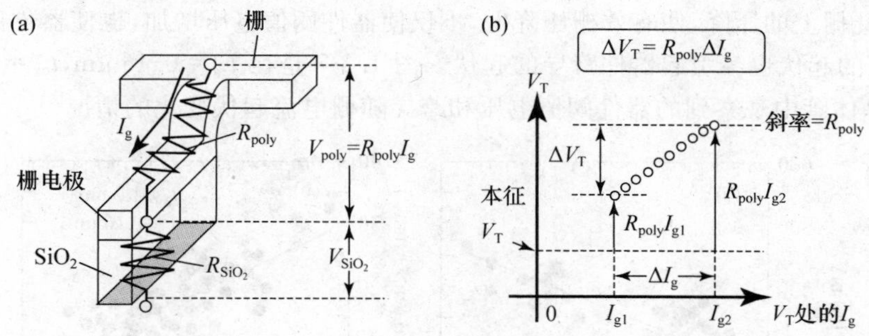

图 1.3-5　栅电流对器件阈值电压的影响

在一定的栅宽度条件下，栅电流随栅长增大而增大。图 1.3-6 给出了理论计算和测量得到的栅电流与栅长的关系，实线是基于多散射理论（multiple scattering theory，MST）的计算结果，符号表示实验测量数据，MOS 晶体管的沟道宽度固定为 10 μm，栅电压固定在 1.5V[19]。对 t_{ox}=1.2 nm 情况，考虑了隧穿电流在多晶硅栅的压降（R_{poly} I_g）的影响，得到的结果用虚线画出，可见，考虑了这个修正后使计算结果和实验数据更接近。图中还给出了

Momose 等人对 1.5 nm 栅氧化层 MOS 晶体管栅电流的测量结果[20]，他们得到的栅电流随栅长增加的关系要比线性关系更显著，从实验得到的近似关系是

$$I_g \propto L_g^{1.8} \tag{1.3-4}$$

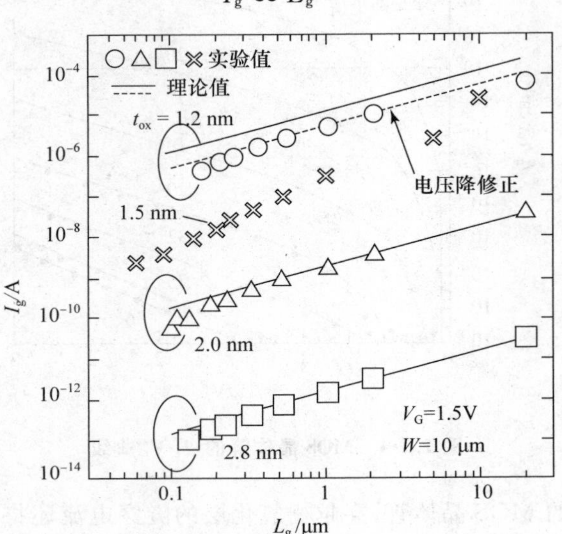

图 1.3-6　栅电流与栅长的关系

由于隧穿电流有一定的统计分布，栅氧化层越薄，隧穿电流越大，栅电流的偏差 σ（对应于 $\triangle I_g/I_g=10\%$ 的 $\triangle I_g$）也越大。栅电流的起伏变化将造成器件阈值电压的起伏。由于栅电流在多晶硅栅上的压降，使有效栅压降低，不仅使器件阈值电压增加，也使器件的跨导下降。同样，栅电流的起伏也会引起器件跨导的起伏。图 1.3-7 是在 $L_g=0.16\ \mu m$，$t_{ox}=1.2$ nm 的小尺寸 MOS 晶体管中观察到的器件阈值电压和跨导随栅电流起伏变化的情况[21]。

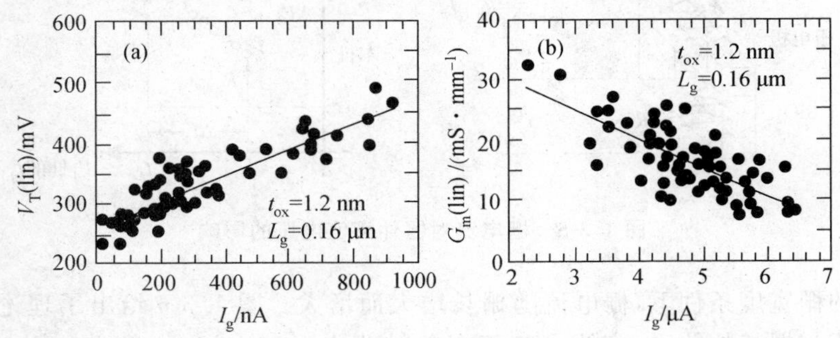

图 1.3-7　栅电流起伏对小尺寸 MOS 晶体管性能的影响

如果多晶硅的电阻比较大，栅电流在多晶硅栅上产生的压降对器件性能会带来很大影响。例如采用方块电阻 800 Ω/□的多晶硅栅，1.2 nm 栅氧化层，0.56 μm 的栅线条，如果

MOS 晶体管的宽度达到 10 μm，在 1.25V 栅压下隧穿电流在多晶硅栅的压降有 65 mV。这个影响是很显著的，当然，实际上宽度很大的 MOS 晶体管不会采用简单的直条栅结构。减小栅极电阻可以减小栅电流引起的压降。采用硅化物技术可以使栅的方块电阻减小到 10 Ω/□，则上述器件中栅电流引起的压降就可以忽略。但是随着栅氧化层减薄，隧穿电流增大，使等效的二氧化硅电阻减小，隧穿电流在多晶硅栅的压降相对加大。如果栅氧化层厚度减小到 1 nm 以下，即使采用硅化物技术，栅电阻相对栅氧化层的电阻也是不可忽略的。图 1.3-8给出了一个栅面积为 0.1 μm×10 μm 的 MOS 晶体管在 E_{ox} =5 MV/cm 情况下栅氧化层等效电阻(R_{SiO_2})与氧化层厚度的关系[19]。图中标出了多晶硅栅方块电阻为 800 Ω/□情况和采用硅化物后方块电阻降到 10 Ω/□的情况。从图中看出，若栅氧化层减薄到 0.8 nm，即使硅栅的方块电阻为 10 Ω/□，栅氧化层等效电阻和多晶硅栅电阻已经可以相比拟了，这种情况下，栅极隧穿电流引起器件阈值电压和跨导的变化就不容忽略了。特别是随着沟道长度减小栅线条越来越细，多晶硅栅电阻增大，这个问题会更突出。

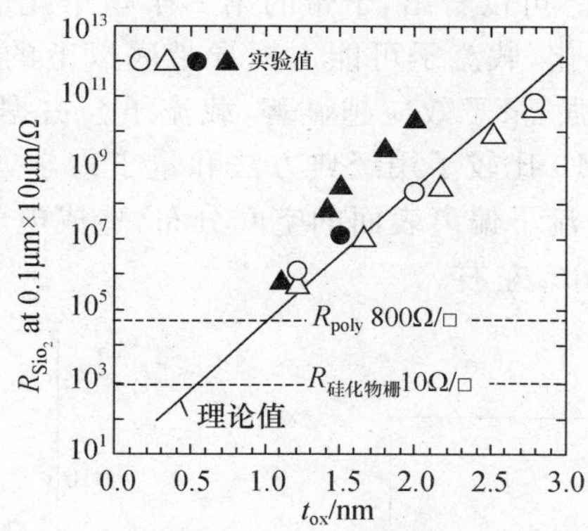

图 1.3-8　栅氧化层电阻与氧化层厚度的关系

3. 多晶硅栅耗尽和反型层量子化的影响

在 CMOS 电路中普遍采用高掺杂的多晶硅作栅电极，为了使 nMOS 和 pMOS 器件的阈值电压更对称，nMOS 和 pMOS 器件分别用 n^+ 多晶硅栅和 p^+ 多晶硅栅。过去都把高掺杂的多晶硅近似作为导体处理，其功函数由简并的 n 型硅或 p 型硅决定。实际上，即使是高掺杂多晶硅，其性能也和理想的导体不同。在栅氧化层不断减薄的情况下，必须考虑多晶硅栅耗尽效应造成的栅电容减小[22]。对多晶硅栅耗尽的处理可以类似于对 MOS 器件半导体表面耗尽的处理，在多晶硅中靠近二氧化硅界面处也会有能带弯曲和耗尽层电荷分布。在 E_{ox} =5 MV/cm 情况下，多晶硅栅的耗尽层厚度大约相当于 0.6 nm 的等效氧化层厚度，它使有效栅压损失 0.3V。当栅氧化层厚度减小到 6 nm 以下，多晶硅栅耗尽造成的等效氧化层厚度的增加就变得非常显著了。

在长沟道 MOS 器件中把反型层电荷作为薄层电荷处理，不考虑它的空间分布。当器件尺寸不断缩小时，器件内部电场增强，量子效应造成反型层电荷偏离表面的分布。半导体表面强反型或积累的情况，费米能级接近带边，对于这种强简并情况，经典力学的统计不再适用。根据量子力学（Quantum Mechanism，QM）模型，在垂直表面方向，反型层或积累层中的载流子被限制在一个势阱中，电子的能量是量子化的，只能占据一些分立的能级，但是电子在沿沟道的长、宽方向是可以自由运动的，因此形成一个二维分布的子带，如图 1.3-9 所示[23]。这是针对衬底掺杂浓度为 $N_A=1\times10^{18}\ cm^{-3}$、表面有一层 10 nm 厚的低掺杂外延层（$N_{EPI}=1\times10^{15}\ cm^{-3}$）、栅氧化层厚度为 3 nm 的 MOS 结构，图中给出了导带边和计算的前 20 个量子化能级，虚线是费米能级。

量子化能级的位置可以用式

$$E_n=\left[\frac{3hqE_s}{4\sqrt{2m_x}}\left(n+\frac{3}{4}\right)\right]^{2/3},\ n=0,1,2,\cdots \tag{1.3-5}$$

$$E_0-E_c\approx 22\ \mathrm{meV}$$

计算，其中 h 是普朗克常数，q 是电子电荷，E_s 是半导体表面垂直方向的电场强度，m_x 是垂直表面方向的电子有效质量。可以看出，子带的第一个量子化能级比导带底的能量高出约 22 meV。考虑到反型层量子化，载流子可能占据导带底以上的几个量子化能级，分布有一定的空间扩展。表面电场越强，量子效应越显著，载流子会占据更高能量的量子化能级，分布的空间扩展越大。图 1.3-10 比较了用经典方法和量子力学方法计算得到的 nMOS 中反型载流子的分布[24]。反型载流子偏离表面的空间分布，造成电学上的栅氧化层厚度比实际物理上的氧化层厚度大 0.5 nm 左右。

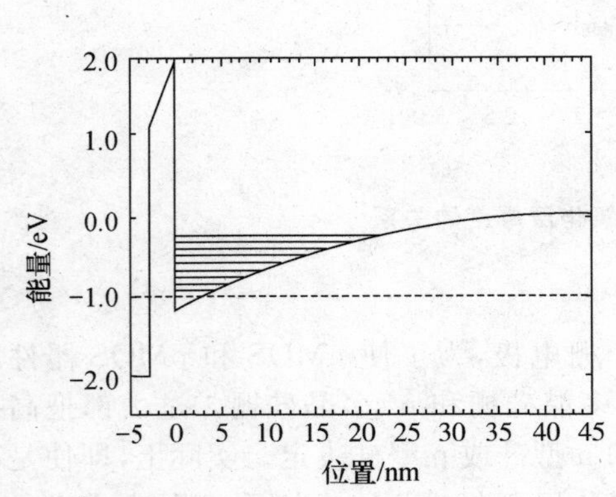

图 1.3-9 量子化的二维子带

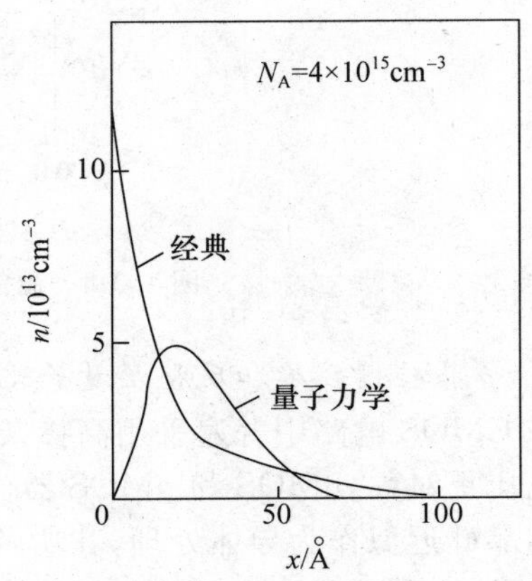

图 1.3-10 强反型条件下反型载流子的分布

图 1.3-11 示意说明多晶硅栅耗尽效应和反型层量子化的影响，使等效栅绝缘层厚度加大，等效栅电容减小。考虑到多晶硅栅的耗尽效应和反型层量子化的影响，MOS 晶体管的栅电容不再由栅氧化层的电容决定，而应由式

$$C_G=\left(\frac{1}{C_{ox}}+\frac{1}{C_p}+\frac{1}{C_s}\right)^{-1} \tag{1.3-6}$$

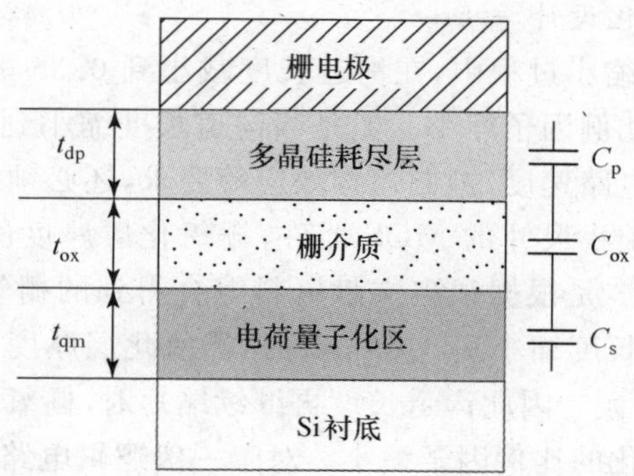

图 1.3-11 多晶硅栅耗尽效应和反型层量子化的影响

决定，其中 t_{ox} 是栅氧化层厚度、t_{dp} 是多晶硅耗尽层厚度、t_{qm} 是反型层量子化形成的分布厚度，$C_{ox}=\varepsilon_0\varepsilon_{ox}/t_{ox}$ 是单位面积栅氧化层电容，C_p 是描述多晶硅栅耗尽效应的多晶硅电容，C_s 是半导体表面反型层或积累层厚度决定的电容，反映了量子效应的影响。当栅氧化层比较厚时，C_{ox} 比起 C_p 和 C_s 小很多，公式(1.3-6)中的后 2 项可以忽略，栅电容基本上等于栅氧化层电容。但是当 t_{ox} 缩小到 10 nm 以下时，后 2 项的影响就变得不可忽略，这将造成有效栅电容的下降。图 1.3-12(a)是用模拟得到的 MOS 结构栅电容与栅氧化层电容的比例关系[25]。这是一个 n 型衬底 n^+ 硅栅的 MOS 结构，衬底浓度 $N_D=10^{17}\ cm^{-3}$，自由载流子浓度用费米-迪拉克(FD)统计。图中 $t_{ox,phys}$ 表示栅氧化层的物理厚度，图中给出了不同的多晶硅掺杂浓度的情况，并与金属栅情况进行了比较。从图中可以看出，多晶硅掺杂浓度越低，多晶硅耗尽效应的影响越大。当栅氧化层厚度小于 6 nm 时，若多晶硅的掺杂浓度低于 $10^{20}\ cm^{-3}$，将使栅电容减小 20%以上。当栅氧化层厚度减小到 10 nm 以下时，由于半导体表面反型层或积累层电容的影响，将使栅电容减小 10%左右。图 1.3-12(b)是根据图 1.3-12(a)的模拟结果算出的等效栅氧化层厚度的变化[25]。图中 $\Delta t_{ox}=t_{ox,eff}-t_{ox,phys}$。对于 n^+ 硅栅 p 型衬底的模拟结果与这个结果基本相同。

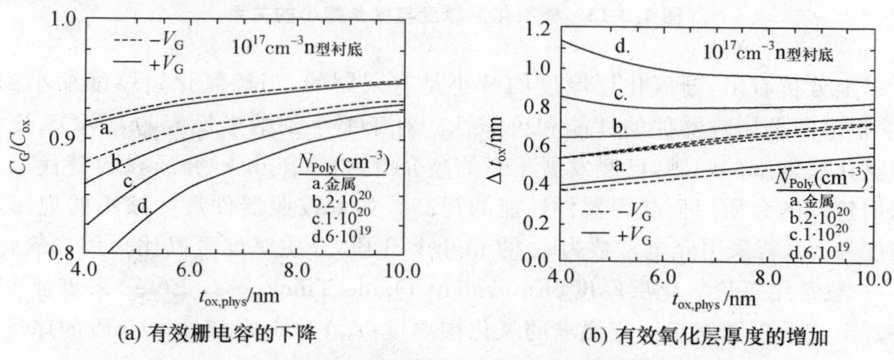

图 1.3-12 多晶硅栅耗尽和表面量子化对 MOS 结构性能的影响

4. 栅氧化层厚度的优化设计

在 CMOS 器件按比例缩小过程中，在沟道长度减小到 0.35 μm 以前，栅氧化层厚度基本上和沟道长度以相同的比例因子缩小。但是当沟道长度缩小到 0.35 μm 以下时，栅氧化层厚度的缩小不仅要考虑电路速度，抑制短沟效应等要求，还必须考虑氧化层的可靠性及等效栅电容减小等问题。对很小尺寸的 MOS 器件，栅氧化层厚度的选择要综合考虑各种因素进行优化设计。图 1.3-13 是根据很多文献资料综合得到的栅氧化层厚度随沟道长度减小而减小的规律[26]。沟道长度缩小到 0.35 μm 时，栅氧化层厚度减小到 3.5 nm，栅氧化层再减薄，隧穿电流将显著增大。因此沟道长度再继续缩短时，栅氧化层厚度必须以一个较小的比例因子减小，即按照优化的比例因子缩小。对于一般逻辑电路，2 nm 将是栅氧化层厚度的极限，而 DRAM 由于对泄漏电流要求更苛刻，氧化层厚度的下限大约是 3 nm。为了保证栅氧化层的可靠性对于一定的工艺还应限制工作电压。图 1.3-14 是综合考虑了氧化层的击穿、氧化层的隧穿电流以及器件稳定性等因素得到的工作电压与氧化层厚度的关系[27]。

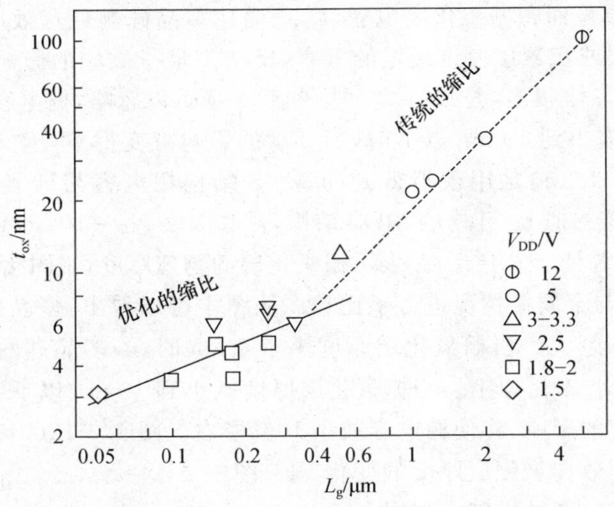

图 1.3-13　栅氧化层厚度与栅长缩小的关系

综合以上分析看出，栅氧化层厚度的减小是有限制的，当栅氧化层厚度缩小到几纳米时，会产生很多问题影响器件的性能和可靠性。对于缩小到纳米尺度的 CMOS 技术，为了避免薄栅氧化层带来的问题，已经发展了新的高介电常数(high-k)介质材料替代二氧化硅，这样可以用较厚的介质层而获得器件性能的提高。如果按照器件尺寸缩小的规律，要求栅氧化层厚度为 t_{ox}，若采用介电常数为 ε_k 的 high-k 介质，介质厚度可以比采用二氧化硅增大 $\varepsilon_k/\varepsilon_{ox}$ 倍。一般常用等价氧化层厚度(Equivalent Oxide Thickness, EOT)来表征 high-k 介质的水平。下式给出了对于一定要求的氧化层厚度(t_{ox})对应的 high-k 介质的厚度(t_k)，或者一定厚度的 high-k 介质对应的等价氧化层厚度。

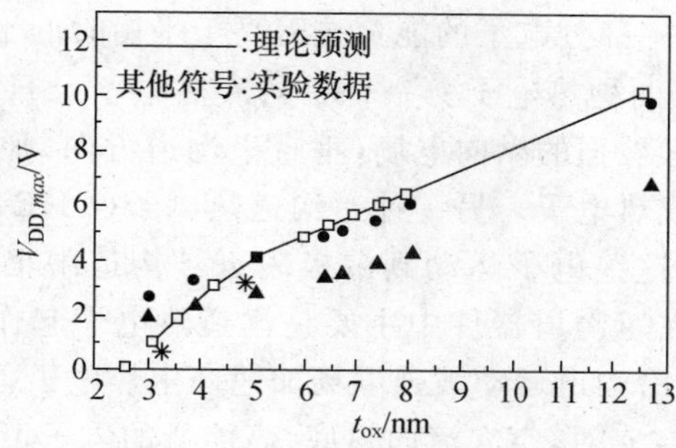

图 1.3-14　电源电压与氧化层厚度的关系

$$t_k = \frac{\varepsilon_k}{\varepsilon_{ox}} t_{ox}, \quad \mathrm{EOT} = \frac{\varepsilon_{ox}}{\varepsilon_k} t_k \tag{1.3-7}$$

从该式中看出，材料的介电常数越大，就可以采用更大的物理厚度而等价更小的氧化层厚度，这样既可以提高器件性能又可以减小隧穿电流。表 1.3-1 列出了一些介质材料的性能[28]。

表 1.3-1　一些栅介质材料的性能

材料	介电常数	带隙 E_g/eV	与硅的导带间距 ΔE_c/eV
SiO_2	3.9	8.9	3.2
Si_3N_4	7	5.1	2.4
Al_2O_3	9	8.7	2.8
Yb_2O_3	15	5.9	2.3
La_2O_3	30	4.3	2.3
Ta_2O_5	26	4.3	0.3
TiO_2	80	3.5	1.2
HfO_2	25	5.9	1.5
ZrO_2	25	5.8	1.4

为了避免多晶硅栅耗尽的影响，发展了 high-k 介质和金属栅结合的新型栅结构，而且对于 CMOS 中的 nMOS 和 pMOS 分别采用不同功函数的栅材料，以便使 nMOS 和 pMOS 获得更对称的性能。

1.3.2　热电子效应

1. 热电子产生的机制

电子在电场中运动的过程从电场获得能量，电子获得能量的速率为

$$Fv = q\mu E^2 \tag{1.3-8}$$

其中 F 是电场力，v 是电子漂移速度，q 是电子电荷，μ 是电子的迁移率，E 是电场强度。平衡时电子从电场中获得能量的速率等于将能量传递给晶格的速率。在按 CV 规则或 QCE 规则缩小的器件中，电场强度随器件尺寸减小而增加。强电场使载流子获得的能量高于在

运动中损失的能量,从而使一部分电子的能量显著高于平衡时的平均动能而成为热电子。

在 MOS 器件中存在着两种热电子。一种是衬底热电子(SHE),热电子的来源是衬底中的少子扩散到表面耗尽区被强的纵向电场(垂直于沟道方向)加速成为热电子,或者是表面耗尽区内产生的电子形成热电子。另一种是沟道热电子(CHE),沟道热电子的来源是沟道中正常导通电流的电子,这些电子运动到漏极附近被沟道中很强的横向电场(沿沟道方向)加速,而成为热电子。在短沟道器件中主要是沟道热电子起作用。图 1.3-15 说明沟道热电子的产生和影响,电子沿沟道运动被强电场加速产生热电子,这些高能量电子又引起碰撞-离化,进一步产生电子-空穴对,空穴流向衬底,高能量的电子可以发射到栅氧化层中。

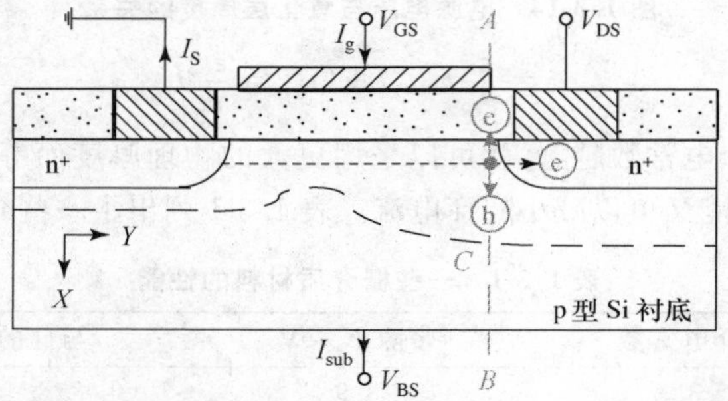

图 1.3-15 沟道热电子效应

我们可以用等效电子温度 T_e 来描述热电子。在电场很小时电子温度近似等于晶格温度 T_L,保持热平衡状态。随着电场增强,电子从电场中获得的能量大于电子传递给晶格的能量,使电子温度增加。图 1.3-16 给出了电子温度与晶格温度之比随电场强度的变化,实线是用下述模型公式计算的,圆点是用蒙特卡罗模拟的结果[29]。

$$T_e/T_L = 1 + \tau_E q v E \tag{1.3-9}$$

公式中 τ_E 是能量驰豫时间。

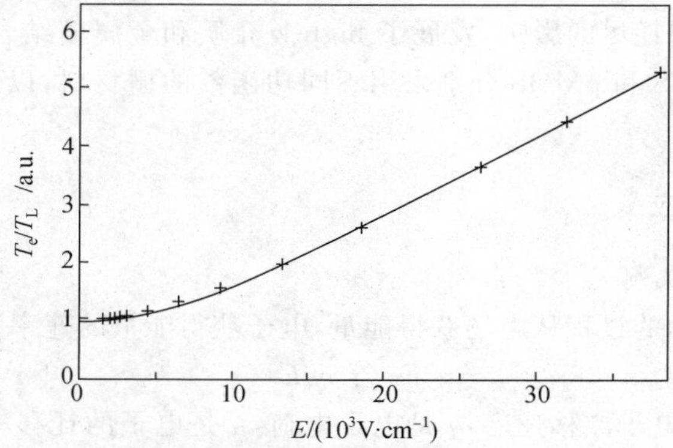

图 1.3-16 电子温度相对晶格温度与电场的依赖关系

从图 1.3-16 看出在电场较小时电子温度与电场强度是平方律的依赖关系，因为低场下电子的漂移速度 $v=\mu E$；当电场较强时电子温度随电场强度线性增加，这时已经出现漂移速度饱和，v 是常数。漂移速度饱和问题后面将讨论。

热电子效应会严重影响 MOS 器件及电路的可靠性。热电子可以越过 Si-SiO_2 势垒发射到栅氧化层中，引起器件阈值漂移、跨导退化等。热电子还可以引起碰撞-离化，进一步产生电子-空穴对，从而造成器件中的非正常电流。下面将分别讨论这些问题。

2. 热电子发射

在短沟道 MOS 器件中主要是沟道热电子。沟道中的电子在横向电场的作用下沿沟道运动，在运动中一方面从电场获得能量，另一方面又通过碰撞损失能量。由于在漏端附近电场很强，可能使一些电子在两次碰撞之间获得的能量足以克服 Si-SiO_2 势垒，电子就有一定几率越过势垒向氧化层发射。早在 1961 年 Shockley 就提出一个"幸运电子"模型来描述热电子发射[30]，后来 Verwey[31] 和 Ning[32] 等人进一步验证了这个模型，并用来研究衬底热电子发射。Hu 等人[33] 用"幸运电子"模型研究了沟道热电子发射。

假定沿沟道方向的电场恒定，用 E_y 表示，电子在电场中运动一段距离 d 而没有受到散射的几率正比于 $\exp(-d/\lambda)$，这段距离至少为 $d=\phi_b/qE_y$，ϕ_b 是 Si-SiO_2 势垒，对电子 $\phi_b\sim$ 3.2 eV，对空穴 $\phi_b\sim$4.9 eV。如果热电子从电场中获得足够的能量，并且通过弹性碰撞使其改变方向具有朝着 Si-SiO_2 界面的动量，它从距离界面 x_c 处发射到氧化层中的几率可以表示为：

$$P = A\exp(-x_c/\lambda) \tag{1.3-10}$$

其中 A 是经验拟合系数，λ 是电子运动的平均自由程，它由光学声子散射和碰撞-离化的自由程决定，即

$$\frac{1}{\lambda} = \frac{1}{\lambda_P} + \frac{1}{\lambda_I} \tag{1.3-11}$$

其中 λ_p 是光学声子散射决定的自由程，λ_I 是碰撞—离化决定的自由程。图 1.3-17 示意说明热电子的发射机制。位于 x_c 处的热电子应该至少具有的能量是[34]：

$$qV(x_c) = \phi_b - \Delta\phi - \alpha E_{ox}^{2/3} \tag{1.3-12}$$

公式中 $\Delta\phi$ 表示镜像力引起的 Si-SiO_2 势垒降低，随着氧化层中电场增强，镜像力引起势垒降低，例如，当 $E_{ox}=10^6$ V/cm 时，对电子的势垒高度大约降到 2.5 eV。第 3 项是考虑到有些热电子即使不具有足以克服 Si-SiO_2 势垒的能量，在氧化层中电场较强时也有足够大的几率隧穿到氧化层，公式(1.3-12)中的 α 也是拟合系数。取 $\alpha=1\times10^{-5}\,\mathrm{e}\cdot(\mathrm{cm}^2\cdot\mathrm{V})^{1/3}$，公式(1.3-10)中的 $A=2.9$，则上述公式可以有很广泛的适用范围。图 1.3-18 示意说明除了少数"幸运电子"可以越过 Si-SiO_2 势垒向氧化层发射，还有一些热电子可以隧穿越过氧化层[5]。

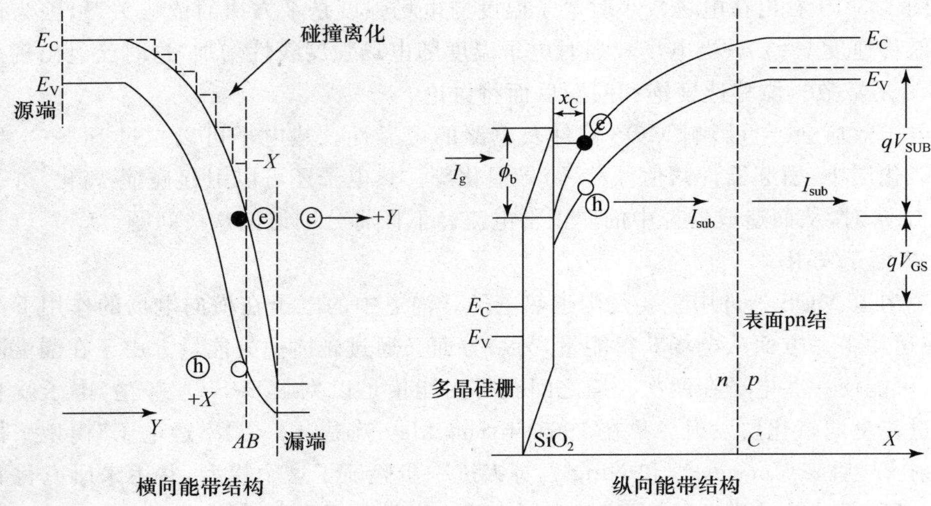

图 1.3-17　热电子发射的能带图

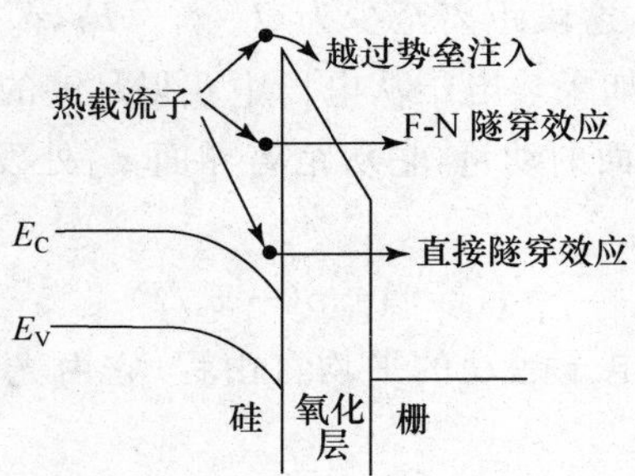

图 1.3-18　热电子发射和隧穿

3. 热电子效应的影响

向氧化层发射的热电子大部分被栅极拉走形成栅电流 I_g，有一部分发射到氧化层中的热电子被氧化层中的陷阱俘获，成为氧化层电荷，热电子还会在氧化层中产生界面陷阱，氧化层电荷和界面陷阱会随着时间而积累，引起阈值电压漂移、跨导降低，造成器件性能退化。图 1.3-19 说明了由于热电子效应引起的阈值电压随时间的漂移。热电子向栅氧化层发射还会造成氧化层损伤，降低氧化层的击穿电压。另外，栅氧化层损伤及氧化层电荷的增加将导致迁移率降低，使器件性能进一步退化。热电子发射形成的栅电流降低了 MOS 晶体管的输入阻抗，也增加了 CMOS 电路的静态功耗。热电子发射对常规 MOS 晶体管会带来不利影响，但是，在浮栅结构的不挥发性存储器件中，要利用热电子发射进行编程。这种器件将在第二章讨论。

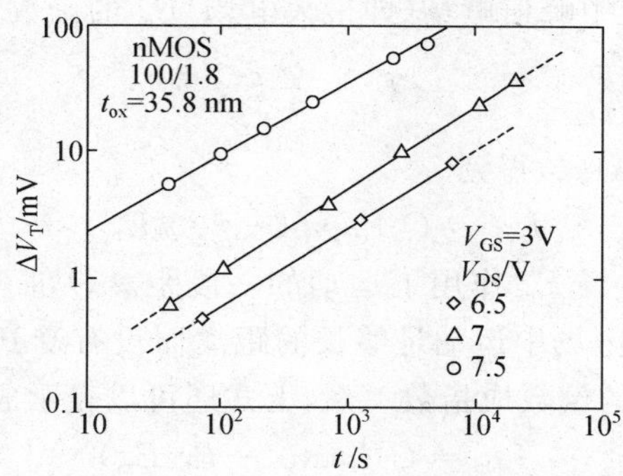

图 1.3-19　热电子效应引起的阈值电压漂移

热电子的另一个效应是引起碰撞-离化，高能量的热电子与晶格碰撞引起碰撞-离化，激发出电子-空穴对，一些电子被漏极收集，还有一些电子又被漏端电场加热为热电子，空穴则流入衬底形成衬底电流 I_{sub}。衬底电流在体电阻上产生压降，严重时可使源结正偏，引起寄生双极晶体管效应，也可能诱发 CMOS 电路的闩锁效应。高能量的热电子还可能在衬底中激发出光子，光子又在衬底中激发出电子，引起 p 型衬底中的少子电流 I_n。图 1.3-20 说明了热电子效应引起的几种非正常电流[35]。热电子效应引起器件的非正常电流严重影响了器件和电路的可靠性。下面分析这些电流的大小与什么因素有关[36]。

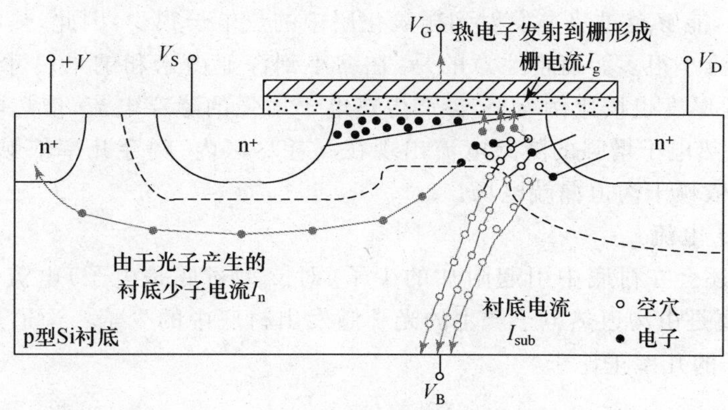

图 1.3-20　热电子效应引起的非正常电流

(1) 衬底电流

基于等效电子温度模型，衬底电流可以表示成

$$I_{sub} = C_1 I_D \exp(-\phi_i / kT_e) \tag{1.3-13}$$

式中 C_1 是经验拟合系数，ϕ_i 是产生碰撞-离化所要求的阈值能量，T_e 是等效电子温度。由于沟道热电子的来源是沟道中的电子，因此热电子效应与流过沟道的导通电流 I_D 成正比。

对于沟道热电子，T_e 是沟道中峰值电场(即最大电场)E_m 的函数，

$$T_e = \frac{q\lambda}{k} E_m \tag{1.3-14}$$

把 T_e 的表达式代入(1.3-13)式，得到

$$I_{sub} = C_1 I_D \exp(-\phi_i / q\lambda E_m) \tag{1.3-15}$$

式中 $\phi_i/q\lambda E_m$ 表示电子在电场 E_m 作用下运动的一段距离，从而获得产生碰撞-离化所必须的能量，指数项表示电子在电场中运动足够长的距离而没有受到碰撞损失能量的几率。考虑到碰撞-离化系数与电场的倒数成指数关系，上式还可以表示成

$$I_{sub} = C_1 I_D \exp(-B_i / E_m) \tag{1.3-16}$$

其中 $B_i \approx 1.7$ mV/cm 反映了碰撞-离化系数与电场的依赖关系，若 $\lambda = 8$ nm，$C_1 \approx 2$。

(2) 栅电流

栅电流主要决定于热电子向栅氧化层发射的几率。栅电流可以用下式计算：

$$I_g = C_2 I_D \exp(-\phi_b / q\lambda E_m) \tag{1.3-17}$$

式中 C_2 是与栅氧化层电场 E_{ox} 有关的系数。对沟道热电子

$$E_{ox} = (V_G - V_c) / t_{ox} \tag{1.3-18}$$

其中 V_c 表示沟道中出现热电子发射的某点电位。指数项表示电子获得高于势垒能量 ϕ_b 的几率。当 $V_{GS} > V_{DS}$ 时氧化层中的电场有助于把热电子拉向栅极，这时 C_2 约为 2×10^{-3}；当 $V_{GS} < V_{DS}$ 时 C_2 将迅速减小，因为这时氧化层中的电场方向是阻止电子向氧化层发射。由于 $\phi_b > \phi_i$ 且 $C_2 < C_1$，能够越过势垒发射到栅氧化层中的热电子很少，因此，热电子效应引起的栅电流比衬底电流小很多。值得注意的是，在缩小到深亚微米和纳米尺寸的 MOS 晶体管中，由于栅氧化层厚度也按比例缩小，会产生热电子增强的隧穿电流，使热电子效应引起的栅电流增加[37]。热电子增强的隧穿电流出现在漏耗尽区内，隧穿几率依赖于热电子能量，而热电子能量又依赖于沟道漏端电场。

(3) 衬底少子电流

热电子效应还会在衬底中引起附加的少子(对 p 型衬底是电子)电流 I_n。当 I_{sub} 很小时，I_n 的来源主要是由沟道热电子产生的光子激发出衬底中的少子。沟道热电子产生一个能量为 $h\nu$ 的光子的几率正比于

$$\exp(-h\nu / q\lambda E_m) \tag{1.3-19}$$

由此引起的衬底少子电流可以用下式计算：

$$I_n = C_3 I_D \exp\left(\frac{-1.3\ \text{eV}}{q\lambda E_m}\right) \tag{1.3-20}$$

式中 1.3 eV 为光子的平均能量，系数 $C_3 \approx 6\times10^{-5}$。若 $\lambda = 8$ nm，则上式可以表示为

$$I_n = 6\times10^{-5} I_D \exp(-1.625\times10^6 / E_m) \tag{1.3-21}$$

如果 I_{sub} 足够大，而且衬底电阻率较高，则衬底电流产生的衬底偏压可以使源结正偏。这种情况下 I_n 的主要来源是源区的电子发射。不管少子电流是哪种机制引起的，这些进入

衬底的电子很可能被附近高电位的 n^+ 区接收，引起附加的泄漏电流。对动态存储器，少子电流会破坏 n^+ 区存储的高电平信号，造成 DRAM 失效。由于有一部分光子在硅中穿透深度较大，被 n^+ 区收集的 I_n 会随收集的 n^+ 结点与发生热电子效应的 MOS 晶体管相隔的距离而变化。光子在硅中有一个约 800 μm 的有效衰减长度。第二种机制产生的少子电流会附加到沟道电流中，引起漏极电流增大，甚至引起一个正反馈作用，造成器件击穿，这个问题后面将讨论。

4. 沟道电场的简单模型

沟道热电子效应与沟道中的最大电场强度密切有关。由于在小尺寸器件中必须考虑电场的二维或三维分布，精确推导沟道电场是比较困难的。通过二维数值模拟与实验结合，可以得到一个准解析的漏端沟道最大电场强度(即峰值电场)的公式：

$$E_m = \frac{V_{DS} - V_{Dsat}}{l} \tag{1.3-22}$$

其中 V_{DS} 是器件的漏电压，V_{Dsat} 是引起载流子速度饱和的漏饱和电压，l 是经验因子。

下面根据高斯定理对 E_m 做一个近似推导。如图 1.3-21 所示，在漏极附近表面耗尽区取一个小矩形，根据高斯定理有：

$$-E_y x_j + (E_y + \Delta E_y) x_j + \left(-E_{ox} \frac{\varepsilon_{ox}}{\varepsilon_{si}} \Delta y\right) = \frac{\Delta y}{\varepsilon_0 \varepsilon_{si}} (qN_A x_j + Q_{ch}) \tag{1.3-23}$$

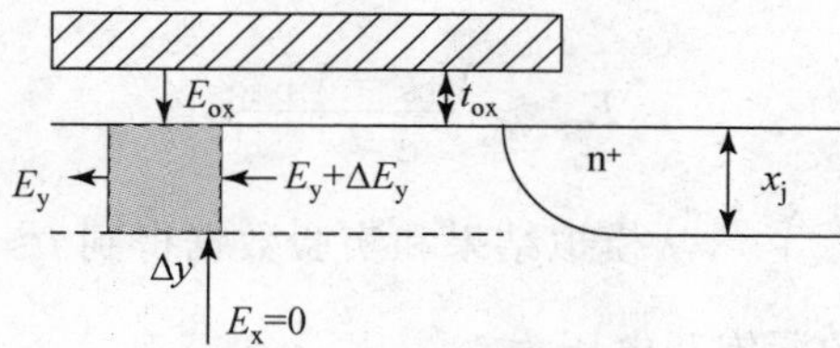

图 1.3-21　漏极附近的电场分布

式(1.3-23)中假定沟道宽度 $W=1$，Q_{ch} 是沟道中可动电荷的面密度。这个方程中有一个近似，把表面耗尽层厚度近似用源、漏区结深 x_j 代替。根据

$$E_y = -\frac{dV}{dy},\ E_{ox} = -\frac{V - V_{GS}}{t_{ox}}$$

可以得到电势分布的微分方程

$$-\frac{d^2 V}{dy^2} x_j + \frac{V - V_{GS}}{t_{ox}} \frac{\varepsilon_{ox}}{\varepsilon_{si}} = \frac{(qN_A x_j + Q_{ch})}{\varepsilon_0 \varepsilon_{si}} \tag{1.3-24}$$

设 $y=0$ 处的边条件为 $\frac{d^2 V}{dy^2}=0$，$V=V_{Dsat}$，则有

$$\frac{\varepsilon_{ox}}{\varepsilon_{si}} \frac{V_{Dsat} - V_{GS}}{t_{ox}} = \frac{qN_A x_j + Q_{ch}}{\varepsilon_0 \varepsilon_{si}} \tag{1.3-25}$$

将(1.3-24)式的右边用(1.3-25)式代入，得到

$$x_j \frac{d^2V}{dy^2} = \frac{\varepsilon_{ox}}{\varepsilon_{si}} \frac{V - V_{Dsat}}{t_{ox}} \tag{1.3-26}$$

求解这个微分方程，就可以得到漏极附近的电场，这里只给出电场强度的数值。

$$\begin{aligned} E_y &= \left| \frac{dV}{dy} \right| \\ &= \sqrt{\frac{(V - V_{Dsat})^2}{l^2} + E_{sat}^2} \end{aligned} \tag{1.3-27}$$

公式中的 l 由上述方程中的器件参数决定，即

$$l = \sqrt{\frac{\varepsilon_{si}}{\varepsilon_{ox}} x_j t_{ox}} \tag{1.3-28}$$

很多研究结果得到 $l=\sqrt{3t_{ox}x_1}$，其中，系数 3 是 ε_{si} 与 ε_{ox} 的比值，x_1 是与结深 x_j、表面耗尽层厚度 x_d 以及栅氧化层厚度 t_{ox} 等工艺参数有关的系数，而结深的影响最大，因此我们近似用结深 x_j 表示还是合理的。

在漏端 $V=V_{DS}$ 时 E 最大，即

$$E_m = \left[\frac{(V_{DS} - V_{Dsat})^2}{l^2} + E_{sat}^2 \right]^{1/2} \tag{1.3-29}$$

这里 E_{sat} 是载流子速度饱和的临界电场。当漏端电场远高于临界饱和电场 E_{sat} 时，漏端最大电场可近似为

$$E_m \approx \frac{V_{DS} - V_{Dsat}}{l} \tag{1.3-30}$$

从理论上推导出 $l=\left(\frac{\varepsilon_{si}}{\varepsilon_{ox}} x_j t_{ox}\right)^{1/2}$，从模拟结果和实验数据得到 $l \approx 0.2 x_j^{1/2} t_{ox}^{1/3}$[36]。

引起载流子速度饱和的漏饱和电压为

$$V_{Dsat} = \frac{(V_{GS} - V_T) L E_{sat}}{(V_{GS} - V_T) + L E_{sat}} \tag{1.3-31}$$

发生速度饱和的临界电场 E_{sat} 约为 4×10^4 V/cm。

由于 E_m 与电压 V_{DS} 和 V_{GS} 有关，因此热电子效应引起的非正常电流 I_{sub}、I_g 和 I_n 也随电压 V_{DS} 和 V_{GS} 变化。图 1.3-22 画出了 I_{sub} 和 I_g 随 V_{DS} 和 V_{GS} 的变化关系[38]。从图上看出，在一定的 V_{DS} 电压下，I_{sub} 和 I_g 都随 V_{GS} 呈钟形变化。这是因为 V_{GS} 较小时 I_D 随 V_{GS} 增加而增加，使 I_{sub} 和 I_g 增加；当 V_{GS} 较大时，V_{GS} 的增加使 V_{Dsat} 增加，从而使 E_m 减小，导致热电子减少。从图中看出 I_{sub} 和 I_g 的峰值大小与 V_{DS} 有关，它们的关系可近似表示为：

$$I_{sub,max} \propto \exp(-a/V_{DS}) \tag{1.3-32}$$

$$I_{g,max} \propto \exp(bV_{DS}) \tag{1.3-33}$$

式中 a、b 是由实验确定的系数。对于深亚微米器件和较低的工作电压，热电子效应引起的衬底电流和栅电流的变化规律没有明显改变[39]。

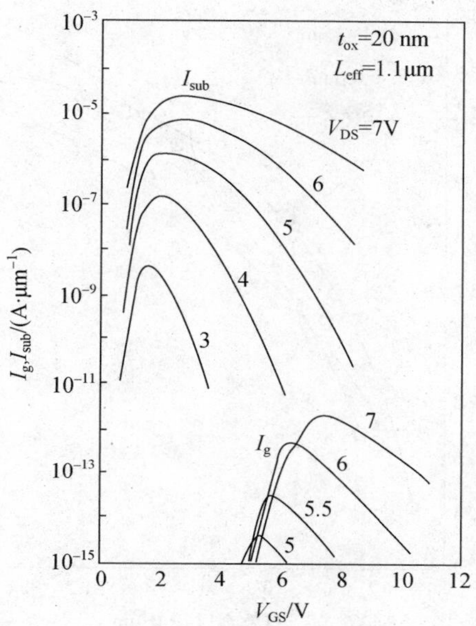

图 1.3-22　I_{sub} 和 I_g 随 V_{DS} 和 V_{GS} 的变化关系

从器件工作的可靠性出发，定义了一个热电子效应的临界电场 E_c，当 $E_m = E_c = 1.5\times10^5$ V/cm 时，$I_{sub}\approx 2\times10^{-5} I_D$，$I_g\approx10^{-15}I_D$，$I_n\approx6\times10^{-10}I_D$，在这个条件下器件可以可靠地工作。这个临界电场就决定了电源电压的上限。根据 E_m 的公式有

$$E_m = \frac{V_{DS} - V_{Dsat}}{l} \leqslant E_c \tag{1.3-34}$$

把 V_{Dsat} 表达式代入上式，并考虑到 $V_{GS}=V_{DS}$ 时 I_g 最大，故取 $V_{GS}=V_{DS}$，由此得到

$$V_{DS} - \frac{(V_{DS} - V_T)L_{eff}E_{sat}}{(V_{DS} - V_T) + L_{eff}E_{sat}} \leqslant lE_c \tag{1.3-35}$$

这是一个关于 V_{DS} 的二次方程，最后可以解出 V_{DS} 与器件参数和临界电场 E_c 及速度饱和的临界电场 E_{sat} 的关系，

$$V_{DS} \leqslant \frac{1}{2}\{lE_c + V_T + [(lE_c - V_T)^2 + 4L_{eff}E_{sat}(lE_c - V_T)]^{1/2}\} \tag{1.3-36}$$

这个式子是从抑制热电子效应考虑对最大工作电压的限制。

为了减小热电子效应的影响，对小尺寸器件的工作电压要有一定限制。很多研究表明，热电子效应造成器件性能退化的主要原因是：热电子产生的界面陷阱随时间的积累造成阈值电压增大、跨导减小以及迁移率降低。图 1.3-23 给出了保证器件有 10 年寿命所允许的电源电压与器件有效沟道长度的关系[39]。这里器件的寿命是指由于热电子效应造成器件导通电流退化 10%的时间。

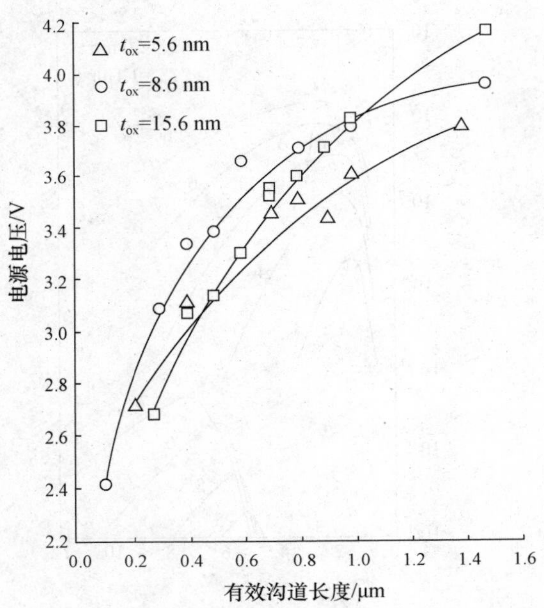

图 1.3-23 器件允许的电源电压随沟道长度的变化

5. 用 LDD 结构抑制热电子效应

从上面分析看出，沟道热电子效应强烈依赖于沟道中的最大电场强度 E_m。对于短沟道器件为了抑制热电子效应保证器件可靠工作，必须想办法降低漏端的最大电场 E_m。通过减小工作电压来减小 E_m 在实际工作中受到限制。采用轻掺杂漏(Lightly Doped Drain, LDD)结构可以很好地解决工作电压和漏端最大电场的矛盾，有效降低 E_m。考虑到 MOS 器件源、漏结构的对称性，一般源、漏区都增加轻掺杂区域。图 1.3-24 画出了 LDD 结构与常规 MOS 器件的差别以及对减小漏端最大电场的作用[40]。LDD 结构使漏端峰值电场的位置由沟道的漏端移到漏区内 $n^- n^+$ 结处，而且电场的峰值下降。通过选择合适的 n^- 区掺杂浓度及 n^- 区长度可以使 E_m 降到临界值以下，从而使器件可以安全工作。

采用 LDD 结构可以有效降低漏端的最大电场，但是轻掺杂区增加了源、漏区的寄生电阻，在保持同样沟道长度和源、漏接触区的情况，增加了器件面积，相比常规器件还要增加工艺步骤，这些是采用 LDD 结构要付出的代价。当沟道长度缩小到深亚微米以下时，LDD 区的掺杂浓度也要提高，在抑制热电子效应方面的优势也在减弱。

Duncan 等人研究了不同结构 nMOS 器件在按比例缩小过程中的热电子效应[41]。他们用蒙特卡罗模拟研究了 4 种结构的器件，分别是：常规 MOS 晶体管、LDD 结构、薄膜全耗尽 SOI 器件和薄外延层上制作的 MOS 器件，采用恒定电压(CV)按比例缩小和准恒定电场(QCE)按比例缩小，器件的沟道长度从 0.3 μm 缩小到 0.15 μm 和 0.075 μm，相当于缩小的

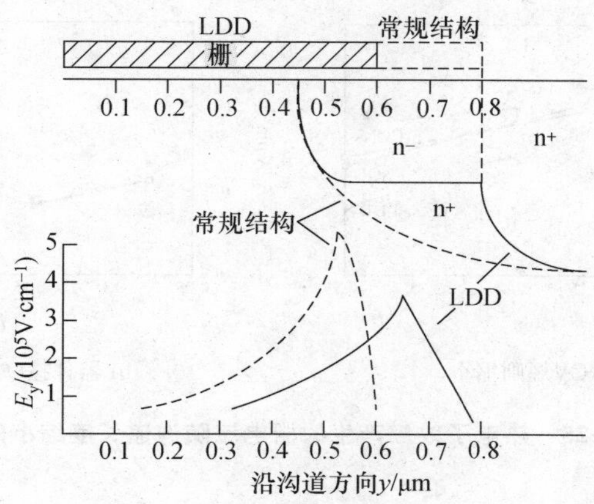

图 1.3-24　LDD 结构与常规 MOS 器件的差别以及对减小漏端最大电场的作用

比例因子 $\alpha=2$。在恒定电压缩小中 V_{DS} 和 V_{GS} 保持 3V 不变，在准恒定电场缩小中，电压以 $\sqrt{\alpha}$ 的因子缩小。图 1.3-25 展示了模拟得到的热电子效应产生的栅电流随沟道长度缩小的变化[41]，图(a)是按 CV 规则缩小，图(b)是按 QCE 规则缩小。可以看出如果器件尺寸缩小而电压不降低，热电子效应会越来越严重。在电压较大时采用 LDD 结构可以有效抑制热电子效应，但是，如果电压也随器件尺寸减小而相应减小，LDD 结构的优势将减弱。图(b)中器件尺寸缩小到 0.15 μm 以下栅电流又开始增加，这是因为对缩小到纳米尺度的器件栅氧化层很薄，隧穿作用显著，其中包括热电子增强的隧穿，从而引起栅电流增加。对于很薄的栅氧化层，隧穿电流将成为栅电流的主要部分，这时器件结构的差别就不明显了。图 1.3-26展示了模拟得到的热电子效应产生的衬底电流随器件尺寸缩小的变化[41]，图(a)是按 CV 规则缩小，图(b)是按 QCE 规则缩小。由于 SOI 器件中碰撞-离化产生的空穴不能流入衬底，因此，为了比较不同结构器件的性能，对 SOI 器件用碰撞-离化产生的载流子数目代替衬底电流。由于热电子引起碰撞-离化的位置主要在沟道和漏区的边界，LDD 结构降低了边界处的电场，对减小衬底电流的作用比较显著，但是从图中也看出 LDD 结构的优势对缩小到100 nm 以下的器件也有所减弱。对缩小到纳米尺度的器件，考虑到抑制短沟效应和减小源/漏区寄生电阻，采用较高掺杂浓度的极浅结深的源、漏延伸区(Source/Drain Extension, SDE)代替 LDD 结构，为了抑制热电子效应，工作电压要按一定比例减小，即采用准恒定电场按比例缩小。

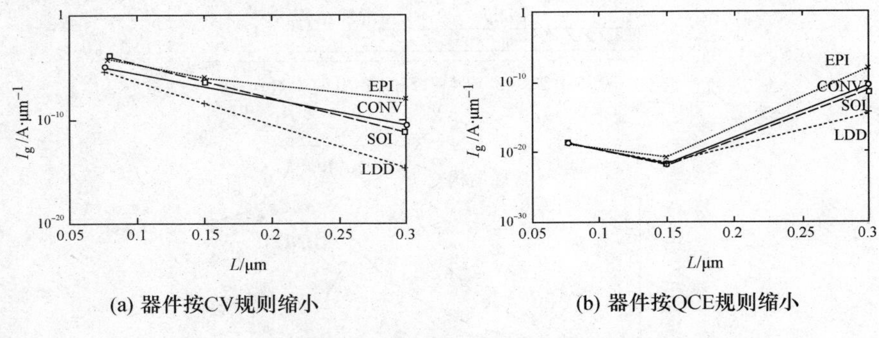

(a) 器件按CV规则缩小　　(b) 器件按QCE规则缩小

图 1.3-25　热电子效应产生的栅电流随沟道长度缩小的变化

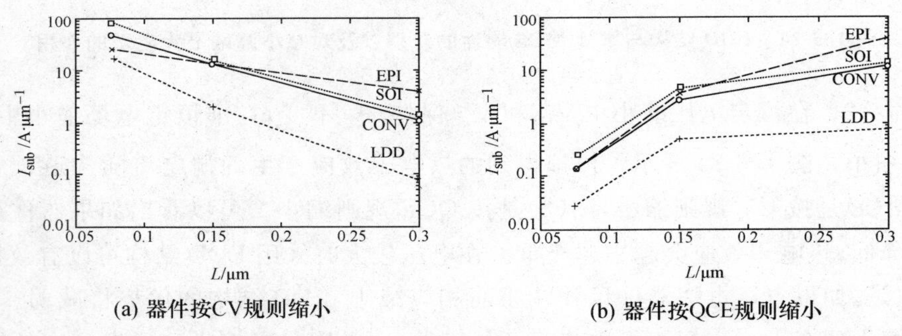

(a) 器件按CV规则缩小　　(b) 器件按QCE规则缩小

图 1.3-26　热电子效应产生的衬底电流随沟道长度缩小的变化

6. pMOS 器件的负偏压温度不稳定性

以上都是针对 nMOS 器件讨论的热电子效应，在 pMOS 器件中也存在热载流子问题，只是由于对空穴的 Si-SiO_2 势垒比电子高，且空穴产生碰撞-离化的离化率比电子低，热载流子问题没有 nMOS 中严重。目前，影响 pMOS 器件可靠性的主要问题是负偏压温度不稳定性(Negative Bias Temperature Instability，NBTI)。NBTI 是指 MOS 器件在负栅偏压和高温条件下产生正氧化层电荷和界面陷阱的问题，由于在 CMOS 电路中 pMOS 器件工作在负栅偏压条件，因此 NBTI 主要针对 pMOS 器件，它使得器件阈值电压(绝对值)和截止态泄漏电流增加、导通电流和跨导降低，从而引起器件性能退化。随着器件尺寸减小，栅氧化层减薄，氧化层中电场增强，加强了 NBTI 退化；另外，为了减小栅氧化层隧穿电流和抑制硼穿透，在小尺寸器件中采用掺氮的栅氧化层，而氮对 NBTI 效应有促进作用；特别是对于数字 VLSI 电路，集成度非常高，一个芯片上的晶体管数目已达到十几亿，单个器件的 NBTI 退化导致芯片失效的几率极大增加。因此，NBTI 已经成为影响现代集成电路可靠性的严重问题之一。这个问题首先是由 Miura 和 Matukura 提出的，随后 Bell 实验室和 RCA 公司等都对这个问题进行了深入研究[42]。现在 NBTI 已经是小尺寸器件可靠性的一个热点问题，得到了广泛关注。

NBTI 是一个热激活过程，激活能大约在 0.06—0.2eV[43]。NBTI 强烈依赖于栅氧化层中的电场，其幂函数的指数因子约为 2—3[44]。NBTI 引起的退化随应力时间是一个弱的幂函数，幂指数因子约为 0.2—0.3[44]。类似于热电子效应，对 NBTI 引起的可靠性问题，也是用电流退化 10%作为器件寿命的判据。

NBTI 引起的阈值电压漂移可以用式

$$\Delta V_T = -q(N_f + N_{it})/C_{ox} \quad (1.3\text{-}37)$$

计算，其中 N_f 是氧化层固定电荷的面密度，N_{it} 是界面态电荷的面密度，N_f 和 N_{it} 都是正值。图1.3-27 说明了 NBTI 引起的阈值电压漂移随应力时间幂函数增大，同时也表明在栅氧化层中掺氮增强了 NBTI 的作用[45]。

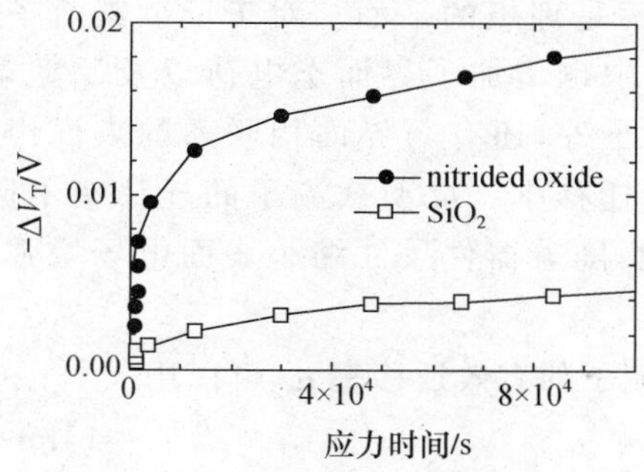

图 1.3-27　NBTI 引起的阈值电压漂移

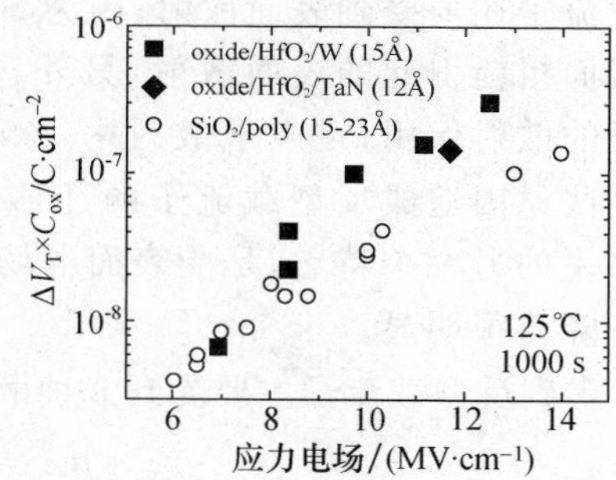

图 1.3-28　不同栅结构的 NBTI 效应

研究结果表明，NBTI 引起的退化在应力去除后可以得到一定的恢复。在 CMOS 电路中，当 pMOS 器件导通时有负栅偏压，NBTI 使器件参数退化，当 pMOS 器件截止时有正栅偏压，NBTI 产生的部分缺陷得到恢复，因此，在交流工作条件下经过一个较长的时间，NBTI 引起的器件参数漂移量减小，所以交流应力下的 NBTI 寿命比直流应力下更长。

对于缩小到 50 nm 以下的 MOS 器件，为了减小栅介质的隧穿电流和避免多晶硅栅耗尽效应的影响，采用了高 k 介质和金属栅的新结构。对于纳米器件的新结构，NBTI 效应同样受到关注。研究和实验测量结果表明，采用高 k 介质/金属栅，或者用二氧化硅/高 k 介质/金属栅的叠置结构，NBTI 的影响与常规的二氧化硅/多晶硅栅是类似的，并没有改善，如图 1.3-28 所示。图 1.3-28 给出了 3 种栅结构的 pMOS 器件中 NBTI 引起的参数变化与电场强度的关系[42]。由于 3 种结构的介质厚度和测量的应力电压不同，不能直接用阈值电压的漂移量比较，采用 $\Delta Q = \Delta V_T \times C_{ox}$ 进行比较，应力电场用 V_{GS}/EOT 计算，EOT 为不同介质的等价氧化层厚度。图 1.3-28 说明，在采用高 k 介质/金属栅的纳米 CMOS 器件中，NBTI 仍是影响器件可靠性的一个重要问题。

1.3.3 迁移率退化和速度饱和

1. 迁移率退化

对于深亚微米及纳米 MOS 器件，一般采用 QCV 规则缩小，器件的沟道长度和栅氧化层厚度按比例不断减小，沟道区的衬底掺杂浓度逐渐增大，而工作电压以较小的比例减小，这将造成 $Si\text{-}SiO_2$ 界面处的纵向电场增强，界面处垂直于表面方向的电场将会超过 10^5 V/cm。较强的纵向电场和较高的衬底掺杂浓度使反型载流子的迁移率退化，严重影响按比例缩小的器件性能。

反型层内的载流子被限制在 $Si\text{-}SiO_2$ 界面附近的一个狭窄范围内，反型载流子在运动中不仅像体内载流子那样受到带电中心引起的库仑散射以及晶格振动引起的声子散射，反型载流子还要受到表面散射，因为 $Si\text{-}SiO_2$ 界面不是理想的平面。对于反型载流子，要受到表面粗糙引起的表面散射，另外，在库仑散射中也增加了界面态电荷以及反型载流子本身的散射作用；在声子散射中，除了各种体声子外，还有与界面相联系的表面声子，以上这些原因造成反型载流子的迁移率远低于体迁移率。反型载流子的迁移率不同于体迁移率的另一个特点，是受表面电场的强烈影响，随着器件尺寸缩小表面电场增强，迁移率下降将很明显。

考虑到反型载流子主要受到 3 种散射，反型载流子的有效迁移率 μ_{eff} 可以用式

$$\mu_{\mathrm{eff}}^{-1} = \mu_{\mathrm{coul}}^{-1} + \mu_{\mathrm{ph}}^{-1} + \mu_{\mathrm{sr}}^{-1} \tag{1.3-38}$$

计算，其中 μ_{coul} 反映了库仑散射的作用，μ_{ph} 是由声子散射决定的迁移率，μ_{sr} 反映了表面散射的作用，这 3 个量分别决定于沟道区衬底掺杂浓度、反型载流子面密度、垂直于表面方向的有效电场 E_{eff} 和温度 T。

对于小尺寸的 nMOS 器件，量子化的沟道电子所受的库仑散射主要来自位于 $Si\text{-}SiO_2$ 界面一个热长度 L_{th} 以内的带电中心（包括表面耗尽层内的电离受主和 $Si\text{-}SiO_2$ 界面态）[46]。L_{th} 是电子波矢的倒数，在室温下近似为 $L_{\mathrm{th}}=2.5$ nm。库仑散射决定的反型层电子迁移率为

$$\mu_{\mathrm{coul}} = \frac{\mu_0}{N_{\mathrm{A}} L_{\mathrm{th}} + N_{\mathrm{it}} a} \tag{1.3-39}$$

其中 $\mu_0 = AkT$ 表示无屏蔽时每单位面积每个散射中心的作用，A 是个拟合参数。N_{A} 是 p 型衬底的掺杂浓度，在这里表示电离受主的浓度，N_{it} 是界面态面密度，决定于工艺水平，一般小于 $10^{12}\,\mathrm{cm}^{-2}$，数值计算得到 a 的值在 10^{-2} 量级。

由于反型层电子对带电中心产生的库仑势有屏蔽作用，可以用屏蔽长度 L_{S} 反映这个作用。在一般工作电压下，反型层中的电子密度在 $10^{12}\sim10^{13}\,\mathrm{cm}^{-2}$ 范围内，足以对库仑势产生明显的屏蔽作用。考虑到反型载流子的屏蔽作用，库仑散射决定的迁移率可以表示为

$$\mu_{\mathrm{coul}} = \frac{\mu_0}{N_{\mathrm{A}} L_{\mathrm{th}}} \left(1 + \frac{L_{\mathrm{th}}}{L_{\mathrm{S}}}\right)^2 \tag{1.3-40}$$

这个表达式忽略了界面态电荷的作用，在 $N_A L_{th}$ 大于 $10^{11}\,cm^{-2}$ 的条件下这样近似是合理的，只要沟道掺杂浓度大于 $4\times10^{17}\,cm^{-3}$，都可以满足这个条件。当反型载流子密度很大时，一些电子态被全部填充，二维电子气的简并度将会影响屏蔽长度。

由声子散射限制的迁移率可以表示为

$$\mu_{ph}=\left(\frac{AT}{E_{eff}}+\frac{B}{E_{eff}^{1/3}}\right)\frac{1}{T} \tag{1.3-41}$$

其中 A、B 是拟合系数。在较低温度下，沟道电子主要位于最低的量子化子带上，这种情况下第一项可以去掉。迁移率与温度的关系近似是 T^{-1}。但是从实验得到的对温度的依赖关系更强一些，近似是 $T^{-1.75}$，这个误差主要是因为上式只考虑了谷内声子散射，而忽略了谷间声子散射的作用[47]。

考虑到反型层量子化的影响，用蒙特卡罗法得到一个 μ_{ph} 的半经验表达式：

$$\mu_{ph}=\mu_{phb}\left[\left(\frac{T}{300K}\right)^{n}+\left(\frac{T}{300K}\right)^{r}\left(\frac{E_{eff}}{E_0}\right)^{\alpha(T)}\right]^{-1} \tag{1.3-42}$$

其中 μ_{phb} 是由声子散射决定的体迁移率，对电子，在室温(300K)下，$\mu_{phb}=1\,470\ cm^2/V.s$。$n$、$r$、$E_0$ 和 $\alpha(T)$ 都是经验参数，一般可取 $n=2.109$，$r=1.7$，$E_0=7\times10^4\ V/cm$，$\alpha(T)=0.2(T/300)^{-0.1}$。这个表达式是考虑了反型层量子化得到的由声子散射决定的电子迁移率[48]。

从对 Si-SiO$_2$ 界面的 TEM 分析得到，界面的不平整度有 1—2 个原子层的大小。Goodnick 等人的研究表明，反映界面粗糙度的相关长度大约在 1.3 nm，均方根偏差约为 0.2 nm[49]。也就是说，在室温下表面的不平整度是电子热长度的一半。表面不平整性引起的表面散射强烈依赖于表面电场。由表面散射决定的迁移率是和表面有效电场的平方成反比。

$$\mu_{sr}=\frac{\delta}{E_{eff}^2} \tag{1.3-43}$$

其中 δ 是与不平整度的均方根有关的拟合系数。载流子对表面散射也有一定屏蔽作用，这个屏蔽作用随温度的升高而减弱。考虑到这个影响，表面散射限制的迁移率又可以表示为

$$\mu_{sr}=\frac{\delta}{E_{eff}^2}\exp\left[-\left(\frac{T}{T_0}\right)^2\right] \tag{1.3-44}$$

T_0 是增加的另一个拟合系数。

将式(1.3-40)、(1.3-42)和(1.3-44)代入式(1.3-38)，就可计算出反型载流子的有效迁移率 μ_{eff}。总之，由于散射机制的复杂性，对反型载流子的迁移率还没有精确的解析表达式。上述公式只是一种分析方法得出的半经验公式。

由声子散射和表面散射限制的迁移率都依赖于沟道区表面的纵向电场。我们可以近似用式

$$E_{eff}=\frac{1}{\varepsilon_0\varepsilon_{si}}\left(Q_B+\frac{1}{2}Q_{inv}\right) \tag{1.3-45}$$

计算垂直于表面方向的有效电场，其中 Q_B 和 Q_{inv} 分别表示表面耗尽层电荷和反型层电荷的

面密度，这里忽略了耗尽层电荷沿沟道方向的不均匀分布，考虑了反型层电荷沿沟道方向的变化，近似取为源端反型层电荷密度的一半作平均值。更精确的计算可以用一个拟合参数ξ代替固定的1/2，对电子$\xi=0.5$，对空穴$\xi=0.3$。

图1.3-29是从实验得到的反型层电子和空穴的有效迁移率μ_{eff}随表面有效电场强度E_{eff}、温度和掺杂浓度的变化[50]。从以上分析看出，在表面电场比较小时，库仑散射起主要作用。另外当温度很低时，声子散射和表面散射作用减弱，库仑散射占主导地位。在库仑散射起支配作用的情况下，反型载流子的迁移率与掺杂浓度有较强的依赖关系。随着表面有效电场增大和温度升高，声子散射和表面散射起主要作用，迁移率基本与掺杂浓度无关，不同掺杂浓度的曲线趋于一致。

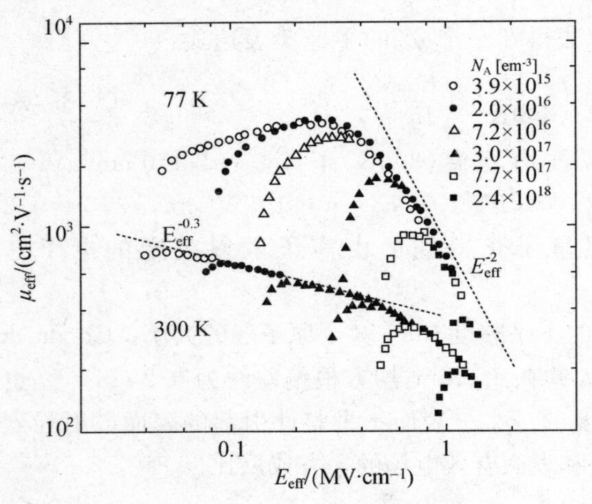

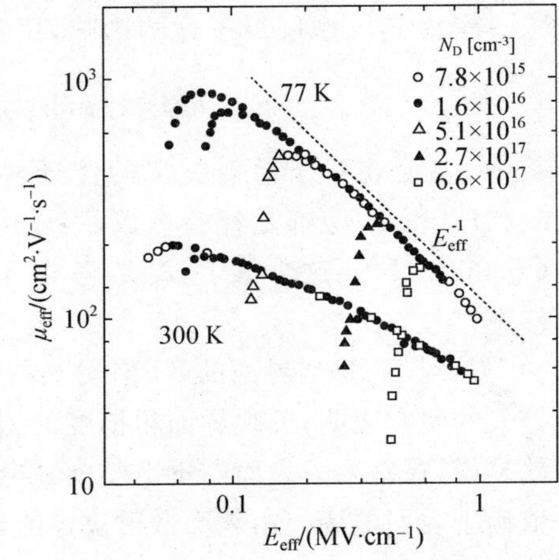

图1.3-29　实验得到的反型层电子和空穴有效迁移率

图1.3-30说明了从中等电场到较强电场范围反型层电子和空穴的有效迁移率随表面电场强度的变化规律[51]。在$E_{eff}\leqslant 5\times10^5$ V/cm时，反型层载流子的迁移率主要受声子散射限制，基本上是$E_{eff}^{-0.3}$的依赖关系。当电场更强时，反型载流子更向表面集中，表面散射加强。当E_{eff}接近10^6 V/cm时，反型载流子的迁移率主要由表面散射限制，因为表面散射对电场有更强的依赖关系。这种情况下电子的有效迁移率基本随有效电场的平方下降，按E_{eff}^{-2}变化，而空穴是E_{eff}^{-1}的依赖关系。当$E_{eff}>10^6$ V/cm时，电子和空穴的迁移率都将迅速减小，这将使器件特性严重退化。为了避免迁移率退化带来的问题，在缩小到纳米尺寸的MOS器件中，普遍采用了应变硅(strained-Si)和SiGe技术，在拉伸应力的Si和压缩应力的SiGe中，电子和空穴的迁移率都得到提高。在一个采用埋置的应变硅沟道的MOS器件中，电子的迁移率可以超过2 200 cm^2/V. s，类似地，采用Si-SiGe异质结构，可以使空穴迁移率高达800 cm^2/V. s[51]。

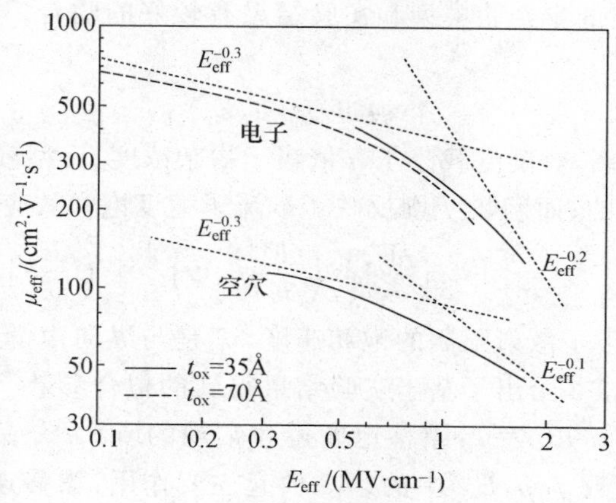

图 1.3-30　电子和空穴迁移率随表面有效电场的变化

2. 反型载流子的漂移速度饱和

对于深亚微米及纳米 MOS 器件，不仅垂直于表面方向(纵向)的电场增强，沿沟道方向(横向)的电场也在增大。横向电场增大引起的迁移率退化最终将会使反型载流子漂移速度饱和。在横向电场较小时，载流子漂移速度与电场强度成正比增加，比例系数就是迁移率，

$$v = \mu_{eff} E_y \tag{1.3-46}$$

其中 E_y 是沿沟道方向(横向)的电场强度。随着电场增强，漂移速度的增加偏离线性，最终趋于饱和。图 1.3-31 给出了室温下硅中电子和空穴的漂移速度与横向电场的关系[5]。这个图是针对体硅中的载流子得到的，对沟道中的反型载流子规律基本相同。

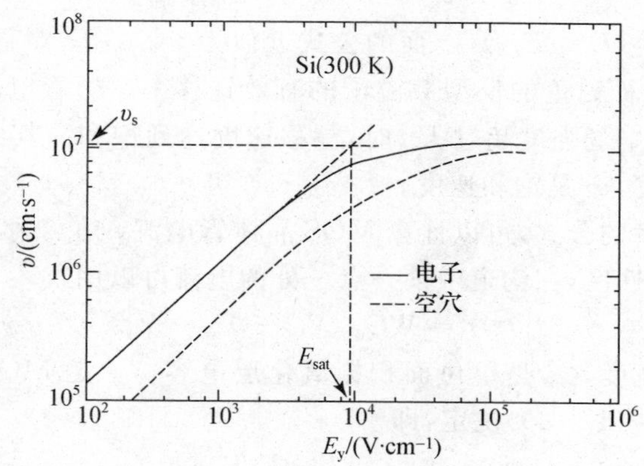

图 1.3-31　硅中电子和空穴漂移速度随横向电场的变化

对于反型载流子的漂移速度与横向电场 E_y 的依赖关系，目前还没有统一的精确的理

论模型,但是很多人提出的半经验模型和实验结果有较好的吻合。漂移速度与横向电场的依赖关系可表示为

$$v = \mu E_y f(\mu, E_y) \tag{1.3-47}$$

其中 μ 是载流子的迁移率,对反型载流子 μ 依赖于掺杂浓度、反型载流子密度以及表面纵向电场 E_{eff},如前面所讨论的;而函数 f 则反映了载流子速度饱和效应。函数 f 可用经验公式

$$f(\mu, E_y) = \left[1 + \left(\frac{\mu E_y}{v_c}\right)^2 \left(\frac{\mu E_y}{v_c} + G\right)^{-1} + \left(\frac{\mu E_y}{v_s}\right)^2\right]^{-0.5} \tag{1.3-48}$$

计算,其中 v_s 是由光学声子散射限制的饱和速度,v_c 是与纵向声学声子散射有关的参数,G 是经验拟合参数。表 1.3-2 给出了基于实验结果得到的拟合参数[52]。从上式可以看出,当横向电场 E_y 较小时,$f(\mu, E_y)=1$,漂移速度遵守常规的 $v=\mu E_y$ 关系;当横向电场较大时($E_y > 2\times10^4$ V/cm),函数 $f(\mu, E_y)$ 中的第 3 项起主要作用,漂移速度趋向于饱和速度 v_s。表1.3-2 给出的参数说明反型载流子的饱和速度要比体内载流子的饱和速度低。

表 1.3-2　公式(1.3-48)中的参数

	反型层中的 $v_s/(\mathrm{cm\cdot s^{-1}})$	体硅中的 $v_s/(\mathrm{cm\cdot s^{-1}})$	$v_c/(\mathrm{cm\cdot s^{-1}})$	G
电子	6.50×10^6	1.126×10^7	8.824×10^6	13.18
空穴	5.85×10^6	9.767×10^6	7.367×10^6	10.97

上述经验公式比较复杂,不便于用到电流方程中。考虑到漂移速度饱和问题,对反型载流子的漂移速度可以采用分段的解析模型[53],即

$$\begin{cases} v = \dfrac{\mu_{eff} E_y}{1 + E_y/E_{sat}}, & E_y \leqslant E_{sat} \\ v = v_s, & E_y > E_{sat} \end{cases} \tag{1.3-49}$$

当横向电场强度很小时($E_y \ll E_{sat}$),上面的公式近似为 $v=\mu_{eff}E$,漂移速度基本随电场增大而线性增大,μ_{eff} 就是前面讨论的反型载流子的有效迁移率。随着电场增强,漂移速度与电场的关系偏离线性,当电场强度超过 E_{sat} 时,漂移速度达到饱和。其中 E_{sat} 是使漂移速度达到饱和的临界电场强度,v_s 是饱和速度。

利用上述漂移速度的公式,可以计算 MOS 晶体管电流。在漂移速度没有达到饱和时,MOS 晶体管工作在线性区,在沟道中某一点 y 处的电流可以用式

$$I_D(y) = WC_{ox}(V_{GS} - V_T - V_y)v \tag{1.3-50}$$

计算,其中 W 是沟道宽度,C_{ox} 是单位面积栅氧化层电容,V_T 是 MOS 晶体管的阈值电压。公式中的漂移速度由式(1.3-49)决定,即

$$v = \frac{\mu_{eff} E_y}{1 + E_y/E_{sat}}$$

把 v 的表达式代入式(1.3-50),整理后得到

$$E_y = \frac{I_D}{\mu_{eff} WC_{ox}(V_{GS} - V_T - V_y) - I_D/E_{sat}} \tag{1.3-51}$$

因为电流在整个沟道内连续，不必考虑是哪点的电流，都用 I_D 表示。在 nMOS 中电子运动方向和电流方向相反，这里我们只计算电流的大小，不考虑方向。取电场强度的数值为 $E_y = dV_y/dy$，代入方程(1.3-51)，方程两边沿沟道积分，就得到线性区电流公式：

$$I_D = \frac{\mu_{eff} W C_{ox}(V_{GS} - V_T - V_{DS}/2)V_{DS}}{L(1 + V_{DS}/LE_{sat})} \tag{1.3-52}$$

与第一章给出的线性区电流公式相比，分母中多了一项 $(1 + V_{DS}/LE_{sat})$，这就是考虑了随着横向电场增强，漂移速度逐步趋于饱和的问题，其中 V_{DS}/L 就是平均横向电场。

一旦发生速度饱和，MOS 晶体管电流也达到饱和，根据饱和速度 v_s 可以计算出饱和区电流，即

$$I_{Dsat} = W C_{ox}(V_{GS} - V_T - V_{Dsat})v_s \tag{1.3-53}$$

其中 V_{Dsat} 是对应漂移速度饱和的漏饱和电压。饱和区电流和线性区电流在 $V = V_{Dsat}$ 时应连续，且根据式(1.3-49)有 $v_s = \frac{1}{2}\mu_{eff} E_{sat}$，利用电流连续的条件可以得到引起漂移速度饱和的漏饱和电压：

$$V_{Dsat} = \frac{(V_{GS} - V_T)LE_{sat}}{(V_{GS} - V_T) + LE_{sat}} \tag{1.3-54}$$

出现漂移速度饱和时，对应的饱和区电流与栅压是线性关系，而长沟道器件中沟道夹断对应的饱和区电流与栅压是平方关系，因此，载流子漂移速度饱和将导致短沟道器件的饱和区电流下降。图 1.3-32 比较了长沟道器件的饱和区电流与 0.25 μm 沟长的 nMOS 器件的饱和区电流[54]。长沟道器件是沟道夹断引起的电流饱和，而小尺寸器件是漂移速度饱和使电流饱和。从图中看出反型载流子漂移速度饱和也是限制小尺寸器件性能改善的一个重要因素。特别值得注意的是，反型载流子的饱和速度要比体内载流子的饱和速度低，这将进一步降低小尺寸 MOS 器件的导通电流。

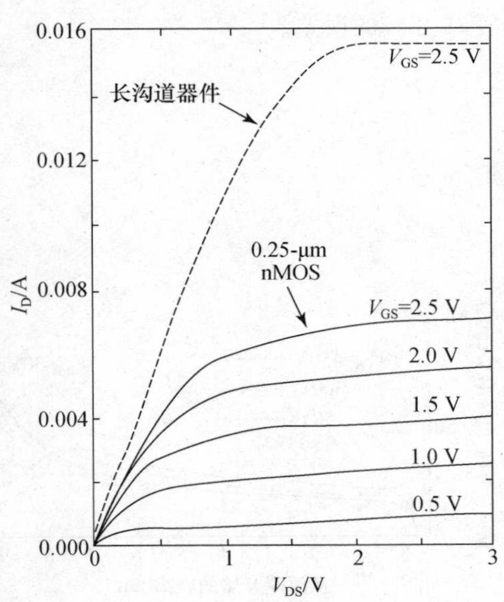

图 1.3-32　长沟道器件和深亚微米器件的 *I-V* 特性比较

为了深入了解反型载流子漂移速度饱和对深亚微米 MOS 器件性能的影响，很多人用不同方法从实验上测量了反型载流子的饱和速度。根据速度饱和的饱和区电流与饱和速度的关系，可以得到

$$v_s = I_D/(Q_{inv} W) \tag{1.3-55}$$

其中 Q_{inv} 是单位面积的反型层电荷。只要测量出器件的饱和区电流 I_D 和反型层电荷面密度 Q_{inv}，就可以根据上式得到饱和速度 v_s。但是很多文献报道的测量结果有很大程度的分散，这不仅仅是测量误差，也可能反映了饱和速度对某些器件参数的依赖关系。另外，由于实际 MOS 器件内的横向电场和纵向电场沿沟道方向呈不均匀分布，不均匀的电场将使 Q_{inv} 的值沿沟道方向有较大偏差，因此，根据饱和区电流 I_D 测量得到的饱和速度实际是对宏观平均电场得到的平均饱和速度。作为简化处理，不考虑横向电场对 Q_{inv} 的影响，则可以近似用式

$$Q_{inv} = C_{ox}(V_{GS} - V_T) \tag{1.3-56}$$

计算得到反型层电荷面密度。可以用二维数值模拟计算电流，代替实验测量的 I_D，根据上述公式分析饱和速度与栅压(即纵向电场)的关系。为了使纵向电场沿沟道近似均匀，采用了一个特殊的 nMOS 器件结构：p 型衬底，电阻率 $\rho=100\ \Omega\text{cm}$，栅氧化层厚度 $t_{ox}=1\ \mu\text{m}$，沟道长度 $L=10\ \mu\text{m}$，沟道宽度 $W=50\ \mu\text{m}$，$V_{DS}=30\text{V}$，这个漏电压使横向电场足够大，超过速度饱和的临界电场 E_{sat}(≈20 kV/cm)。选择非常厚的栅氧化层是为了加很大的栅压(300—450V)，使 $V_{GS} \gg V_{DS}$，从而减小纵向电场沿沟道分布的不均匀性。实际所加的最大栅压受到栅氧化层击穿的限制，因此很难保证实现均匀的电场分布。图 1.3-33 是该器件内不同栅压对应的横向电场和纵向电场的分布[55]。可以看到，纵向电场 E_x 沿沟道方向的分布基本均匀，但是也随 y 增加有一个缓变的下降，源端和漏端的有效栅压相差 30V，因为 $V_{DS}=30\text{V}$，这将使反型层电荷 Q_{inv} 的计算有 10%的误差。

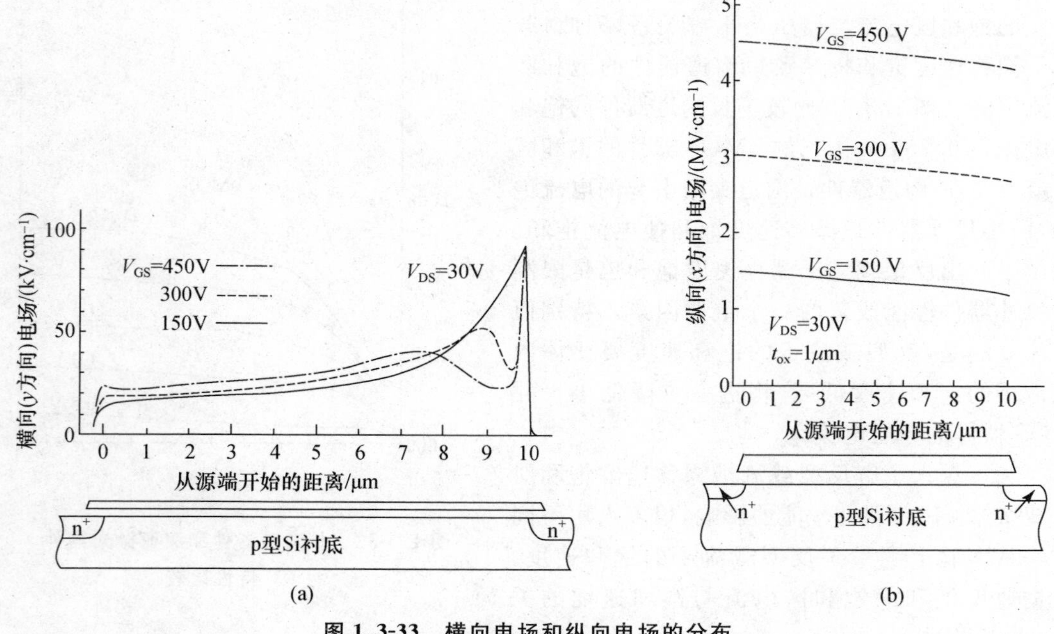

图 1.3-33 横向电场和纵向电场的分布

对上述 nMOS 器件用数值模拟得到电流 I_D，再根据 $I_D/(W \cdot Q_{inv})$ 得到饱和速度 v_s。图

1.3-34是计算得到的饱和速度 v_s 与栅压及宏观平均电场的关系。从图1.3-34中看出饱和速度随纵向电场的增大而减小，最终趋于 6.6×10^6 cm/s，这大约是体内载流子饱和速度的2/3。图1.3-35是计算得到的漂移速度随横向电场的变化[56]，与Fang和Fowler[56]针对同样参数器件通过测量实际 I_D 得到的结果基本一致。

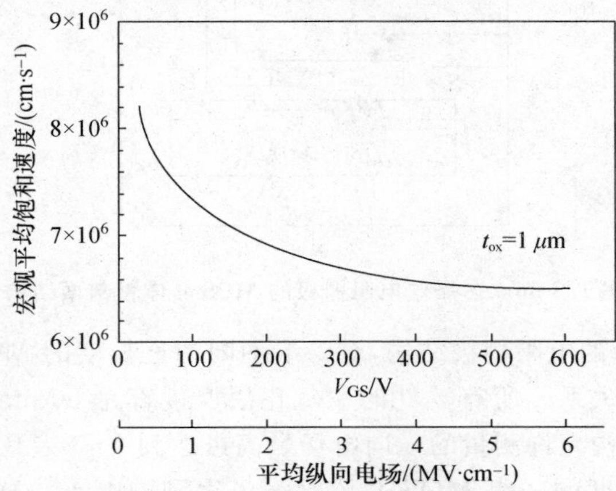

图1.3-34 由电流决定的宏观平均饱和速度与栅压及纵向电场的关系

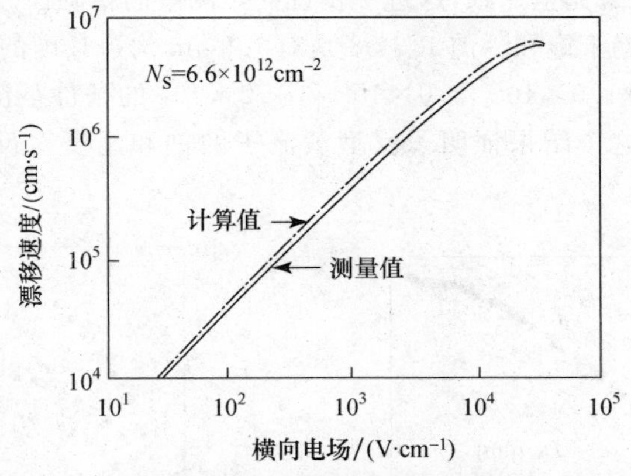

图1.3-35 计算和测量得到的漂移速度与横向电场的关系

图1.3-34表现的反型载流子饱和速度随栅压的变化实际上反映了饱和速度对反型载流子密度的依赖关系。为了更精确地分析反型载流子的漂移速度，采用一种多晶硅电阻栅极的MOS晶体管结构进行测量分析，图1.3-36是多晶硅电阻栅极的MOS晶体管结构和测量方法示意图[57]。为了消除纵向电场不均匀对反型载流子密度分布不均匀的影响，在多晶硅电阻栅的两端加2个栅压 V_{GS1} 和 V_{GS2}，且 $V_{GS2}=V_{GS1}+V_{DS}$，从而使栅压从源到漏线性增加。如果沟道区从源到漏的电位也近似是线性增加，则可以保证沿沟道方向的反型载流子密度基本均匀。不过实验中发现，如果栅电极的 n^+/n^- 结和源、漏区与衬底之间的 n^+/p

结位置不对准将使测量的 v_s 降低，这可能是沿沟道方向反型载流子密度不均匀的影响。由于杂质在多晶硅中的扩散系数较大，为了保证 n^+/n^- 结和 n^+/p 结对准，应在版图上做些调整，使经过热处理后实际的 n^+/n^- 结和 n^+/p 结基本对准。

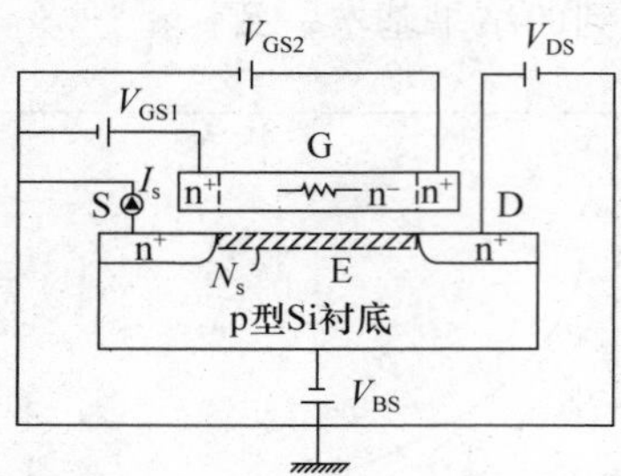

图 1.3-36　多晶硅电阻栅极的 MOS 晶体管剖面结构

利用图 1.3-36 所示的电阻栅极结构，对一组不同沟道长度的 MOS 晶体管测量得到了漂移速度与横向电场的关系。所有器件的栅氧化层厚度都是 50 nm，有效沟道长度从 9.5 μm 到 1.5 μm。这种结构允许测量的横向电场最高可达到 6～8×10^6 V/cm。图 1.3-37 给出了对不同有效沟道长度的一组 MOS 晶体管测量得到的电子漂移速度与横向电场的关系[57]。通过调整栅压使反型载流子面密度 N_S 保持在 7.2×10^{12} cm^{-2}。从图中看出，不同沟道长度器件的测量结果完全一致，这进一步说明了测量的精确性。当电场超过 10^4 V/cm 以后，载流子漂移速度趋于饱和。图 1.3-38 是对 1.5 μm 沟道长度的 nMOS 器件，在表面反型载流子面密度分别为 1.0×10^{12}，3.0×10^{12} 和 7.2×10^{12} 的条件下测量得到的电子漂移速度与横向电场的关系，这个结果证明了反型载流子的饱和速度对反型载流子密度的依赖关系[57]。

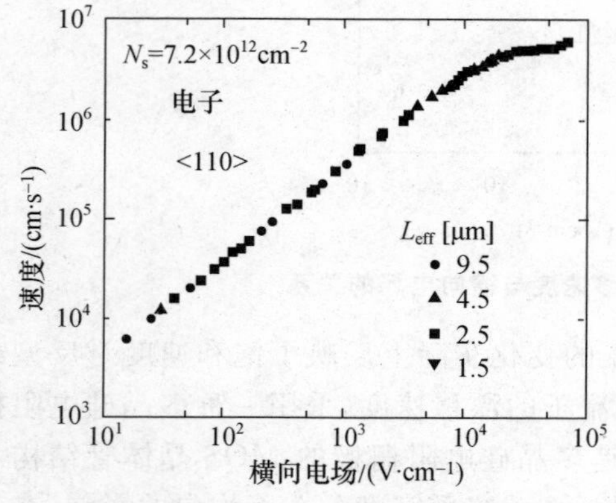

图 1.3-37　对不同沟道长度电阻栅极 MOS 器件测量得到电子漂移速度与横向电场的关系

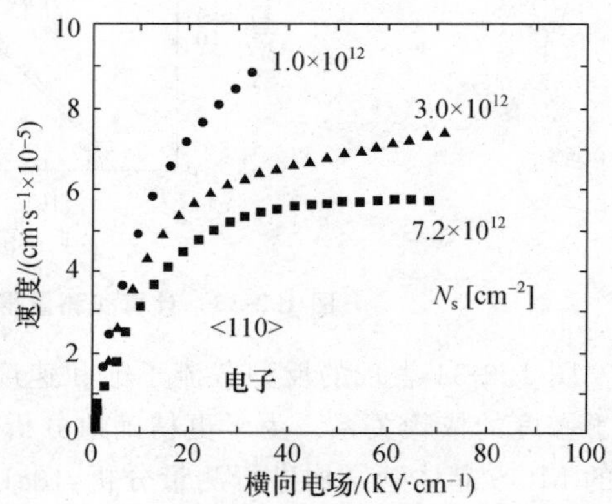

图 1.3-38　在不同反型载流子密度条件下测量得到的电子漂移速度与横向电场的关系

图 1.3-34 的计算结果和图 1.3-38 的测量结果都表明反型载流子的漂移速度与纵向电场以及反型载流子密度有关，而反型载流子密度又依赖于纵向电场。为了区分这两个影响，采用增加衬底偏压 V_{BS} 的方法测量电子漂移速度与横向电场的关系，通过调整 V_{GS} 和 V_{BS} 可以在固定纵向电场情况下考察漂移速度对反型载流子密度 N_S 的依赖关系，或者在固定反型载流子密度条件下考察漂移速度对纵向电场 E_x 的依赖关系。图 1.3-39 是得到的测量结果[57]，图中曲线 A 和曲线 C 对应相同的反型载流子面密度 $N_S=1.0\times10^{12}\ cm^{-2}$，而曲线 B 和曲线 C 对应相同的纵向电场 $E_x=4.3\times10^5$ V/cm。从图中看出曲线 A 和曲线 C 基本吻合，这说明反型载流子的漂移速度主要依赖于 N_S 而不是纵向电场 E_x。这个事实说明在较高的反型载流子密度情况下，载流子之间的散射作用很强，是造成反型载流子饱和速度降低的一个重要原因。

现在就比较容易理解为什么很多文献报导的反型载流子饱和速度的测量结果有很大差别，这是因为采用的器件结构和参数不同，实际器件中的反型载流子密度不同。对于较高的反型载流子面密度($N_S>2\times10^{12}\ cm^{-2}$)，饱和漂移速度在 $5\sim7\times10^6$ cm/s，很多文献报导的结果都在这个范围内。对于较低的反型载流子面密度($N_S\approx1\times10^{11}\ cm^{-2}$)，反型载流子的饱和漂移速度基本和体内载流子相同。表 1.3-3 总结了不同文献报导的反型载流子饱和速度的测量结果及采用的器件参数。

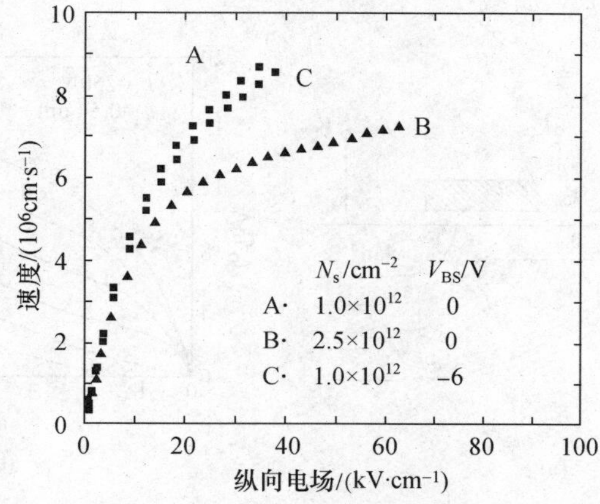

图 1.3-39　纵向电场及反型载流子面密度对反型载流子漂移速度的影响

表 1.3-3　反型载流子饱和速度测量结果

测量方法和样品参数	v_s/(cm·s^{-1})	参考文献
用很厚栅氧化层 MOS 晶体管测量 I_D($t_{ox}=1\ \mu m$, $L_{eff}=10\ \mu m$)	6.5×10^6	[56]
用较厚栅氧化层 MOS 晶体管测量 I_D($t_{ox}=50$ nm, $L_{eff}=0.5\ \mu m$)	$6.7\sim8.5\times10^6$	[58]
用电阻栅 MOS 晶体管测量 I_D($L_{eff}=10\ \mu m$)	6×10^6	[59]
用电阻栅 MOS 晶体管测量 I_D($L_{eff}=1.5\ \mu m$)	$5\sim7\times10^6$	[57]
飞行时间技术	9.2×10^6	[60]

1.3.4 源-漏穿通和击穿

在小尺寸 MOS 器件中，若漏电压比较大，则可能出现源-漏穿通以及漏 pn 结击穿问题。一旦出现源-漏穿通，则在 $V_{GS}<V_T$ 的情况下就会有明显的电流，形成截止态 MOS 晶体管的泄漏电流，从而增加了 CMOS 电路的静态功耗。若出现漏 pn 结击穿，则可能造成器件和电路损坏。下面分析源-漏穿通和漏 pn 结击穿的机制以及可以采取的预防措施。

1. 源-漏穿通

如果 MOS 器件的栅压小于阈值电压，这时即使加上一定的漏源电压也不能形成从源到漏的电流，因为源-漏之间有 pn 结势垒阻挡电子运动。但是对于短沟道 MOS 晶体管，随着漏电压增大，漏 pn 结耗尽区扩展，当漏电压大到一定程度，使漏耗尽区扩展到源端，与源耗尽区连通，耗尽区内的电场可以把电子从源拉到漏，形成不受栅压控制的电流，这就是小尺寸 MOS 器件中出现的源-漏穿通。MOS 器件的沟道长度越小、漏电压越大，穿通电流越显著。在栅压小于阈值电压时，穿通电流成为截止态 MOS 器件的泄漏电流；在栅压大于阈值电压时，穿通电流附加到表面沟道电流中，使 MOS 器件的 I-V 曲线随着漏电压增大而上翘。图 1.3-40 示意说明了小尺寸 MOS 器件中随着漏电压增加漏耗尽区扩展，直至发生穿通，并给出了发生穿通的 I-V 曲线[5]。

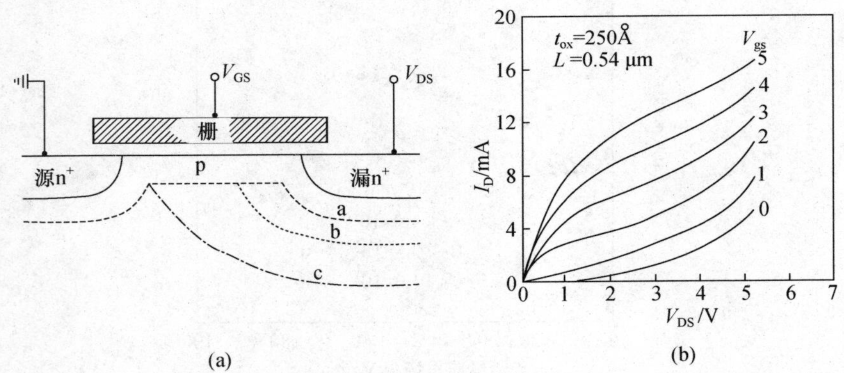

图 1.3-40 小尺寸 MOS 器件中漏耗尽区的扩展和发生穿通的 I-V 特性

最初对 MOS 器件的穿通问题完全仿照双极型器件那样处理，即认为当源、漏 pn 结的耗尽区扩展到连在一起时，器件发生穿通。根据一维模型，发生穿通时，

$$L_{eff} = W_S + W_D$$

$$W_S = \left[\frac{2\varepsilon_0\varepsilon_{si}}{qN_A}(V_{bi} - V_{BS})\right]^{\frac{1}{2}} \tag{1.3-57}$$

$$W_D = \left[\frac{2\varepsilon_0\varepsilon_{si}}{qN_A}(V_{bi} - V_{BS} + V_{DS})\right]^{\frac{1}{2}}$$

式中 W_S 和 W_D 分别是源、漏 pn 结耗尽区宽度。使源、漏 pn 结耗尽区连通所对应的漏电压就是穿通电压。按这种分析得到的穿通电压由式

$$V_{PT}=\frac{qN_A}{2\varepsilon_0\varepsilon_{si}}\left[L_{eff}-\sqrt{\frac{2\varepsilon_0\varepsilon_{si}}{qN_A}(V_{bi}-V_{BS})}\right]^2-(V_{bi}-V_{BS}) \tag{1.3-58}$$

决定，式中 L_{eff} 是 MOS 晶体管的有效沟道长度，比多晶硅栅定义的栅长要小，一般是指源、漏两个冶金结之间的距离，V_{bi} 是 pn 结的自建势，约 0.7V。由式(1.3-58)看出，穿通电压正比于 L_{eff}^2。随着 MOS 晶体管沟道长度缩小，穿通电压迅速下降，这将影响小尺寸器件的可靠工作。

但是实际测量的穿通电压要比按上述理论预计的大，如图 1.3-41 所示[61]。原因是因为 MOS 器件和双极型器件有两点不同之处：

① MOS 器件源-衬底 pn 结一般是反偏或零偏。即使当源、漏耗尽区连通，若不能使源结正偏，源区电子受到势垒阻挡，不会大量注入到沟道区，因而不会引起明显的穿通电流。在实际的短沟道 MOS 器件中，是由于漏感应势垒降低(Drain Induced Barrier Lowering, DIBL)效应使源结势垒降低乃至正偏，引起较大的电子发射而导致器件穿通。

② MOS 器件和双极型器件的另一个区别是栅电极的存在，栅极会吸引漏极发出的电力线，使一部分漏极发出的电力线终止在栅极，这就减少了向源极穿透的电力线。因此栅电位的存在会对穿通起抑制作用。

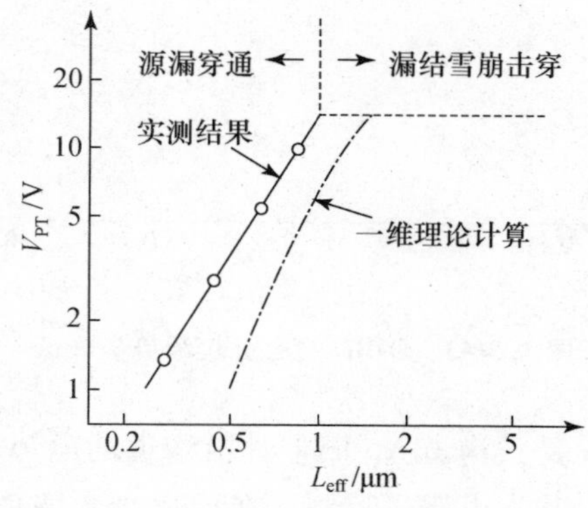

图 1.3-41　一维理论预计和实际测量的穿通电压

在短沟道 MOS 器件中引起穿通的主要机制是 DIBL 效应。DIBL 效应产生的原因有两个：一是随着沟道长度缩短，源、漏区互相靠近，两个 pn 结的接近效应造成结势垒降低。另外一个原因是由于在小尺寸器件中漏端电场增强，使漏极发出的电力线有一部分可以直接穿透到源区，引起源区电子发射，即造成源-衬底势垒下降。图 1.3-42 画出了长沟道和短沟道 MOS 器件的剖面图，形象说明随着沟道长度缩短两个 pn 结的接近效应[62]。图 1.3-43 说明了由于源、漏 pn 结的接近效应以及在高的漏电压下漏极电力线的穿透效应引起的源

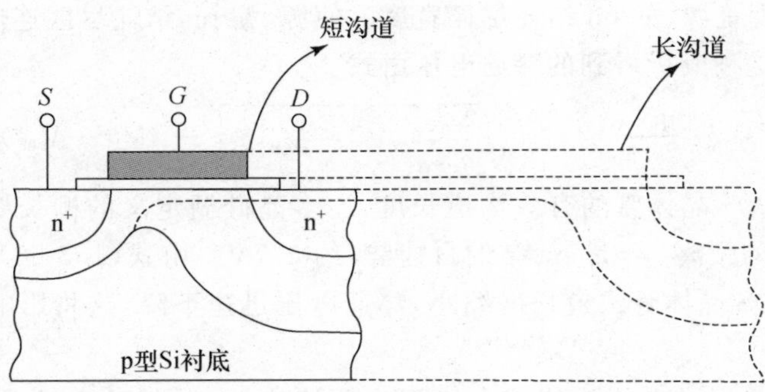

图 1.3-42　长沟道和短沟道 MOS 器件的剖面

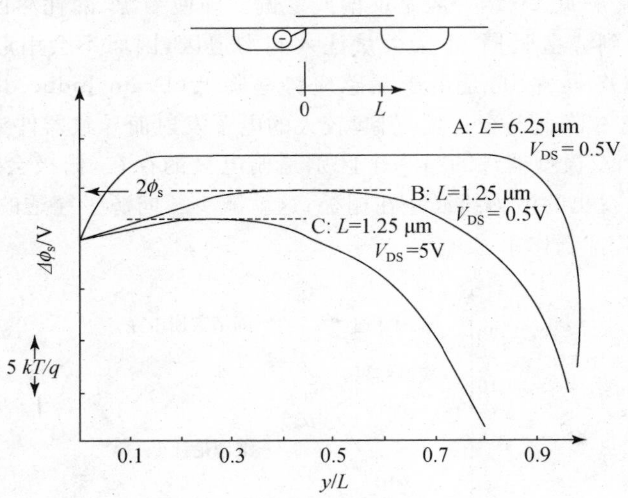

图 1.3-43　DIBL 效应引起源势垒降低

结势垒降低[63]。图中曲线 A 是长沟道 MOS 器件沿沟道的电势分布，可以看出沟道区的表面势基本恒定，沟道区表面势基本由栅压控制。在栅压小于阈值电压时源区与沟道区之间存在电子势垒，这个势垒高度可以通过求解垂直表面方向的一维泊松方程得到。随着沟道长度减小，沟道区表面势不再恒定，这是因为小尺寸器件中漏电压对沟道电势的影响加大，必须考虑二维电场、电势分布。对短沟道 MOS 器件，源、漏 2 个耗尽区非常接近，相当于把源、漏区看作 2 个线电荷，它们形成偶极子，之间有很强的电力线耦合；如果有栅电压存在，则相当于在偶极子上面加了一个导电极板，它产生的镜像电荷吸引了大部分电力线，削弱了漏与源之间的耦合。在漏电压很小时，源、漏耗尽区的接近效应造成表面势分布变化，表面势有一个峰值，位于沟道区源端附近，这个电势峰值比长沟道器件的势垒高度下降，如图中的曲线 B。当漏电压加大时，漏电场的穿透作用加强，使电势峰值进一步下降，而且峰值更向源端靠近，如图中的曲线C。

DIBL效应引起源结势垒降低乃至源pn结正偏，使源区有大量的电子发射到沟道区，造成器件在栅压小于阈值电压时有很大的电流，这相当于器件的阈值电压降低。因此可以用参数σ反映DIBL效应，在电路模拟程序SPICE中叫做漏的静电反馈系数。σ定义为漏电压变化引起的阈值电压的变化量。

$$\sigma = -\frac{\Delta V_{T}(\mathrm{DIBL})}{\Delta V_{DS}} \tag{1.3-59}$$

DIBL效应引起源势垒下降可以用经验公式

$$\Delta\phi_{s} = \Delta\phi_{s0} + mV_{DS} \tag{1.3-60}$$

描述，式中$\Delta\phi_{s0}$是与栅压和衬底偏压有关的，它反映了表面能带弯曲以及源、漏2个pn结接近引起的势垒降低；第2项反映了漏电场的穿透作用引起势垒降低，m是反映DIBL效应强度的参数，与器件结构有关。从公式(1.3-59)和(1.3-60)看出DIBL效应引起的阈值电压减小和源势垒降低都与漏电压成正比变化。

图1.3-44是通过二维数值模拟得到的MOS晶体管的阈值电压和源势垒高度随沟道长度和漏电压的变化[64]。从图中看出，随着漏电压增大，源势垒高度和阈值电压都线性下降，这是由于漏电压增大，漏电场的穿透作用加强。这个模拟结果也验证了上面的公式。从图中看出随着沟道长度减小，源势垒高度和阈值电压随漏电压增大而下降的斜率加大，因为沟道长度缩短，两个pn结的接近效应和漏电场的穿透作用都加强，因而影响更大。

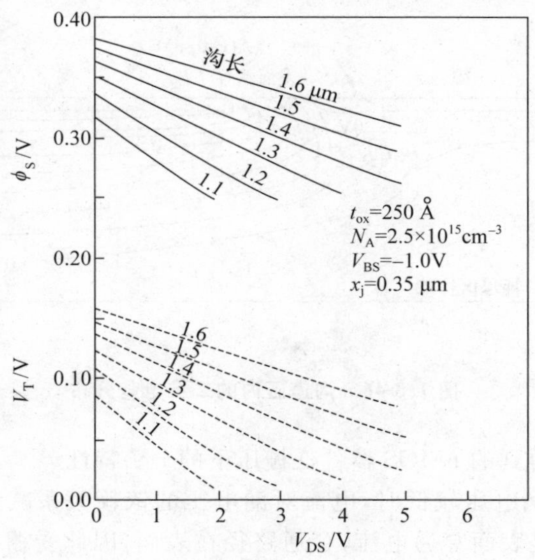

图1.3-44　源势垒高度和阈值电压的变化

通过二维模拟表明，在不同的漏电压和栅电压下，DIBL效应引起的穿通电流路径可能在表面,也可能在体内。对于较低的漏电压,穿通电流路径在表面,电流仍然受栅电压调制,这就是亚阈值电流。对于较高的漏电压,穿通电流的路径深入到体内。图 1.3-45 是 nMOS 器件沟道中某点电势从 Si 表面到体内的变化[65]。从图中可以看到,当漏电压较小时电势峰值在表面,电子在表面流动;当漏电压增大到 3.5V 时,电势在表面和体内有两个局部极大点,电势峰值从表面深入到体内。电势峰值也就是电子能量最小处,电子将集中在这个位置流动,也就是说,对于较大的漏电压,穿通电流将深入到体内。图 1.3-46 是模拟得到的 nMOS 器件沟道区二维电势分布图[66]。模拟中栅电压为 0V,漏偏置电压为 9V。可以看到在较高的漏电压下,电势分布呈马鞍形。由于电流流线垂直于等位面,因此穿通路径发生在体内。

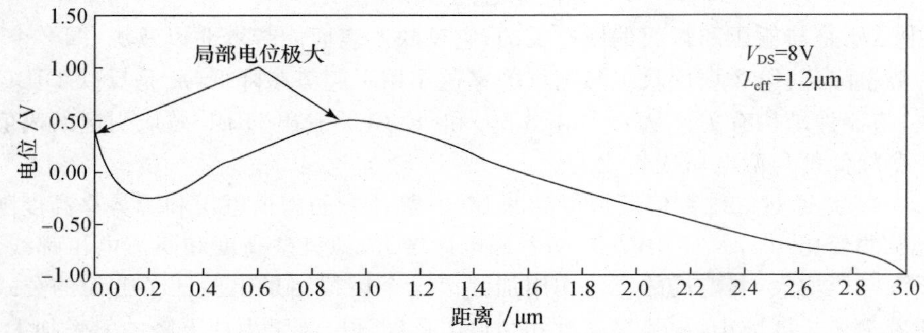

图 1.3-45　从表面到体内的电势分布

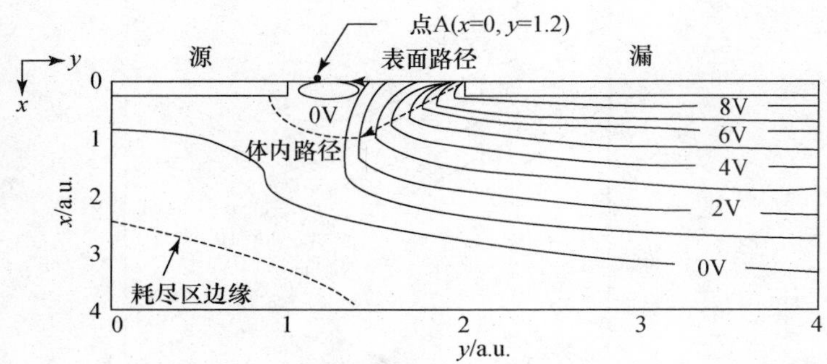

图 1.3-46　沟道区内的二维电势分布

图 1.3-47 是模拟得到的 nMOS 器件低栅压下的 I-V 特性[63]。图中栅压均在阈值电压以下。从图中看出,在漏电压较低时,电流对漏电压的依赖关系减弱,而随栅压变化明显。这种情况(图中 A 点)是表面穿通电流,穿通路径在表面,因此受栅压控制。随着漏电压增加,势垒的峰值深入到体内,电流的路径从表面转为体内,这就是体内穿通电流。这时穿通电流随漏压增大而急剧增加,并且不再受栅压的影响,因此对应不同栅压的电流曲线汇聚在一起,这就是图中的 B 点。

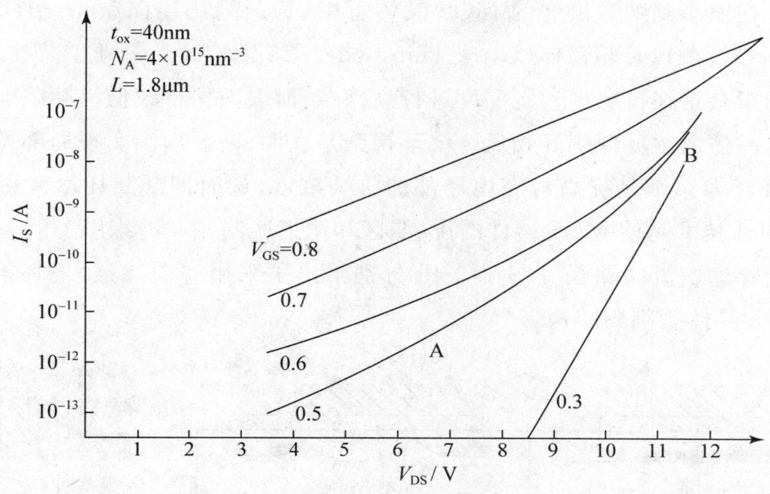

图 1.3-47　模拟得到的 nMOS 器件低栅压下的 I-V 特性

Fu 和 Tsang 研究了亚微米器件的穿通特性，提出了穿通电流分为表面扩散电流 I_{sdif} 和体内空间电荷限制电流 I_{scl}[67]。在低漏压下表面扩散电流占主导，也就是亚阈值电流，它是由于 DIBL 效应引起的源势垒降低和栅压感应的表面能带弯曲，源区有少量载流子注入到沟道，在沟道区形成少子扩散电流。当漏电压增大，源-漏耗尽区连通，DIBL 效应引起的源势垒降低更显著，使大量载流子从源区注入到沟道，这些载流子以漂移运动形成体穿通电流。图 1.3-48 示意说明了少数载流子形成的表面扩散电流，以及大量载流子注入形成的体内空间电荷限制电流[67]。从表面扩散电流转变为体内空间电荷限制电流所对应的漏电压强烈依赖于沟道长度。对于沟道长度 0.37 μm 的 MOS 器件，在所测量的漏电压范围内（0—3.5V）清楚地观察到两种穿通电流；而对于较长沟道的器件，主要是表面扩散电流；对于深亚微米器件，表面穿通电流则很快转变为体内穿通电流。

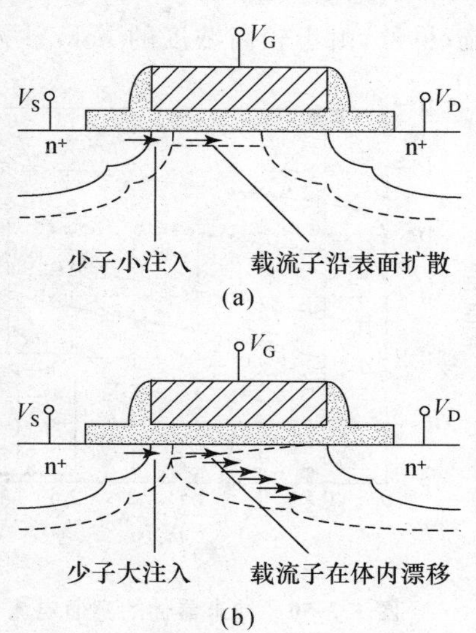

图 1.3-48　亚微米 MOS 晶体管中的表面和体内穿通电流

为了抑制体内穿通电流，可以提高次表面的掺杂浓度，减小源、漏耗尽区在体内的扩展。一般短沟道器件都采用两次沟道区注入，一次较深的注入，提高次表面衬底浓度，抑制穿通电流；另一次较浅的注入用来调节阈值电压。在缩小到纳米尺度的 MOS 晶体管中，普遍采用逆向（retrograde）掺杂、绕环（halo 或 pocket）掺杂以及超薄体（Ultra Thin Body, UTB）SOI[69] 等新工艺技术来抑制体穿通电流。逆向掺杂是在衬底内一定深度进行高掺杂，而表面保持较低掺杂浓度，与常规沟道掺杂表面浓度高体内浓度低刚好相反。绕环掺杂是在源、漏区周围实现局部衬底高掺杂区。逆向掺杂和绕环掺杂都是提高衬底内局部的掺杂浓度，从而抑制漏耗尽区在体内的扩展。采用超薄体 SOI 技术是使 MOS 器件的源、漏区和沟道区制作在绝缘层上的一层薄硅膜内，用绝缘层切断穿通电流的路径。图 1.3-49 分别给出了采用逆向掺杂、绕环掺杂[68] 和超薄体技术的 MOS 晶体管剖面结构。

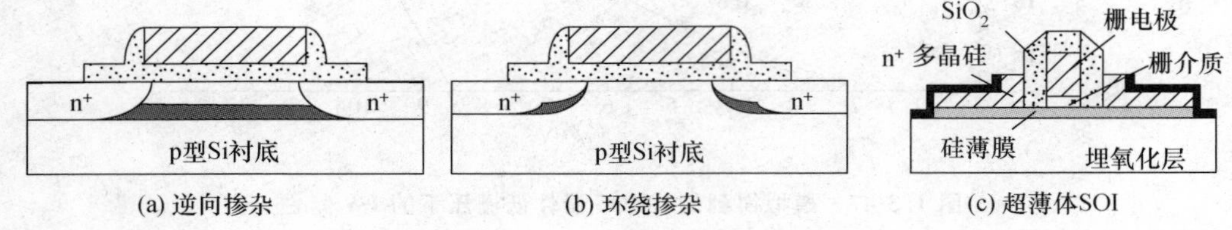

图 1.3-49　抑制体穿通电流的新技术

对于纳米尺度的 MOS 器件，普遍采用了抑制体穿通电流的技术，如 halo 注入，这种情况下 MOS 晶体管截止态的泄漏电流主要表现为 3 个来源：当栅压较大、漏电压为 0 时，主要是薄栅氧化层的隧穿电流；当栅压很小、漏电压较大时，主要是 DIBL 效应引起的穿通电流；另外，由于较高浓度的 halo 注入，还会产生漏区 pn 结的带—带隧穿电流。图 1.3-50是测量得到的 $L=130$ nm 的 nMOS 器件在不同温度下截止态穿通电流随漏电压变化[70] 的关系图。可以看出，随着温度升高穿通电流急剧增大，证明了穿通电流符合扩散电流的规律，是表面扩散电流。图 1.3-51 是对最小沟道长度 $L=100$ nm、有不同 halo 掺杂浓度的 nMOS 器件的实验数据提取的 m 参数[70]。可以看出，随着沟道长度减小 m 显著增大，说明 DIBL 效应随沟道长度减小而加剧。提高 halo 掺杂浓度可以使 m 略有减小，而 halo 掺杂浓度的选择还要考虑对阈值电压、漏 pn 结隧穿电流等其他性能的影响。

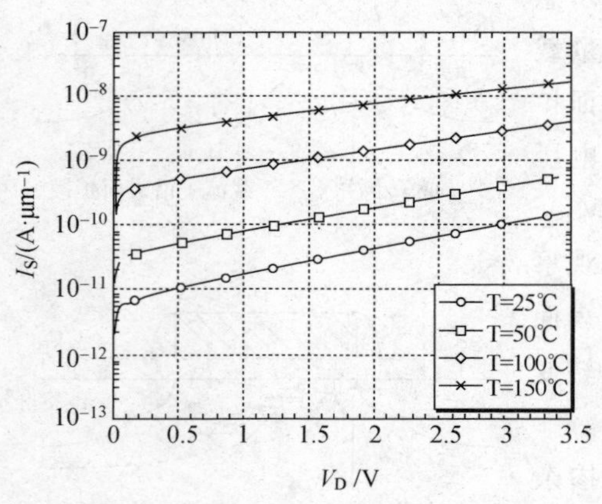

图 1.3-50　纳米器件的穿通电流

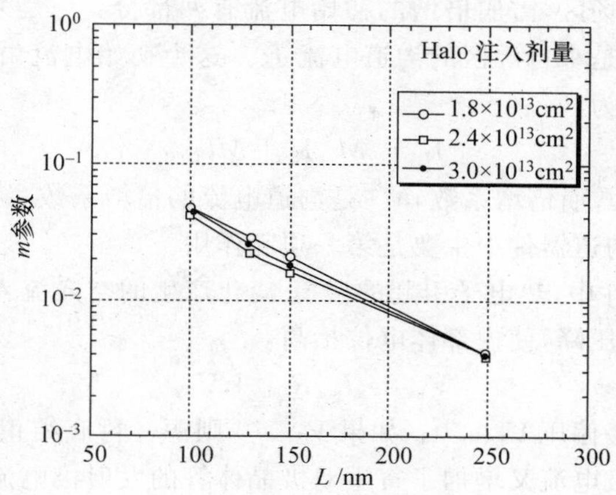

图 1.3-51 提取的 m 参数

2. 漏 pn 结击穿

在前面讨论热电子效应时提到沟道热电子在漏端附近的强电场中引起碰撞-离化，激发出电子-空穴对，空穴流向衬底形成衬底电流。由于体电阻的存在，衬底电流在体电阻上产生电压降，图 1.3-52 示意说明了衬底电流在体电阻上产生压降[71]。这个电压降相当于给源-衬底 pn 结加一个正向偏压，使源区向沟道中发射电子，从而增加了热电子的来源，可以在漏耗尽区激发出更多的电子-空穴对，引起更大的衬底电流。这样形成一个正反馈作用，最终导致极大的漏电流。这种击穿也叫 Snap-back 击穿。这种击穿和长沟道器件中的漏 pn 结雪崩击穿机理不同，因而表现出的特性也不同。对短沟道 MOS 晶体管，漏 pn 结击穿电压 BV_{DS} 要比长沟道器件的击穿电压低，另外击穿后出现负阻特性，如图 1.3-53[72] 所示。因为一旦衬底电流产生的压降足以使源-衬底 pn 结导通，即诱发了寄生双极晶体管效应，这时只要有较低的维持电压 BV'_{DS}，就可以维持很大的漏电流。

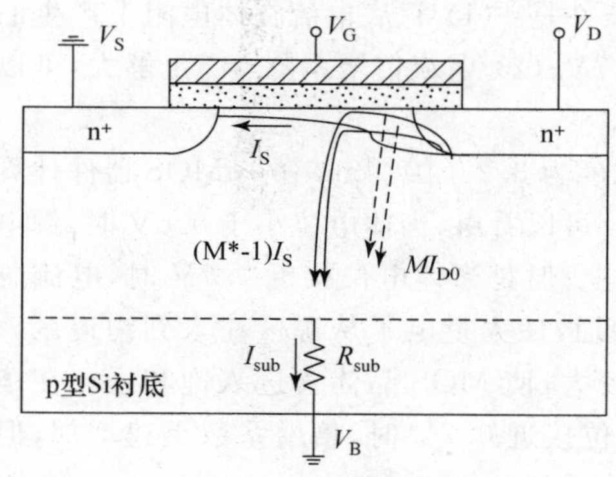

图 1.3-52 衬底电流在体电阻上产生压降

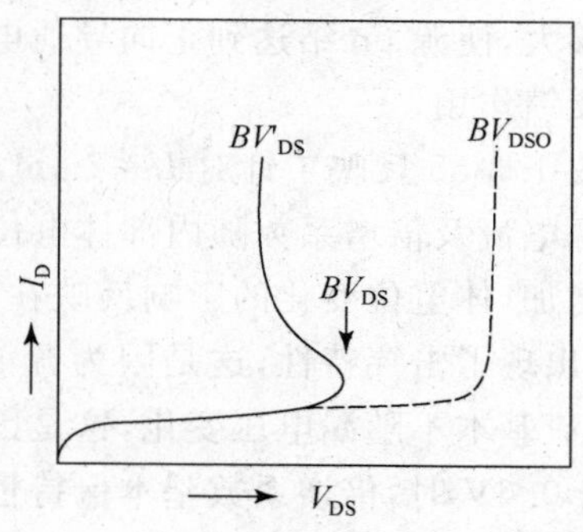

图 1.3-53 短沟道器件漏 pn 结击穿特性

在漏极附近的强电场区，雪崩倍增的初始电流有两部分：一是来自衬底的很小的反向饱和电流 I_{D0}，另一个就是来自源区的沟道电流 I_S。这个初始电流由于雪崩倍增效应放大，则最终的漏电流可表示为

$$I_D = M^* I_S + MI_{D0} \tag{1.3-61}$$

其中 M 是常规 pn 结的雪崩倍增系数，M^* 是沟道电流的倍增系数。在长沟道器件中主要是第二项起作用，而在短沟道器件中主要是第一项起作用。

在短沟道 MOS 器件中，热电子引起的碰撞-离化产生的空穴流入衬底形成衬底电流，衬底电流在体电阻上产生压降，使内部体电位抬高，

$$V_{bs} = I_{sub} R_{sub} + V_{BS} \tag{1.3-62}$$

假设源极接地，外部衬底偏压 $V_{BS}<0$。如果 $V_{bs}>0$ 则源—衬底结正偏，引起寄生的 npn 双极晶体管导通，使得源极电流又增加了寄生双极晶体管的发射极电流 I_e，即

$$I_S = I_{ch} + I_e \tag{1.3-63}$$

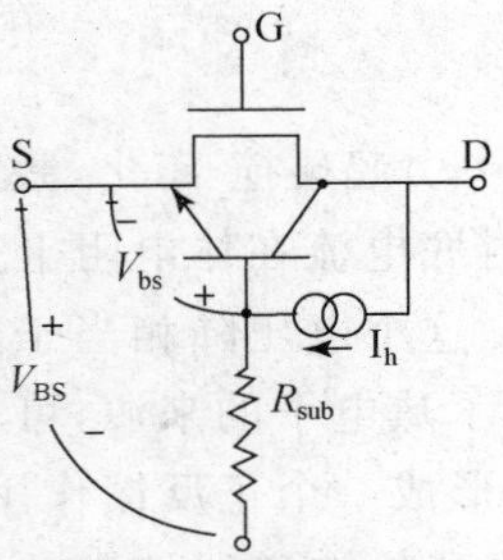

其中 I_{ch} 是导通的 MOS 晶体管沟道电流，I_e 是寄生双极晶体管的发射极电流。这将加大电流的倍增作用，最终形成一个正反馈，使器件击穿。图 1.3-54 示意说明衬底电流在体电阻上产生压降，抬高了内部体电位，诱发了寄生双极晶体管[73]。考虑到寄生双极晶体管的基极电流，碰撞-离化产生的空穴电流 I_h 不完全流入衬底，有一小部分流入双极晶体管的基极。

图 1.3-54　寄生双极晶体管效应

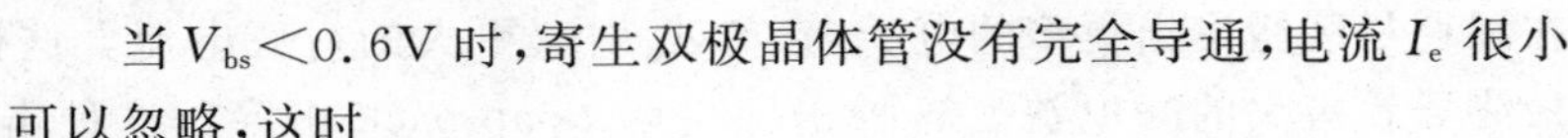

当 $V_{bs}<0.6\text{V}$ 时，寄生双极晶体管没有完全导通，电流 I_e 很小可以忽略，这时

$$I_{sub} = I_h = (M^* - 1) I_D \tag{1.3-64}$$

由此得到

$$(M^* - 1) I_D = (V_{bs} - V_{BS}) / R_{sub} \tag{1.3-65}$$

当 V_{bs} 接近 0.7V 时，寄生双极晶体管导通，I_e 迅速增大，导致器件击穿。总结以上分析看出，短沟道 MOS 器件发生击穿必须满足的 2 个条件是：(1) 衬底电流在体电阻上产生的压降足够大，使源 pn 结达到正向导通电压，$V_{bs}\approx 0.7\text{V}$；(2) 电流倍增系数 M^* 足够大，可以引起正反馈作用。

图 1.3-55 反映了针对 $L=2\ \mu\text{m}$，衬底掺杂浓度为 $3.2\times10^{15}\ \text{cm}^{-3}$ 的 nMOS 器件计算得到的源电流及倍增系数随内部体电位的变化[71]。可以看出，当体电位小于 0.6V 时，源电流缓慢增加，体电位变化的影响反映在常规体效应上；但是当体电位接近 0.7V 时，电流急剧增大，出现了击穿特性，这是因为源 pn 结正向导通，使大量电子从源区注入到沟道区。另外，电流基本不随漏电压变化，这是因为漏电压较大，使 MOS 晶体管进入饱和区。在体电位小于 0.6V 时，倍增系数基本保持恒定，当体电位接近 0.7V 时，倍增系数迅速增加，但是倍增系数随漏电压增大而增大，因为它与漏端电场有关。

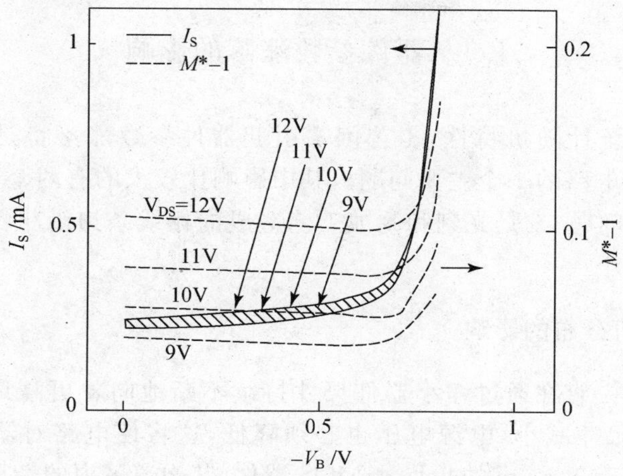

图 1.3-55　源电流与倍增系数随体电位的变化

图 1.3-56 说明了体电阻对短沟道 MOS 器件击穿特性的影响[71]。体电阻为 0 时符合常规雪崩击穿特性，体电阻为 20 kΩ 时表现出明显的负阻击穿特性，击穿后对应的漏电压收敛到 8V 左右，这就是维持电压 BV'_{DS}。

用二维数值模拟求解泊松方程和电流连续方程，假设源、漏区杂质是高斯分布，沟道区是均匀分布，但表面层浓度和本底浓度不同，分别为 N'_A 和 N_A。在二维数值模拟的基础上得到一个击穿电压的半经验公式。

$$BV_{DS} = C_B(|V_{BS}| + V_c)^{1/3} x_j^{1/3} t_{ox}^{2/9} L^{4/9} N_A'^{-1/3} N_A^{1/3} \tag{1.3-66}$$

其中 V_C 是使源-衬底 pn 结导通的电压，约为 0.7V，C_B 是拟合系数，且 $C_B \approx 2.6\times10^5$ ($V^{2/3}\cdot cm^{-1}$)。

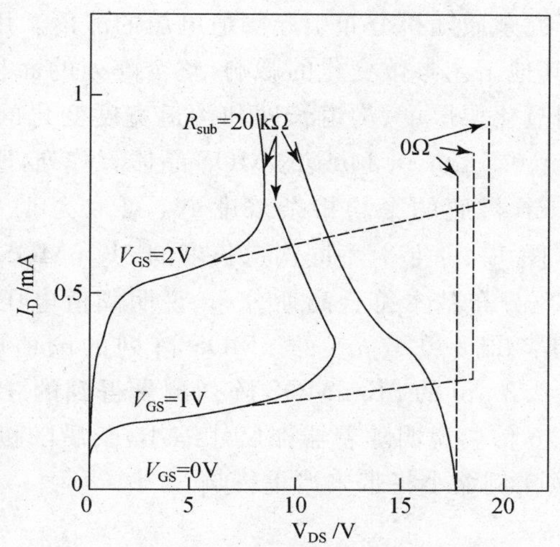

图 1.3-56　体电阻对击穿特性的影响

1.4 器件参数涨落的影响

由于工艺加工的统计随机特性，工艺因素引起器件参数涨落将是缩小到纳米尺度的CMOS器件及其集成电路的一个主要问题。其中影响比较大的有两个方面：一是掺杂工艺引起的杂质随机分布问题；二是光刻和刻蚀工艺造成的栅线条边沿粗糙问题。下面主要讨论这两个问题。

1.4.1 杂质随机分布的影响

CMOS集成电路一直在通过缩小器件尺寸持续不断地向着更高集成度和更高性能发展。随着MOS器件尺寸减小，电源电压也必须降低，这将使电路对器件参数的涨落更敏感。对于沟道长度小于0.1 μm的小尺寸MOS器件，其沟道区内的杂质原子总数只有几十个到上百个；当沟道长度缩小到十几nm时，沟道区内的平均杂质原子数只有几个。这样少量的杂质数目，其数量的涨落将可能达到百分之几十。由于离子注入、扩散等工艺的随机本质，使沟道区内的杂质原子不是理想的连续、均匀的分布，而是具有离散的微观随机分布的本质。杂质原子的随机分布会引起与杂质浓度有关的器件参数发生涨落，特别是引起器件阈值电压的离散性。器件尺寸越小，一个芯片内的MOS晶体管数目越多，器件参数的涨落会越大。很多电路如SRAM单元、灵敏放大器等，都要求器件参数对称，杂质随机分布造成阈值电压变化，使器件参数失配，从而严重影响电路的性能。

早在20世纪70年代就有人指出，杂质原子的随机分布将成为MOS器件小型化的一个基本限制[74]。几十年来很多人在这方面进行了研究，从实验上、或者用解析模型、数值模拟等方法分析杂质随机分布的影响。

一种是用实验方法研究杂质随机分布引起阈值电压的涨落。用一个8K nMOS的阵列进行测试分析，为了排除其他工艺参数变化的影响，整个阵列的面积很小，只有0.7 mm^2，在这样小面积内可以忽略栅氧化层厚度、沟道长度和沟道宽度变化的影响。在一个芯片内分别做了沟道长度为0.7 μm、0.5 μm、0.3 μm的MOS晶体管阵列，所有器件的沟道宽度都为1 μm，栅氧化层厚度11 nm，衬底的平均掺杂浓度 N_A 可取为 4.3×10^{16} cm^{-3}、7.1×10^{16} cm^{-3} 和 1.4×10^{17} cm^{-3}。图1.4-1是对不同沟道长度的8K nMOS测量得到的阈值电压分布[75]，测量得到的阈值电压分布基本符合高斯分布，说明阈值电压的涨落完全是随机因素引起的。从图中可以看到：$L_{eff}=0.5$ μm的nMOS阵列的阈值电压变化的标准偏差为 $\sigma V_T=6.9$ mV，而对 $L_{eff}=0.3$ μm的8K nMOS阵列测量得到的 $\sigma V_T=10.6$ mV，阈值电压变化的标准偏差增大了1.6倍。说明随着器件尺寸缩小，杂质随机分布引起的阈值电压涨落增大，这对MOS器件按比例缩小将带来严重影响。

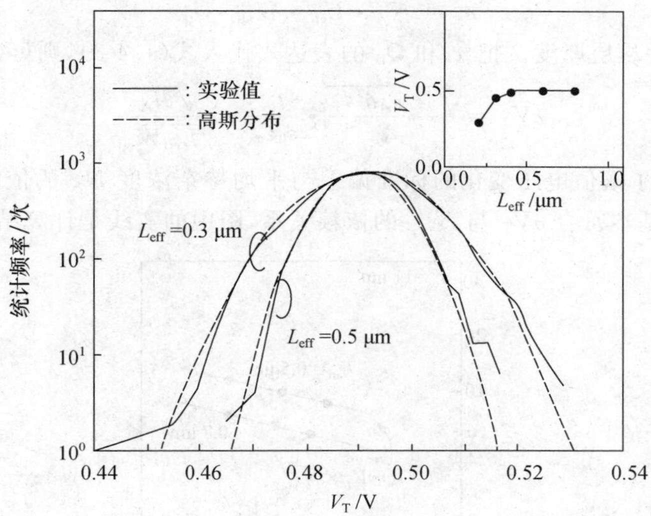

$W_{eff}=1\ \mu m$, $t_{ox}=11$ nm,　$N_A=7.1\times10^{16}\ cm^{-3}$

图 1.4-1　对 8K nMOS 阵列测量得到的阈值电压分布

为了从实验上确定阵列中每个 MOS 晶体管沟道区内的杂质浓度 $N_A(i)$，采用加衬底偏压的办法，测量衬底偏压引起的每个 MOS 晶体管阈值电压平移量 $\Delta V_T(i)$，再根据式

$$N_A(i)=\frac{(\Delta V_T(i)C_{ox})^2}{2\varepsilon_0\varepsilon_{Si}q(\sqrt{2\phi_F-V_{BS}}-\sqrt{2\phi_F})^2} \tag{1.4-1}$$

计算出掺杂浓度，其中 V_{BS} 是测量时加的衬底偏压，对 nMOS 加负偏压，$V_{BS}<0$，ϕ_F 是衬底材料的费米势，这里用平均杂质浓度计算得到。通过测量得到 8K nMOS 的衬底掺杂浓度也遵从高斯分布，其均值 $N_A=7.1\times10^{16}\ cm^{-3}$，标准偏差 $\sigma N_A=1.7\times10^{15}\ cm^{-3}$，则 $\sigma N_A/N_A\approx2.4\%$。根据每个 MOS 晶体管沟道区的 $N_A(i)$ 就可以得到每个 MOS 晶体管沟道区的杂质原子数 n_a。如果杂质原子完全是随机分布，其标准偏差 σn_a 应该等于平均杂质原子数的平方根，即

$$\sigma n_a=\sqrt{\overline{n_a}} \tag{1.4-2}$$

计算得到的 $\sigma n_a/\overline{n_a}\approx2.3\%$，这和实际测量的杂质浓度的起伏 $\sigma N_A/N_A\approx2.4\%$ 基本吻合。因此这是第一次从实验上证实了式(1.4-2)的关系。

如果不考虑界面态电荷以及杂质浓度涨落引起的表面势的变化，则阈值电压的变化主要是由沟道区内耗尽层电荷数涨落引起的，由此引起的阈值电压变化的标准偏差可近似用式

$$\sigma V_T\approx\frac{\sigma Q_B}{C_{ox}}=\frac{t_{ox}\overline{Q_B}}{2\varepsilon_0\varepsilon_{ox}}\cdot\frac{1}{\sqrt{\overline{n_a}}} \tag{1.4-3}$$

估算，其中，

$$\overline{n_a} = N_A \cdot L_{eff} \cdot W_{eff} \cdot x_d \tag{1.4-4}$$

x_d 是沟道区表面耗尽层厚度。把 x_d 和 Q_B 的表达式代入式(1.4-3),则可以得到

$$\sigma V_T = \frac{\sqrt[4]{4\varepsilon_0 \varepsilon_{si} q^3 \phi_F}}{2} \cdot \frac{t_{ox}}{\varepsilon_0 \varepsilon_{ox}} \cdot \frac{\sqrt[4]{N_A}}{\sqrt{L_{eff} W_{eff}}} \tag{1.4-5}$$

图 1.4-2 显示了阈值电压变化的标准偏差与平均掺杂浓度 N_A 的依赖关系[75],图中的黑点是实验数据,基本符合 σV_T 与 $N_A^{1/4}$ 的依赖关系,图中的实线是计算结果。

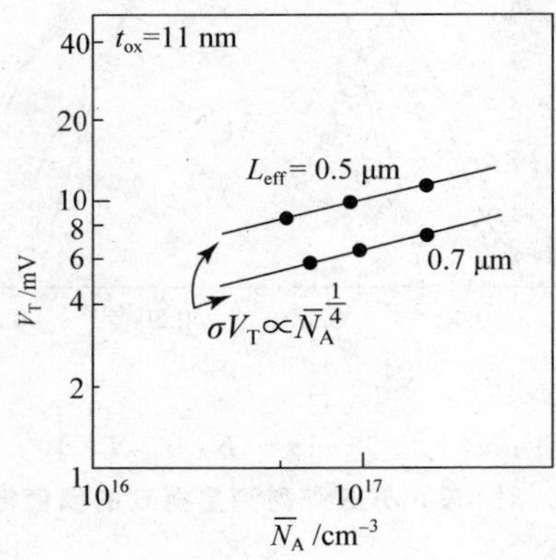

图 1.4-2　杂质随机分布引起的阈值电压偏差与平均掺杂浓度的关系

公式(1.4-5)反映了杂质随机分布引起的阈值电压涨落与平均掺杂浓度、有效器件面积和栅氧化层厚度的关系,这些依赖关系的趋势与实验结果基本符合。但是这个模型公式中没有考虑沟道区耗尽层电荷的纵向不均匀性,因为一般掺杂浓度在垂直表面方向不是均匀分布的;另外也没有考虑反型层有限厚度的影响以及杂质随机分布引起的表面势的变化。可以用更精确的分析方法得到掺杂浓度的统计涨落引起阈值电压变化的标准偏差。

如果只考虑杂质数目涨落的影响,而不考虑杂质原子在沟道区内的随机位置,则可以用简单的一维分析。

MOS 晶体管的栅压可表示为

$$V_{GS} = V_{FB} + \phi_s + \frac{q}{C_{ox}}(N_d + N_i) \tag{1.4-6}$$

其中 qN_d 和 qN_i 分别代表耗尽层电荷和反型层电荷的面密度,ϕ_s 是表面势。

当掺杂浓度 N_A 有随机涨落时。将引起 N_d、N_i 和 ϕ_s 变化。以某一恒定电流对应的栅压为阈值电压,在表面有效迁移率是常数的近似下,对应恒定电流的反型层电荷面密度也应恒定,因此令 $\delta N_i = 0$。忽略平带电压的起伏,且在阈值条件下 $N_i \ll N_d$,则掺杂浓度的随机涨落引起阈值电压变化的标准偏差可用式

$$\sigma V_T = K \frac{q}{C_{ox}} \sigma N_f \tag{1.4-7}$$

计算，式中 σN_f 是反映了杂质浓度的随机涨落及其在纵向分布变化的等效偏差，

$$\sigma N_f = \sqrt{\frac{1}{W_{eff}L_{eff}} \int_0^{x_d} \left(1 - \frac{x}{x_d}\right)^2 N_A(x) \mathrm{d}x} \tag{1.4-8}$$

公式(1.4-7)中的系数 K 由式

$$K = \frac{1 + \dfrac{d_i}{\varepsilon_0 \varepsilon_{si}} C_{ox}}{1 - \left(1 + \dfrac{N_i}{N_d}\right)\left(\dfrac{d_i}{x_d}\right)} \tag{1.4-9}$$

决定，其中 d_i 是反型层厚度。由于在阈值条件下，$N_i \ll N_d$，且 $d_i \ll x_d$，把 x_d 表达式代入，且 $N_d = \int_0^{x_d} N_A(x) \mathrm{d}x$，则得到

$$\sigma V_T \approx \frac{\sqrt[4]{4q^3 \varepsilon_0 \varepsilon_{si} \phi_F}}{\sqrt{3}} \left(\frac{kT}{q} \frac{1}{\sqrt{4\varepsilon_0 \varepsilon_{si} q N_A \phi_F}} + \frac{t_{ox}}{\varepsilon_0 \varepsilon_{ox}} \right) \cdot \frac{\sqrt[4]{N_A}}{\sqrt{W_{eff} L_{eff}}} \tag{1.4-10}$$

公式(1.4-10)中的第1项反映了表面势变化的影响，第2项则是氧化层上压降的变化。一般第1项比第2项小很多。如果忽略第1项，则公式(1.4-10)的形式和公式(1.4-5)类似，只是系数增大$\sqrt{4/3}$倍，即

$$\sigma V_T \approx \frac{\sqrt[4]{4q^3 \varepsilon_0 \varepsilon_{si} \phi_F}}{\sqrt{3}} \cdot \frac{t_{ox}}{\varepsilon_0 \varepsilon_{ox}} \cdot \frac{\sqrt[4]{N}}{\sqrt{W_{eff} L_{eff}}} \tag{1.4-11}$$

公式(1.4-11)中用 N 表示沟道区平均掺杂浓度，对 nMOS 就是 N_A，对 pMOS 则表示为 N_D。从上式看出，掺杂浓度越高，杂质随机分布的影响越大；器件的有效面积 $W_{eff}L_{eff}$ 越小，杂质随机分布对阈值电压的影响越大。另外，栅氧化层越厚，杂质随机分布的影响也越大。图1.4-3说明了栅氧化层厚度、器件面积以及掺杂浓度对阈值电压变化的影响[76]。图中实线是根据公式(1.4-10)计算的，虚线是根据公式(1.4-5)计算得到的。式(1.4-5)没有考虑杂质的纵向分布变化，因而误差更大。图中圆点是二维模拟结果，每个点都是从900次统计模拟得到的。为了消除源-漏区掺杂以及源-漏耗尽区的影响，在模拟中选择较大的沟道区面积($W=L>3\ \mu$m)，并在很低的漏偏压(3 mV)下提取阈值电压。模拟时器件参数的中心值取为 $t_{ox}=4$ nm，$W=L=10\ \mu$m，$N=1\times10^{18}\ \text{cm}^{-3}$。模型公式的结果和二维数值模拟结果基本符合。但是值得注意的是，由于上述公式中没有考虑源、漏耗尽区的影响，当沟道长度很短时，模型公式的误差将明显增大。这是因为短沟道器件中源、漏耗尽区引起的电荷分享对阈值电压有很大影响。

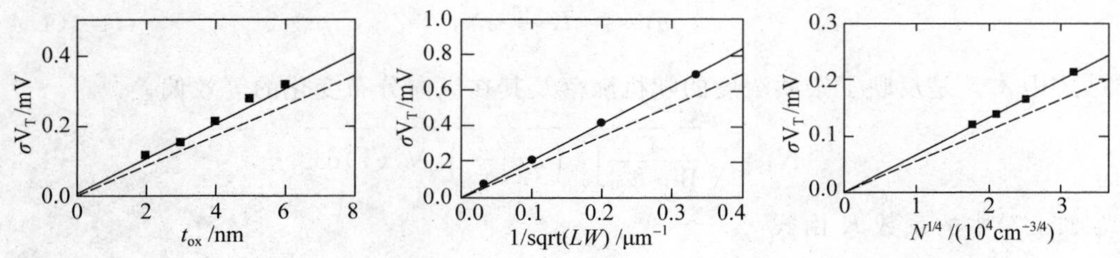

图 1.4-3　栅氧化层厚度、器件面积以及掺杂浓度对阈值电压变化的影响

在前面的分析中主要考虑了耗尽层内的杂质总数统计涨落的影响，而且侧重于考虑杂质数涨落引起的氧化层压降的变化，而忽略了表面势的变化。按照恒定电流定义的阈值电压与表面处的载流子浓度有关，而载流子浓度又由表面势决定，因此杂质随机分布引起表面势的起伏变化对阈值电压也有很大影响。特别是，当器件尺寸缩小时，表面势不按比例缩小，对小尺寸器件，表面势起伏变化对阈值电压的影响更不能忽略。图 1.4-4 示意说明了微观电势的起伏[77]，图中 ϕ_B 是体内费米势，ϕ_f 是表面起伏的电势。ϕ_f 的起伏是由于微观小体积元内的杂质数涨落造成的。为了反映杂质原子微观随机分布的影响，可以用微观杂质浓度 ρ 表示一个微观小体积元 v 中的平均浓度，即

$$\rho = \frac{\zeta}{v} \tag{1.4-12}$$

ζ 表示体积元 v 中的杂质原子数目。掺杂浓度 N_A 实际就是在宏观体积 V 内 ρ 的平均值，

$$N_A = \bar{\rho} = \frac{\sum \zeta}{V} \tag{1.4-13}$$

显然，微观体积元 v 越小，微观杂质数 ζ 统计涨落越大，微观杂质浓度 ρ 在不同位置的变化越大。图 1.4-5 给出了在宏观掺杂浓度 $N_A = 1\times10^{17}\ \text{cm}^{-3}$ 时，微观杂质浓度的变化随尺寸减小而增大[77]。

微观杂质原子数的均值可以表示为

$$\bar{\zeta} = N_A v \tag{1.4-14}$$

则微观杂质浓度又可以表示为

$$\rho = N_A \frac{\zeta}{\bar{\zeta}} = N_A \xi \tag{1.4-15}$$

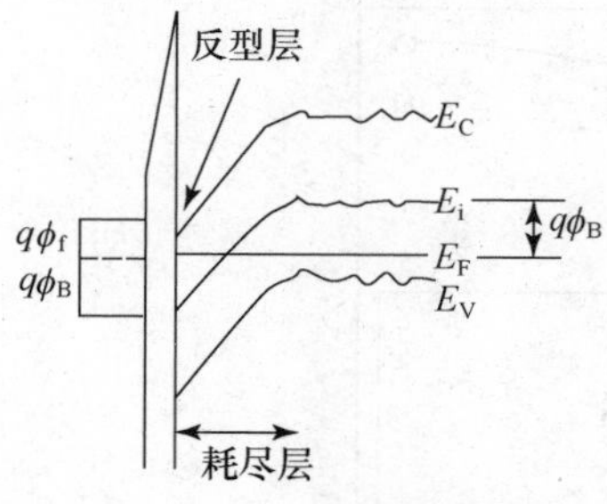

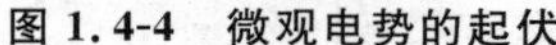

图 1.4-4 微观电势的起伏

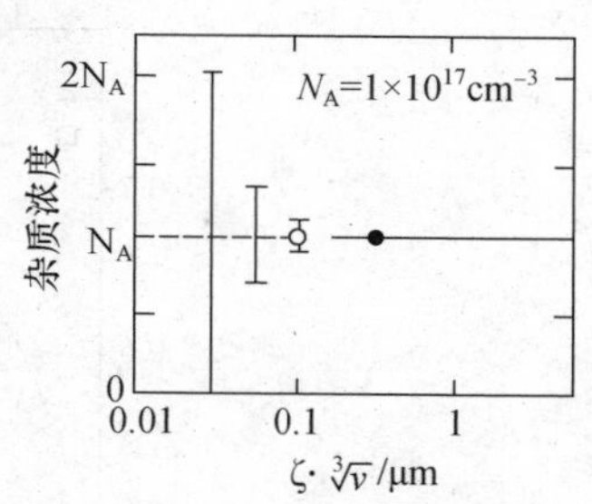

图 1.4-5 微观杂质浓度的起伏

其中 ξ 是一个均值为1、标准偏差为 $\bar{\zeta}^{-1/2}$ 的随机变量。在器件尺寸按比例缩小过程中，尺寸按 α 倍缩小，如果遵循CE规则，掺杂浓度 α 倍增大，则 $\bar{\zeta}^{-1/2}$ 将按 α 倍增加。因此，器件尺寸越小，杂质随机分布引起的微观杂质浓度的变化越大，微观电势的起伏越大，阈值电压的离散也越严重，而且造成阈值电压的均值下降。杂质原子的微观随机分布造成微观电势不均匀分布，这是造成短沟道器件阈值电压均值下降的主要原因。由于不均匀的电势分布，可能在MOS晶体管源-漏区之间形成一个更早导通的"幸运"通路，造成导通电流增大，比电势平均值决定的电流更大些。沟道长度越短，或沟道宽度越大，存在"幸运"导通通路的几率越大，阈值电压的均值越小。

更精确地分析杂质随机分布的影响可以用三维原子化器件模拟(3-D "atomistic" device simulation)，针对有效沟道长度 $L_{eff}=50$ nm、有效沟道宽度 $W_{eff}=50$ nm、栅氧化层厚度 $t_{ox}=3$ nm、沟道平均掺杂浓度 $N_A=5\times10^{18}$ cm^{-3} 的nMOS器件进行三维原子化模拟分析。基于均匀的有限差分网格求解三维泊松方程，电子和空穴浓度采用玻尔兹曼分布。用泊松方程正确表示与每个杂质原子相联系的电势和电场。为了能精确到每个单个原子来分析随机的、离散的杂质分布(Random Discrete Dopants, RDD)的影响，把网格最小间距定为1 nm。杂质原子数采用泊松分布，其均值等于计算的平均原子数。在特定的栅压下针对漏偏压为零的情况求解泊松方程，得到电子浓度，然后在低的漏偏压下求解电流连续方程。对于一般小尺寸的MOS晶体管，上述方程的求解在深入到半导体内离 Si/SiO_2 界面10 nm的范围就足够了。采用50×50×70的网格对200个不同微观杂质分布的MOS晶体管构成的样本进行了3-D"原子化"模拟。图1.4-6是对不同沟道长度MOS晶体管用3-D模拟得到的阈值电压均值 $\langle V_T\rangle$ 与按照均匀连续掺杂分布计算的阈值电压 V_{T0} 的比较[78]。器件的其他参数为 $W_{eff}=50$ nm，$t_{ox}=3$ nm，$N_A=5\times10^{18}$ cm^{-3}。从图中可以看出考虑杂质随机分布的阈值电压均值比没有考虑杂质随机分布的阈值电压减小。从插入的小图进一步说明，随着器件尺寸减小，杂质随机分布使阈值电压的起伏增大，且均值下降，当沟道长度小于50 nm就更显著。

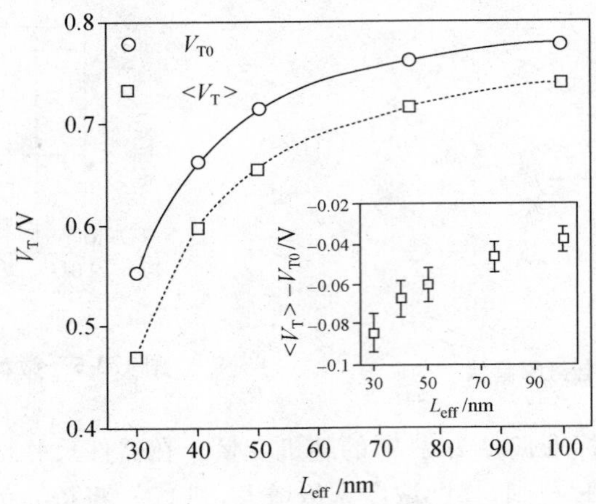

图 1.4-6　杂质随机分布引起的阈值电压变化

图 1.4-7 给出了用 3-D 原子化模拟得到阈值电压变化的标准偏差与器件的有效沟道长度、有效沟道宽度以及平均掺杂浓度的关系，并和前面给出的解析模型式(1.4-5)和式(1.4-11)进行了比较[78]。从这几个图可以看出，用 3-D 原子化模拟得到的阈值电压标准偏差基本遵从 $1/(L_{eff}W_{eff})^{1/2}$ 的关系，但阈值电压的标准偏差明显比模型公式预计的大。

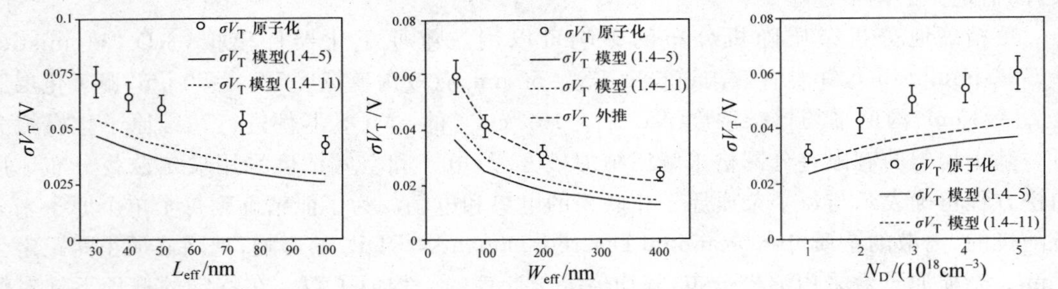

图 1.4-7　用 3-D 原子化模拟得到的阈值电压标准偏差与器件的有效沟道长度、有效沟道宽度以及平均掺杂浓度的关系

3-D 原子化模拟得到的阈值电压起伏变化更大，这是因为模型公式(1.4-5)和(1.4-11)只反映了耗尽层内杂质总数的变化对阈值电压的影响，而原子化模拟中还反映了杂质原子在耗尽层内的微观随机位置的影响。为了进一步说明杂质原子微观随机位置的影响，对 2 500个 MOS 晶体管构成的样品进行模拟。对于 $N_A=5\times10^{18}\ cm^{-3}$ 的掺杂浓度，沟道区的最大耗尽层厚度为 13.6 nm，对于 $W_{eff}=50$ nm、$L_{eff}=50$ nm 的 MOS 晶体管，沟道区耗尽层内的平均杂质原子数是 170。图 1.4-8 给出了对 2 500 个杂质随机分布的 MOS 晶体管模拟得到的阈值电压分布[78]。可以看出，即使对于同样的杂质总数，阈值电压也有明显的离散，这充分说明了杂质原子微观的随机位置对阈值电压的涨落有很重要的影响。

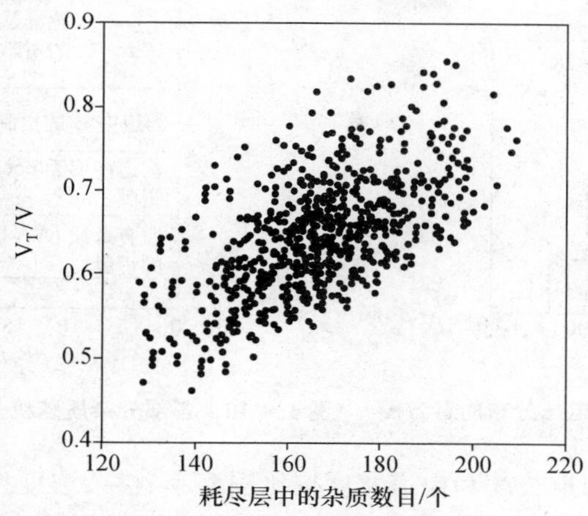

图 1.4-8　对 2500 个杂质随机分布的 MOS 晶体管模拟得到的阈值电压分布

3-D 原子化模拟显示，阈值电压变化的标准偏差对掺杂浓度的依赖关系比模型公式预计的 $N_A^{1/4}$ 要更强一些。通过对沟道长度 0.03—0.1 μm、沟道宽度 0.05—0.5 μm、栅氧化层厚度 1—6 nm、沟道掺杂浓度 N_A 为 $1\times10^{18}\ \text{cm}^{-3}$ 至 $5\times10^{18}\ \text{cm}^{-3}$ 的大量器件进行 3-D 原子化模拟结果进行拟合，得到一个阈值电压变化的标准偏差与器件参数依赖关系的经验公式[79]：

$$\sigma V_T = 3.19\times10^{-8}\times\frac{t_{ox}\cdot N_A^{0.401}}{\sqrt{W_{eff}L_{eff}}} \tag{1.4-16}$$

如果考虑反型层量子化，公式中还应加上反型层厚度的影响，即

$$\sigma V_T = 3.19\times10^{-8}\times\frac{(t_{ox}+t_{qm}\varepsilon_{ox}/\varepsilon_{si})N_A^{0.401}}{\sqrt{W_{eff}L_{eff}}} \tag{1.4-17}$$

其中 t_{qm} 是反型层量子化形成的分布厚度。

为了更精确地考察杂质随机分布对器件性能的影响，采用 3-D 原子化器件模拟结合逼真的 3-D 工艺模拟。针对栅长 70 nm、栅氧化层厚度 2 nm 的 nMOS 器件，用三维的蒙特卡罗工艺模拟可以精确得到离子注入和 1 050℃退火后杂质的随机分布，而且可以分别得到沟道区、halo 区和源、漏延伸区的硼(B)、铟(In)和砷(As)原子的分布，这样就可以分别研究各部分杂质随机分布的影响。图 1.4-9 是通过 3-D 原子化工艺和器件模拟结合，针对 100 个样本得到的阈值电压分布的直方图，图 1.4-10 说明了各部分杂质随机分布对阈值电压起伏变化的影响[80]。引起阈值电压起伏变化的主要因素是沟道区杂质的随机分布，不过对于缩小到几十 nm 及更小的器件，源、漏延伸区杂质随机分布的影响也是不容忽略的。

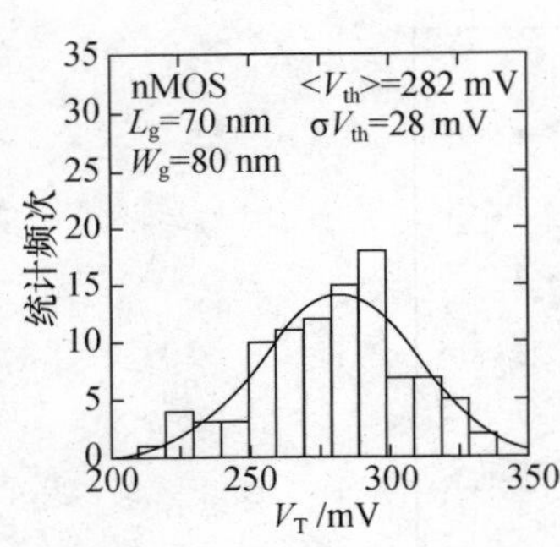

图 1.4-9　nMOS 晶体管阈值电压分布的直方图

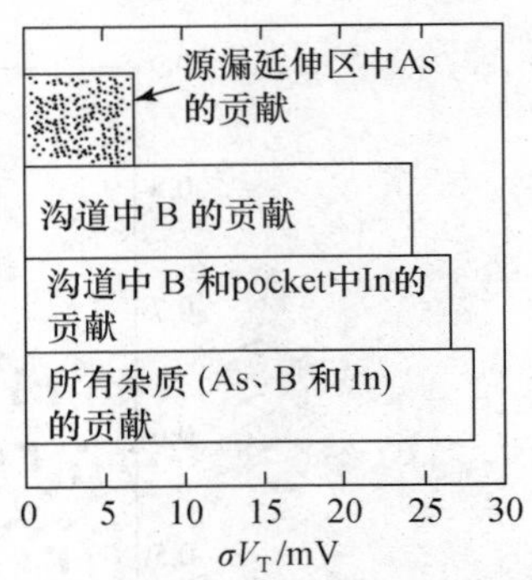

图 1.4-10　各部分杂质随机分布对阈值电压变化的影响

随着 MOS 晶体管沟道长度和沟道宽度按比例缩小、掺杂浓度按比例增大，杂质原子数的统计涨落和随机分布造成的阈值电压的偏差增大，这将严重影响按比例缩小的 CMOS 器件和电路的性能。为了分析杂质随机分布对电路性能的影响，采用器件模拟与电路模拟相结合的方法。对于缩小到十几 nm 的 MOS 晶体管，沟道区平均杂质原子只有几个，杂质数目和位置的随机变化非常大。对于平均掺杂浓度为 $1.48\times10^{18}\ \text{cm}^{-3}$ 的情况，通过统计分析发现在体积为 16 nm^3 的小立方体内杂质数目的起伏变化是 0～14，均值为 6，用 125 个杂质随机分布的 16 nm^3 的小立方体映射到栅长 16 nm 的 MOS 晶体管沟道区，通过 3-D 原子化器件模拟分别得到 nMOS 和 pMOS 器件特性，再用这些特性起伏变化的器件构成 CMOS 反相器、与非门和或非门进行电路模拟，从而分析出杂质随机分布引起的电路延迟时间的变化。图 1.4-11 是用 3-D 原子化器件模拟得到的 nMOS 器件特性的起伏变化[81]，既反映了杂质数涨落的影响，也反映出杂质位置随机变化的影响。器件的参数是：$W=L=16$ nm，$t_{ox}=1.2$ nm，源、漏区掺杂浓度为 $1.1\times10^{20}\ \text{cm}^{-3}$，衬底浓度 $1\times10^{15}\ \text{cm}^{-3}$。对 pMOS 器件也得到类似特性。基于器件模拟结果，再进行电路模拟，得到了杂质随机分布引起的 CMOS 反相器直流特性和瞬态特性的起伏变化，如图 1.4-12 和图 1.4-13[81] 所示。

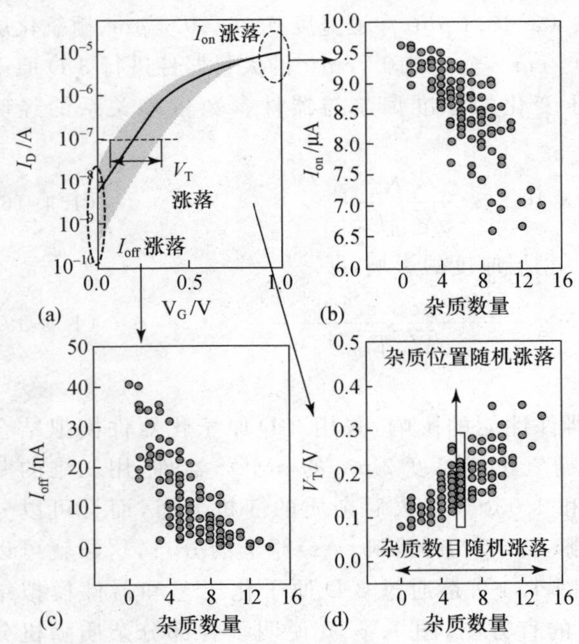

图 1.4-11　用 3-D 原子化器件模拟得到的 nMOS 器件特性的起伏变化

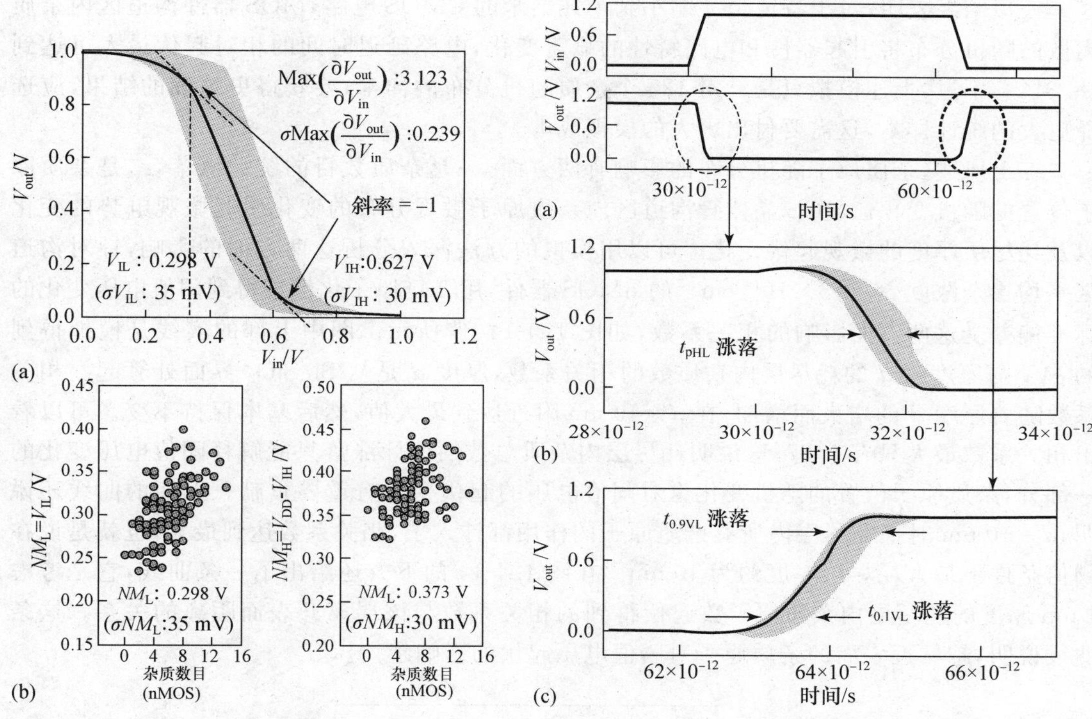

图 1.4-12　CMOS 反相器直流特性起伏　　**图 1.4-13　CMOS 反相器瞬态特性起伏**

对于 16 nm 栅长的 MOS 晶体管，沟道区内杂质数目有 0～14 的涨落，同时考虑杂质位置的随机变化，由此得到 CMOS 反相器的上升时间（t_r）和下降时间（t_f）的均值分别是 1.021 ps 和 0.897 ps，变化的标准偏差分别是 0.036 ps 和 0.021 ps，而传输延迟时间 t_{pLH} 和 t_{pHL} 的均值分别是 0.800 ps 和 0.590 ps，变化的标准偏差分别是 0.105 ps 和 0.108 ps。用这样的 MOS 器件构成 2 输入的与非门和或非门，通过电路模拟分析了它们延迟时间的变化，如表 1.4-1 所示[81]。

表 1.4-1　与非门和或非门的瞬态特性及其变化

（单位：ps）	t_r	t_f	t_{pLH}	t_{pHL}
		NAND		
中值	1.248	1.197	0.987	1.254
涨落	0.070	0.056	0.107	0.129
		NOR		
中值	1.762	0.993	1.616	0.761
涨落	0.133	0.030	0.169	0.111

模拟结果表明，对于特征尺寸缩小到十几纳米的 CMOS 电路，MOS 器件沟道区内杂质离散的随机分布将引起器件和电路特性的显著变化，电路延迟时间的相对起伏最大可达到 18.3%。不过，上述模拟只是针对 125 个杂质随机分布的样本，要获得更精确的结果，应选择更大的统计样本，这需要付出更大的模拟成本。

综上所述，杂质原子随机分布的影响有两方面，一是杂质数目的统计涨落，二是杂质原子位置的随机变化。MOS 晶体管沟道区内杂质原子微观分布的变化引起微观电势的变化以及耗尽层厚度的微观起伏变化。可以用模拟的方法深入分析这两方面的影响，针对沟道区平均掺杂浓度 $N_A=5\times10^{18}\ \text{cm}^{-3}$ 的 nMOS 器件，用 3-D 原子化模拟得到阈值电压变化的标准偏差受这两方面影响的相关系数，如图 1.4-14 [78] 所示。图中上部的实线是模拟得到的 σV_T 与厚度为 d 的耗尽层内杂质数的相关系数，厚度 d 是从 Si/SiO_2 界面处算起。相关系数随着厚度 d 的增大而增加，在 $d=10$ nm 附近达到最大值，然后基本保持不变。可以看出相关系数最大只有 0.67，这说明耗尽层内杂质总数的统计涨落只能解释阈值电压变化的一部分，杂质原子位置的随机变化也对阈值电压的起伏变化有重要贡献。上面的曲线还说明，$d=10$ nm 时把耗尽层内所有杂质原子的作用都计入了，相关系数达到最大，也就是说在阈值条件下最大耗尽层厚度约为 10 nm。在图 1.4-14 的下方还给出了一条曲线，它是考虑 1 nm 厚度的耗尽层内杂质原子数起伏得到的相关系数与该层离开表面距离的关系。这条曲线说明，越靠近表面的杂质原子对阈值电压起伏的影响越大。

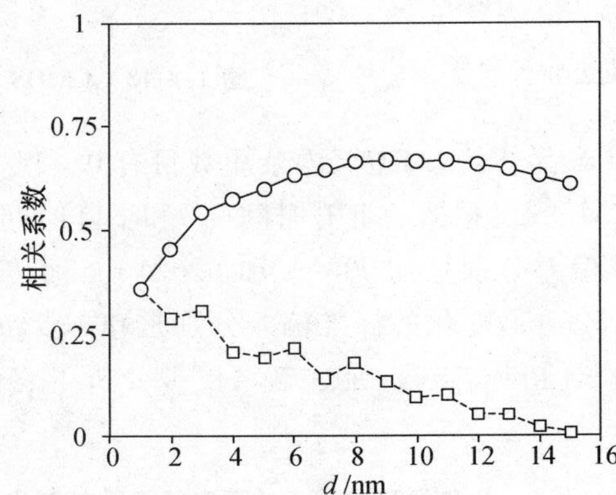

图 1.4-14　阈值电压变化的相关系数

为了克服杂质随机分布的影响，对缩小到纳米尺寸的 CMOS 器件，必须采用优化设计的沟道区掺杂分布，即沟道工程。从前面分析看出，越靠近 Si/SiO_2 界面的杂质原子，其微观随机分布的影响越大。采用逆向(retrograde)沟道掺杂或 δ 掺杂技术，使表面处杂质浓度很低甚至表面区域不掺杂，而在表面以下一定深度增加一层高掺杂层用来抑制泄漏电流，这样的低-高掺杂结构可以极大地减小杂质随机分布引起的阈值电压的离散性，由杂质随机分布引起的阈值电压变化的标准偏差可减小为[82]：

$$\sigma V_{\mathrm{T}}=\frac{q}{C_{\mathrm{ox}}}\sqrt{\frac{N_{\mathrm{A}}x_{\mathrm{d}}}{3W_{\mathrm{eff}}L_{\mathrm{eff}}}}\cdot\left(1-\frac{x_{\mathrm{s}}}{x_{\mathrm{d}}}\right)^{3/2} \tag{1.4-18}$$

公式中 x_d 是在阈值条件下表面耗尽层厚度，x_s 是表面低掺杂层的厚度，若把 x_d 的表达式代入，则公式(1.4-18)和公式(1.4-11)形式相同，只是多了一个因子

$$\left(1-\frac{x_{\mathrm{s}}}{x_{\mathrm{d}}}\right)^{3/2}$$

这个因子反映了逆向掺杂的作用。理想情况下，若表面低掺杂层的厚度 $x_s=x_d$，就可以消除杂质随机分布对阈值电压的影响，实际上 x_s 总是小于 x_d。可以利用实验设计(Design Of Experiment，DOE)技术和优化方法找出适当的表面低掺杂层的厚度和适当的低掺杂区及高掺杂区的掺杂浓度，既可以获得合适的阈值电压均值，又使阈值电压变化的标准偏差最小。图1.4-15[76]是采用优化设计得到的沟道区掺杂剖面和相应的阈值电压分布，并和常规的掺杂剖面比较。可以看出对于沟道长度为0.25 μm的nMOS，采用优化设计的掺杂剖面，表面处杂质浓度较低为 1×10^{16} cm^{-3}，在离开表面0.04 μm后掺杂浓度提高到 1×10^{18} cm^{-3}，用这种优化设计的低-高掺杂剖面，使杂质随机分布引起的阈值电压变化的标准偏差从9.2 mV减小到3.3 mV，几乎减小了3倍。

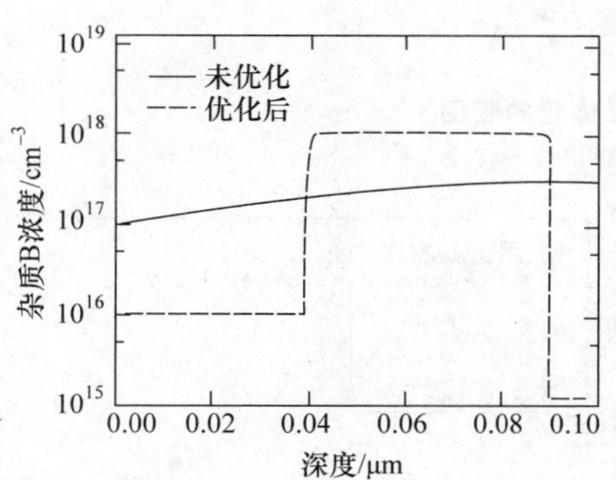

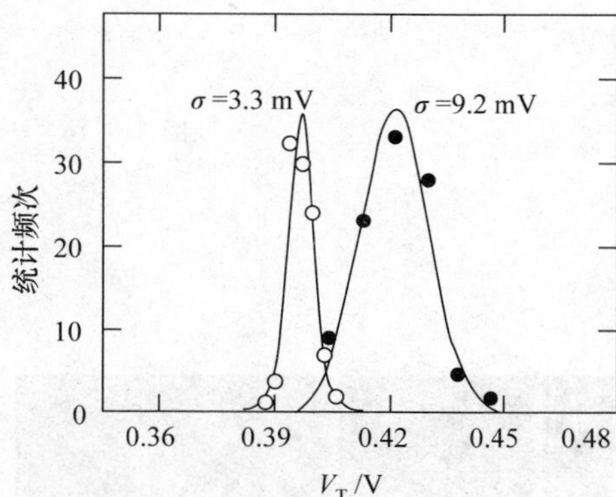

图1.4-15　采用优化的沟道掺杂剖面减小杂质随机分布的影响

1.4.2　栅线条边沿粗糙的影响

在CMOS集成电路版图中，MOS晶体管的栅极一般都是直条的矩形图形，如图1.4-16所示。但是，经过光刻和刻蚀工艺加工出来的栅极线条图形的边沿并不是陡直的，总是有一定的凹凸不平，这就是线条边沿粗糙(Line Edge Roughness，LER)问题。线条边沿粗糙问题是工艺加工中不可避免的，可以通过工艺的改进和优化减小LER，但是无法完全消除。图1.4-17是用扫描电子显微镜(Scanning Electron Microscope，SEM)观测的经过光刻和刻蚀工艺加工出来的多晶硅线条，上面是工艺控制较好的多晶硅线条，下面是工艺很差、边沿

非常粗糙的多晶硅线条[83]。MOS 晶体管的栅长 L_g(即栅线条的宽度)是决定 MOS 晶体管性能的关键尺寸(Critical Dimension，CD)，栅线条边沿粗糙引起栅长的起伏变化，直接影响 MOS 晶体管的特性。在 MOS 晶体管的栅长较大时，栅线条边沿粗糙的影响可以忽略。值得注意的是，在器件尺寸缩小过程中，栅线条边沿粗糙度并不能按比例减小，因此，栅 LER 问题对缩小到纳米尺寸的 MOS 器件和集成电路的性能会带来严重影响，已经引起了广泛关注。图 1.4-18 给出了不同生产厂商提供的 LER 数据，它们采用的都是目前先进的光刻工艺技术[84]。从图中看出 LER 大致在 5 nm 左右，在器件尺寸缩小过程中栅 LER 不能按比例缩小，当器件尺寸缩小到亚 50 nm 以下，实际的栅 LER 明显高于国际半导体工业协会发展蓝图(ITRS)的要求。

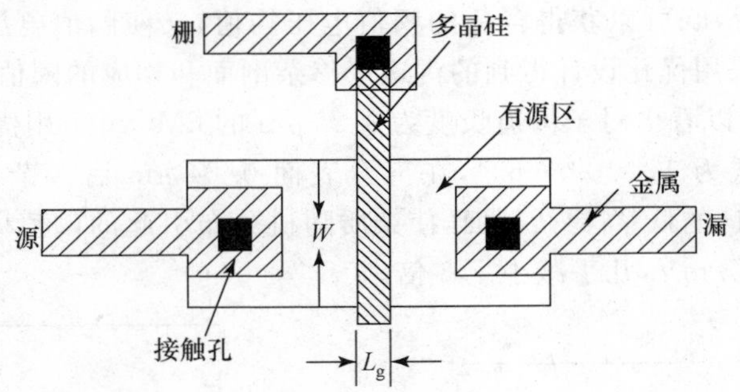

图 1.4-16　一个 MOS 晶体管的版图

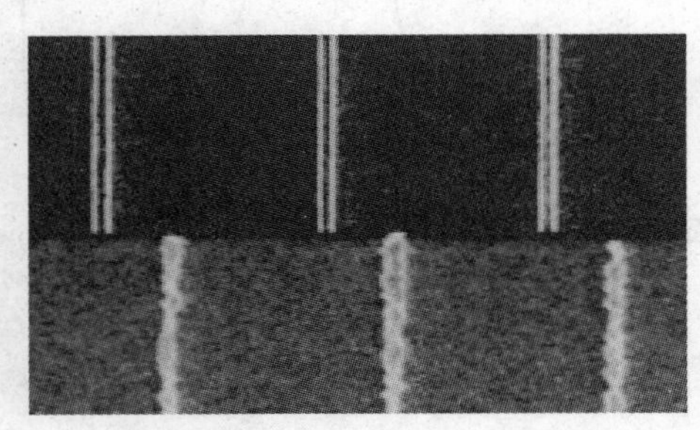

图 1.4-17　光刻后得到的多晶硅线条 SEM 图像

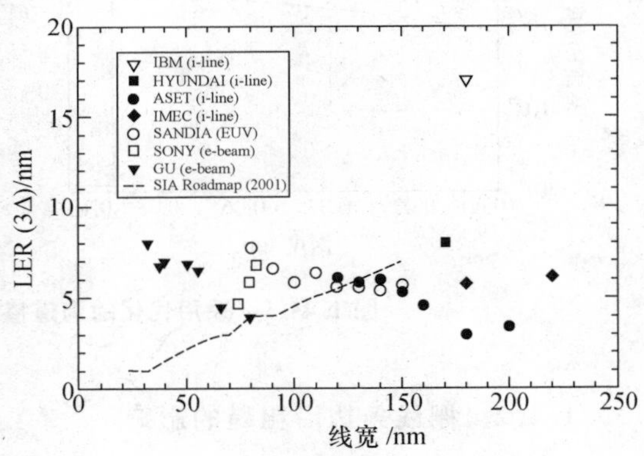

图 1.4-18　不同生产厂商提供的 LER 数据

一般用两个参数表征栅 LER，一个是反映边沿粗糙度的方均根值 Δ，另一个是相关长度 L_c。Δ 由式(1.4-19)决定。

$$\Delta = \left(\frac{1}{n}\sum_{i=1}^{n}\delta_i^2\right)^{1/2} \tag{1.4-19}$$

其中，δ_i 是测量点的实际栅边沿与理想的栅边沿的差别，n 是沿着栅宽度方向划分的测量点的数目，如图 1.4-19 所示。不过，很多文献都用 3Δ 表示 LER 的大小。相关长度 L_c 由栅边沿波形的自相关函数决定，近似等于功率频谱带宽的倒数，如图 1.4-20 所示[85]。

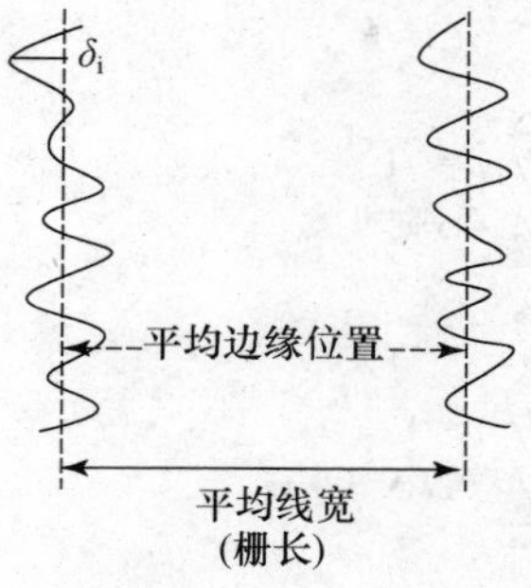

图 1.4-19　栅 LER 示意图

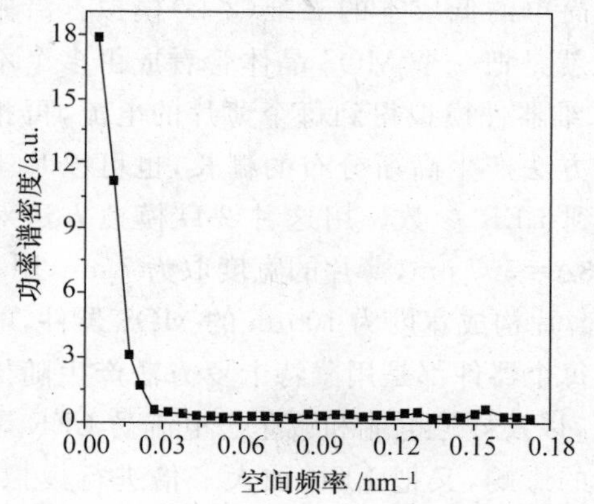

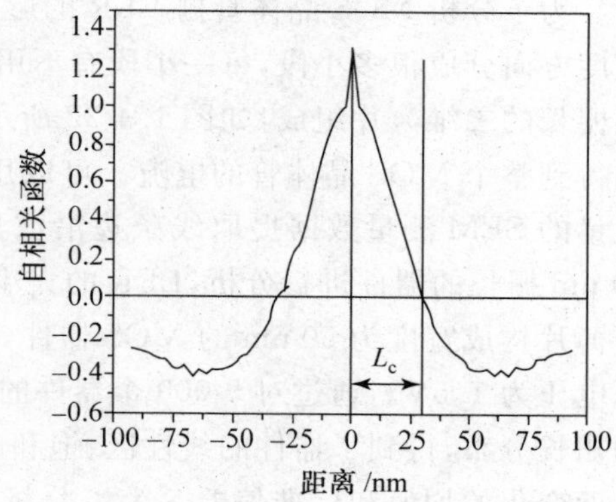

图 1.4-20　栅 LER 的功率谱和相关长度

式(1.4-19)给出的线条边沿粗糙度的方均根值是针对一个边的，对于栅线条或金属等其他线条，在考虑 LER 影响时必须考虑线条 2 个边的粗糙，由于线条边沿粗糙使线条宽度起伏变化，因此，也可以用线条宽度粗糙(Line Width Roughness，LWR)来表征线条边沿粗糙问题。

$$\Delta_{LWR}=\left(\frac{1}{n}\sum_{i=1}^{n}(L_{gi}-L_g)^2\right)^{1/2} \tag{1.4-20}$$

其中 L_{gi} 是某一测量点的栅线条宽度，L_g 是平均栅长，即平均栅线条宽度。图 1.4-21 说明了线条宽度粗糙与线条边沿粗糙之间的关系[86]。一般线条两边粗糙性是不相关的，即相关系数 $\rho=0$，如图 1.4-21 的上面所示；图 1.4-21 下面是两个极端情况，一般不会出现。如果知道了 LER 的大小，可以跟据 $\Delta_{LWR}^2=2\Delta_{LER}^2$ 计算线条宽度的粗糙度。

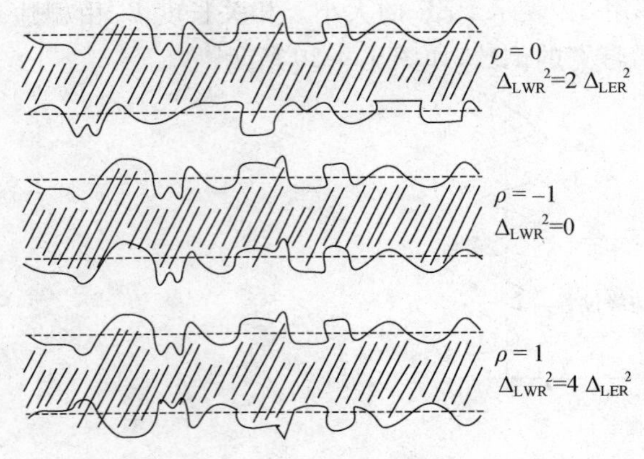

图 1.4-21　LWR 与 LER 的相关性

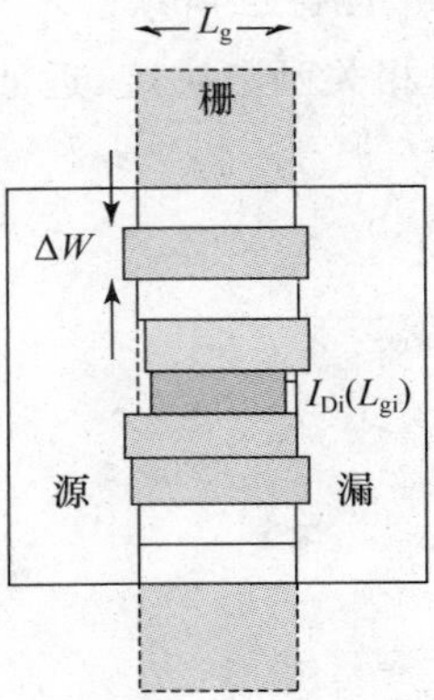

图 1.4-22　沿栅宽度方向分割成多个薄片

为了分析 MOS 晶体管栅 LER 的影响，可以用简单的低成本的二维(2-D)模拟。沿栅宽度方向分成很多小段，每一小段有不用的栅长，也就是把一个 MOS 晶体管看成由多个不同栅长的二维薄片组成，如图 1.4-22 所示[87]。用二维器件模拟得到每个薄片的电流，再相加得到整个 MOS 晶体管的电流。可以用蒙特卡罗方法产生高斯分布的栅长，也可以基于大量的 SEM 测量数据提取线条边沿波形，进而得到 LER 参数。用这种 2-D 模拟方法对 80 nm 栅长的器件进行分析，LER 的大小近似取为 $3\Delta=5.7$ nm，薄片的宽度取为 7 nm，用 7 个薄片构成宽度为 50 nm 的 MOS 器件，用 1428 个薄片构成宽度为 10 μm 的 MOS 器件，电源电压为 1.5V。通过对 5 000 个器件的模拟分析，每个器件都是用蒙特卡罗方法产生随机的栅长分布，得到了器件的线性区、饱和区阈值电压，以及导通电流和截止态电流受 LER 影响而变化的均值和标准偏差。为了分析 LER 大小的影响，又把 LER 加大一倍进行模拟。表 1.4-2 给出了所有模拟结果[88]。

表 1.4-2　栅 LER 对 80 nm MOS 器件特性的影响

参数		器件				
		无 LER	$3\Delta=5.7$ nm			$3\Delta=11.4$ nm
			$W=10$ μm，有 LER	$W=0.25$ μm，有 LER	$W=0.050$ μm，有 LER	$W=0.25$ μm，有 LER
线性区 V_T/mV	$\langle V_T\rangle$	300.3	298.4	298.5	289.9	289.7
	σV_T	……	0.310(0.311)	2.087(2.10)	5.01(5.03)	5.08(5.27)
饱和区 V_T/mV	$\langle V_T\rangle$	189.8	179.3	179.6	180.4	137.8
	σV_T	……	0.834(1.40)	5.25(8.77)	12.1(20.0)	17.3(37.7)
$I_{off}/(\text{nA}\cdot\mu\text{m}^{-1})$	$\langle I_{off}\rangle$	31.08	60.28	60.06	60.13	448.7
	σI_{off}	……	1.98(9.84)	12.34(61.6)	28.26(141.0)	202.5(135)
$I_{on}/(\mu\text{A}\cdot\mu\text{m}^{-1})$	$\langle I_{on}\rangle$	768	768	768	768	771
	σI_{on}	……	0.079(0.308)	0.503(1.96)	1.15(4.50)	1.00(3.90)

从以上结果看出，器件参数变化的均值基本不随器件宽度变化，但是参数变化的标准偏差随着器件宽度减小而显著增大。LER 增大，器件阈值电压均值略有下降，变化的标准偏差加大。导通电流受 LER 增大的影响很小，但是截止态电流显著增大，且变化的范围明显扩大。

随着器件尺寸减小，更精确的分析应该采用 3-D 模拟。对于一定的 LER 方均根值 Δ 和相关长度 L_c，用高斯或指数的自相关函数得到功率谱，再用傅立叶合成产生具有统计本质的栅边沿图形，基于栅边沿图形得到随机的源、漏结剖面图形，pn 结表面跟随栅边沿图形，纵深遵从高斯分布。用 3-D 原子化模拟工具分析了亚 50 nm MOS 器件的阈值电压 V_T、截止态电流 I_{off} 和导通电流 I_{on} 受栅 LER 的影响，模拟了 200 个有不同栅边沿图形而其他参数相同的 MOS 晶体管，提取出 V_T、I_{off} 及 I_{on} 变化的均值和标准偏差。为了简化起见，只考虑栅边沿图形的变化，沟道区采用均匀掺杂，杂质浓度为 $N_A=5\times10^{18}\ cm^{-3}$，栅氧化层厚度 $t_{ox}=1.3$ nm。图 1.4-23 是模拟得到的阈值电压变化的标准偏差与 LER 方均根值 Δ 的关系，LER 的相关长度 $L_c=20$ nm[84]。图中的方块符号是在漏电压为 1.0V 条件下模拟的结果，圆形符号是在漏电压为 0.1V 条件下模拟的结果。图中分别给出了针对沟道长度为 30 nm 和 50 nm、沟道宽度均为 50 nm 的两种器件的模拟结果。从图中看出，阈值电压变化的标准偏差随着 Δ 的增大而增加，而且阈值电压的起伏随着漏电压增大而增加，沟道长度减小使 LER 的影响明显加大。图中嵌入的小图给出了阈值电压均值下降与 LER 方均根值 Δ 的关系，纵坐标表示的是栅 LER 引起的阈值电压均值下降量，即没有 LER 器件的阈值电压 V_{T0} 与有 LER 的阈值电压均值 $\langle V_T\rangle$ 之差。可以看出，随着栅线条边沿粗糙度 Δ 增大，阈值电压均值下降越发显著，沟道长度缩短，阈值电压均值下降加大。图 1.4-24 给出了栅 LER 引起 I_{off} 及 I_{on} 变化的标准偏差与 Δ 的关系[84]，这是针对沟道长度为 30 nm、沟道宽度为 50 nm 的 MOS 器件模拟得到的，LER 的相关长度 L_c 仍取为 20 nm。图中还给出了基于阈值电压变化的标准偏差 σV_T 计算得到的 $\sigma\log(I_{off})$，模拟结果与计算结果基本符合。从图中看出，导通电流受栅 LER 影响较小，而截止态电流随 Δ 增大指数增加，这是由于栅 LER 增大了短沟效应。

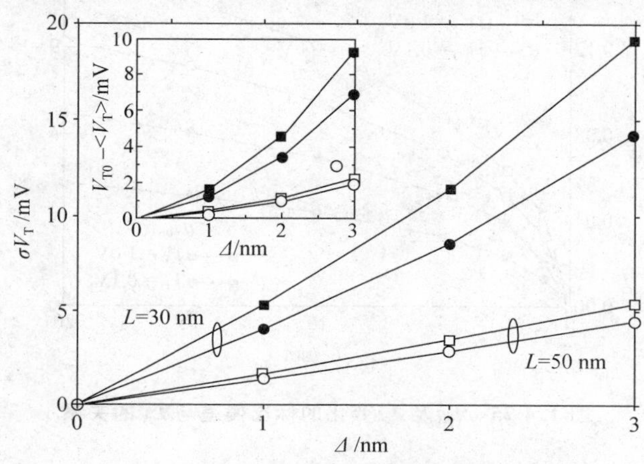

图 1.4-23　栅 LER 引起 V_T 变化的标准偏差

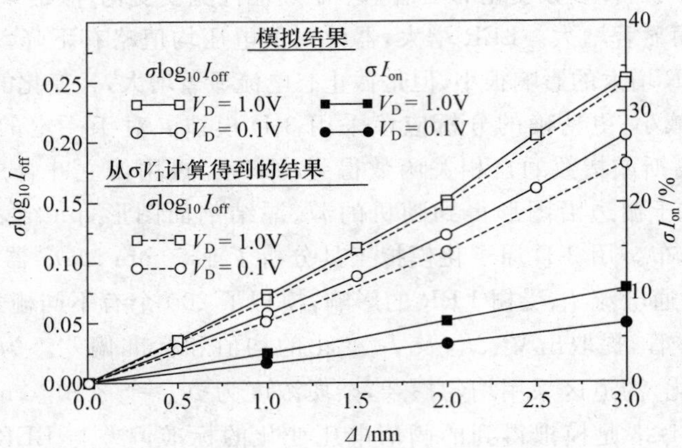

图 1.4-24　栅 LER 引起 I_{off} 及 I_{on} 变化的标准偏差

图 1.4-25 给出了栅 LER 引起 I_{off} 及 I_{on} 变化的标准偏差与相关长度 L_c 的关系，方均根值固定为 $\Delta=2$ nm，仍然是针对 30 nm×50 nm 的 MOS 晶体管[84]。从图中看出，在 L_c 增大的起始阶段，I_{off} 及 I_{on} 变化的标准偏差明显增加，但是后面增加减缓，当相关长度接近器件沟道宽度时，电流的变化趋于饱和。图 1.4-26 给出了栅 LER 引起 I_{off} 及 I_{on} 变化的标准偏差与沟道宽度的关系，沟道长度取为 50 nm，漏电压 $V_{DS}=1.0$V，栅 LER 参数为 $\Delta=2$ nm，$L_c=20$ nm。模拟结果表明，栅 LER 引起电流变化的标准偏差与沟道宽度的关系近似为 $1/\sqrt{W}$[84]，与前面的 2-D 模拟相比，3-D 模拟得到了更精确的结果。

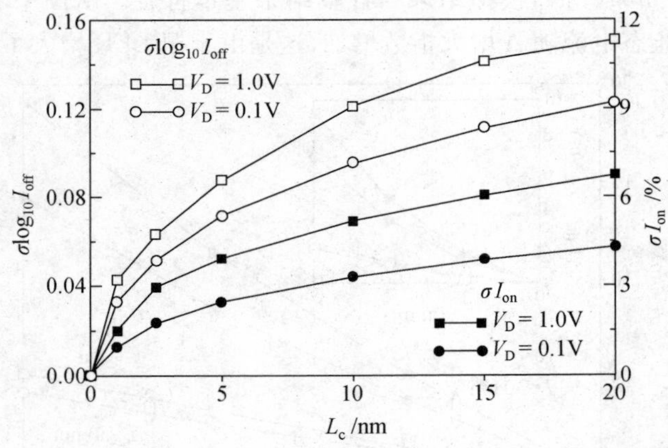

图 1.4-25　I_{off} 及 I_{on} 变化的标准偏差与 L_c 的关系

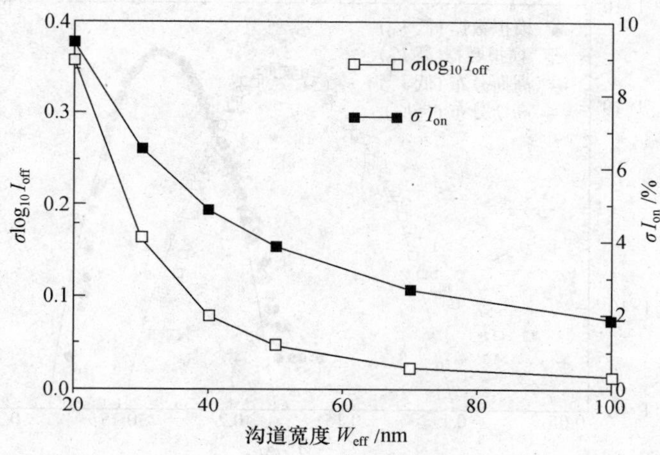

图 1.4-26　I_{off}及I_{on}变化的标准偏差与W的关系

由于3-D模拟计算量非常大，一般只能采用较小的统计样本，如200个。然而，要获得更精确的结果，需要大于5 000的统计样本。采用加强的3-D原子化模拟，对10^4个MOS晶体管的样本进行模拟，分析了栅LER对阈值电压的影响。器件参数取为$L=W=35$ nm，0.88 nm的氧-氮栅介质，源、漏延伸区结深20 nm，使冶金结之间的有效沟道长度为26 nm。LER的参数取为$\Delta=1.6667$ nm，$L_c=30$ nm。表1.4-3给出了不同漏电压下的模拟结果[89]。图1.4-27给出了高、低漏电压下栅LER引起的阈值电压的变化分布[89]，与前面的结论相同，随着漏电压增大，栅LER引起的阈值电压起伏变化增大，均值减小。

表 1.4-3　栅LER引起的nMOS器件阈值电压变化

漏电压	$V_D=100$ mV	$V_D=800$ mV
最小值 V_{Tmin}/mV	159.4	65.54
最大值 V_{Tmax}/mV	271.9	234.6
均值$\langle V_T\rangle$/mV	231.1	174.3
标准偏差 σV_T/mV	12.75	19.18

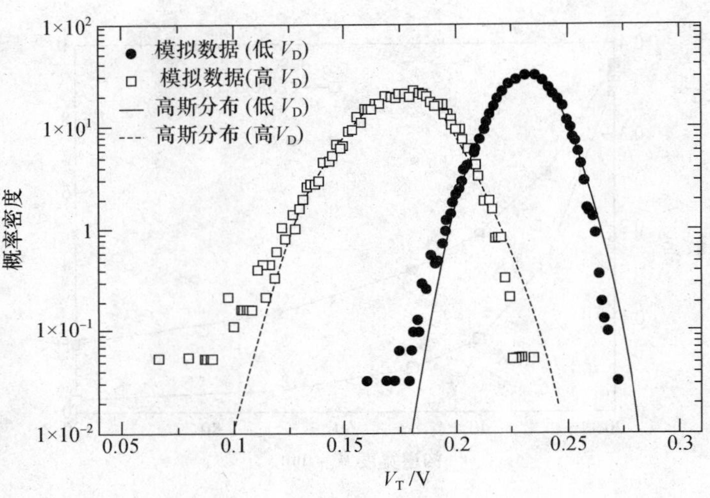

图 1.4-27　不同漏电压下 LER 引起的阈值电压变化

采用 1 000 个器件的样本分析了沟道宽度对 LER 引起的阈值电压变化的影响，表 1.4-4 给出了不同器件宽度的模拟结果[89]。表中 $W=L=35$ nm，LER 参数不变，漏电压为100 mV。从表中的结果看出，随着沟道宽度增加，阈值电压变化的标准偏差减小，但是减小的趋势比 $1/\sqrt{W}$ 要缓慢，表中同时给出按 $1/\sqrt{W}$ 变化的值。由于采用比较大的统计样本，这个模拟结果更精确。

表 1.4-4　栅 LER 引起的阈值电压变化与沟道宽度的关系

沟道宽度	W	$2W$	$3W$	$4W$
V_{Tmin}/mV	159.4	184.7	194.1	200.8
V_{Tmax}/mV	271.9	256.0	253.8	252.5
$\langle V_T \rangle$/mV	231.1	231.1	230.8	230.7
σV_T/mV	12.75	10.54	8.97	7.76
$\sigma V_T/\sqrt{W}$/mV	12.57	9.02	7.36	6.38

对于缩小到纳米尺度的 MOS 器件，为了抑制短沟效应、提高器件性能，发展了很多新结构器件，如超薄体(Ultra Thin Body, UTB)SOI(Silicon On Insulator) MOS 晶体管、双栅(Double Gate, DG)MOS 晶体管等，这些新型器件结构及特性将在第六章介绍。为了比较 LER 对不同结构器件的影响，选择了 4 种器件进行模拟分析，一个是 32 nm 栅长的体硅 MOS 晶体管，器件参数如前面的描述；第 2 个是低功耗(Low Power, LP)设计的 42 nm 栅长的体硅 MOS 晶体管，栅氧化层厚度 1.7 nm；第 3 个是 UTB SOI 器件，体区硅膜厚度 7 nm，等价栅氧化层厚度(Equivalent Oxide Thickness, EOT)1.2 nm；第 4 个是 DG MOS 晶

体管，体区硅膜厚度 10 nm，EOT＝1.1 nm。对这 4 种器件模拟了 LER 引起的阈值电压变化，漏电压为 100 mV，模拟结果如表 1.4-5[89] 所示。从模拟结果看出，UTB SOI 器件受 LER 的影响远小于其他器件，说明了这种新结构器件的发展潜力，这也为抑制 LER 提供了一种途径。

表 1.4-5　不同结构器件受栅 LER 的影响

器件结构	32 nm 体硅	LP 42 nm 体硅	32 nm UTB SOI	22 nm DG
模拟的样本数	25 000	1 000	1 000	1 280
V_{Tmin}/mV	159.4	187.3	508.8	427.7
V_{Tmax}/mV	271.9	351.9	541.3	529.3
$\langle V_T \rangle$/mV	231.1	292.2	528.3	499.7
σV_T/mV	12.75	24.91	5.25	13.84

如何减小栅 LER 是工艺改进的一个重要方面，很多人在这方面进行了研究。一种用侧墙转换形成栅电极的工艺或叫侧墙光刻(spacer lithography)可以有效抑制 LER，并从实验上证明了利用这种技术制作的 MOS 器件可以减小 LER 引起的器件特性变化[90]。图 1.4-28 比较了常规光刻和侧墙光刻形成的栅极图形[91]。可以看出侧墙光刻的线条有一边的粗糙度明显减小，这是因为硬掩膜层淀积工艺的保角特性使侧墙外侧线条变得光滑。

图 1.4-28　常规光刻和侧墙光刻形成的栅极图形

为了分析 LER 对采用侧墙光刻的体硅 MOS 器件的影响，用 3-D 器件模拟研究了侧墙光刻的 32 nm 体硅 MOS 晶体管，并与常规光刻形成的器件对比。器件参数选择为：$L=32$ nm，$W=64$ nm，EOT＝1.2 nm，源、漏延伸区的结深为 11 nm，电源电压 1.1V，线条边沿粗糙度的参数用 LER＝4 nm(3Δ)。图 1.4-29 比较了常规光刻和侧墙光刻制作的 32 nm 体硅 MOS 器件的特性[91]。从图中看出，侧墙光刻显著地减小了 LER 引起的器件电流变化。图 1.4-30 是按比例缩小到 14 nm 的器件特性[91]。在器件尺寸按比例缩小，而 LER 参数不变的情况下，LER 引起的器件电流变化加大，但是，对采用侧墙光刻的器件，LER 引起的电流变化明显减小，特别是截止态电流。不过，由于侧墙光刻器件的平均栅长要略大于常规光刻，使得侧墙光刻器件的导通电流稍低一些。

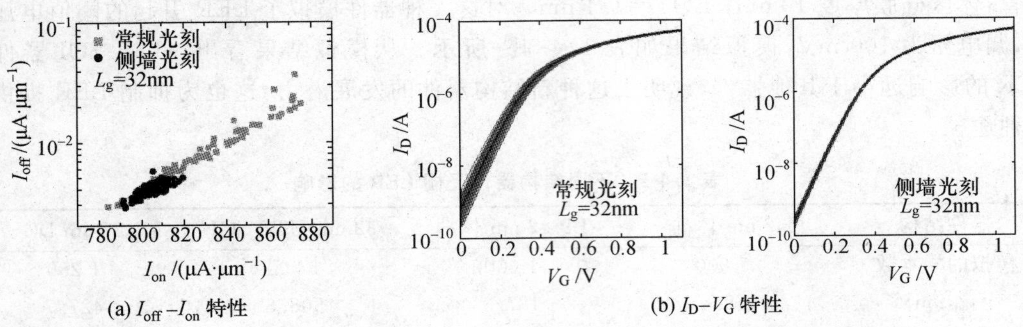

(a) $I_{off}-I_{on}$ 特性　　(b) I_D–V_G 特性

图 1.4-29　LER 对常规光刻和侧墙光刻制作的 32 nm 器件特性的影响

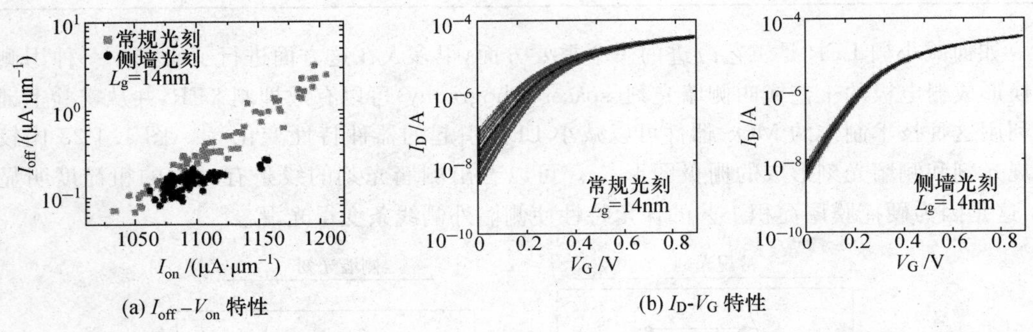

(a) $I_{off}-V_{on}$ 特性　　(b) I_D-V_G 特性

图 1.4-30　LER 对常规光刻和侧墙光刻制作的 14 nm 器件特性的影响

1.4.3　其他工艺因素的影响以及各种因素的比较

除了杂质随机分布和栅线条边沿粗糙引起了 MOS 器件的特性起伏变化，还有一些工艺因素也会引起器件特性起伏变化，如栅氧化层厚度和栅电极功函数的不均匀性。可以用 3-D 数值模拟分别研究某一个因素对器件特性起伏变化的影响，也可以研究多个变化因素综合的影响。为了分析不同变化起源对器件阈值电压的影响，采用 3-D 漂移-扩散(Drift-Diffusion，DD)模型进行模拟。尽管 DD 模型不能反映非平衡载流子输运，在模拟纳米器件的导通电流方面不精确，但是用 DD 模型模拟阈值电压的变化还是足够精确的，因为阈值电压是基于亚阈区电流定义的。采用 200 个器件的统计样本，模拟了 35 nm×35 nm 的体硅 MOS 晶体管阈值电压变化，分别考虑了随机离散的杂质(RDD)分布、栅线条边沿粗糙(LER)和氧化层厚度变化(Oxide Thickness Variations，OTV)对阈值电压的影响，以及它们的综合影响，表 1.4-6 给出了模拟结果[92]。LER 的参数取为 $3\Delta=4$ nm，$L_c=30$ nm；对 35 nm 器件平均的 EOT＝0.88 nm。从表中看出，RDD 的影响最大。当器件尺寸进一步缩小，RDD 引起的阈值电压变化的标准偏差将进一步加大。对 35 nm 器件，σV_T 约 33 mV，当器件按比例缩小到 9 nm 栅长，RDD 引起的阈值电压变化的标准偏差将达到 200 mV。然而，如果器件尺寸缩小到 20 nm 以下，而 LER 不能按比例减小，LER 将成为引起器件参数变化的主要来源。模拟表明，若 LER 的参数保持为 3Δ＝4 nm，当器件按比例缩小到 9 nm 栅长时引起的 σV_T 将达到 400 mV 左右。对 35 nm 器件综合考虑 RDD、LER 和 OTV，模拟结果表明它们引起阈值电压变化的标准偏差达到 40 mV。

表 1.4-6　不同因素对阈值电压变化的影响

变化起源	RDD	LER	OTV	RDD & LER	RDD & OTV	LER & OTV
$\langle V_T \rangle$/mV	133	126	122	126	123	113
σV_T/mV	33.2	19.0	1.8	38.7	33.9	22.8

除了上面分析的 3 种工艺因素，还有栅材料的功函数变化（Work-Function Fluctuation，WKF）的影响。对于纳米尺寸的 MOS 器件普遍采用金属栅/高 k 介质的栅结构来提高器件性能，由于金属栅是由很多小颗粒组成的，而每个晶粒的晶向是随机变化的，从而引起功函数变化，图 1.4-31 说明了功函数的变化[93,94]。图 1.4-32 是用蒙特卡罗模拟得到的不同栅材料功函数变化对 16 nm 器件阈值电压的影响[94]。选择合适的栅材料、减小金属的晶粒尺寸有助于减小栅功函数变化对阈值电压的影响。另外，工艺变化（Process Variation Effect，PVE）造成一些关键尺寸起伏变化也是影响器件特性的一个因素。采用 3-D 器件模拟分析了 RDD、WKF、PVE 和 OTV 对 CMOS 器件阈值电压的影响。针对 L_g＝16 nm、EOT＝0.88 nm 的金属栅 CMOS 器件，nMOS 栅材料是 TiN，pMOS 栅材料是 MoN，晶粒尺寸都是 4 nm。图 1.4-33 给出了模拟得到的阈值电压变化的标准偏差与这些变化起源的关系[93]。图中给出了几种工艺因素对 nMOS 和 pMOS 器件阈值电压变化的贡献。可以看出，对 nMOS 器件杂质随机分布的影响最大，而对 pMOS 器件栅功函数变化是起支配作用的因素，特别是 MoN 材料比 TiN 材料的功函数起伏要大。

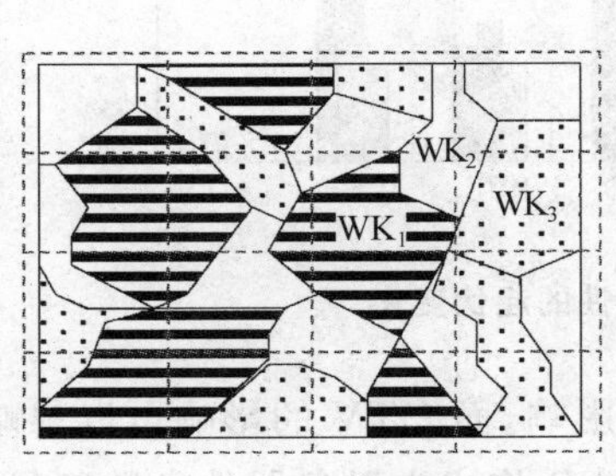

图 1.4-31　金属栅的功函数变化

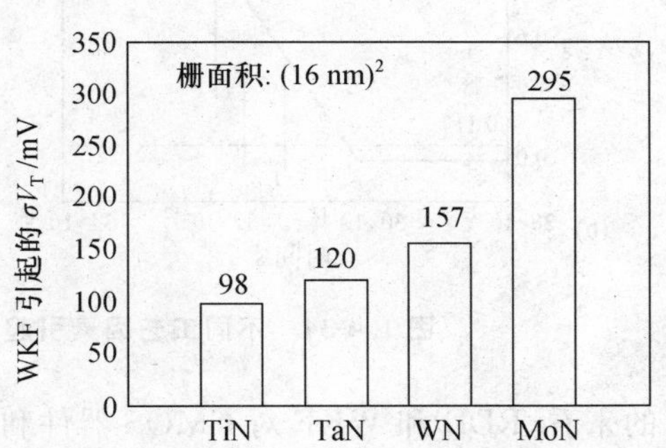

图 1.4-32　不同栅材料对阈值电压的影响

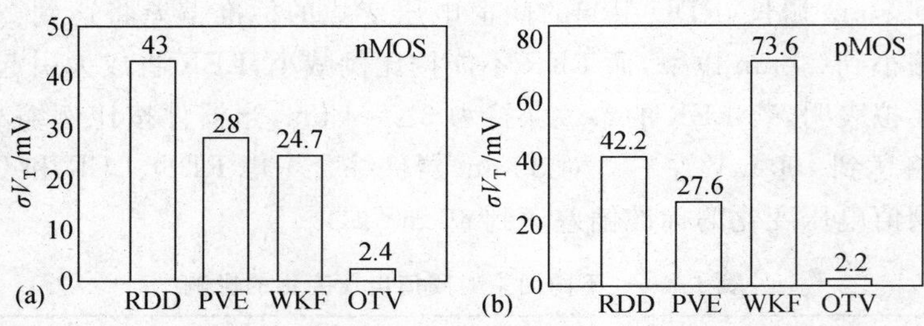

图 1.4-33 阈值电压变化的标准偏差与不同变化起源的关系

另外,采用 3-D 器件模拟和电路模拟相结合,分析了 CMOS 反相器延迟时间的变化与这些因素的关系。图 1.4-34 给出了这些工艺因素对反相器上升时间(t_r)、下降时间(t_f)、输出从低到高的传输延迟时间(t_{pLH})和输出从高到低的传输延迟时间(t_{pHL})的影响[93]。显然,由于 t_r 和 t_{pLH} 与 pMOS 器件阈值电压有关,而 t_f 和 t_{pHL} 与 nMOS 器件阈值电压有关,因此,CMOS 反相器延迟时间的变化与这些因素的关系基本和阈值电压变化相似。

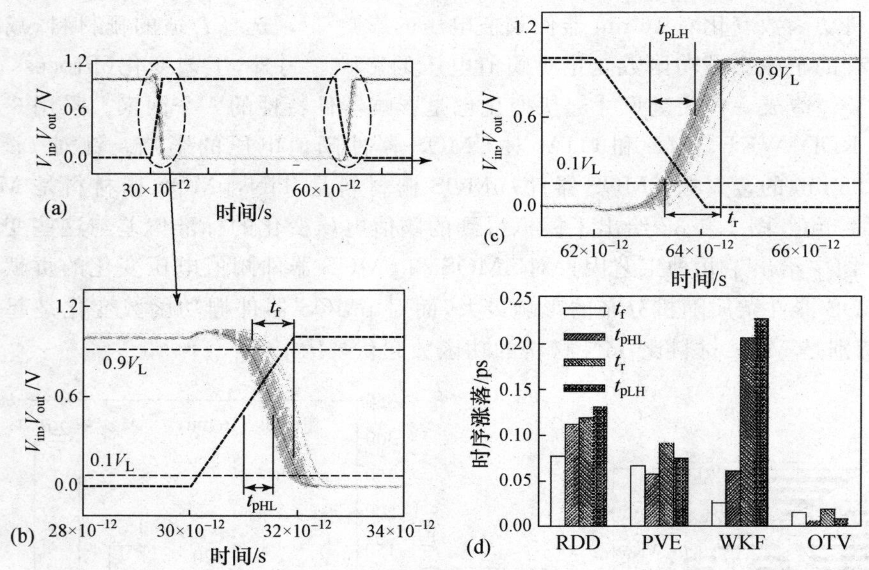

图 1.4-34 不同工艺因素引起反相器瞬态特性的起伏变化

总的来看,RDD 和 WKF 对 CMOS 器件和电路有很大影响,而 OTV 的影响可以忽略。当器件尺寸缩小到 35 nm 以下,若 LER 不能按比例减小,LER 将成为引起器件参数起伏变化的主要因素。因此,对于纳米 CMOS 器件和电路,优化器件结构和制作工艺,减小工艺因素引起的器件参数起伏变化是一个重要的努力方向。

1.5 寄生效应的影响

集成电路是把构成电路的各种器件(主要是MOS晶体管)以及器件之间的互连线加工到芯片上而实现的。但是制作完的集成电路除了我们需要的器件,还会有我们不希望出现的寄生元件,如MOS晶体管中的寄生电阻和寄生电容。另外,互连线也不是理想的导线,存在寄生的电容、电阻和电感。所有这些寄生效应都会影响电路性能,特别是随着器件尺寸减小、集成度提高,寄生效应的影响更加严重。

1.5.1 MOS晶体管中的寄生效应

1. MOS晶体管源、漏区寄生电阻

随着MOS器件尺寸不断缩小,MOS晶体管源、漏区的寄生电阻将对器件和电路性能改善带来严重影响。当MOS晶体管沟道较长时,沟道区本征电阻远大于源、漏区寄生电阻,源、漏区寄生电阻不会对器件性能产生影响。随着MOS晶体管沟道长度缩短,沟道区本征电阻减小,而源、漏区的寄生电阻不能按比例缩小,这将使寄生电阻的影响变大。源、漏区寄生电阻和沟道区本征电阻串联,因此也称为源、漏区串联电阻,它们的存在使MOS晶体管的有效工作电压下降,使器件的工作电流和跨导下降,这将严重影响电路性能的改善。图1.5-1说明了源、漏区寄生电阻对MOS晶体管性能的影响,由于串联电阻的存在,使实际器件的有效工作电压变为:

$$V_{GS'} = V_{GS} - I_D R_S \tag{1.5-1}$$

$$V_{D'S'} = V_{DS} - I_D(R_S + R_D) \tag{1.5-2}$$

图1.5-2说明了源、漏区寄生电阻的组成[95—96]。源、漏区寄生电阻不仅包括源、漏扩散区的薄层电阻 R_{sh},接触窗口的接触电阻 R_{co},而且还必须考虑在栅-源、栅-漏覆盖区的积累层电阻 R_{ac},以及电流从积累层扩展到源、漏区体内所经过的过渡区的扩展电阻 R_{sp}。

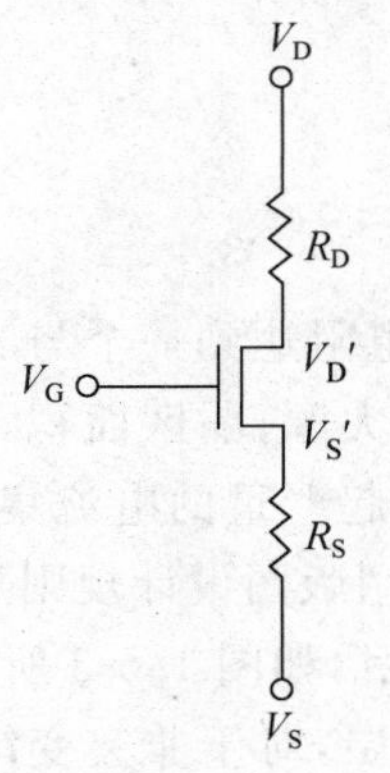

图1.5-1 源-漏寄生电阻的影响

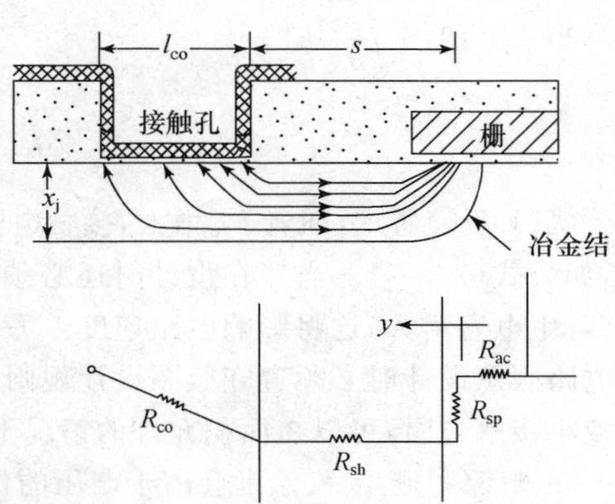

图1.5-2 源-漏寄生电阻的结构

扩散区的薄层电阻可以用公式

$$R_{sh} = \rho_{\square} s/W, \quad \rho_{\square} = \rho/x_j \tag{1.5-3}$$

计算，其中 W 为源、漏区的宽度，s 为栅到接触孔的距离，$\rho_{\square}$ 是源、漏区的薄层电阻率，又叫方块电阻，ρ 是扩散区的平均电阻率，x_j 是源、漏区的结深。值得注意的是，对于浅结，电阻率 ρ 不是常数，而是随结深的减小而增大，这和体电阻率不同。对于浅结，n^+ 或 p^+ 区的方块电阻与结深的关系可表示为

$$\rho_{\square} \propto (1/x_j)^a \tag{1.5-4}$$

其中 a 是与工艺有关的大于 1 的数。随着器件尺寸减小，结深也在减小，这将使源、漏扩散区的方块电阻迅速增加。不过，采用先进的浅结工艺，可以使 $\rho_{\square}$ 基本保持恒定。这样就可以使 R_{sh} 在器件按比例缩小过程中基本保持不变。

接触电阻 R_{co} 是指金属层与接触窗口处的扩散层之间的电阻，它与接触面积、接触电阻率 ρ_c(Ωcm^2)以及扩散层的方块电阻 $\rho_{\square}$ 有关。根据一维传输线模型，推导出接触电阻的公式为

$$R_{co} = \frac{\sqrt{\rho_{\square}\rho_c}}{W_{co}} \coth\left(L_{co}\frac{\rho_{\square}}{\rho_c}\right) \tag{1.5-5}$$

其中 L_{co} 是接触窗口的长度，W_{co} 是接触窗口的宽度，ρ_c 是对应于 1 cm^2 面积的接触电阻率，它决定于材料和工艺，这个模型中假定金属的电阻率是零。增大窗口长度 L_{co} 将使接触电阻 R_{co} 减小，但是会增加电流的集边效应；减小扩散层方块电阻 $\rho_{\square}$ 既可以减小 R_{co}，又有利于减小电流的集边效应；减小 ρ_c 可以减小 R_{co}，但也会增加电流的集边效应。

当 $L_{co} \leqslant 0.6\sqrt{\dfrac{\rho_c}{\rho_{\square}}}$ 时，

$$R_{co} \approx \frac{\rho_c}{W_{co}L_{co}} \tag{1.5-6}$$

当 $L_{co} \geqslant 1.5\sqrt{\dfrac{\rho_c}{\rho_{\square}}}$ 时，

$$R_{co} \approx \frac{\sqrt{\rho_c\rho_{\square}}}{W_{co}} \tag{1.5-7}$$

如公式(1.5-6)所示，随着 L_{co} 增大，接触电阻减小，最终接触电阻达到一个与 L_{co} 无关的饱和值，如公式(1.5-7)。当然在设计时还必须考虑增大 L_{co} 将增大源、漏区面积，从而使寄生电阻、寄生电容增大，这将影响电路速度。另外，L_{co} 太大也会引起严重的电流集边效应。在集成电路版图设计时必须遵守版图设计规则，接触窗口一般都用版图设计规则规定的方孔，为了减小接触电阻，可以在面积允许的情况下增加接触孔的数目，如图 1.5-3 所示。

在栅-源和栅-漏覆盖区会由于栅压的作用形成表面积累层，对于非突变结，电流在离开沟道端点(冶金结处)时不是立刻扩展到源、漏区体内，而是先流经结附近的表面积累层，因为积累层的电导要远大于周围区域的电导。积累层的长度决定于源、漏区掺杂的缓变程度，

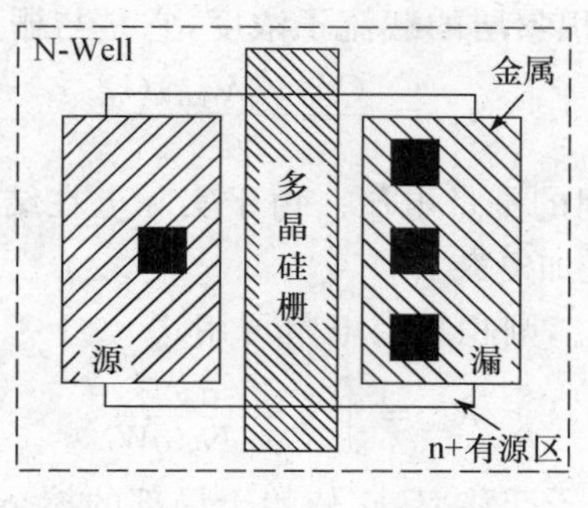

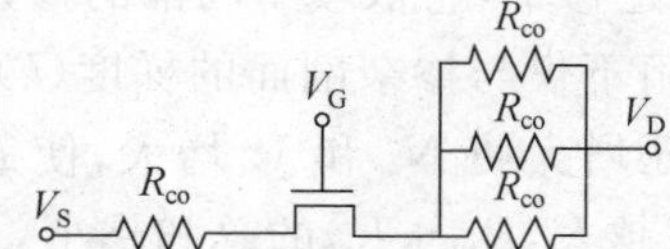

图 1.5-3 增加接触孔减小接触电阻

当栅压感应的表面积累层的载流子浓度($\approx 10^{19}\ \text{cm}^{-3}$)和该点的源、漏区掺杂浓度相当,这就是积累层的终点。由于源、漏区最高浓度一般可达 $10^{20} \sim 10^{21}\ \text{cm}^{-3}$,而且实际的源、漏扩散区不可能是突变结,因此积累层的长度不能忽略,即积累层的电阻 R_{ac} 不能忽略。扩展电阻 R_{sp} 主要决定于电流开始向体内扩展处的局部电阻率。电流开始扩展的位置离沟道端点越远,扩展电阻越小,因为该处局部电阻率越低,但是这将使积累层长度增加,R_{ac} 增大。相反,电流开始扩展的位置离沟道端点越近,扩展电阻越大,而积累层电阻越小。因此,积累层电阻和扩展电阻应一起考虑。从以上分析看出,必然存在一点,使积累层电阻和扩展电阻之和最小,即 $\mathrm{d}(R_{ac}+R_{sp})/\mathrm{d}y=0$,这点就作为电流开始扩展的位置。积累层电阻和扩展电阻强烈依赖于结附近掺杂剖面的杂质浓度变化情况。可以用指数函数

$$N(y) = N_B e^{ky} \tag{1.5-8}$$

来描述掺杂浓度的变化。N_B 是冶金结处的衬底掺杂浓度,y 是离开结的横向距离,k 是一个经验参数,它反映了杂质浓度变化的梯度。对于真正突变结情况,$k \to \infty$。实际上 k 是个有限值,作为简单处理可取 k 为常数。由于源、漏区的掺杂浓度远高于衬底浓度,结深越小,掺杂浓度变化越陡,因此也可以把 k 看作随($1/x_j$)成比例变化的参数。由于结的形状和结附近的掺杂剖面很难精确描述,因此很难推导 R_{sp} 和 R_{ac} 的解析模型。如果假定源、漏区有恒定的电阻率 ρ,则扩展电阻可近似表示为

$$R_{sp} = \frac{0.64\rho}{W}\ln\left(\frac{Hx_j}{x_c}\right) \tag{1.5-9}$$

其中 H 是小于 1 的系数,x_c 是表面积累层厚度,由于 $x_j \gg x_c$,H 的取值影响不大。在 $T=0\text{K}$时,有

$$x_c \approx \left(\frac{52.4\varepsilon_0\varepsilon_{si}\hbar^2}{q^2 m_e^* N_{ac}}\right)^{1/3} \tag{1.5-10}$$

m_e^* 是电子的有效质量，N_{ac}是积累层的载流子浓度，它是与栅压有关的，

$$N_{ac}=\frac{(V_G-V_{FB})C_{ox}}{q} \tag{1.5-11}$$

式中 V_{FB}是源、漏区与硅栅之间的平带电压。由于实际上在结边缘附近源、漏区掺杂浓度不是恒定的，因此使 R_{sp}的计算更加复杂。

如果知道了积累层长度 y_{ac}，则积累层电阻可用式

$$R_{ac}=\int_0^{y_{ac}}\frac{dy}{\mu_{ac}N_{ac}qW} \tag{1.5-12}$$

计算，式中 μ_{ac}是积累层的载流子迁移率，它依赖于局部的掺杂浓度和纵向电场。

总之，积累层电阻和扩展电阻不仅与掺杂剖面的梯度(k)有关，与器件的尺寸有关，还与栅压有关。对于确定的结构，栅压增大使 N_{ac}和 y_{ac}增大，使 $R_{sp}+R_{ac}$的总和减小；对于固定的电压，源、漏区掺杂分布的梯度越大，$R_{sp}+R_{ac}$的总和越小。

随着器件尺寸按比例缩小，沟道的本征电阻减小，这将使源、漏区寄生电阻的影响越来越严重，因为源、漏区寄生电阻不能按比例缩小。图 1.5-4 说明了随着沟道长度缩小，源、漏区寄生电阻的变化[96]，这是针对 nMOS 器件。从图中看出：扩散区薄层电阻 R_{sh}基本保持不变，这是因为采用了先进的浅结工艺，避免了 $\rho_\square$ 随结深减小而增大。但是接触电阻 R_{co}是随器件尺寸减小而增大，图中给出 2 个不同的接触电阻率 ρ_c 的情况。显然，如果 $\rho_c \geqslant 10^{-6}\ \Omega\cdot cm^2$，接触电阻将成为影响器件性能的主要因素。对于现在的 CMOS 工艺都采用硅化物自对准接触(self-aligned silicide，缩写为 salicide)，使接触电阻率极大减小，可以小到 $10^{-9}\ \Omega\cdot cm^2$ 量级。扩展电阻 R_{sp}和积累层电阻 R_{ac}基本随器件尺寸减小而减小，但不是严格按比例变化，特别是当 k 值恒定时，$R_{sp}+R_{ac}$的减小比较缓慢。$R_{sp}+R_{ac}$随沟道长度减小而减小的原因主要是因为电压的下降比器件尺寸的缩小要缓慢，因而实际的纵向电场不断增大，使 N_{ac}增大，图中的结果是针对 $V_{GS}=V_{DD}$的条件得到的。

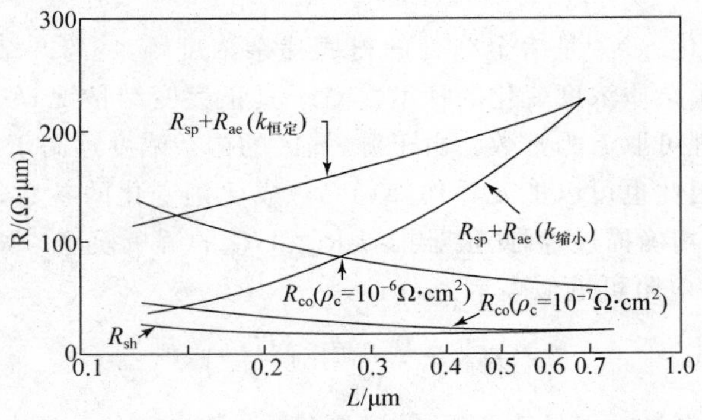

图 1.5-4　源、漏区寄生电阻的各个成份随沟道长度的变化

为了说明源、漏区寄生电阻对 MOS 器件性能的影响，用图 1.5-4 所给出的电阻值计算

了 nMOS 和 pMOS 在线性区与饱和区的电流随沟道长度缩小的变化，图 1.5-5 和图 1.5-6 给出了计算结果[96]。计算中采用了 Taylor 提出的短沟道器件模型，包括短沟道器件的各种二级效应，如迁移率退化、速度饱和以及有限反型层厚度，等等。在图中还给出了没有考虑源、漏区寄生电阻的结果作为比较，给出了电流的相对值。所有的计算取 $V_{GS}=V_{DD}$，在线性区取 $V_{DS}=V_T/3$。表 1.5-1 列出了计算中的主要器件参数。

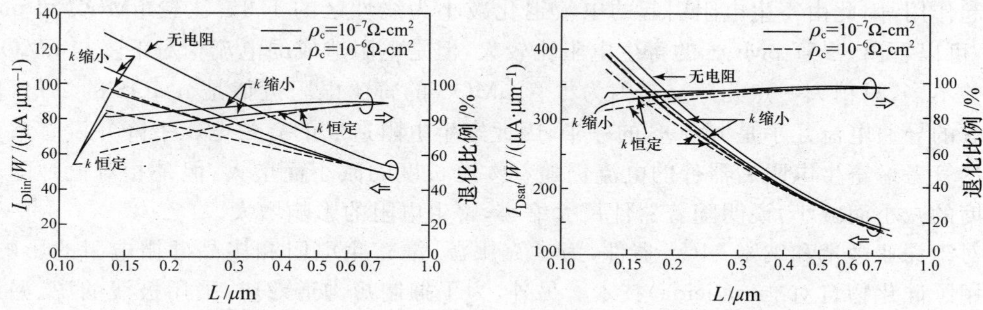

图 1.5-5 源、漏区寄生电阻对 nMOS 器件线性区和饱和区电流的影响

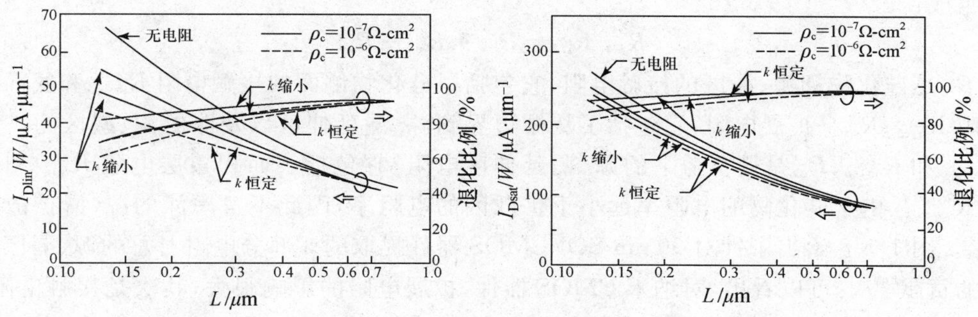

图 1.5-6 源、漏区寄生电阻对 pMOS 器件线性区和饱和区电流的影响

表 1.5-1 按比例缩小的 MOS 器件的主要参数

$L/\mu m$	V_{DD}/V	V_T/V	N_A/cm^{-3}	t_{ox}/nm	$x_j/\mu m$	k/cm^{-1}（按比例）	k/cm^{-1}（恒定）	$s/\mu m$
0.70	3.00	0.75	5e16	27.6	0.25	2.0e6	2.0e6	0.50
0.60	2.78	0.70	6.5e16	22.5	0.22	2.3e6	2.0e6	0.40
0.50	2.54	0.64	8.9e16	17.5	0.20	2.5e6	2.0e6	0.35
0.40	2.27	0.57	1.3e17	12.9	0.17	2.9e6	2.0e6	0.30
0.30	2.00	0.50	2.2e17	8.6	0.14	3.6e6	2.0e6	0.25
0.20	1.60	0.40	4.5e17	4.8	0.10	5.0e6	2.0e6	0.20
0.15	1.40	0.35	7.8e17	3.1	0.07	7.1e6	2.0e6	0.15

从上述计算结果看出，无论在线性区还是在饱和区，器件的电流都随着沟道长度的减小而增大，这是因为电压没有和沟道长度以同样比例减小，而且在这些计算中假定 $\rho_{\square}$ 是独立于 x_j 的常数。上述结果还说明寄生电阻对线性区特性影响更大。这是因为在线性区电流与栅电压和漏电压都有关，源区寄生电阻使有效栅电压和漏电压都减小，同时漏区寄生电阻也使有效的漏电压减小；而在饱和区漏电压对电流没有影响，只有源区寄生电阻对栅电压的影响起作用，因此由寄生电阻引起的电流退化减小为线性区的 1/3。比较 nMOS 和 pMOS 特性，可以看出，尽管 pMOS 的寄生电阻比较大，但是电阻造成的电流相对下降与 nMOS 的情况差不多，只稍大一点儿。这是因为尽管 pMOS 的寄生电阻近似是 nMOS 的 2 倍，但是 pMOS 的导通电流几乎是 nMOS 的一半，因此寄生电阻造成的有效电压下降并没有增大多少。尽管考虑寄生电阻后器件的电流仍随着沟道长度的减小而增大，但是相对值是随着沟道长度的减小而减小，说明随着器件尺寸缩小，寄生电阻的影响增大。

对于深亚微米和纳米 MOS 器件，为了克服源、漏寄生电阻和多晶硅栅电阻的影响，普遍采用了硅化物自对准(salicide)技术。另外，为了抑制短沟道效应，采用极浅的源、漏延伸区(Source-Drain Extension，SDE)结构。图 1.5-7 说明了深亚微米和纳米 MOS 器件的结构以及源、漏区寄生电阻的构成[97]。对于这种结构的 MOS 器件，源、漏区寄生电阻主要由 3 部分组成：

$$R_S,\ R_D = R_{co} + R_{sp} + R_{ov} \tag{1.5-13}$$

其中 R_{co} 是硅化物和源、漏区的接触电阻，它包括了硅化物侧面的接触电阻 $R_{sw,co}$ 和底面的接触电阻 $R_{u,co}$；R_{sp} 是扩展电阻，它包括了从栅边界到源、漏延伸区以及深的源、漏区的扩展电阻 $R_{ext,sp}$ 和 $R_{dp,sp}$；R_{ov} 是栅覆盖下的源、漏延伸区电阻，它包括表面积累层电阻 $R_{ac,ov}$ 和扩展电阻 $R_{sp,ov}$。由于硅化物的电阻率远小于扩散区的电阻率，因此不考虑深的源、漏扩散区电阻 R_{sh}。图 1.5-8 给出了针对 90 nm SOI CMOS 器件提取的 3 部分电阻对总的源、漏区寄生电阻的贡献[97]。可以看出，对纳米 CMOS 器件，扩展电阻的影响很大，其次是接触电阻，栅和源、漏覆盖区的电阻影响很小。

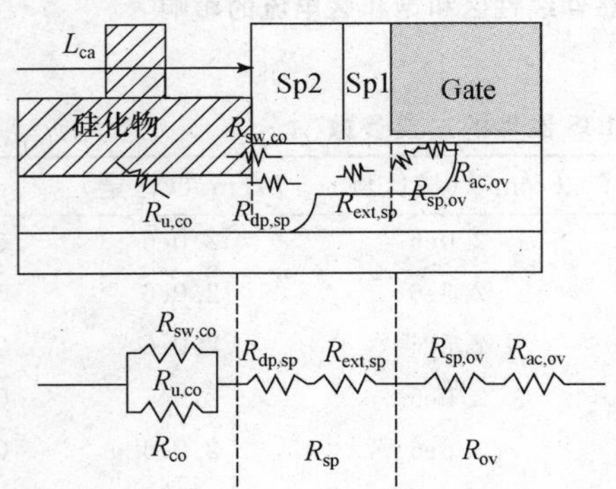

图 1.5-7　有浅的源、漏延伸区和硅化物结构的寄生电阻

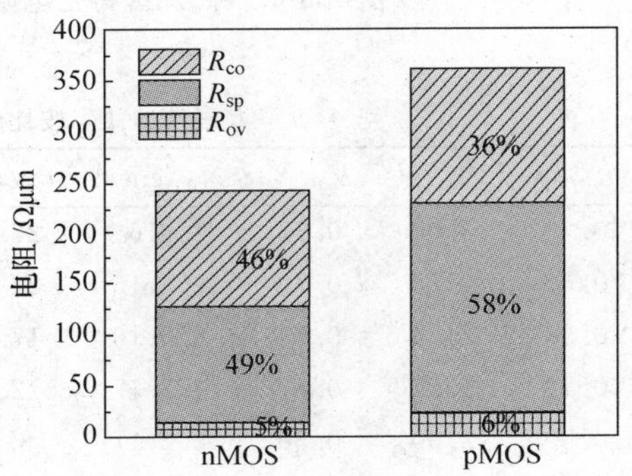

图 1.5-8　3 部分电阻对总寄生电阻的贡献

如前面分析，扩展电阻与源、漏延伸区和深的源、漏区杂质浓度的分布有关，与栅压有关。在MOS器件按比例缩小过程中，要求沟道两端的源、漏延伸区结深也按比例减小，图1.5-9是美国半导体工业协会(Semiconductor Industry Association, SIA)给出的SDE结深减小的趋势[98]，可以看出对于亚50 nm器件，SDE结深要小于20 nm。在一定的掺杂水平下，SDE结深减小又会增大SDE区的扩展电阻。图1.5-10是针对pMOS得到的SDE区电阻与结深的关系，图中给出了3种掺杂水平，杂质分布梯度是2.5 nm变化一个数量级(实际是用分布梯度的倒数表示)[99]。对于很浅的SDE结，为了减小SDE区的扩展电阻，要求杂质分布的梯度足够大，这将对工艺提出很大挑战。图1.5-11说明当栅长从100 nm缩小到35 nm时，若想保持SDE区电阻不增加，SDE区的杂质分布梯度至少要达到每3.5 nm浓度变化一个数量级[99]。目前，发展了很多先进的退火工艺，如高温毫秒退火技术，可以实现高激活的无扩散结，形成杂质分布很陡的超浅结SDE区。图1.5-12是针对90 nm SOI nMOS器件得到的源、漏寄生电阻的3部分及总电阻与SDE区横向杂质分布梯度的关系，可以看出扩展电阻R_{sp}强烈依赖于杂质分布梯度，而且对总电阻影响较大[97]。

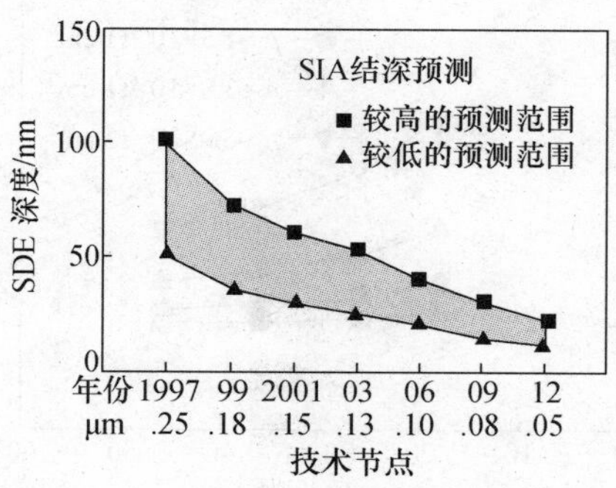

图1.5-9　SIA给出的SDE结深减小趋势

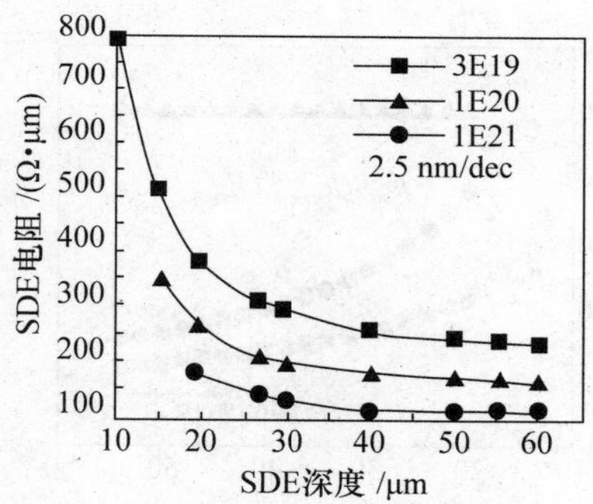

图1.5-10　SDE区电阻与结深的关系

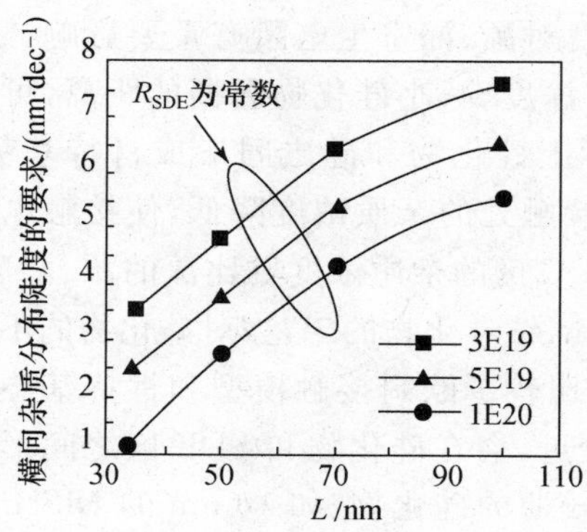

图1.5-11　对SDE杂质分布梯度的要求

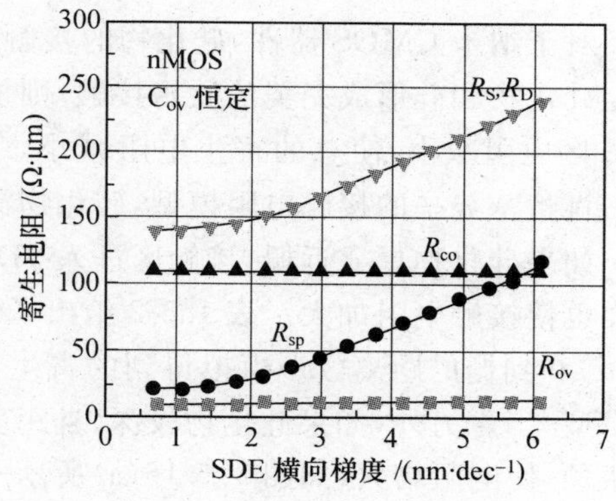

图1.5-12　寄生电阻与SDE杂质分布梯度的关系

接触电阻 R_{co} 与硅化物和硅的接触电阻率有关，在一定器件宽度下与接触长度 L_{co} 以及硅化物的厚度有关。随着器件尺寸缩小，栅线条的节距(pitch)不断减小，使硅化物与源、漏接触长度相应减小，造成接触电阻增大。图 1.5-13 是模拟得到的接触电阻随接触长度的变化[100]，侧壁接触电阻与接触长度无关，在一定的硅化物厚度下保持不变，而底部接触电阻随接触长度减小急剧增大，特别是接触长度小于 20 nm 以后。减小接触电阻率也是减小接触电阻的关键，图 1.5-14 给出了不同接触电阻率情况下接触电阻随接触长度的变化，可以看出当接触电阻率小于 $10^{-8}\ \Omega\cdot cm^2$ 时，接触电阻明显减小，并且随接触长度的变化也很小[100]。硅化物和硅的接触电阻率与有效肖特基势垒高度(Schottky barrier)有关，对于镍硅化物(NiSi)和 n 型硅接触，有效势垒高度约 0.18—0.4 eV。有报道表明，在 NiSi 和硅之间加入一薄层锑(Sb)，可以使 NiSi 和硅的有效肖特基势垒高度降到 0.1 eV 左右。对 W/L=100 μm/0.17 μm 的 nMOS 器件，在 $V_{GS}-V_T=3.5V$，$V_{DS}=50$ mV 条件下，测量了源-漏区之间的总电阻，结果表明加入锑隔离层使总电阻从 61.6 Ω 减小到 31.8 Ω[101]。

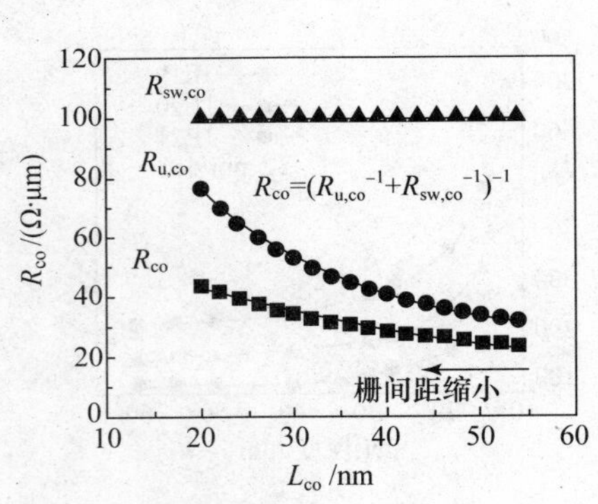

图 1.5-13　接触电阻随接触长度的变化

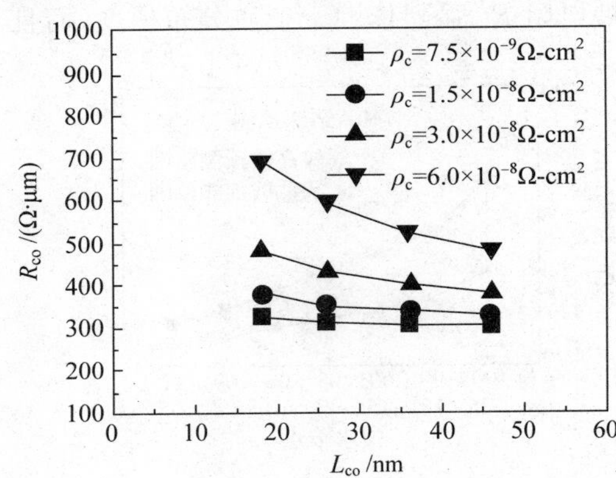

图 1.5-14　不同接触电阻率的接触电阻随接触长度的变化

对于纳米 CMOS 器件，硅化物的接触位置和深度对源、漏寄生电阻有重要影响。如果假定硅化物和硅形成完美的欧姆接触，则加大硅化物深度、减小硅化物和栅的距离，可以使 SDE 区电阻减小，使总的寄生电阻减小。但是，实际上硅化物和硅之间形成肖特基势垒。根据肖特基势垒的接触电阻模型，硅化物深度加大，接触处的杂质浓度降低，使接触电阻增大。如果硅化物更靠近栅，接触区进入 SDE 区，而 SDE 区的杂质浓度要比深的源、漏区低，同样也使接触电阻加大。表 1.5-2 给出了针对 150 nm、钴硅化物的工艺，对硅化物的不同深度(d)和到栅的距离(L_s)模拟得到的寄生电阻，表中比较了欧姆接触模型和肖特基势垒接触模型[102]。另外，如果硅化物较深、且距离栅边缘较近，会在硅化物和 SDE 区之间形成一个瓶颈，使电阻增大，如图 1.5-15(a)所示[103]。采用较薄的硅化物，如 10 nm 的 NiSi，通过增加一次离子注入，使瓶颈区适当展宽，再增加一个侧墙，使硅化物与 SDE 区隔开一点，如图 1.5-15(b)所示[103]。通过这些改进明显减小了瓶颈区电阻，图 1.5-16 说明了通过结构和工艺的改进,减小了瓶颈电阻,从而使源、漏寄生电阻明显减小,这是对 17 nm 栅长 pMOS 器件测量的结果[103],图中(a)是针对图 1.5-15 中(a)结构的测量结果,(b)是增加一次注入加宽瓶颈区的结果,(c)是增加一个侧墙使硅化物离开 SDE 边界的作用,(d)是既增加一次注入又增加一个侧墙的结果。总之,对纳米 CMOS 器件,优化 SDE 区以及硅化物的结构和工艺,是减小源、漏区寄生电阻的有效措施。

表 1.5-2　硅化物深度和位置对源、漏寄生电阻的影响

d/nm	L_s/nm	欧姆接触的寄生电阻/(Ω·μm)	肖特基接触的寄生电阻/(Ω·μm)
0	120	79.1	93.5
50	120	76.5	151
0	20	45.8	75.5
20	20	44.6	163
50	20	44.3	355

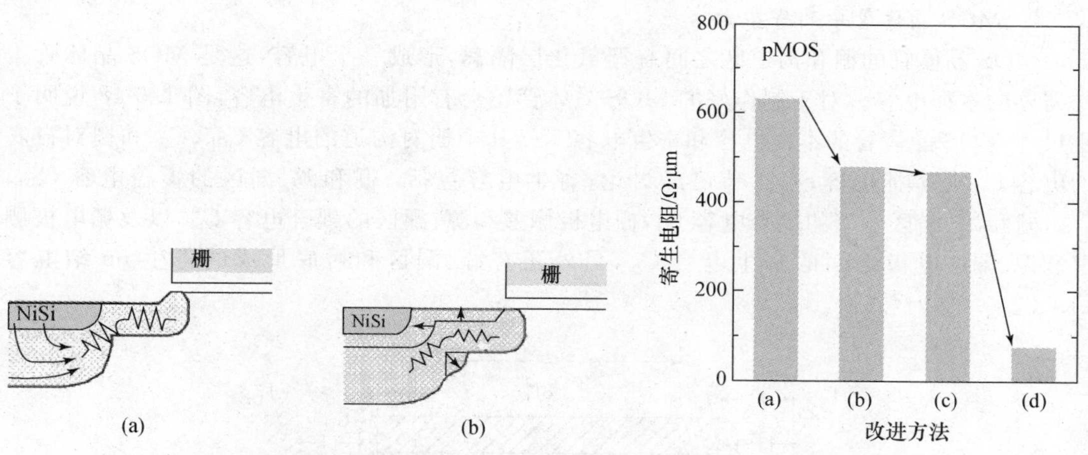

图 1.5-15　减小瓶颈电阻的措施　　**图 1.5-16　几种改进对减小瓶颈电阻的贡献**

对缩小到纳米尺度的 CMOS 器件,还可以采用提升源、漏区的技术减小寄生电阻。UTB SOI 器件是一种性能优越的纳米器件结构,它可以有效抑制短沟道效应和截止态泄漏电流。但是由于源、漏区和沟道区都是纳米量级的薄硅膜,使源、漏区寄生电阻增大,为了减小寄生电阻,必须采用提升源、漏技术。图 1.5-17 说明了 UTB SOI 器件采用的提升源、漏区技术[104,105]:在形成栅极以后,用氧化层覆盖栅极,在源、漏区淀积高掺杂的多晶硅,增加源、漏区的厚度,使寄生电阻减小。用这种技术在 20 nm 硅膜上制作出栅长 40 nm 性能良好的 nMOS 器件。模拟结果表明,采用这种技术即使器件尺寸缩小到 18 nm,只要硅膜厚度小于 5 nm,就可以保证器件有优良的性能。

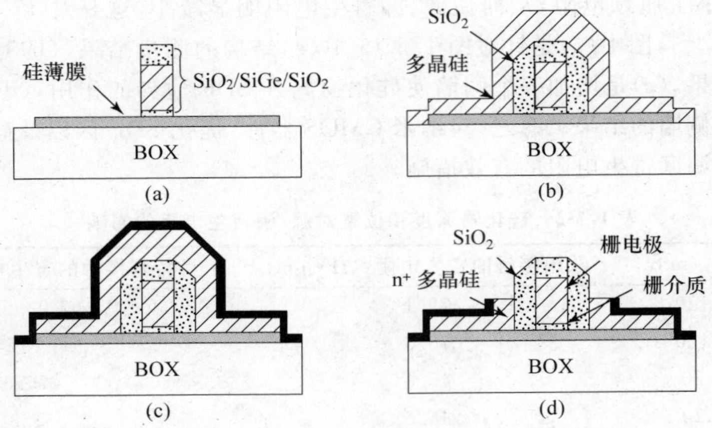

图 1.5-17 用提升源、漏区技术制作 UTB SOI 器件

2. MOS 晶体管中的寄生电容

MOS 晶体管的栅和沟道区之间有栅氧化层隔离，形成一个电容，这是 MOS 晶体管工作需要的本征电容。对于制作好的 MOS 晶体管还会有附加的寄生电容，图 1.5-18 说明了小尺寸 MOS 晶体管的本征电容和寄生电容[106]，其中栅对沟道的电容 C_{GD}、C_{GS}和栅对衬底的电容 C_{GB}是本征电容，第 1 节已经讨论；寄生电容包括：栅和源、漏区的覆盖电容 C'_{GD}、C'_{GS}，栅和源、漏区侧壁的耦合电容 C_{if}，栅电极侧壁和源、漏区的耦合电容 C_{of}，以及栅电极侧壁和源、漏区电极之间的寄生电容 C_{pc}，另外还有源、漏区和衬底形成的寄生 pn 结电容 C_{DB}、C_{SB}。

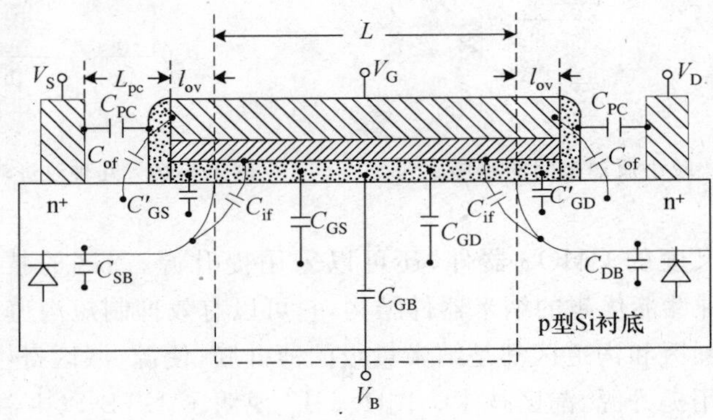

图 1.5-18 MOS 晶体管的本征电容和寄生电容

尽管 MOS 晶体管制做中普遍采用了硅栅自对准工艺，但是由于源、漏区的横向扩散，还是会形成栅和源、漏区的一定覆盖，因而产生了覆盖电容。覆盖区的氧化层就是栅氧化层，如果知道了覆盖长度 l_{ov}，就很容易计算出覆盖电容。

$$C'_{GD}=C'_{GS}=Wl_{ov}C_{ox} \tag{1.5-14}$$

其中 W 是 MOS 晶体管的栅宽，l_{ov}是栅和源、漏区之间的覆盖长度，它与工艺密切相关；C_{ox}是单位面积栅氧化层电容，决定于栅氧化层厚度。随着器件尺寸减小、工艺水平提高，l_{ov}会减小，但是边缘效应的影响会加大，因此，必须考虑栅电极底部与源、漏区侧壁之间的耦合电容 C_{if}以及栅电极侧壁与源、漏区之间的耦合电容 C_{of}。这 2 个电容可以用式(1.5-15)和(1.5-16)计算[106]：

$$C_{if}=\frac{2\varepsilon_0\varepsilon_{si}}{\pi}W\ln\left(1+\frac{\min(0.5L_g-t_{ox},x_j)}{a_{if}t_{ox}}\right) \tag{1.5-15}$$

其中 L_g 是栅长，a_{if}是经验拟合参数，约为 0.05～0.1；

$$C_{of}=\frac{\varepsilon_0\varepsilon_{cap}W}{\pi}\ln\left(\frac{L_{pc}+\sqrt{t_{ox}^2+L_{pc}^2}}{t_{ox}}\right)+a_{of}\frac{\varepsilon_0\varepsilon_{cap}W}{\pi}\ln\left(\frac{\pi W}{t_{ox}}\right) \tag{1.5-16}$$

其中 ε_{cap}是覆盖栅电极的绝缘层的相对介电常数，L_{pc}是栅电极和源、漏引出电极之间的距离，对于纳米 CMOS 器件这个距离比栅电极和源、漏电极的高度要小，因此，C_{of}与栅电极的高度(栅电极材料的厚度)基本无关，a_{of}是拟合参数，约为 0.35。

随着特征尺寸减小，栅电极和源、漏电极之间的距离不断减小，使得它们之间的耦合电容 C_{pc}成为纳米器件的一个重要寄生电容，这个电容包括平行板电容和边缘电容两部分，可以用式

$$C_{pc}=\frac{\varepsilon_0\varepsilon_{cap}WT_g}{L_{pc}}+\frac{0.5\pi\varepsilon_0\varepsilon_{cap}W}{\ln\left[\frac{2\pi(L_{pc}+L_g)}{2L_g+\tau_{bk}T_g}\right]} \tag{1.5-17}$$

计算，其中，W 是栅宽，T_g 是栅电极高度，L_g 是栅长，L_{pc}是栅电极与源、漏电极之间的距离，τ_{bk}是经验参数由式

$$\tau_{bk}=\exp\left(2-2\sqrt{1+\frac{2(T_g+L_g)}{L_{pc}}}\right) \tag{1.5-18}$$

决定。

由于源、漏区和衬底形成 pn 结，存在寄生的 pn 结电容。考虑到实际源、漏区的结构，源、漏区 pn 结电容应包括底部电容(A 区)、侧壁电容(B、C、D、E 区)和拐角电容(F、G、H、J 区)，如图 1.5-19 所示。可以用式

$$C_{SB}=A_SC_{jA}+P_SC_{jP}+nC_{jC} \tag{1.5-19}$$

$$C_{DB}=A_DC_{jA}+P_DC_{jP}+nC_{jC} \tag{1.5-20}$$

计算源、漏区 pn 结电容，其中，A_S 和 P_S 是源区面积和周长，A_D 和 P_D 是漏区面积和周长，C_{jA}是单位面积的 pn 结底部电容，C_{jP}是单位周长的 pn 结侧壁电容，C_{jC}是一个拐角的电容，n 是拐角数目。由于现在 MOS 晶体管源、漏区结深都很小，可以近似忽略侧壁电容和拐角电容。

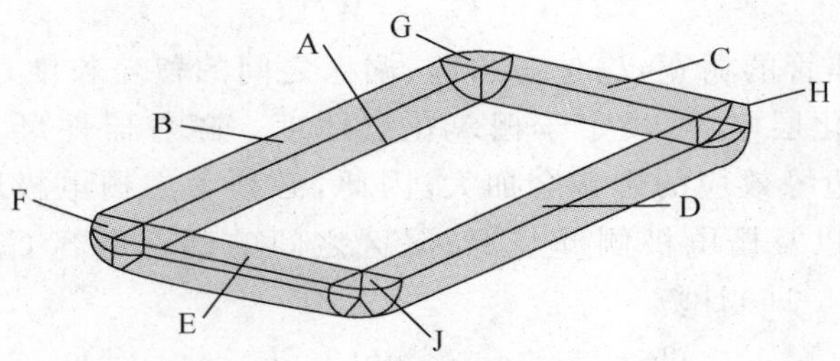

图 1.5-19　源、漏区结构

一般 MOS 晶体管工作时源、漏区和衬底之间的 pn 结处于反向偏置或零偏，pn 结电容主要表现为势垒电容。因此有

$$C_{jA} = C_{j0}\left(1 + \frac{V}{V_{bi}}\right)^{-m_1} \tag{1.5-21}$$

其中，V 是 pn 结上反向偏压的绝对值，m_1 是指数因子，对突变结取为 0.5，缓变结取为 0.3，C_{j0} 是零偏压时单位面积的势垒电容，V_{bi} 是 pn 结自建势，C_{j0} 和 V_{bi} 是由掺杂浓度决定的。

MOS 晶体管的寄生电阻和寄生电容都会对 CMOS 电路的性能带来不利影响，寄生电阻使有效工作电压下降，寄生电容增大了电路的负载电容。在电路分析时必须考虑 MOS 晶体管的寄生电阻和寄生电容，因此在大信号瞬态分析时 MOS 晶体管应该采用图 1.5-20 所示的等效电路模型，图中包括了本征电容（C_{GD}、C_{GS}、C_{GB}）和寄生电容（C'_{GD} 和 C'_{GS} 不再是单纯的覆盖电容，而是上面给出的几部分寄生电容的总合，C'_{GB} 是栅电极伸出到场区通过场区氧化层与衬底形成的电容，由于场区氧化层比较厚，这部分寄生电容很小），包括了源、漏区寄生电阻，除了 MOS 晶体管电流（I_D），还包括了源、漏区 pn 结电流（I_{SB}、I_{DB}），主要是 pn 结反向泄漏电流。

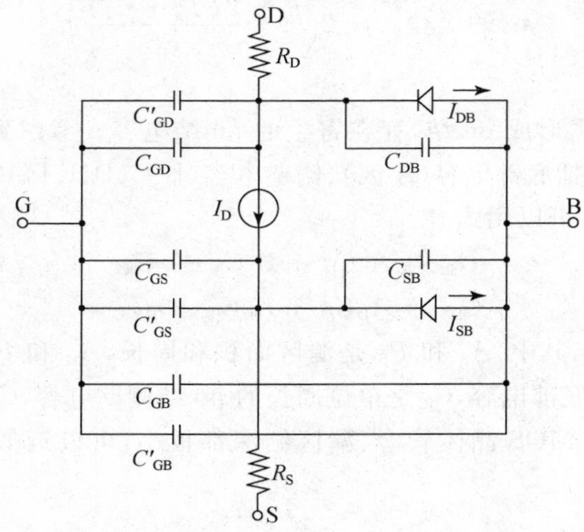

图 1.5-20　MOS 晶体管大信号瞬态分析模型

随着器件尺寸不断缩小，MOS晶体管沟道区的本征电阻和电容不断减小，而寄生电阻和电容不会按比例减小，使得寄生效应的影响越来越大。图1.5-21给出了一个32 nm技术节点的CMOS器件设计，并表明了寄生电阻和电容[107]。对于常规平面结构的MOS晶体管，当沟道长度缩小到20 nm以下时寄生电阻和电容将超过MOS晶体管的本征电阻和电容，使寄生参数成为限制电路性能改善的主要因素[107]。

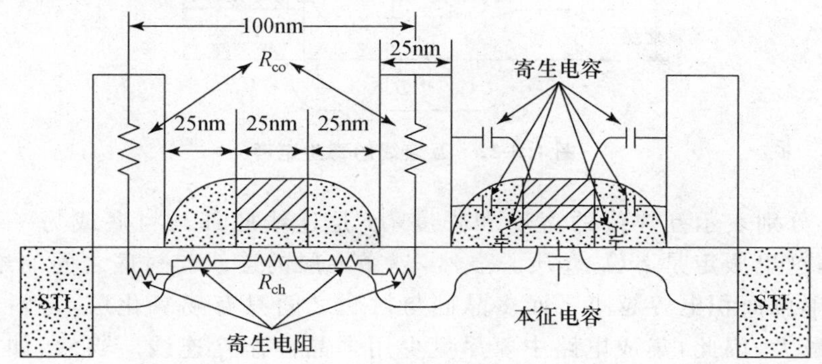

图1.5-21 32 nm节点CMOS器件设计

1.5.2 互连线的寄生效应

在集成电路芯片中需要大量的互连线，以便把MOS晶体管和其他元器件连接成具有一定功能的电路。这些互连线存在寄生的电容、电阻，随着器件尺寸缩小、集成密度提高，互连线的数量增加，连线的长度也增加，互连线寄生效应对电路可靠性和速度带来严重影响。

1. 互连线的寄生电容

(1) 寄生电容的分析

集成电路芯片是经过多层加工而成的，有多层导电层，如扩散区、多晶硅、金属层。各导电层之间有介质层(一般是SiO_2)隔离，这样就形成了很多导电层-介质层-导电层的电容结构，不同层的金属互连线都会形成对衬底的寄生电容，不同层的互连线之间也会形成寄生电容，图1.5-22示意画出2层金属工艺的芯片中的各导电层对衬底的寄生电容和它们之间的寄生电容[108]。如果把这些寄生电容近似看作平行板电容，可以用式(1.5-22)计算出连线底部对衬底或另一导电层的寄生电容，即

$$C_V = WL\frac{\varepsilon_o\varepsilon_{ox}}{H} \tag{1.5-22}$$

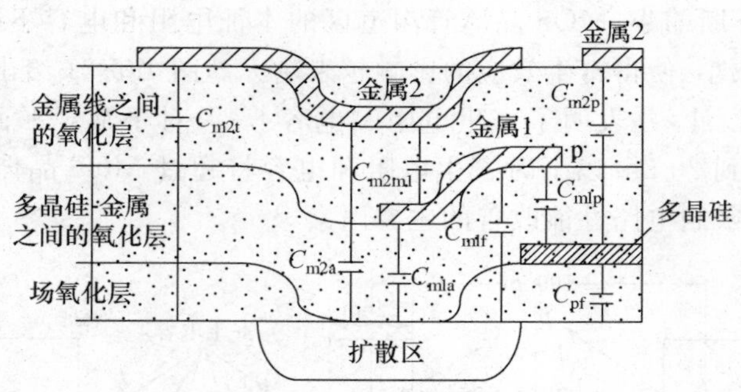

图 1.5-22　互连线的寄生电容

其中 W 和 L 分别表示互连线的宽度和长度，H 是连线底部与衬底或另一导电层之间介质的厚度，这里假定是 SiO_2 介质。显然，越靠上层的连线与衬底之间的绝缘层越厚，相对衬底的单位面积电容越小。而多晶硅与衬底之间只有场氧化层，与衬底之间的单位面积电容最大，因此，集成电路中要尽量少用多晶硅作互连线。当然，如果用 2 层或 3 层多晶硅工艺，可以用上层多晶硅作局部互连。值得注意的是，随着连线线宽减小，边缘电场的影响加大，完全按平行板电容计算连线电容会有很大误差。图 1.5-23 示意说明了边缘效应的影响，计算连线的寄生电容还必须考虑连线侧壁的边缘效应。因此，实际的寄生电容要比平行板电容大。图 1.5-24 说明随着线宽减小用平行板电容计算的误差加大[109]。

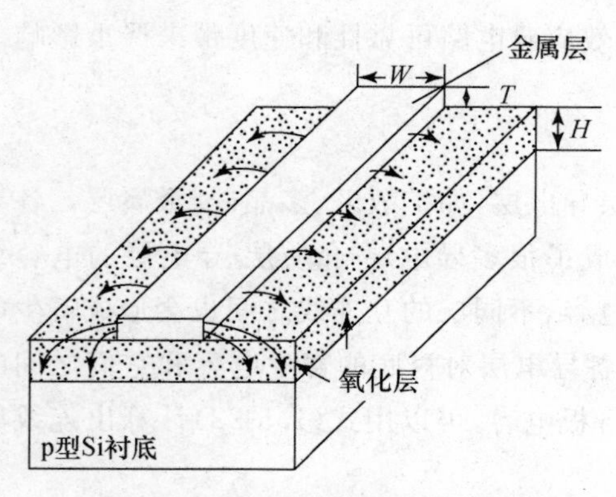

图 1.5-23　边缘效应的影响

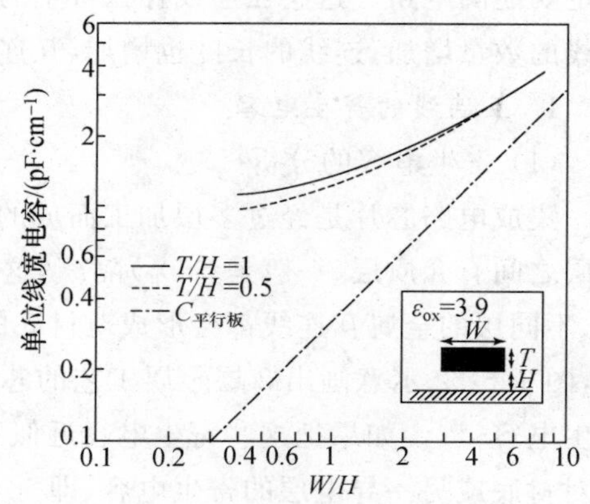

图 1.5-24　随着线宽减小平行板电容的误差加大

由于实际工艺加工出的细线条并不是一个矩形剖面，边缘效应是一个复杂的二维，甚至三维的问题，它与实际线条边缘形状有关，很难给出精确的解析模型。很多人对边缘效应的影响进行了研究，提出了一些考虑边缘效应的经验模型。有一种近似分析方法把线条边缘看作半圆形，把一根连线对衬底的电容看作一个底部的平行板电容加上两个侧面形成的一个圆柱形边缘电容，如图1.5-25所示，因此可以用式(1.5-23)计算考虑边缘效应的连线电容[110]：

$$C_V = \varepsilon_0 \varepsilon_{ox} L \left[\left(\frac{W - T/2}{H} \right) + \left(\frac{2\pi}{\log(H/T)} \right) \right] \tag{1.5-23}$$

其中，T 是连线的金属层厚度，H 是连线下面的绝缘层厚度。

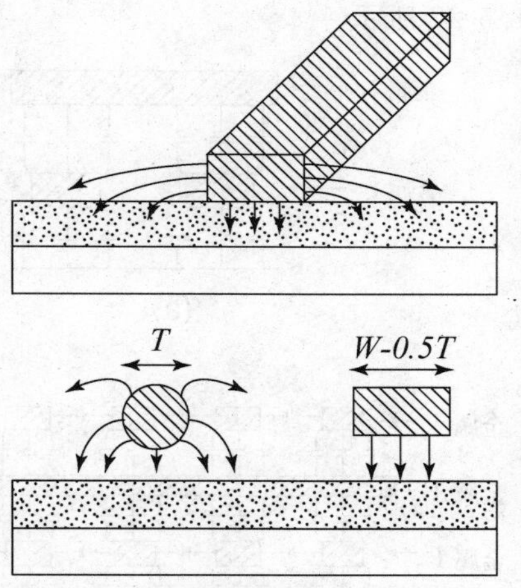

图 1.5-25　考虑边缘效应的电容模型

随着工艺特征尺寸减小，不仅连线的线宽减小，互连线之间的间距也减小，这使得同一层互连线之间的线间电容增大。另外，不同层互连线之间也有线间电容，尽管按照布线规则相邻两层互连线是交叉走向，但是它们的交叠区会形成电容。对于同一层互连线之间的线间电容 C_I 也可以近似用平行板电容计算，即

$$C_I = TL \frac{\varepsilon_0 \varepsilon_{ox}}{L_s} \tag{1.5-24}$$

其中，L_s 是互连线之间的间距。同样，线间电容也受边缘效应的影响。由于考虑边缘效应的电容公式非常复杂，可以引入一个经验参数 k_1 修正平行板电容公式。这样，综合考虑连线的底部电容和侧壁的线间电容，一条互连线的总的寄生电容 C_T 可以用式

$$C_T \approx k_1 (C_V + 2C_I) \tag{1.5-25}$$

近似计算，公式中用 $2C_I$ 是考虑这条线和两边的互连线之间都有耦合电容。k_1 是计入边缘效应的修正系数，取值在1.0—2.0。对于多层互连，如果一条连线的上、下、左、右都有其他连线，若其上、下层的连线没有信号变化，那么，这条连线相对上、下层连线的寄生电容都可以看作对地的电容，则相对上、下层连线的寄生电容都可以用式(1.5-22)计算，这种情况下一条互连线的总的寄生电容 C_T 应该表示为[111]

$$C_T \approx k_1 (C_{gnd} + 2C_I) \tag{1.5-26}$$

其中

$$C_{gnd} = 2C_V$$

随着工艺技术发展，集成密度增加，互连线的数目不断增加，互连线的层数也在增加，同一层互连线的间距在减小，但是考虑到互连线寄生电阻问题，互连线的厚度没有按比例减小，这使得线间电容的影响越来越大。图1.5-26示意说明从1 μm双层金属工艺发展到0.25 μm 6层金属工艺的线间电容变化[112]，图(b)中只画出6层金属互连的下面3层。显然，随着特征尺寸减小，线宽减小，互连线的底部电容 C_V 减小，但是，由于互连线间距减小，使线间电容 C_I 增大。因此，随着特征尺寸减小，线间电容使互连线的总电容不断加大，如图

1.5-27 所示。

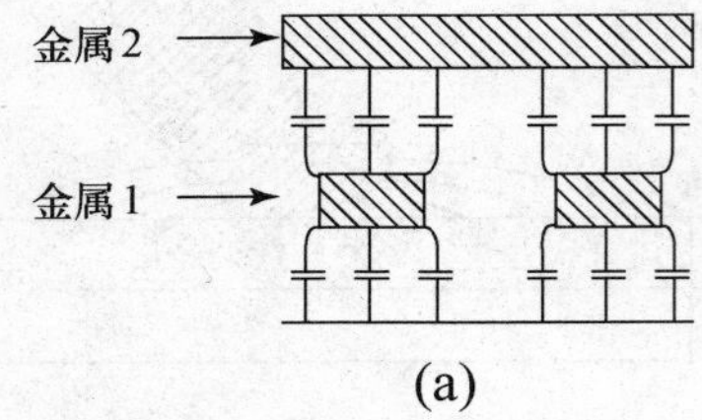

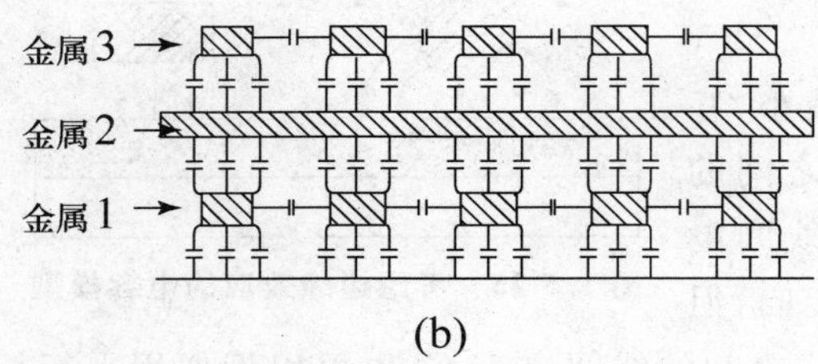

图 1.5-26　不同工艺线间电容比较

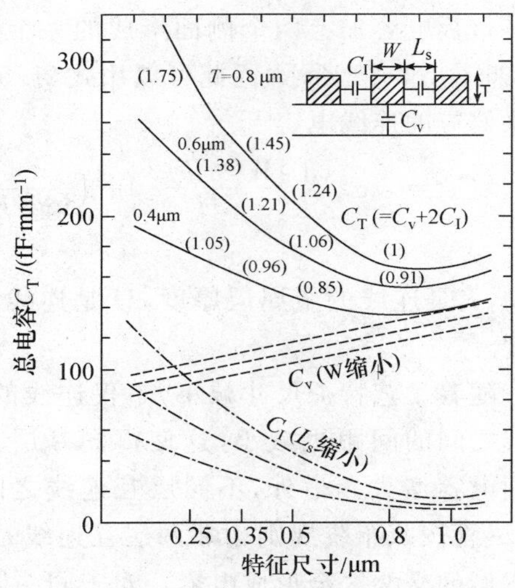

图 1.5-27　互连线总电容随特征尺寸减小而增大

表 1.5-3 给出了 0.13 μm 8 层金属工艺中单位面积金属线相对衬底和其他各层金属线的寄生电容，这里只给出了底部电容，没有给出侧壁的线间电容。表 1.5-4 给出一个 65 nm 工艺的互连线寄生电容。可以看出，底层的互连线单位长度或单位面积的寄生电容最大，越靠近上层的互连线寄生电容越小，因此底层的互连线只能用于单元电路内部的局部互连，而对于较长的全局互连线应该用上层金属线。

表 1.5-3　0.13 μm 工艺中单位面积连线的寄生电容 /(fF·μm^{-2})

	衬底	金属 1	金属 2	金属 3	金属 4	金属 5	金属 6	金属 7	金属 8
衬底	—	0.040	0.023	0.016	0.012	0.009	0.008	0.007	0.006
金属 1	0.040	—	0.096	0.031	0.019	0.013	0.010	0.008	0.007
金属 2	0.023	0.096	—	0.096	0.031	0.019	0.013	0.010	0.008
金属 3	0.016	0.031	0.096	—	0.096	0.031	0.019	0.013	0.009
金属 4	0.012	0.019	0.031	0.096	—	0.096	0.031	0.019	0.011
金属 5	0.009	0.013	0.019	0.031	0.096	—	0.096	0.031	0.016
金属 6	0.008	0.010	0.013	0.019	0.031	0.096	—	0.096	0.024
金属 7	0.007	0.008	0.010	0.013	0.019	0.031	0.096	—	0.051
金属 8	0.006	0.007	0.008	0.009	0.011	0.016	0.024	0.051	—

表 1.5-4　65 nm 工艺中单位面积连线的寄生电容/ (fF·μm^{-2})

	衬底	金属 1	金属 2	金属 3	金属 4	金属 5	金属 6	金属 7	金属 8	金属 9
衬底	—	0.090	0.030	0.022	0.016	0.010	0.009	0.008	0.006	0.004

续表

	衬底	金属 1	金属 2	金属 3	金属 4	金属 5	金属 6	金属 7	金属 8	金属 9
金属 1	0.090	—	0.077	0.034	0.021	0.015	0.011	0.009	0.008	0.006
金属 2	0.030	0.077	—	0.077	0.034	0.021	0.015	0.011	0.009	0.007
金属 3	0.022	0.034	0.077	—	0.077	0.034	0.021	0.015	0.011	0.008
金属 4	0.016	0.021	0.034	0.077	—	0.077	0.034	0.021	0.015	0.009
金属 5	0.010	0.015	0.021	0.034	0.077	—	0.077	0.034	0.021	0.013
金属 6	0.009	0.011	0.015	0.021	0.034	0.077	—	0.077	0.034	0.018
金属 7	0.008	0.009	0.011	0.015	0.021	0.034	0.077	—	0.077	0.023
金属 8	0.006	0.008	0.009	0.011	0.015	0.021	0.034	0.077	—	0.044
金属 9	0.004	0.006	0.007	0.008	0.009	0.013	0.018	0.023	0.044	—

(2) 线间电容引起的串扰

互连线之间的线间电容(与上、下、左、右相邻连线之间的电容)会引起信号的串扰(cross talk),严重影响电路工作的可靠性。因为当一根信号线上有电压变化时,会通过线间电容耦合到相邻的连线上,造成其他连线上不该有的电压跳变,干扰电路的工作。例如,一个动态 CMOS 电路的输出线 y 上面走过另一条信号线 x,在时钟为高电平时,动态电路的下拉网络(PDN)没有导通通路,求值结果是 $V_y = V_{DD}$,在时钟为高电平时上拉的 pMOS 截止,因此输出高电平是动态保持。如果在此期间信号线 x 上有一个从高电平到低电平的信号变化,即 V_x 从 2.5V 跳变到 0V,如图 1.5-28 所示[110],则这个变化的信号会通过 2 条线之间的寄生电容 C_{xy} 耦合到动态电路的输出端,使其高电平下降。根据 2 个电容分压的关系,信号线 x 上的电压变化 ΔV_x 引起 y 点的电压跳变可以用式

$$\Delta V_y = \frac{C_{xy}}{C_y + C_{xy}} \Delta V_x \tag{1.5-27}$$

计算,对于 0.25 μm 工艺,若 x 为第一层金属线,y 为多晶硅线,2 条线的交叠面积为 3×1 μm^2,则 C_{xy}=0.5 fF,C_y 约 6fF,$\Delta V_x = -2.5V$,代入式(1.5-27)得到 $\Delta V_y = -0.19V$。也就是说,线间电容引起的串扰,使这个动态电路输出高电平下降 7.5%。如果是 2 条平行的长信号线,它们之间的串扰会更严重,设计不好串扰信号可能超过逻辑摆幅的 20%。一般要求串扰信号不能超过逻辑摆幅的 10%,这样就限制了互连线的最大耦合长度。图 1.5-29 表明要保证电路可靠工作,随着互连线间距的缩小,允许的信号线之间的最大耦合长度也不断减小,从 0.25 μm 工艺发展到 50 nm 工艺,允许的信号线之间的最大耦合长度缩小了 10 倍[113]。

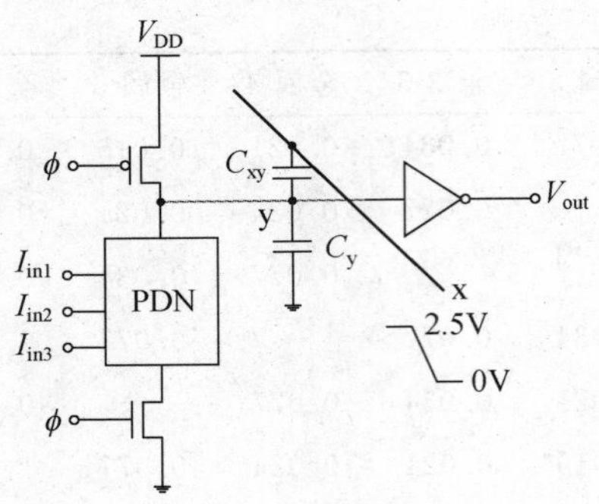

图 1.5-28 线间电容引起串扰

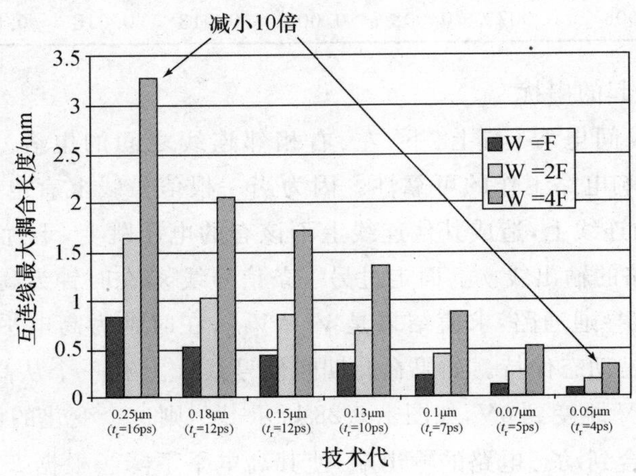

图 1.5-29 随着工艺特征尺寸减小互连线的最大耦合长度也减小

线间电容除了引起信号串扰还会影响信号的延迟时间。当一个电路的输出信号通过一条线传输时，信号的延迟时间与输出端的负载电容成正比。负载电容中包含互连线的寄生电容，如图 1.5-30(a)所示。对于要考虑的中间那条信号线，互连线带来的负载电容包括这条连线对地的寄生电容 C_V 和它与相邻 2 条线之间的线间电容 C_I。值得注意的是，当相邻 2 条线的信号变化时，会引起负载电容的变化，从而使信号的延迟时间变化。对于图 1.5-30(a)所示的情况，相邻 2 条线都保持在固定的 0 电平，中间信号线的负载电容为 C_V+2C_I；对于图 1.5-30(b)所示的情况，相邻 2 条线有变化相反的信号，由于密勒效应，中间信号线的负载电容变为 C_V+4C_I，负载电容增大使延迟时间增加；对于图 1.5-30(c)所示的情况，相邻 2 条线与中间信号线有相同变化的信号，这种情况线间电容对负载电容没有贡献，负载电容就是 C_V。

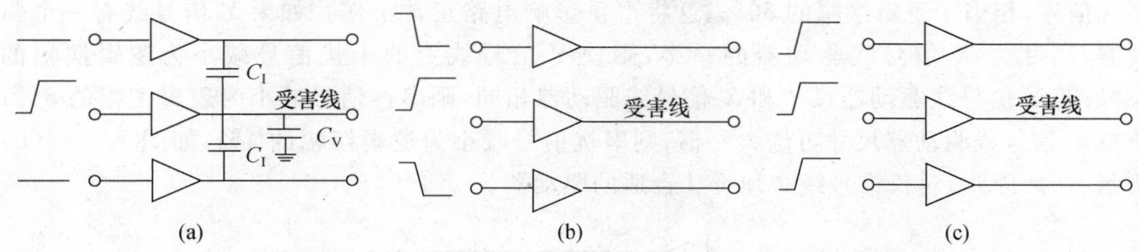

图 1.5-30　线间电容对负载电容和延迟时间的影响

由于在芯片中不可避免会有相邻的长信号线，为了减小串扰可以在电路设计和版图设计中采取必要的措施。在版图设计中，应该在面积允许的情况下，适当加大平行的长信号线之间的间距，减小它们的耦合电容。更有效的方法是在信号线之间插入电源线或地线作屏蔽，在相邻的两层信号线之间插入屏蔽层，如图 1.5-31 所示。对于多位的数据总线，屏蔽设计更为必要，至少要增加单边屏蔽线，如图 1.5-32(a)所示，最好是采取双边屏蔽，如图 1.5-32(b)所示。当有 2 个总线，且它们不会同时传输数据的情况，可以把 2 个总线的每一位数据线交叉排列，这样既节省了面积又避免了线间串扰，如图 1.5-32(c)所示。

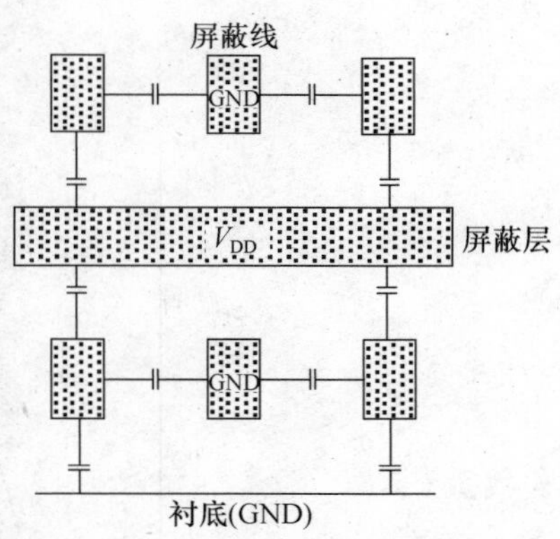

图 1.5-31　增加屏蔽线或屏蔽层

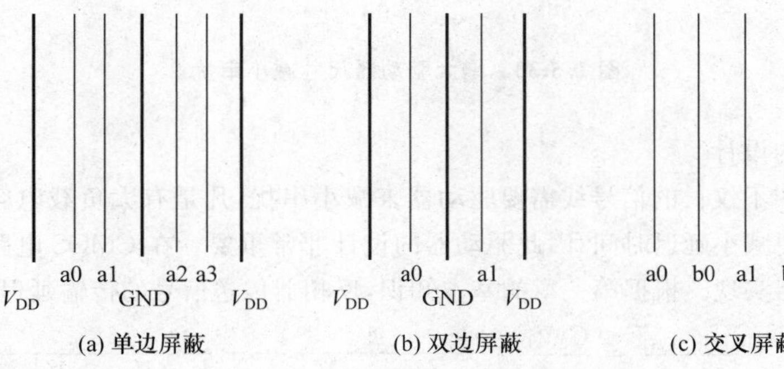

图 1.5-32　总线的屏蔽方法

对重要的信号线，增大其驱动器的尺寸可以有效抑制串扰，如图 1.5-33(a)所示，有 2 条平行的信号线 X 和 Y，若它们各自对地的电容与它们之间的线间电容都相同，当 X 信号线上有一个 1.8V 的信号变化，根据式(1.5-27)可知在 Y 信号线上会产生一个幅度约 0.9V 的串扰信号，相当于逻辑摆幅的50%，这将严重影响电路正常工作。如果Y信号线有一个驱动器，尺寸为X信号线驱动器的一半，则使Y信号线上的干扰信号减小为逻辑摆幅的18%；若Y信号线驱动器尺寸和X信号线驱动器相同，则串扰信号减小为逻辑摆幅的8%；若把Y信号线驱动器尺寸再增大一倍，则串扰信号减小为逻辑摆幅的4%，如图1.5-33(b)所示[111]。因此，对长信号线必须设计合适的驱动器。

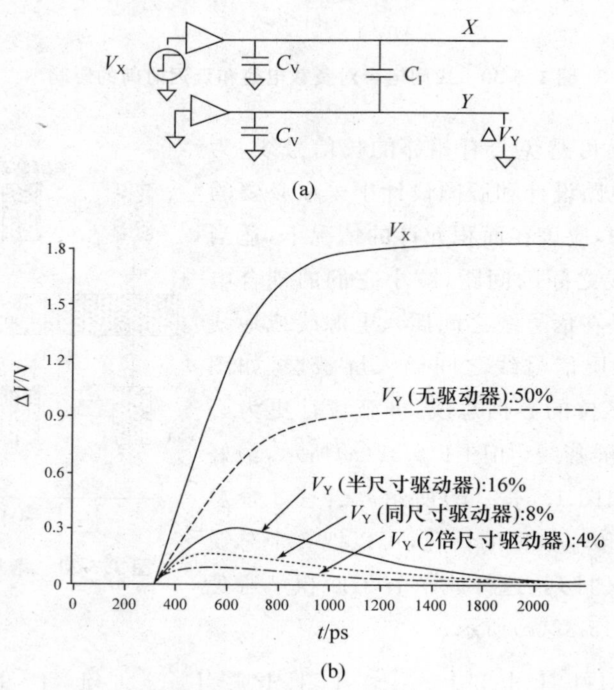

图1.5-33 增大驱动器尺寸减小串扰

(3) 驱动器的设计

在集成电路中不仅长的信号线需要驱动器来减小串扰，凡是有大负载电容的电路都要通过驱动器输出以便减小延迟时间，因此驱动器的设计非常重要。在CMOS电路中驱动器是用合适尺寸的反相器实现。根据第一章的基本知识，反相器传送信号的传输延迟时间由式

$$t_p = \frac{t_{pHL} + t_{pLH}}{2} = \frac{C_L V_{DD}}{2}\left[\frac{1}{K_N (V_{DD} - V_{TN})^2} + \frac{1}{K_P (V_{DD} + V_{TP})^2}\right]$$

决定。由于阈值电压比电源电压小很多，可以近似忽略阈值电压，得到

$$t_p \approx \frac{C_L}{2V_{DD}}\left(\frac{1}{K_N} + \frac{1}{K_P}\right) \tag{1.5-28}$$

其中K_N和K_P分别是反相器中nMOS和pMOS的导电因子，C_L是要驱动的负载电容，它包括3部分：反相器内部的输出电容，即nMOS和pMOS的漏区pn结电容(C_{DBN},C_{DBP})；反

相器要驱动的下一级电路的输入电容(C_{GNi},C_{GPi})或其他外部电容;互连线的寄生电容(C_T)。因此,负载电容可以表示为

$$C_L = (C_{DBN} + C_{DBP}) + \sum_{i=1}^{N}(C_{GNi} + C_{GPi}) + C_T \tag{1.5-29}$$

其中 N 是扇出系数。

为了分析驱动器的设计,首先考虑一个最简单的情况,一个反相器驱动一个和它相同的反相器,如何设计反相器的尺寸才能使延迟时间最小。一般集成电路中所有 MOS 晶体管的沟道长度都决定于工艺特征尺寸,通过改变 MOS 晶体管的沟道宽度得到合适的导电因子。由于空穴迁移率比电子迁移率低,在面积允许的情况下 pMOS 的沟道宽度要取得大一些。在这个设计中令 $W_P = \alpha W_N$,则 C_{DBP} 和 C_{GP} 是 C_{DBN} 和 C_{GN} 的 α 倍。若已知 $\mu_n = \varepsilon\mu_p$,则 $K_N = \varepsilon/\alpha K_P$,把这些条件代入式(1.5-28)并忽略 2 个反相器之间的互连线电容,得到

$$t_p \approx \frac{(1+\alpha)(C_{DBN} + C_{GN})}{2V_{DD}K_N}\left(1 + \frac{\varepsilon}{\alpha}\right) \tag{1.5-30}$$

由式(1.5-30)求出,$\alpha = \sqrt{\varepsilon}$ 时延迟时间最小,即 t_p 有极小值。

如果一个反相器驱动比较大的负载电容,例如负载电容相当于它自身输入电容的 x 倍,则延迟时间也要增大 x 倍,当 x 很大时会使电路性能严重退化。如果增大反相器中的 MOS 晶体管宽度来增大驱动能力,则又会增加前一级电路的负载,同样会增大延迟时间。这种情况下应该再增加一级反相器作驱动,尽管增加一级反相器会增加一级延迟时间,但是,若设计合理,用 2 级反相器作驱动器的总延迟时间可以最小。图 1.5-34 画出了 2 级反相器驱动负载电容的情况。第一级反相器取较小的尺寸,输入电容为 C_{in},第二级反相器中 MOS 晶体管宽度增大为第一级的 u 倍,则 2 级反相器的驱动器总延迟时间为

$$t_p = ut_{p0} + \left(\frac{x}{u}\right)t_{p0} = \left(u + \frac{x}{u}\right)t_{p0} \tag{1.5-31}$$

其中 t_{p0} 表示驱动一个尺寸相同的反相器的延迟时间,x 为总负载电容相对第一级反相器输入电容的倍数。令 $\partial t_p/\partial u = 0$,得到 $u = \sqrt{x}$,也就是说设计第二级反相器的尺寸比第一级增大 $\sqrt{x}$ 倍,可以使总延迟时间最小,总延迟时间为 $t_p = 2\sqrt{x}\,t_{p0}$。例如,$x = 100$,若只用 1 级反相器驱动,延迟时间是 100 t_{p0},如果增加第二级反相器,尺寸比第一级增大 10 倍,则总延迟时间只有 20 t_{p0}。

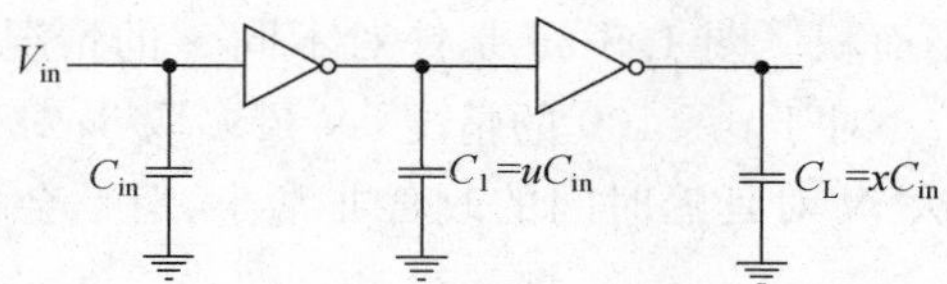

图 1.5-34　用 2 级反相器驱动大负载电容

当电路的扇出系数很大或者属于要输出到芯片外的情况，负载电容会非常大，x 可能达到几千，即使用 2 级反相器作驱动仍然会有很大的信号传输延迟。这种情况下，必须设计一个反相器链作驱动器。只要合理设计反相器链中各级反相器，可以使总延迟时间最短。如图1.5-35 所示的反相器链，共有 N 级反相器，第一级反相器的输入电容为 C_{in}，C_1、C_2、…、C_L 是各级反相器的负载电容，最终负载电容 $C_L=xC_{in}$。如果设计后级反相器中 MOS 晶体管宽度比前一级增大 S 倍，则有

$$S = C_{i+1}/C_i,\quad S^N = C_L/C_{in} = x$$

反相器链的总延迟时间为

$$t_p = NSt_{p0} \tag{1.5-32}$$

若知道了 x，则 $N=\ln x/\ln S$，把它代入式(1.5-32)，令 $\partial t_p/\partial S=0$，得到 $S=e\approx 2.7$。也就是说，如果反相器链中每一级反相器的 MOS 晶体管宽度都比前一级增大 e 倍，可以使反相器链的总延迟时间最小。

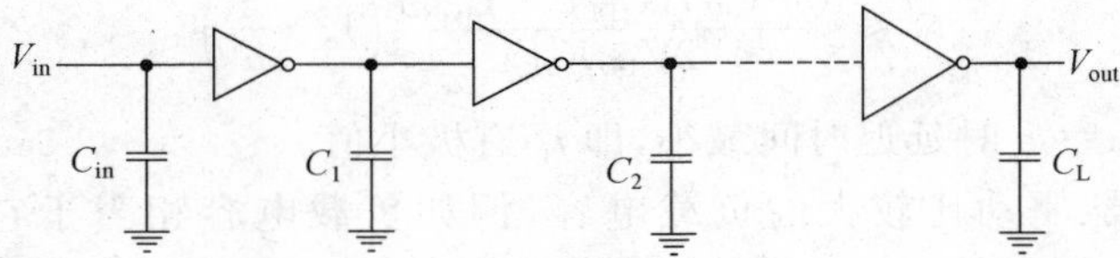

图 1.5-35　反相器链作驱动器

下面通过一个例子说明反相器链的设计。如果要驱动的负载电容是 20 pF，根据工艺水平设计的最小尺寸反相器的输入电容 $C_{in}=10$ fF，$t_{p0}=0.2$ ns，根据前面的设计方法得到 $x=C_L/C_{in}=2\,000$，$N=7$，$S=2.96$。因此，要驱动 20 pF 的负载电容，需要 7 级反相器构成的反相器链，包括输入电容为 10 fF 的第一级反相器，且要求每级反相器的尺寸比前一级增大 2.96 倍。这里 S 取值比 e 大一些，这是因为先求出 N，再确定 S，而 N 必须取整数。按照这样的设计总延迟时间只有 4.1 ns，但是有一个严重的问题，就是逐级增大尺寸的反相器链占用的面积太大。根据工艺水平，第一级反相器中 $W_N=1.8\ \mu m$、$W_P=2.8\ \mu m$，按照每级尺寸增大 2.96 倍计算，则第 7 级反相器中 $W_N=1\,210.7\ \mu m$、$W_P=1\,912.8\ \mu m$，7 级反相器的 MOS 晶体管总宽度达到 4 716 μm，这显然是无法接受的。因此，实际在设计反相器链时不是仅仅追求延迟时间最小，而是对速度和面积综合考虑，进行优化。对于这个例子，如果要求延迟时间不超过 10 ns，为了减小面积可以减少反相器的级数，取 $N=3$，$S=12.5$，这样设计的反相器链，延迟时间为 7.56 ns，MOS 晶体管总宽度 793 μm。从这个例子看出，适当减小 N 增大 S，有利于减小面积。图 1.5-36 是针对不同 x 的情况，模拟得到的反相器链的延迟时间与级数的关系[110]。对于 $x<100$ 的情况，N 最多取 3；对于 x 在 1 000 至 1 万的情况，N 取 5 就足够了，再增大 N 对延迟时间的改善非常小，但是会导致面积急剧增加。

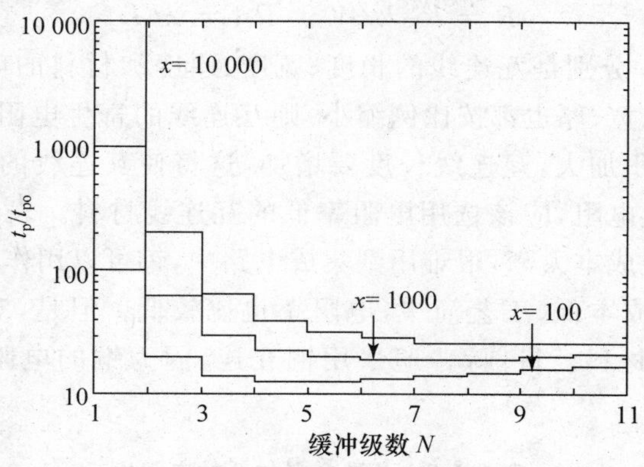

图 1.5-36　反相器链的延迟时间与级数的关系

对芯片中的时钟信号就要设计合理的驱动器。时钟驱动器不仅要考虑速度和面积要求，还必须使到达芯片各个部位的时钟信号要基本同步，尽量减小时钟信号偏移(skew)。对于同步时序系统，时钟信号要驱动分布在芯片各个部位的电路模块，负载电容非常大，时钟信号线的走线也很长，为了避免时钟信号偏移，要把总负载电容合理划分，使时钟信号线的每个分支有近似相同的负载电容，还要使时钟信号线的各个分支到达电路模块的距离近似相等，从而使时钟信号到达各个电路模块的延迟时间近似相等。为了满足这些要求，时钟驱动器常采用 H 形树状分布，如图 1.5-37 所示，(a)是 H 树时钟布线的示意图，(b)是 H 形的二叉树时钟驱动器，采用这样的时钟驱动器，可以使到达 A 点和 B 点的时钟信号基本同步。

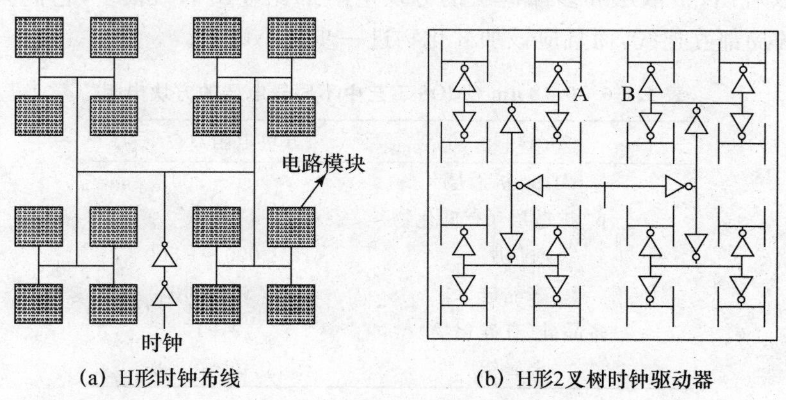

图 1.5-37　H 形树状时钟驱动电路

2. 互连线的寄生电阻

尽管集成电路中绝大部分互连线都用导电性良好的金属，但是金属的电阻率并不为 0，因此，互连线也有电阻存在。互连线的寄生电阻包括连线材料本身的电阻和接触孔的接触电阻，前面已经讨论过接触电阻，这里主要分析连线材料的电阻，它由式

$$R = R_{\square}L/W, \quad R_{\square} = \rho/T \tag{1.5-33}$$

决定，其中 L、W、T 和 ρ 分别是互连线的长度、宽度、厚度和材料的电阻率。如果随着器件尺寸缩小，互连线的长、宽、厚也都按比例缩小，则互连线的寄生电阻将按比例增加；但是随着集成度增长、芯片面积加大，互连线长度要增加，这将使互连线的寄生电阻立方倍增加。为了减小互连线的寄生电阻，应该选用电阻率低的互连线材料。表 1.5-5 列出了几种金属材料的电阻率。金和银成本太高，很难用到集成电路中，钨可以用作通孔材料。互连线一般都用金属铝，因为它的成本低、工艺简单，电阻率也比较低。但是，对于深亚微米及纳米工艺，需要更低电阻率的材料。目前，普遍采用铜互连，因为铜的电阻率比铝的电阻率约小 40%，且可靠性高。

表 1.5-5　几种金属材料的电阻率

材料	电阻率/(μΩ·cm)
银(Ag)	1.6
铜(Cu)	1.7
金(Au)	2.2
铝(Al)	2.8
钨(W)	5.3

在集成电路中有时也用其他导电层作互连，例如有的存储器中用扩散层作局部位线，有的用多晶硅作字线或局部位线。表 1.5-6 给出了 0.18 μm CMOS 工艺中不同导电层的方块电阻[110]，可以看出，扩散层和多晶硅层的方块电阻都比金属铝大很多，它们只能在特殊情况下用于短的局部互连线，而且应该加硅化物进一步减小电阻。

表 1.5-6　0.18 μm CMOS 工艺中不同导电层的方块电阻

材料	方块电阻/(Ω/□)
n^+、p^+ 扩散层	50～200
n^+、p^+ 扩散层 (有硅化物)	3～10
N 阱	1 000～1 500
多晶硅	50～400
多晶硅(有硅化物)	3～10
金属铝	0.02～0.08

由于互连线存在寄生电阻，当有电流流过时会在互连线上产生 IR 压降，造成信号损失、破坏信号的完整性。特别是随着器件尺寸缩小，工作电压在下降，使信号电压不断减小，从而使互连线上 IR 压降的影响相对加大。如图 1.5-38 所示，由于电源线和地线上有较大的电流，会产生电压降 ΔV，这个压降使得远离电源和地引入端的反相器逻辑摆幅下降，高电平从 V_{DD} 降为 V_{DD}-ΔV，低电平从 0 上升为 ΔV。如果这个低电平又返回来送入前面的动态电路，则可能使

M_1 误导通，造成输出节点 X 的高电平下降，影响电路的可靠工作，甚至造成逻辑错误。

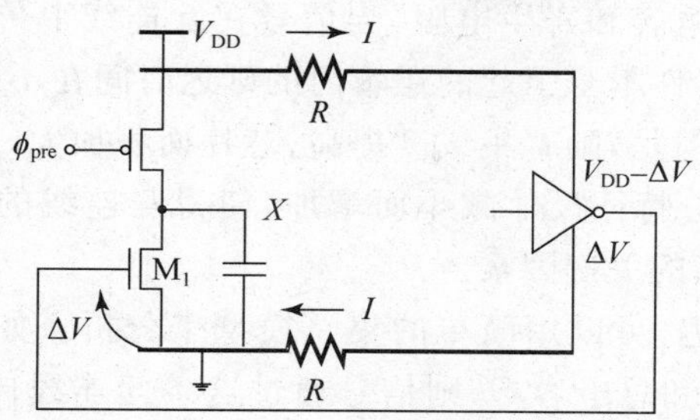

图 1.5-38 互连线 IR 压降的影响

在设计电源线时必须考虑 IR 压降的影响，因为电源总线流过的电流很大，可能高达几百毫安。为了减小电源线的 IR 压降，要根据总电流的大小选择合适的线宽。另外，还要考虑金属电迁移对电流密度的限制，对铝线一般要求单位宽度电流不能大于 1 mA/μm。例如，对于图 1.5-39(a)所示的电源线分布，若每个电路模块的最大输出电流都是 100 mA，那么 a 段的电源线宽度应取为 100 μm，b 段的电源线宽度应为 200 μm，c 段的电源线宽度应为 300 μm。但是，即使线宽在增加，引起的 IR 压降仍然非常大。如果芯片边长是 1 cm，铝线的方块电阻为 0.07 Ω/□，考虑最坏情况，所有电路模块都工作在最大电流，则可以算出在每段 5 mm 长的电源线上都有 0.35V 的电压降，这将使远离电源引入端的最下面电路模块的电源电压从外部送入的 5V 下降为 3.6V，这样大的电压损失是无法接受的。因此，对于大的芯片必须增加电源的引入端，即增加电源和地的压点，如图 1.5-39(b)所示，增加了一对电源和地的引入端，使电源总线长度减小一半。如果芯片面积更大，还需要增加更多电源和地的引入端。

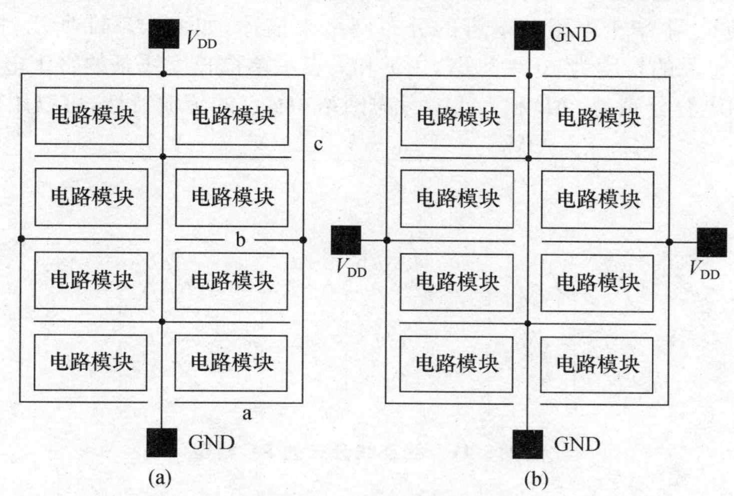

图 1.5-39 电源线的布线设计

3. 互连线的 RC 延迟

由于互连线存在寄生电容和寄生电阻，当信号在互连线上传输时会产生附加的 RC 延迟。随着器件尺寸缩小，器件本身引起的逻辑门的延迟时间在不断减小，这正是按比例缩小带来的电路性能的改善。但是，随着集成度提高、芯片面积加大，互连线的长度在增加，互连线引起的 RC 延迟反而随着特征尺寸减小而增加，使得互连线的 RC 延迟超过了门延迟时间，成为限制电路性能提高的关键因素。

对于互连线的 RC 延迟，可以用简单的集总模型来分析。如图 1.5-40 所示，如果知道了一条互连线的总电阻 R 和总电容 C，则信号通过这条互连线传输，相当于通过电阻 R 对电容 C 充放电，信号传输的瞬态响应可以通过微分方程

$$C\frac{\mathrm{d}V_{\mathrm{out}}}{\mathrm{d}t}=\frac{V_{\mathrm{in}}-V_{\mathrm{out}}}{R} \tag{1.5-32}$$

求解，考虑对电容充电的情况，即 $V_{\mathrm{in}}=V_{\mathrm{DD}}$，则得到

$$V_{\mathrm{out}}(t)=(1-\mathrm{e}^{-t/\tau})V_{\mathrm{DD}} \tag{1.5-33}$$

其中 $\tau=RC$ 是充放电的时间常数，表示输出信号变化 e 倍的时间。显然，当输出上升到 $0.5V_{\mathrm{DD}}$，则 $t=0.69\tau$；要使输出上升到 $0.9V_{\mathrm{DD}}$，则 $t=2.2\tau$。

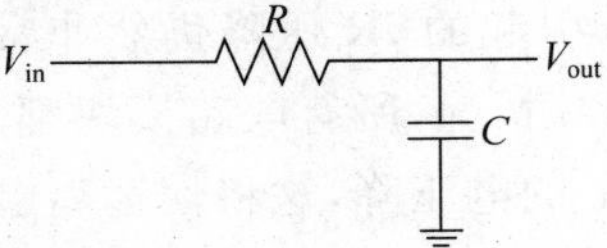

图 1.5-40　互连线的集总 RC 模型

但是，实际上互连线的寄生电阻和寄生电容不是集中在一点，而是分布在整条线的长度上，更精确地，应该用 N 个电阻和电容的分布网络来描述，如图 1.5-41 所示，把一条长度为 L 的线分成 N 段，每段的长度为 $\Delta L=L/N$，用 r 和 c 表示单位长度线条的寄生电阻和寄生电容，则每段的电阻和电容分别为 $r\Delta L$ 和 $c\Delta L$。考虑网络中 i 点的传输特性，可以用微分方程

$$c\Delta L\frac{\partial V_i}{\partial t}=\frac{(V_{i+1}-V_i)+(V_{i-1}-V_i)}{r\Delta L} \tag{1.5-34}$$

描述。

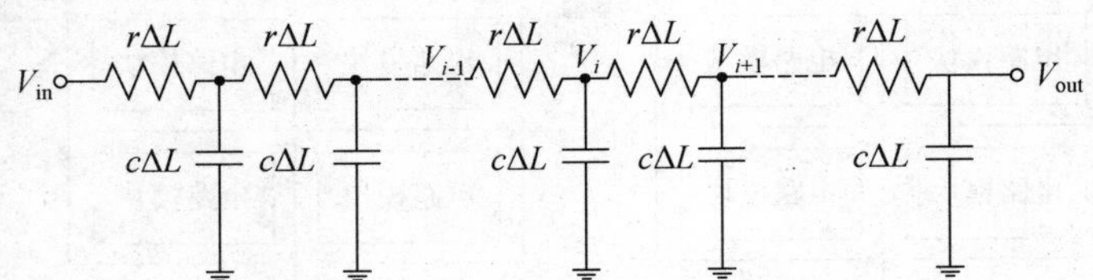

图 1.5-41　互连线分布的 RC 模型

对网络中每个节点都可以得到一个微分方程，联立求解就可以得到其瞬态特性。但是，

这样的微分方程组只能用数值求解，无法得到响应时间的解析表达式。Elmore 针对 RC 网络，给出了一个信号传输响应时间的解析表达式，即 Elmore 模型[114]。如图 1.5-42 所示的 RC 网络，如果知道了网络中每个电阻和电容，则信号从输入端传送到 i 点的时间常数可表示为

$$\tau_i = C_1R_1 + C_2(R_1 + R_2) + \cdots + C_i(R_1 + R_2 + \cdots + R_i) \tag{1.5-35}$$

Elmore 模型的普遍表达式可写为

$$\tau = \sum_{i=1}^{N} R_i \sum_{j=i}^{N} C_j = \sum_{i=1}^{N} C_i \sum_{j=1}^{i} R_j \tag{1.5-36}$$

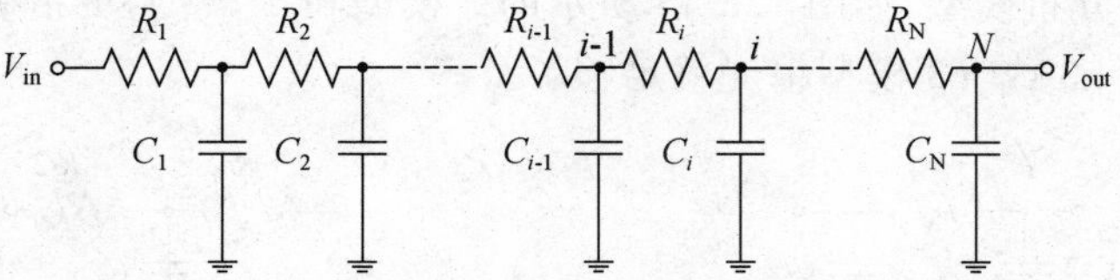

图 1.5-42　Elmore RC 网络模型

对于图 1.5-41 所示的均匀划分的互连线 RC 网络，应用 Elmore 模型得到信号传送到输出节点的时间常数为

$$\tau(V_{\text{out}}) = (\Delta L)^2(rc + 2rc + \cdots + Nrc) \tag{1.5-37}$$

当 $N \to \infty$ 时，得到

$$\tau(V_{\text{out}}) = rc(\Delta L)^2\left[\frac{N(n+1)}{2}\right] = \frac{rcL^2}{2} = \frac{RC}{2} \tag{1.5-38}$$

可以看出，按照分布的 RC 模型得到的时间常数是集总模型的一半，也就是说集总模型过高估计了互连线的 RC 延迟。表 1.5-7 比较了集总模型和分布模型得到的 RC 延迟。图 1.5-43 是用集总 RC 模型和分成 10 段的分布 RC 模型模拟得到的一条多晶硅线的信号传输延迟特性[108]。

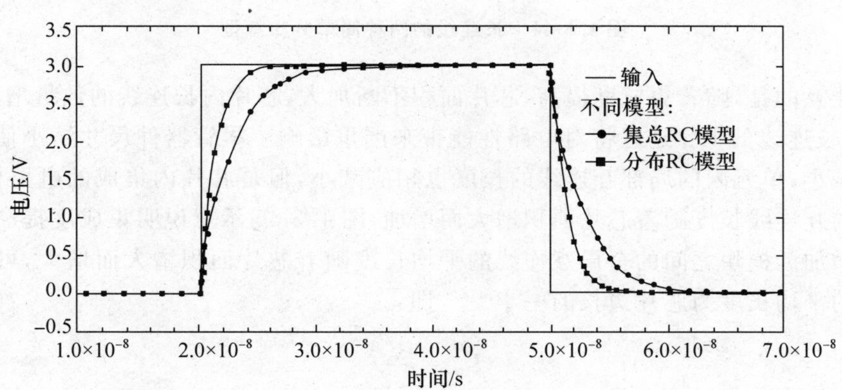

图 1.5-43　用 SPICE 模拟的多晶硅线的信号传输延迟特性

表 1.5-7　集总模型和分布模型得到的 RC 延迟

电压变化范围	集总 RC 模型	分布 RC 模型
0～50%（t_d）	0.69*RC*	0.38*RC*
0～63%（τ）	*RC*	0.5*RC*
10%～90%（t_r）	2.2*RC*	0.89*RC*

要计算一条互连线的 RC 延迟应该用分布模型，原则上分割越细越精确，即划分的段数越多越精确。但是考虑到实际计算量，又不希望划分的段数太多。在电路分析中可以采用一些简单的互连线分布模型，如图 1.5-44 所示的 π 模型和 T 模型，更精确一些可以用 π2 或 T2 模型，一般用到 π3 或 T3 模型精度就足够了。

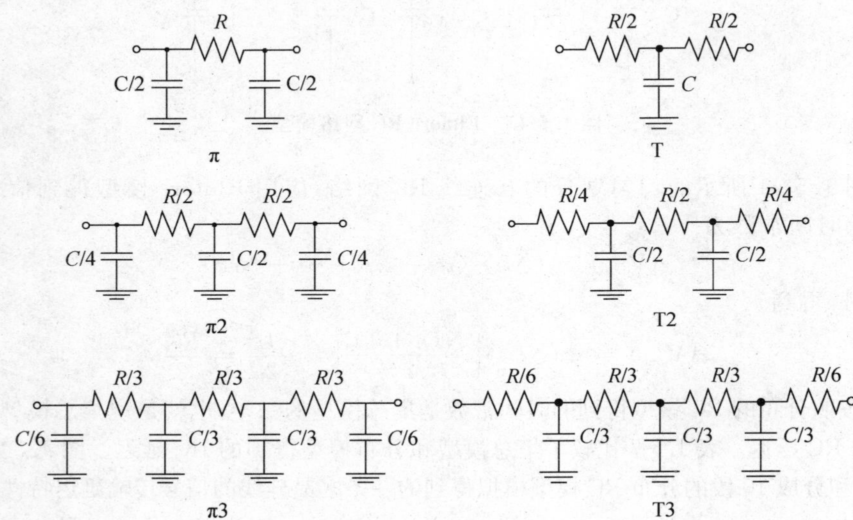

图 1.5-44　长连线的两种简单分布模型

值得注意的是，随着集成度提高，芯片面积不断加大，芯片内长连线的数量增加，长度也增加，这些长连线的 RC 延迟将对电路性能带来严重影响。尽管器件尺寸缩小使得单元电路的面积减小，单元内的局部互连线的长度也相应减小，但是芯片内集成的电路模块增多，模块之间的互连线长度随着芯片面积增大而增加，图 1.5-45 示意说明集成度提高引起芯片内长连线增加。模块之间的全局互连线的平均长度随着芯片面积增大而增大，可以近似认为长连线的平均长度为芯片边长的一半[115]，即

$$L_m = \frac{\sqrt{A}}{2}$$

其中，A 为芯片面积。根据互连线的分布 RC 模型以及前面给出的互连线寄生电容和寄生电阻的计算公式，长连线引起的信号延迟可以用式

$$t_d = 0.38RC = 0.38k_1\varepsilon_0\varepsilon_{ox}\rho\frac{L_m^2}{WT}\left(\frac{W}{H}+2\frac{T}{L_s}\right) \tag{1.5-39}$$

计算，其中，L_m 是长连线的平均长度，W、T、H 和 L_s 分别是连线的宽度、厚度、连线下绝缘层的厚度和互连线的间距，k_1 是考虑边缘效应的系数。式(1.5-39)说明，长连线的RC延迟随连线长度增加而平方率增加。如果长连线的宽度、厚度、连线下绝缘层的厚度和间距也随着特征尺寸 F 减小而减小，例如，取 $W=L_s=\mathrm{F}$，$T=0.25\mathrm{F}$，$H=0.35\mathrm{F}$，$k_1=2$，则

$$t_d \approx 2.55\varepsilon_0\varepsilon_{ox}\rho\frac{A}{F^2} \tag{1.5-40}$$

这就意味着随着特征尺寸减小、芯片面积增大，长连线引起的信号延迟将急剧增大。

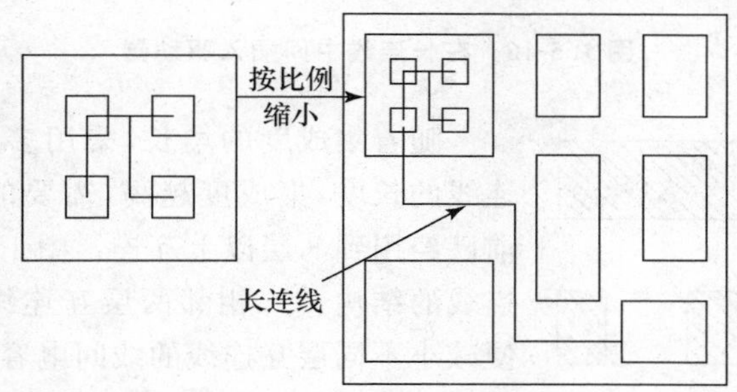

图1.5-45　芯片面积增大引起长连线增加

为了减小互连线的RC延迟，需要有优化的布线设计，尽量减少长连线的数目和连线的长度。对互连线的设计已经成为VLSI设计的一个重要方面。对于长连线要采用优化的比例变化，长连线的线宽和厚度不能按比例缩小，反而要随着长度增加而增大，这就是所谓的倒比例缩小(reverse-scale)，这样使长连线的电阻不会增大，同时为了减小寄生电容，绝缘层的厚度和线的间距也要相应增大。表1.5-8说明了随着工艺特征尺寸减小，互连线延迟时间的变化[113]，可以看出，对长连线采用倒比例变化可以极大减小其RC延迟。

表1.5-8　随着工艺特征尺寸减小互连线延迟时间的变化

技术水平	MOS晶体管开关延迟	最小尺寸的1 mm长互连线的延迟	倒比例缩小的1 mm长互连线的延迟	线宽变化的比例因子
1.0 μm (Al, SiO_2)	～20ps	～5ps	～5ps	1
0.1 μm (Al, SiO_2)	～5ps	～30ps	～5ps	～1.5
35 nm (Cu, 低k)	～2.5ps	～250ps	～5ps	～4.5

在长连线中间插入驱动器也是减小RC延迟的有效措施，如图1.5-46所示，把一条长连线分成 M 段，每段加入一个驱动器，如一个反相器，则每段连线的长度缩小为 L_m/M，把 M 段连线的延迟时间和 $M-1$ 个反相器的延迟时间($t_{d,buf}$)相加，就是长连线总的延迟时间，即

$$t_d = 0.38rcM(L_m/M)^2 + (M-1)t_{d,buf} \qquad (1.5\text{-}41)$$

其中，r 和 c 是单位长度连线的电阻和电容。显然，在 r 和 c 一定的情况下，分的段数越多，互连线本身的延迟时间越小，但是，增加的驱动器多使驱动器的延迟时间增加。因此，对 M 有一个优化的取值，即 $M=L_m\sqrt{\frac{0.38rc}{t_{d,buf}}}$，当 $L_m>M\sqrt{\frac{t_{d,buf}}{0.38rc}}$ 时，划分 M 段可以减小延迟时间。

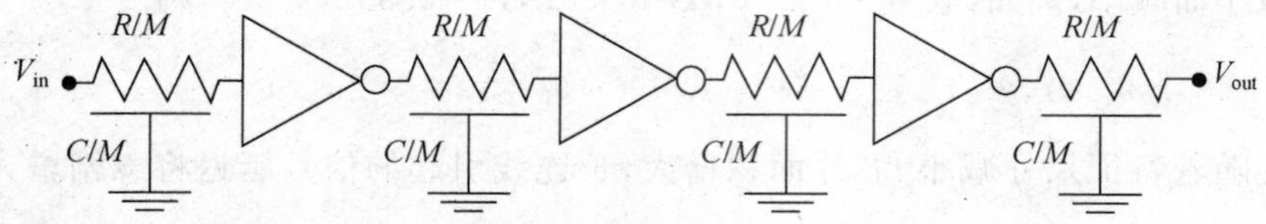

图 1.5-46　在长连线中间插入驱动器

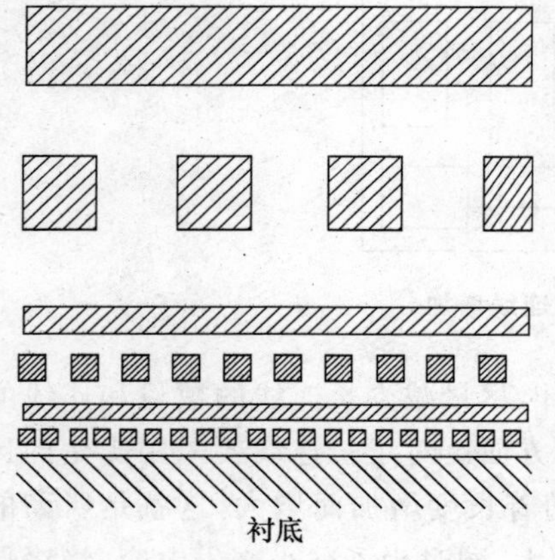

图 1.5-47　多层互连线的结构

随着集成度的增长，采用多层互连有利于减小互连线的长度，集成度越高，需要的互连线层数越多，目前已经用到 8 层以上互连。图 1.5-47 示意说明多层互连线的结构[116]，相邻两层互连线要垂直交叉排列，以便减小不同层互连线的线间电容。底层互连线的线宽、间距、厚度及介质层厚度随着特征尺寸减小而减小，因为底层互连线是用于单元电路内部，互连线的长度也按比例缩小。上层金属线用于次全局和全局互连，其长度随着芯片面积增大而增加，因此要采用倒比例变化。表 1.5-9 给出了一个 180 nm 工艺 6 层互连线的设计参数[110]，最上层金属线的厚度和宽度比第一层金属线增大约 3.5 倍。

表 1.5-9　180 nm 工艺 6 层互连线的设计参数

互连线层数	厚度 T/nm	宽度 W/nm	间距 L_s/nm	T/W
6	1 720	860	860	2.0
5	1 600	800	800	2.0
4	1 080	540	540	2.0
3	700	320	320	2.2
2	700	320	320	2.2
1	480	250	250	1.9

为了减小互连线的 RC 延迟，应该采用低电阻率的金属材料和低介电常数（低 k）的线间介质材料。进入纳米尺度的 CMOS 工艺已经用铜互连/低 k 介质代替传统的铝互连/SiO_2 介质。图 1.5-48 表明[117]，当特征尺寸缩小到 180 nm 以下，必须采用铜互连/低 k 介质，否

则互连线的 RC 延迟将远远超过门延迟。把铜互连和低 k 介质材料结合起来，可以显著减小互连线的 RC 延迟。铜比铝的电阻率低 40%左右，而且可靠性高，出现电迁移的阈值电流比铝高一个数量级以上，但是，铜很容易扩散到硅中，会影响器件性能，还会对加工设备造成污染，无法用常规的淀积和刻蚀工艺实现。镶嵌技术（或叫大马士革工艺，damascene）和化学机械抛光（chemical mechanical polishing，CMP）技术的发展使铜互连可以应用到集成电路中[118]。为了减小互连线的寄生电容，在纳米 CMOS 工艺中开发了很多低 k 线间介质材料，多孔材料是 65 nm 以下技术节点的首选材料。但是有些多孔材料强度低，杨氏模数小于 3 GPa，这使得这些低 k 材料在 CMP 工艺中很容易受到损伤。目前，一些多孔的有机聚合物材料被开发出来用于实现低 k 介质，如聚酰亚胺（BPDA-PDA）、含氟聚合物 FP（fluoropolymer）以及 MSQ（methyl silsesquioxane）和 MSZ（methyl silsesquiazane），等等。图 1.5-49 比较了铝互连/SiO_2 介质和铜互连/低 k 介质的寄生电容及 RC 延迟，采用 Cu/FP 比 Al/ SiO_2 的寄生电容减小 37%，RC 延迟减小 45%[119]。通过改变材料中的孔密度可以实现更低的介电常数，例如，MSZ 膜的 $k=2.7$，用多孔 MSZ 孔密度 10%，可以使 k 减小到 2.2，如果孔密度增加到 15%，则 k 减小到 1.8[120]。另外，Si-O 基的多孔材料也在不断发展，表 1.5-10 比较了几种 Si-O 基多孔材料的性能[121]，可以看出改变材料的成分以及改进工艺可以改变材料的性能。改变 SiOCH 的组分也可以改变材料的介电常数。表 1.5-11 给出了 3 种组分的SiOCH 膜的介电常数[122]。通过材料的优选、工艺的改进和优化，可以得到性能优良的超低 k 介质。总之，铜互连/低 k 介质已经成为 VLSI 的主流技术。

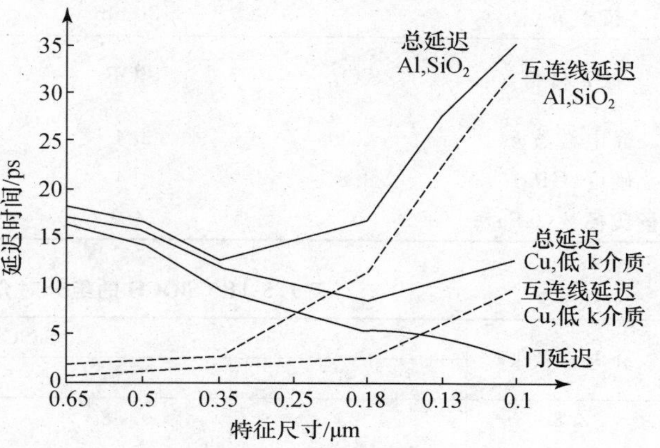

图 1.5-48 铝互连和铜互连性能比较

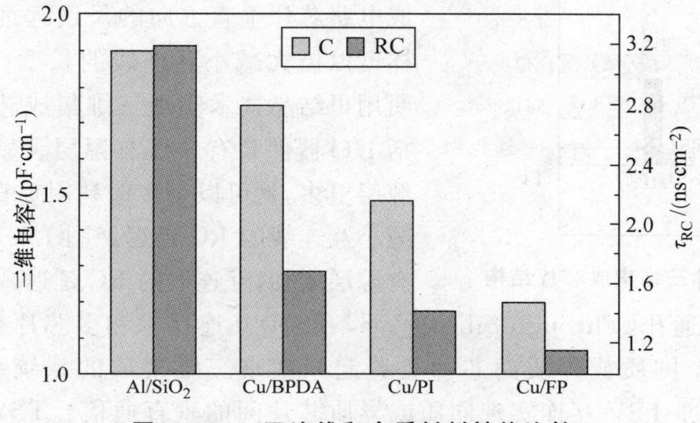

图 1.5-49 互连线和介质材料性能比较

表 1.5-10　几种 Si-O 基多孔材料的性能

技术节点		130 nm	90 nm	65 nm
低 k 材料	SiO_2	SiOF	SiOCH	SiOCH +e—beam cure
介电常数 k	4.1	3.4	2.9	2.5
硬度(GPa)	8.8	4.4	1.9	1.9
杨氏模数(GPa)	70	40	11	10

表 1.5-11　SiOCH 的组分对介电常数的影响

介电常数 k	SiOCH 的组分			
	Si	O	C	H
2.8	23	38	12	27
2.8	17	26	16	41
2.2	20	31	15	34

4. 三维集成的互连技术

采用铜互连/低 k 介质可以在一定程度减小互连线的 RC 延迟，但是当特征尺寸减小到 130 nm 以下时，互连线 RC 延迟就成为限制电路性能提高的主要因素，如图 1.5-48 所示。因此，需要开发新技术进一步提高集成密度和电路性能，三维(Three Dimensional，3D)集成是提高集成密度和性能的一个必然发展方向。三维集成可以利用多晶硅或非晶硅再结晶技术实现多个有源层的叠置，也可以用硅片键合实现多芯片的垂直叠置，从而有利于提高集成密度、减小芯片面积，有利于减少长连线的数目和长度。对于一些关键路径可以用垂直的层间互连(Vertical InterLayer InterConnects，VILIC)替代较长的平面互连，因为集成电路芯片垂直方向的尺度远远小于平面尺度，这样可以极大减小互连线的长度。图 1.5-50 示意说明用再结晶技术实现三维集成芯片的结构，这里包括 I/O 器件共有 3 层有源层。显然，如果叠置的有源层更多，就可以更多地利用垂直的层间互连，从而减小互连线的 RC 延迟。图 1.5-51说明随着叠置的有源层增加，互连线的 RC 延迟减小[113]。

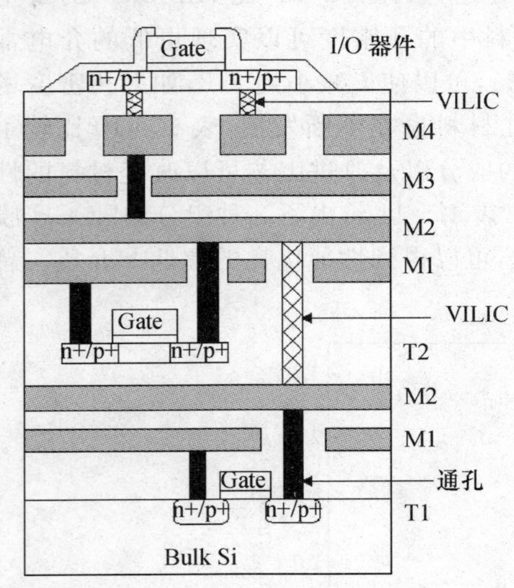

图 1.5-50　一种三维集成芯片结构

近年来基于硅通孔(Through Silicon Via，TSV)互连技术和多芯片叠置的三维集成是一个研究热点，多个同质或异质的芯片叠置起来实现三维集成的系统级封装(System In Package，SIP)，通过 TSV 互连实现同质或异质芯片间的垂直通信。TSV 三维集成技术具

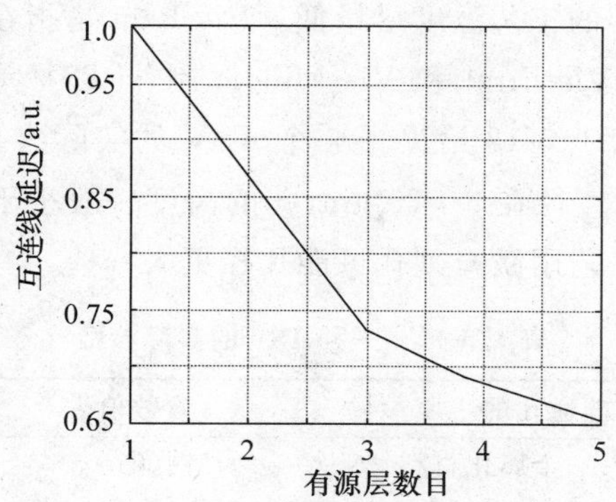

图 1.5-51　有源层增加互连线的 RC 延迟减小

有互连长度短、低延迟、高带宽、高集成密度、小体积、低功耗等技术优势，被认为是半导体业重要的发展方向之一。实现 TSV 互连需要解决几个关键工艺[123]：

（1）刻孔技术，目前主要是激光刻孔和深度反应离子刻蚀（Deep Reactive-Ion Etching，DRIE）技术。激光刻孔技术在 TSV 数量较少（2 000 个每片）的应用情况下具有成本优势。多功能异质集成的情况下，深度反应离子刻蚀技术（DRIE）是主流解决方案。

（2）深孔绝缘技术，目前主要采用等离子体增强气相沉积工艺（PECVD）、有机物气相保形填充工艺、氧化工艺等。氧化工艺能够在 TSV 侧壁形成均匀的、高质量的二氧化硅，绝缘性能好，但是工艺温度高。等离子体增强气相沉积工艺温度较低，但是在台阶覆盖、致密程度方面相对较差。

（3）电镀铜填充技术，主要是自底向上的保形填充方法。

（4）硅片减薄技术和超薄硅片临时键合/解键合技术，如果硅片或芯片的厚度保持不变，TSV 三维集成技术在高密度、低互连长度等方面的优势将会难以发挥。TSV 三维集成工艺技术与传统减薄技术要求不同，如何提高减薄速率并降低减薄过程的损伤，如何实现超薄硅片的夹持、转移是减薄技术面临的主要技术挑战。目前主要采用化学机械抛光（CMP）和 TMAH 湿法腐蚀两种减薄技术。为了便于操作需要把硅片临时键合到辅助硅片上或玻璃片上，一般采用有机材料在 200℃一定压力下实现键合。在完成硅片减薄和其他工艺加工后再采用剥离液腐蚀、加热或辐照后剥离。

在 3-D 集成的应用领域，有 3 种 TSV 加工方式[124]：Via-First、Via-Middle 和 Via-Last。Via-First 是指在集成电路工艺之前先在硅片上制作 TSV 互连，然后进行集成电路工艺。TSV 互连制作在衬底层，不会占用集成电路金属互连层的空间资源，因此，该技术 TSV 互连密度较高，但是集成电路加工过程会对已有的 TSV 造成污染或使其性能恶化。Via-Middle 是指在集成电路前部工艺完成之后，后部工艺（金属化）之前进行 TSV 互连的制造。虽然避免了对 TSV 的影响，但是制作 TSV 产生的机械应力和热膨胀可能对器件造成损伤,因此要求制作 TSV 的工艺温度尽量低。Via-Last 是指在完成集成电路全部工艺之后进行 TSV 互连的制造。Via-First 和 Via-Middle 制作 TSV 一般都用 DRIE 刻孔,但是 Via-Last 采用激光刻孔。表 1.5-12 给出了一个 TSV 的实际参数。对于 Via-First 和 Via-Middle 工艺,一般硅通孔的直径在 3—20 μm,孔的高度一般小于 100 μm,这决定于硅片可以减薄的程度。Via-Last 工艺用激光刻孔可能孔径更大一些。

表 1.5-12　一种 TSV 的实际参数

硅通孔的主要参数	参数值
金属化材料	铜(Cu)
TSV 直径	8 μm
TSV 高度	50 μm
介质层材料	二氧化硅(SiO_2)
介质层厚度	0.15 μm

芯片的三维叠置可以是正面对正面(face to face)键合,这种情况可以不用 TSV,直接把 2 个芯片相应的压点键合实现信号连接,但是只能实现 2 个芯片键合叠置。为了实现多芯片叠置,必须采用正面对背面(face to back)键合,通过 TSV 实现芯片间垂直互联,如图 1.5-52 所示[124],多个芯片可以这样层层叠置。采用铜锡微凸点焊球技术实现芯片键合,用纯铜作为焊球主体(copper micro bump 或 copper pillar),纯锡作为焊料,基于铜锡固液扩散键合工艺实现微凸点的结合。键合之后,铜锡微凸点键合区域形成稳定的 Cu_3Sn 金属化合物(Inter Metallic Compound,IMC),金属化合物 Cu_3Sn 熔点在 600℃以上,因而允许对已键合的芯片继续进行键合以实现多层芯片叠置。并且,铜锡微凸点制造工艺与 CMOS 工艺兼容。

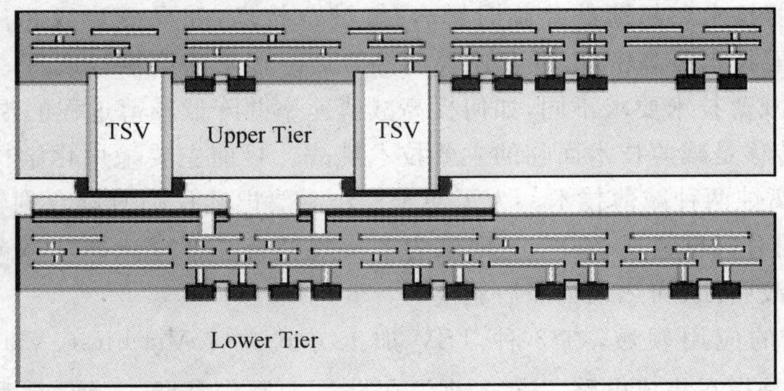

图 1.5-52　芯片正面对背面键合通过 TSV 互连实现 3-D 集成

图 1.5-53 说明了用 TSV 互连实现 3-D 集成系统中电源分布网(Power Distribution Networks, PDN)的连通[125],这是由 3 个 DRAM 芯片和一个 CPU 芯片实现的 3-D 集成系统,TSV 实现芯片间电源线和地线的连通,在 DRAM 芯片和 CPU 芯片之间加入了硅转接

板(silicon interposer)和一层BS-RDL (BackSide Re-Distribution Layer)便于水平线到垂直线的连接。

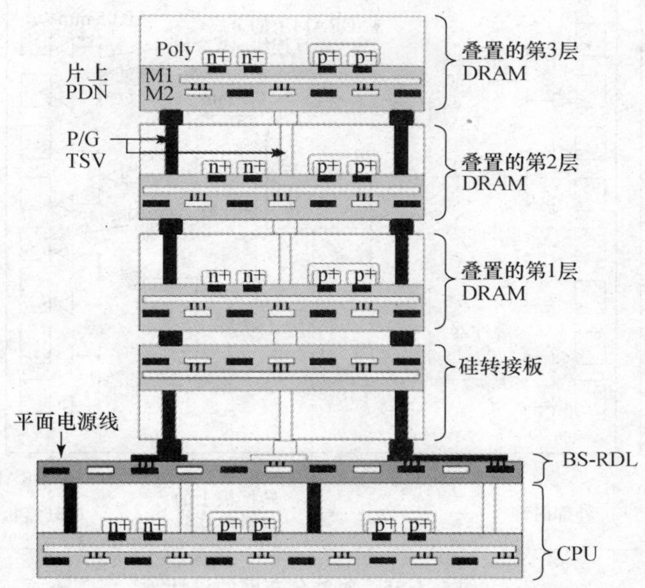

图1.5-53 用TSV互连实现3-D集成中电源分布网的连通

图1.5-54说明了用TSV互连实现3-D集成系统中时钟分布线的连接[126]，用一个CPU芯片和4个叠置的DRAM芯片实现集成的系统，CPU芯片中产生时钟信号，时钟信号通过硅转接板分成8路，再用TSV互连接到DRAM芯片中。图1.5-55进一步说明了时钟分布网的设计。

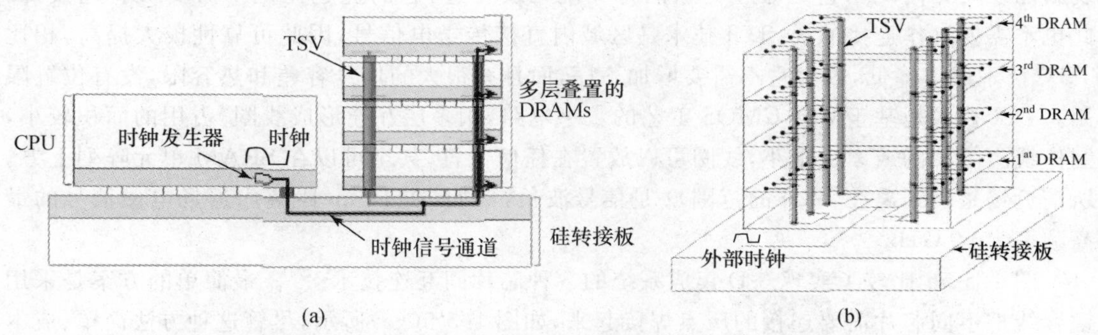

图1.5-54 用TSV互连实现3-D集成中时钟分布线的连接

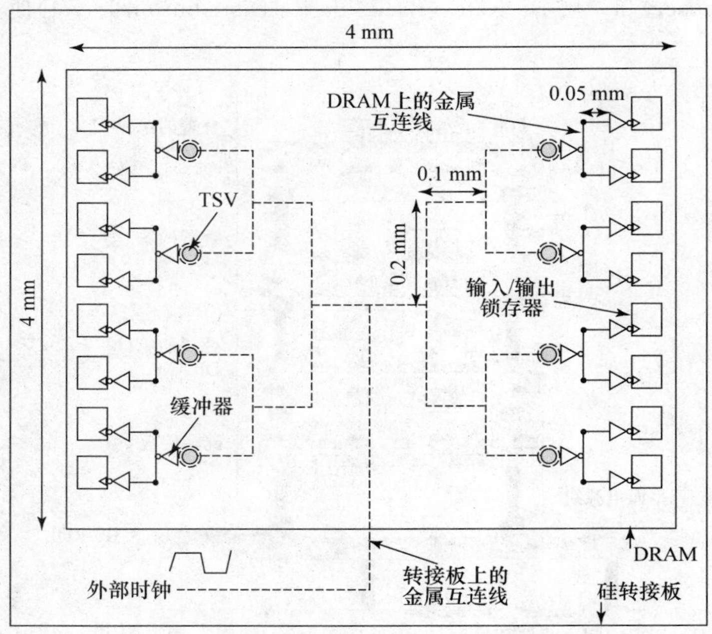

图 1.5-55　时钟分布网的设计

用 TSV 互连实现多芯片叠置的 3-D 集成技术已经趋于成熟，这种技术对提高集成密度和系统性能有很多优势，但是也存在一些问题，首先是制作 TSV 互连要增加很多工艺步骤，使成本上升；另外 TSV 失效以及 TSV 之间串扰引起的可靠性问题也有待进一步解决。

一种近场无线互连，叫做 ThruChip Interface（TCI）的互连技术有可能成为 3-D 集成系统新的发展方向[127]，它是通过电感耦合实现无线互连，它的优越性是不需要“线”连接，因此也不需要制作连接的线，TCI 技术是区域内直接传送电信号，因此可靠性极大提高，相比 TSV 技术成本降低，因为它不需要增加工序，而且有很大的信号容差和热容限，没有位置限制。TCI 技术是基于标准 CMOS 工艺的数字电路，用多层互连形成线圈，占用的面积较小，制作线圈附加的成本也很小，线圈可以放置在任何位置，甚至可以在 SRAM 单元阵列上方。所谓近场是指距离在 $\lambda/2\pi$ 的范围，λ 是信号波长，例如，在 1 mm 距离内近场电磁信号的最高频率为 50 GHz。

图 1.5-56 比较了实现 3-D 集成系统的 3 种芯片间互连技术[127]。最简单的方案是采用键合线把不同芯片需要连接的压点焊接起来，如图 1.5-56(a)所示，尽管这种方法简单、成本低，但是压点和键合线的寄生效应严重限制了工作带宽。图 1.5-56 (b)示意说明 TSV 互连的 3-D 集成，这种方法具有低延迟、高带宽、高集成密度等优点，但是成本高，可靠性问题也需要进一步解决。图 1.5-56 (c) 示意说明用 TCI 互连技术实现 3-D 集成，它的性能和 TSV 互连相当，但是成本降低，不过这种技术目前还处于研究阶段。

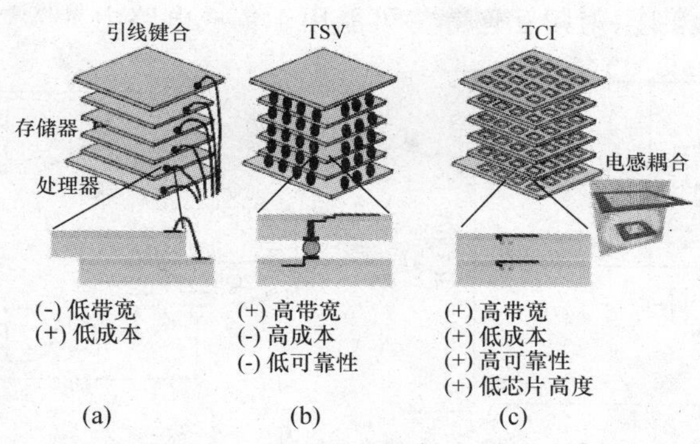

图 1.5-56　3-D 系统集成中的 3 种互连技术

图 1.5-57 是用 TCI 互连技术实现 3-D 集成系统的一个实例[128]。用一个 90 nm 工艺的 CPU 与 2 个 65 nm 工艺的 SRAM 芯片构成一个 3-D 集成的系统。CPU 芯片包括 8 个处理器核和一个电感耦合连接的控制电路(ICCP),有一个发射电路和一个接收电路以及电感。每个存储器芯片包括 1Mb SRAM 单元,同样包括一个电感耦合连接的控制电路、一个发射电路和一个接收电路以及电感。为了实现尽可能短距离的垂直连接,每个芯片都减薄到 50 μm,CPU 芯片正面朝下放置在封装底板,2 个 SRAM 芯片正面向上放置。他们之间通过粘合剂粘合。2 个 SRAM 芯片的电源/地线用最便宜的键合线接到封装底板,处理器和 2 个 SRAM 芯片通过 TCI 实现数据和时钟信号连接,信号分 2 路传输,一路从处理器向上传输到 2 个 SRAM 芯片,另一路从 2 个 SRAM 芯片向下传输到处理器。对于多芯片的 3-D 集成,存在信号干扰问题,例如,当处理器向 SRAM0 芯片发射信号时,SRAM1 芯片的电感也会产生耦合电流,不仅对没选中的 SRAM1 芯片产生干扰,也会削弱 SRAM0 芯片的接收信号。为了解决无用的电感引起干扰问题,在 SRAM 芯片的发射电路和接收电路中增加了使能信号,当不需要这个 SRAM 芯片接收或发射信号时断开电感连接,使能信号由控制电路 ICCP 产生。图 1.5-58给出了 SRAM 芯片的发射电路和接收电路,它们是基于标准 CMOS 工艺完成的[128]。实验结果表明这个 3-D 集成系统的带宽达到 19.2 Gbps(600 MHz),能耗达到 1 pJ/b,电感的尺寸是 240 μm,整个版图总面积是2.82 mm^2[128]。

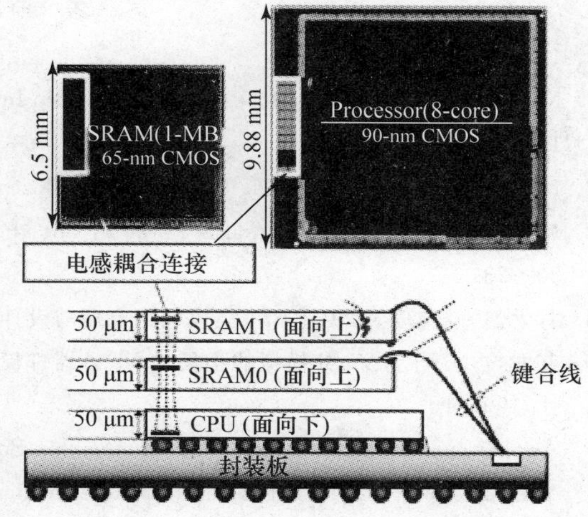

图 1.5-57　用 TCI 互连技术实现 3-D 集成系统

用金属线实现互连最终会受到电磁波传播速度的限制,因此,未来集成电路会在互连技术上有较大的变革，光互连、射频互连等将可能用于集成电路中。

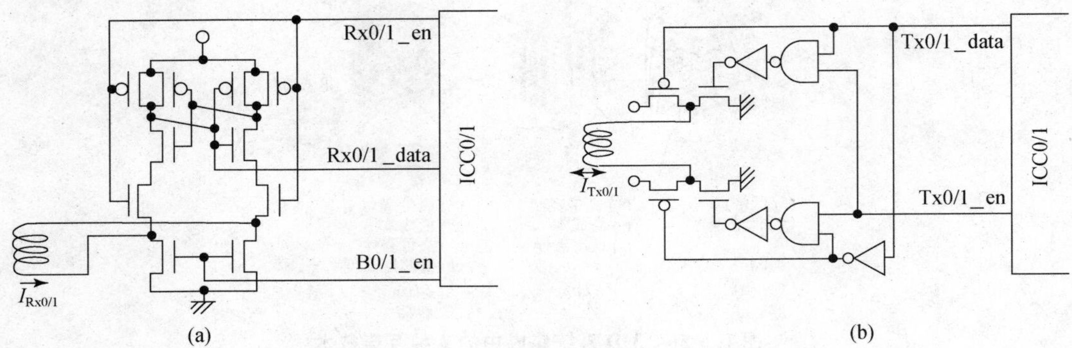

图 1.5-58 SRAM 芯片中的发射电路和接收电路

参 考 文 献

1. Moore G E. Cramming More Components onto Integrated Circuits. Electonics，1965，Apr. 19，38(8)：114—117.
2. Moore G E. Progress in Digital Integrated Electronics. IEEE IEDM，1975：11—13.
3. Moore G. E. No Exponential is Forever：but 'Forever' Can Be Delayed. IEEE ISSCC，2003，1 (1)：20—23.
4. 甘学温，赵宝瑛，陈中建，等. 集成电路原理与设计. 北京：北京大学出版社，2006 年.
5. 艾罗拉 N. 用于 VLSI 模拟的小尺寸 MOS 器件模型，理论与实践. 张兴，李映雪，等译. 北京：科学出版社，1999 年.
6. Annaratone M. Digital CMOS Circuit Design. Boston：Kluwer Academic Publishers，1986.
7. Yang P，Epler B D，Chatterjee P K. An Investigation of the Charge Conservation Problem for MOS 晶体管 Circuit Simulation. EEE J Solid-State Circuits，1983，SC-18(1)：128—138.
8. 甘学温，贾嵩，王源，等. 大规模集成电路原理与设计. 北京：机械工业出版社，2010 年.
9. Dennard R H，Gaensslen F H，Yu Hwa-Nien. Design of Ion-implanted MOSFET's with Very Small Physical Dimensions. IEEE J Solid-State Circuits，1974，SC-9(5)：256—268.
10. Baccarani G.，Wordeman M R，Dennard R H. Generalized Scaling Theory and Its Application to a 1/4 Micrometer MOSFET Design. IEEE Trans Electron Devices，1984，ED-31(4)：452—462.
11. Davari B，Dennard R H，Shahidi G G.. CMOS Scaling for High Performance and Low Power—The Next Ten Years. Proceedings of the IEEE，1995，83(4)：595—606.
12. Wong H-S P，Frank D J，Solomon P M，et al. Nanoscale CMOS. Proceedings of the IEEE，1999，87 (4)：537—570.
13. ITRS 2011，http://www.itrs.net/Links/2011ITRS/Home2011.htm.

14. Moazzami R, Lee J C, Hu C. Temperature Acceleration of Time-Dependent Dielectric Breakdown. IEEE Trans. on ELECTRON DEVICES, 1989, 36(11): 2462—2465.

15. Hu C. Gate Oxide Scaling Limits and Projection. IEDM, 1996, 319—322.

16. Depas M, Vermeire P W, Van Meirhaeghe R L, et al. Determination of Tunneling Parameters in Ultra-Thin Oxide Layer Poly-Si/SiO2/Si Structures. Solid-State Electronics, 1995, 38(8): 1465—1471.

17. Rana F, Tiwari S, Buchanan D. Self-consistent Modeling of Accumulation Layers and Tunneling Currents through Very Thin Oxides. Appl. Phys. Lett., 1996, 69(8): 1104.

18. Lo S-H, Buchanan D A, Taur Y, et al. Quantum-Mechanical Modeling of Electron Tunneling Current from the Inversion Layer of Ultra-Thin-Oxide MOSFET's. IEEE Electron Device Lett., 1997, 18(5): 209.

19. Koh M, Mizubayashi W, Iwamoto K, et al. Limit of gate oxide thickness scaling in MOSFETs due to apparent treshold voltage fluctuation induced by tunnel leakage current. IEEE Trans Electron Devices, 2001;48(2):259—64.

20. Momose H S, Ono M, Yoshitomi T, et al. 1.5 nm direct-tunneling gate oxide Si MOSFET's. IEEE Trans Electron Devices, 1996, 43(8): 1233—1242.

21. Koh M, Iwamoto K, Mizubayashi W, et al. Threshold Voltage Fluctuation Induced by Direct Tunnel Leakage Current through 1.2—2.8nm Thick Gate Oxides for Scaled MOSFETs. IEDM 1998, 919—922.

22. Lo S-H, et al. Modeling and characterization of n^+-and p^+-polysilicon-gated ultra thin oxides (21—26?). VLSI Symp Technol., 1997, 149—150.

23. Claudio Fiegna, Antonio Abramo. Analysis of Quantum Effects in Nonuniformly Doped MOS Structures. IEEE Trans. on Electron Devices, 1998, 43(4): 877—880.

24. 叶良修.半导体物理(上册).北京:高等教育出版社,1983年.

25. Krisch K S, Bude J D, Manchanda L. Gate Capacitance Attenuation in MOS Devices with Thin Gate Dielectrics. IEEE Electron Device Letters, 1996, 17(11):521—524.

26. Shojiro Asai, Yasuo Wada. Technology Challenges for Integration Near and Below 0.1μm. Proceedings of The IEEE, 1997, 85(4): 505.

27. Schuegraf K E, Park I D, Hu C. Reliability of Thin SiO2 at Direct-Tunneling Voltages. IEDM 1994, 609.

28. Wilk G D, Wallace R M, Anthony J M. High-K Gate Dielectrics: Current Status and Materials Properties Considerations. J. Appl. Phys., 2001, 89(10): 5234.

29. Doris Schmitt-Landsiedel, Gerhard Dorda. Novel Hot-Electron Effects in the Channel of MOSFET's Observed by Capacitance. IEEE Trans. on Electron Devices, 1985, ED-32(7): 1294.

30. W. Shockley. Problems related to p-n junctions in silicon. Solid-state Electron, 1961, vol. 2: 35—67.

31. Verwey J. F., Kramer R. P., de Maagt B. J. Mean free path of hot electrons at the surface of boron-doped silico. Journal of Appl. Phys., 1975, vol. 46: 2612—2619.

32. Ning T H, Osburn C M, Yu H N. Emission probability of hot electrons from silicon into silicon diox-

ide. Journal of Appl. Phys. , 1977, vol. 48: 286—293.

33. Tam S. , Ko P. -K. , Hu C. Lucky-Electron Model of Channel Hot-Electron. IEEE Trans. on ELECTRON DEVICES, 1984, ED-31(9): 1116—1125.

34. Taur Yuan, Ning T H. Fundamentals of Modern VLSI Devices. Cambridge University Press, 1998, Reprinted 2002, 98.

35. Hu Chenming. Hot-Electron Effects in MOSFET's. IEDM, 1983, 176—183.

36. Hu C, Tam S C, Hsu Fu-Chieh, et al. Hot-Electron-Induced MOSFET Degradation-Model, Monitor, and Improvement. IEEE Trans. on ELECTRON DEVICES, 1985, ED-32(2): 375—385.

37. Zhang Gang, Yang Cheng, Li Hua-Min, et al. Direct Observation of Channel Hot-Electron Energy in Short-Channel Metal-Oxide-Semiconductor Field-Effect Transistors. ICSICT, 2010.

38. Takeda EiJi, Kume hitoshi, Toyabe Toru, et al. Submicrometer MOSFET Structure for Minimizing Hot-Carrier Generation. IEEE Trans. on ELECTRON DEVICES, 1982, ED-29(4): 611—618.

39. Chung J E, Jeng Min-Chie, Moon J E, et al. Low-Voltage Hot-Electron Currents and Degradation in Deep-Submicrometer MOSFET's. IEEE Trans. on Electron Devices, 1990, 37(7): 1650—1657.

40. Ogura Seiki, Tsang P J, Walker W W, et al. Design and Characteristics of the Lightly doped Drain-Source (LDD) Insulated Gate Field-Effect Transistor. IEEE Trans. on Electron Devices, 1980, ED-27 (8): 1359—1367.

41. Duncan Amanda, Ravaioli Umberto, Jakumeit J¨urgen. Full-Band Monte Carlo Investigation of Hot Carrier Trends in the Scaling of Metal-Oxide-Semiconductor Field-Effect Transistors. IEEE Trans. on ELECTRON DEVICES, 1998, 45(4): 867—876.

42. Stathis J. H. , Zafar S. The Negative Bias Temperature Instability in MOS Devices: A Review. Microelectronics Reliability, 2006, 46: 270—286.

43. Ogawa S, Shimaya M, Shiono N. Impact of negative-bias temperature instability on the lifetime of single-gate CMOS structures with ultrathin(4—6 nm) gate oxides. J Appl Phys 1996, 35:1484—1490.

44. Sinha A K and Smith T E. Kinetics of the slow-trapping instability at the Si/SiO2 interface. J Electrochem Soc, 1978, 125:743—746.

45. Rauch S E. The statistics of NBTI-induced V_T and β mismatch shifts in pMOSFETs. IEEE Trans Device Materials Reliability, 2002, 2(4): 89—93.

46. Fowler A B, Ando T, Stern F. Electronic Properties of two-Dimensional Systems. Rev. Mod. Phys. , 1982, 54: 437.

47. Takagi S. , Akira T. , Masao I. , et al. On the Universality of Inversion Layer Mobility in Si MOSFET's: Part I—Effects of Substrate Impurity Concentration. IEEE Trans. on Electron Devices, 1994, 41(12): 2357.

48. Villa Stefano, Lacaita A L, Perron L M, et al. A physically-Based Model of the Effective Mobility in Heavy-Doped n-MOSFET's. IEEE Trans. on Electron Devices, 1998, 45(1): 110—115.

49. Goodnick S M, Ferry D K, Wilmsen C W, et al. Surface Roughness at the Si (100)-SiO_2 Interface.

Phys. Rev. B，1985，32：8171.

50. Takagi S，Iwase M，Toriumi A. On the Universality of Inversion-Layer Mobility in N-and P-Channel MOS 晶体管's. IEDM，Tech. Dig.，1988，398—401.

51. Taur Yuan，Buchanan D A，Chen Wei，et al. CMOS Scaling into Nanometer Regime. Proceedings of the IEEE，1997，85(4)：486—504.

52. Thornber K K. Relation of Drift Velocity to Low-Field Mobility and High-Field saturation Velocity. J. Appl. Phys.，1980，51(4)：2127—2136.

53. Sodini C G，Ko P K，Moll J L. The Effect of High Fields on MOS Device and Circuit Performance. IEEE Trans. Electron Devices，1984，ED-31(12)：1386—1396.

54. Taur Y，Hsu C H，Wu B，et al. saturation Transconductance of Deep-Submicron-Channel MOSFET's. Solid-State Electronics，1993，36：1085.

55. Yamaguchi Ken. A Mobility Model for Carriers in the MOS Inversion Layer. IEEE Trans. on Electron Devices，1983，ED-30(6)：658—663.

56. Fang F F，Fowler A B. Hot Electron Effects and saturation Velocities in Silicon Inversion Layer. J. Appl. Phys.，1970，41(4)：1825—1831.

57. Takagi Shin-ichi，Toriumi Akira. New Experimental Findings on Hot Carrier Transport under Velocity saturation Regime in Si MOSFET's. IEDM，Tech. Dig.，1992，711—714.

58. Müller W，Eisele I. Velocity saturation in short channel field effect transistors Original Research Article. Solid State Communications，1980，34(6)：447—449.

59. Modelli A，Manzini S. High-field drift velocity of electrons in silicon inversion layers Original Research Article. Solid-State Electronics，1988，31(1)：99—104.

60. Cooper J A，Nelson D F. High-Field Drift Velocity of Electrons at the Si-8i02 Interface as Determined by a Time-Of-Flight Technique. J. Appl. Phys.，1983，54(3)：1445—1456.

61. Barnes J J，Shimohigashi Katsuhiro，and Dutton R W. Short-Channel MOSFET'S in the Punchthrough Current Mode. IEEE J. of Solid-State Circuits，1979，SC-14(2)：368—374.

62. Streetman B G，Banerjee S K. Solid State Electronic Devices（固态电子器件，英文版，第 6 版）. 北京：人民邮电出版社，2007 年.

63. Troutman R R. VLSI Limitations from Drain-induced Barrier Lowering. IEEE J. of Solid-State Circuits，1979，SC-14(2)：383—391.

64. Chamberlain S G，Ramanan S. Drain-Induced Barrier-Lowering Analysis in VSLI MOSFET Devices Using Two-Dimensional Numerical Simulations. IEEE Trans. on Electron Devices，1986，ED-33(11)：1745—1753.

65. Zhu Jun，Martin R A，Chen J Y. Punchthrough Current for Submicrometer MOSFET's in CMOS VLSI. IEEE Trans. on Electron Devices，1988，35(2)：145—151.

66. Cham K M 著，吉利久、甘学温、赵宝瑛，等译. VLSI 器件的计算机辅助设计及其应用. 北京：电子工业出版社，1989，69.

67. Fu Kuan-Yu, Tsang Yuk L. On the Punchthrough Phenomenon in Submicron MOS Transistors. IEEE Trans. on Electron Devices, 1997, 44(5): 847—855.

68. Hussin M R M, Saari S A M, Rahim A I A, et al. Blanket and Pocket Anti Punchthrough Device Design Approaches in 0.35-μm CMOS Technology Development. ICSE2000 Proceedings, Beijing: 2000, Nov., 39—41.

69. Choi Yang-Kyu, Asano Kazuya, Lindert Nick, et al. Ultra-thin Body SO1 MOSFET for Deep-subtenth Micron Era. IEEE IEDM, Tech. Dig., 1999, 919—921.

70. Henson W K, Yang N, Kubicek S, et al. Analysis of Leakage Currents and Impact on Off-State Power Consumption for CMOS Technology in the 100-nm Regime. IEEE Trans. on Electron Devices, 2000, 47(7): 1393—1400.

71. Toyabe T, Yamaguchi K, Asai S, et al. A Numerical Model of Avalanche Breakdown MOSFET's. IEEE Trans. on Electron Devices, 1978, ED-25(7): 825—832.

72. Toyabe T, Asai S. Analytical Models of Threshold Voltage and Breakdown Voltage of Short-Channel MOSFET's Derived from Two-Dimensional Analysis. IEEE J. of Solid-State Circuits, 1979, SC-14 (4): 375—383.

73. Hsu Fu-Chieh, Ko Ping-keung, Tam Simon, et al. An Analytical Breakdown Model for Short-Channel MOSFET's. IEEE Trans. on Electron Devices, 1982, ED-29(11): 1735—1740.

74. Hoeneisen B, Mead C A. Fundamental Limitations in Microelectronics—1, MOS Technology. Solid-State Electron. 1972, vol. 15: 819.

75. Mizuno T, Okamura Jun-ichi, Toriumi A. Experimental Study of Threshold Voltage Fluctuation Due to Statistical Variation of Channel Dopant Number in MOSFET's. IEEE Trans. on Electron Devices, 1994, 41(11): 2216—2221.

76. Stolk P A, Widdershovent F P, Klaassen D B M. Modeling Statistical Dopant Fluctuations in MOS Transistors. IEEE Trans. on Electron Devices, 1998, 45(9): 1960—1971.

77. Nishinohara Kazumi, Shigyo Naoyuki, Wada Tetsunori. Effect of Microscopic Fluctuations in Dopant Distributions on MOSFET Threshold Voltage. IEEE Trans. on Electron Devices, 1992, 39(3): 634—639.

78. Asenov Asen. Random Dopant Induced Threshold Voltage Lowering and Fluctuations in Sub-0.1 μm MOSFET's: A 3-D "Atomistic" Simulation Study. IEEE Trans. on Electron Devices, 1998, 45(12): 2505—2513.

79. Asenov Asen, Saini Subhash. Suppression of Random Dopant-Induced Threshold Voltage Fluctuations in Sub-0.1-μm MOSFET's with Epitaxial and δ-Doped Channel. IEEE Trans. on Electron Devices, 1999, 46(8): 1718—1724.

80. Ezaki Tatsuya, Ikezawa Takeo, Hane Masami. Investigation of Realistic Dopant Fluctuation Induced Device Characteristics Variation for Sub-100nm CMOS by Using Atomistic 3D Process/Device Simulator. IEDM, 2002, 311—314.

81. Li Yiming, Hwang Chih-Hong, Li Tien-Yeh. Random-Dopant-Induced Variability in Nano-CMOS Devices and Digital Circuits. IEEE Trans. on Electron Devices, 2009, 56(8): 1588—1597.

82. Taur Y, Buchanan D A, Chen W, et al. CMOS Scaling into Nanometer Regime. Proceedings of the IEEE, 1997, 85(4): 486—504.

83. Xiong Shiying, Bokor Jeffrey, Xiang Qi, et al. Is Gate Line Edge Roughness a First-Order Issue in Affecting the Performance of Deep Sub-Micro Bulk MOSFET Device. IEEE Trans. on SEMICONDUCTOR MANUFACTURING, 2004, 17(3): 357—361.

84. Asenov Asen, Kaya Savas, Brown A R. Intrinsic Parameter Fluctuations in Decananometer MOSFETs Introduced by Gate Line Edge Roughness. IEEE Trans. on Electron Devices, 2003, 50(5): 1254—1260.

85. Xiong Shiying, Bokor Jeffrey. Study of Gate Line Edge Roughness Effects in 50 nm Bulk MOSFET Devices. Proceedings of SPIE, 2002, 4689: 733—741.

86. Kim Seong-Dong, Wada Hideyuki, Woo Jason C. S. TCAD-Based Statistical Analysis and Modeling of Gate Line-Edge Roughness Effect on Nanoscale MOS Transistor Performance and Scaling. IEEE Trans. On Semiconductor Manufacturing, 2004, 17(2): 192—200.

87. Croon J A, Storms G, Winkelmeier S, et al. Line Edge Roughness: Characterization, Modeling and Impact on Device Behavior. IEEE IEDM, 2002, 307—310.

88. Oldiges Phil, Lin Qinghuang, Petrillot Karen, et al. Modeling Line Edge Roughness Effects in sub 100 Nanometer Gate Length Devices. Proc. SISPAD, 2000, 131—134.

89. Reid Dave, Millar Campbell, Roy Scott, et al. Understanding LER-Induced MOSFET V_T Variability—Part 1: Three-Dimensional Simulation of Large Statistical Samples. IEEE Trans. on Electron Devices, 2010, 57(11): 2801—2807.

90. Matsuo I, Mizushima K, Okano H, et al. Sidewall transfer process and selective gate sidewall spacer formation technology for sub-15 nm FinFET with elevated source/drain extension. IEDM Tech. Dig., 2005, 8633—866.

91. Sun Xin, Liu Tsu-Jae King. Spacer Gate Lithography for Reduced Variability Due to Line Edge Roughness. IEEE TRANS. ON SEMICONDUCTOR MANUFACTURING, 2010, 23(2): 311—315.

92. Roy Gareth, Brown A. R, et al. Simulation Study of Individual and Combined Sources of Intrinsic Parameter Fluctuations in Conventional Nano-MOSFETs. IEEE Trans. on Electron Devices, 2006, 53(12): 3063—3069.

93. Cheng Hui-Wen, Han Ming-Hung, Li Yiming, et al. Electrical Characteristic Fluctuation and Suppression in Emerging CMOS Device and Circuit. Silicon Nanoelectronics Workshop(SNW), 2010, 1—2.

94. Yu Chia-Hui, Han Ming-Hung, Cheng Hui-Wen, et al. Statistical Simulation of Metal-Gate Workfunction Fluctuation in High-k/Metal-Gate Devices. SISPAD, 2010, 153—156.

95. NG Kwok K, Lynch William T. Analysis of the Gate-Voltage-Dependent Series Resistance of MOSFET's. IEEE Trans. on Electron Devices, 1986, ED-33(7): 965—972.

96. NG Kwok K, Lynch William T. The Impact of Intrinsic Series Resistance on MOSFET Scaling. IEEE Trans. on Electron Devices, 1987, ED-34(3): 503—511.

97. Kim Seong-Dong, Narasimha Shreesh, Rim Ken. An Integrated Methodology for Accurate Extraction of S/D Series Resistance Components in Nanoscale MOSFETs. IEDM, 2005.

98. Thompson S, Packan P, Ghani T, et al. Source/Drain Extension Scaling for 0. 1μm and Below Channel Length MOSFETs. IEEE Symposium on VLSI Technology, 1998, 132—133.

99. Ghani T, Mistry K, Packan P, et al. Scaling Challenges and Device Design Requirements for High Performance Sub-50nm Gate Length Planar CMOS Transistors. IEEE Symposium on VLSI Technology, 2000, 174—175.

100. Kim Seong-Dong, Jain Sameer, Rhee Hwasung, et al. Modeling Gate-Pitch Scaling Impact on Stress-Induced Mobility and External Resistance for 20nm-node MOSFETs. SISPAD 2010, 79—82.

101. Wong Hoong-Shing, Koh Alvin Tian-Yi, Chin Hock-Chun, et al. Source and Drain Series Resistance Reduction for N-Channel Transistors Using Solid Antimony (Sb) Segregation (SSbS) During Silicidation. IEEE Electron Device Letters, 2008, 29(7): 756—758.

102. Oldiges Phil, Murthy Cheruw, Wang Xinlin, et al. On the Optimal Shape and Location of Silicided Source and Drain Contacts. SISPAD, 2002, 39—42.

103. Uejima K, Yako K, Ikarashi N, et al. Pushing Planar Bulk CMOSFET Scaling to its Limit by Ultimately Shallow Diffusion-Less Junction. IEDM, 2007, 151—154.

104. Choi Yang-Kyu, Asano Kazuya, Lindert Nick, et al. Ultra-thin Body SO1 MOSFET for Deep-subtenth Micron Era. IEDM, 1999, 919—921.

105. Choi Yang-Kyu, Asano Kazuya, Lindert Nick, et al. Ultra-thin Body SO1 MOSFET for Deep-subtenth Micron Era. IEEE Electron Devices Letters, 2000, 21(5): 254—255.

106. Wei Lan, et al. Parasitic Capacitances: Analytical Model and Impact on Circuit-Level Performance. IEEE Trans. on Electron Devices, 2011, 58(5): 1361—1370.

107. Thompson S E, Parthasarathy S. Moore's law: the future of Si microelectronics. Materials Today, 2006, 9(6): 20—25.

108. Kang Sung-Mo, Leblebigi Yusuf. CMOS Digital Integrated Circuit Analysis and Design. (Second Edition), Boston: McGraw-Hill, 1999.

109. Schaper L, Amey D. Improved Electrical Performance Required for Future MOS Packaging. IEEE Trans. Components, Hybrids and Manufacturing Technology, 1983, CHMT-6: 282—28.

110. Rabaey J M, Chandrakasan A, Nikolic B. Digital Integrated Circuits A Design Perspective. Second Edition, New Jersey: Prentice Hall, 2003.

111. 尼尔 H. E. 威斯特,大卫·哈里斯著. CMOS大规模集成电路设计(英文版,第3版). 北京: 机械工业出版社, 2005年.

112. Veendrick Harry. Deep-Submicron CMOS ICs, from Basics to ASICs. (Second Edition), Boston: Kluwer Academic Publishers, 2000.

113. Davis J A, Venkatesan R, Kaloyeros A, et al. Interconnect Limits on Gigascale Integration (GSI) in the 21st Century. Proceedings of the IEEE, 2001, 89(3): 305—324.
114. Elmore E. The Transient Response of Damped Linear Networks with Particular Regard to Wideband Amplifiers. J. Applied Physics, 1948. Jan.: 55—63.
115. Saraswat K C, Mohammadi F. Effect of Scaling of Interconnections on the Time Delay of VLSl Circuits. IEEE Trans. on Electron Devices, 1982, ED-29(4): 645—650.
116. Sai-Halasz G A. Performance trends in High-End Processors. Proceedings of the IEEE, 1995, 83(1): 20—36.
117. Lev Lavi, Chao Ping. 纳米 IC 的连线设计. 世界产品与技术, 2003, 2003 年第 2 期: 41—44.
118. Tantalum P Singer. Copper and Damascene: The Future of Interconnects. Semiconductor International, 1998, 21(6): 90—92.
119. Paraszczak J, Edelstein D, Cohen S, et al. High performance dielectrics and processes for ULSI interconnection technologies. IEDM, 1993, 261—264.
120. Takamaro Kikkawa. Current and Future Low-k Dielectrics for Cu Interconnects. IEDM, 2000, 253—256.
121. Miyajima H, Watanabe K, Fujita K, et al. Challenge of low-k materials for 130, 90, 65 nm node interconnect technology and beyond. IEDM, 2004, 329—332.
122. Cheng Chuan-cheng, Hsia Wei-jen, Pallinti Jayanthi. Process Integration of Cu Metallization and Ultra Low k (k=2.2). Interconnect Technology Conference, 2002, 256—258.
123. 马盛林. TSV 三维集成关键工艺技术研究. 博士学位论文, 北京大学, 2012.
124. Hsieh Ang-Chih, Hwang TingTing. TSV Redundancy: Architecture and Design Issues in 3-D IC. IEEE Trans on Very Large Scale Integration (VLSI) Systems, 2012, 20(4): 711—722.
125. Kim Kiyeong, Lee Woojin, Kim Jaemin, et al. Analysis of Power Distribution Network in TSV-based 3D-IC. IEEE 19th EPEPS, 2010, 177—180.
126. Kim Dayoung, Kim Joohee, Cho Jonghyun, et al. Distributed Multi TSV 3D Clock Distribution Network in TSV-based 3D IC. IEEE 20th conference on EPEPS, 2011, 87—90.
127. Kuroda Tadahiro. Near-Field Wireless Connection for 3D-System Integration. IEEE Symposium on VLSI Circuits, 2012.
128. Saen M, Osada K, Okuma Y, et al. 3-D System Integration of Processor and Multi-Stacked SRAMs Using Inductive-Coupling Link. IEEE J. Solid-State Circuits, 2010, 45(4): 856—862.

第二章　VLSI 存储器

存储器是电子设备中广泛应用的部件，特别是在计算机中作为存放数据和程序的逻辑部件，是系统中不可缺少的部分。如何设计容量大、速度快、成本低的存储器，一直是半导体制造业者追求的目标。本章将对各种类型 VLSI 存储器的单元结构、工作原理、阵列结构以及外围电路进行介绍。

2.1　VLSI 存储器概述

2.1.1　存储器的分类

MOS 存储器的种类很多。按照寻址方式分类，可以分为随机存取存储器(Random Access Memory，RAM)、顺序存取存储器(Sequential Access Memory，SAM)和按内容存取存储器(Content Addressable Memory，CAM)三种。RAM 的存储单元的内容可按需随意取出或存入，且存取的速度与存储单元的位置无关。SAM 按照地址顺序对存储单元进行存取，如先进先出(First In First Out，FIFO)、串入并出(Serial In Parallel Out，SIPO)等。CAM 将存储器中所有的数据同时与搜索关键字比较，搜索结果就是匹配项的物理地址。考虑到篇幅限制对 SAM 和 CAM 本章不做具体介绍。如果按照断电后数据的易失性或者挥发性分类，可以分为挥发性和不挥发性两大类，如图 2.1-1 所示。挥发性存储器又分为动态随机存取存储器(DRAM)和静态随机存取存储器(SRAM)。DRAM 单元结构简单、集成度高、功耗低，因此适于作计算机的内存。DRAM 的主要缺点是信息不能长期保存，需要定期刷新。SRAM 靠双稳态电路存储信息，只要不断电，信息能长期保存，不需要刷新。SRAM 工作速度快，适合于作高速缓冲存储器。SRAM 的缺点是单元结构比较复杂，因此集成度不如 DRAM 高，另外 SRAM 有较大的静态功耗。不挥发性存储器早期主要指的是只读存储器(Read Only Memory，ROM)，ROM 中存储的数据在断电后仍可以长期保存，用于存放系统中需要长期保存的数据和程序。ROM 根据擦写次数和擦写方式又分为掩膜式 ROM、PROM、EPROM、EEPROM 和 Flash 等类型。近些年，相继又产生了一些新型不挥发性存储器，如铁电随机存储器(FeRAM)、磁阻随机存储器(MRAM)、相变随机存储器(PRAM)和阻变随机存储器(RRAM)等。这些新型存储器的存储机理与传统存储器有很大不同。

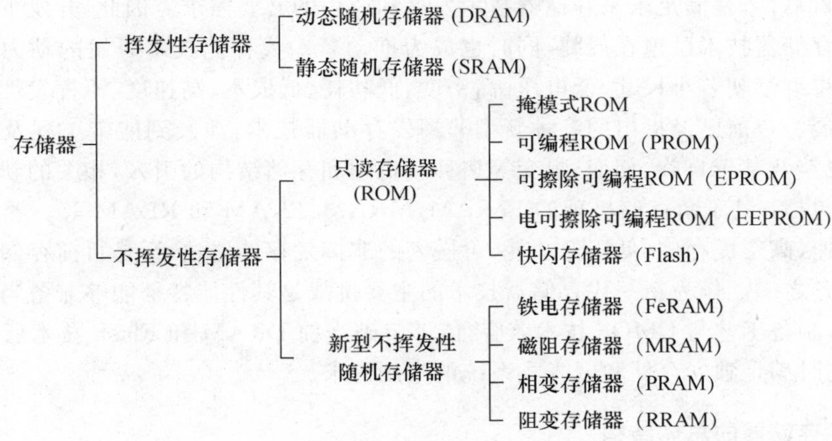

图 2.1-1 VLSI 存储器分类

2.1.2 存储器的发展现状与趋势

1970 年 Intel 制造出第 1 块 1Kb DRAM 存储器芯片，这是存储器飞速发展的起点。到 1995 年已做出 1Gb DRAM 芯片，25 年时间 DRAM 的集成度增长了 6 个数量级[1]。2011 年全球第二大内存厂商海力士半导体推出了 16G DRAM，是当时全球最大容量的单芯片封装 DRAM[2]。MOS 存储器能如此迅速发展，一方面是经济上竞争的促进，制造业者通过不断提高集成度来降低每存储位的成本；另一方面，也是更重要的就是市场需求的促进。计算机和其他电子设备的发展，特别是个人电脑的发展和普及，需要大量的大容量存储器。随着软件对硬件需求的增加，个人电脑的内存不断增大。对现在普遍采用的 Win7 操作系统，推荐配置的内存容量 2Gb 以上。大型计算机的内存配置可以达到 Tb 量级，如我国最新研制的天河一号超级计算机最高运算速度达每秒 2 570 万亿次、内存总量达 98Tb[3]。目前主流的半导体存储器以挥发性的动态随机存储器(DRAM)和静态随机存储器(SRAM)及非挥发性的快闪存储器(Flash)为代表。随着技术的发展和应用领域的不断扩大，对非挥发性数据存储需求的不断增加，具有高编程速度、高集成度和电可擦除等优点的 Flash 技术自上世纪 90 年代以来得到迅速发展，Flash 已取代 DRAM 成为增长率最快的一种半导体存储器。基于 Flash 存储器的 U 盘、安全数码(Secure Digital，SD)卡、袖珍闪存(Compact Flash，CF)卡、记忆棒等一系列数码存储卡产品市场份额骤增。近几年随着 Flash 集成度的不断提高，基于 Flash 的固态硬盘(Solid State Disk，SSD)成为市场热点。相比基于磁介质的传统机械硬盘，SSD 具有读写速度快，防震耐用，无噪音，重量轻等优点，已逐渐取代机械硬盘，成为大容量存储市场新的增长点。

随着器件特征尺寸的不断减小和集成密度的提高，DRAM、SRAM 和 Flash 的按比例缩小发展到 20 nm 技术以下时逐渐接近极限。而进一步降低功耗和工作电压，提高速度和存储密度及可靠性，是满足未来存储器技术发展和应用的必要需求。因此，开发下一代新型非挥发随机存储器技术已迫在眉睫，同时也成为推动新一代存储技术研发的动力。新一代存储器技术将继续朝着小尺寸、低电压、高密度、低功耗、低成本、高速度、不挥发性和系统集成等方向发展。目前已经提出的各种新型非挥发存储器技术，涉及到能带工程及新材料的引入，同时也涉及基于自旋、相变、阻变等多种新机理和存储结构的引入，相关的新型非挥发存储器技术包括：基于新存储机理的 FeRAM、MRAM、PRAM 和 RRAM 等。鉴别最有希望可获得高速、高密度存储、低压低功耗、可嵌入的非挥发存储器技术，是目前存储技术领域最主要的任务之一。作为新一代存储器技术的主要挑战是其性能特征能够兼备当前主流存储器的优点，制备工艺与 CMOS 技术兼容，能够突破当前 DRAM 和 Flash 技术所面临的物理限制，可同时满足独立存储和嵌入式系统的应用需求。

2.1.3 存储器的总体结构

图 2.1-2 是存储器的总体框图。一个存储器芯片包括单元阵列、行译码器和列译码器、地址缓冲器、数据输入/输出缓冲器以及产生控制信号的时钟电路，有些芯片还需要产生内部电压的内部偏压发生器。存储单元阵列是存储器的核心，单元阵列结构的设计对节省芯片面积、提高存储容量、改善电路性能是非常重要的。一个 $M\times N$ 容量的存储单元阵列由 M 行，每行 N 个单元组成。每次对存储器的存取操作选择其中的一行，该行中全部单元被选中，然后根据需要可以对其中的一列（一位）或者多列（字节或者字）进行读写。连接每一行的连线称为字线（Word Line，WL），每一列的连线称为位线（Bit Line，BL），$M\times N$ 的存储阵列有 M 条字线和与之正交的 N 条（或 N 对）位线。由于存储器的规模较大，字线和位线的数目很多，不利于同其他模块电路的连线，因此经常采用地址译码的方式减少对外的引线，一般来说字线地址经过译码后选中阵列的一行，位线也可以根据需要用列地址和译码器

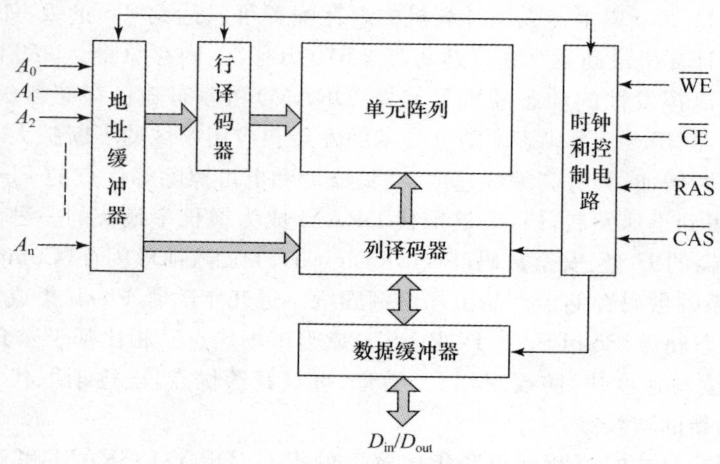

图 2.1-2 存储器的总体框图

选择其中的一列或者几列。对大容量存储器，需要的地址码很多，为了减少封装管脚，行地址和列地址公用外部管脚，采用分时送址的办法先后分别送入行地址和列地址，用$\overline{\mathrm{RAS}}$控制行地址输入，$\overline{\mathrm{CAS}}$控制列地址输入。$\overline{\mathrm{WE}}$是读写控制，$\overline{\mathrm{CE}}$是片选控制。当$\overline{\mathrm{RAS}}$为低电平时，送入行地址，经地址缓冲器产生地址的正反码信号送入行译码器，经行译码器产生一个字线驱动信号，驱动选中的字线。在行地址输入后再产生一个$\overline{\mathrm{CAS}}$负脉冲，控制列地址输入。列地址经地址缓冲器和列译码器后，产生一个列选择信号控制某一列位线输出。从位线输出的信号再经过输出缓冲器进一步放大，最后送到输出管脚 D_{out}。信号的写入是从 D_{in} 接受外部信号，经过输入缓冲器产生信号的正反码驱动数据线 D 和 $\overline{D}$，再根据地址译码结果，把信号写入到选中单元。

时钟发生器电路把片外输入的主要控制信号$\overline{\mathrm{CAS}}$、$\overline{\mathrm{RAS}}$、读写控制$\overline{\mathrm{WE}}$等转换成一系列内部时钟控制信号。图 2.1-3 是实现分时送址的控制信号波形。由于行译码器输出要驱动很长的字线和字线上连接的很多单元的门管，行译码器负载很大，延迟时间较长，因此必须先送入行地址 A_{R}。在$\overline{\mathrm{RAS}}$控制行地址送入后，经过一段延迟，$\overline{\mathrm{CAS}}$控制列地址 A_{C} 进入地址缓冲器。由$\overline{\mathrm{RAS}}$和$\overline{\mathrm{CAS}}$产生的一系列控制时钟控制地址缓冲器和译码器工作，最后由 ϕ_{x} 和 ϕ_{y} 分别控制行译码器和列译码器的输出。

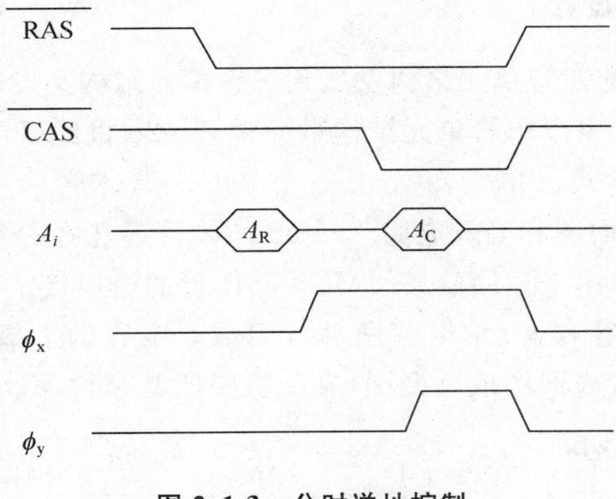

图 2.1-3　分时送址控制

存储器设计的主要目标是集成度和访问速度，其中集成度表示一块芯片内包含的存储单元的数目，这主要取决于存储单元的设计，不同存储器的主要区别在存储单元；访问速度包括读访问时间和写访问时间。如图 2.1-4 所示，存储器的读访问时间是读控制信号有效到数据被读出之间的时间间隔，而写访问时间是写控制信号有效到数据被完成写入的时间。由于写入数据是依靠外围电路驱动存储单元，速度较快，而读出数据是存储单元驱动外围电路，一般速度较慢，因此决定存储器访问速度的是读访问时间。为了使高密度排列的存储单元能够正常工作并满足系统对访问速度的要求，存储器中需要一些辅助的外围电路。

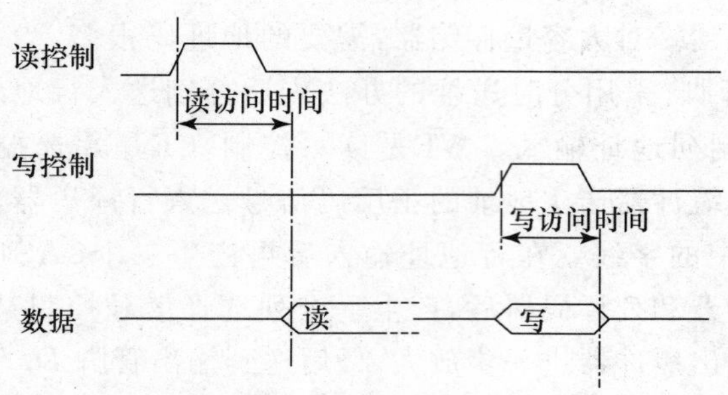

图 2.1-4　存储器的工作时序图

2.2　DRAM 存储器设计

动态 RAM(Dynamic RAM,DRAM)作为微电子产业的典型代表产品发展非常迅速。为了缩小单元面积提高集成密度,DRAM 设计一般都采用工艺中的最小特征尺寸,因此,DRAM 的发展曾一度代表了微电子技术的最先进水平。

2.2.1　DRAM 单元设计

DRAM 单元从最初的四管单元结构发展到三管单元结构又发展到 Dennard 在 1968 年提出的单管单元结构[4]。由于单管单元结构最简单,从 20 世纪 70 年代中期就已成为标准的 DRAM 单元的电路形式。单管单元由一个 MOS 晶体管和一个电容(1T1C)组成。图 2.2-1是单管单元的剖面图和等效电路。MOS 晶体管起选择控制作用,叫做门管或选通管,相当于一个开关;电容用来存储信息。MOS 晶体管的栅极接字线 WL,漏端接位线 BL。存储电容 C_S 由氧化层电容和 pn 结电容两部分组成。电容的上极板 PL 一般接电源电压 V_{DD},保证在极板下方的硅表面形成反型层,靠反型层把电容和 MOS 晶体管的源极连通。

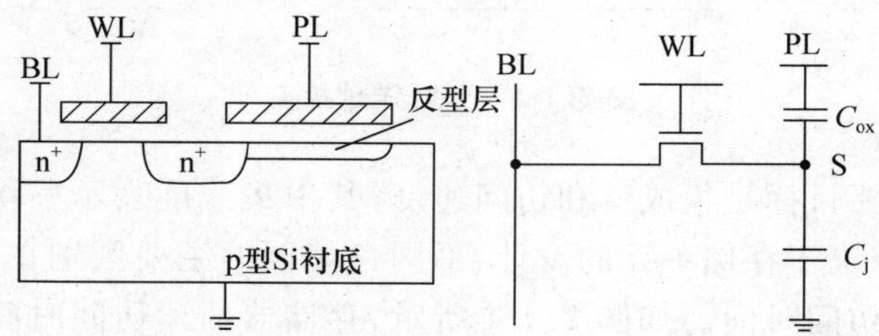

图 2.2-1　DRAM 单元剖面结构和等效电路

1T1C 单元中存储电容 C_S 的大小由式

$$C_S = A(C_{ox} + C_j) \tag{2.2-1}$$

决定,其中 A 是电容的面积,C_{ox}是单位面积氧化层电容,C_j 是单位面积 pn 结电容,是与电压有关的。实际上 $C_{ox} \gg C_j$，因此在考虑存储电容大小时往往只考虑氧化层电容部分。

当字线加高电平时，MOS 晶体管导通，位线通过 MOS 晶体管和电容连通，这样就可以把外部信号通过位线和门管以电荷的形式存储到电容 C_S 上，或者从电容上读出信号。当字线为低电平时，MOS 晶体管截止，存储电容和外界隔离，这时靠电容存储保持信息。

当单元存“0”时，为自然的稳定态。反型层和衬底之间不存在外加偏压，只有 pn 结自建势，这种状态可以长期保持。因此，DRAM 单元存“0”状态是稳定状态，“0”信息可以长期保存。

当单元存“1”时，使电容下极板（反型层或 n^+ 区）电位抬高，使沟道-衬底 pn 结处于反偏，反型层电子被抽走，衬底耗尽区展宽，这种状态是非平衡状态。当门管关闭后，由于 pn 结反向泄漏电流及其他泄漏电流的存在，存储的“1”电平会逐渐衰退，直至衰退到存“0”的稳定态。图 2.2-2 示意地画出了单管单元存“1”和存“0”的工作状态[5]。单元存“1”状态维持的时间 t_h 决定于泄漏电流的大小。随着 DRAM 存储容量增加，会对 t_h 要求越来越高。

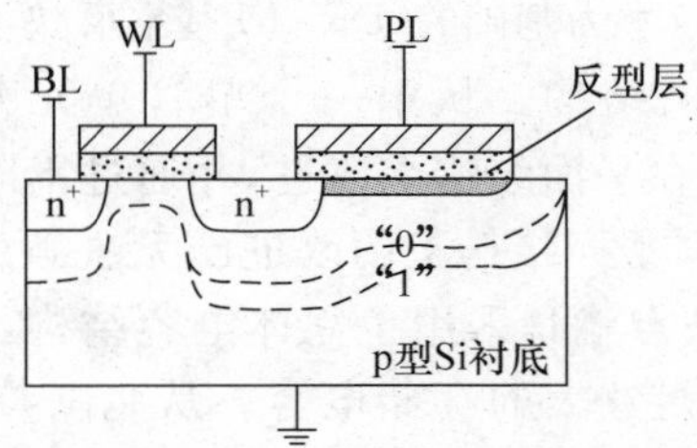

图 2.2-2　单管单元结构及存“0”存“1”状态

DRAM 在设计单元版图、决定单元尺寸时主要考虑两方面的要求。

(1) 密度优值

减小每个单元面积是提高集成度的关键。如果用 F 表示设计规则中最小布线间距（节距，即线宽加间距）的一半，DRAM 单元面积可以表示为 $A_{cell}=NF^2$，N 就是单元设计的密度优值，当然希望 N 越小越好。从 DRAM 的发展看，很多改进都是为了减小单元面积，要减小每个单元的面积，主要从两方面努力：一是从设计上改进，减小 N；另一个就是工艺上改进，降低 F。因此 DRAM 的发展是以先进的微细加工技术为基础的，或者说 DRAM 的发展是工艺技术发展的推动力。

(2) 性能优值

DRAM 在读操作时，读出信号是很微弱的，原因是位线有较大的寄生电容 C_B，而单元存储电容 C_S 受面积的限制不能太大，因此读出时存在单元电容 C_S 和位线电容 C_B 电荷再分配，使位线得到的信号很小。一般用电荷传输效率 T 来表示单元的性能优值[6]：

$$T=\frac{\Delta V_B}{\Delta V_S}=\frac{1}{1+C_B/C_S} \tag{2.2-2}$$

其中 ΔV_S 表示单元的信号差，ΔV_B 是位线读出的信号差。对大容量存储器，每条位线要带很多单元，位线很长，因此位线寄生电容 C_B 要比存储电容 C_S 大得多。所以对 DRAM 而言，$T \ll 1$，这也是DRAM存在的一个问题。

以上这些设计要求是互相矛盾的：要提高集成密度，就要减少单元面积，但是这会使单元电容C_S减小，从而使电荷传输效率T降低；另外，集成度提高意味着芯片面积也不断加大，使位线更长，位线电容C_B加大，这也将使T下降。当然在单元设计时也要考虑到成品率和成本问题，希望制造工艺尽量简单以提高成品率降低成本。因此在DRAM单元设计时，要兼顾各方面的要求。实际上，随着工艺技术的发展，往往是以增加工艺复杂性来换取密度和性能的改进。DRAM单元设计的努力方向就是用尽可能小的平面面积，实现尽可能大的电荷传输效率。

2.2.2 DRAM单元结构的发展

DRAM容量的迅猛增加，主要是靠单元结构设计的改进，使每个单元占用的芯片面积不断减小，而这又是以精密的微细加工技术为基础的，DRAM基本反映了半导体工艺技术的最高水平。

早期的DRAM单元是平面结构。从第一个单管单元4千位(Kb)DRAM到256Kb DRAM，基本都采用平面结构，在平面结构上改进，并通过不断减小特征尺寸使集成度逐步提高。256Kb以上DRAM单靠平面结构上的改进已无法满足提高集成度的要求。发展兆位(Mb)存储器的一个重要突破点就是采用了立体电容结构，如沟槽电容和叠置电容结构，从而在很小的平面面积上获得足够大的存储电容。从兆位DRAM向吉位(Gb)规模发展，不仅电容要采用立体结构，晶体管也要向立体发展，还必须在材料上更新，如采用高介电常数的介质材料代替传统的二氧化硅介质，使电容/面积比有很大的提高。图2.2-3是说明DRAM单元结构发展的示意图。下面选择一些典型单元结构设计来说明DRAM单元的发展和设计改进，从中可以了解设计中的一些改革思路，这些例子也说明设计者的努力对DRAM发展的贡献[7-8]。

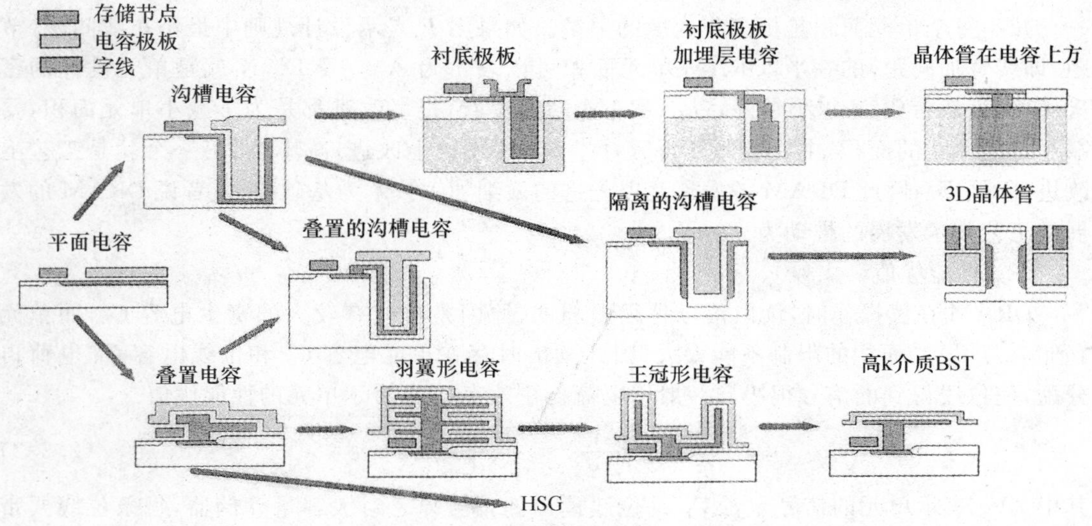

图2.2-3 DRAM单元结构的发展

1. Kb 规模的 DRAM 单元设计

从 4Kb DRAM 就开始采用 1T1C 的单元，对 Kb 规模的 DRAM，单元中的晶体管和电容都是平面结构。

(1) 单层多晶硅单元

早期的单管单元是基于单层多晶硅工艺，单元中的 MOS 晶体管的栅极和存储电容的上极板用同一层多晶硅，采用扩散位线，金属字线。图 2.2-4 是 4Kb DRAM 中普遍采用的单元结构[9]。这种单元结构简单，易于制作，只要求 4 次光刻，适合于当时的工艺水平，有利于提高成品率和降低成本。但是，这种单元占用面积大，芯片利用率太低。由于采用扩散位线造成较大的位线寄生电容，不利于提高电荷传输效率，这种单元在 1978 年以后被淘汰。

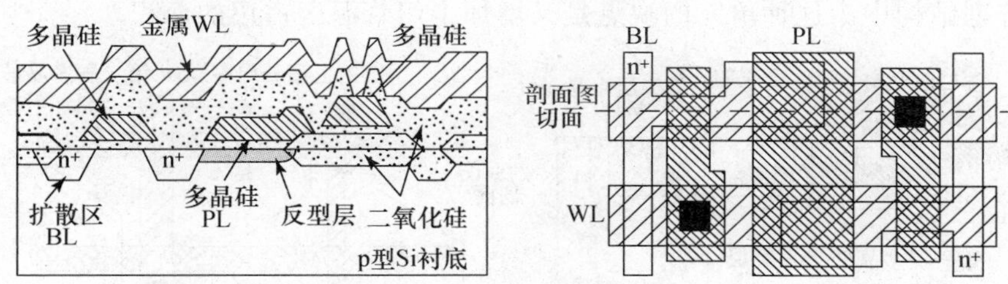

图 2.2-4　单层多晶硅平面单元

(2) 双层多晶硅单元

在单层多晶硅单元中，由于 MOS 晶体管栅极和电容极板用同一层多晶硅，考虑到光刻容差，它们之间必须留有足够的间距，这就增大了单元占用的面积。采用双层多晶硅工艺电容极板用第一层多晶硅形成，MOS 晶体管栅极用第二层多晶硅实现，同时去掉门管的源扩散区，使门管的栅极和电容极板之间的距离大大减小。另外，第二层多晶硅的字线引出孔可以放在电容极板上方，因而不必额外占用硅片面积。在同样设计规则下（即相同的 F），这种单元结构比单层多晶硅单元节省 1/3～1/2 的面积。图 2.2-5 是这种双层多晶硅单元的版图和单元剖面图[10]。这种单元结构在 16Kb 和 64Kb DRAM 中普遍采用，并一直延续到 256Kb DRAM。图 2.2-5 画的单元是采用扩散位线，为了减小位线寄生电容，可以把扩散位线改为多晶硅位线，字线是用金属线。这种单元结构的最大缺点是门管的沟道长度不易精

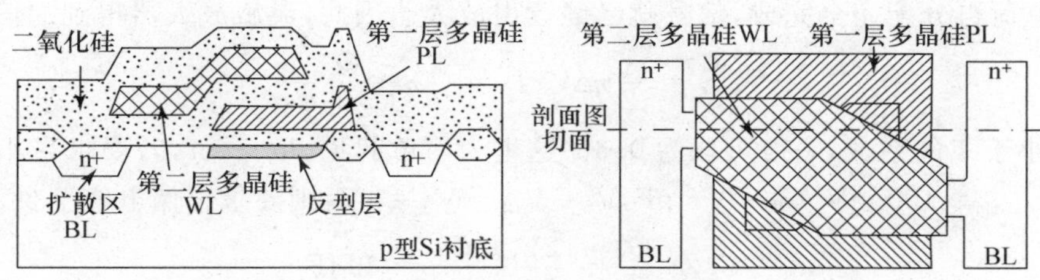

图 2.2-5　双层多晶硅平面单元

确控制，因为它不是由某次光刻的精度决定，而是由两次光刻的对准容差决定，因此这种结构不适合于很小的器件尺寸。另外，双层多晶硅交叠处形成较大的台阶，使铝条（字线）爬坡时容易断裂。

（3）双层多晶硅金属位线单元

用金属位线代替扩散位线或多晶硅位线，可以极大地降低位线的寄生电阻和电容，有利于提高单元的电荷传输效率和减小位线延迟，这对提高电路性能是很重要的。图 2.2-6 展示采用金属位线的双层多晶硅单元的版图设计和剖面结构[11]。由于门管的栅长是由第二次多晶硅的光刻精度决定，提高了门管沟道长度的控制精度，有利于进一步缩小尺寸。多晶硅和位线没有交叠，减小了金属走线的台阶。由于缩短了位线间距，这种单元结构广泛用于折叠位线阵列结构中。这种单元的缺点是又增加了门管源区占用的面积。

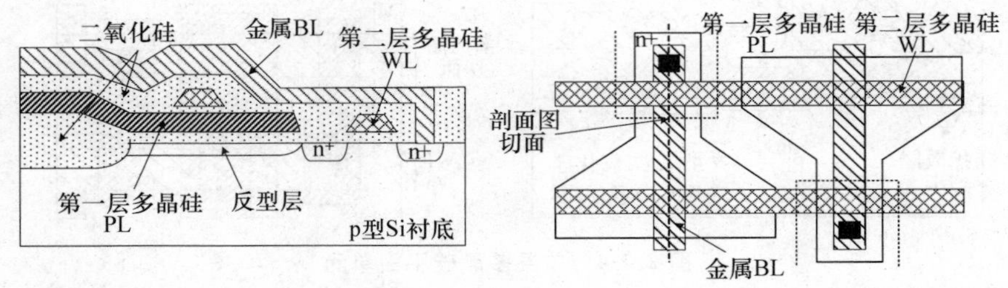

图 2.2-6　金属位线双层多晶硅单元

2. Mb 规模 DRAM 单元设计

DRAM 产品在 20 世纪 80 年代中后期进入到 Mb 规模。当器件尺寸不断缩小时，存储电容 C_S 的面积必然也要不断缩小，这给单元可靠工作带来问题。有两个因素限制了存储电容 C_S 的下限，使其不能减小到太小：一是单元读出时的电荷传输效率 T；另一个是 α 粒子引起的软失效。

DRAM 单元设计的性能优值就是要保证一定的电荷传输效率。电荷传输效率越低，从单元读出的信号越小。尽管读出的信号要经过灵敏放大器放大，但是灵敏放大器是有一定灵敏度的。工艺离散性造成元件性能不对称以及外界干扰信号的存在都限制了灵敏放大器的灵敏度，因此送入灵敏放大器的信号差不能太小。考虑到工作速度的要求，一般不等到位线和单元电荷再分配完全完成，信号就已经读出放大。因此，灵敏放大器得到的信号为

$$V_{\text{sense}} = \frac{1}{2}\eta \Delta V_S T = \frac{1}{2}\eta \frac{Q_S}{C_S + C_B} \tag{2.2-3}$$

其中，η 是小于 1 的系数，一般可取为 0.6。这里为简单起见，取 $\eta=1$，若要求最小灵敏信号电压为 $V_{\text{sense,min}}=100\text{ mV}$，$C_B=0.6\text{ pF}$，$V_S=V_{DD}-V_T=4\text{V}$，则要求存储电容至少为

$$C_S = \frac{Q_S}{V_S} = \frac{2V_{\text{sense}}C_B}{V_S} = 30\text{ fF}$$

第二个限制因素是 α 粒子的影响。α 粒子来自封装材料中放射性物质的沾污，α 粒子的

能量在 6 Mev 左右，可在硅衬底中激发出 2×10^6 个电子-空穴对。这些电子电荷若被存“1”单元的存储节点吸收，就会破坏单元的“1”信息。为了防止 α 粒子对存储信息的破坏，希望单元存储的电荷量 Q_S 尽可能大。如果一个存储节点收集的电子电荷超过了临界电荷$Q_C=0.5Q_S$，则引起这个存储位的软失效。为了使软失效的几率尽可能小，存储电荷至少为 2×10^6 个电子电荷，约为 2×10^{-13}C。若存储电容面积为 A_{cell}，电容介质用厚度为 t_{ox} 的二氧化硅，则存储电荷量可表示为

$$Q_S = A_{cell}\,\frac{\varepsilon_0\varepsilon_{ox}}{t_{ox}}V_S = \varepsilon_0\varepsilon_{ox}A_{cell}E_{ox} \tag{2.2-4}$$

由于可靠性限制了 Q_S 不能太小，则随着存储容量增加，单元面积减小，氧化层上的电场 E_{ox} 将不断增加。例如一个 64Kb DRAM，$A_{cell}=80\ \mu m^2$，$t_{ox}=40$ nm，$Q_S=200$ fC，则 $E_{ox}=1$ MV/cm。对 256K DRAM，A_{cell}缩小到 40 μm^2，若保持同样的 Q_S，t_{ox}缩小到 20 nm，则 $E_{ox}=2$ MV/cm。如果按这种趋势变化，Mb 级 DRAM 中的 E_{ox}将要增大到 10 MV/cm，如此大的电场将引起氧化层中明显的隧穿电流，从而破坏了氧化层的绝缘性。图 2.2-7 说明了氧化层电场与存储电荷及 DRAM 容量的关系。考虑到氧化层的可靠性，一般 E_{ox}不能超过 4 MV/cm[12]。

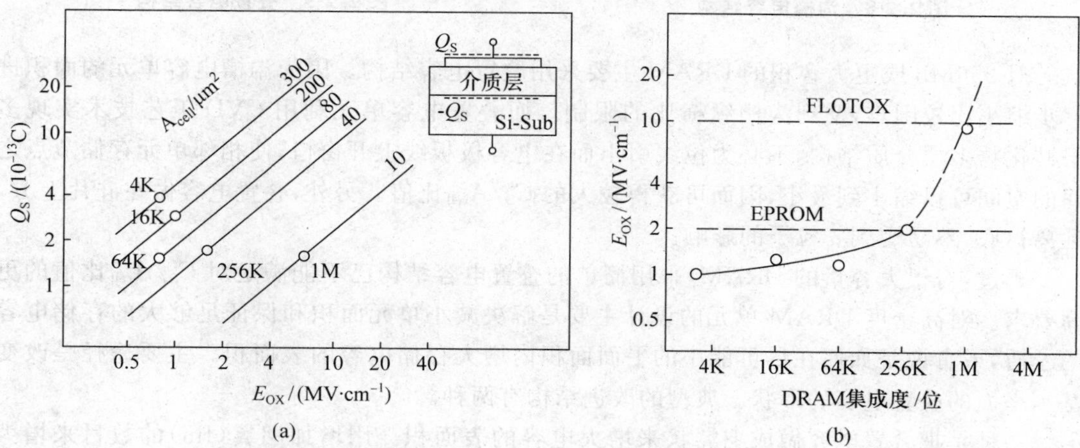

图 2.2-7 (a) DRAM 单元存储电荷与氧化层电场的关系；(b) 氧化层电场与 DRAM 容量的关系

从图上看出，若仍使用平面电容结构，Mb 级 DRAM 将出现问题。为了解决这一问题，在 Mb 级 DRAM 中采用了新的立体化的电容结构，以便在不断缩小单元面积时能保持足够大的存储电容面积，即保持足够大的存储电荷量。

(1) 沟槽电容单元

图 2.2-8 展示了一个 16Mb DRAM 采用的沟槽电容结构(TRench Capacitor, TRC)[13]。存储电容是 4 μm 深、0.8 μm 直径的沟槽电容，容量 $C_S=37$ fF。为了加大电容量，采用了 Oxide-Nitride-Oxide(ONO)多层介质。用 0.7 μm 特征尺寸的三阱 CMOS 工艺，单元面积仅为 $1.7\ \mu m\times3.6\ \mu m=6.12\ \mu m^2$。

(2) 叠置电容单元

沟槽电容是把平面电容向下折叠，利用硅片下层空间。叠置电容结构(STacked Capacitor,STC)则是利用 MOS 工艺的多层结构，把电容放到上层空间以减少单元所占的面积。图 2.2-9 是 16Mb DRAM 中采用的一种 STC 结构[14]。位线由最上层的金属线改为下层的硅化物引线，从而使存储电容可以延伸到字线和位线上方，充分利用了上层空间，因而具有较大的电容/面积比值。采用 0.5 μm 工艺可在 3.36 μm^2 单元面积下得到 35 fF 存储电容。

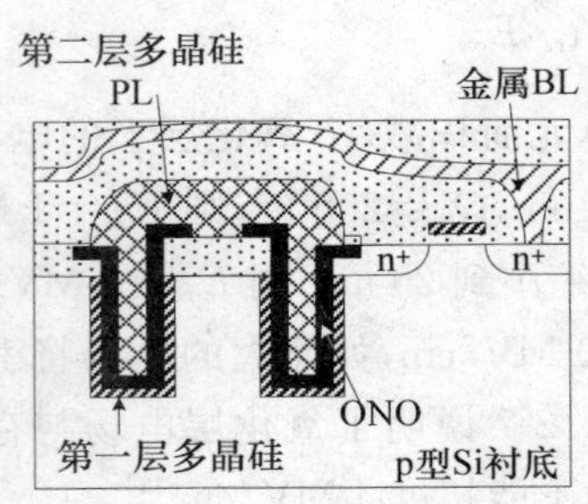

图 2.2-8 沟槽电容结构

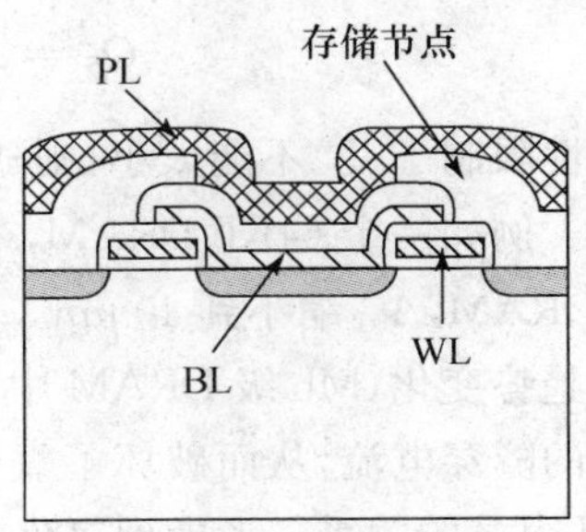

图 2.2-9 叠置电容结构

对 256Mb 或更大容积的 DRAM 主要采用叠置电容结构。因为沟槽电容单元的面积进一步缩小比较困难，受到沟槽纵横比的限制。而叠置电容单元利用 CVD 工艺技术实现多层硅化物多层介质结构，不必为位线引出而在电容极板线上开窗口，使相邻单元存储节点之间的空间可以缩小到最小，因而可获得较大的 C_S/A_{cell} 比值。另外，叠置电容做在硅片上方，远离衬底，不易受到 α 粒子的影响。

不过，对很大容量的 DRAM，采用简单的叠置电容结构已不能满足对 C_S/A_{cell} 比值的更高要求。对高密度 DRAM 单元的设计主要是解决减小单元面积和保证足够大的存储电容的矛盾，或者说是如何在尽可能小的平面面积内增大存储电容的表面积。主要途径是改变基本平面的叠置电容的形状。典型的改进结构有两种。

一种是把叠置电容做成羽翼状来增大电容的表面积。用增加羽翼(fin)的数目来增大电容量。如 16Mb DRAM 中只用 2 层 fins，在 64～256Mb DRAM 中采用了 3～4 层 fins。图 2.2-10 展示了用于 64Mb DRAM 中的羽翼形叠置电容单元结构[15]。同样，采用下层位线结构，可以加大 fins 的长度，进一步提高 C_S/A_{cell} 值。用这种新结构设计的单元，在 0.2 μm 特征尺寸下单元面积只有 0.8 μm^2，存储电容为 30 fF。

另一种改进是把叠置电容做成王冠形，也就是使叠置电容再向上层空间折皱。这种结构实际上是把沟槽电容的结构运用到叠置电容上。图 2.2-11 画出了王冠型叠置电容结构[16]。在大容量存储器中普遍采用这些复杂的电容结构并配合采用较高介电常数的介质材料(如 Ta_2O_5)，在很小的单元面积上获得足够大的存储电容。

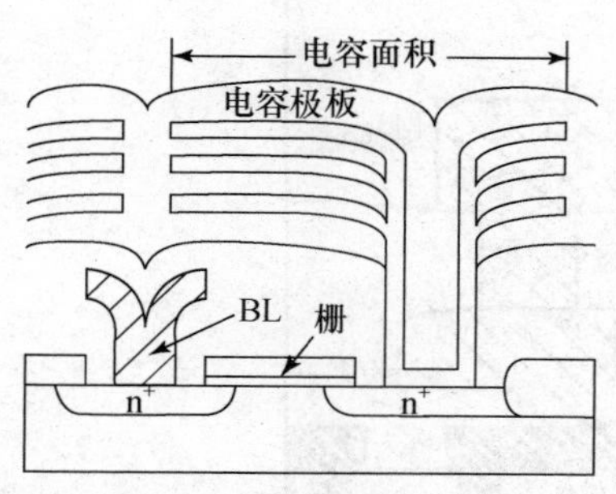

图 2.2-10 羽翼形叠置电容结构

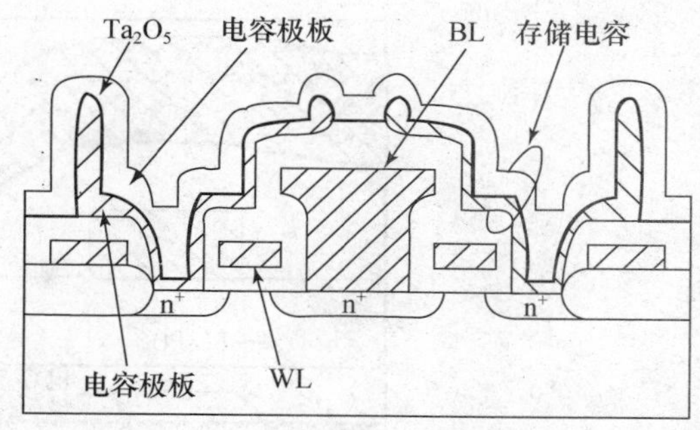

图 2.2-11 王冠形叠置电容结构

3. Gb 规模 DRAM 单元设计

靠复杂形状的电容来提高 C_S/A_{cell} 值是有一定限度的。复杂的电容结构不仅增加了工艺难度，并且使制造成本增加，成品率降低。另外，复杂的电容结构也增加了芯片的不平整度。因为随着特征尺寸的减小，电容的横向尺寸越来越小，只能靠增加叠置电容的高度或沟槽电容的深度来保证足够大的存储面积，这将使电容的纵横比不断加大。例如，一个 256Mb DRAM 中存储电容的纵横比高达 40。Gb 规模 DRAM 的设计必须有新的改进。

(1) 采用高介电常数的介质材料

对于 Gb 规模 DRAM，靠采用复杂电容结构已无法满足对 C_S/A_{cell} 的要求。提高 C_S 的另一个途径是提高单位面积的电容量。在 DRAM 发展中二氧化硅介质层厚度按比例不断减小，按照 Mb 规模 DRAM 的发展趋势，Gb 规模 DRAM 的氧化层厚度将减小到几纳米。对于极薄的氧化层，不仅厚度的精确控制越来越难，而且薄氧化层的隧穿电流将非常显著。采用高介电常数材料代替二氧化硅作电容介质是 Gb 规模 DRAM 的必然发展方向。在 Mb DRAM 已经采用 Ta_2O_5 代替 SiO_2。尽管 Ta_2O_5 的介电常数比 SiO_2 大 5 倍，仍不能满足 Gb DRAM 的要求。对 4Gb DRAM，若用 Ta_2O_5 作电容介质，必须采用纵横比为 15 的王冠形电容才能满足存储容量的要求。Gb 规模 DRAM 需要采用更高介电常数的介质材料，如 Nb_2O_5 以及 BST($Ba_xSr_{1-x}TiO_3$)等。目前 Gb DRAM 中普遍采用 BST 作电容介质，用铂(Pt)做电容极板，20 nm 厚的 BST 等效为 0.24 nm 的 SiO_2，因而使 Gb 规模 DRAM 又可以采用简单的叠置电容结构。图 2.2-12 展示了一个采用 BST 介质的 1Gb DRAM 单元结构[17]。表 2.2-1 比较了不同介质材料的性质[18]。

从表中可以看到，采用很高介电常数的介质材料取代二氧化硅，在获得同样电容量的情况下面积可以缩小上百乃至上万倍，这为 Gb 规模 DRAM 单元设计开辟了新的途径。

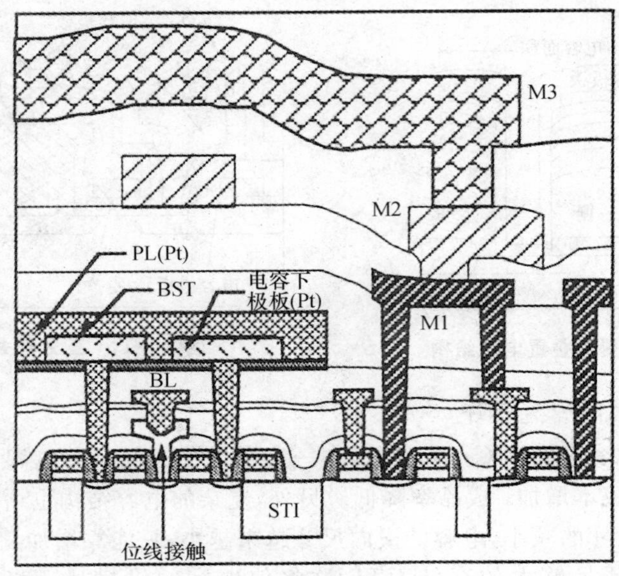

图 2.2-12 采用 BST 介质的 1Gb DRAM 单元结构

表 2.2-1 不同介质材料的性质

材 料	相对介电常数 @25℃	等效 SiO_2 面积
SiO_2	3.8	100%
Ta_2O_5	23	17%
Nb_2O_5	40	10%
BST	200～2 000	2%～0.2%
PZT	200～12 000	2%～0.03%

(2) 采用 SOI 材料

采用 SOI 材料代替体硅衬底也将是 Gb 规模 DRAM 的发展趋势。SOI 材料具有很好的抗软失效性能。α 粒子在硅衬底激发的电子会干扰存储信息,甚至使存储状态翻转,造成软失效问题。对体硅材料 α 粒子的入射深度约 10 μm,而 SOI 材料中制作器件的硅膜厚度不到 100 nm,下面是绝缘的二氧化硅,因此可以使 α 粒子的影响减弱 2 个数量级以上。SOI 材料由于有埋氧化层(BOX),可以极大减小结电容和位线的寄生电容,因而有利于提高电荷传输效率。另外,SOI MOS 晶体管具有很小的亚阈值斜率,有利于减小泄漏电流,增大信号保持时间[19]。本书的第六章将进一步讨论 SOI 技术。由于 SOI 器件的这些优点,用 SOI 材料制作 DRAM 可以采用较小的存储电容,只要有 6—10 fF 的单元电容就可以满足 100 mV 的读出信号的要求[20],为单元设计提供了更大的灵活性。图 2.2-13 展示了 SOI DRAM 单元结构[21]。这种 SOI DRAM 单元不仅缩小了单元面积,而且平整化的结构有利于多层布线。另外，简单的电容结构简化了工艺，有利于提高成品率。尽管通过化学机械抛光(Chemical-Mechanical Polishing，CMP)可以实现表面平整化，但是，较高的存储电容高度使引线孔的纵横比增大，特别是外围电路。

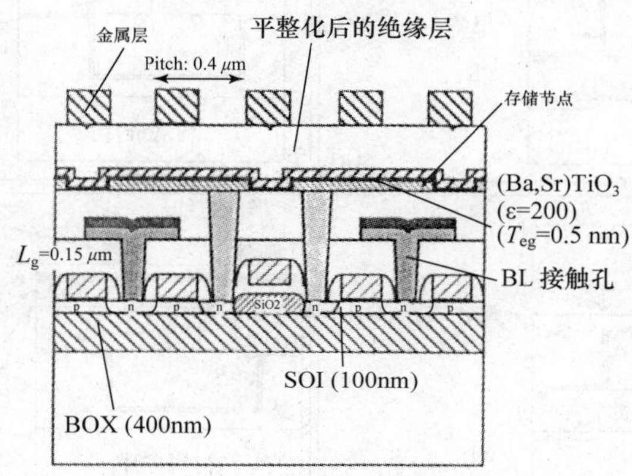

图 2.2-13　SOI DRAM 单元结构

富士通(Fujitsu)公司发明了一种新的倒置的叠置电容单元(Reversed STacked Capacitor，RSTC)结构，可以既保证平坦的表面，又极大减小了引线孔的纵横比，可以简化连线工艺，更适合于 Gb 规模的 DRAM[22]。这种 RSTC 单元是利用硅片键合 SOI 技术实现的。图 2.2-14 说明了这种 RSTC 单元的制作过程和单元结构。先按常规 STC 单元制作方法形成单元的 MOS 晶体管及存储电容，通过 CMP 使表面平整，见图 2.2-14(a)。用硅片键合技术把做另一个衬底硅片键合到它的上表面，见图 2.2-14(b)。把键合好的硅片倒转过来，再用抛光工艺减薄抛光新的表面，直到减薄到 LOCOS 二氧化硅，见图 2.2-14(c)。这样，原来做到体硅上的器件就通过硅片键合成为 SOI 器件，然后，再在表面(SOI MOS 晶体管的底部)生长 SiO_2，刻引线孔并形成 TiN/Ti 位线。再淀积 CVD 氧化层，形成金属铝线，如图 2.1-14(d)所示。利用这种新结构使位线和金属连线都很容易在平坦的表面上制作，而且无论单元阵列和外围电路区域都可以减小引线孔的纵横比。由于位线是在制作器件的所有高温工序以后实现的，因此可以采用低阻的金属材料做位线。另外，这种新结构有利于减小位线电容，因为位线远离字线和电容极板线。减小了位线电容，就可以降低对存储电容的要求，同时有利于降低功耗，这些优点对制作 Gb 规模 DRAM 是很有吸引力的。

SOI 材料的另一项重要应用为嵌入式 DRAM(embedded DRAM，eDRAM)。eDRAM 在继续等比例缩小提高存储密度的进程中，面临的主要挑战来自制作电容的工艺与逻辑电路工艺不兼容，所以需要采用无电容 DRAM 单元。研究者利用基于 SOI 材料的浮体单元(Floating-Body Cell，FBC)实现了一种单管增益单元，由一个体端浮置的 SOI nMOS 构成，替代了传统的 1T1C 的 DRAM 单元[23]。nMOS 的源极接地，漏极接位线 BL，栅极接字线 WL，背栅电极(BG)接负电位。FBC 工作的方式就是利用浮体 SOI 的“历史效应”：即当向

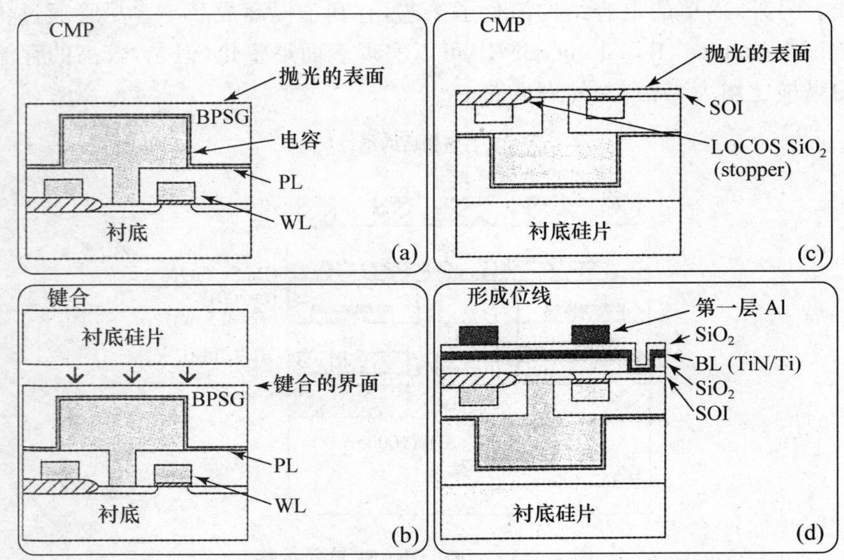

图 2.2-14　RSTC 单元结构和制作过程

一块 SOI 晶片上的 MOS 晶体管体区注入电荷时，它将像一个电容器那样保存一部分电荷，而且可以基于 BOX 厚度或者背栅电压来调整保存电荷的多少。国际上早期一直致力于 FBC DRAM 开发的研究团体主要是美国加州大学伯克利分校（UC Berkley）和日本东芝（Toshiba），而 UC Berkley 和 Toshiba 各自 FBC 单元之间的区别在于 BOX 厚度和背栅电压。BOX 厚度越厚，“历史效应”在 FBC 中保存电荷所需的背栅电压就越高。与传统的 1T1C 的 DRAM 单元相比，FBC 具有单元密度优值高、工艺兼容性好等优点，可以作嵌入式存储器[24—26]。

图 2.2-15 给出了 FBC 的工作原理：

写“1”时，位线和字线都接正电平，nMOS 工作于饱和区，处于高场的漏端发生碰撞电离产生电子-空穴对，空穴注入体区，如图 2.2-15(a)所示；写“0”时，字线接正电平，位线接负电平，正偏的漏衬结使体区的空穴流向位线，如图 2.2-15(b)所示。

由于单元存“1”和“0”时体区空穴数目不同，使得单元在这两种存储状态下体电位有差异 ΔV_B。读操作时，如图 2.2-15(c)所示，字线接正电平 V_{WLR}，但位线读操作电压 V_{BLR} 电平较低，使 nMOS 工作于线性区，反映在漏端 BL 获得的读“1”和“0”电流差为

$$\Delta I_{DS} = I_1 - I_0 = f(\Delta V_T), \tag{2.2-13}$$

其中，I_1 和 I_0 分别是读“1”和读“0”时的位线电流。二者的差与字线读操作电压 V_{WLR}、“1”和“0”的体电位差 ΔV_B、栅氧厚度 t_{ox} 以及体区掺杂浓度 N_A 等有关。

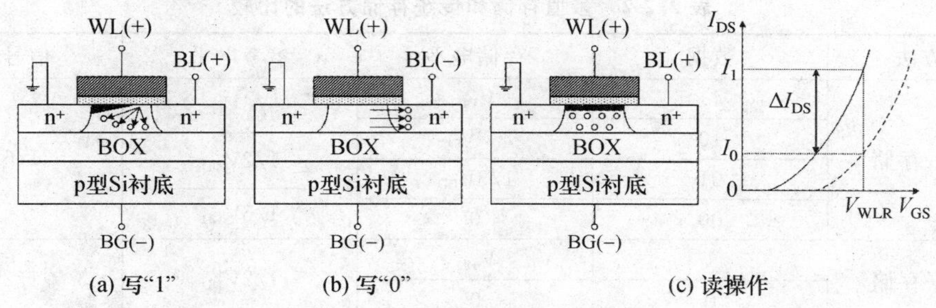

图 2.2-15 FBC 单元的工作原理图

(3) 多值存储技术

实现多值存储是 Gb 规模 DRAM 提高存储容量的一种新途径。传统的存储单元只能存储 1 位二进制信息，如果一个单元能存储 2 位二进制信息，则相当于单元面积减小一半或存储容量增大 1 倍。一种多值存储技术已在研制的 4Gb DRAM 中实现[27]。传统的存储方法是用 0 和 V_{DD}两级电平表示 1 位二进制信息，在多值存储中用 0、$1/3V_{DD}$、$2/3V_{DD}$和 V_{DD}四级电平表示 2 位二进制信息，表 2.2-2 比较了多值存储和传统存储方法。不过 4 级电平存储使信号幅度减小，因此需要增大存储电容来保持足够大的信号电荷。另外一个关键问题是 2 位信息的读出和 4 级信息电平的再生，采用电荷耦合的灵敏放大和电荷分享的回写技术可以解决上述问题。图 2.2-16 说明了 4 级电平存储的灵敏放大和再生原理。预充电时开关 TG 接通，A 段和 B 段位线以及下面的参考位线都预充到 $1/2V_{DD}$，与"11"信号的存储电平的差距记为 $V_S = 1/2V_{DD}$。然后选中字线 WL 使单元信号传送到位线。若单元存储"10"信号，则 A 段和 B 段位线电位抬高到 $2/3V_{DD}$，比预充电平高 $1/6V_{DD}$。单元信号读到位线后开关 TG 断开。左边的灵敏再生放大器(S/R)首先工作，A 段信号被放大到高电平 V_{DD}，A 段的参考位线被拉到低电平 0。放大后的信号通过耦合电容 C_C 反向耦合到 B 段位线以及其参考位线，使 B 段位线电位下降，而下面的参考位线电位上抬。通过设计 C_C 电容的大小，使得耦合的信号等于 $1/6V_{DD}$。对于读"10"信号的情况，通过耦合电容 C_C 的作用，刚好使 B 段位线信号反转，如图 2.2-16 中所示。经右边的 S/R 放大后，B 段位线被拉到低电平 0，而下面的参考位线被上拉到高电平。至此 A 段位线读出了存储数据的高位"1"，而 B 段位线读出了低位信号"0"。然后进入信号再生阶段，开关 TG 又接通，把 A 段位线和 B 段位线又连接起来，由于 A 段位线和 B 段位线不对称，A 段位线寄生电容是 B 段位线的 2 倍，通过电荷分享使位线最终达到需要的电平。对于上面讲的读"10"数据的情况，可得到

$$V_{BL} = \frac{V_A \cdot 2C_B + V_B \cdot C_B}{3C_B} = \frac{V_{DD} \cdot 2C_B + 0 \cdot C_B}{3C_B} = \frac{2}{3}V_{DD}$$

这个电平写回到单元，使单元信号恢复为"10"。

表 2.2-2　多值存储和传统存储方法的比较

存储方法	数据	存储电平	参考电平	信号幅度
4 级电平存储	11	V_{DD}	$5/6V_{DD}$	$1/6V_{DD}$
	10	$2/3V_{DD}$	$1/2V_{DD}$	
	01	$1/3V_{DD}$		
	00	0	$1/6V_{DD}$	
2 级电平存储	1	V_{DD}	$1/2V_{DD}$	$1/2V_{DD}$
	0	0		

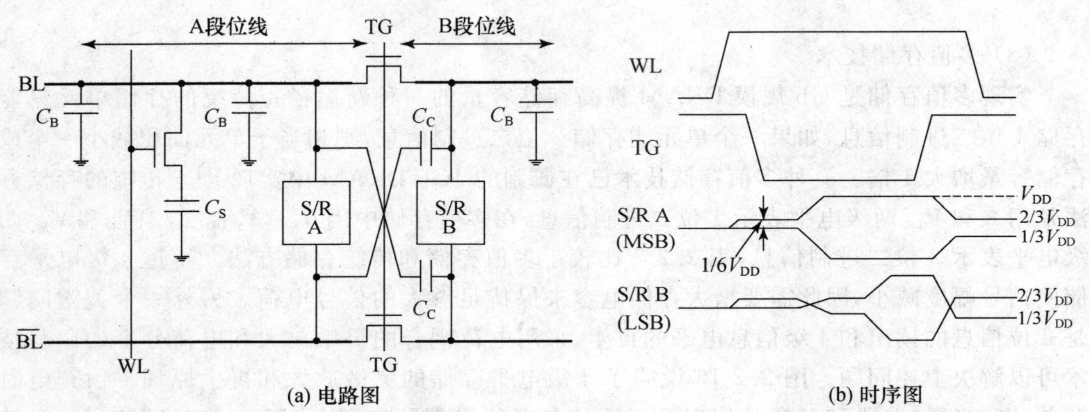

(a) 电路图　　(b) 时序图

图 2.2-16　实现 4 级电平的灵敏放大和再生

(4) 三维 DRAM 结构

为了实现更高存储密度，DRAM 存储结构开始从二维（2D）向三维（3D）发展。前文提到的沟槽电容和叠置电容单元其实就是一种三维 DRAM 单元的尝试，不过，只有存储电容是三维结构，MOS 晶体管仍然是平面结构。由于这些结构的位线 BL 和单元之间总是需要局部氧化硅层（LOCOS）做隔离，其单元面积达到 $6F^2$ 之后就很难再减小。在 Gb 规模 DRAM 中可以采用三维电容结构和三维 MOS 晶体管结构相结合，使单元面积进一步减小。Toshiba 公司的 Sunouchi 等人提出了一种基于环栅晶体管（Surrounding Gate Transistor，SGT）的 DRAM 结构，可以将单元面积减小到 $4F^2$[28]。图 2.2-17 给出了 SGT 单元结构示意图和剖面图。单元中的门管和存储电容都在一根硅柱上实现。硅柱的顶端是位线 BL，硅柱的上半段是门管，下半段是存储电容。硅柱外围侧墙上环绕的多晶硅分别实现了门管的栅电极（即字线 WL）和存储电容的上极板。硅柱上半段的长度决定了门管的沟道长度，下半段的长度和硅柱的周长决定了存储电容的大小。采用 0.5 μm 工艺 SGT 单元结构可在 1.2 μm^2 单元面积下得到 30 fF 存储电容。相比平面结构，采用 SGT 单元实现 1Gb DRAM，芯片面积可以减小 34.4%[29]。为了实现更高的存储密度，Masuoka 等人提出了一种叠置的 SGT(Stacked SGT,S-SGT)DRAM 单元[30]。如图 2.2-18 所示,S-SGT 单元将四个 SGT 单元在一根硅柱上叠置并起来,形成"与非"式(NAND)的 DRAM 结构。位线 BL 位于硅柱的底端,向上依次是 4 个 1T1C 的 SGT 单元。NAND 式 DRAM 的工作原理将在 2.2.3 小节中做详细介绍。采用 S-SGT 结构可以有效地提高集成度,并且降低位线 BL 的长度,从而减小位线电容,提高 DRAM 的性能优值。

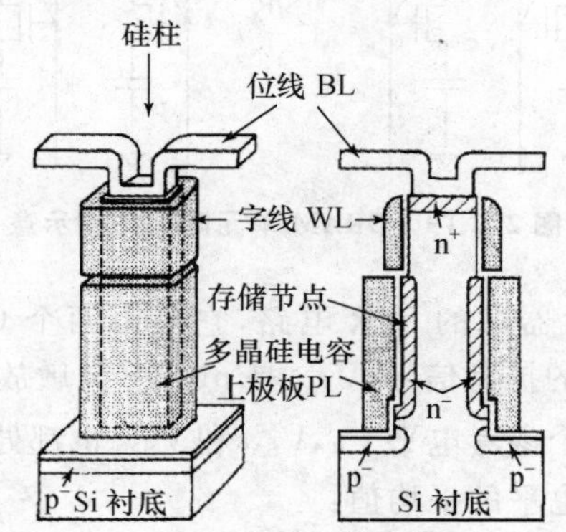

图 2.2-17 SGT DRAM 单元结构示意图

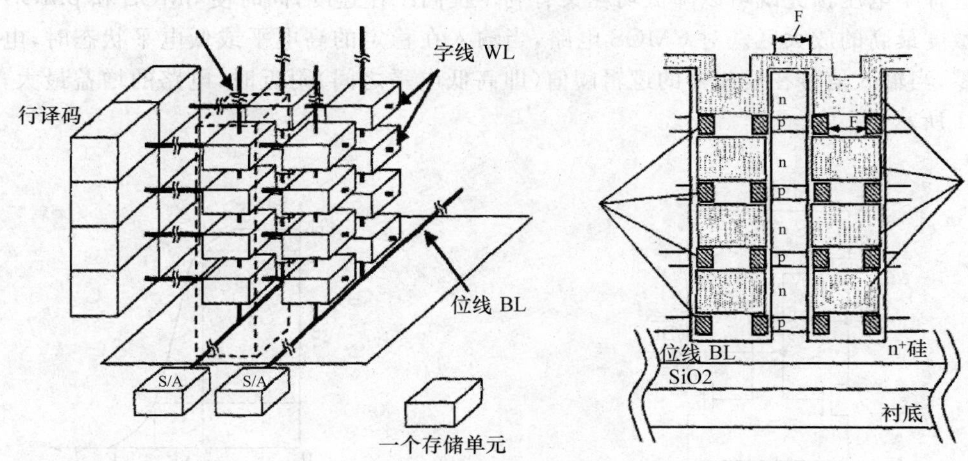

图 2.2-18 S-SGT DRAM 单元结构示意图

2.2.3 DRAM 单元阵列设计

由于 DRAM 单元存储电容 C_S 的容量很小,而一般位线寄生电容 C_B 约是 C_S 的 10～15 倍,使电荷传输效率 T 很低,读出信号非常微弱。另一方面,读出后单元原来存储的信息受到破坏。因此 DRAM 需要灵敏再生放大器(S/R)对从单元读出的微弱信号放大然后再写回单元，恢复单元原来存储的信息。一般 DRAM 中每根位线中间安置一个 S/R，其两边各有相同数目的单元。见图 2.2-19 所示。

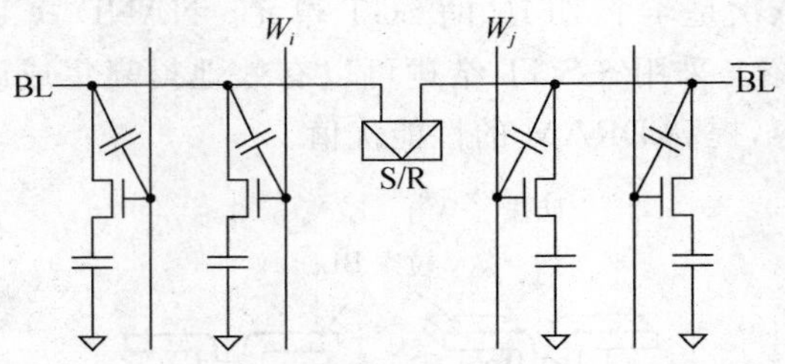

图 2.2-19 DRAM 单元阵列结构示意

图 2.2-20 是 CMOS 触发器式的 S/R 电路，它是由两个 CMOS 反相器交叉耦合构成的。V_{SAP} 是 pMOS 灵敏放大的控制信号，V_{SAN} 是 nMOS 灵敏放大的控制信号。在灵敏放大之前位线 BL 和 $\overline{\text{BL}}$ 预充到一个参考电平 V_R，V_{SAP} 和 V_{SAN} 也都处在 V_R。参考电平 V_R 一般取为单元存"1"和存"0"时信号电平的平均值：

$$V_R = \frac{V_{S1} + V_{S0}}{2}$$

这种半电压预充既可以降低功耗又有利于提高工作速度，同时使 nMOS 和 pMOS 都处在灵敏度最高的放大区。对 CMOS 电路，当输入在稳定的高电平或低电平状态时，电路增益为零，当输入信号在反相器的逻辑阈值（即高低电平之间）附近时，电路的增益最大，如图 2.2-21 所示。

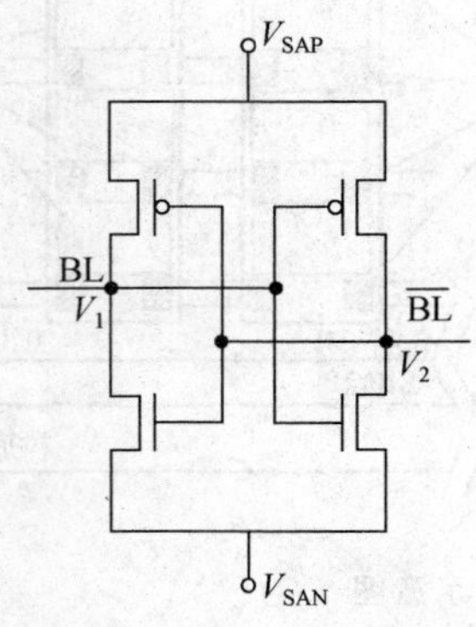

图 2.2-20 CMOS S/R 电路

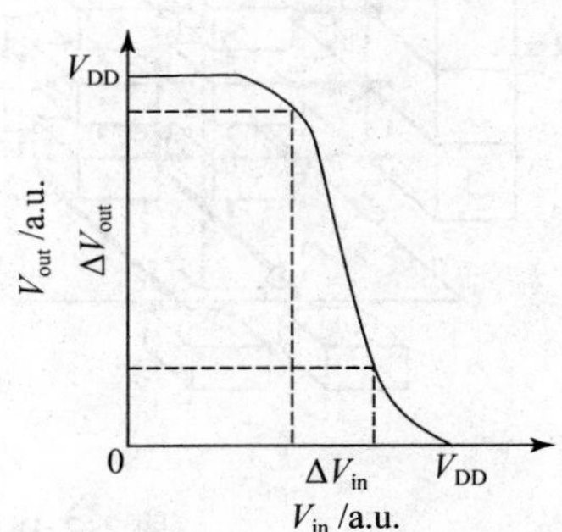

图 2.2-21 CMOS 电路的放大特性

在预充阶段，S/R 电路的 nMOS 和 pMOS 都截止。进行读操作时，V_{SAP} 加载正脉冲，从 V_R 上升到 V_{DD}；V_{SAN} 加载负脉冲，从 V_R 下降到 0，使 nMOS 和 pMOS 导通。在放大初期 nMOS 和 pMOS 都工作在饱和区，即高增益区，从而把两侧位线的初始信号差放大。

读"1"时，有单元选中的一侧位线电平升高，如 BL 电平升高，另一侧位线 $\overline{\text{BL}}$ 电平保持为

V_R，这样就在 S/R 两侧产生了初始信号差：

$$\Delta V_1 = V_{B1} - V_R = (V_{S1} - V_R)T \tag{2.2-14}$$

同理，读“0”时，S/R 两侧产生的初始信号差为

$$\Delta V_0 = V_R - V_{B0} = (V_R - V_{S0})T \tag{2.2-15}$$

由于 S/R 中交叉耦合形成的正反馈作用，这个初始信号差 ΔV_1（或 ΔV_0）经过放大后，最终使初始电位较高一侧位线上升到高电平，初始电位较低一侧的位线下降到低电平。放大后合格的高低电平再写回到存储电容上。

由于 $T \ll 1$，从单元读出的初始信号差 ΔV_1（或 ΔV_0）很小。在理想情况下，即电路完全对称且没有外界噪声干扰时，这种触发器式的 S/R 在电路的逻辑阈值点处增益趋于无穷大，因而可以检测任意小的信号差。但实际上，由于工艺的离散性造成器件参数不能完全对称，如器件的阈值电压、导电因子及位线电容等的不对称性，这将极大地降低电路的灵敏度。随着集成度的提高，器件尺寸减小，工艺的容差更不能忽略。另外电路中各种噪声干扰也使灵敏度下降。通过对 16Mb DRAM 的实验和模拟研究表明，工艺造成的器件参数不对称性引起的失配电压约为 27 mV，位线电容不对称性造成的失配电压约 10 mV，阵列耦合噪声引起的失配电压约 9 mV。因此，要使 CMOS 触发器式的 S/R 正常工作，位线的初始信号差不能小于 46 mV[31]。若单元存储电容为 35 fF，信号电压 $V_S = 1.5$ V，考虑到 α 粒子的影响及泄漏电流造成的信号丢失，有效的存储电荷只有 13.5 fC。当一根位线带 128 个单元时，相应的位线电容约 230 fF，由此得到的位线初始信号差为 51 mV，才可以保证灵敏放大器正常工作。但是，若位线电容再增大，则可能导致初始信号差太弱而造成 S/R 的误操作。与此同时，S/R 灵敏度越高，抗干扰能力越差，任何干扰信号在 S/R 两侧引起的微小信号差也会被放大，如字线产生的干扰信号。因为在读操作时，S/R 两侧位线上只有一侧的一个单元选中，选中单元的字线信号会通过单元门管的栅-漏寄生电容耦合到位线上，而 S/R 另一侧位线上没有单元选中，这样字线信号使 S/R 两侧产生了差分干扰信号，这个差分信号会引起 S/R 的误操作。为了避免字线信号的干扰，常采用设置虚单元的方案。

1. 虚单元的设置

在 S/R 两侧位线上各增加一个虚单元 C_D 和相应的虚单元字线 W_D。对整个 DRAM 是增加两行虚单元。在读操作时，当某个实单元选中时，使 S/R 另一侧的虚单元同时选中。这样实单元和虚单元的字线信号同时通过寄生电容耦合到两侧位线上，对 S/R 形成共模干扰信号。由于 S/R 只放大差分信号，对共模信号有抑制作用，因此消除了字线干扰的影响。

虚单元的设置有两种方式。

(1) 半电压方案

图 2.2-22 是半电压方案的虚单元设置。虚单元和实单元设计得完全一样，即 $C_D = C_S$。在读操作前，预充控制脉冲 $\phi_p = 1$，使虚单元电容 C_D 充电到 V_R，同时 S/R 两侧位线也充电到 V_R。读出时，$\phi_p = 0$，若选中字线 W_i，则同时选中另一侧的 W_D。

如果 C_S 存"0",则选中实单元一侧的位线 BL 电位变为

$$V_{B0}=\frac{C_B V_R + C_S V_{S0}}{C_B + C_S} \tag{2.2-16}$$

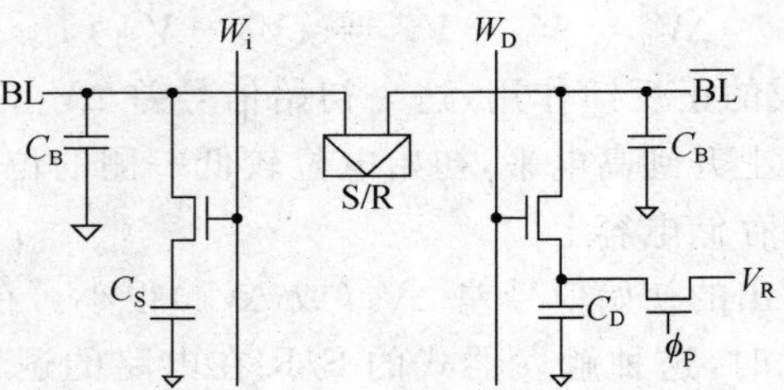

图 2.2-22 半电压虚单元的设置

如果 C_S 存"1",位线 BL 电位变为

$$V_{B1}=\frac{C_B V_R + C_S V_{S1}}{C_B + C_S} \tag{2.2-17}$$

选中虚单元一侧的位线$\overline{BL}$电位 V_{BD}仍维持参考电平 V_R。显然,不论读"0"还是读"1",S/R 两侧产生的信号差相同,$V_{B1}-V_{BD}=V_{BD}-V_{B0}$,由此得到 S/R 两侧位线信号差为

$$\Delta V_B=\frac{C_S}{C_B+C_S}\cdot\frac{V_{S1}-V_{S0}}{2}=\frac{1}{2}T\cdot\Delta V_S \tag{2.2-18}$$

(2) 半电荷方案

图 2.2-23 是按半电荷方案设置的虚单元。读操作前,位线都预充到电源电压 V_{DD},同时对虚单元电容 C_D 放电。读出时,若选中 W_i,则同时选中 W_D。对选中实单元一侧的位线,其位线电平决定于单元存储的信息。

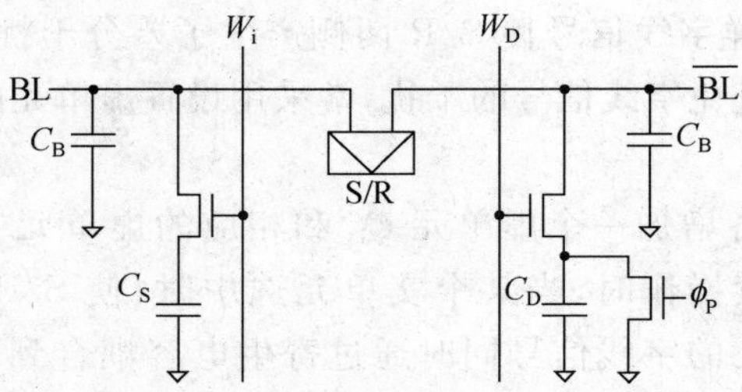

图 2.2-23 半电荷虚单元的设置

读"1"时,位线 BL 电位变为

$$V_{B1}=V_{DD}$$

读"0"时,位线 BL 电位变为

$$V_{B0}=V_{DD}-\frac{C_S}{C_B}(V_{DD}-V_T)$$

而选中虚单元一侧的位线$\overline{BL}$电平总是：

$$V_{BD}=V_{DD}-\frac{C_D}{C_B}(V_{DD}-V_T)$$

为了使读“1”和读“0”时得到相同的信号差，应使

$$V_{BD}=\frac{V_{B1}+V_{B0}}{2}$$

由此得出

$$C_D=\frac{1}{2}C_S \tag{2.2-19}$$

也就是说对半电荷方案，虚单元存储电容 C_D 应设计为实单元存储电容 C_S 的一半大小。由于实际上存储电容存储的高电平会由于漏电而衰退，若衰退量为 ΔV_{S1}，则读“1”时，

$$V_{B1}=V_{DD}-\frac{C_S}{C_B}\Delta V_{S1}\quad (<V_{DD})$$

因此要求

$$C_D=\frac{1}{2}C_S\left(1+\frac{\Delta V_{S1}}{V_{S1}}\right)\quad \left(>\frac{1}{2}C_S\right) \tag{2.2-20}$$

实际设计时可取 $C_D\approx 0.65C_S$。

2. 开式位线和折叠位线

从前面分析知道，从 DRAM 单元读出的信号非常微弱，因此必须有高灵敏度的 S/R，S/R 可以检测放大微小的差分信号。但是 S/R 的灵敏度越高，抗干扰能力越差。S/R 在单元位线上的连接方式不同，将会产生不同的干扰信号。S/R 的连接方式有开式位线和折叠位线两种结构。图 2.2-24 比较了开式位线和折叠位线结构。由于单元中的门管存在栅-源，栅-漏寄生电容，形成字线和位线之间的耦合电容。对开式位线结构，不仅字选信号会在 S/R 两侧产生一个非对称干扰，而且阵列噪声也会带来不对称的干扰。在大容量的 DRAM 中，一根字线要带很多单元。在读写过程中，会同时有很多位线信号从 V_{DD}变到 0，或从 0 变到 V_{DD}，位线信号变化会通过位线-字线的耦合电容耦合到字线上，又通过字线耦合到被选中的位线上。由于开式位线结构中每根字线只穿过 S/R 一侧的位线，这种阵列耦合噪声对 S/R 是个差分信号，因此会影响甚至破坏 S/R 的正常工作。

折叠位线结构就是针对这个问题而设计出的另一种阵列结构。对折叠位线结构，相当于把开式位线中 S/R 两侧的位线折叠到一侧。在开式位线结构中，每根字线只穿过 S/R 一侧的位线。而在折叠位线结构中，每根字线同时穿过 S/R 连接的一对位线 BL 和$\overline{BL}$，相当于开式位线中 S/R 两侧的两段位线。当阵列噪声通过字线耦合到被选位线时，干扰信号同时加到 BL 和$\overline{BL}$上，这对 S/R 是一个共模干扰信号，不会影响 S/R 的正常放大工作。

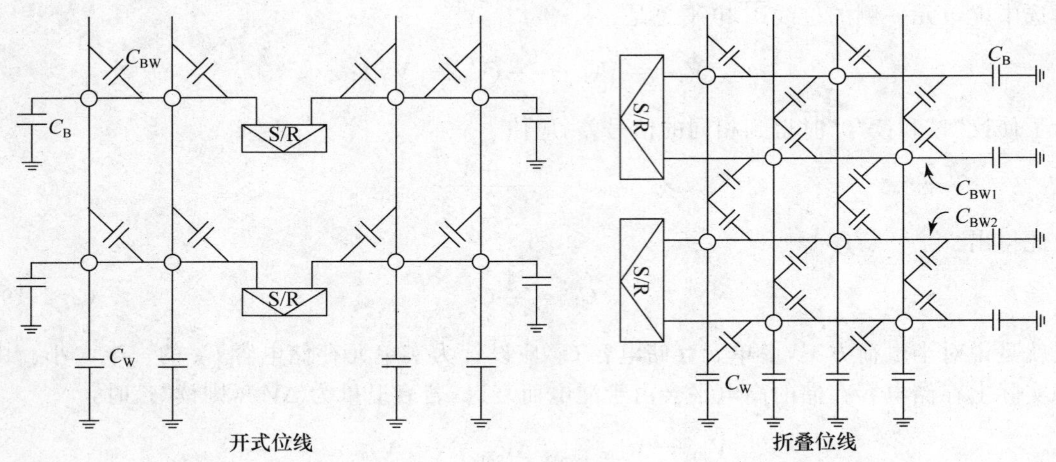

图 2.2-24　开式位线和折叠位线阵列结构

Hiroo Masuda 等人对开式位线和折叠位线的噪声干扰作了研究[32]。若非选中位线与选中位线信号朝相反方向变化，非选中位线与字线间的耦合因子是

$$\gamma_1 = (C_{BW}/C_W) \cdot n \tag{2.2-21}$$

其中 n 是与选中位线信号变化相反的非选中位线数目，根据统计规律，可取为总位线数目的一半。C_{BW} 是字线和位线间的耦合电容，C_W 是字线寄生电容。阵列噪声耦合到字线后再通过字线耦合到被选中的位线上，这个耦合因子是

$$\gamma_2 = (C_{BW}/C_B) \cdot n_W \tag{2.2-22}$$

其中 C_B 是位线寄生电容，n_W 是跨过位线的字线数目。若灵敏放大器的增益是 A，则加到选中位线的干扰信号可用下式推算

$$\Delta V = \gamma_1 \gamma_2 \gamma_3 V$$

其中，

$$\gamma_3 = 1 + A \tag{2.2-23}$$

因此，考虑到阵列噪声的干扰，S/R 得到的有效信号是

$$V' = (1 - \gamma) V \tag{2.2-24}$$

其中 $\gamma = \gamma_1 \gamma_2 \gamma_3$。要使 S/R 正常工作，必须使有效信号大于或等于 S/R 的最小灵敏信号。考虑到参数不称性的影响和阵列噪声的干扰，最小灵敏信号 V_{min} 是

$$V_{min} = \frac{1}{1-\gamma} \sqrt{\frac{2KC_0}{\beta_0}} \left(\frac{\Delta\beta}{\beta_0} + \frac{\Delta C}{C_0} \right) + \Delta V_T = N + N_A \tag{2.2-25}$$

其中，第一项 N 是 S/R 本身不对称性引起的噪声：

$$N = \sqrt{\frac{2KC_0}{\beta_0}} \left(\frac{\Delta\beta}{\beta_0} + \frac{\Delta C}{C_0} \right) + \Delta V_T$$

第二项 N_A 表示开式位线和折叠位线结构的阵列耦合噪声：

$$N_A = \frac{\gamma}{1-\gamma}\sqrt{\frac{2KC_0}{\beta_0}}\left(\frac{\Delta\beta}{\beta_0}+\frac{\Delta C}{C_0}\right)$$

对于开式位线和折叠位线，耦合因子 γ 分别为

$$\gamma_{\text{open}} = \frac{C_{BW}^2}{C_W C_B}\cdot n_W \cdot n \cdot (1+A)$$

$$\gamma_{\text{floded}} = \frac{(C_{BW1}-C_{BW2})^2}{2C_W C_B}\cdot n_W \cdot n \cdot (1+A) \tag{2.2-26}$$

显然，若 $C_{BW1}=C_{BW2}$，则折叠位线结构可以完全消除阵列噪声的干扰。当然，实际上折叠位线结构的阵列噪声不可能降到 0。图 2.2-25 比较了开式位线和折叠位线的阵列噪声随阵列增大而增加的情况[32]。可以看出，采用折叠位线可以使阵列噪声降为开式位线的 10%左右。

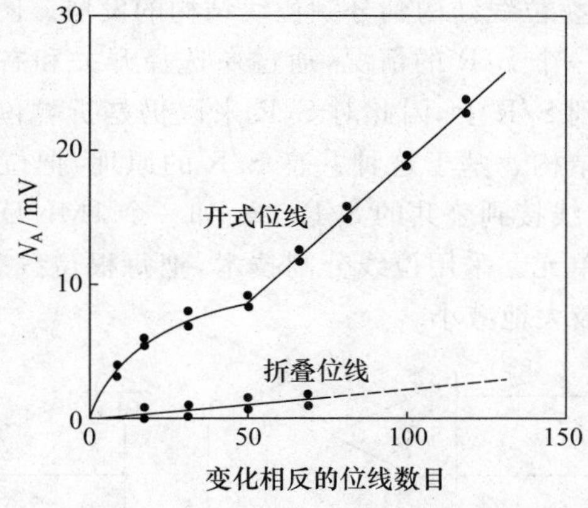

图 2.2-25　阵列噪声与存储容量的关系

3. 位线分割技术

DRAM 集成度的提高使得位线不断加长，每根位线上所带的单元数目不断增加，使总的位线电容增加。这将使大容量 DRAM 的电荷传输效率 T 极大地降低，影响电路的工作速度和可靠性。为了减小位线电容 C_B，应想办法减小位线长度，减少位线所带的单元数目。如果简单地把单元阵列分块，使字线和位线长度减小，如图 2.2-26 所示，必然要增加译码器和 S/R 的数量。采用共享 S/R 的位线分割技术，把一根位线分成几段，通过 MOS 开关使子位线与主位线相连，从而使 n 段子位线共用一个灵敏放大器，这样可以在不增加 S/R 的基础上缩短位线长度，减小 C_B/C_S 的比值，提高电荷传输效率 T。

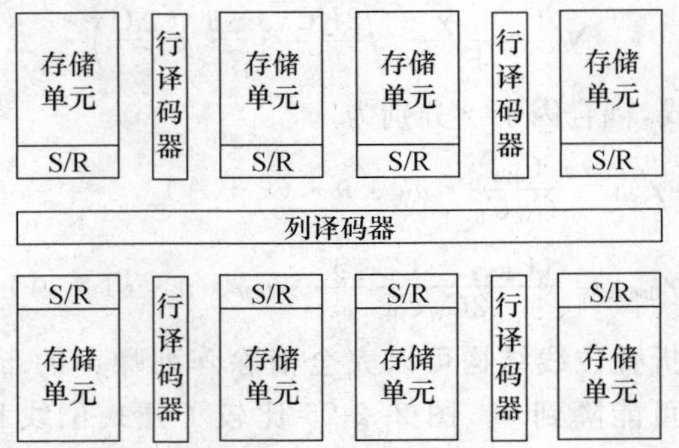

图 2.2-26　单元阵列的分割

图 2.2-27 说明了从折叠位线结构到分割位线结构的发展。图(a)是简单的折叠位线结构,图(b)是两对位线共享一个 S/R 的情况,通过左选择开关和右选择开关的控制,使得每次只有一侧的两条位线接到 S/R 上,因此对 S/R 来说仍是折叠位线的结构。图(c)是在此基础上发展的多分割位线结构。基于这种共享 S/R 的原理,把位线分成 n 段,通过开关控制,使得每次只有一对子位线接到公共的 S/R 上。如一个 1Mb DRAM,若采用常规位线结构,每根位线要带 1024 个单元。采用位线分割技术,把每根位线分成 16 段,每段位线只带 64 个单元,从而使 C_B/C_S 极大地减小。

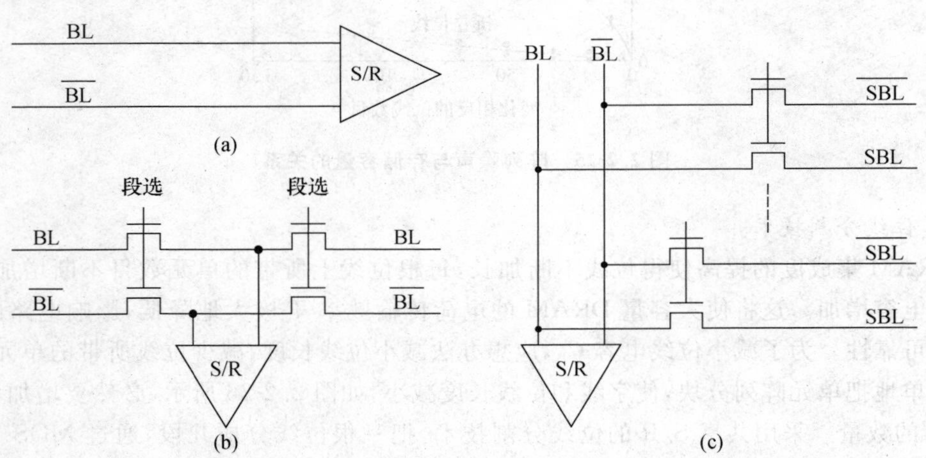

图 2.2-27　位线分割技术

图 2.2-28 给出了采用位线分割技术的 1Mb DRAM 的阵列结构图,图中只画出了右半部分的电路图[33]。列译码器和公共数据线被放在阵列中间,S/R 被放在存储阵列的两侧。主位线 BL 和$\overline{\text{BL}}$按折叠位线方式接到 S/R 上。8 对块选择开关把 8 对子位线 SBL 和$\overline{\text{SBL}}$分别接到 BL 和$\overline{\text{BL}}$上。这相当于把存储单元分成每块 128Kb 的子阵列,每次只有一块单元阵

列和主位线相连，其他各块由块选择开关控制与主位线隔离。采用双层金属工艺，主位线 BL、字线 WL 和块选择线 BSL 都用金属线，减小它们的 RC 延迟时间。子位线 SBL 采用多晶硅线，这样比扩散位线进一步降低了位线寄生电容。用这种位线分割结构改善了 DRAM 的性能，同时获得了较好的芯片效率。

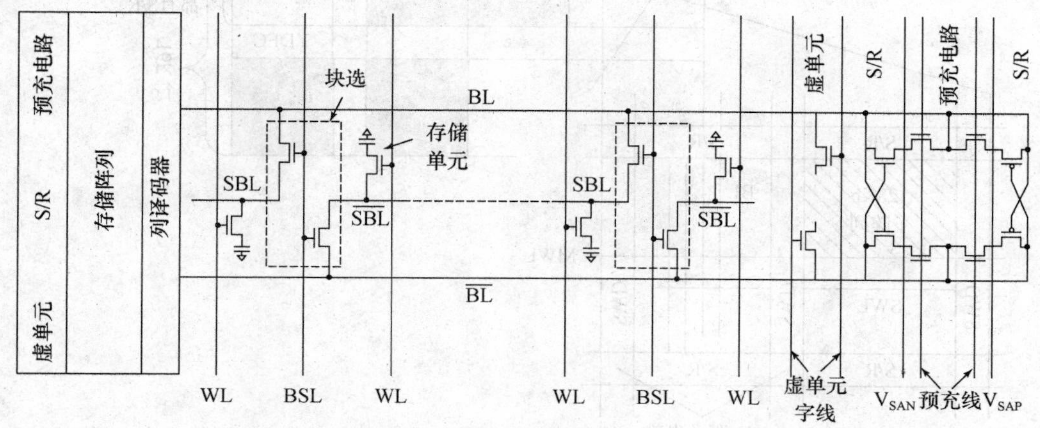

图 2.2-28 采用位线分割技术的单元阵列结构图

4. 多层分割阵列结构

在大容量 DRAM 中，很长的字线所带来的 RC 延迟也是不容忽视的。另外，随着存储容量增加，器件尺寸不断减小，这就要求单元中的字线的线宽和间距也必须随之缩小。较小的字线线宽会增加字线寄生电阻和电流密度，较小的间距使线间电容加大，这些都将影响电路性能和可靠性。

随着字线上所带单元数目的增加，每次字线选中后激活的单元数目增多，这将增大 DRAM 的动态功耗。以上分析说明，字线的加长是有一定限度的。在大容量存储器中，简单地把字线分段的办法，需要分成很多段，必然要增加译码器的数量，这将增加芯片面积。采用多层分割阵列结构，利用多层金属布线工艺，可以在不增大芯片面积的前提下极大地减少每次激活的单元数，减小字线延迟。图 2.2-29 给出了采用多层分割阵列结构的 256Mb DRAM 的框图[34]。整个存储阵列分为 8 块，每块是 32Mb，有 8K 行，4K 列。每块 32Mb 单元分为 256 个子阵列，每个子阵列是 128Kb，有 256 行，512 列。这种多层分割阵列结构采用两级字线，即主字线 MWL 和子字线 SWL，相应的行译码也分为两级进行，即字线驱动预译码 SWD 和主字线译码 MWD。一对主字线 MWL 和 $\overline{\text{MWL}}$ 驱动 8 对子字线 SWL 和 $\overline{\text{SWL}}$，激活的单元由原来行译码器驱动的一行缩小到其中一对子字线所连接的单元，即两个 128Kb 的子阵列，共 256Kb。

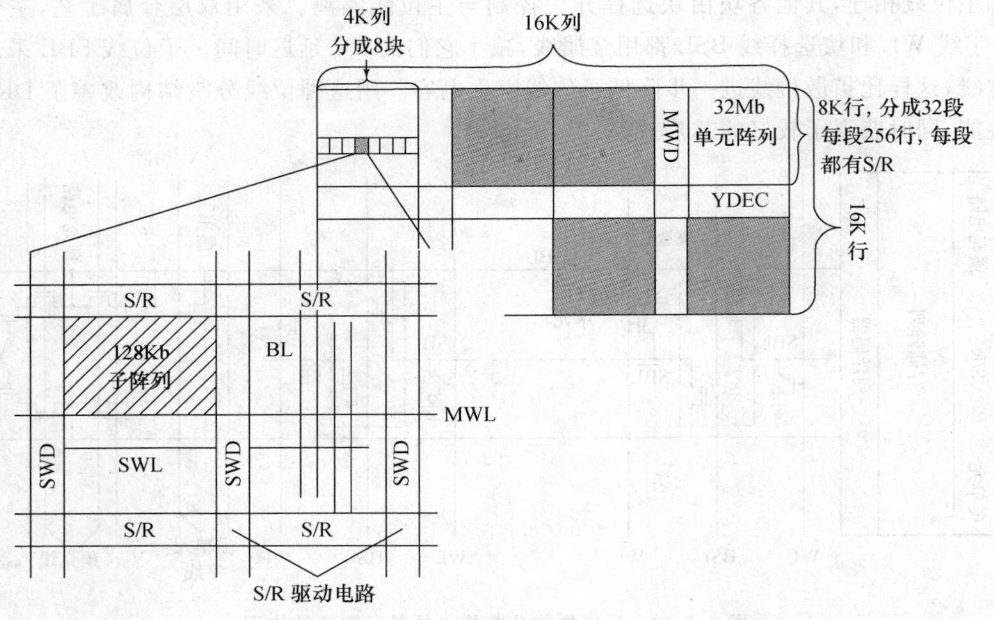

图 2.2-29　多层分割阵列结构

图 2.2-30 给出了两级字线及相应的译码器结构[34]。这两部分译码器用全 CMOS 电路驱动输出，采用提升的 V_{BOOT} 电压作输出驱动器电源，可以获得较高电平的字线驱动信号，从而有利于提高速度。子字线驱动电路数目较多，因而采用简单的 nMOS 自举电路，可以用很小的面积产生足够高的子字线驱动信号。当主字线译码器输出高电平到选中的主字线 MWL 上，通过子字线驱动电路中的传输管给子字线驱动级的负载管栅极充电到高电平。若某根字线预译码输出线 PWL 为高电平，与之相连的子字线驱动电路输出高电平，同时字线预充 PWL 的 V_{BOOT} 的高电平通过栅漏电容的自举作用提升子字线 SWL 的高电平。对于没选中的主字线，其补码信号线$\overline{MWL}$为高电平，用来控制相应的子字线放电。由于一对主字线 MWL 和$\overline{MWL}$要驱动很多行子字线，主字线用上层金属线，把线宽和间距加大，这样可以加长主字线长度，减少主字线译码器数目。采用多层分割阵列结构，极大地减小了单元阵列每次激活的区域，从而使灵敏放大器操作上消耗的电流减小。工作电流的减小，使电源线上的电压跳动减小，这将有利于提高灵敏放大器的灵敏度和工作速度。

5. “与非”单元阵列结构

随着 DRAM 容量的增长，单元面积大约需要每个工艺代减小 40%，芯片面积每个工艺代增长约 50%。为了减小每个单元平均占用的芯片面积，同时又不使单元结构过于复杂，发展了一种多个单元串联的“与非”式(NAND)的 DRAM 结构[35]。这种 NAND 单元结构已在 ROM 中得到应用。图 2.2-31 比较了 NAND 单元与传统单元的电路结构。采用多个

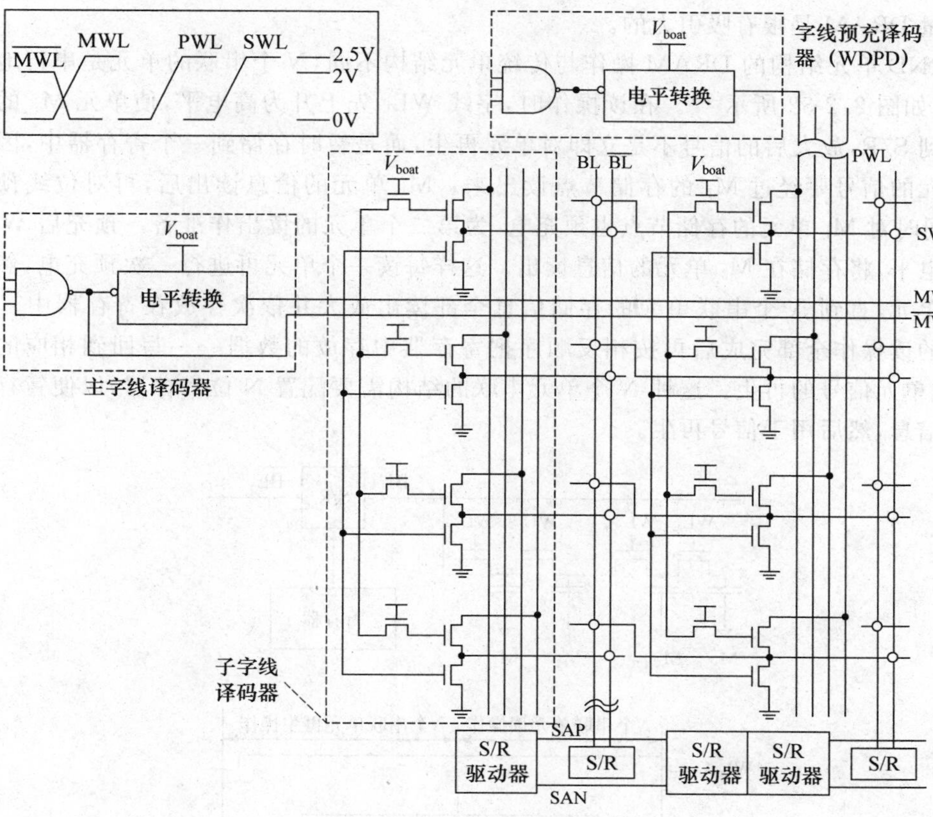

图 2.2-30　两级字线结构

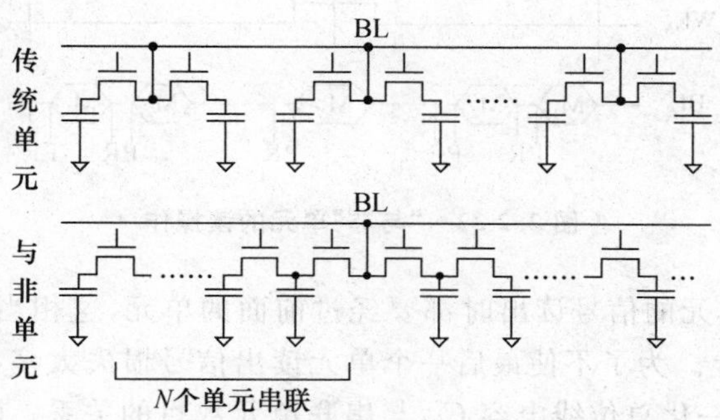

图 2.2-31 “与非”单元结构与传统单元结构的比较

单元串联的结构，节省了单元之间的隔离区面积，减少了位线引出孔。如图 2.2-31 中所示，串联式结构每 $2N$ 个单元共用一个位线引出孔，从而减小每个单元平均占用的芯片面积，这对大容量 DRAM 是很有吸引力的。

NAND单元结构的 DRAM 操作与传统单元结构不同，N 个串联的单元是串行地进行读操作，如图 2.2-32 所示[36]。在读操作时，字线 WL_1 先上升为高电平，使单元 M_1 的信号读出送到 S/R，放大后的信号不是立即对单元再生，而是暂时存储到一个寄存器中，因为下一个单元的信号要经过 M_1 的存储节点读出来。M_1 单元的信息读出后，再对位线预充电(PR)，同时对 M_1 单元的存储节点也预充电，为第二个单元的读出作准备。预充后 WL_2 上升为高电平，将存储在 M_2 单元的信息读出。这样每读一个单元再进行一次预充电，然后读下一个单元，直到 N 个串联单元的存储信息全部读出放大并依次存放在寄存器中。在 N 个单元的读操作全部完成后再按相反顺序把寄存器中存放的数据一一写回到相应的单元中，完成单元信号的再生。这种 N 个单元串联的结构需要配置 N 位寄存器，以便暂存单元读出的信息，然后用于信号再生。

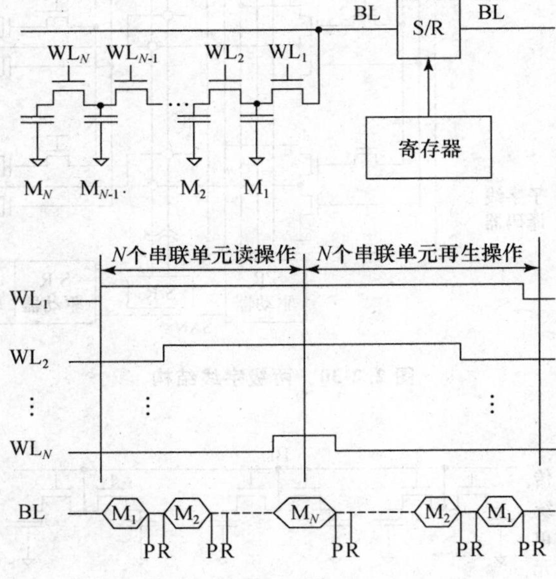

图 2.2-32 “与非”单元的读操作

由于 M_2 至 M_N 单元的信号读出时都要经过前面的单元，这相当于把前面单元的存储电容增加到位线电容上。为了不使最后一个单元读出信号损失太多，串联单元的数目不宜太多。图 2.2-33 是归一化总位线电容 C_{BT} 与串联单元数目的关系。C_{BT} 是由实际位线电容 C_{B0} 加上 M_1 到 M_{N-1} 单元的存储电容 $(N-1)C_S$，这是针对读第 N 个单元的情况。当 N 增加时，C_{B0} 应减小，因为串联单元减少了位线引出孔，并缩短了单元间距，但 N 增加使附加的位线电容 $(N\text{-}1)C_S$ 增加。因此，N 有一个优化的值。当 $N=4$ 时，总位线电容最小，约为传统单元结构位线电容的一半。

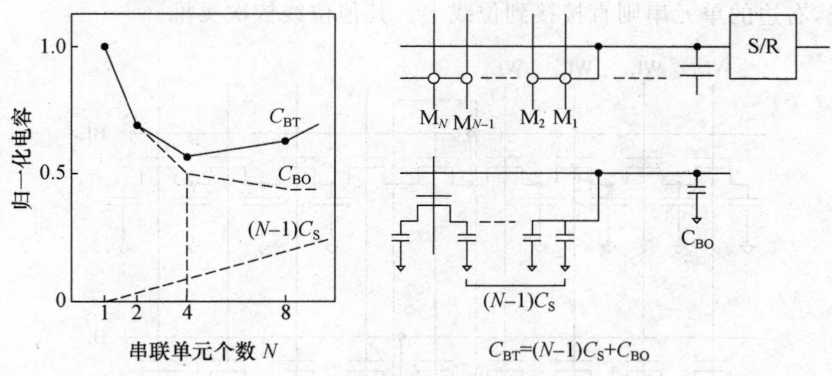

图 2.2-33 归一化的总位线电容与串联单元个数的关系

采用 4 个单元串联的 NAND 结构，以 4 个单元为一个设计单位。为了进一步减少面积，相邻两个单位之间不用场区隔离，而用栅隔离技术，即用一个接地的多晶硅栅，保证这个栅极下方不会形成反型层而导通，用这个区域实现相邻两个单元之间的隔离。采用 0.4 μm 设计规则，4 个串联单元的总面积仅为 0.95 μm×4.05 μm，平均每个单元的面积是 0.962 μm^2，比传统单元结构节省了 37%的面积，如图 2.2-34 所示[37]。

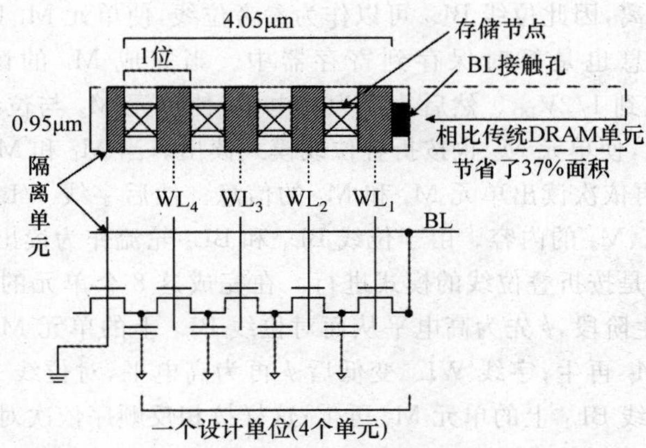

图 2.2-34 NAND 单元版图结构

上述 NAND 结构是一种开式位线的工作模式。对 Gb 规模的 DRAM，不仅要考虑集成密度，还要考虑到 DRAM 工作的可靠性。折叠位线可以抑制阵列噪声，在 Gb DRAM 中把折叠位线与串联单元结合起来，设计一种新的折叠位线的 NAND 单元阵列结构[38]。图 2.2-35 说明了这种折叠位线的 NAND 单元阵列结构，仍然采用 4 个单元串联，不过增加了受时钟 ϕ 控制的 MOS 晶体管开关。位线 BL_1 左边的一串单元直接连到位线上，而右边的单元串通过 ϕ 控制的开关接位线；对位线 BL_2 而言则刚好相反，左边的单元串通过控制开关接位线，右边的单元串则直接接到位线上。其他位线依次类推。

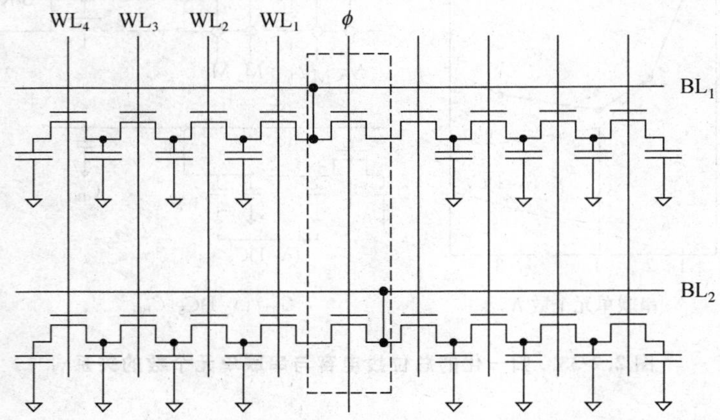

图 2.2-35　折叠位线 NAND 单元结构

图 2.2-36 说明了折叠位线 NAND 单元的工作原理。当字线 WL_1 为高电平时，单元 M_1 和 M_2 都被选中，它们的存储信息将向位线传送。由于单元 M_1 直接与位线相通，它的存储信息可直接传送到位线 BL_1，但是，此时 ϕ 为低电平，ϕ 控制的 MOS 晶体管截止，使单元 M_2 和位线 BL_2 隔离，因此位线 BL_2 可以作为参考位线，使单元 M_1 以折叠位线的模式进行读操作，读出的信息也是暂时保存到寄存器中。当完成 M_1 的读出后，位线再充到 $1/2V_{DD}$，M_1 也被预充到 $1/2V_{DD}$。然后 ϕ 变为高电平，使单元 M_2 与位线 BL_2 相连，此时位线 BL_1 作为参考位线，使单元 M_2 也按折叠位线模式读出。当 M_1 和 M_2 单元的信息都读出后，字线 WL_2 变高，再依次读出单元 M_3 和 M_4 的信息。然后字线 WL_3、WL_4 变高，依次读出单元 M_5、M_6 和 M_7、M_8 的内容。由于位线 BL_1 和 BL_2 轮流作为读出位线和参考位线，使每个单元的读操作都是按折叠位线的模式进行。在完成这 8 个单元的读出后，按相反顺序对单元信息再生，再生阶段，ϕ 先为高电平从而对位线 BL_2 上的单元 M_8 再生，然后 ϕ 变低，位线 BL_1 上的单元 M_7 再生；字线 WL_4 变低后 ϕ 再为高电平，对位线 BL_2 上的单元 M_6 再生，然后 ϕ 再变低，位线 BL_1 上的单元 M_5 再生；这样按相反顺序依次对 8 个单元信号再生。对 NAND 单元结构，除了要注意读和再生操作的顺序，还有一个值得关注和需要解决的问题，就是读操作周期时间较长，并有较大的功耗。

折叠位线的 NAND DRAM 不仅有利于提高集成密度，而且能有效抑制阵列噪声。对 1Gb 折叠位线 NAND 结构的 DRAM 阵列噪声只有信号的 10%，而开式位线 NAND 结构阵列噪声是信号的 29%。

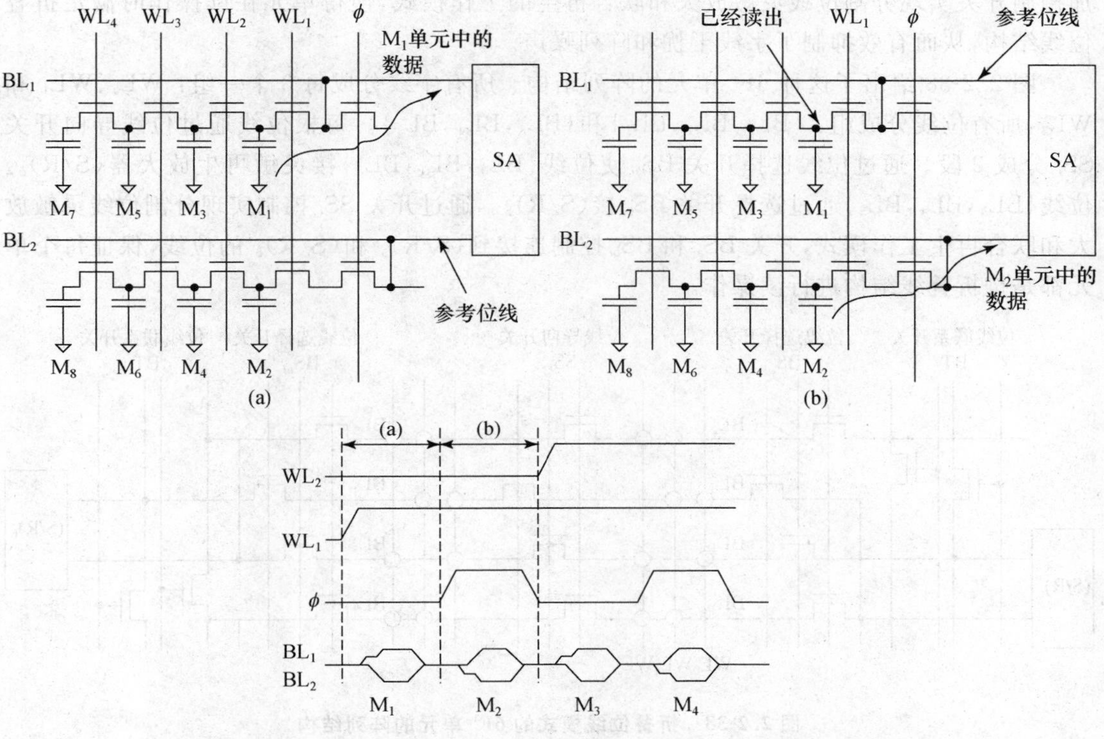

图 2.2-36　折叠位线 NAND 单元结构的工作原理

6. 折叠位线的 $6F^2$ 单元阵列结构

对一般的折叠位线结构，如果字线和位线的线宽与间距都采用最小尺寸 F，则一般折叠位线结构允许的最小单元面积是 $8F^2$。如果每 2 对位线公用一根参考位线，可以使单元面积减少到 $6F^2$，从而使单元面积减小 25%，如图 2.2-37 所示。但是这种 $6F^2$ 单元不满足折叠位线结构。对 Gb 规模 DRAM 发展了一种新的 $6F^2$ 单元的阵列结构[39]，通过在阵列中增

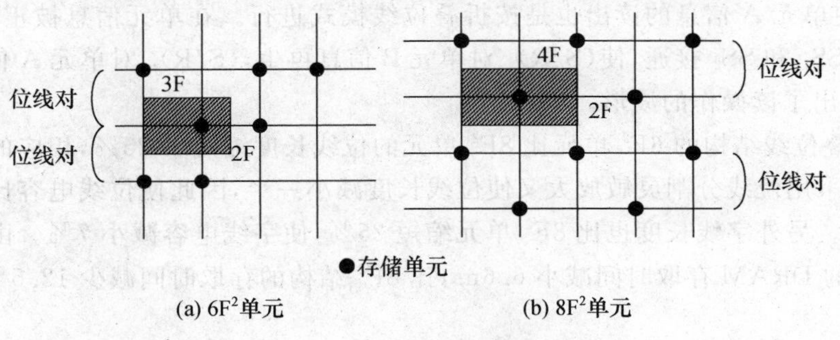

图 2.2-37　$6F^2$ 单元和 $8F^2$ 单元比较

加控制开关实现分割位线灵敏放大和联合再生的工作模式，使得单元在读操作时满足折叠位线结构，从而有效抑制了字线干扰和阵列噪声。

图 2.2-38 给出了这种 $6F^2$ 单元的阵列结构。所有字线分成每 3 个一组：WL_0、WL_1 和 WL_2，所有位线分成组：$\{BL_0, BL_1, BL_2\}$ 和 $\{BL_3, BL_4, BL_5\}$。每根位线通过位线导向开关 SS_i 分成 2 段。通过位线选择开关 BS_{ai} 使位线 $\{BL_0, BL_1, BL_2\}$ 接灵敏再生放大器 $(S/R)_a$。位线 $\{BL_3, BL_4, BL_5\}$ 通过选择开关 BS_{bi} 接 $(S/R)_b$。通过开关 SS_i 控制实现分割位线灵敏放大和联合再生工作模式，开关 BS_{ai} 和 BS_{bi} 控制连接到 $(S/R)_a$ 和 $(S/R)_b$ 的位线，保证每个单元都是按折叠线结构进行读操作。

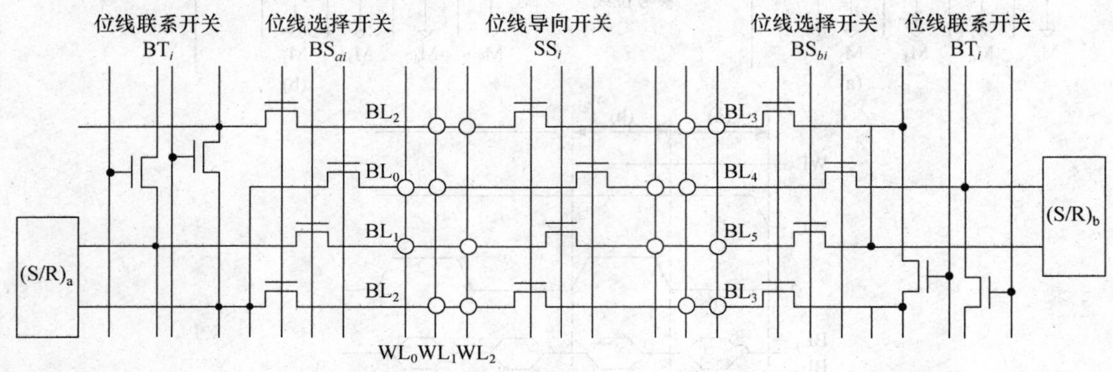

图 2.2-38　折叠位线模式的 $6F^2$ 单元的阵列结构

图 2.2-39(a)进一步说明了实现位线分割灵敏放大和联合再生，以及实现折叠位线操作模式的原理。当选中字线 WL_0 时，单元 A 和单元 B 都选中。在单元向位线传递信号的初期，开关 SS_i 都接通。在单元信号传送到位线后，开关 SS_i 都断开，把长位线割断，使连接到灵敏放大器的位线缩短，从而减小了寄生电容，有利于提高读放的灵敏度。在读操作时位线选择开关 BS_{a0} 和 BS_{a1} 接通，BS_{a2} 断开，使位线 BL_1 和 BL_2 与 $(S/R)_a$ 相连，保证单元 B 按折叠位线模式进行读操作。同理，BS_{b0} 和 BS_{b2} 接通，BS_{b1} 断开，使位线 BL_4 和 BL_3 接到灵敏放大器 $(S/R)_b$，使单元 A 信息的读出也是按折叠位线模式进行。在单元信息被正确放大后，位线导向开关 SS_1 和 SS_2 接通，使 $(S/R)_a$ 对单元 B 信息再生，$(S/R)_b$ 对单元 A 信息再生。图 2.2-39(b)给出了读操作的波形。

采用折叠位线结构的 $6F^2$ 单元比 $8F^2$ 单元的位线长度缩短了 25%，相应的位线电容减少了 17%。采用位线分割灵敏放大又使位线长度减小一半，因此使位线电容比 $8F^2$ 单元总共减小 38%。另外字线长度也比 $8F^2$ 单元缩短 25%，使字线电容减小 7%。由于这些改进使 $6F^2$ 结构的 DRAM 存取时间减小 6.6ns，比 $8F^2$ 结构的存取时间减少 12.5%[39]。

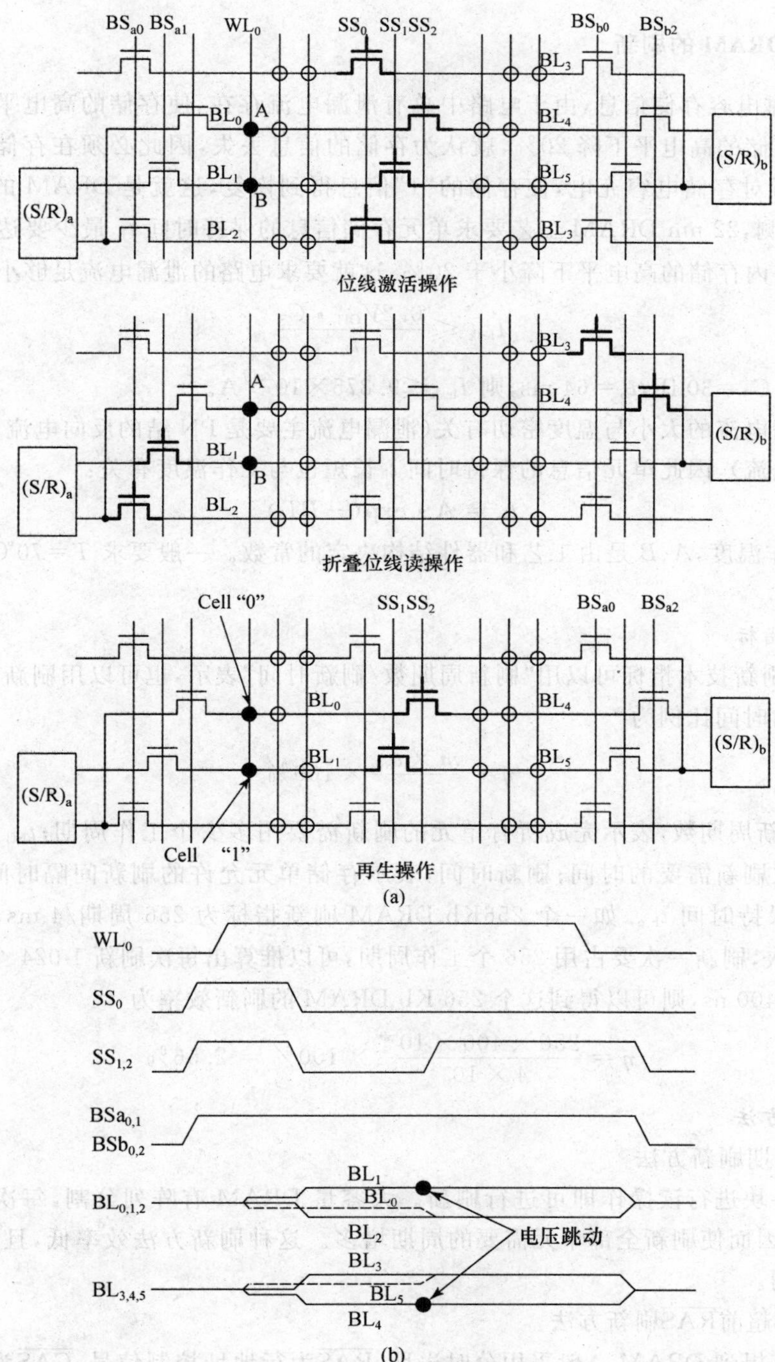

图 2.2-39 折叠位线结构 6F² 单元的读操作原理及电压波形

2.2.4 DRAM 的刷新

DRAM 靠电容存储信息，由于电路中总有泄漏电流存在，使存储的高电平不能长期保持。若单元存储的高电平下降 20%，就认为存储的信息丢失，因此必须在存储的电荷损失 20%以前重新对存储电容充电，使存储的"1"信息得到恢复，这就是 DRAM 的刷新。根据 ITRS2011 预测，22 nm DRAM 工艺要求单元存储信息的保持时间 t_h 最少要达到 64 ms，即要求在 64 ms 内存储的高电平下降小于 20%，这就要求电路的泄漏电流足够小[40]，

$$I_{leak} \leqslant \frac{0.2V_{OH} \cdot C_S}{t_h} \tag{2.2-27}$$

若 $V_{OH}=1$ V，$C_S=30$ fF，$t_h=64$ ms，则 $I_{leak}\leqslant 9.375\times10^{-12}$ A。

由于泄漏电流的大小与温度密切有关(泄漏电流主要是 PN 结的反向电流和 MOS 晶体管的亚阈值电流)，因此单元信息的保持时间 t_h 长短也与工作温度有关：

$$t_h = A \cdot \exp(-BT) \tag{2.2-28}$$

其中 T 为工作温度，A、B 是由工艺和器件结构决定的常数。一般要求 $T=70$℃时存储时间要大于 64 ms。

1. *刷新指标*

DRAM 刷新技术指标可以用"刷新周期数/刷新时间"表示，也可以用刷新效率来表示，即刷新占用的时间比例为

$$\eta = \frac{m \times t_{RC}}{t_h} \times 100\% \tag{2.2-29}$$

其中，m 为刷新周期数，表示完成所有单元的刷新需要用多少个工作周期；t_{RC} 为周期时间，表示完成一次刷新需要的时间；刷新时间，表示存储单元允许的刷新间隔时间，即 DRAM 单元信息的保持时间 t_h。如一个 256Kb DRAM 刷新指标为 256 周期/4 ms，则表示每隔 4 ms 刷新一次，刷新一次要占用 256 个工作周期，可以推算出每次刷新 1 024 个单元。若周期时间 t_{RC} 为 400 ns，则可以得到这个 256 Kb DRAM 的刷新效率为

$$\eta = \frac{256 \times 400 \times 10^{-9}}{4 \times 10^{-3}} \times 100\% = 2.56\%$$

2. *刷新方法*

(1) 读周期刷新方法

依次对各块进行读操作即可进行刷新。大容量 DRAM 有阵列分割，每次读操作激活的单元较少，因而使刷新全部单元需要的周期增多。这种刷新方法效率低，且刷新功耗大，一般较少采用。

(2) $\overline{\text{CAS}}$超前$\overline{\text{RAS}}$刷新方法

第 2.1 节提到 DRAM 一般采用分时送址，$\overline{\text{RAS}}$为行地址控制信号，$\overline{\text{CAS}}$为列地址输入控制信号。一般都是先送行地址再送列地址，即先来$\overline{\text{RAS}}$后来$\overline{\text{CAS}}$。$\overline{\text{CAS}}$超前$\overline{\text{RAS}}$刷新方

法可使刷新周期减少。用一个 64Kb DRAM 为例来说明，存储阵列分成上、下两个 128×256 的阵列，上行译码器和下行译码器各有 128 路输出。正常工作时，行地址 $A_0 \sim A_6$ 在上、下阵列中各选中一行，再由 A_7 地址从其中选出一路输出。当出现$\overline{CAS}$超前$\overline{RAS}$时，封锁 A_7 地址信号，使上下行译码器选中的两行同时工作，即同时刷新两行，从而使刷新周期数减少一半。用这种方法可以减少刷新所用的时间，提高工作效率。

(3) 分时刷新方法

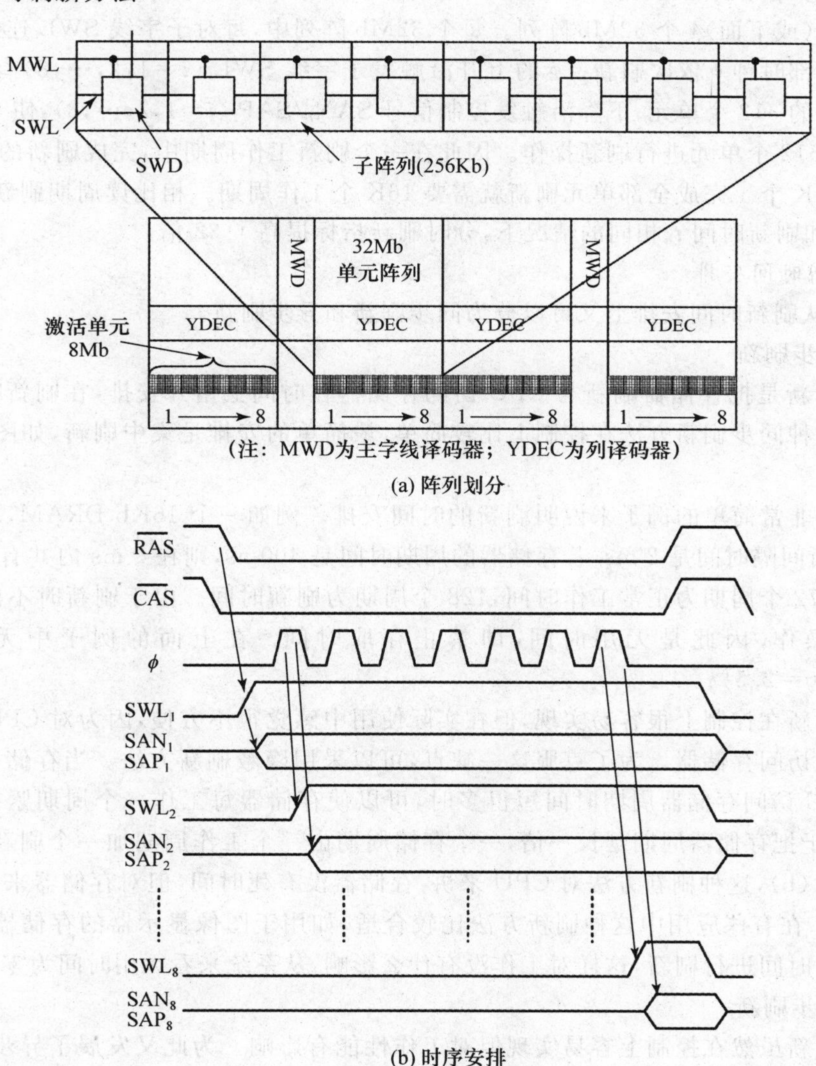

图 2.2-40 256Mb DRAM 的分时刷新

对于大容量DRAM，为了进一步提高刷新效率，通常采用分时刷新的方法。以第2.2.3小节给出的256Mb DRAM为例，整个存储阵列分为上下8块，每块为32Mb，有8K行，4K列。每块32Mb单元中，一对主字线驱动8对子字线，所以每对子字线SWL激活的单元仅为一行中的512个单元。如果采用读周期刷新方法，完成全部单元刷新就需要512K个工作周期，刷新效率太低。图2.2-40给出了256Mb DRAM采用分时刷新的阵列划分和时序安排[34]，实际中采用的刷新方法是：当$\overline{CAS}$超前$\overline{RAS}$时，封锁部分地址，使得主字线MWL同时选中上面(或下面)4个32Mb阵列。每个32Mb阵列中，每对子字线SWL连接的512个单元按照内部时钟ϕ依次刷新。ϕ的上升沿触发子字线SWL_i($i=1,2,\cdots,8$)有效，选中该子字线连接的512个单元；下降沿触发控制信号SAN_i/SAP_i($i=1,2,\cdots,8$)，使S/R放大器有效，对这512个单元进行刷新操作。因此在一个刷新工作周期中，完成刷新的单元为$512\times8\times4=16$K个。完成全部单元刷新就需要16K个工作周期。相比读周期刷新方法，在周期时间t_{RC}和刷新时间t_h相同的情况下，分时刷新指标提高了32倍。

3. *刷新时间安排*

另外，从刷新时间安排上又可以分为同步刷新和异步刷新。

(1) 同步刷新

同步刷新是把存储器刷新与CPU访问存储器在时间上错开安排，在刷新时不能访问存储器。这种同步刷新方法在控制上比较简单，最简单的安排是集中刷新，如图2.2-41(a)所示。

用一个非常简单的例子来说明刷新的时间安排。例如一个16Kb DRAM，刷新周期数是128，刷新间隔时间是2 ms，若存储器的周期时间是400 ns，则在2 ms内共有5 000个周期，其中4872个周期为正常工作时间，128个周期为刷新时间。由于刷新时不能对存储器进行读写操作，因此是无用时间，即禁止存取时间。在上面的例子中无用时间率为128/5 000=2.5%。

集中刷新在控制上很容易实现，但在实际使用中感觉很不方便，因为对CPU来说有一段时间不能访问存储器。为了克服这一缺点，可以采用隐蔽刷新方法。当存储器的周期时间相对CPU访问存储器周期时间短得多时，可以使存储器每工作一个周期紧接一个刷新周期，相当于把存储器周期延长一倍，一个存储周期由一个工作周期加一个刷新周期构成，见图2.2-41(b)，这种刷新方法对CPU来讲，存储器没有死时间，但对存储器来讲无用时间率为50%。在有些应用中这种刷新方法比较合适，如用于图像显示器的存储器，可以利用显示器回扫时间进行刷新，这样对工作没有什么影响，从系统来看无用时间为零。

(2) 异步刷新

同步刷新虽然在控制上容易实现但对工作性能有影响。为此又发展了异步刷新技术。异步刷新时，CPU访问存储器的要求和存储器刷新要求是互相独立的，通过一个裁决电路来控制。仍以16Kb DRAM为例，在2 ms内共有5 000个周期，刷新周期数是128，则5 000/128=39.8，也就是说经过39.8个周期就要安排一个刷新周期。为保证刷新可靠，取较小的整数 39，即每 39 个周期内有 38 个工作周期，然后安排一个刷新周期，如图 2.2-41(c)所示。

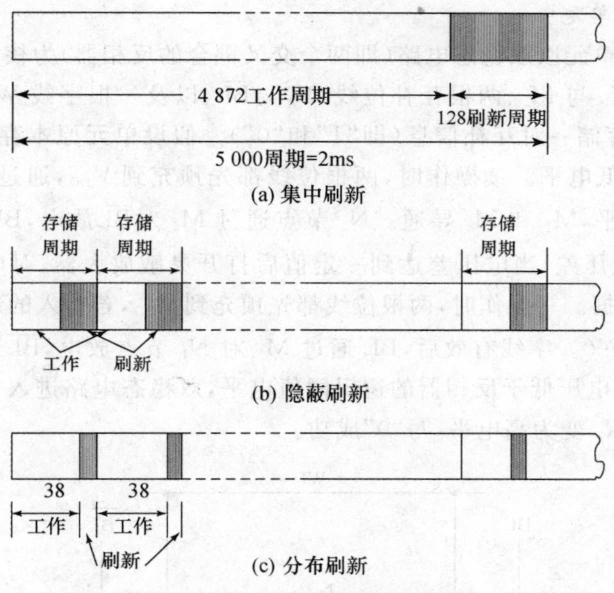

图 2.2-41 DRAM 的刷新时间安排

在控制上是每隔一定时间来一个刷新要求，若此时没有 CPU 访问存储器的要求则进行刷新。若 CPU 访问要求先于刷新要求到来，则先完成访问工作再进行刷新；若 CPU 访问要求和刷新要求同时到达，则暂时封存访问要求，先进行刷新，待刷新完成后再访问存储器。

这种异步刷新是把刷新周期分散安排在工作周期之间，有时也叫分布刷新。它的无用时间率和集中刷新相同，但对 CPU 来讲没有很长的死时间，最多是等待一个周期。

2.3 SRAM 存储器设计

静态 RAM(Static RAM，SRAM)是以双稳态电路作为存储单元，采取静态存储方式，因此单元用的元件多、占用面积大，集成度不如 DRAM 高。此外，SRAM 单元有静态功耗，SRAM 在集成度和功耗方面不如 DRAM 性能优越。但是 SRAM 不需要刷新，外围电路简单，而且工作速度较快，工艺兼容性好，因此在某些应用方面，如作高速缓冲存储器(Cache)和嵌入式存储器，是 DRAM 不能取代的。

2.3.1 SRAM 单元设计

1. SRAM 基本单元

典型的 SRAM 单元以双稳态电路(即两个交叉耦合的反相器)为核心,再加上控制单元读/写的两个开关 M_1 与 M_2、两根互补位线 BL 与$\overline{BL}$、以及一根字线 WL 构成,如图 2.3-1 所示。双稳态电路存储一对互补信息(即“1”和“0”)。假设单元原本存储的数据为“1”,则 N_1 为高电平,N_2 为低电平。读操作时,两根位线都先预充到 V_{DD},通过译码电路选中该单元后,WL 变为高电平,M_1 和 M_2 导通。N_2 节点通过 M_2 对$\overline{BL}$放电,BL 保持高电平不变。BL 与$\overline{BL}$之间产生电压差,当电压差达到一定值后打开灵敏放大器,对电压进行放大,再送到输出电路,读出数据。写操作时,两根位线都先预充到 V_{DD},若写入的新数据为“0”,BL 被写入数据拉到低电平 0。字线有效后,BL 通过 M_1 对 N_1 节点放电,$\overline{BL}$通过 M_2 对 N_2 节点充电。只要 N_1 节点电压低于反相器的逻辑阈值电平,双稳态电路进入正反馈加速翻转,最终 N_1 变为低电平,N_2 变为高电平,写“0”成功。

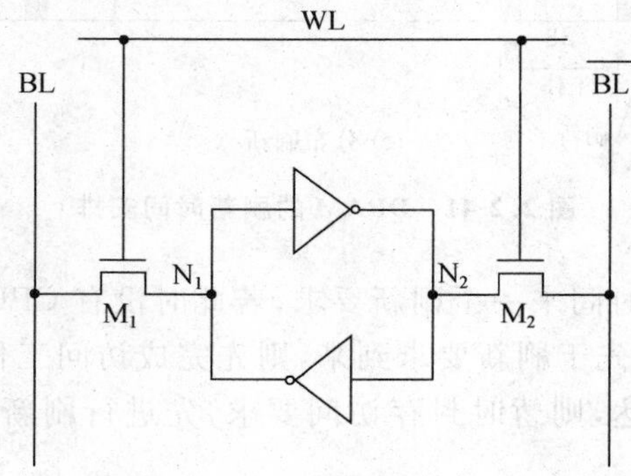

图 2.3-1 SRAM 基本单元

早期的 SRAM 单元是由 6 个 nMOS 组成的,即使用 nMOS 反相器。为了减小反相器中 nMOS 输出高电平阈值损失造成的存储高电平信号下降,可以采用耗尽型 nMOS 作负载,如图 2.3-2(a)所示。nMOS 6 管单元的缺点在于无论存“1”还是存“0”,总有一边反相器导通,因此有较大的静态功耗。若负载管尺寸为 $W/L=1/5$,且 $V_{TD}=-3.3\text{V}$,$K_D=1.6\times 10^{-6}\ \text{A/V}^{-5}$,则导通边的电流为

$$I_L = K_D V_{TD}^2 \approx 1.7\times 10^{-5}(A)$$

因此,为了提高 SRAM 的集成度,必须减小每个单元的工作电流,从而降低单元功耗。用高电阻率的多晶硅代替耗尽型 nMOS 作负载(见图 2.3-2(b)),可以用很小的面积实现很大的阻值,例如可以用几个方块面积得到几百兆欧的高电阻。高阻多晶硅电阻作负载的 SRAM 单元(4T2R)可以有效地降低单元导通电流。例如,$R_L=500\ \text{M}\Omega$,$V_{DD}=5\ \text{V}$,则单元导通电流为

$$I_L = \frac{V_{DD}}{R_L} = 1 \times 10^{-8}\,(\mathrm{A})$$

比 nMOS 单元的电流小 10^3 倍。

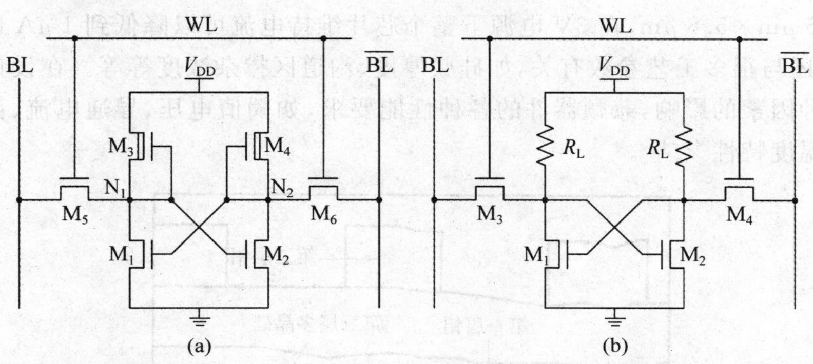

图 2.3-2　SRAM 单元 (a) nMOS 6 管单元;(b) 多晶硅电阻负载单元

为了和标准 CMOS 工艺兼容,现在的 SRAM 大多采用 CMOS 单元,如图 2.3-3 所示。采用 CMOS 单元既可以消除单元的直流功耗,又保证单元存储信号稳定。因为对 CMOS 单元,存"1"节点是靠导通的 pMOS 对节点充电来维持高电平,pMOS 的导通电流在 10^{-8} A 左右,远远大于泄漏电流。CMOS 单元需要做阱,为了提高集成密度,SRAM 单元版图需要精心设计。

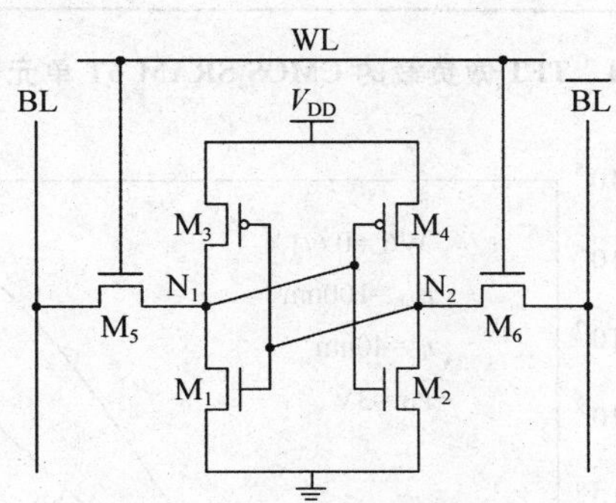

图 2.3-3　SRAM CMOS 6 管单元

由于常规 CMOS 单元要做阱,占用面积太大,不适宜在大容量 SRAM 中采用。一种多晶硅薄膜晶体管(TFT)作负载的 CMOS 存储单元,已经广泛用于 Mb 级以上的高密度 SRAM 中。这种 CMOS 单元中的 pMOS 是在多晶硅薄膜上制造的,因而可以放置在 nMOS 上方,形成一个立体结构的 CMOS 单元。图 2.3-4 是一种 TFT 作负载的 CMOS 单元的剖面图[41]。nMOS 的漏区(N^+ 区)作为 pMOS 的栅极,pMOS 的源、漏区和沟道区是由一层多晶硅薄膜(第二层多晶硅)形成的。在 TFT 作负载的 CMOS 单元设计和制造中,很关键的一点就是提高 TFT 的导通电流与泄漏电流比。TFT 的性能与晶粒大小很有关系。

通过改变非晶硅薄膜再结晶的温度，可以改变晶粒大小，从而改变 TFT 的电流特性。图 2.3-5 表明 α-Si 再结晶温度对 TFT 电流特性的影响，用 600℃再结晶温度可以使 TFT 有足够的导通态/截止态电流比[41]。采用 0.5 μm 3 层多晶硅工艺制造的 4Mb SRAM 的单元，单元面积为 3.5 μm×5.8 μm，在 3V 电源下整个芯片维持电流可以降低到 1 μA 以下。当然，TFT 的性能还与很多工艺参数有关，如硅膜厚度、沟道区掺杂浓度等等。在设计 TFT 时要综合考虑各种因素的影响，兼顾器件的各种性能要求，如阈值电压、导通电流、截止态电流、击穿电压及温度特性[42—44]。

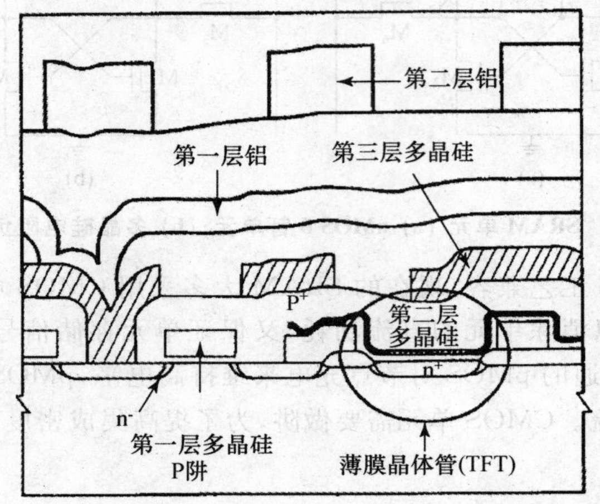

图 2.3-4　TFT 做负载的 CMOS SRAM 6T 单元剖面图

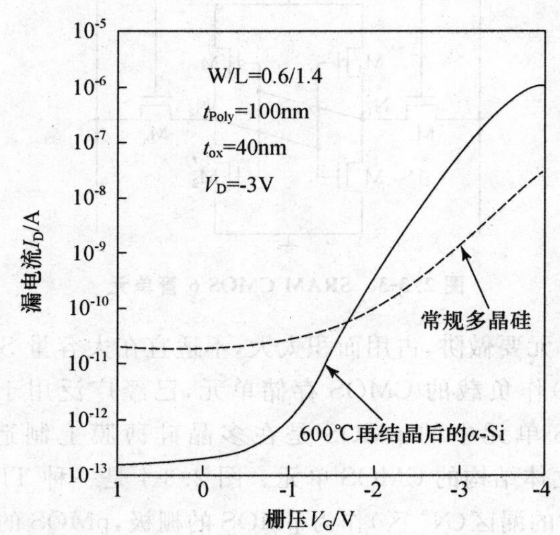

图 2.3-5　α-Si 再结晶温度对 TFT 电流特性的影响

2. 单位线 SRAM 单元

传统的 SRAM 存储单元，每个单元都有 2 根位线，在读/写过程中 2 根位线形成一对互补信号，随着 SRAM 容量增加，单元面积必须不断缩小，因此单元中的位线宽度也要减小。但是对于高密度 SRAM，很细的位线将使单元可靠性下降，一方面由于位线电流密度增加，另一方面位线电阻增加使得位线信号延迟增加。单根位线的存储单元是一种解决方案。

如果只是简单地从传统单元中去掉一根位线及相应的门管，这会引起单元写入时间延长。在传统的双位线单元中，写入时一根位线对单元一个节点放电，同时另一根位线对单元中另一个节点充电。如果去掉 BL_2 位线及门管变成一根位线，则写入时只通过位线对单元中的一个节点放电，而另一侧节点的充电只能靠单元中负载元件提供的微小电流，这将极大地延长写入时间，如图 2.3-6 所示。

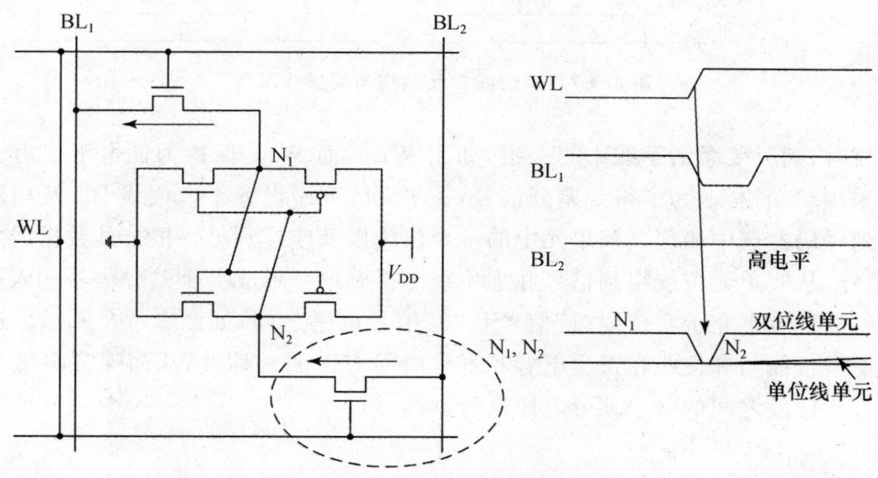

图 2.3-6 单位线单元的写入问题

一种适用于高密度 SRAM 的单位线单元不仅减小了单元面积，而且保证了单元可靠的读/写操作[45]。图 2.3-7 画出了这种单位线单元结构及其写操作原理。单元中仍是 2 个门管，2 个门管共用一根位线 BL，但原来的一根字线分裂成 2 根：上字线 WL_U 和下字线 WL_L。在写入时，原来的一个写脉冲分成 2 个连续的写脉冲——如图中 WL_U 和 WL_L 的 2 个正脉冲，位线 BL 加载一个负脉冲。写"1"时，WL_L 脉冲先于 WL_U 脉冲，门管 M_6 打开对节点 N_2 放电，当位线恢复为高电平时 WL_U 变高使门管 M_5 打开对节点 N_1 充电，从而使单元很快形成稳定的存"1"状态。写"0"时，则 WL_U 脉冲先于 WL_L 脉冲，从而先对 N_1 放电，再对节点 N_2 充电，即完成了写"0"操作。很明显，这种单位线单元解决了写入时高电平节点充电慢的问题。

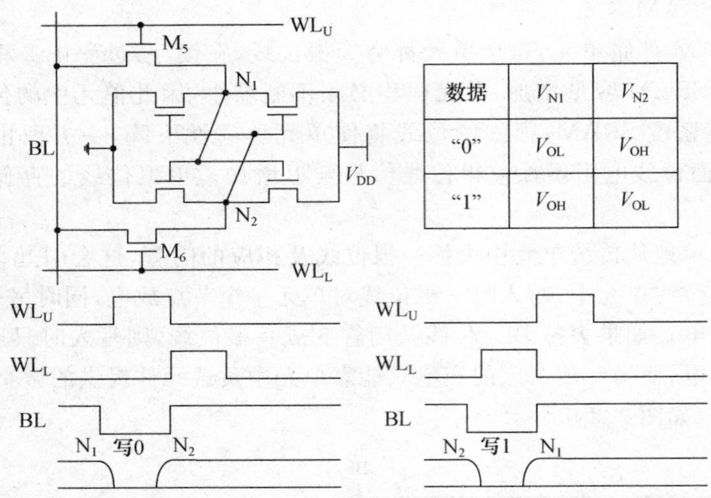

数据	V_{N1}	V_{N2}
"0"	V_{OL}	V_{OH}
"1"	V_{OH}	V_{OL}

图 2.3-7　单位线单元结构与写操作原理

读操作时，则只要激活字线中的一根，如用 WL_U，而 WL_L 保持为低电平。由于灵敏放大器都是采用双端输入，为了得到差分信号，在单元阵列中设置了虚位线 BD 及相应的虚单元。通过列译码器选中相邻 2 列单元中的一个位线以及连接到另一根公共数据线上的一个虚位线，这样，从实单元位线得到信号和虚位线上得到信号形成一个差分信号送入灵敏放大器。虚位线信号电平介于实位线"1"信号和"0"信号电平之间，如图 2.3-8 所示。这种电路结构保证了实位线与虚位线在寄生电容和寄生电阻方面的对称性，从而保证灵敏放大器放大实位线与虚位线之间的微小差分电压信号。

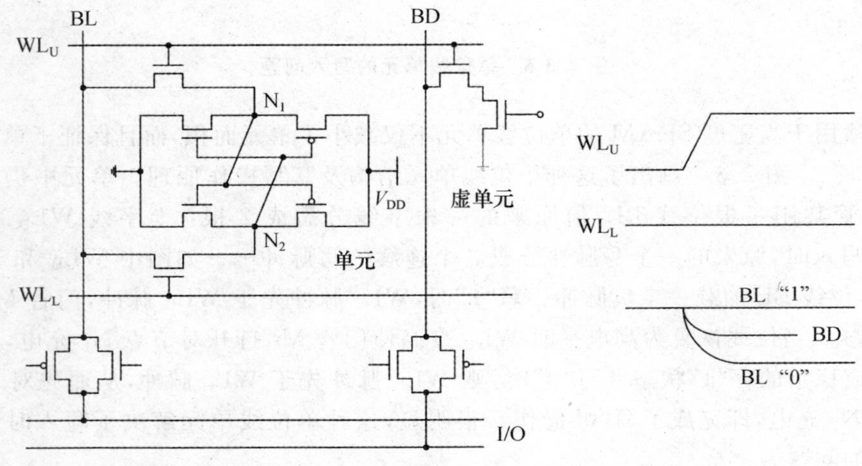

图 2.3-8　单位线单元读操作原理

随着存储器容量加大，低功耗和高密度将是对未来 SRAM 的要求。在 SRAM 中，当选中一条字线时，将有列电流从电源电压经过常通的位线负载管再经过选中单元的门管和导通边的驱动管到地，如图 2.3-9 所示。SRAM 容量越大，每根字线带的单元数目越多，同时激活的单元越多，引起的列电流越大。这将极大地增加芯片的功耗。一种单位线交叉点激活（Single bit-line Cross Point Active，SCPA）的单元阵列结构适合于高密度、超低功耗的 SRAM[46]。

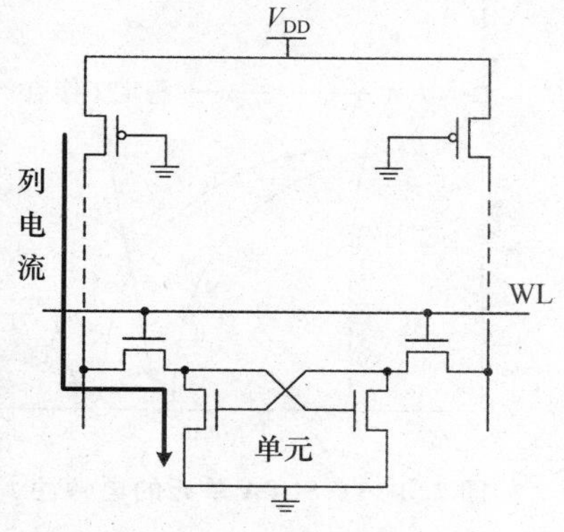

图 2.3-9 SRAM 的列电流

SCPA 结构通过行译码和列译码的交叉选择，每次只有一个单元激活，因而极大地减小了总的列电流和芯片的功耗。图 2.3-10 给出了 SCPA 单元的阵列结构和单元结构。这种单元只有一根字线和一根位线，2 个门管串联接在单元的一个节点和位线之间，2 个门管分别受行译码器和列译码器控制。只有 x 地址和 y 地址都选中的交叉点的一个单元和位线连接，因而使列电流极大地减少，降低了功耗。采用这种 SCPA 结构的 16Mb SRAM，列电流只有 1.6 μA，比常规 SRAM 减小 36%，存储核心面积减小 10%。

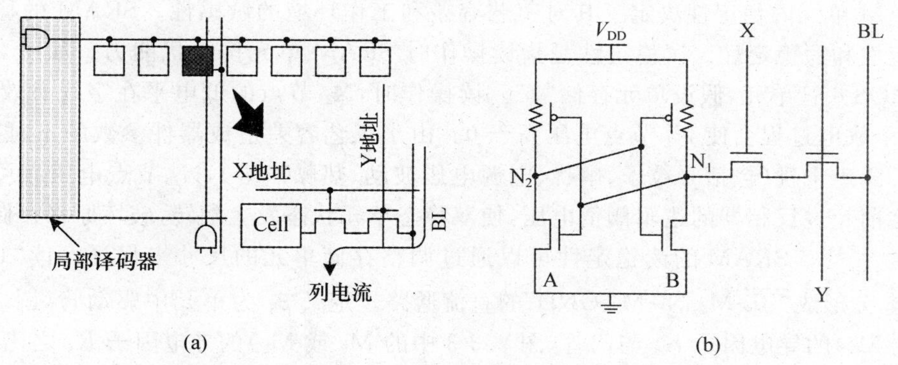

图 2.3-10 SCPA 的(a)阵列结构和(b)单元结构

SCPA 的单元和一般的 CMOS 单元设计不同，因为单元中两个反相器的性能不再对称。图 2.3-11 画出了 SCPA 单元中两个反相器的传输特性。反相器 A 的特性为正常 CMOS 反相器特性，但是反相器 B 的特性类似于 nMOS 反相器。在读操作时位线为高电平，两个导通的门管构成了反相器 B 的负载，节点 N_1 的低电平达不到 0，读操作时单元有两个稳定的工作点。在写“0”时，位线通过导通的门管对 N_1 放电，当 N_1 的电平比 V_{DD} 降低 V_{TP} 后，使反相器 A 中的 pMOS 导通，N_2 节点电平上升，当 N_1 的电平降到 V_{TN} 时，反相器 A 中的 nMOS 截止，使 N_2 可以上升到高电平。而反相器 B 中的 pMOS 最终将截止，从而使 N_1 的低电平可降到 0。在写“1”时，尽管位线的高电平通过门管向节点 N_1 传送，但是单元不能从"0"状态翻转到"1"状态，因为位线是高电平时仍然可以使单元稳定在"0"状态(读"0"状态)。为了写进"1"信号，必须消除一个稳定工作点，这可以通过写周期字线电平提升来实现。在写周期使X和Y选择线电平提升到高于V_{DD}，从而使反相器B的特性曲线偏移，如图2.3-11中的虚线所示。由于反相器B的曲线离开了稳定工作点的"0"状态，使高电平写入单元。为了有利于消除一个稳定工作点，反相器B中驱动管和门管的比例β_R设计为0.7，这比常规SRAM单元$\beta_R \approx 3$小很多，这将进一步缩小单元面积。这种单位线单元在写"0"操作时作负载用的TFT-pMOS对节点N_2的充电时间成为限制写操作时间的关键因素。提高TFT-pMOS的导通电流可以提高工作速度。性能好的TFT-pMOS导通电流可以达到1 μA，从而使写"0"时间小于15 ns。

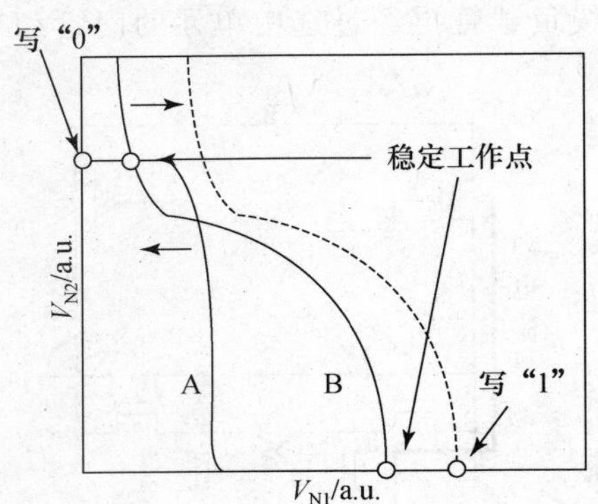

图 2.3-11　SCPA单元的电特性

2.3.2　SRAM单元的稳定性

SRAM单元的稳定性决定了其对工艺容差和工作环境的敏感性。SRAM的稳定性包括读稳定性和写稳定性。读稳定性是指读操作时SRAM单元抗干扰能力。如图2.3-3所示的CMOS 6管单元，假设单元存储"1"。读操作时，N_2节点的低电平在字线有效后对$\overline{BL}$放电，这个放电过程会使N_2节点电压高于0。由于工艺容差造成器件参数的不对称性，以及外界的噪声干扰(包括α粒子、串扰、电源电压波动、热噪声等)，N_2节点电压有可能在字线关闭之前超过反相器的逻辑阈值电压，使双稳态单元状态发生翻转，破坏原来存储在单元中的信息[47][48]。SRAM的读稳定性可以通过调整存储单元的尺寸来保证。读"1"时，N_2对$\overline{BL}$放电会形成"$\overline{BL}$-M_6-N_2-M_2-GND"的直流通路。定义β_R为单元中驱动管(图2.3-3中的M_1或M_2)的导电因子K_d与门管(图2.3-3中的M_5或M_6)的导电因子K_a之比：

$$\beta_R = \frac{K_d}{K_a} = \frac{K_1}{K_5} = \frac{K_2}{K_6} \tag{2.3-1}$$

β_R越大，意味着$(W/L)_2/(W/L)_6$越大。也就是说相比于M_6，M_2的等效电阻越小，$\overline{BL}$放电时，N_2节点的电压越低，其超过反相器翻转电压的可能性越小，存储单元在读操作时信息就不易被破坏。

写稳定性指外部向存储单元写入数据的难易程度。如写入的新数据为"0"，BL被外部写入新数据拉到低电平，字线有效后，BL对N_1放电。如果在门管关闭之前，N_1节点电压低于反相器的逻辑阈值电压，发生正反馈翻转，N_1变为低电平，N_2变为高电平，则新数据写入成功。反之，如果在门管关闭之前，N_1节点电压高于反相器的的翻转电压，N_1和N_2节点都将保留原值，新数据写入失败。写"0"时，BL对N_1放电会形成"V_{DD}-M_3-N_1-M_5-BL"的直流通路。定义 β_Q 为单元中负载管(M_3 或 M_4)的导电因子 K_p 与门管(M_5 或 M_6)的导电因子 K_a 之比：

$$\beta_Q = \frac{K_p}{K_a} = \frac{K_3}{K_5} = \frac{K_4}{K_6}, \tag{2.3-2}$$

β_Q 越小，意味着$(W/L)_3/(W/L)_5$ 越小。也就是说相比于 M_3，M_5 的等效电阻越小，BL 放电时，N_1 节点的电压越低，其低于反相器翻转电压的可能性越大，外部数据越容易写入存储单元。

作为表征 SRAM 单元读稳定性的重要参数，静态噪声容限(Static Noise Marge，SNM)是指单元所能承受的最大噪声信号(或电压)，若超过这个值将造成两个存储节点的状态发生翻转。SNM 可以通过蝶形图(Butterfly Diagram)直接预估，如图 2.3-12 所示。首先画出 SRAM 单元双稳态电路中两个反相器的电压传输曲线。然后找到 2 个曲线之间最大正方形，要求其对角线的两个顶点应该刚好落在曲线上。这个正方形的边长就是最大噪声电压 V_{SNM} 即静态噪声容限。

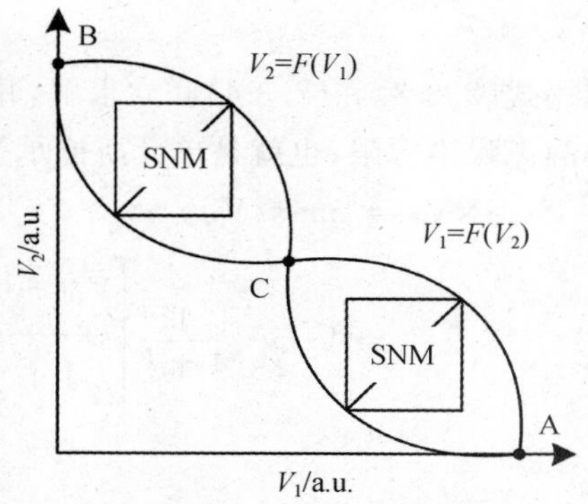

图 2.3-12　SRAM 单元的静态噪声容限

当然也可以用图 2.3-13 所示的电路分析 SRAM 单元的静态噪声容限[49][50]。图中 V_N 是噪声电压，单元是存“1”状态。在读操作开始时，单元两侧位线 BL 和$\overline{BL}$都为高电平，且字线 WL 也为高电平，使单元中的两个门管导通。假设所有的高电平都是 V_{DD}。如果没有噪声干扰，且器件参数完全对称，M_1 和 M_5 应该截止，M_2 和 M_6 导通对$\overline{BL}$放电。$\overline{BL}$通过 M_6 和 M_2 串联放电时，使 $V_2>0$，若 M_2 和 M_6 的尺寸设计不合理，可能使 V_2 抬高较多，再加上噪声信号 V_N，将使 $V_{GS1} \geqslant V_{TN}$，造成 M_1 导通。一旦 M_1 导通，将使 V_1 下降，最终有可能造成电路状态翻转。

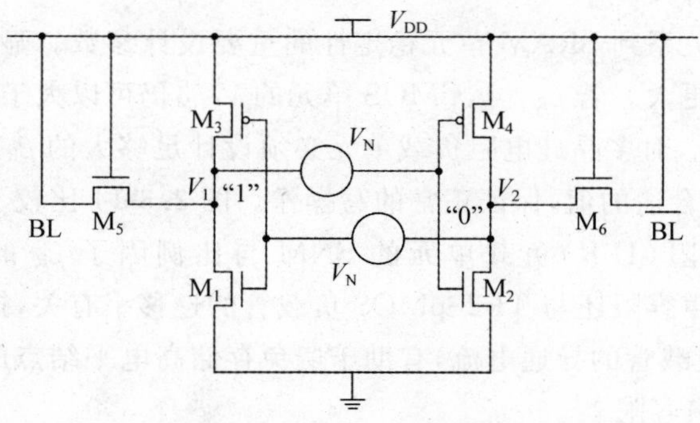

图 2.3-13　分析 SRAM 单元静态噪声容限的等效电路

由于 M_6 处在饱和区导通,而 M_4 截止,M_2 处在线性区导通,V_2 可由式

$$K_6(V_{DD}-V_2-V_{TN})^2=K_2[(V_1-V_N-V_{TN})^2-(V_1-V_N-V_2-V_{TN})^2] \tag{2.3-3}$$

决定,若 $V_{GS1}=V_N+V_2\geqslant V_{TN}$,则 M_1 进入饱和区导通。因为 M_5 截止,M_3 处在线性区导通,M_3 和 M_1 导通电阻的分压比决定了 V_1,即

$$K_1(V_N+V_2-V_{TN})^2=K_3[(V_N+V_2-V_{DD}-V_{TP})^2-(V_N+V_2-V_1-V_{TP})^2] \tag{2.3-4}$$

利用式(2.3-3)和(2.3-4)联立求解,并把式(2.3-1)和(2.3-2)代入,就可以得到 SRAM 单元的静态噪声容限,也就是单元所能承受的最大噪声电压:

$$\begin{aligned}\mathrm{SNM}_{6T}&=\max(V_N)\\&=V_{TN}-\frac{1}{1+k}\left[\frac{V_{DD}-\dfrac{2\beta_R+1}{\beta_R+1}V_{TN}}{1+\dfrac{\beta_R}{k(\beta_R+1)}}-\frac{(V_{DD}-V_{TN}-|V_{TP}|)}{1+k\dfrac{\beta_R}{\beta_Q}+\sqrt{\dfrac{\beta_R}{\beta_Q}\left(1+2k+\dfrac{\beta_R}{\beta_Q}k^2\right)}}\right]\end{aligned} \tag{2.3-4}$$

其中,

$$k=\frac{\beta_R}{\beta_R+1}\left[\sqrt{\frac{\beta_R+1}{1+\beta_R-(V_S/V_r)^2}}-1\right],\quad V_S=V_{DD}-V_{TN},\quad V_r=V_S-\frac{\beta_R}{\beta_R+1}V_{TN} \tag{2.3-5}$$

对于多晶硅电阻负载的 SRAM 单元,也可以导出它的静态噪声容限

$$\mathrm{SNM}_{RLoad}=\frac{\sqrt{\beta_R}-1}{\sqrt{\beta_R}+1}V_{TN}+\frac{\beta_R+1-\sqrt{2\beta_R^{3/2}+\beta_R+1}}{\beta_R\left(\sqrt{1+\sqrt{\beta_R}}\right)}(V_{DD}-V_{TN}) \tag{2.3-6}$$

由式(2.3-4)和(2.3-6)可以看出,SRAM 单元的静态噪声容限和工作电压 V_{DD}、阈值电压 V_T、导电因子之比 β_R 有关。

首先,β_R 和 β_Q 是关系到 SRAM 单元稳定性的重要设计参数。显然多晶硅电阻负载单元 SNM 对 β_R 的依赖更大。若 $\beta_R=1$,CMOS 单元的 V_{SNM} 仍可以大于 0,而多晶硅电阻负载单元中 $V_{SNM}=0$。因此,对多晶硅电阻负载单元必须设计足够大的 β_R 才能保证单元可靠工作。同时要调节 β_Q 到合适的值,保证正常的写操作。图 2.3-14 比较了 TFT 负载的 CMOS 单元与高阻多晶硅电阻(HiR)负载单元的 SNM 与比例因子 β_R 的关系。TFT 负载的 CMOS 单元的静态噪声容限还与 TFT-pMOS 负载管的迁移率有关,提高 TFT-pMOS 的迁移率,将增大 pMOS 负载管的导通电流,有助于避免存储高电平结点的电位下降,从而有利于提高单元的静态噪声容限[51]。

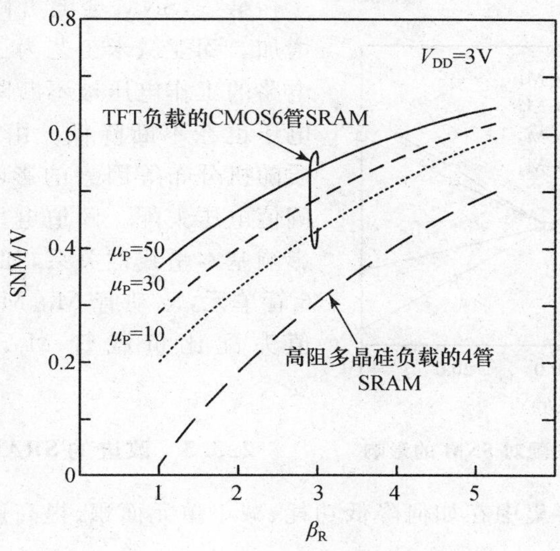

图 2.3-14　SNM 和 β_R 的关系

其次,SNM 依赖于工作电压 V_{DD}。对于多晶硅电阻负载单元,其 SNM 随着 V_{DD} 下降而减小。对于 6 管单元,理论上可以通过调整 β_R 和 β_Q 使得 SNM 不依赖于 V_{DD}[50]。但实际上,随着深亚微米工艺工作电压不断地降低,SRAM 单元的 SNM 也在不断地减小,这对 SRAM 单元的可靠性影响很大。图 2.3-15 给出了在不同工艺下,SNM 随工作电压的变化[52]。

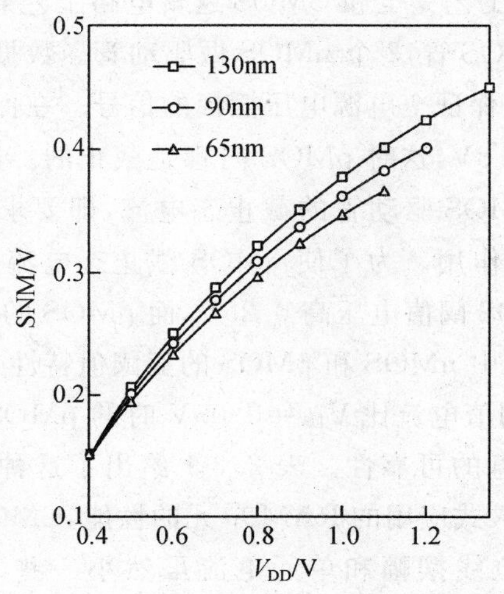

图 2.3-15　不同工艺下 SNM 和 V_{DD} 的关系

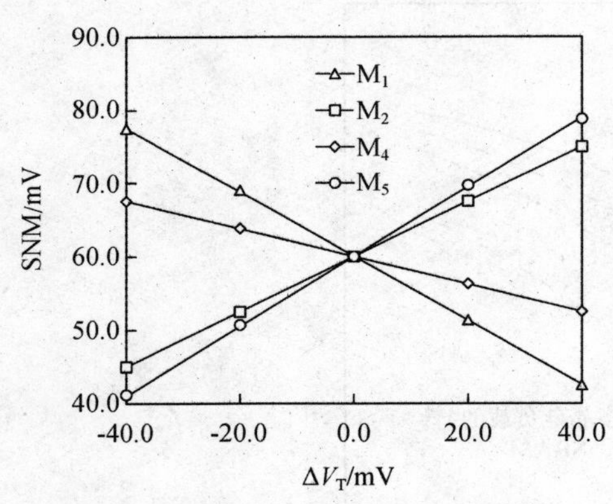

图 2.3-16　阈值电压失配对 SNM 的影响

第三，SNM 会随着阈值电压 V_T 的增加而增加。深亚微米工艺为了降低 SRAM 的功耗，电路的工作电压被不断降低，MOS 器件的阈值电压也在不断降低。由于受到工艺、温度、杂质随机分布等因素的影响，SRAM 单元会存在阈值电压失配。阈值电压失配对单元 SNM 的影响基本呈线性关系，如图 2.3-16 所示：对于 6 管单元，驱动管 M_1、M_2 与门管 M_5、M_6 的阈值失配比负载管 M_3、M_4 对 SNM 的影响要大[53]。

2.3.3　改进的 SRAM 单元

SRAM 的改进主要集中在如何降低功耗、减小单元面积、提高速度和保持单元稳定性方面。

1. 用于高密度嵌入式的 SRAM 4 管单元

早在 1987 年就有人提出了无负载的 CMOS 4 管(4T)单元的概念，但是由于没有负载元件提供维持高电平节点的充电电流，单元的可靠性是需要解决的一个关键的问题。为了适应高密度、低电压操作的嵌入式 SRAM 的需要，1998 年日本 NEC 公司基于 0.18 μm 工艺，研制出一种无负载 CMOS 4 管单元的 SRAM，单元面积只有 1.9 μm^2，比同样设计规则的 CMOS 6 管单元面积减小 35%[54][55]。这种单元在 1.8V 电源电压下工作，有很高的稳定性。由于没有 TFT 负载，使工艺完全和 CMOS 逻辑电路工艺兼容。图 2.3-17 是单元的电路图，单元的门管是 2 个 pMOS 管，2 个 nMOS 做驱动管。数据写入和一般 SRAM 单元一样，由于是 CMOS 电路，可以保证全电源电压摆幅的信号。在保持状态，两条位线都充电到 V_{DD}(1.8V)，字线也保持在 1.8V，这时 pMOS 门管是截止的。这种 4T 单元要求 pMOS 门管的截止态电流必须高于 nMOS 驱动管的截止态电流，即要求 $I_{off,P} \gg I_{off,N}$，这样在保持状态 pMOS 门管起到负载管的作用。为了使 nMOS 截止态电流足够小，单元中的 nMOS 阈值电压比逻辑电路中的 nMOS 阈值电压高 0.25V，而 pMOS 的阈值电压和逻辑电路的设计相同。图 2.3-18 比较了单元中 nMOS 和 pMOS 的亚阈值特性，可以看出，在 $V_{GS}=0$ 时，对应 $V_{DS}=1.8$V 的 nMOS 亚阈值电流比 $V_{DS}=0.05$V 时的 pMOS 的亚阈值电流小 2 个数量级，这足以保证单元存储信息的可靠性。表 2.3-1 给出了这种 SRAM 中器件参数的设计值。表 2.3-2 比较了作为嵌入式应用的 RAM 单元的性能，CMOS 4T SRAM 单元的面积明显小于 6T SRAM 单元，而位线摆幅和单元电流虽然小一些，但也足以满足高速操作的要求。

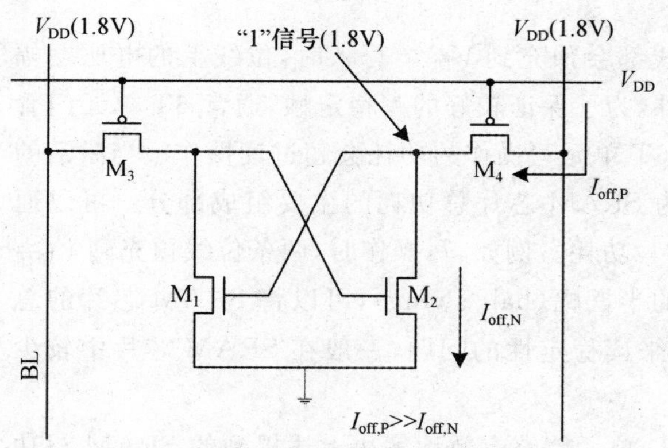

图 2.3-17 保持状态的 SRAM 4T 单元

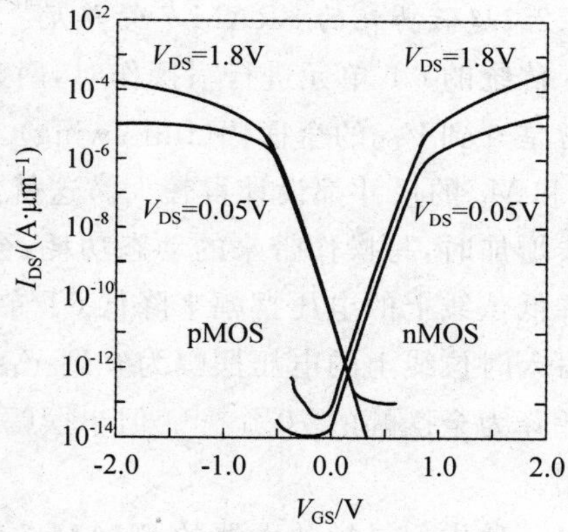

图 2.3-18 单元中 nMOS 与 pMOS 亚阈值特性比较

表 2.3-1 器件参数

t_{ox}/nm	3.8
$L/\mu m$	0.18
外围电路 nMOS	
V_T/V	0.45
I_{off}/(pA·μm^{-1})	50
I_{on}/(μA·μm^{-1})	510
单元中的 nMOS	
V_T/V	0.70
I_{off}/(pA·μm^{-1})	0.02
I_{on}/(μA·μm^{-1})	370
外围电路和单元中的 pMOS	
V_T/V	−0.40
I_{off}/(pA·μm^{-1})	50
I_{on}/(μA·μm^{-1})c	210

表 2.3-2 0.18 μm 工艺的嵌入式 RAM 单元比较

性能	6T SRAM	ITIC DRAM	CMOS 4T SRAM
单元尺寸/μm^2	2.9	0.3—0.7	1.9
额外掩膜数	2	6—10	2
t_{ox}	单一	2 种	单一
位线摆幅/V	1.8	0.1—0.2	1.1
单元电流/pA	70	—	50
刷新要求	无	要求	无

2. 超低功耗的 SRAM 7 管单元

传统的 6T 单元进行写操作时，两条位线都会预充到 V_{DD}。写入时，位线上的电压摆幅通常是 0 到 V_{DD}的全摆幅(full swing)。此外，为了保证较好的写稳定性，通常 6T 单元门管 M_5 和 M_6 的尺寸都设计得较大。这就使得 6T 单元写操作的功耗会超过读操作。当激活的位线增加时，写操作带来的动态功耗，会成为 SRAM 芯片总功耗的主要组成部分。可以通过降低位线上的电压摆幅来降低 6T 单元的写功耗。例如，写操作时，两条位线预充到 $V_{DD}/2$，写入时位线上的电压摆幅为 0 到 $V_{DD}/2$ 的半摆幅(half swing)，可以将 SRAM 芯片的总功耗降为全摆幅的 70%[56]。但半摆幅会带来读稳定性的问题，一般在 SRAM 芯片中较少采用。

一种类似灵敏放大器的 SRAM 7 管(7T)单元能够有效地解决上述提到的 SRAM 写功耗大的问题[57]。该单元结构如图 2.3-19 所示，在传统 6T 单元的基础上，驱动管 M_1 和 M_2 的源端不再直接接地，而是通过一个开关管 M_7 接地，M_7 受 SLC 信号控制。首先，两根位线都预充到 V_{DD}-V_T。当字线 WL 有效前，SLC 关断 M_7 管。如果要写“0”，BL 被下拉到 V_{DD}-V_T-ΔV_{BL}，而$\overline{BL}$保持 V_{DD}-V_T 不变。写入时，字线 WL 有效，由于 M_1 和 M_2 没有对地通路，BL 和$\overline{BL}$上较小的电势差 ΔV_{BL} 都会使双稳态电路发生翻转。当 WL 变低后，SLC 打开 M_7，M_1～M_4 与 M_7 构成一个灵敏放大器单元，迅速将 N_1 和 N_2 节点的电压差由 ΔV_{BL}放大为 V_{DD}，完成写入。7T 单元大大降低了位线上的电压摆幅，由原来的全摆幅 V_{DD}降为 ΔV_{BL}，从而大大降低了电路的写功耗。当然为了保证写稳定性，ΔV_{BL}要大于 V_T 的失配，取为 $V_{DD}/6$。图 2.3-20 给出了分别实现 4M 容量的 SRAM 时，当激活的位线从 16 位增加到 256 位时，几种单元的功耗变化。由图中可以看出，随着激活的位线增加，7T 单元相比 6T 单元低功耗优势更明显(256 位时，节省了 90%的功耗)。

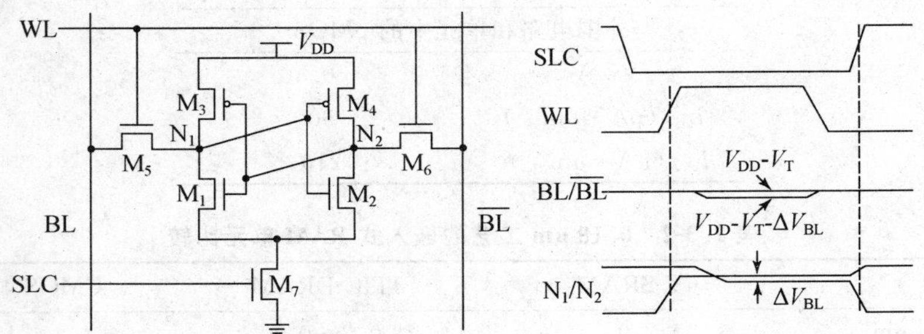

图 2.3-19 超低功耗的 SRAM 7T 单元及写入控制信号

3. 读写分离的 SRAM 8 管单元

做嵌入式存储器用时，特别是高速缓存，如何降低 SRAM 的功耗和单元面积尤为重要。可以从数字电路直接借鉴的方法是：降低 SRAM 的工作电压，甚至是让其工作在亚阈值

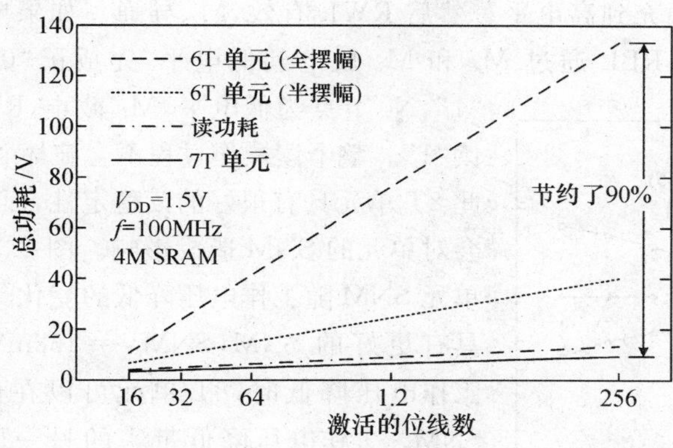

图 2.3-20　4M SRAM 被激活的位线数与总功耗的关系

(sub-threshold)区，这样有助于减小 SRAM 的泄漏电流，从而减小整个芯片的功耗。但是根据 2.3.2 节的分析得知，阈值电压和工作电压的下降会影响到 SRAM 的读稳定性即 SNM。此外，对于传统 SRAM 6T 单元，需要较大尺寸的门管来保证写稳定性。同时，为了保证读稳定性，需要较大尺寸的驱动管(M_1 和 M_2)和较大的导电因子之比 β_R。因此，在同时保证读写稳定性的前提下，传统 SRAM 6T 单元很难减小单元面积。

针对传统 6T 单元由于难以平衡读写稳定性对单元尺寸、阈值电压、工作电压要求不同带来的矛盾，2005 年 IBM 提出了一种读写分离的 SRAM 8 管(8T)单元，如图 2.3-21 所示[58]。相比 6T 单元，8T 单元增加了两个 nMOSM_7 和 M_8 单独用做读操作。相应的字线和位线也需要实现读写分离，分别是：读位线 RBL、读字线 RWL、写位线 WBL 和$\overline{\text{WBL}}$以及写字线 WWL。8T 单元的写操作与 6T 单元相同。

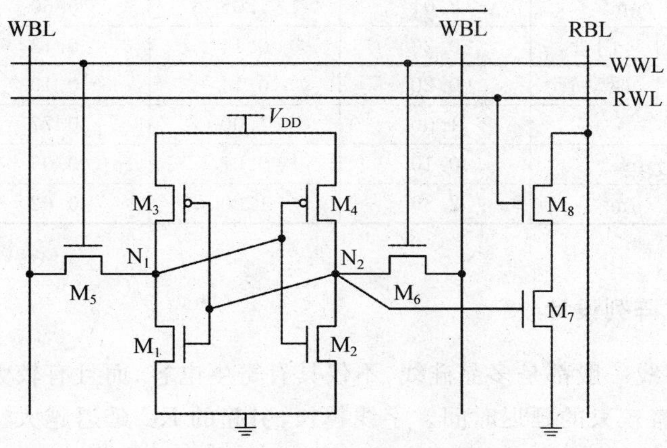

图 2.3-21　读写分离的 SRAM 8T 单元

读操作时，RBL 预充到高电平。然后 RWL 有效，M_8 导通。如果单元存储为"0"，N_2 节点为高电平，M_7 导通，RBL 通过 M_8 和 M_7 放电到低电平，完成读"0"。如果单元存储为"1"，N_2 节点为低电平，M_7 截止，RBL 保持高电平，完成读"1"。整个读操作过程不会破坏 N_1 和 N_2 节点电平，因此 8T 单元具有很好的读稳定性，而且电源电压的降低不会对单元的 SNM 造成影响。图 2.3-22 给出了 6T 和 8T 单元 SNM 随工作电压降低的变化[59]。当V_{DD}=1.2V，8T 具有更好的 SNM（SNM_{6T}=152mV，SNM_{8T}=268mV）。工作电压降低时，8T 单元可以在低的 V_{DD} 获得更好的 SNM。工作电压降低带来的另一个优势就是功耗的降低。此外，8T 单元的 SNM 也不再依赖于 β_R，驱动管 M_1 和 M_2 的尺寸可以大大降低。因此，随着特征尺寸的不断减小，8T 有着更优的单元面积，如表 2.3-3 所示[60]。

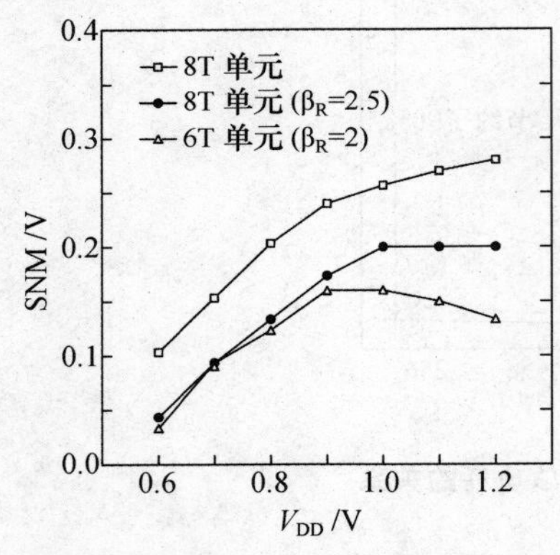

图 2.3-22　8T 和 6T 单元 SNM 和工作电压的关系

正是由于相比 6T 单元具有更快的读写性能、双端口特性、更小的面积和功耗等优点，8T SRAM 单元已经被广泛应用在 Intel 的 Nehalem 微处理器中[61]。

表 2.3-3　不同工艺下 6T 和 8T SRAM 单元面积对比

V_{DD}=1.0V			90 nm 工艺	65 nm 工艺	45 nm 工艺	32 nm 工艺
6T 单元	栅宽 $W/\mu m$	门管	0.20	0.14	0.13	0.13
		驱动管	0.50	0.42	0.46	0.63
	β_R		2.50	3.00	3.54	4.85
	栅长 $L/\mu m$		0.10	0.07	0.05	0.035
	单元面积 $/\mu m^2$		2.01	1.05	0.60	0.40
8T 单元	栅宽 $W/\mu m$	门管	0.20	0.14	0.13	0.13
		驱动管	0.20	0.14	0.10	0.07
	β_R		1.00	1.00	0.77	0.54
	栅长 $L/\mu m$		0.10	0.07	0.05	0.035
	单元面积 $/\mu m^2$		2.39	1.20	0.62	0.34

2.3.4　SRAM 阵列设计

在 SRAM 中字线一般都是多晶硅线，不仅具有寄生电容，而且有较大的寄生电阻，这将引起字线驱动信号有较大的延迟时间。字线越长，引起的 RC 延迟越大。另一方面，SRAM 工作中有列电流存在。SRAM 容量越大，每根字线所带的单元数目越多，引起的列电流越大。一般 SRAM 中，即使在维持状态下也总有一条字线选中，因此列电流还将引起很大的维持功耗。

为了降低 SRAM 的功耗，提高工作速度，在大容量 SRAM 中普遍采用了字线分割技术，来减小字线长度和每次激活的单元数目。把一根字线分成 n 段，若原来每条字线带 N_C 个单元，则分割后每段字线只带 N_C/n 个单元，字线长度也减小为原来的 $1/n$。每段字段通过一个"与门"接到总字线上，"与门"另一个输入是段选信号。行译码器输出的字选信号与段选信号"与"操作作为二次译码，这样每次只从一条字线上选中一段字线，因而减少了选中的单元数，使列电流减小，另外由于每段字线长度减小，字线延迟也减小了。总字线只带 n 个"与门"，不带单元的门管，负载较小，而且总字线一般可选用金属线，因而总字线的延迟相对很小。

在大容量 SRAM 中，需要对字线进行多次分割，采取层次化字线结构。因为当阵列很大时，如果字线分的段数太少，则每段字线的 RC 延迟仍很大，但是若分的段数太多，则总字线负载加重。在这种情况下采用层次化字线分割更为有利。图 2.3-23 画出了一般的字线分割和层次化字线结构，字线分割的层次多少取决于字译码路径的总电容负载情况。当然层次太多需要增加的"与门"将很多，一般可采用 3 层结构。图 2.3-24 比较了简单的字线分割与层次化字线结构的字译码延迟时间，说明对 Mb 级 SRAM 采用层次化字线结构是必要的[62]。

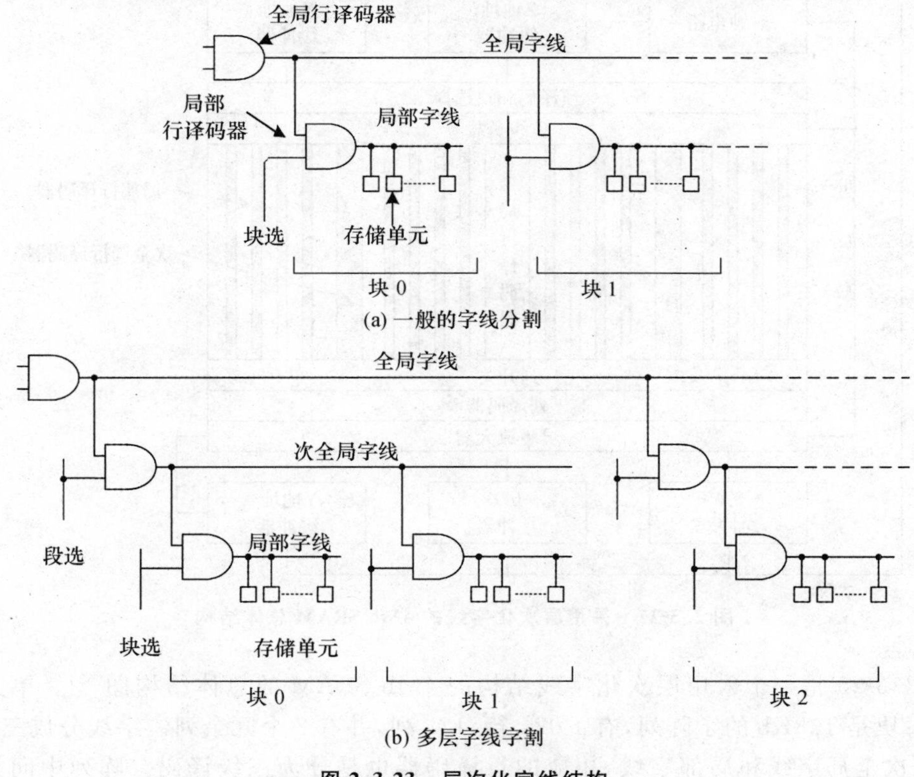

图 2.3-23　层次化字线结构

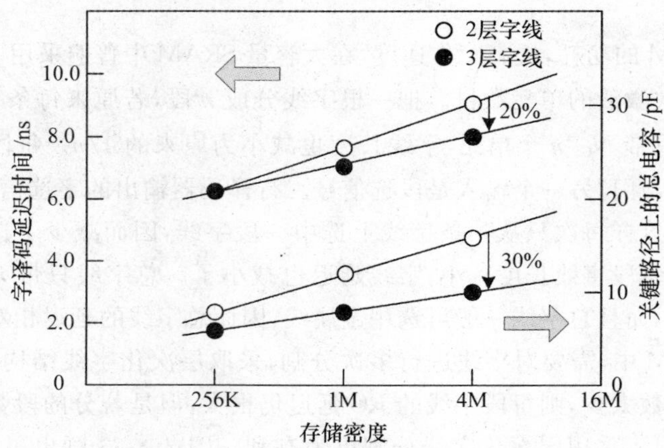

图 2.3-24　不同字线结构的字译码延迟时间

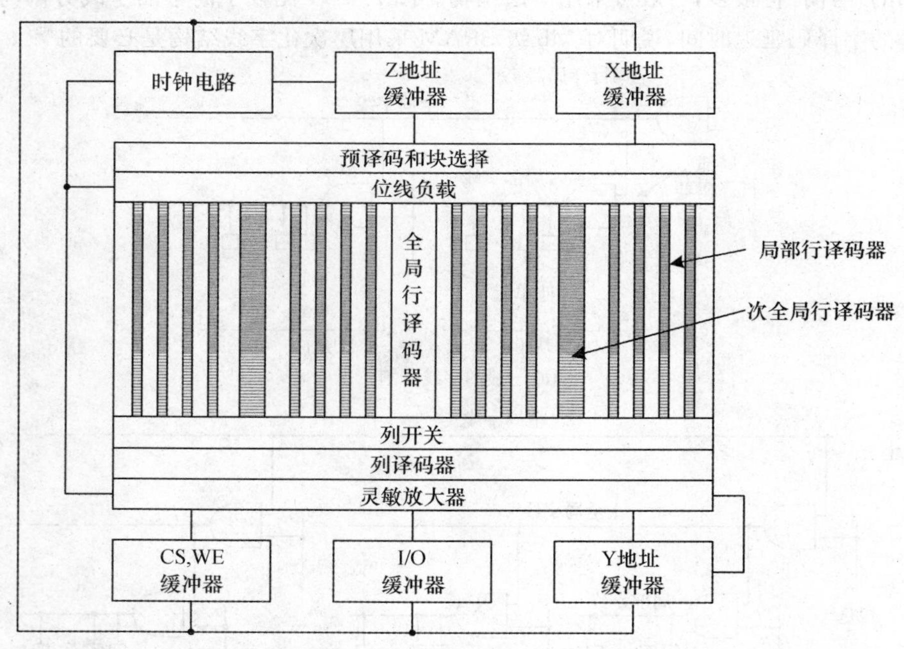

图 2.3-25　采用层次化字线的 4Mb SRAM 总体结构

图 2.3-25 是一个采用层次化字线结构的 4Mb SRAM 的总体结构图[62]。单元分成 32 块，每块是 128Kb 的子阵列，有 1 024 行，128 列，并有 2 个冗余列。字线分成三层：全局字线、次全局字线和局部字线，相应的行译码器也是分为三级译码。阵列中间是全局行译码器选择全局字线 GWL，在左右两组子阵列中间各有一个次全局行译码器，用来选

择次全局字线 SWL。每 2 个单元块之间有一个局部行译码器选择局部字线 LWL。图中涂黑部分就是译码器。为了配合这种层次化字线结构，把地址分为 3 组：X、Y 和 Z。X 地址（X_0-X_9）是用于局部行译码器，Z 地址（Z_0-Z_4）用于全局和次全局字线选择，Y 地址（Y_0-Y_6）用于列选择，其中 Y_5 和 Y_6 信号只在 4M×1b 的工作模式时有用。该 4Mb SRAM 也可用于1M×4b的工作方式。图 2.3-26 更清楚地说明了这种三层字线的层次化字线结构。

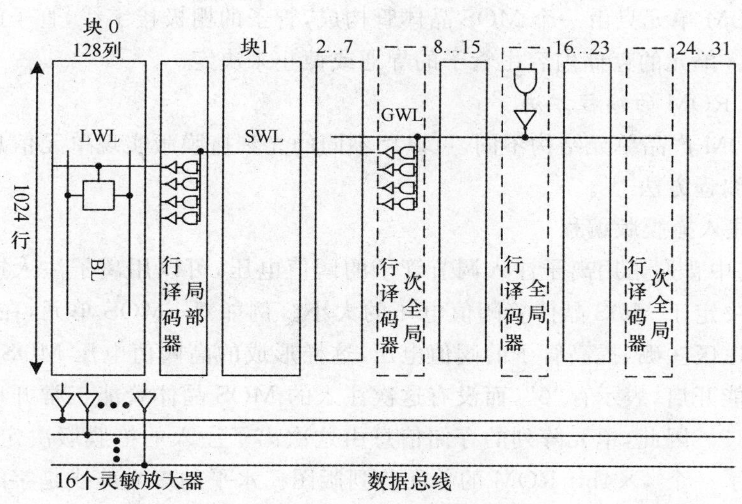

图 2.3-26　三层字线结构

2.4　不挥发性存储器

不挥发性存储器一般又称为只读存储器（Read Only Memory，ROM），因为它的读出操作和 RAM 一样方便，但是写入就比较麻烦。ROM 是一种结构简单、版图规整、设计方便且用途非常广泛的电路。ROM 和 RAM 总体结构类似，也是由存储单元阵列、译码器、读出放大器、输入/输出缓冲器等部分组成。ROM 和 RAM 主要区别在于：RAM 单元读/写都很方便，但是断电后存储信息就不存在了；而 ROM 单元写入比较困难，但内容一经写入可以长期保存，因此叫做不挥发性存储器。ROM 又分为掩膜式 ROM（Mask ROM）、一次编程 ROM（Programmable ROM，PROM）和可擦写可编程 ROM（Erasable PROM，EPROM）。掩膜式 ROM 的存储内容由制造中某次光刻掩膜版决定，产品制造好存储内容就固定下来，不能再改变，因此也叫固定 ROM。PROM 可以由用户自己编程，决定其存储内容，但编程后就很难再改变。EPROM 的存储内容可以改写，但改写一次要花较长时间且消耗较大能量。EPROM 擦除方式有光擦除和电擦除两种。电擦除的 EPROM 又简称为 EEPROM 或

E^2PROM。由于各种 ROM 写入都比较麻烦，但读取方便，因此 ROM 主要用于存储一些固定内容，如常数表、字库、控制微代码等。近年来，一种快闪存储器(Flash Memory)发展迅速。Flash 其实是 E^2PROM 的变种。相比 E^2PROM，Flash 具有擦写快速的优点，再加上集成密度高，因此发展非常迅速，在便携式存储领域得到越来越广泛的应用。

2.4.1 掩膜式 ROM

掩膜式 ROM 单元只由一个 MOS 晶体管构成，管子的栅极接字线，管子的漏极接位线，源极共同接地。单元的存储内容由管子的导通或截止来决定。

1. 掩膜式 ROM 的编程方法

不同的 ROM 产品单元结构不同，可以用不同的光刻掩膜版实现单元信息编程，下面介绍几种常用的编程方法[63]。

(1) 离子注入掩膜版编程

MOS 工艺中普遍采用离子注入调节管子的阈值电压，可以用离子注入掩膜版编程，单元的存储信息决定于 MOS 晶体管阈值电压的大小。例如对 nMOS 单元，在正常注入之外再增加一次沟道区注硼，提高管子的阈值电压，这样形成的高阈值电压 MOS 晶体管在正常工作电压下不能开启，表示存"0"，而没有这次注入的 MOS 晶体管能正常开启，可以对位线放电，表示存"1"。因此，单元阵列的存储信息由这次离子注入的掩膜版决定。图 2.4-1(a)示意性地画出了一个 4×4bit ROM 的单元阵列版图。水平的多晶硅线是字线，垂直的金属线是位线和公共地线。有注入框(虚线框)的单元存"0"，没有注入框的单元存"1"，用离子注入掩膜版编程，还可以实现增强型和耗尽型两种器件。增强型 MOS 晶体管(E 管)沟道区注硼，不加电压不能开启，表示存"0"；而耗尽型 MOS 晶体管(D 管)沟道区注磷或砷，使管子变为常通器件，表示存"1"。

(2) 有源区掩膜版编程

对于硅栅工艺，当多晶硅和有源区交叉就形成了 MOS 晶体管，因此可以用有源区的掩膜版编程。在有源区跨越多晶硅字线的单元形成 MOS 晶体管，在读出时 MOS 晶体管导通，可以对位线放电，表示存"1"；而有源区没有跨越多晶硅字线的单元没有形成 MOS 晶体管，读出时这个单元不能使位线放电，表示存"0"。这样就形成了存"1"和存"0"的两种单元。图 2.4-1(b)是用有源区编程的单元阵列版图，位线用金属线以便减小位线寄生电容和寄生电阻。

(3) 引线孔掩膜版编程

此外，还可以通过引线孔的掩膜版决定单元的存储内容。单元管漏端接位线的引线孔用来实现对单元编程，有引线孔的单元，位线可以通过单元的 MOS 晶体管放电，用它表示存"1"，无引线孔的单元 MOS 晶体管不能和位线连通，因此位线无放电通路，用这样的单元表示存"0"。这也是一种多晶硅字线、金属位线的 ROM 单元，所有单元都是正常的 MOS 晶

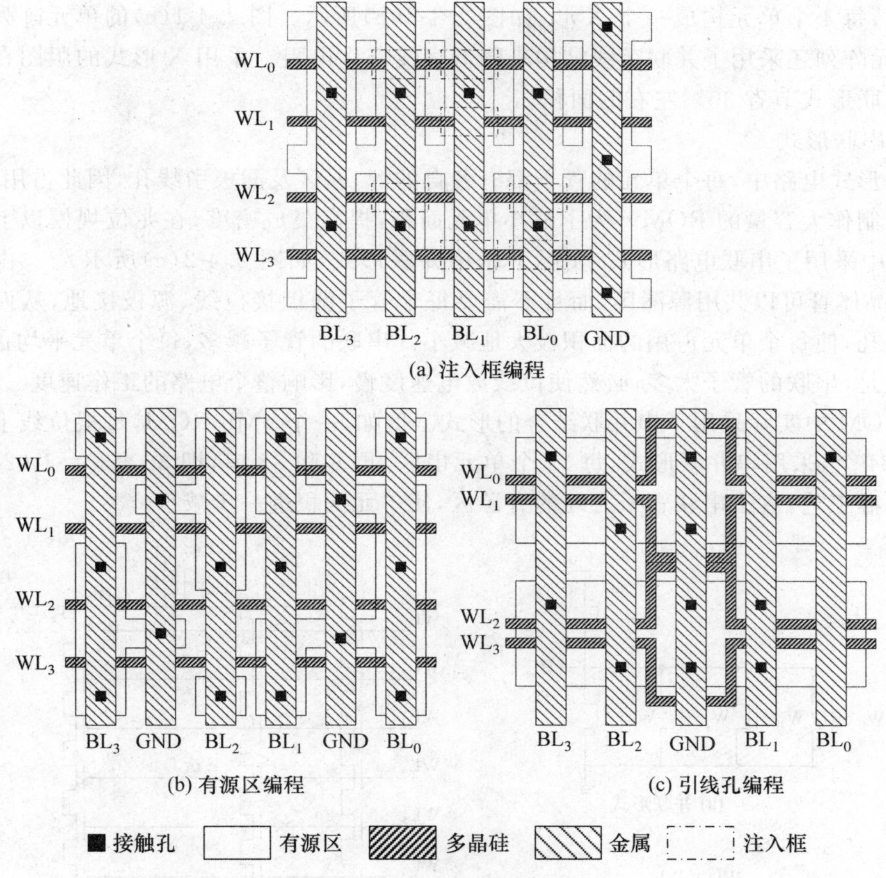

图 2.4-1 ROM 单元版图

体管，相邻 2 列和 2 行的单元共用一个接地引线孔，因而进一步减少了每个单元平均占用的面积。图 2.4-1(c)是一种用引线孔掩膜版编程的 ROM 单元版图。

由于 ROM 的单元版图规整，因此 ROM 的编程无论用哪一次掩膜版实现都可以通过计算机自动生成编程的掩膜版数据文件。

2. ROM 单元电路形式

(1) 并联形式

一般 ROM 中都采用单元管并联的形式，即每根位线的单元管构成 NOR(对 nMOS 而言)电路，如图 2.4-2(a)所示就是对应于图 2.4-1(a)中位线 B_L 输出的电路图。这种电路形式读出速度快，但占用面积大。

(2) X 形式

X 形式是 NOR 电路形式的变种，在电特性上仍是 NOR 电路，但在版图的几何排列上更加紧凑，每 4 个单元构成一个 X 形，如图 2.4-2(b)所示。图 2.4-1(c)的单元阵列也是 X 形式，单元阵列还采用了并联字线结构来降低字线寄生电阻。采用 X 形式的版图在同样速度下比并联形式节省 30％左右的面积。

(3) 串联形式

并联形式电路中，每个单元的管子都有各自的源、漏区及漏极引线孔，因此占用面积大，不适合于制作大容量的 ROM。为了缩小单元面积，提高集成密度，在兆位规模以上的高密度 ROM 中采用了串联电路形式，实际上是串并联形式，如图 2.4-2(c)所示[64]。由于串联的 MOS 晶体管可以共用源漏区，而且不需要每个管子漏极接位线、源极接地，从而省去了很多引线孔，使每个单元占用的面积极大地减小。串联的管子越多，每个单元平均占用面积越小。但是，串联的管子太多，必然使位线放电速度慢，影响整个电路的工作速度。因此，在大容量 ROM 中实际采用了串并联结合的形式。例如，一个 1Mb ROM，每根位线上的单元应为 1 024 个，采用串并联形式，每 32 个单元串联，再并联 32 串，即 32×32＝1 024。采用双层多晶硅工艺，省去串联管子之间的有源区，使单元面积进一步减小。

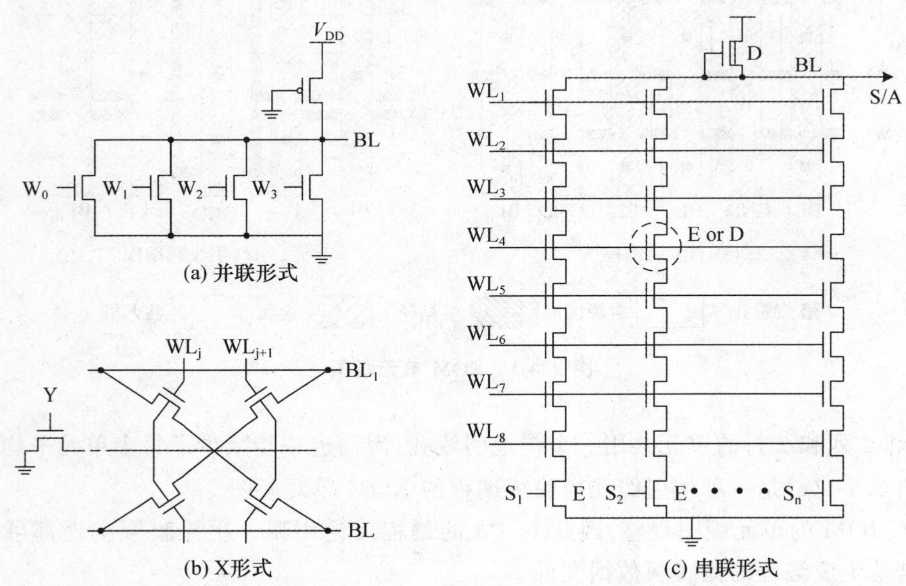

图 2.4-2　ROM 单元电路形式

串联式 ROM 单元用离子注入编程，用 E 管和 D 管分别表示存“0”和存“1”。在读操作时要求反译码，没选中的字线都接高电平，使这些字线所接的 E 管和 D 管都导通。选中的字线接低电平，若选中字线所接的单元是 E 管，则这一路不能导通，位线保持预充的高电平；若选中字线所接的单元是 D 管，则这个串联通路导通，位线通过一串管子放电。为了从一根位线上的几个并联支路中选出一路，还要增加段选择开关。

对串联电路形式需要有高灵敏度的读出放大器。因为位线通过串联管放电速度慢，为了不影响读出速度，不等到位线放电完毕就读出位线信号。也就是说，用减小位线逻辑摆幅来换取更高的工作速度，这在前面 RAM 的分析中已经提到了。

2.4.2　多晶硅电阻编程 ROM

利用高阻多晶硅电阻率的不可逆转换实现编程，用两种不同的阻值表示“0”和“1”两种信息。这种 PROM 具有编程功耗小，而且制造工艺简单、单元面积小、集成度高的特点。

对于高电阻率（$>10^3\ \Omega\cdot cm$）的多晶硅电阻，当所加电压较低时，电流近似和电压成正比。当电压比较高时，电流迅速增大，不再和电压成线性关系。当所加电压超过一定的临界电压 V_C 时，高阻多晶硅变成了低阻态，这个过程是不可逆的。在低阻态，电流和电压是线性关系。图 2.4-3 画出了高阻多晶硅电阻的电流-电压特性曲线[65]。多晶硅电阻的转换电压 V_C 与工艺条件密切有关，如多晶硅的淀积温度、膜的厚度、掺杂条件及初始电阻率等。

用一个 MOS 晶体管和一个电阻构成一个存储单元，如图 2.4-4 所示，图中还给出了单元的剖面结构[65]。多晶硅电阻作为存储元件，MOS 晶体管作为门管控制单元的选择。若多晶硅电阻是高电阻率状态，单元只有很小的导通电流，这种状态表示存“0”；若多晶硅电阻是低阻态，则单元可以有较大的导通电流，这种状态表示存“1”。“0”状态和“1”状态的电阻比值可达 10^4。

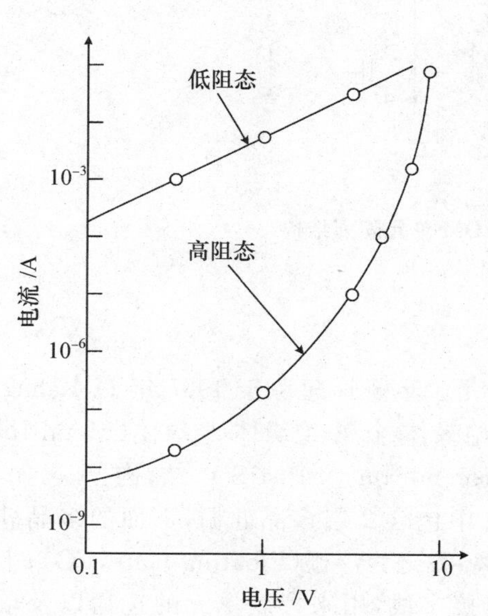

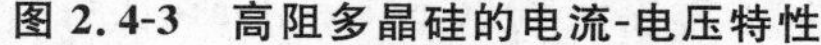
图 2.4-3　高阻多晶硅的电流-电压特性

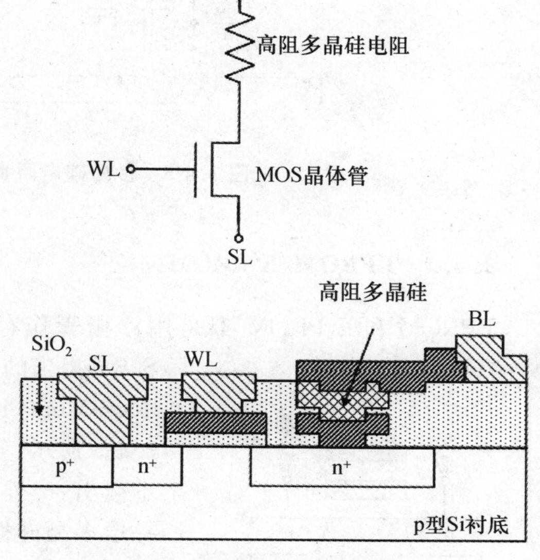

图 2.4-4　多晶硅电阻负载 PROM 单元

这种 PROM 出厂时所有单元都是“0”状态。用户根据需要进行编程，即在需要存“1”的单元实现多晶硅电阻的电阻率转换。为了降低编程功耗，不希望电阻率转换的临界电压太高。选择合适的工艺条件，可以获得较低的转换电压 V_C，例如在 700℃积淀 0.6 μm 厚的多晶硅膜，电阻率控制在 $1\times10^4\ \Omega\cdot cm$，可得到 $V_C=15V$[65]。

编程时位线加编程电压 $V_P=15V$，同时字线和列选择线加较大的电压如 20V，使 MOS 晶体管可以提供编程所需要的大电流。这样只有 X 和 Y 都选中的单元才能同时提供大的编程电压和编程电流，使该单元的多晶硅电阻从高阻态变为低阻态，也就是使该单元写入"1"。

读出时位线加正常工作电压 $V_{DD}=10V$。通过行译码器和列译码器选中单元，X、Y 选择线的电压是 10V。若单元存"1"，则单元电阻是低阻态，通过单元电阻和门管提供较大的电流对位线放电，使位线电平迅速下降。若单元存"0"，则单元电阻是高阻态，单元电流很小，使位线放电非常缓慢，位线电平基本保持为预充的高电平。这样就从位线上读出了单元存储的信息。图 2.4-5 示意性地说明 PROM 单元阵列结构及工作原理[65]。

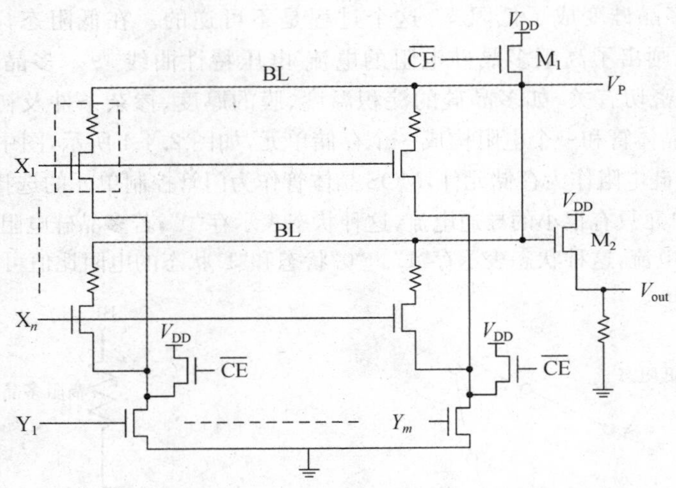

图 2.4-5　多晶硅电阻负载 PROM 单元阵列结构

2.4.3　EPROM/E²PROM

EPROM 和 E²PROM 都是用浮栅管作存储单元。浮栅管起源于 1967 年 D. Kahng 和 S. Sze 提出的金属-绝缘体-金属-绝缘体-半导体（Metal-Insulator-Metal-Insulator-Silicon，MIMIS）结构[66]。如图 2.4-6 所示，浮栅管中包含 2 层多晶硅栅，下面的多晶硅栅不引出，与外界隔离，称之为浮栅（Floating Gate，FG）；上面一层多晶硅栅引出接字线，用来控制单元的选通以及单元的编程读出等操作，称之为控制栅（Control Gate，CG）。

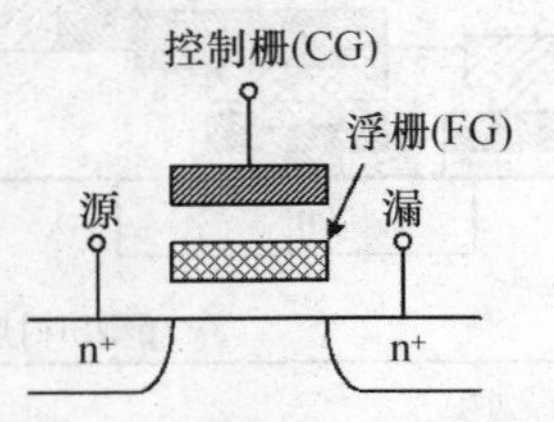

图 2.4-6　浮栅管的结构示意图

浮栅管是利用浮栅上的存储电荷改变控制栅对应的阈值电压。从而决定单元的存储内容。如果浮栅上没有存储电子电荷，控制栅对应一个较低的阈值电压 V_{TL}；如果浮栅上存储了电子电荷 Q_{FG}（$Q_{FG}<0$），使控制栅的阈值电压增大到 V_{TH}，则两个阈值电压的差

$$\Delta V_T = V_{TH} - V_{TL} = -\frac{Q_{FG}}{C_{eq}} \tag{2.4-1}$$

其中 C_{eq} 是浮栅相对控制栅的等效电容。读操作时，控制栅加一个电压 V_{CG}，且 $V_{TL}<V_{CG}<V_{TH}$，这样存“1”单元（为低阈值电压 V_{TL}）的浮栅管导通，对位线放电；而存“0”单元（为高阈值电压 V_{TH}）的浮栅管不能导通，位线保持预充电平。这就是浮栅管存储和读取信息的基本原理。注意，单元存“1”和存“0”的定义也可以反过来。

图 2.4-7 说明了单元存“1”和存“0”状态的 I-V 特性差别。存“1”和存“0”单元的阈值移动达到了 3V，在 $V_{GS}=V_{CG}-V_S=5V$、$V_{DS}=V_D-V_S=1V$ 的读操作条件下，存“1”单元的导通电流 I_{D1} 近似为 100 μA，而存“0”单元的电流 I_{D0} 近似为 0。

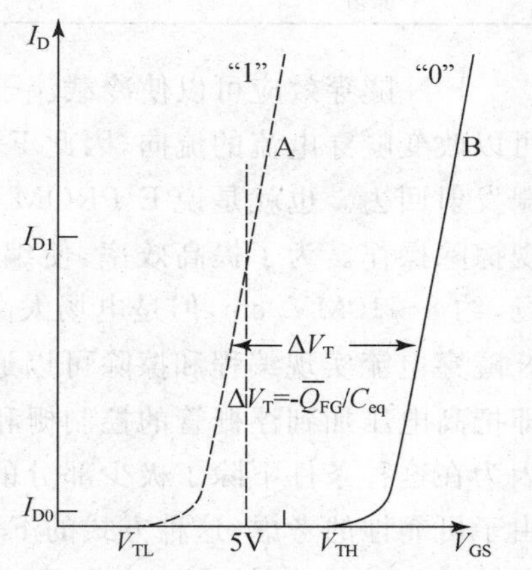

图 2.4-7 存“1”和存“0”单元的 *I-V* 特性

EPROM/E²PROM 的编程就是对选定的浮栅管向浮栅注入足够的电子电荷。一般编程操作是通过沟道热电子（Channel Hot Electron, CHE）发射实现的[67]。编程时，对选中的字线（接浮栅管的控制栅）加编程电压（$V_{CG}=V_{PP}$），位线（接浮栅管的漏极）加电源电压（$V_D=V_{DD}$），浮栅管源极接地（$V_S=0$）。此时，较大漏端电压产生沟道热电子，在控制栅形成的较高的纵向电场作用下，热电子注入到浮栅，直到使浮栅管阈值电压增大到要求的值。用 CHE 向浮栅注入电荷，需要的编程时间一般是 1～10 μs。

EPROM 和 E²PROM 的读写原理基本相同，但是擦除方式不同。EPROM 是用紫外光擦除单元信息，擦除时不能加电，用紫外光照射芯片，浮栅上的电子吸收了紫外光的能量（≈4.9 eV），可以克服 Si/SiO_2 之间的势垒，返回到硅衬底。这种光擦除是全片擦除。为了使紫外光能照射到芯片上，必须采用有透明石英盖的管壳封装，因此封装成本高。另外，在使用中应避光，以免太阳光或灯光中的光子（能量约 4.1 eV）引起存储信号丢失。E²PROM 是利用薄氧化层的隧穿电流实现电擦除，为此需要在浮栅下面形成很薄的隧穿氧化层（≈10 nm）。对于很薄的氧化层，当氧化层上的电压较大时，在氧化层中形成很高的电场（≈10^7 V/cm），使 SiO_2 能带倾斜很大，势垒变窄，因此电子有足够高的几率穿越 SiO_2 禁带从硅栅进入 Si 的导带，这就是 F-N 隧穿效应[68]。F-N 隧穿电流与氧化层上的电场成指数关系，对于 20 nm 厚的氧化层，一般电压每增加 0.8V 隧穿电流大约增加一个数量级。

表 2.4-1 列出了一个用 CHE 编程，用 F-N 隧穿擦除的 E²PROM 工作时需要的偏置条件[69]。用 CHE 实现编程要求浮栅管漏极加载一个中等电压，以保证产生沟道热电子；另外，要求加载高的 V_{CG}，一方面保证沟道中有足够的电子浓度，另一方面使栅氧化层中有足够高的电场（但是，这个电场明显低于 F-N 隧穿效应要求的电场）把电子拉入浮栅。用 CHE 编程的最大问题是注入效率低，功耗大。一般发射到氧化层的热电子只占沟道电流的很小部分。一个优化的单元结构，编程时单元管的工作电流约 100 μA 左右，而平均穿过氧化层的热电子电

流只有0.1到1 nA。由于浮栅上的电子无法被加热，因此不能用CHE机制实现擦除。

表 2.4-1　E^2PROM 单元不同操作的偏置条件

操作	源极 V_S	控制栅 V_{CG}	漏极 V_D
编程	接地	$V_{PP}=12V$	$V_D=5\sim7V$
读	接地	$V_{RC}=5V$	$V_R=1V$
擦除	浮置	接地	$V_{PP}=12V$

F-N隧穿效应可以使冷载流子发射穿越壁垒，另外，通过改变氧化层上电场的方向，就可以改变隧穿电流的流向，因此F-N隧穿效应既可以向浮栅注入电子，也可以使电子从浮栅发射回去。也就是说E^2PROM既可以用F-N隧穿实现编程操作，也可以用F-N隧穿实现擦除操作。为了提高效率，使编程或擦除在一个实际可接受的时间完成，需要很高的电场，约8～10MV/cm，但是电场太高又会引起可靠性问题，这将最终限制了写入速度。用F-N隧穿电流实现编程和擦除可以通过两种F-N隧穿方式[69]。一种是沟道F-N隧穿电流，即把高电压加到浮栅管的控制栅和衬底之间，而源和漏极浮置。这种方式发射效率接近1，因为在这种条件下除了极少部分的泄漏电流，流入单元的电流都是F-N隧穿电流。目前，由于可靠性的考虑，这种方式的F-N隧穿电流限制在几个pA范围。第二种方式是漏端或源端F-N隧穿电流，把高电压差加到漏(或源)极与控制栅之间，而保持衬底接地，源(或漏)极悬浮。这种情况会有较大的泄漏电流，反偏的pn结会在高电场区出现带-带隧穿(Band-To-Band Tunneling，BTBT)。

表2.4-2比较了用CHE和F-N编程的优缺点。用CHE编程的主要优点是速度快，而且需要的氧化层电场较低，使器件有较好的耐久性。由于要求的电压较低，可以减小对阵列的干扰并减小电路过热。用F-N编程的最大优点是功耗低，因为F-N隧穿电流很小。由于功耗低可以允许大量单元并行操作，既实现页模式操作。

表 2.4-2　CHE 和 F-N 编程机制的比较

编程机制	CHE	F-N
编程速度	高	低
编程电压	低	高
功耗	高	低
单元耐久性	较好	较差
产生的干扰	较小	较大
对工艺离散的敏感性	沟通长度 L	氧化层厚度 t_{ox}

2.4.4　快闪存储器(Flash Memory)

Flash由Masuoka等人于1984年首次提出[70]。作为E^2PROM的变种，Flash和

E^2PROM的差别是：E^2PROM 的编程和擦除都是按位（或字节）进行，擦除时通过漏区和 FG 之间的隧穿氧化层实现；而 Flash 是按区块（Sector）擦除、按位编程，擦除时通过源区和 FG 之间的隧穿氧化层实现，所有共源的浮栅管同时擦除。为了防止擦除时的高电压引起源 pn 结击穿，源区要专门设计，增加一个轻掺杂区。图 2.4-8 说明了 EPROM、E^2PROM 与 Flash 的结构差别：EPROM 的浮栅下面是较厚的氧化层，E^2PROM 在漏区有一个薄氧化层的擦除区，Flash 的浮栅下面都是较薄的氧化层。

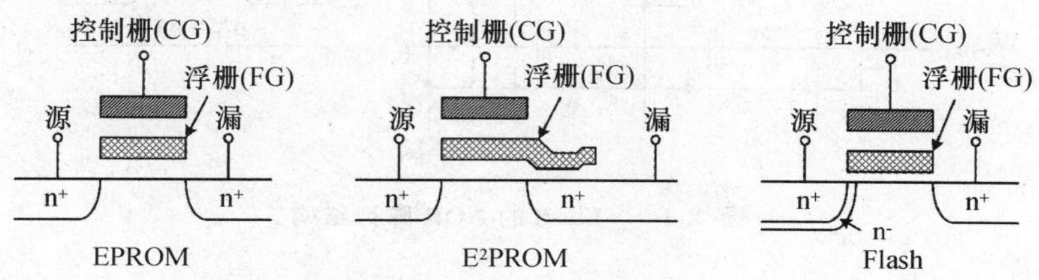

图 2.4-8　EPROM，E^2 PROM 和 Flash 的浮栅管结构

由于 Flash 实现了 E^2PROM 高速擦除的要求，解决了器件尺寸缩小和高集成度的问题，本世纪初在小容量、便携式数码存储卡领域发展迅速。常见的 Flash 存储器包括：U 盘、安全数码（Secure Digital，SD）卡、袖珍闪存（Compact Flash，CF）卡、记忆棒等。近几年随着 Flash 集成度的不断提高，基于 Flash 的固态硬盘（Solid State Disk，SSD）成为研究热点。相比基于磁介质的传统机械硬盘，SSD 具有读写速度快，防震耐用，无噪音，重量轻等优点，已逐渐取代机械硬盘，成为大容量存储市场新的增长点。

1. Flash 的阵列结构

Flash 的单元阵列有 2 种基本类型，一种是或非（NOR）结构，另一种是与非（NAND）结构。NOR 结构也就是单元并联结构，每个单元的漏极接位线，源极接公共源线或地线。对应同一个位线上的单元管是并联关系，如图 2.4-9 所示[71]。这种 NOR 结构对单元过擦除非常敏感，当对一个选中单元读出时，该行字线接高电压，其他未选中字线接地，如果选中单元所在列的其他单元管都有足够高的正阈值电压，则位线的电流只反映读出单元的信息；但是若有一个未选中单元由于过擦除而耗尽，则会对位线产生放电，因而有可能严重干扰了读出信息。NOR 单元结构可以采用 CHE 编程，也可以采用 F-N 编程。由于 NOR 结构中每个单元直接接到位线，有利于提高读出灵敏放大的速度，这种阵列结构既适合于做标准的存储器产品，也适合于嵌入式应用。但是 NOR 结构对提高集成度不利，因为每 2 个单元就要有一个接位线的引线孔，占用面积大。

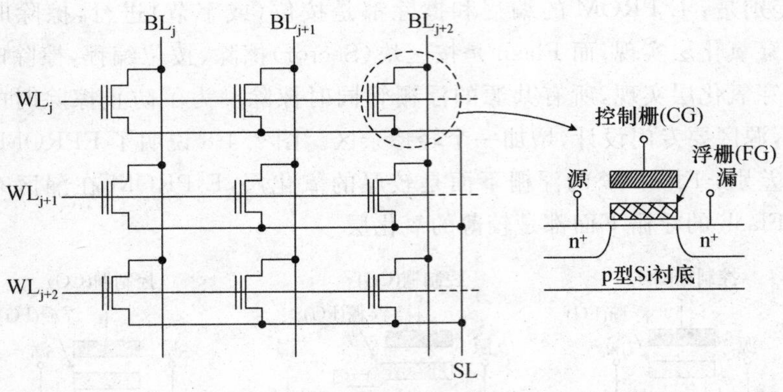

图 2.4-9　Flash 的 NOR 阵列结构

NAND 结构即单元串联结构，指将一根位线上的单元分成若干串，每串中串联单元数目一定(如 16 或 32)，属于同一根位线的单元串并联接到位线和公共源线(SL)之间，每串中还包括 2 个选择管，分别由串选线(SSL)和接地选择线(GSL)控制，如图 2.4-10 所示[72][73]。

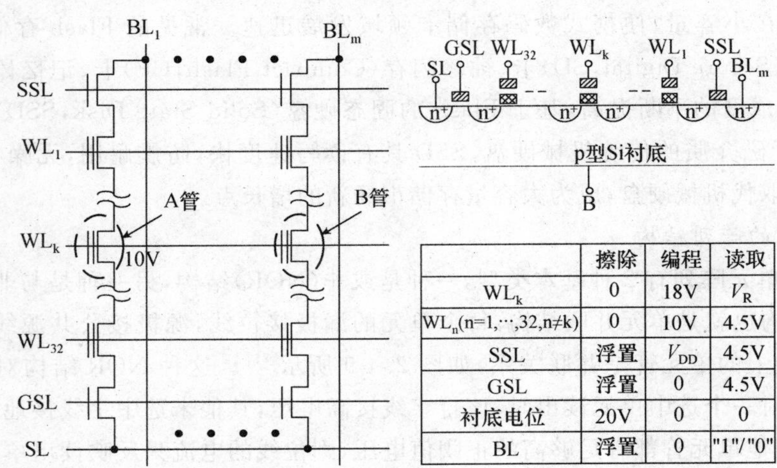

	擦除	编程	读取
WL_k	0	18V	V_R
WL_n(n=1,…,32,n≠k)	0	10V	4.5V
SSL	浮置	V_{DD}	4.5V
GSL	浮置	0	4.5V
衬底电位	20V	0	0
BL	浮置	0	"1"/"0"

图 2.4-10　Flash NAND 阵列结构

(1) 擦除操作

Flash 采取的是按区块擦除的方式。芯片衬底接 20V 的高电平，被选中区块的所有字线 WL_n(n=1,…,32)全部接 0V，未被选中区块的字线浮置，所有的 BL、SSL 和 GSL 也处于浮置状态。这样被选中擦除的区块衬底和浮栅之间实现 F-N 隧穿，完成擦除。原本存储在 FG 上的电子隧穿到衬底，所有被选中的单元阈值电压降低，实际完成的是被选中区块全写“1”的过程。其他未被选中器件由于栅端浮置，衬底加载高压对其没有影响。

(2) 编程操作

Flash NAND 阵列结构不能采用 CHE 方式编程。这是由于 NAND 结构中串联数目较多，如果采用 CHE 方式编程，漏端需加极高的电压才能实现对底部单元的 CHE 编程。因此 NAND 结构都采用 F-N 隧穿效应编程。假设被选中的单元为位线 BL_1 上串的 32 个单元中的第 k 个(图 2.4-10 中的 A 管)，选中(=3V)单元字线 WL_k 接 18V，未被选中单元的字线 WL_n($n=1,\cdots,32,n\neq k$)接 10V，SSL 接 V_{DD}(=3V)，BL_1、GSL 和衬底都接 0V。被选中单元所在串的其他单元，栅衬之间最大电压为 10V，不足以发生 F-N 隧穿，可以视为传输管(Pass Transistor)。选中单元栅衬之间的电压差为 18V，发生 F-N 隧穿，电子隧穿到浮栅上，单元阈值电压升高，实际完成写"0"过程。此外，未被选中的串中也有栅压为 18V 的单元(图2.4-10 中的 B 管)，为了避免对 B 管的"误编程"，需要将 BL_m 接 V_{DD}电平。初始状态，接 V_{DD}的 BL_m 会对 B 管的沟道进行预充。当 WL_k 从 10V 上升到 18V 时，控制栅、浮栅、沟道和衬底之间的电容会将 B 管的沟道电势提升至 8V，如图 2.4-11 所示。B 管栅衬之间的电压差为 10V，也不足以发生 F-N 隧穿。

(3) 读操作

假设选中的单元为 A 管，这一串所有未被选中单元的字线 WL_n($n=1,\cdots,32,n\neq k$)和 SSL、GSL 都接大于 V_{DD}的高电压(4.5V)，而选中 A 管字线 WL_k 接较低读出电压 V_R。将位线 BL_1 预充到 V_{DD}。除 A 管之外的所有单元栅压均大于其阈值电压，处于导通态，可以视为传输管。A 管如存"0"，阈值电压高，A 管不导通，不会对 BL_1 放电，BL_1 保持高电平；A 管如存"1"，阈值电压低，A 管导通，对 BL_1 放电到低电平。

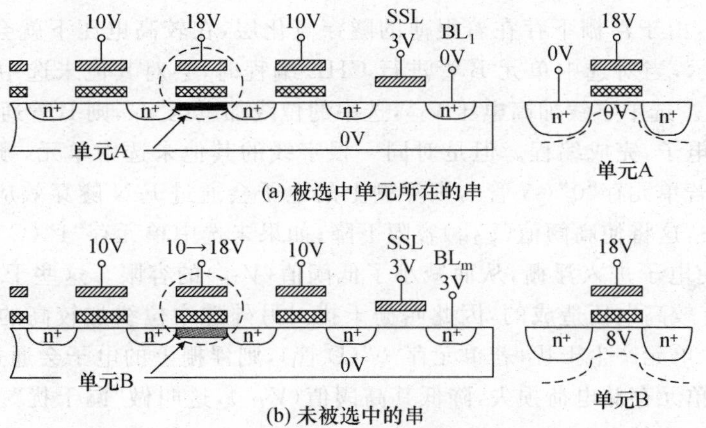

图 2.4-11 Flash NAND 阵列编程操作

NAND 阵列结构的最大优点是有利于提高集成密度，因为它可以减少很多引线孔。但是由于读出时必须通过一串单元管对位线放电，增加了串联电阻，使速度受到影响，因此也限制了最多可串联的单元数目。

基于基本的 NOR 和 NAND 结构，又发展了很多新的单元阵列结构，如分割位线的 NOR 阵列(DINOR-divided bit-line NOR)，每根位线分成几串并联的单元[74]；与(AND)阵列，它把公共接地的 NOR 结构和 DINOR 结构结合起来[75]；还有交替金属接地(Alternate Metal Virtual Ground，AMVG)结构，使每 2 根扩散位线通过一根金属线接地[76]。不同的结构有各自的优缺点。不过有公共地线的 NOR 阵列是长期以来普遍采用的结构。表 2.4-3比较了 NOR 结构和 NAND 结构的优缺点。

表 2.4-3　NOR 阵列和 NAND 阵列结构比较

NOR 阵列	NAND 阵列
结构简单	结构复杂
适用于单独的存储器和嵌入式	适用于单独的高密度存储器
CHE 或 F-N 编程	F-N 编程
电压较低	电压较高
干扰较小	干扰较大
单元尺寸大	单元尺寸小
读取速度快	读取速度慢

2. Flash 单元的可靠性

如何提高 Flash 单元存储信息的可靠性是非常重要的一个问题。有很多因素影响到单元的可靠性，最主要的有以下几方面：

(1) 编程和擦除干扰

对于 Flash，由于浮栅下存在着很薄的隧穿氧化层，在较高电压下就会产生隧穿电流。如图 2.4-12 所示，当对选中单元 B 管进行 CHE 编程时，会对其他未选中单元(A、C 和 D 管)产生干扰[77]。选中字线加高电压 V_{PP}，选中的位线加电压 V_D，则 B 管通过沟道热电子发射，向浮栅注入电子，完成编程。但是对同一根字线的其他未选中单元，栅-漏和栅-源之间有很高的电压，若单元存“0”(A 管)，则浮栅上的电子会通过 F-N 隧穿效应发射出去，使单元存储电荷损失，这将使高阈值(V_{TH})容限下降；如果未选中单元存“1”(C 管)，有可能通过 F-N 隧穿效应使电子进入浮栅，从而减小了低阈值(V_{TL})的容限。这些干扰都是由于未选中单元的栅极有较高电压造成的，因此叫栅干扰。另外选中位线加较高的电压 V_D 也会对同一列的未选中单元产生干扰，若单元存“0”(D 管)，则浮栅上的电子会通过 F-N 隧穿效应隧穿到衬底，使单元存储电荷损失，降低其高阈值(V_{TH})，这叫做“漏干扰”。由于 V_D 比 V_{pp} 小很多，漏干扰影响较小。

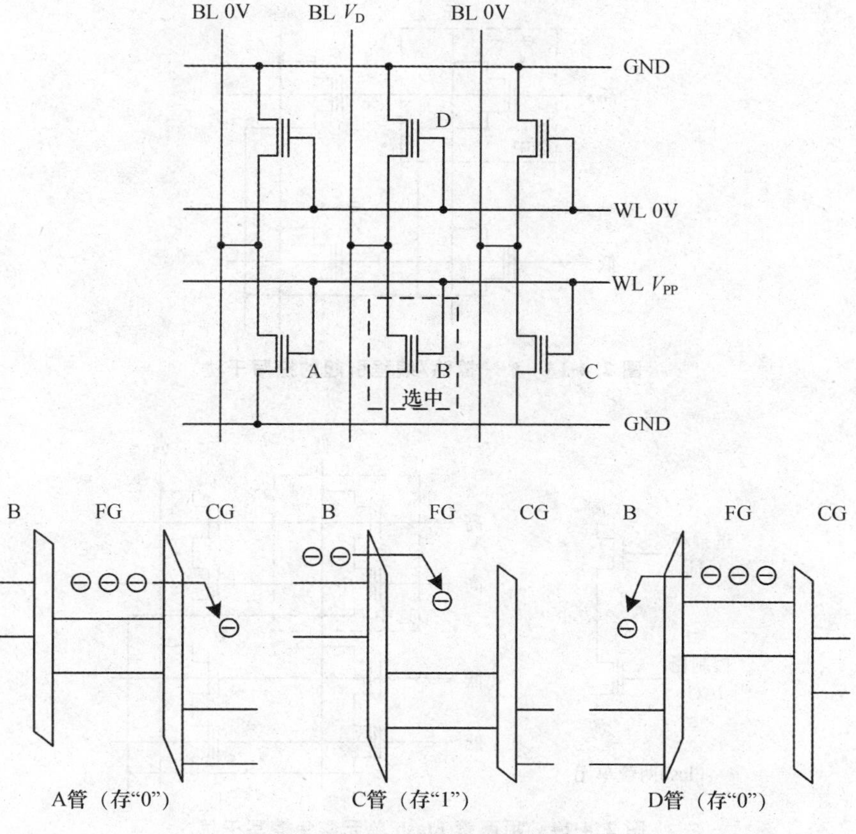

图 2.4-12　CHE 编程引起的干扰

Flash 采用 F-N 擦除和编程时，同样也会引起擦写干扰[78]。假设要使选中单元从“1”状态（低阈值）变为“0”状态（高阈值），则对选中的字线加高电压 V_{PP}，选中的位线接地，而所有非选中的位线接高电压。这样选中单元可以通过 F-N 隧穿效应使电子发射到浮栅，使单元从“1”状态变为“0”状态。然而，对选中行和列以外的单元则由于漏端接高电压，栅极接地，会使浮栅上的电子通过 F-N 隧穿效应发射出去，使单元存储状态改变，如图 2.4-13 所示。反之，如果对选中单元写“1”，使选中字线接地，选中位线接 V_{pp}，而未选中字线接高电压，未选中的位线接地，则会使未选单元中通过 F-N 隧穿效应向浮栅发射电子，从而降低了低阈值电压的容限。擦/写干扰不仅会破坏单元的存储信息，还会引起额外的电流，增加电路的功耗。为避免擦/写干扰，对用 F-N 编程/擦除的 Flash 可采用二管单元，如图 2.4-14[79]所示。由于未选中行的选择管总是截止的，因此使未选中单元的浮栅管不会受到干扰。

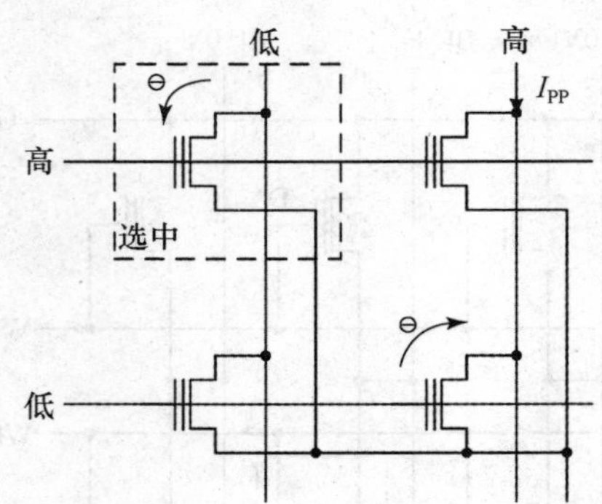

图 2.4-13　F-N 擦除/编程引起的擦写干扰

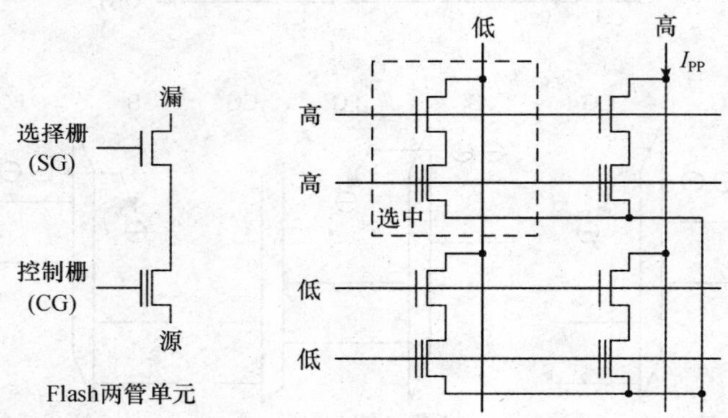

图 2.4-14　用两管 Flash 单元避免擦写干扰

两管单元,不仅可以有效防止擦/写操作对阵列其他单元的干扰,还可以防止过擦除使器件耗尽而无法正常工作。为了消除过擦除的影响也可以在单元的结构上加以改进。如图 2.4-15 就是一种新型 Flash 单管单元[80],使控制栅有一部分直接覆盖在沟通区上,这样即使出现过擦除,整个器件也不会成为耗尽型。另外采用了 3 层多晶硅工艺,第一层多晶硅做浮栅,第二层多晶硅做控制栅,第三层多晶硅形成专门的擦除栅(Erase Gate,EG),擦除时只要擦除栅接一个正电压即可。

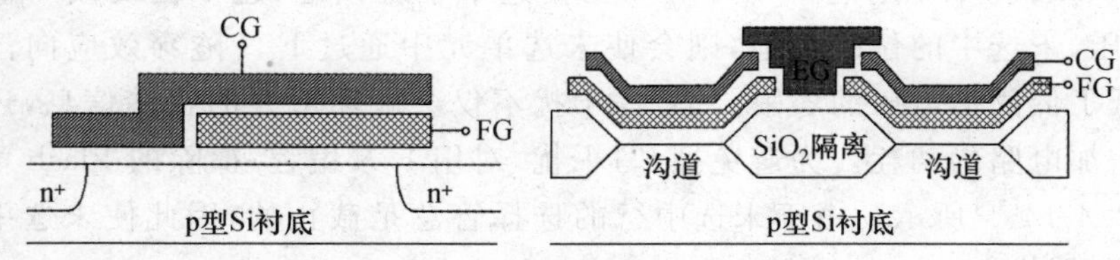

图 2.4-15　3 层多晶硅的 Flash 单元

(2) 电荷的保持特性

浮栅管是靠浮栅存储电荷来保存信息。氧化层制作的质量以及反复擦写过程造成氧化层的损伤都会引起氧化层的泄漏电流,使存储信息丢失。一般要求浮栅上的电荷至少能保持10年,也就是10年内电荷泄漏小于10%,这就要求氧化层的漏电要小于10^{-21}A。更具体地说,如果$C_{eq}=1$fF,则丢失1fC的电荷就会使阈值电压漂移1V。如果要使存储信息保持10年,这就意味着每天泄漏掉的电子必须少于5个。图2.4-16给出了一个Flash的保持特性[78]。

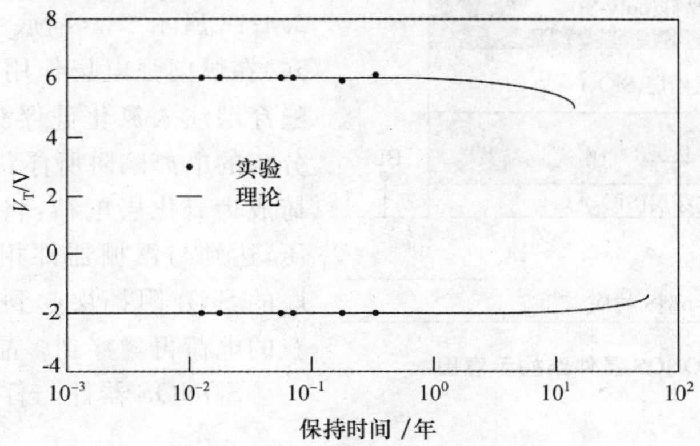

图 2.4-16 Flash 的保持特性

(3) 擦写的耐久性

浮栅管工作中经过反复擦写,不断有电子穿越氧化层,会造成氧化层的磨损,导致泄漏电流增大,从而影响器件的耐久性。考虑到可靠性,对器件的擦写次数有一个限度,即擦写周期数。早期的产品擦写周期数只能达到10^4,现在一般都达到10^6以上。通过测量反复擦写后器件阈值电压的变化,可以反映器件使用的耐久性,如图2.4-17所示[81]。如Flash,由于有很薄的隧穿氧化层,要提高器件的保持特性和耐久性,制作高质量的超薄氧化层是一项关键技术。

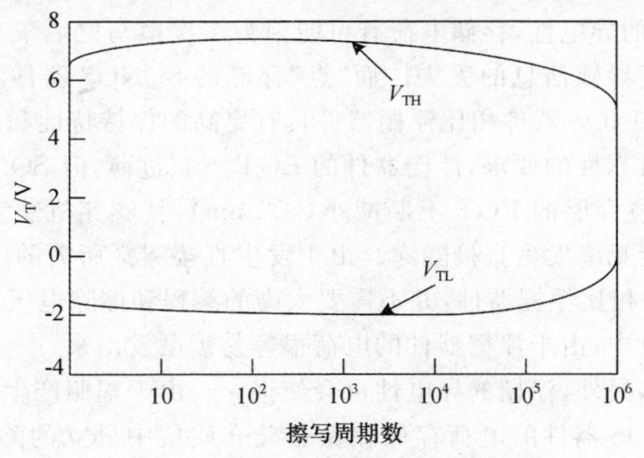

图 2.4-17 Flash 擦写的耐久性

2.4.5 电荷俘获存储器(CTM)

根据存储原理的不同,Flash 存储器可以分为两种,除了上节提到的浮栅型,还有电荷俘获型存储器(Charge Trapping Memory,CTM)[82]。

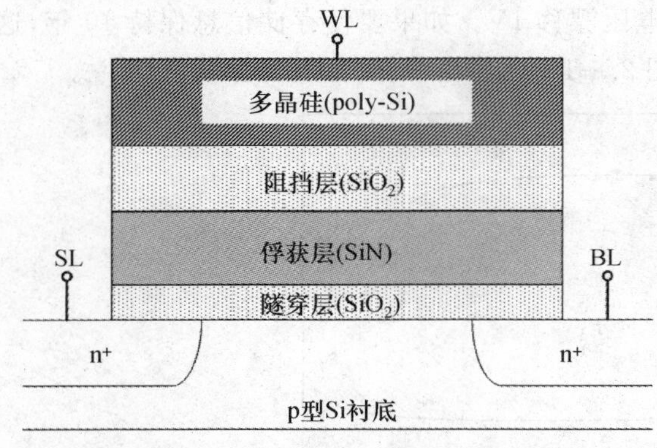

图 2.4-18 SONOS 器件结构示意图

最常见的 CTM 是 SONOS(Silicon-Oxide-Nitride-Oxide-Silicon)结构,如图 2.4-18 所示[83]。衬底中的电荷(电子或空穴)在纵向强电场作用下隧穿很薄的 SiO_2 隧穿层注入氮化硅俘获层,并被氮化硅中分离的电离陷阱所俘获。这些被俘获的电荷成为氧化层电荷,将改变器件的阈值电压,达到与浮栅器件相同的效果。上层较厚的 SiO_2 阻挡层起到阻止氮化硅中已俘获的电荷再隧穿到多晶硅栅中。

SONOS 器件与浮栅 Flash 器件的主要区别在于:

第一,浮栅器件采用双层多晶硅栅,SONOS 器件则类似常规 MOS 器件采用单层多晶硅栅,只是用 ONO(Oxide-Nitride-Oxide)复合介质层代替了 MOS 器件的栅氧化层。因此 SONOS 器件相比浮栅器件和标准 CMOS 工艺具有更好的兼容性,适合做嵌入式存储器。

第二,浮栅器件中用来存储电荷的浮栅通常为多晶硅,注入的电荷会分布在导电的整条多晶硅栅上,属于“面”存储。而 SONOS 器件中用来存储电荷的电离陷阱是彼此独立存在的,注入的电荷主要分布在注入点附近,属于“点”存储。随着特征尺寸的不断减小,浮栅器件隧穿层的等效氧化层厚度(Equivalent Oxide Thickness,EOT)也越来越薄。“面”存储的浮栅器件由于多晶硅的导电性,存储电荷有可能因为多次擦写之后氧化层上出现的一个缺陷而全部泄漏掉,从而导致信息的丢失。而“点”存储的 SONOS 器件不会出现这种全部泄漏掉的问题。因此 SONOS 器件相比浮栅器件具有更高的保持特性和耐久性。

第三,正是鉴于可靠性的要求,浮栅器件的 EOT 不宜过薄,但 SONOS 器件的隧穿层可以很薄。当 SONOS 隧穿层的 EOT 不断减小(≤6 nm),其隧穿机制就不同于浮栅器件的 F-N 隧穿,电荷有一定几率发生直接隧穿。由于发生直接隧穿所需的电场强度小于 F-N 隧穿,因此 SONOS 器件相比浮栅器件,并不需要太高的编程和擦除电压。

第四,在辐照环境中,由于浮栅器件的电荷很容易被激发出来,产生电荷泄漏,因此它的总剂量辐射能力较差,另外,浮栅的导电性也会使得一个由于辐照产生的缺陷而导致整个器件电荷的泄漏。SONOS 器件的电荷存储在氮化硅介质层中分立的陷阱,氧化层上的缺陷不会导致像浮栅器件中那种所有的电荷泄漏。因此,SONOS 器件相比浮栅器件具有更好的抗辐照特性。

图 2.4-19 给出了一种 SONOS NOR 阵列读写操作电压方案：

（1）编程操作

对 A 单元编程时，WL_1 接 12V，BL_1 和 SL_1 接 0V，使得 A 单元栅-衬电压为 12V，实现衬底电子隧穿到俘获层，阈值电压增大，完成编程，即写“0”。WL_2 接 0V，保证 C/D 单元不被激活。同时 SL_2 和 BL_2 接 5V，使得 B 单元的栅-衬电压不大于 7V，避免隧穿发生。

（2）读操作

读 A 单元时，其栅极接 1.5V，BL_1 接 1.2V，SL_1 接 0V。若 A 单元存“1”，则 A 管导通，对位线 BL_1 放电；若 A 单元存“0”，则 A 管不导通，位线 BL_1 保持 1.2V 电位。

（3）擦除操作

WL_1 接－9V，其他端均接 0V。A、B 单元栅衬电压为－9V，俘获层中电子隧穿回衬底，阈值电压减小，完成 A、B 单元的擦除，即写“1”。

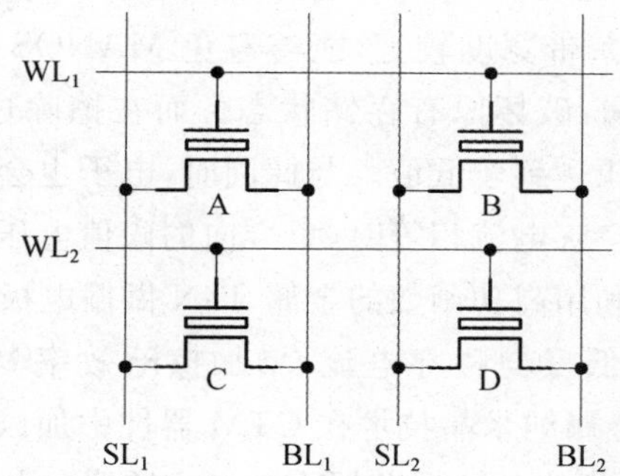

	编程 A	读 A	擦除A&B
WL_1	12V	1.5V	–9V
SL_1	0	0	0
BL_1	0	1.2V	0
WL_2	0	0	0
SL_2	5V	0	0
BL_2	5V	0	0
衬底	0	0	0

图 2.4-19　SONOS NOR 阵列读写操作

SONOS 器件如果采用 CHE 方式编程，注入的电荷只会分布在靠近漏端的俘获层中，不会像浮栅器件分布在整个浮栅上。利用这一特点，SONOS 可以实现一个器件存储两位信息。如图 2.4-20 所示[84]，SONOS 器件的源、漏、栅分别接位线 BL_1、位线 BL_2 和字线 WL。对 Bit＃1 进行编程时，BL_1 做源端，BL_2 做漏端，WL＝9V，BL_1＝0V，BL_2＝4.5V。漏端发生热电子注入，进入俘获层，将器件阈值电压变为 V_{T1}。由于有热电子注入的 BL_2 附近一侧更不易反型，为了最大化体现 V_{T1} 变化对电流的影响，对 Bit＃1 进行读取时，要将源漏颠倒，BL_1 做漏端，BL_2 做源端，WL＝3V，BL_1＝1.5V，BL_2＝0V。对 Bit＃1 进行擦除时，WL＝－5V，BL_1＝0V，BL_2＝5V，BL_2 附近电压差达到 10V，俘获层的电子被抽回衬底，阈值电压变回 V_{T0}。对 Bit＃2 的所有操作，只需将 BL_1 和 BL_2 颠倒即可。这样做就实现了一个 SONOS 器件存储两位信息的多值存储。

其实一些应用于纳米 MOS 器件的新型工艺技术，同样也在逐渐应用在 CTM 器件中。

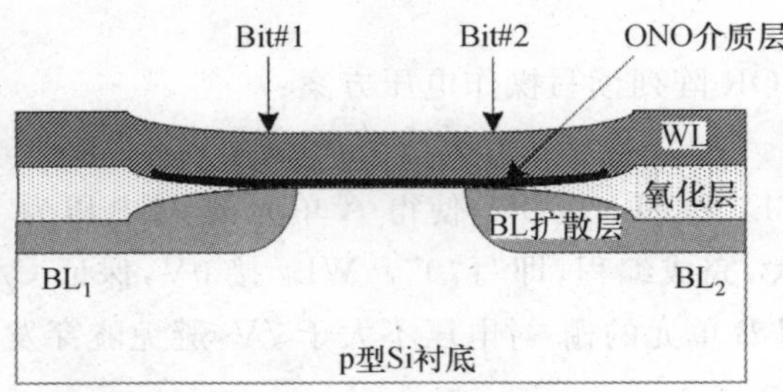

		WL	BL_1	BL_2
Bit#1	编程	9V	0V	4.5V
	擦除	−5V	0V	5V
	读取	3V	1.5V	0V
Bit#2	编程	9V	4.5V	0V
	擦除	−5V	5V	0V
	读取	3V	0V	1.5V

图 2.4-20　两 Bit SONOS 器件结构图和读写操作

一种名为 MANOS(Metal-Aluminum-Nitride-Oxide-Silicon)的新型 CTM 器件正是采用纳米尺度 MOS 器件的金属栅和高 k 材料工艺，如图 2.4-21(a)所示[85]。MANOS 器件利用高 k 的 Al_2O_3 做阻挡层，这样可以对隧穿氧化层施加较强的电场作用，进而提高单元的读/写速度、降低操作电压，甚至能够在不影响器件速度的前提下允许增厚隧穿氧化层厚度，以提高产品的可靠性。此外，由于高 k 阻挡层的禁带宽度较宽，能够避免 MANOS 处于存储状态时电子向上 F-N 隧穿到栅电极而发生泄漏，破坏原有存储状态。而在擦除过程中，空穴从衬底隧穿进入氮化硅层，使单元的阈值电压达到较低值。与此同时，电子也会进行反向隧穿，由栅电极隧穿到俘获层。当电子电流与空穴电流相等时，负方向的阈值电压漂移便会停止了，使擦除无法有效进行。MANOS 器件利用高功函数的金属 TaN 做栅电极配合高 k 绝缘材料，能够有效增加电子的势垒高度，降低反向隧穿电流，增加擦除效率[86]。而 NCM(Nano-Crystal Flash Memory)结构则是把金属纳米晶技术在 CTM 器件中加以应用。如图 2.4-21(b)所示，用金属纳米晶作为电荷陷阱代替 SiN 俘获层中的电离陷阱。与半导体纳米晶相比，金属纳米晶的高功函数为俘获的电荷提供了更大的势阱，使可俘获的电荷数量更多，保持时间更长。同时，由于也是“点”存储，金属纳米晶存储器的电荷保存时间对隧穿氧化层厚度的依赖性有所降低，与传统的多晶硅浮栅存储器相比，可以在较小的隧穿层厚度条件下获得相当的电荷保存时间。当隧穿层更薄时(≤3 nm)可实现完全的直接隧穿，进一步有效地降低编程和擦除电压，减小擦写时间，提高读写速度[87][88]。

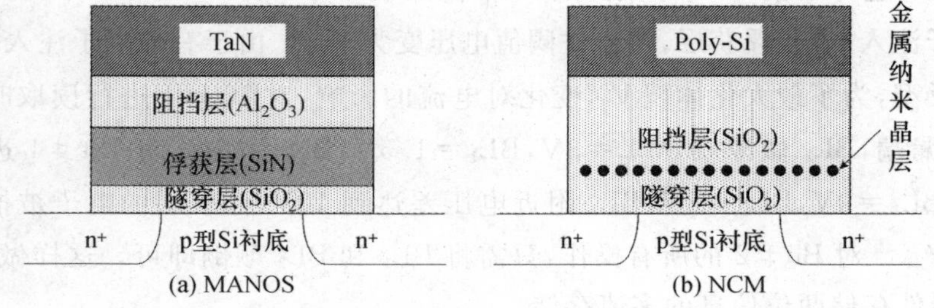

图 2.4-21　新型 CTM 结构

2.5 新型存储器

由消费类产品驱动的存储器市场需要更高密度、高速度、低功耗、具有不挥发性且价格便宜的存储器产品。到目前为止，Flash 是最成功的高密度不挥发性存储器。但是随着器件尺寸不断缩小，Flash 的发展受到限制，一方面它的编程电压不能按比例减小，另外，随着器件尺寸减小、隧穿氧化层减薄，电荷保持性能下降。因此，新的存储技术的研究越来越受到关注，如铁电存储器（Ferroelectric RAM，FeRAM）、磁阻存储器（Magnetic RAM，MRAM）、相变存储器（Phase-change RAM，PRAM）和阻变存储器（Resistive RAM，RRAM）[89—91]。

2.5.1 铁电随机存储器(FeRAM)

FeRAM 最早出现在麻省理工大学 D. A. Buck 的硕士论文中[92]。FeRAM 的结构示意图和等效电路图如图 2.5-1 所示，其存储单元结构与 DRAM 类似，单管单元也由一个 MOS 晶体管和一个电容(1T1C)组成，MOS 晶体管的栅极接字线 WL，漏端接位线 BL。FeRAM 只是将 DRAM 的电容结构由氧化层介质变成了铁电材料，铁电材料的两端分别接 MOS 晶体管的源区和上级板线 PL，利用铁电材料在电场作用下极化方向翻转的特性存储二进制信息。早期FeRAM 使用的铁电材料主要是美国 Remtron 公司开发的 $PbZr_xTi_{1-x}O_3$(PZT)和 Symetrix 公司开发的 $SrBi_2Ta_2O_9$(SBT)。PZT 材料的优点是可以在低温下制备，产生的电荷量大，SBT 材料的优点是可以实现低耗电[93]。

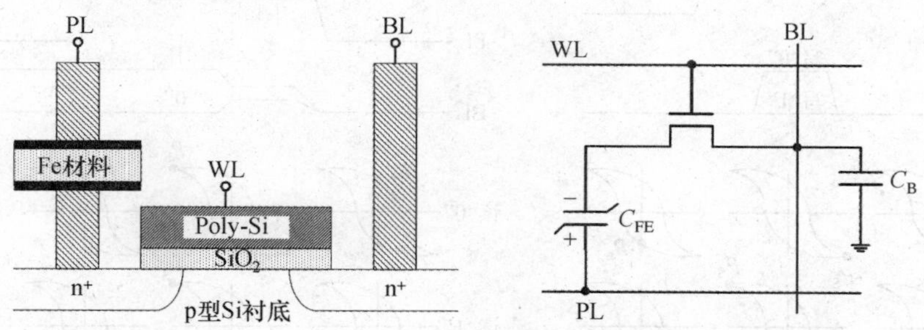

图 2.5-1 FeRAM 结构示意图和等效电路图

铁电晶体材料由许多小区域(电畴)所组成，每个电畴内的极化方向一致，而相邻电畴的极化方向则不同。从宏观来看，整个晶体是非极化、呈中性的。如图 2.5-2 所示，在外加正电压作用下，铁电晶体的极化强度 P 随着电场 E 的增加沿 OAB 曲线的方向增大。到达饱和点 B 点后，极化强度 P 不再随电场 E 增大而增大(BC 段)，其对应的极化强度 P_S 记为该晶体的饱和极化强度。此时，如果电场 E 开始下降，极化强度 P 并不沿着原曲线下降，而是沿 CBD 曲线下降。当电场 E 为零时，极化强度 P 不等于零而为 P_r，P_r 记为剩余极化强度。

只有当外加电场为 $-E_C$ 时，极化强度 P 才等于零。相同地，在外加负电压撤去后极化强度也不等于零而为 $-P_r$。很明显，铁电材料具有自极化特性，当电场去掉后极化特性仍然保持，因此 FeRAM 是一种不挥发性存储。若极化强度为 P_r，此时回路的电流很小或没有电流通过，记为存"0"；若极化强度为 $-P_r$，此时回路会有较大的电流通过，记为存"1"[94—97]。

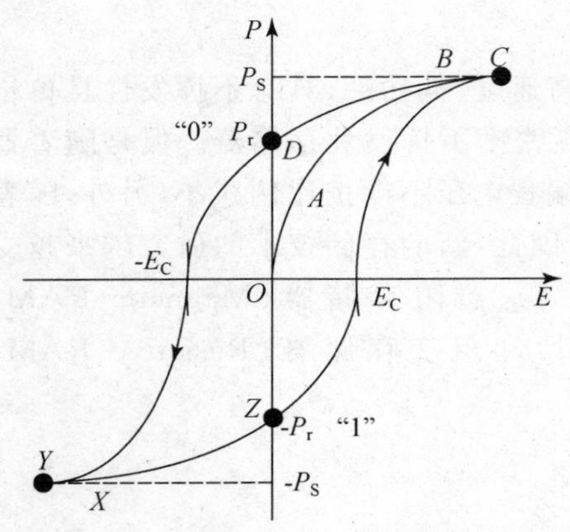

图 2.5-2　铁电材料的极化现象

FeRAM 的读写操作的工作原理如图 2.5-3 所示。

（1）写操作

写"1"时，位线 BL 接 V_{DD}，PL 接零电平，字线接 V_{DD} 门管导通使存储电容 C_{FE} 上加负偏压，铁电材料到达负饱和态 $-P_S$。当偏压恢复为零时，保持在 $-P_r$ 状态，完成写"1"操作。

写"0"时，位线 BL 接零电平，PL 加正脉冲，字线接 V_{DD} 门管导通使存储电容 C_{FE} 上加正偏压，铁电材料到达正饱和态 P_S。当偏压恢复为零时，保持在 P_r 状态，完成写"0"操作。

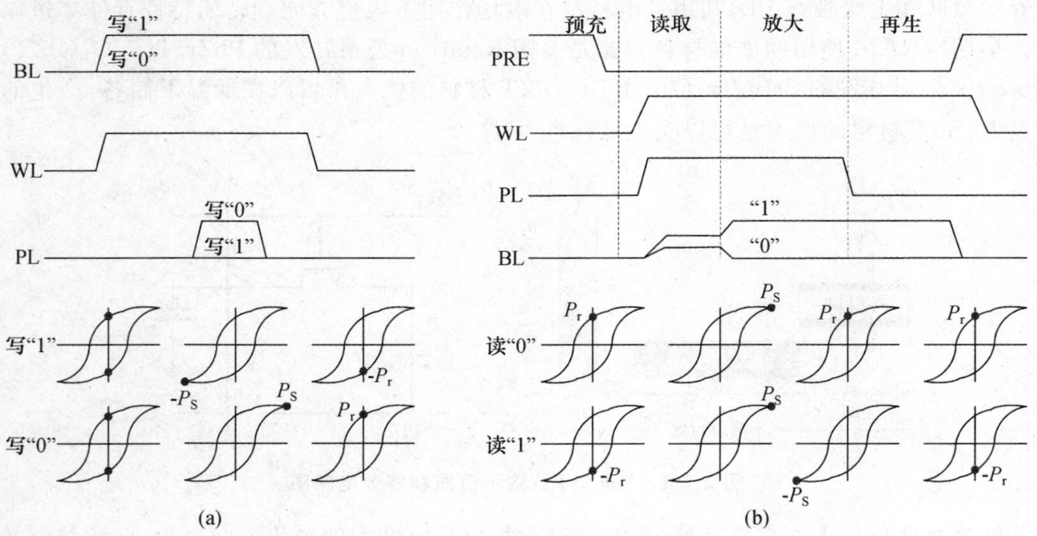

图 2.5-3　FeRAM 的读写操作

（2）读操作

读操作时位线首先预放电到零电平，选中字线接 V_{DD}，PL 也接 V_{DD}，存储电容 C_{FE} 和位线电容 C_B 串联分压决定位线上读出电压信息 V_B：

$$V_{B1} = \frac{C_{FE,1}}{C_{FE,1} + C_B} V_{DD}, \quad V_{B0} = \frac{C_{FE,0}}{C_{FE,0} + C_B} V_{DD} \tag{2.5-1}$$

与 DRAM 类似，由于单元面积的限制，单元电容比位线电容小很多，位线得到的读出信号很小，因此也需要灵敏放大器把信号放大，V_{B1} 放大至 V_{DD}，V_{B0} 下拉至零电平。

由于读操作时，存储电容 C_{FE} 上加载正偏压，无论存储单元存“1”还是“0”，铁电材料极性都会到达正饱和态 P_S。而当偏压恢复为零时，存“1”和存“0”单元都会保持在 P_r 状态。这就使得原本存“1”的单元变为“0”，发生了有损读出。因此，FeRAM 必须像 DRAM 一样在读取放大操作完成后，进行数据再生：由于存“0”单元电容不存在有损读出，因此单元两侧电压加零偏压，极化强度保持在 P_r；存“1”单元电容两侧为负偏压，铁电材料到达负饱和态 $-P_S$，当偏压恢复为零，极化强度回到 $-P_r$ 状态。

总之，FeRAM 是优点和缺点都很突出的一类存储器。其突出的优点是具有极好的抗辐射、抗干扰的能力，而且具有低的工作电压和功耗，数据保持特性良好；主要的缺点是，其数据是有损读取，在读取数据时要进行再生写入操作，这将加速铁电材料的老化。铁电材料在反复读写多次后，可能产生疲劳，使数据不宜辨认。同时，反复写入相同的数据也容易导致写入惯性，无法再写入其他数据。数据的长期保持方面，随着时间的推移，铁电材料有可能失去正负极性；而长期保存同一数据，由于“动态抑制”效应会使得数据固化，无法进行擦写。FeRAM 由于需要特殊的铁电材料，不易与常规 CMOS 工艺兼容，制作成本也比较高，特别是由于铁电材料固有的尺寸效应，使得 FeRAM 的按比例缩小的能力差，无法满足 32 nm 以下技术的需求。因此，这些缺点都或多或少地抑制了 FeRAM 的发展，使之成为风靡一时、量产最早的新型存储器，但未能大规模应用。相对而言，FeRAM 适合于工作环境恶劣、抗辐照/抗干扰能力要求高、同时存储密度和读写速度要求不太高的一些特定领域的应用[98]。

2.5.2　磁阻随机存储器(MRAM)

Fert 和 Grünberg 于 1988 年发现了磁性薄膜具有巨磁阻(Giant Magneto Resistance，GMR)效应。GMR 效应是指将两个磁性薄膜之间用介质隔离，当两个磁性薄膜的磁化方向一致时，通过该器件的电子受到阻碍较小，呈现低阻；当两个磁性薄膜的磁化方向相反，通过该器件的电子受到阻碍较大，呈现高阻；当外加磁场去掉时，磁性薄膜的磁化方向保持不变[99]。MRAM 正是利用磁性薄膜的 GMR 效应来实现二进制信息存储的，利用电流产生磁场改变材料的磁化方向写入信息，磁化方向相同是低阻表示存“1”，磁化方向相反是高阻表示存“0”。由于断电后磁化方向保持不变，MRAM 也是不挥发性存储器[100]。

在 MRAM 发展初期所采用的是 GMR 结构，此结构由上下两层铁磁材料，中间夹着一层非磁性材料的金属层所组成。但是 GMR 结构需较大电流而且它的读取写入时间过长并且集成度低，所以应用只局限于太空和军事领域，并未实现大规模量产。与 GMR 结构比较，磁阻隧穿结(Magneto-resistive Tunnel Junction，MTJ)结构有着更好的应用前景。如图

2.5-4 所示，MTJ 结构由三层薄膜构成：底层铁磁薄膜的磁化方向固定，称为固定层；顶层铁磁薄膜的磁化方向可以改变，叫自由层；中间用绝缘层代替了金属层。自由层和固定层使用的材料主要有 CoFe、CoFeB、NiFe 等，绝缘层使用的材料主要是 Al_2O_3 或 MgO。图 2.5-4 同时给出了 MTJ 结构电阻随磁场变化的 R-B 关系图，可以看到，同向低阻态和反向高阻态的电阻大小差 60%，可以很好地区分“1”和“0”两个存储状态[101]。磁阻比值（Magnetoresistance Ratio，MR）用来表征 MTJ 结构高阻态（阻值为 R_H）和低阻态（阻值为 R_L）的差异，

$$\mathrm{MR} = \frac{\Delta R}{R_L} \times 100\% = \frac{R_H - R_L}{R_L} \times 100\%. \tag{2.5-2}$$

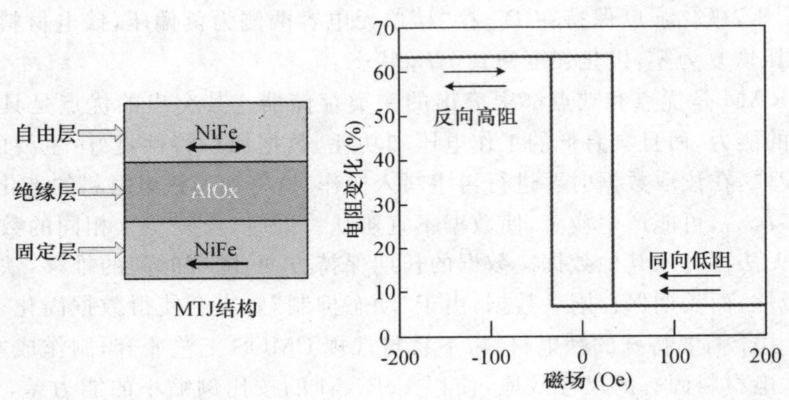

图 2.5-4　MTJ 结构示意图和其 R-B 关系

MRAM 的单元结构如图 2.5-5 所示，由一个 MOS 晶体管和一个磁阻隧穿结（1T1MTJ）薄膜组成。位线 BL 与 MTJ 顶部自由层相连，写字线 WWL 与位线 BL 正交，并与 MTJ 隔离。MOS 晶体管漏极与 MTJ 底部固定层连接，栅极连接读字线 RWL，源极接地。

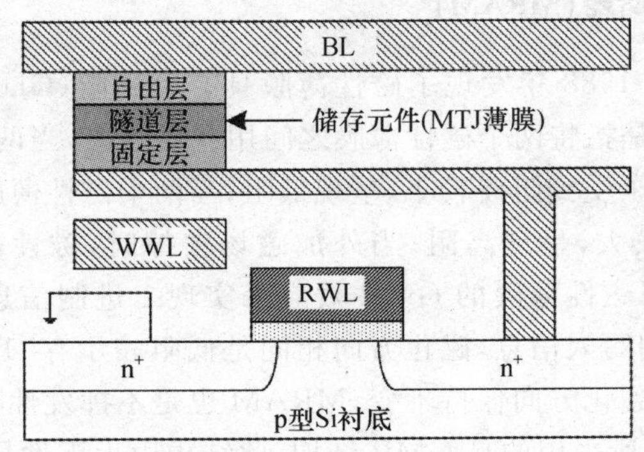

图 2.5-5　MRAM 单元示意图

MRAM 的读写操作的工作原理如图 2.5-6 所示[102—103]。

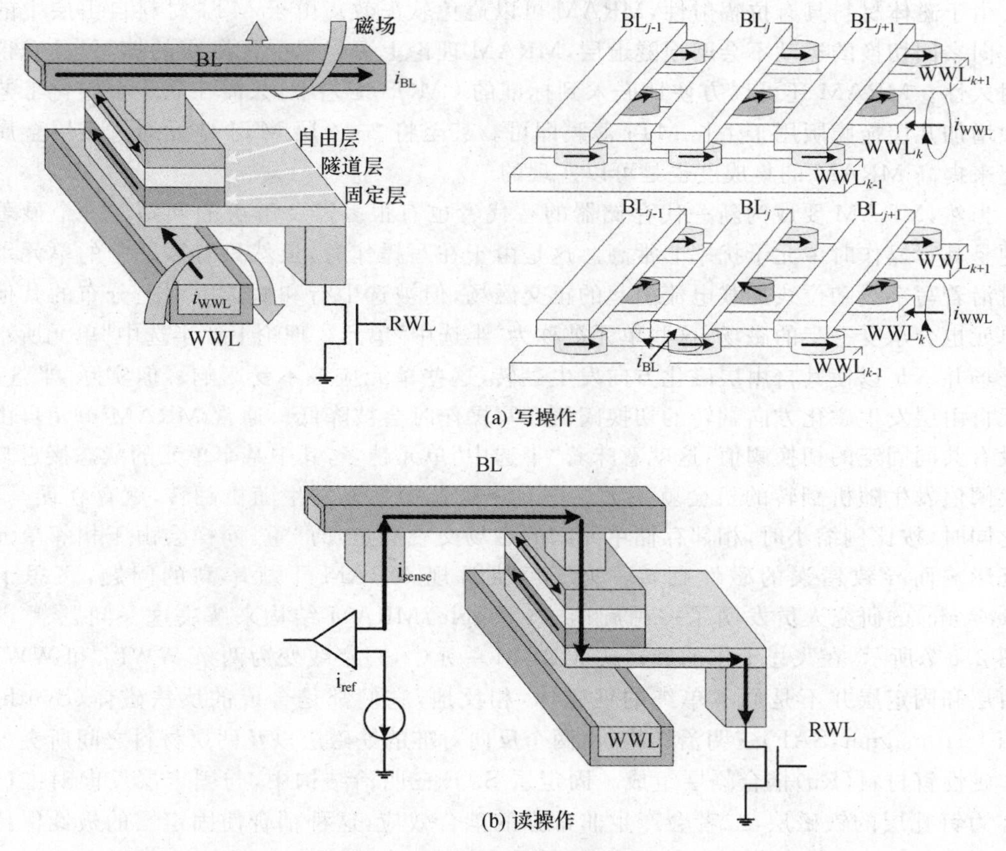

图 2.5-6　MRAM 单元的读写操作

（1）写操作

MRAM 写操作的过程就是通过外加电流所产生的磁场使被选中 MTJ 单元的自由层磁化方向发生翻转，如果翻转后的自由层磁化方向和固定层同向则表示写“1”，反向则表示写“0”。写操作时，被选中单元的读字线 RWL 接低电平使门管截止，其自由层磁化方向由相互垂直的位线 BL 和写字线 WWL 中的电流共同决定。假设被选中单元处于阵列的第 k 行第 j 列，第 k 行写字线 WWL_k 加载电流 i_{WWL}，提供单元难磁化方向即“难轴”的磁场 H_h，第 j 列位线 BL_j 加载电流 i_{BL}，提供易磁化方向即“易轴”的磁场 H_e。两根线交叉处就产生了一个磁场峰值 H_p，这个峰值如果超过了单元自由层磁性翻转的切换阈值，就会使其磁化方向翻转。

（2）读操作

被选中单元的 RWL 接高电平使门管导通。MTJ 上施加偏压后，将产生的电流 i_{sense} 与参考值 i_{ref} 进行比较，以确定电阻状态是低还是高。

相比传统存储器，MRAM 具有诸多的优势。读写速度方面 MRAM 可以和 SRAM 比拟。由于磁体材料具有抗辐射性,MRAM 可以避免软失效。由于 MTJ 材料自由层中的磁化方向来回切换的运动不会磨损隧道层,MRAM 理论上可以承受无限次的擦写,具有很好的耐久性。MRAM 还可以方便地嵌入到标准的 CMOS 工艺中,只需在后步金属化工艺过程中增加几层掩膜版用于生长 MTJ 薄膜即可。甚至将 2—4 层 MTJ 单元通过多层金属叠放起来提高 MRAM 的集成度也是可以实现的。

当然,MRAM 要成为新一代存储器的替代者也有很多需要解决的问题。一个显著的问题是其写操作时单元干扰率非常高。这是由于在写操作时,虽然只有被选中的单元承受同时沿着写字线和位线加载电流引起的正交磁场,但被选中行和被选中列上分布的其他所有单元也会承受一半的磁场,这些单元被称为"半选中"单元。理论上,"半选中"单元所承受的磁场并不足以使其自由层磁化方向发生翻转,这些单元应该不受影响。但实际"半选中"单元自由层发生磁化方向翻转的切换阈值在写操作时会被降低。通常 MRAM 单元自由层并没有共同固定的切换阈值,这就意味着"半选中"单元越多,其中某个单元的状态接近自身切换阈值发生随机翻转的机会就越大。一旦未被选中单元发生随机翻转,就存在误写入。与此同时,按比例缩小时,相邻存储单元间的磁场交叠会愈加严重,同样会由于相邻单元间相互影响而导致错误的磁性翻转。为了解决常规 MRAM 干扰率高的问题,飞思卡尔(Freescale)的研究人员发明了一种旋档式(Toggle)MRAM 结构来解决这一问题[104—108]。如图 2.5-7 所示,在飞思卡尔的旋档式 MRAM 单元中,写字线变为两条 WWL_1 和 WWL_2。自由层和固定层并不是原本单纯的铁磁体,相反地,它们都是合成的反铁磁体(Synthetic Anti-ferromagnet,SAF)三明治结构,由两个反向对准的铁磁层以及两层材料之间所夹的一层非磁性钌材料(Ru)耦合隔层组成。固定层 SAF 三明治结构中,与固定层反向对准的是被称为钉扎层的铁磁层,二者会产生非常强的耦合效应,这种耦合使固定层的极性保持稳定。再辅以最下方的反铁磁钉扎层,在写操作过程中,固定层就不会因为忽然施加磁场而发生意外翻转。自由层 SAF 三明治结构对于附近的导线上流过电流所产生的磁场所作出的响应不同于传统 MRAM 单元的自由层,其磁轴总是试图与导线保持 45°夹角,如图 2.5-8 所示。在 $t_1 \sim t_4$ 的时钟周期,写字线 WWL_1 和 WWL_2 分别加载一定的电流脉冲,自由层 SAF 三明治结构中的两个铁磁层的磁化方向会发生步进式的旋转。在 t_1 周期,WWL_1 上的电流使磁化方向旋转 45°。在 t_2 周期,WWL_2 上的电流使磁化方向再旋转 45°,并且 WWL_1 和 WWL_2 的同时导通帮助自由层磁化方向越过 90°的"难轴(Hard Axis)"。在 t_3 周期,撤去 WWL_1 上的电流,由于已经越过"难轴",WWL_2 上的电流会使磁化方向再旋转 45°。在 t_4 周期,撤去 WWL_2 上的电流,由于没有外界磁场存在,磁化方向会回到一稳定态,即再旋转 45°。4 个时钟周期中每次旋转 45°,最终实现了 180°的翻转,完成写操作。由于每次只需旋转 45°,这种步进式磁化方向旋转不仅所需要的电流显著低于传统结构的,而且可以完全取消传统结构中"半选中"单元出现误写入问题。这是因为,新结构中的"半选中"单元由于只承受一路电流产生的磁场,其磁化方向仅会旋转 45°,而不会直接切换到相反的对准方式的状态上,当电流撤去后会快速回到一个稳定态,即它们初始方向上,从而避免了误写入。

基于旋档步进式 MRAM 结构，飞思卡尔 2006 年开发出了全球第一款 MRAM 商用芯片 MR2A16A。该芯片采用了 0.18 μm 工艺，3.3V 的电源电压，容量为 4 Mb(256 K×16 bit)，读出和写入周期时间均为 35 ns，写入电流大约是 105 mA[109]。2008 年 6 月，飞思卡尔半导体将整个 MRAM 部门和业务独立出来，并成立了 Everspin 科技公司。2010 年 Everspin 推出了全球第一款 16Mb MRAM 商业芯片 MR4A16B[110]。

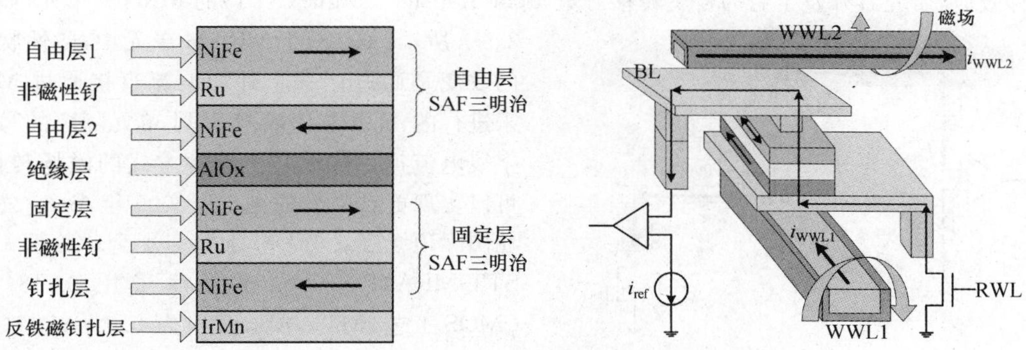

图 2.5-7　飞思卡尔的 SAF 三明治 MRAM 单元示意图

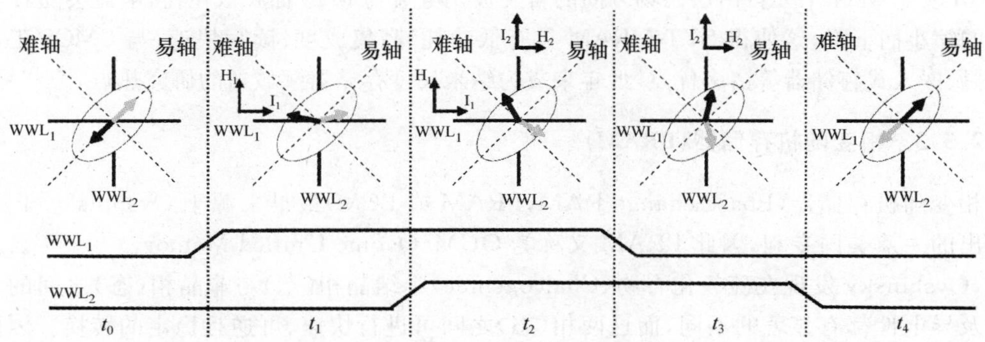

图 2.5-8　飞思卡尔的 SAF 三明治 MTJ 单元写操作示意图

MRAM 另一个显著问题是集成度的问题。MRAM 中的 MTJ 单元磁场方向的变化是依靠与 MTJ 单元隔离的写入电流产生的磁场，随着 MTJ 单元面积的缩小，用来改变 MTJ 单元自由层磁场方向所需的写入电流会骤增，这严重地制约了 MRAM 单元的微型化进程。1996 年 Slonczewski[111] 和 Berger[112] 同时发现铁磁材料具有自旋转移效应(spin-transfer effect)。

自旋转移效应可以看做巨磁阻效应的逆过程。当外加电流方向是由 MTJ 单元的固定层指向自由层时，流过固定层的外加电流会被极化为与固定层磁化一致的方向，即变为自旋极化电流。自旋极化电流继续穿过自由层时，它与自由层的磁矩之间产生角动量转换，使得它对自由层的磁矩产生一个力矩，进而迫使自由层的磁化方向趋向与固定层一致，呈现低阻态。当外加电流方向是由 MTJ 单元的自由层指向固定层时，流过自由层的外加电流被极化为与自由层磁化方向一致的极化电流。该极化电流继而通过固定层时也会与固定层的磁矩之间产生角动量转换，但是由于固定层的磁矩方向较稳定，不容易改变。而与此同时，极化电流中的次自旋电子，即与自由层磁化方向相反的自旋电子，会被固定层反射回自由层，从而对自由层的磁矩产生角动量转换，产生力矩，结果使得自由层与固定层磁化方向相反，呈现高阻态。基于自旋转移效应，研究者开发了名为自旋转移力矩(Spin-Transfer Torgue，STT)的 MRAM 单元，如图 2.5-9 所示。在 STT-MRAM 单元中，磁性状态的改变是通过让一个外加电流直接通过 MTJ 来进行的，而并非依靠与 MTJ 单元隔离的写入字线电流产生的磁场。这种方式的磁场转换，可以实现更高密度的结构。2005 年，Sony 公司在国际顶级会议 IEDM 上宣布了全球首款 4Kb STT-MRAM 芯片。该芯片采用 0.18 μm CMOS 工艺，MTJ 单元面积为 0.1 μm×0.15 μm，写入电流只有 200 μA，写入周期时间为 2ns[113]。与传统 MRAM 不同的是，STT-MRAM 改变 MTJ 单元自由层磁场方向的自旋极化电流与 MTJ 面积成正比，电流会随着 MTJ 尺寸的缩小而下降，这使得 STT-MRAM 具有低功耗、高集成度、读写快速、与 CMOS 工艺兼容、可做嵌入式存储器等诸多优点，近年来成为纳米尺度存储器领域新的研究热点[114—116]。

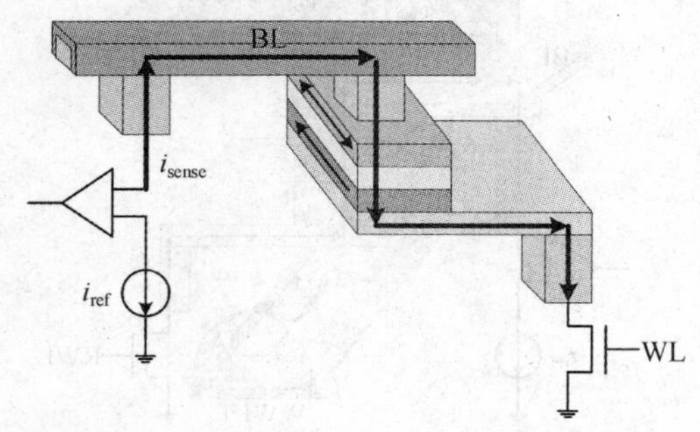

图 2.5-9　STT-MRAM 单元示意图

2.5.3　相变随机存储器(PRAM)

相变随机存储器(Phase-change RAM，PRAM 或 PCM)最早来源于 Ovshinsky 于 1966 年提出的一篇美国专利，因此 PRAM 又称为 OUM(Ovonic Unified Memory)[117][118]。该专利中，Ovshinsky 发现在硫族化合物(Chalcogenide)中结晶相(态)与非晶相(态)之间的光学性质及导电性都有显著的不同，而这两相(态)之间可进行快速、可逆且稳定的转换。因此可以利用硫族化合物的非晶相和结晶相代表“0”和“1”来存储数据。

图 2.5-10 给出了一个简单的 PRAM 单元的结构图。它拥有上下两个电极，上电极下面是作为相变材料的硫族化合物，目前多采用 GST 合金($Ge_xSb_yTe_z$)，GST 材料下面是电阻式加热元件。当给电阻式加热元件通电时，在短时间内会使加热头附近的一小块 GST 材料发生相变化，由结晶态转化为非晶态。处于非晶态的相变材料电阻率明显高于其他区域(通常电阻率可有 2 个数量级以上的变化)，代表存储数据“0”，处于结晶态的相变材料具有较小的电阻率，代表存储数据“1”，这样就完成了数据的存储。PRAM 存储阵列单元主要采用 1T1R 或 1D1R 结构，如图 2.5-10 所示，由一个门管(MOS 晶体管或二极管)和一个位单元串联组成。位单元的上电极与位线 BL 连接，下电极与 MOS 晶体管漏端(或二极管的阳极)连接。字线 WL 连接 MOS 晶体管的栅极(或二极管的阴极)。

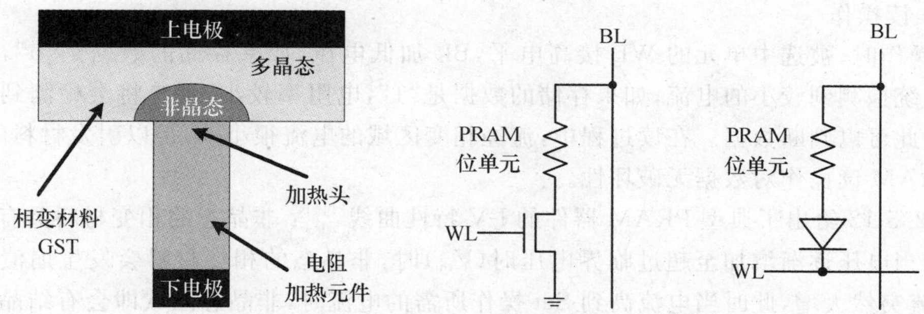

图 2.5-10 PRAM 单元和阵列单元结构示意图

以 1T1R 阵列单元为例，PRAM 的操作包括三个过程：

(1) 擦除(Reset)操作

Reset 操作时，被选中单元的 WL 接高电平，BL 施加一个脉宽小(≈100 ns)而幅度大(≈600 μA)的电流脉冲 i_{reset}(见图 2.5-11[119])，使材料局部温度高于其熔点 T_M 而融化。随后经过一个快速冷却的淬火过程，当此融化区域瞬间降温时，由于没有足够的时间来进行再结晶，因而在凝固的过程中会形成非晶态，代表数据“0”状态。因此，在 Reset 的操作中，为了确保非晶区的形成，所施加的电流脉冲必须有足够快的冷却效果，即电流脉冲的下降时间 t_1 须小于结晶感应时间 t_{in}。

(2) 编程(Set)操作

Set 操作时，被选中单元的 WL 接高电平，BL 施加一个脉宽大(≈500 ns)而幅度较小(≈300 μA)的电流脉冲 i_{set}(见图 2.5-11)，电阻加热元件对加热头附近处于非晶态(也就是“0”状态)的相变材料加热，使材料局部温度介于其结晶温度 T_X 和熔点 T_M 之间，非晶区可以再结晶，完成编程操作，即变为“1”状态。为了确保此再结晶现象的发生，电流脉冲宽度 t_2 必须大于结晶感应时间 t_{in}。

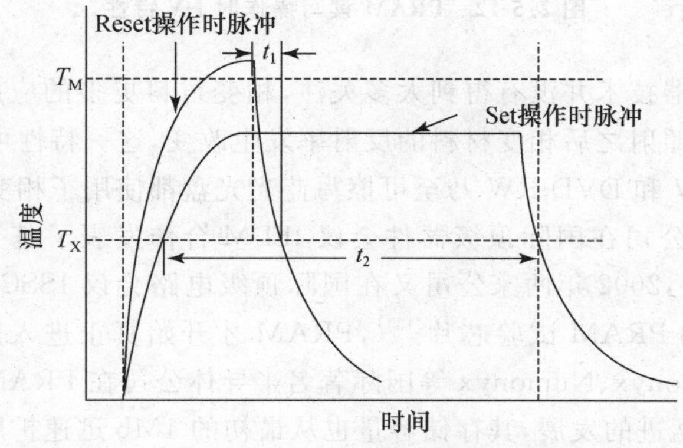

图 2.5-11 PRAM 擦写操作时施加的电流脉冲

(3) 读操作

读操作时,被选中单元的 WL 接高电平,BL 加低电压,如果存储的数据是“0”,电阻率很大,系统检测到较小的电流;如果存储的数据是“1”,电阻率较小,系统将会检测到较大的电流,由此可以判断数据。在读过程中,流经相变区域的电流很小,不足以引发材料的相变,因此 PRAM 读操作对数据无破坏性。

图 2.5-12 给出了典型 PRAM 器件的 I-V 特性曲线[119]:非晶态的相变材料具有较高的电阻值,当电压逐渐增加至超过临界电压时(V_{th})时,非晶态的相变材料会发生崩溃现象而使得电流突然大增,此时当电流高到 Set 操作所需的电流时,非晶态区域即会有结晶的现象而使得电阻降低。同样地,相变材料在结晶态时会具有较低的阻值,当外加的电流高到 Reset 操作所需的电流时,材料即会有融化的现象,此时若配合足够快的冷却速度,材料即会重新被 Reset 到非晶态。除了上述 Reset 与 Set 的操作之外,对于读操作,图中示意了 PRAM 读取电压 V_R 的范围,值得注意的是,V_R 必须尽量低,目的是为了避免相变材料的状态在读操作时受到干扰。

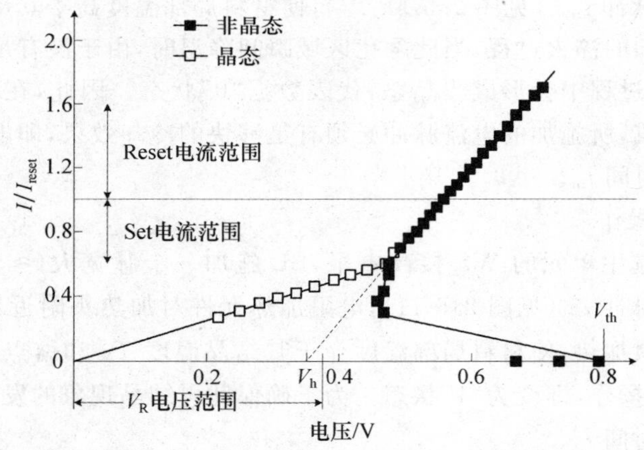

图 2.5-12 PRAM 读写操作时 I-V 特性

早期的相变存储器技术并没有得到太多关注,相变材料更多的应用在可擦写的光盘产品中。由于在激光束照射之后相变材料的反射率发生改变,这一特性可以用来记录数据,因此我们常用的 CD-RW 和 DVD-RW 乃至可擦写蓝光光盘都使用了相变材料。直到 2001 年 Intel 和 Ovonyx 两家公司在国际顶级器件会议 IEDM 合作发表了基于 0.18 μm 工艺实现 PRAM 单元的文章[119],2002 年两家公司又在国际顶级电路会议 ISSCC 发表基于 0.18 μm 工艺实现 4Mb 容量的 PRAM 试验芯片[120],PRAM 才开始真正进入人们的视野。此后随着 Intel、Samsung、Ovonyx、Numonyx 等国际著名半导体公司在 PRAM 这一领域不断地投入,PRAM 获得突飞猛进的发展,其存储容量也从最初的 4Mb 迅速扩展到 Gb 量级[121—126]。三星电子更是在 2012 年的国际顶级的 ISSCC 会议上发布了采用 20 nm 工艺制做的 8Gb 容量的相变存储器[127]。商用化方面，2009 年 9 月，三星宣布已开始正式量产 512Mb PRAM 芯片。该芯片采用 60 nm 工艺，80 ms 内擦除 64K Byte，速度比同等工艺水平的 NOR Flash 快上 10 倍[128]。

PRAM 作为一种新型存储器，高读写速度、非易失性、工艺简单和多值化前景是其最主要的优势[129][130]。首先，由于相变材料的相变速度一般在 50 ns 以下，而且写入新数据并不需要擦除过程，因此相变存储器拥有很高的写入速度。其次，由于数据是以相变形式保存，除非受到高温，超过晶化温度，数据才会被破坏。实验表明，PRAM 对宇宙射线的稳定性非常好，也耐长期保存，使用寿命则高达 10^{12}～10^{15} 次写入以上。此外，由于存储单元可以堆叠于门管的上方与 MOS 晶体管漏端连接，PRAM 可以用现有的 CMOS 工艺进行加工，只需在后步工艺中增加 2～4 次掩膜工艺即可，而且相变材料的成本也较低，加工也很容易。最后，由于相变存储材料的晶态和非晶态电阻率差异很大，如果能够利用这样大的差异，开发多值存储，将会使存储容量成倍增加[131]。

PRAM 的主要不足是实现材料相变需要较大的工作电流，例如对于 0.18 μm 工艺的器件，擦除电流 i_{reset} 在几百 μA 到 1 mA，因此单元中的门管(MOS 晶体管或二极管)尺寸不能太小，这样就限制了单元尺寸的缩小。为了提高 PRAM 的集成度，必须减小相变的工作电流和增大门管的单位面积开态电流。实际设计中 i_{reset} 的减小可以通过增大 PRAM 单元的电阻实现[132]。PRAM 单元电阻由相变材料 GST 合金、上下电极材料和加热元件等构成。GST 合金的电阻可以通过在合金中掺杂氮或者氧提高[133]。电极材料的电阻可以通过使用高电阻率的金属材料[134]或者在上电极和 GST 合金之间加入绝缘的 Ta_2O_5 薄层来提高[135]。门管单位面积开态电流的增加可以通过一些新结构实现。三星(Samsung)公司采用三栅 MOS 晶体管代替传统的 MOS 晶体管作 1T1R 单元的门管，门管导通时，流过电流的区域不只是栅的下方沟道，还包括两侧壁栅覆盖的沟道区域，有效沟道区的增大可以增加 30%的开态电流[136]。日立(Hitachi)公司采用多晶硅二极管代替传统的二极管作 1D1R 单元的门管。多晶硅二极管具有高达 80 mA/μm^2 的开态电流和低至 1 μA/μm^2 的关态电流，可以成功将单元缩小到 $4F^2$ 的极限大小[137]。

2.5.4　阻变随机存储器(RRAM)

Leon O. Chua 在 1971 年首次从理论上提出忆阻器(memristor)的概念，这种器件的电阻可以通过施加电压或电流而改变，因此可以用它的低阻和高阻两种状态存储逻辑“0”和逻辑“1”[138]。2000 年 liu 等人报道了用电脉冲感应的电阻可逆转的不挥发性存储器件[139]，他们采用钙钛矿氧化物 PCMO($Pt_{0.7}Ca_{0.3}MnO_3$)作存储电阻，这就是阻变随机存储器(Resistive RAM，RRAM)。从此，RRAM 的研究吸引了越来越多的关注，成为新一代存储技术研究的热点。可以实现电阻可逆转换的材料非常多，主要有钙钛矿氧化物[139]、过渡金属氧化物[140]、固态电解质材料[141]、有机材料[142]以及其他材料。不过，对众多的可用于 RRAM 的阻变材料会经历一个淘汰选择的过程，一方面要深入理解材料电阻转变的物理机制，另一方面要考虑材料的制备工艺，特别要考虑和 CMOS 集成电路工艺兼容。

RRAM 一般采用 MIM 结构的存储器件，结构非常简单，在上、下电极中间是阻变材料，如图 2.5-13 所示。当在两个电极之间加一定幅度和一定宽度的脉冲电压，会使阻变材料在两个稳定的电阻态转换。也可以用多个幅度较小的窄脉冲实现编程。存储电阻 I-V 曲线如图 2.5-13 所示，具有典型的迴滞特性。曲线分成 4 个区域，高阻态、低阻态和 2 个转变区，只有电压幅度超过一定阈值时可以对电阻进行编程或复位，编程电压的大小及脉宽与材料性能有关。用较小幅度的窄脉冲探测电阻的大小，进行读操作，由于脉宽和幅度都比较小，不会改变电阻的状态，因此，是非破坏性读出。RRAM 可以获得较大的开关电阻比，根据最新文献报道，RRAM 的开关电阻比可以超过 10^6—10^7[143]。

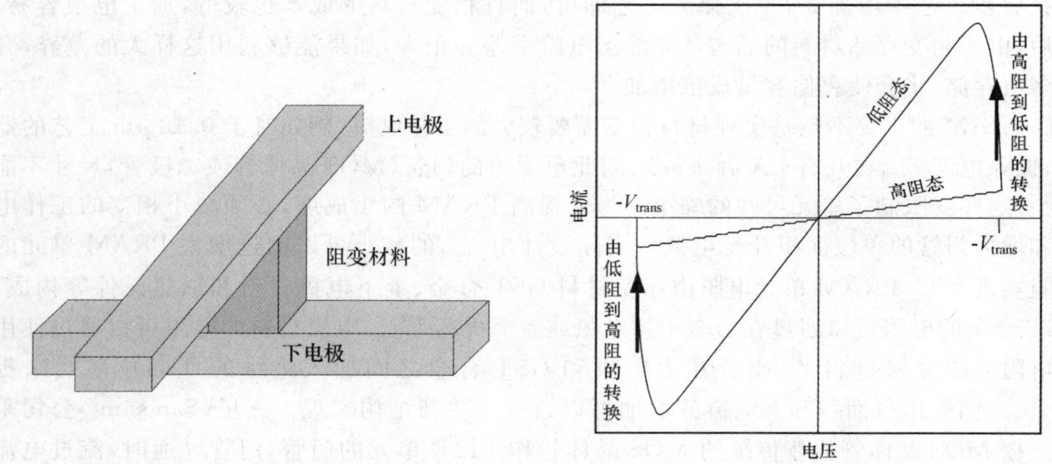

图 2.5-13　RRAM 的 MIM 器件结构和 I-V 迴滞特性

一个 MIM 结构就可以构成一个 RRAM 单元，即 0T1R 结构。其上电极接字线 WL，下电极接位线 BL。这种单元结构简单，可以实现 $4F^2$ 的最小单元面积，而且便于实现三维立体集成。0T1R 单元在构成存储阵列时需在每条字线和位线上加选择开关，如图 2.5-14(a)所示[144]。在编程和读操作时，通过行译码和列译码选中一条字线和一条位线，从而选中交叉点的单元。0T1R 单元非常便于实现三维立体集成。如图 2.5-14(b)所示，采用类似于实现多层互连工艺，可以把多层存储阵列叠置起来，存储层之间用绝缘材料隔离。RRAM 单元中不需要制作在硅衬底上的器件，因而可以依靠后步工序制作单元阵列，这正是 RRAM 有利于实现三维立体集成提高存储密度的优势。但是，0T1R 单元阵列存在严重的干扰。如图 2.5-15 所示[145]，如果要读取右下角的高阻单元，读出电流应该很小，但是由于周围的 3 个单元都是低阻态，会通过这 3 个低阻单元形成较大的干扰电流，如图中虚线标出的电流路径，从而造成读出错误。因此，0T1R 单元结构需要采用具有自整流特性的阻变材料，如硫族化合物 $Ge_2Sb_2Te_5$ 作电阻，保持单向导电性，避免干扰问题。此外，非选中单元引起的干扰也可以通过在操作时对非选中的字线和位线加特定的电压来抑制。有两种电压方案，一种是 $1/2V_{op}$ 方案，另一种是 $1/3V_{op}$ 方案[144]。$1/2V_{op}$ 方案如图 2.5-16(a)所示，对选中字线加正常操作电压 V_{op}，选中位线接地，其余所有非选中的字线和位线都接 $1/2V_{op}$。需要注意的是，这种单元不是用两种极性相反的电压实现 Set 和 Reset 操作，Reset 操作是采用相同极性幅度较低宽度较大的脉冲电压实现。这样，选中单元电阻上加电压 V_{op}，而同一行和同一列上非选中单元的电压是 $1/2V_{op}$，其余单元电压为 0。$1/3V_{op}$ 方案如图 2.5-16(b)所示，对选中字线加正常操作电压，选中位线接地，非选中字线加 $1/3V_{op}$ 电压，非选中位线加 $2/3V_{op}$ 电压。这样，只有选中单元的电压是 V_{op}，其余单元电压只有 $1/3V_{op}$。对比图 2.5-16(a)和(b)可以看出，$1/2V_{op}$ 方案中大部分单元的电压为 0，因此读出时的干扰(泄漏)电流路径少，但是由于加 $1/3V_{op}$ 比起加 $1/2V_{op}$ 的电流小很多，$1/3V_{op}$ 方案中总的编程电流小。对于 4Kb 单元阵列，$1/2V_{op}$ 方案总的编程电流 129 mA，而 $1/3V_{op}$ 方案总的编程电流只有 16 mA[144]。不过，$1/3V_{op}$ 方案中需要 $1/3V_{op}$、$2/3V_{op}$ 和 V_{op} 三种电压。

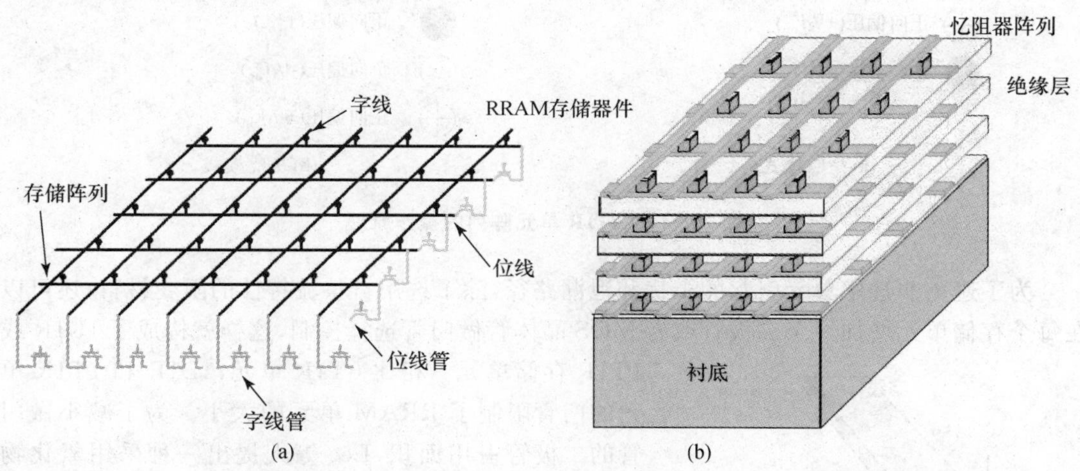

图 2.5-14　0T1R 单元的(a)阵列结构和(b)三维立体集成阵列

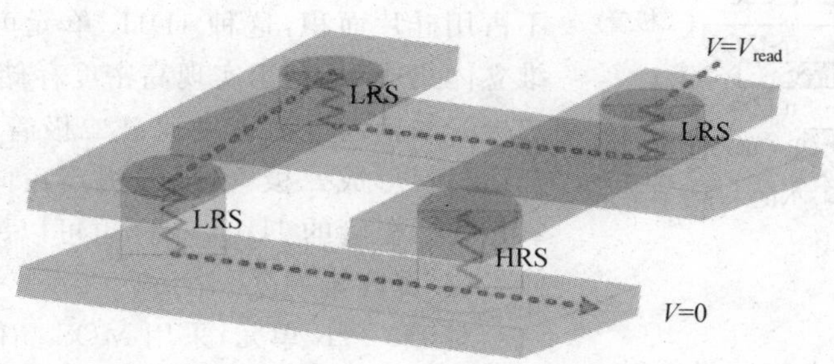

图 2.5-15　0T1R 单元阵列读操作中的干扰问题

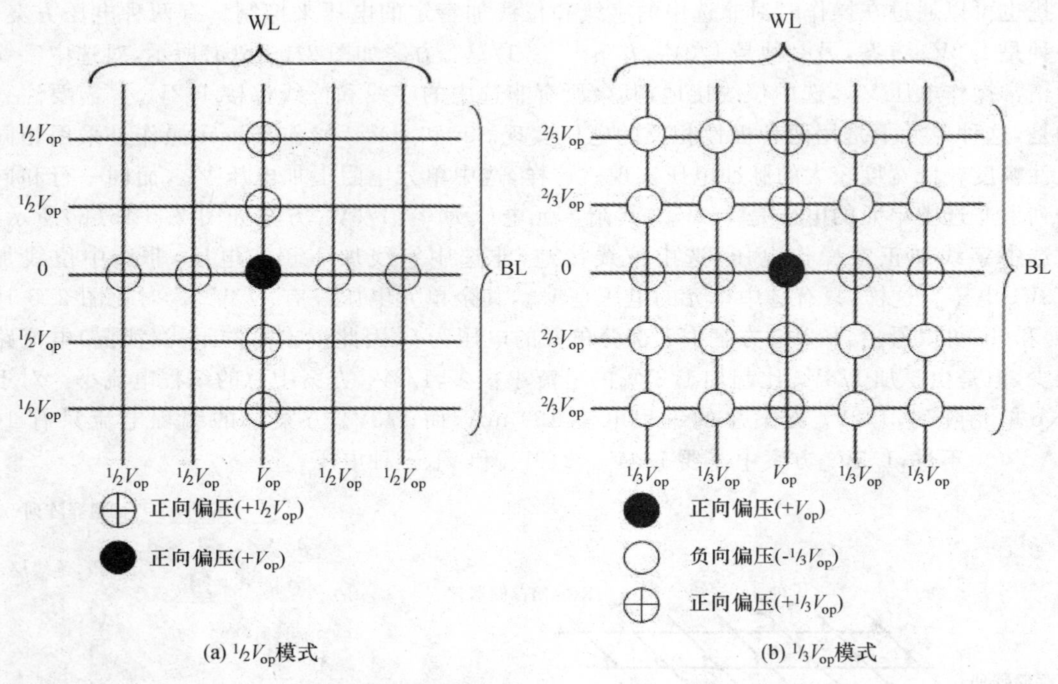

图 2.5-16　0T1R 单元阵列的操作原理

为了避免非选中单元引起的干扰和泄漏路径，除了选用自整流特性的阻变材料，还可以在每个存储单元增加一个二极管或者 MOS 晶体管做门管选择控制，这样就构成了 1D1R 或 1T1R 存储单元。相比 0T1R 单元，1D1R 和 1T1R 单元的门管限制了 RRAM 单元的大小。为了减小做门管的二极管占用面积，Lee 等人提出一种采用氧化物二极管的 1D1R 单元结构（见图 2.5-17），氧化物二极管制作工艺简单，可以在室温制作，而且氧化物二极管不占用硅片面积，这种 1D1R 单元可以实现叠置的三维立体集成，有利于实现高密度存储[145]。但是氧化物二极管的正向电流密度比硅二极管低，关键是要选择合适材料形成二极管，以便提高正向电流密度。采用氧化物二极管的 1D1R 单元也可以用堆叠方式实现立体集成，提高集成度。

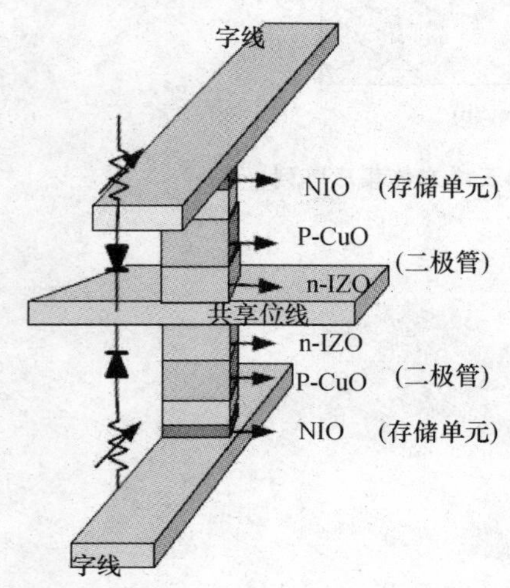

图 2.5-17　RRAM 的 1D1R 单元

对于 1T1R 单元，采用 MOS 晶体管作门管可以有效抑制泄漏电流，而且 MOS 晶体管也可以提供较大的编程电流，加快编程速度。采用 0.18 μm 工艺制作，当字线加 2V 电压时最大编程电流为 500 μA,可以实现 5ns 的快速写操作[146]。与二极管不同,MOS 晶体管是双向导通器件,因此单元采用加相反极性电压实现编程和擦除。对于 1T1R 单元,由于需要在硅衬底上制作 MOS 晶体管作单元中的开关器件,1T1R 单元不能像 0T1R 或 1D1R 那样直接将单元阵列叠置起来。但是可以不叠置硅有源层,而只把电阻叠置起来实现高密度存储,即 1TXR 单元结构,如图2.5-18 所示。图中以 1T4R 单元为例[147],单元中 4 个存储电阻共用一个门管 MOS 晶体管,电阻的底电极通过通孔连在一起接 MOS 晶体管的漏极,电阻的顶电极分别连到 4 条位线。一个单元中的 4 个电阻分别放在两层,采用 4 层金属工艺,金属 1 和金属 3 作单元中的连线,金属 2 和金属 4 作位线。这种 3 维叠置单元只把电阻层叠置,而有源器件不叠置,因此工艺简单,与标准 CMOS 工艺兼容。1T4R 单元占用的硅片面积比常规 1T1R 单元小 30%。如果采用 8 层金属工艺实现 1T64R 单元(4 个电阻层,每层 16 个电阻),可以比常规 1T1R 单元结构的密度提高 260%[147]。

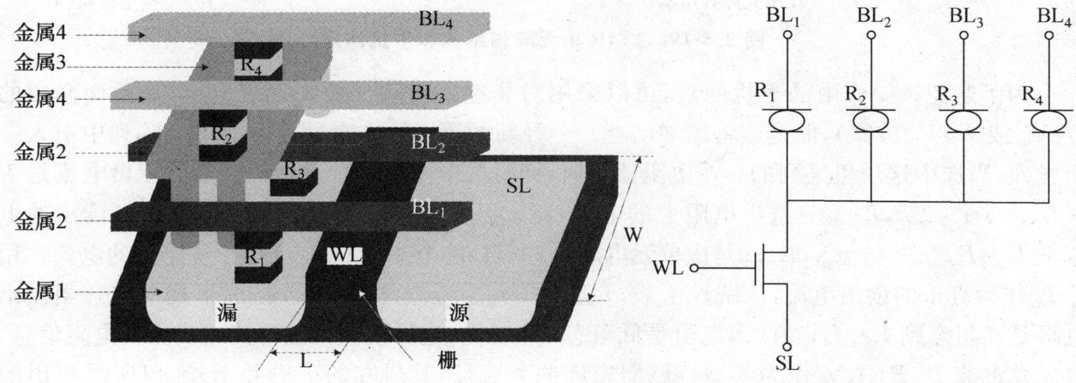

图 2.5-18　RRAM 的 1TXR 单元和等效电路

图 2.5-19(a)给出了 1T4R 单元阵列结构,单元阵列分成很多块(图中虚线框表示一块单元),每块阵列中有 X 列(对于 1T4R 单元 $X=4$)Y 行,一般选择 $Y=X$。工作时首先选中字线,编程时源线(SL)接地,局部位线 BL_i($i=1\sim4$)通过列选择管连接全局位线 GBL,从而接编程电压 V_{set},使选中电阻编程为低阻态。若 SL 接电压 V_{reset},而通过列选择管控制,使局部位线 BL_i 接地,则使选中电阻复位为高阻态。由于多个电阻通过一个开关管控制,在写操作中会引起干扰电流,例如通过选中列的非选中行的电阻经过其他非选中列上的电阻,再经过选中行的电阻到开关管,形成干扰电流路径,如图 2.5-19(b)所示[147]。如果干扰电流路径上大部分电阻是低阻态,则会引起较大的功耗。另外,干扰电流引起的电压应力可能造成非选中电阻错误编程。为了解决写干扰问题,可以采取先把单元块的电阻都复位到高阻态,再对选中电阻编程为低阻。

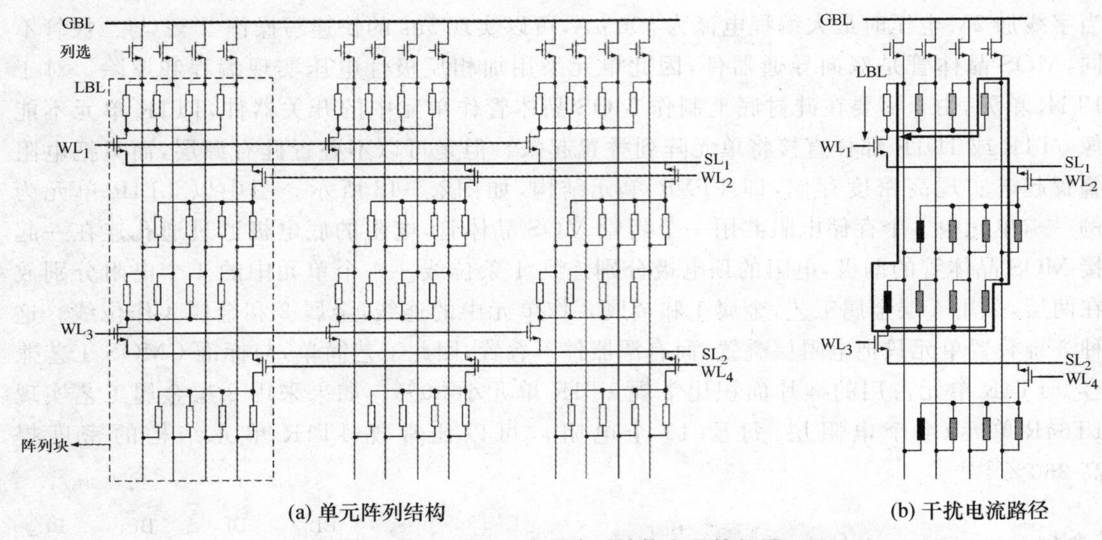

图 2.5-19　1T4R 单元阵列结构和干扰问题

为了避免读操作中的干扰问题，可以采用对非选字线和位线加偏置电压（如前面介绍的 $1/2V_{op}$ 或 $1/3V_{op}$ 方案），但是这将增加功耗。一种新的读操作方案是在每块单元阵列中引入一个虚列，当选中这块里某列的一个电阻读出时，同时选中虚位线。选中位线上的读出电流是 $I_s=I_{resistor}+I_{sneaking1}$，$I_{resistor}$ 是选中电阻上的电流，$I_{sneaking1}$ 是干扰路径的电流。虚位线上读出的电流是 $I_d=I_{dummy}+I_{sneaking2}$，$I_{dummy}$ 是虚单元电阻（高电阻）的电流，$I_{sneaking2}$ 也是干扰路径的电流。用 I_s-I_d 作为真正的读出电流，从统计上看，$I_{sneaking1}=I_{sneaking2}$，这样就可以抵消干扰电流。当读出电阻是高阻态则 $I_s\approx I_d$，当读出电阻是低阻态则 $I_s\gg I_d$，这样就可以正确读出真实的电阻信息。

总的来说，RRAM 作为新型存储器家族的新成员，其研究的历史并不长，但所展现出的优异的存储性能和快速的研究进展和发展势头，使得业界对 RRAM 技术的应用前景充满了期望。现有的研究结果表明，在大多数的介质材料体系中，都可观察到阻变特性，显示了阻变特性的普适性；特别是在基于过渡金属氧化物体系的 RRAM 器件中，已成功演示了工作电压低于 2V、数据编程/擦除速度小于 5 ns、高低阻态电阻比率大于 100、反复擦写次数大于 10^6 次、数据保持时间有望超过 10 年等优异的存储特性，显示出其具有将 DRAM 的低压快速读写和 Flash 的非挥发性等优点集于一身的特点和潜力；同时，RRAM 技术还显示出良好的按比例缩小的能力和实现高密度三维集成的潜力。这些使得 RRAM 有成为未来新一代通用存储器的潜力。

2.5.5　新型存储器小结

高密度、低功耗、高速、高可靠性和低成本是存储器设计和制造者的永恒目标。正如前文所说，Flash 依旧是目前最成功的高密度不挥发存储器，Samsung 和 Intel 公司已相继开展 20 nm 工艺的 Flash 产品研究。但是随着器件尺寸进一步缩小，Flash 的发展会受到更多的限制。以 NAND 型闪存为例，它的随机存取速度慢，而且写入数据之前还要对区块进行擦除，使得写速度仅有读取速度的 1/2～1/4，这种现象在目前广泛使用的 MLC NAND Flash 上更加严重。此外，NAND Flash 的寿命也难以令人满意，一般单值(SLC)型 NAND Flash 可以承受 10^5 次左右读写，而多值(MLC)型 NAND Flash 则更低。FeRAM、MRAM、PRAM 和 RRAM 作为新型存储技术，各自具有不同的优缺点，如表 2.5-1 所示[148]。哪种新型存储器将在 Flash 的接班人这场竞赛中胜出，目前来看 PRAM 和 RRAM 由于具有较好的 CMOS 工艺兼容性、集成度高等优点，稍胜一筹。

表 2.5-1　几种不同类型存储器的比较

特性	DRAM	SRAM	Flash (NOR/NAND)	FeRAM	MRAM	PRAM	RRAM
不挥发性	不是	不是	是	是	是	是	是
单元晶体管数(常用)	1T	6T	1T	1T	1T	1T	0～1T
编程功耗	中等	中等	高	中等	高	较低	低
编程电压	较低	较低	高	较低	中等	一	低
读信号动态范围	100—200mV	100—200mV	Delta Current	—	20—40%	10X—100X	10X—1000X
写/擦时间	50ns/50ns	8ns/8ns	1μs/1—100ms	50ns/50ns	10ns/10ns	10ns/50ns	10ns/30ns
读时间	50ns	8ns	50ns	50ns	10ns	20ns	20ns
与 CMOS 兼容性	差	好	中等	差	中等	好	好
多值存储	不	不	可以	可以	不	可以	可以
缩小限制	电容	6T	隧穿氧化层	电容	电流	电流	光刻
耐久性	∞	∞	$>10^5$	$>10^{12}$	∞	$>10^{12}$	$>10^6$
单元尺寸(F^2)	6—12	50—80	7—11	30—100	20—30	5—8	～4
每位成本	低	高	中等	高	中等	低	低

2.6　存储器外围电路设计

如 2.1 节所述，存储器由存储单元阵列和外围电路构成。存储单元阵列的设计主要取决于工艺，不同类型存储器也有较大差别。存储器的外围电路却大同小异，主要包括译码器、地址缓冲器、输出缓冲器、时钟产生器、参考电压产生电路等模块。

2.6.1　译码器

一个存储器包含大量的存储单元，而每次只能对一个单元或一个字节的 n 位(n 个单元)进行读/写操作。为了选择需要的单元，可以用一组地址码对单元编码。k 位地址码有 2^k 个组合，可以用来表征 2^k 个存储单元或存储字节。译码器就是根据给定的一组地址代码去选择相应的单元。

存储器的单元排成矩阵，一行包含很多单元，不止一个字节，因此需要二维译码。把地址分成行地址和列地址，行译码器根据行地址选择某一行，列译码器再根据列地址从这一行中选择出相应的一个或几个单元。例如一个 256K×4bit 的存储器，单元排成 1 024 行×1 024列，有 10 个行地址码，8 个列地址码。行译码器根据给定的一组行地址码，从 1 024 行中选择一行，列译码器再根据给定的一组列地址码，从一行的 1 024 个单元中选出其中 4 个，即对一行中 4 位一组的单元进行 256 选 1。

行译码器是由一系列与非门或者或非门组成。对于大容量存储器，行译码器电路要占用很大的面积，如何减小行译码器占用的面积，是存储器设计中需要着重考虑的。如果采用 CMOS 电路实现译码器，一般采用与非门，避免了多个 pMOS 串联。但如果用常规的静态 CMOS 与非门，nMOS 和 pMOS 将成对出现，将占用很大的面积。为了节省面积，可以采用类 nMOS 的电路结构，每个与非门只用一个 pMOS 负载管。与此同时，为了降低功耗和提高速度，常采用预充工作方式的动态电路。图 2.6-1 比较了静态 CMOS 与非门和动态 CMOS 与非门分别实现行译码器的电路。在动态 CMOS 与非门行译码器中，字线 WL_i 是高电平选中，未被选中的字线应保持在低电平。因此，该电路的输出驱动部分，增加了反馈管 M_f，使非选中字线保持在低电平。不译码时 $\phi_p=1$，使所有字线持续在低电平。在译码时 $\phi_p=0$，对未选中字线靠反馈管 M_f 导通使输出维持在低电平，若该字线选中时，则节点 A 放电，使 WL_i 变为高电平。

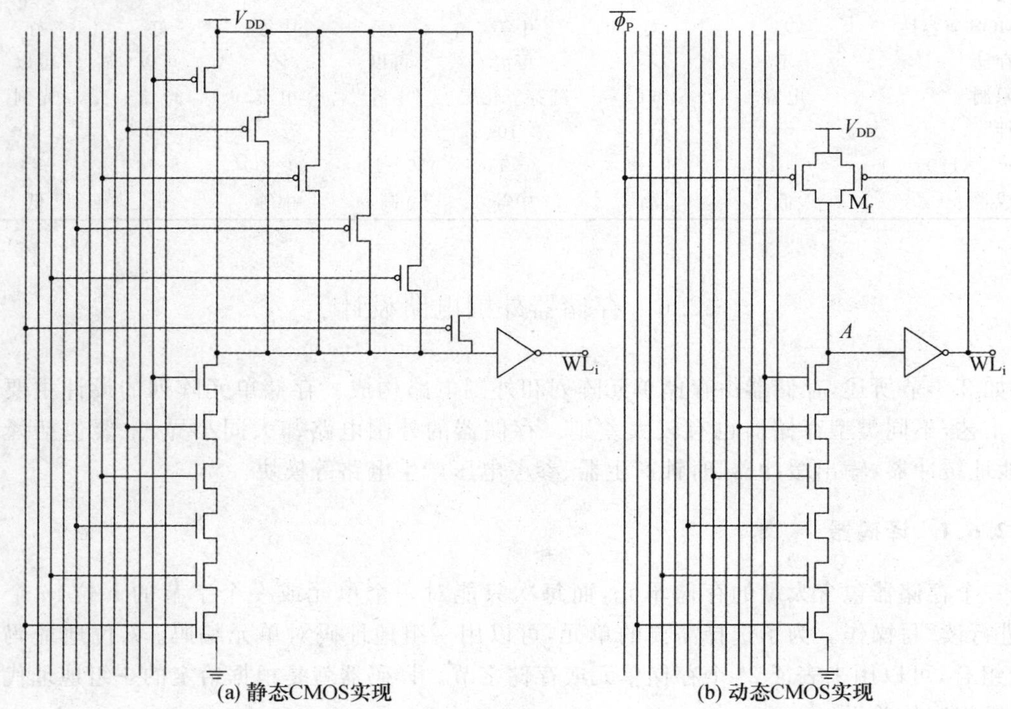

(a) 静态CMOS实现　　(b) 动态CMOS实现

图 2.6-1　CMOS 与非门行译码电路

当存储器容量增大时，需要的地址码增多，这将使译码电路的输入端增加，需要的器件数相应增多，从而使译码器面积增大。为了减少行译码器需要的器件数及相应的面积，常常用两级逻辑门代替一级与非门译码。例如一个 1Mb 存储器，单元排成 1 024 行×1 024 列，如果用 10 个行地址直接对 1 024 行进行选择，则行译码器中的每个与非门要有 10 个 MOS 晶体管串联，这不仅占用很大的面积，而且性能很差。采用两级译码，第一级把 10 个地址分成 5 组两两组合，第二级用 1 024 个五输入与非门，将第一级译码输出再组合成 1 024 种状态。这样每个与非门中只有 5 个 MOS 晶体管串联，从而使译码器面积减小，性能得到改善。另外采用多级译码也有利于减轻地址缓冲器的负载。图 2.6-2 画出这种两级逻辑门行译码器的结构[63]。

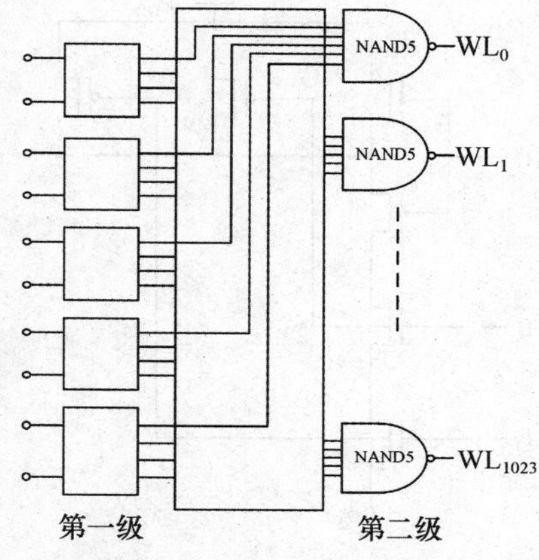

图 2.6-2　两级逻辑门行译码器结构

对大容量存储器，一个很大的存储单元阵列往往分成几块子阵列，结合单元阵列分块，把地址码分开使用，分两次译码，也可以减少译码器电路的输入端数，从而减少译码电路所用的器件。图 2.6-3 说明了这种地址分级使用的行译码器的原理。依旧以一个 1Mb 存储器为例，单元排成 1 024 行×1 024 列。将 10 个行地址（A_0-A_9）分成两级，A_0、A_1 为第一级，A_2～A_9 为第二级。首先用 A_0、A_1 进行译码，输出结果作为控制信号，用于从 A_2～A_9 译码后选中的 4 行中激活一行。这种译码方式同样减小了与非门的扇入，有利于减小面积。而且这种译码方式用于 DRAM 中便于刷新控制，例如，刷新时可以封锁 A_0、A_1 地址，这样就可以有 4 行同时刷新，有利于提高刷新效率。

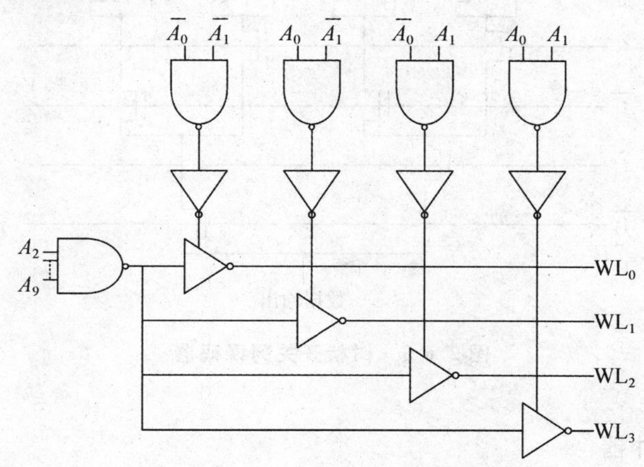

图 2.6-3　地址分级使用的行译码器

列译码器的作用是控制位线信号向公共 I/O 线的传送。一般在灵敏放大后控制列选择管导通,把放大后的位线数据送到公共 I/O 线上。为了避免列选择管过早打开而影响灵敏放大器的工作,列译码器可以采用时钟控制的静态 CMOS 电路,如图 2.6-4 所示[63]。这是一个简单的 CMOS 与非门电路,只是把地线改为时钟 ϕ_d 控制线。平时 ϕ_d 为高电平,列译码器不工作,当 ϕ_d 来了以后灵敏放大器把位线的微小信号差放大,然后再使 ϕ_d 变低,列译码器工作,根据地址码选中一对位线信号送到 I/O 线上。

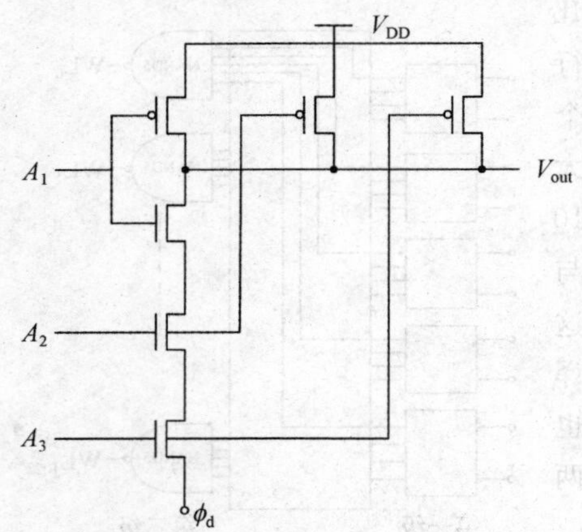

图 2.6-4　一种列译码器

树状开关阵列是实现列译码器一种更加有效的方法。对于一个有 2^k 个输入的树状开关列译码器,所需传输门的个数仅为[149]

$$N_{tree} = 2^k + 2^{k-1} + \cdots + 4 + 2 = 2 \times (2^k - 1)$$

大大减少了 MOS 晶体管的个数。图 2.6-5 给出了一个使用树状开关译码器构成的 8 选 1 的多路选择器即列译码器。需要注意的是,采用树状开关译码器,相当于在数据输出路径上增加了 K 个串联的传输门,会相应地增加延迟。为了减少延迟时间,可以采取传输门晶体管尺寸逐级加大的方法以获得最优的访问速度。

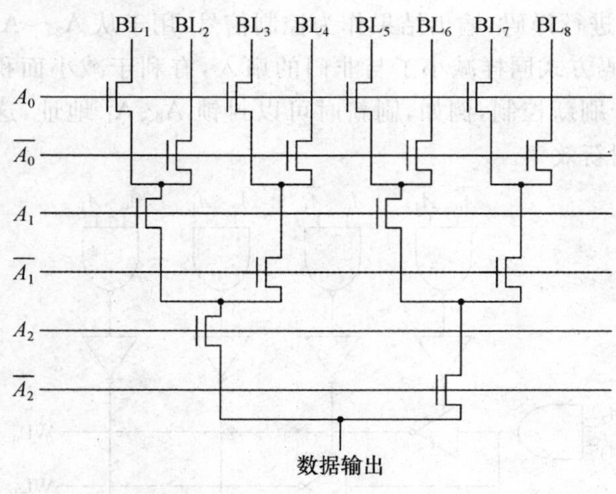

图 2.6-5　树状开关列译码器

2.6.2　地址缓冲器

存储器地址信号的送入,大体可以分为时钟控制或者自定时两大类。

DRAM 存储器就是采用时钟控制的分时送址方法，行地址和列地址公用 I/O 管脚，地址缓冲器必须根据$\overline{RAS}$和$\overline{CAS}$的控制工作，因此地址缓冲器采用时钟控制的静态电路，如图 2.6-6 所示。时钟 CAB 是由$\overline{RAS}$或$\overline{CAS}$激励的地址采样控制时钟。地址缓冲器由采样—锁存—驱动输出三部分组成。没有地址输入时，CAB=0，它控制的 2 个 nMOS 开关 M_1 和 M_2 截止，采样电路和地址锁存部分断开，不能接受外部地址信号。这时 CMOS 触发器处于保持状态，锁存原来的地址，当需要输入地址时，CAB 变高，输入级接受外部送入的地址信号 A_{in}，A_{in}经过 2 级反相后由 CAB 控制的传输管送入锁存器。从锁存器输出的信号再经过输出驱动反相器输出到译码器。

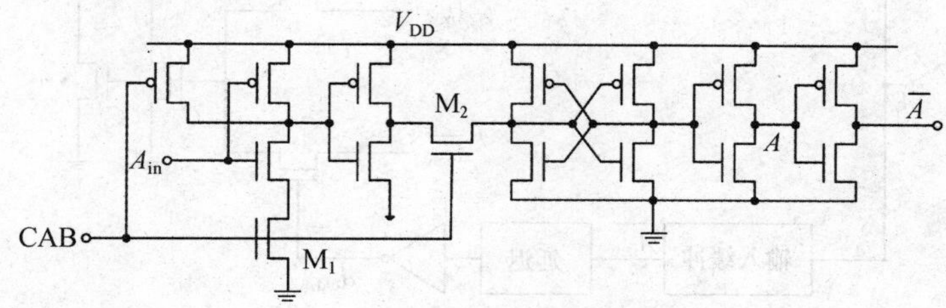

图 2.6-6 时钟控制采样的地址缓冲器

图 2.6-7 给出了一种时钟同步 CMOS 的地址缓冲器[63]。时钟同步 CMOS 电路是在静态 CMOS 逻辑门的基础上，在上拉通路和下拉通路中各增加一个受时钟控制的 MOS 晶体管，从而可以用时钟信号控制电路的工作时序。时钟同步 CMOS 电路是按照“求值—保持”的方式工作的。当时钟信号$\overline{\phi}=0$，M_{P1} 和 M_{N1} 都导通，M_{P2} 和 M_{N2} 构成反相器，电路根据输入信号求值，地址信号 A 通过四级反相器之后输出到译码器。当时钟信号$\overline{\phi}=1$ 时，M_{p1} 和 M_{n1} 都截止，电路靠节点电容保持原来的信息，电路处于保持阶段。

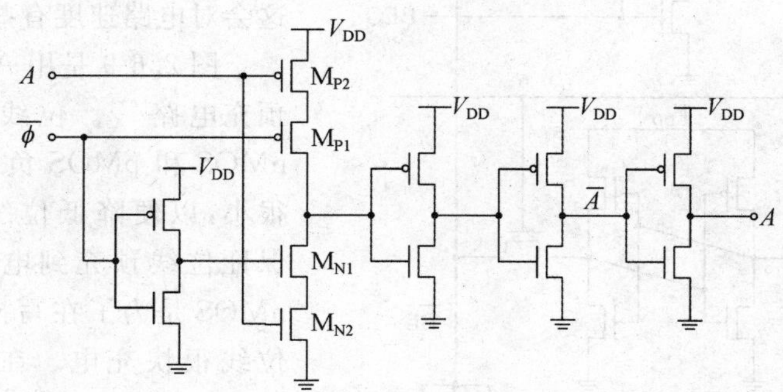

图 2.6-7 时钟同步的地址缓冲器

与 DRAM 等存储器不同，SRAM 采取的是一种自定时送址方式，即只要地址变化，随时进行译码和读/写操作，而不必等待同步时钟信号控制。为了保持 SRAM 这种异步工作方式，又使译码电路受时钟信号控制，在 SRAM 中普遍采用地址变化探测(Address Transition Detector,ATD)技术[150][151]。ATD 技术的具体实现方法是通过增加一个地址变化探测器,一旦地址发生变化,就会产生一个信号,由该信号去触发一系列时钟,控制译码器及读/写等外围电路工作。

图 2.6-8 是一个地址变化探测器电路,它产生的输出信号为

$$C_i = A_{new} \oplus A_{old} \tag{2.6-2}$$

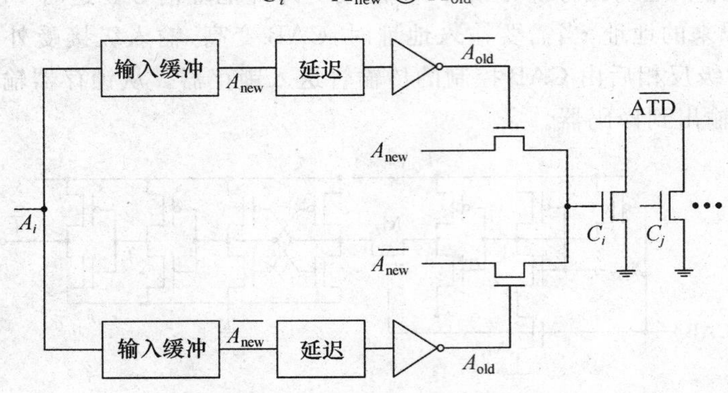

图 2.6-8 地址变化探测器

若地址没有改变,$C_i=0$;当地址变化时,$C_i=1$。每个地址缓冲器上都产生一个 C_i 信号,这些信号"或非",就得到了地址变化探测信号$\overline{\text{ATD}}$。平时$\overline{\text{ATD}}$维持在高电平,只要有一位地址变化,就会产生一个负脉冲$\overline{\text{ATD}}=0$,用这个脉冲信号去触发控制其他外围电路工作。采用 ATD 技术是为了降低整个电路的功耗。当然,这会对电路速度有些影响。

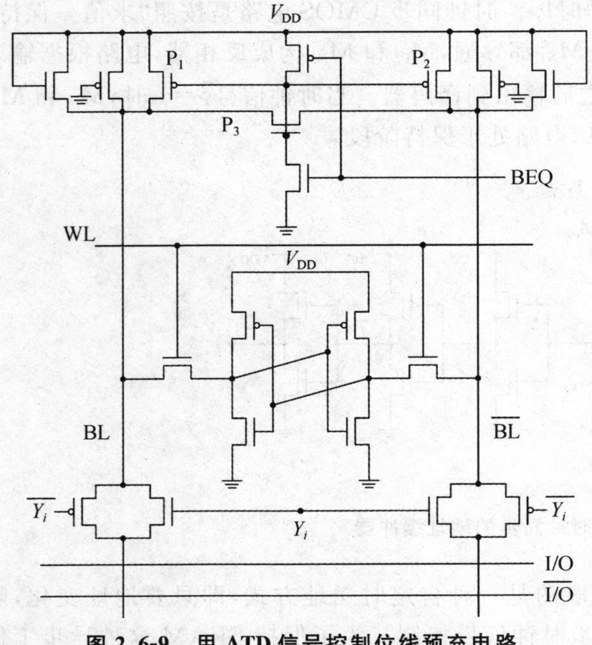

图 2.6-9 用 ATD 信号控制位线预充电路

图 2.6-9 是用 ATD 技术控制位线预充电路[62]。位线上有一对常通的 nMOS 和 pMOS 负载管,它们的尺寸很小,以便降低位线电流。用 pMOS 保证位线预充到电源电压 V_{DD},增加 nMOS 是为了在写操作后帮助低电平位线很快充电。在位线上还有 2 个 pMOS 预充电管 P_1 和 P_2,另外还有一个平衡管 P_3,它们的栅极受一个 CMOS 反相器输出控制,并受地址变化探测信号控制。对有地址变化的单元块,有地址变化探测信号$\overline{\text{ATD}}=0$,

因此产生一个 BEQ 的正脉冲，使 CMOS 反相器输出低电平，从而使 P_1、P_2、P_3 都导通，帮助位线从写操作造成的位线大信号差下恢复过来，以加快读出速度。在没有地址变化的单元块中，$\overline{ATD}$和块选择信号都保持高电平，使 BEQ=0，CMOS 反相器输出高电平，使 P_1、P_2、P_3 都截止，这样只有一块 128 对位线有附加的充电电流，而其余各块都维持很小的预充电电流。这种安排还有利于消除块到块存取模式中的额外延迟时间。

2.6.3 输出缓冲器

输出缓冲器的作用主要是提供大的输出电流以便驱动很大的片外负载，另外使输出端可以实现三态控制，在不允许输出时，电路输出端处于高阻态。图 2.6-10 是一个时钟控制的静态输出驱动器[63]。不允许输出时 ϕ_{out} 为低电平，输出级上、下两个 MOS 晶体管都截止，输出为高阻态。当允许数据输出时，ϕ_{out} 为高电平，输入级可以正常接受公共 I/O 线传送的数据 D 和$\overline{D}$。若 D 为高电平，则使上部分电路输出高电平，使输出级上面的驱动管导通，D_{out} 为高电平。若 D 为低电平，使输出级下面的驱动管导通，使 D_{out} 为低电平。尽管输出级是 2 个 nMOS 构成的电路，但由于它们的栅极信号是由 2 个 CMOS 反相器提供的一对互补信号，保证两管不会同时导通，消除了 nMOS 电路的静态功耗。不过 nMOS 传输高电平有阈值损失，使输出高电平有所下降。当工作电压下降后，还应采用 CMOS 输出驱动电路。

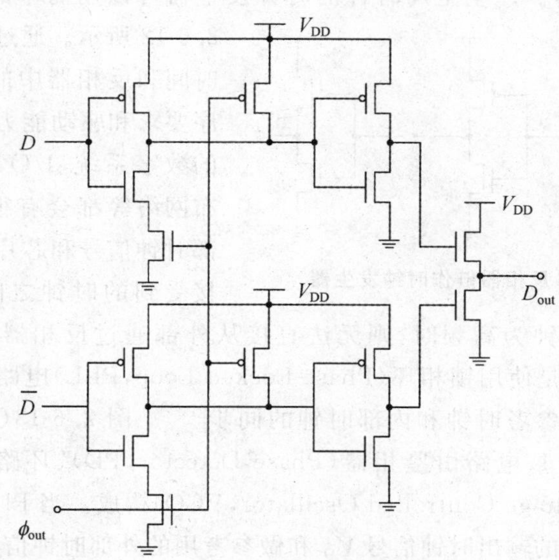

图 2.6-10 时钟控制的输出驱动器

图 2.6-11 是一个三态控制的 CMOS 输出驱动器。E 是控制信号，当 $E=1$ 时，电路将数据信号 D 送至输出端；当 $E=0$ 时，输出端的 M_P 和 M_N 都截止，电路处于高阻态。

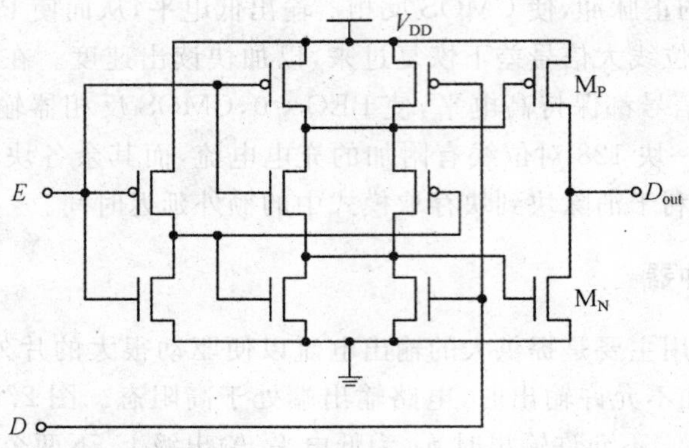

图 2.6-11　时钟控制的输出驱动器

2.6.4　时钟发生器

存储器工作时需要按照一定时序操作，因此需要很多内部时钟信号。一般地，芯片从I/O端口输入一个外部时钟信号，通过时钟发生器产生芯片的全局时钟，再通过局部时钟门控器产生局部时钟信号。产生全局时钟的时钟发生器可以用简单的反相器链构成，如图2.6-12所示。通过设计反相器链的延迟时间和反相器中的器件尺寸，来满足时序要求和驱动能力的需要。但对于复杂的数字系统，I/O端口、缓冲器、时钟分布网络等都会有很大的延迟，会导致外部时钟信号和芯片内部局部时钟门控器接受到的时钟之间存在巨大的时钟偏斜。而且，芯片内部时钟为高频时，则无法直接从外部通过反相器链的方式获得。现代VLSI数字系统更多的是使用锁相环(Phase-Locked Loop，PLL)电路作为时钟发生器来补偿时钟偏斜，实现外部参考时钟和内部时钟的同步[152]。图2.6-13(a)给出了一个典型的PLL电路框图[153]。PLL电路由鉴相器(Phase Detector，PD)、环路滤波器(Loop Filter，LF)和压控振荡器(Voltage Controlled Oscillator，VCO)构成。当PLL处于稳定状态(锁定状态)时，由VCO产生的输出时钟信号 V_O 和做参考用的外部时钟信号 V_{ref} 在频率和相位上同步。如果参考时钟信号 V_{ref} 的相位或频率发生变化，与输出信号 V_O 不再同步，PLL将调节其内部信号，使环路重新锁定。首先，PD对 V_{ref} 和 V_O 的相位进行比较，输出一个反映输入信号与输出信号相位差的电压信号 V_{PD}，V_{PD} 经过环路滤波器滤掉高频分量后得到控制电压 V_C，压控振荡器在 V_C 的控制下向使相位差减小的方向改变输出信号 V_O 的频率和相位。如果输入信号和输出信号没有同步，上述的调节过程就循环进行，直至输入信号和输出信号

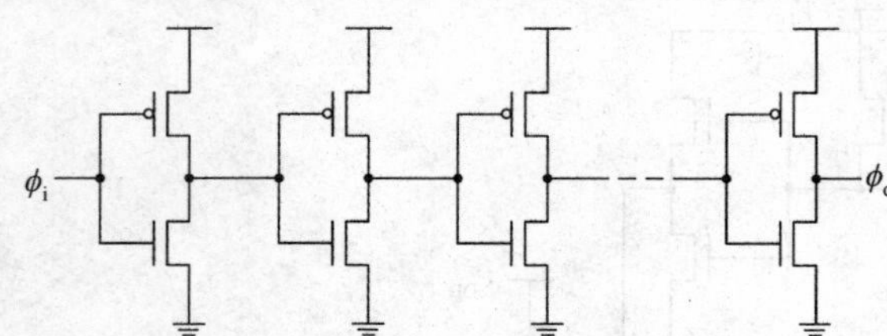

图 2.6-12　CMOS反相器链作时钟发生器

的相位差为零。此时电压信号 V_{PD} 和 V_C 不再变化，维持一个稳定的电压值，整个环路又达到稳定。此外，PLL 只需要在原有环路中加入分频器模块即可用来对参考时钟进行倍频，为内部电路产生比外部时钟更高的时钟频率，如图2.6-13(b)所示。此时，VCO 的输出信号 V_O 是参考信号频率 V_{ref} 的 N 倍。PLL 的具体电路实现，更多的涉及到模拟电路，本书不做赘述。

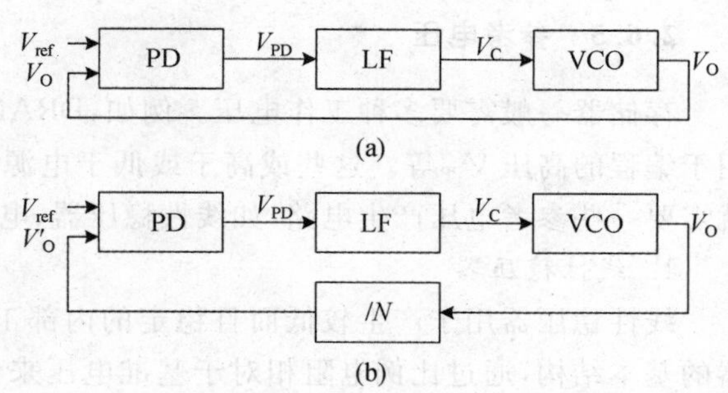

图 2.6-13 PLL 时钟发生器

芯片内部时钟信号由局部时钟门控器电路产生。时钟门控器包括：反相器链做的缓冲器、简单逻辑门、脉冲发生器等。反相器链做的缓冲器和图 2.6-12 所示的时钟发生器相同，用这种简单的反相器链，可以满足很多控制信号的要求。输出信号 ϕ_o 的极性与输入信号 ϕ_i 的极性由反相器链中反相器个数的奇、偶决定。图 2.6-14 给出了部分时钟门控器电路。通过简单的逻辑门的组合，时钟门控器可以获得多种变化的时钟波形。

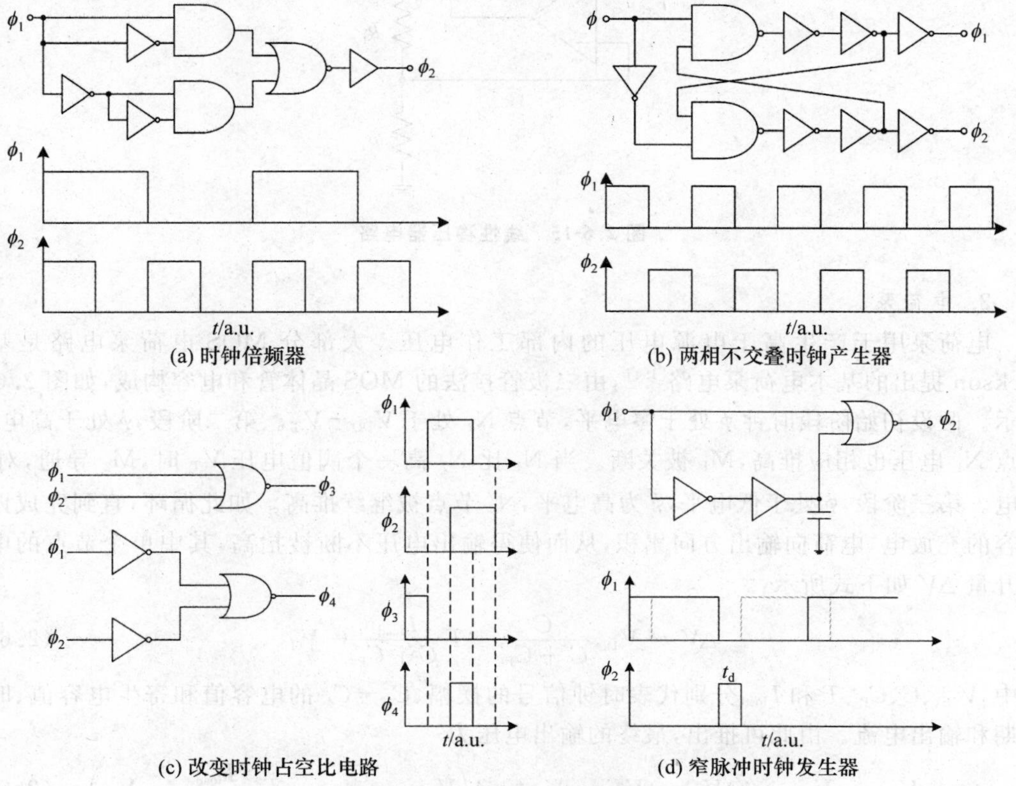

(a) 时钟倍频器

(b) 两相不交叠时钟产生器

(c) 改变时钟占空比电路

(d) 窄脉冲时钟发生器

图 2.6-14 部分时钟门控器

2.6.5 参考电压

存储器一般需要多种工作电压。例如,DRAM 中用于位线预充的 $V_{DD}/2$ 电压,Flash 中用于编程的高压 V_{PP} 等。这些或高于或低于电源电压的工作电压大部分需要片内产生,这就需要一些参考电压产生电路,如线性稳压器、电荷泵、带隙基准源等。

1. 线性稳压器

线性稳压器用于产生较低而且稳定的内部工作电压。图 2.6-15 给出了一个线性稳压器的基本结构,通过比例电阻相对于基准电压来锁定输出电压。基准电压 V_{ref} 和比例电阻分压的取样电压分别加在运算放大器的正负输入端,二者的电压差经运算放大器放大后控制 MOS 驱动管的压降,最终利用电路形成的负反馈将输出电压 V_{out} 稳定在

$$V_{out} = V_{ref}\frac{R_1 + R_2}{R_2} \tag{2.6-3}$$

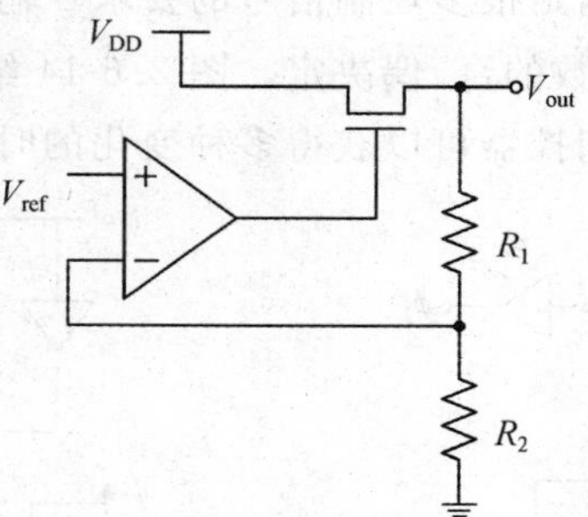

图 2.6-15 线性稳压器电路

2. 电荷泵

电荷泵用于产生高于电源电压的内部工作电压。大部分 MOS 电荷泵电路是基于 Dickson 提出的基本电荷泵电路[154],由二极管接法的 MOS 晶体管和电容构成,如图 2.6-16 所示。假设初始阶段时钟 ϕ 处于零电平,节点 N_1 处于 $V_{DD}-V_T$。第二阶段,ϕ 处于高电平,节点 N_1 电压也相应推高,M_1 被关断。当 N_1 比 N_2 高一个阈值电压 V_T 时,M_2 导通,对 C_2 充电。第三阶段,ϕ 处于低电平,$\overline{\phi}$ 为高电平,N_2 节点被继续推高。如此循环,直到完成四级电容的充放电,电荷向输出方向累积,从而使得输出电压不断被抬高,其中单个节点的电压抬升量 ΔV 如下式所示:

$$\Delta V = V_{DD}\frac{C}{C + C_P} - T\frac{I_{load}}{C + C_P} - V_T \tag{2.6-4}$$

其中,V_{DD}、C、C_P、T 和 I_{load} 分别代表时钟信号的摆幅、C_1-C_4 的电容值和寄生电容值、时钟周期和输出电流。由此可推出,最终的输出电压为

$$V_{out} = V_{N1} + 4\Delta V = (V_{DD} - V_T) + 4\left(V_{DD}\frac{C}{C + C_P} - T\frac{I_{load}}{C + C_P} - V_T\right) \tag{2.6-5}$$

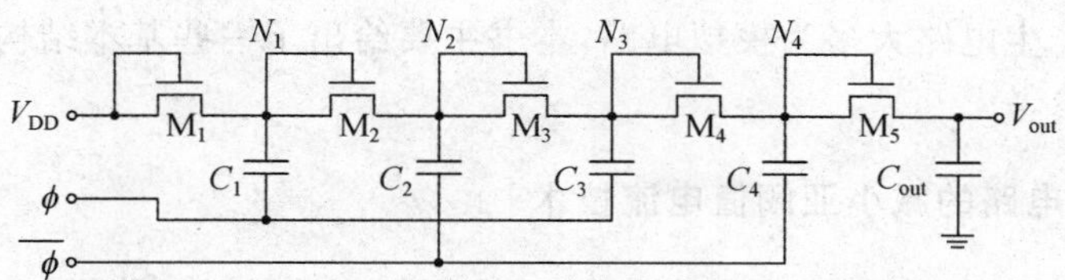

图 2.6-16　4 级 Dickson 电荷泵电路原理图

3. 带隙基准源

存储器电路中往往需要一个精确而稳定的参考电压作为基准,该电压不随温度、电源电压变化。带隙基准源由于具有与标准 CMOS 工艺兼容、可以工作于低电源电压、温度漂移小、低噪声和高电源抑制比等诸多优点,被广泛采用产生参考电压。图 2.6-17 给出了一个简单的 CMOS 带隙基准电压源电路[155]。双极型晶体管 Q_1 的发射结电压 V_{BE1} 具有负温度系数:

$$V_{BE1}=V_t\ln\left(\frac{I_C}{I_S}\right),\quad \frac{\partial V_{BE1}}{\partial T}=\frac{1}{T}\left(V_{BE1}-1.5V_t-\frac{E_g}{q}\right)\tag{2.6-6}$$

其中,T 为温度,E_g 为硅的禁带宽度。同时,假设双极型晶体管 Q_1 和 Q_2 的发射极面积之比为 $n:1$,则工作在不同的电流密度的两个双极型晶体管发射结电压差 ΔV_{BE} 就具有正温度系数:

$$\Delta V_{BE}=V_{BE2}-V_{BE1}=V_t\ln\left(\frac{I_0}{I_S}\right)-V_t\ln\left(\frac{I_0}{nI_S}\right)=V_t\ln n,\quad \frac{\partial\Delta V_{BE}}{\partial T}=\frac{k}{q}\ln n\tag{2.6-7}$$

带隙基准源的基本原理如下:运算放大器、pMOS M_{P1} 和 M_{P2} 构成的负反馈使运算放大器正负输入端电压相等。从而双极型晶体管 Q_1 和 Q_2 的发射结电压差 ΔV_{BE} 就加在了电阻 R_1 上。通过合理选择 R_1 和 R_2 的大小,使 ΔV_{BE} 的正温度系数刚好抵消 V_{BE1} 的负温度系数,得到一个与温度无关的基准电压

$$V_{ref}=V_{BE1}+\left(1+\frac{R_2}{R_1}\right)\frac{kT}{q}\ln n\tag{2.6-8}$$

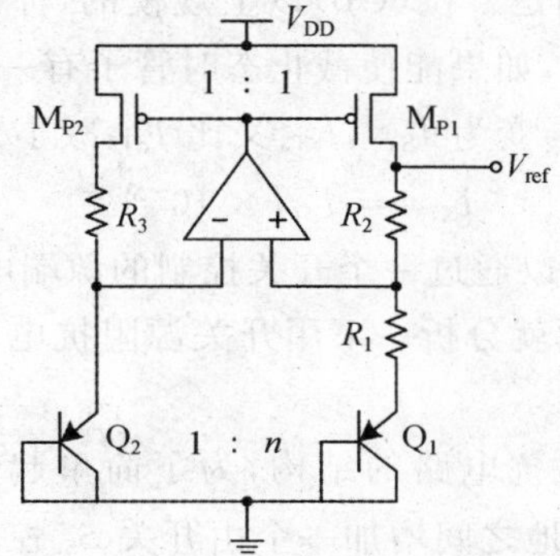

图 2.6-17　简单 CMOS 带隙基准源电路

参考电压的产生电路大多为模拟电路，本书主要给出了一些基本结构和原理，更为详细的讨论读者可以参考[155]。

2.6.6 外围电路的减小亚阈值电流技术

随着存储器容量增大，器件尺寸越来越小，为了保证器件的可靠性，工作电压必须下降，从而使阈值电压也随之下降。阈值电压的减小，使得器件的截止特性变差，截止态（一般是$V_{GS}=0$）的亚阈值电流指数增加，这将极大地增加电路在维持状态下的功耗。图 2.6-18 说明了阈值电压下降使亚阈电流指数增加。图中 $V_{T2}<V_{T1}$，则

$$I_{ST2} = I_{ST1} \times 10^{\frac{V_{T1}-V_{T2}}{S}} \tag{2.6-9}$$

其中，I_{ST2} 表示阈值电压为 V_{T2} 时管子在截止态（$V_{GS}=0$）的亚阈值电流，I_{ST1} 表示阈值电压为 V_{T1} 管子在截止态的亚阈值电流。S 为亚阈值斜率，它表示电流变化一个数量级所对应的栅压的变化。假定阈值电压缩小时亚阈值斜率不变，则使截止态电流增加 $10^{\Delta V_T/S}$ 倍。

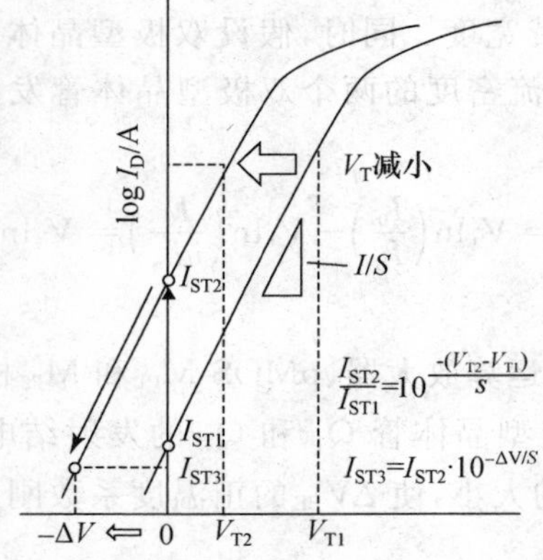

图 2.6-18 阈值电压减小对截止态电流的影响

对于大容量的存储器，特别是吉位（Gb）以上规模的，抑制截止态的亚阈值电流变得十分重要。从图 2.6-18 可以看出，如果能使截止态时管子有一个很小的负栅源电压 $-\Delta V$，则可以使截止态电流由原来的 I_{ST2} 变为 I_{ST3}，I_{ST3} 又比 I_{ST2} 减小了 $10^{\Delta V/S}$ 倍。即

$$I_{ST3} = I_{ST2} \times 10^{-\Delta V/S} \tag{2.6-10}$$

在实际的 CMOS 电路中可以通过一个开关控制的源端电阻来改变 MOS 晶体管的源电位，从而实现负栅源偏压。下面就分析一下用开关源阻抗电路减小维持状态下亚阈值电流的原理。

图 2.6-19 画出了开关源阻抗电路的结构，为了简单起见，以 CMOS 反相器为例[156]。在 nMOS 晶体管 M_N 的源极和地之间增加一个由开关 S_S 控制的电阻 R_S。在管子工作期间 S_S 接通，把电阻短路，从而不影响管子的正常工作。在维持状态，S_S 关断，在 M_N 的源极串

联一个电阻 R_S。由于 M_N 的亚阈值电流流过电阻 R_S，在 R_S 上产生电压降 $V_{SL}=I_{ST}\cdot R_S$，I_{ST}为管子的亚阈值电流。源电阻产生的电压降 V_{SL} 有两个作用，一方面 V_{SL} 给管子加了一个衬底偏压，使 M_N 的阈值电压增加，阈值电压的增加使 M_N 的亚阈值电流减小。另一方面，V_{SL} 给 M_N 加一个负栅源电压，这也叫作自反偏压作用。这个反向的栅源电压进一步降低了亚阈值电流。如前面分析的，源电阻 R_S 的上述两个作用使亚阈值电流减小为

$$I_{ST3} = I_{ST1} \times 10^{\frac{-[V_{SL}+\gamma(\sqrt{2\phi_F+V_{SL}}-\sqrt{2\phi_F})]}{S}} \tag{2.6-11}$$

电压 V_{SL} 的大小由流过 M_N 的亚阈值电流与流过电阻 R_S 的电流达到平衡来决定。这可以通过解方程

$$\frac{V_{SL}}{R_S} = I_0 \times 10^{\frac{-[V_{SL}+\gamma(\sqrt{2\phi_F+V_{SL}}-\sqrt{2\phi_F})]}{S}} \tag{2.6-12}$$

得到，式中 I_0 是定义阈值电压的电流，γ 是体效应系数。

在实际应用中开关源阻抗 S_S 和 R_S 就是由一个 MOS 开关管构成，R_S 就是 MOS 开关的截止态电阻。下面通过一个具体实例来说明如何用开关源阻抗来减小备用状态的亚阈值电流。

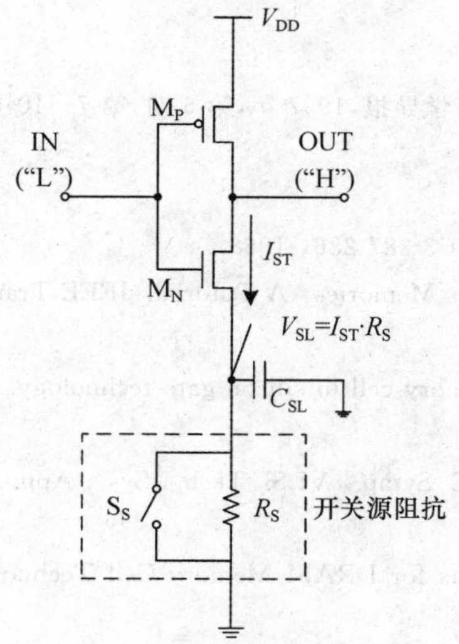

图 2.6-19 开关源阻抗电路

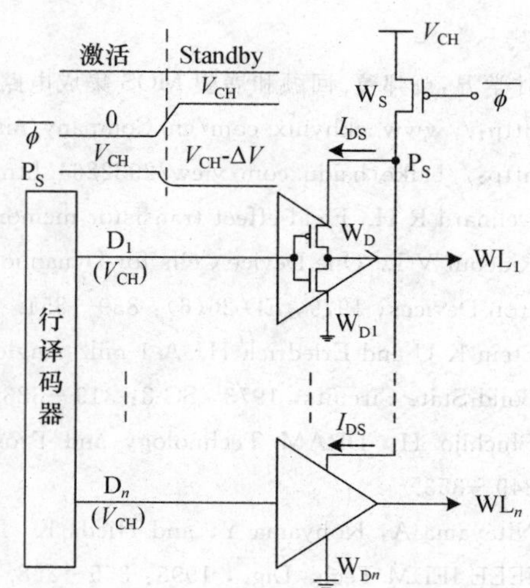

图 2.6-20 字译码驱动电路的亚阈值电流抑制

上面的讨论是以 nMOS 为例来分析的，对 pMOS 也可做类似分析。在实际 CMOS 电路中有很多电路在维持状态下是 pMOS 截止，如译码器电路。

以大容量 DRAM 为例，行译码器的数目很多，而且行译码器的负载很大，因此行译码器输出信号要经过很大尺寸的字线驱动电路来驱动较大的字线负载电容。通常字线信号都维持在低电平，字线驱动电路的反相器中的 pMOS 应处在截止态，如图 2.6-18 所示。但是由于亚阈值电流，使得 n 个字线驱动电路将有 nI_{ST} 的泄漏电流。对 256Mb DRAM，所有字

线驱动器的 pMOS 相当于一个栅宽为 2.7 mm 的巨大的 MOS 晶体管。因此字线驱动器的亚阈值泄漏电流大约占整个芯片亚阈值漏电的 90%以上。为了抑制字线驱动电路的亚阈值漏电，在驱动电路的电源线上增加了一个 pMOS 开关 W_S，见图 2.6-20[157]。W_S 由时钟$\overline{\phi}$控制。在工作期间$\overline{\phi}=0$，W_S 导通，因此加到驱动器 pMOS 公共源端 P_S 的电压基本等于电源电压。由于 n 个字线驱动器中只有一个输出为高电平，只要 W_S 和字线驱动器的 pMOS W_D的栅宽保持一定比例，如 $W_S/W_D=5$，则串联一个 W_S 不会影响字线驱动器的输出高电平和驱动速度。在维持状态下$\overline{\phi}$="1"，W_S 和字线驱动器的所有驱动管 W_D 都处在截止态，这时将有亚阈值电流流过 W_S 和所有字线驱动器的 W_D，由于 n 个字线驱动器的驱动管 W_D 的亚阈值电流都流过 W_S，从而在 W_S 上产生电压降 ΔV，这使得加到驱动管 W_D 公共源端 P_S 的电压比电源电压降低 ΔV，这相当于给所有驱动管 W_D 加一个反向衬底偏压和反向的栅源偏压，使流过 W_D 的亚阈值电流减小。在 $W_S/W_D=5$，W_S 的阈值电压为－0.2V，W_D 的阈值电压为－0.1V 的情况下，可以获得 0.254V 的自反偏压，使亚阈值电流降低为原来的 1.5‰，而字线驱动器的延迟时间只增加到原来的1.03倍。

参考文献

1. 甘学温，莫邦燹. 回顾和展望 MOS 集成电路的发展. 电子科学导报，1997 年，第 6 期，第 7—10 页.
2. http://www.skhynix.com/en/Company/history/2010.jsp.
3. http://baike.baidu.com/view/2932264.htm.
4. Dennard R H. Field-effect transistor memory. U.S. Patent 3 387 286，1968.
5. Rideout V L. One Device Cells for Dynamic Random-Access Memories：A Tutorial. IEEE Tran. Electron Devices，1979，ED-26(6)：839—851.
6. Stein K U and Eriedrick H. A 1-mil2 single transistor memory cell in silicon-gate technology. IEEE J Solid-State Circuits，1973，SC-8：319—323.
7. Shichijo H. DRAM Technology and Prospect. in IEEE Symp. VLSl Tech. Sys. App.，1991：349—353.
8. Nitayama A，Kohyama Y，and Hieda K. Future Directions for DRAM Memory Cell Technology. in IEEE IEDM Tech. Dig.，1998：355—358.
9. MOSTEK Corp. An in-Depth look at MOSTEK's High Performance MK 4027. Application Note，Carrollton，TX.
10. Ahlquist C N，Breivogel J R，Koo J T，et al. A 16384-bit Dynamic RAM. IEEE J Solid-State Circuits，1976，SC-11：570—574.
11. Marshall A and Natarajan S. SOI Design：Analog，Memory and Digital Techniques. Kluwer Academic Publishers，2002.
12. Asai S. Trends in Megabit DRAMs，in IEEE IEDM Tech. Dig.，1984，6—12.
13. Watanabe S，Oowaki Y，Itoh Y，et al. An Experimental 160Mbit CMOS DRAM Chip with a 100-MHz Serial Read/Write Mode. IEEE J Solid-State Circuits，1982，24(3)：763—768.

14. Kimura S, Kawamoto Y, Kure T, et al. A Diagonal Active-Area Stacked Capacitor DRAM Cell with Storage Capacitor on Bit Line. IEEE Tran. Electron Devices, 1979, 37(3): 737—741.
15. Ema T, Kawanago S, Nishi T, et al. 3-Dimensional Stacked Capacitor Cell for 16M and 64M DRAMS. in IEEE IEDM Tech. Dig., 1988: 592—595.
16. Kaga T, Kure T, Shinriki H, et al. Crown-Shaped Stacked-Capacitor Cell for 1.5V Operation 64Mb DRAM's. IEEE Trans. Electron Devices, 1991, 38(2): 255—260.
17. Lee K P, Park Y S, Ko D H, et al. A Process Technology for 1 Giga-Bit DRAM. in IEEE IEDM Tech. Dig., 1995: 907—910.
18. Feng Y, Wang Y, Chan H, et al. Ferroelectric Properties of $(Ba_{0.5}Sr_{0.5})TiO_3/Pb(Zr_{0.52}Ti_{0.48})O_3/(Ba_{0.5}Sr_{0.5})TiO_3$ Thin Films with Platinum Electrodes. Applied Physics Letters, 2003, 82(24): 4325—4327.
19. 黄如,张国艳,李映雪,张兴. SOI CMOS 技术及其应用. 北京:科学出版社,2005.
20. Marshall A and Natarajan S. SOI Design: Analog, Memory and Digital Techniques. Kluwer Academic Publishers, 2002.
21. Yamaguchi Y, Oashi T, Eimori T, et al. Features of SOI DRAM's and Their Potential for Low-Voltage and/or Giga-Bit Scale DRAM's. IEICE Trans. Electron, 1996, E79-C(6): 772—778.
22. Nakumura S, Horie H, Asano K, et al. Giga-Bit DRAM Cells with Low Capacitance and Low Resistance Bit-Lines on Buried MOSFET's and Capacitors by Using Bonded SOI Technology: Reversed-Stacked-Capacitor (RSTC) Cell. in IEEE IEDM Tech. Dig., 1995: 889—892.
23. Ohsawa T, Fujita K, Higashi T, et al. Memory Design Using a One-Transistor Gain Cell on SOI," IEEE J. Solid-State Circuits, 2002, 37(11): 1510—1522.
24. Inoh K, Shino T, Yamada H, et al. FBC (Floating Body Cell) for Embedded DRAM on SOI. in Symp. VLSI Technology Dig. Tech. Papers., 2003: 63—64.
25. Shino T, Higashi T, Fujita K, et al. Highly Scalable FBC (Floating Body Cell) with 25nm BOX Structure for Embedded DRAM Applications. in Symp. VLSI Technology Dig. Tech. Papers, 2004: 128—129.
26. Minami Y, Shino T, Sakamoto A, et al. A Floating Body Cell (FBC) fully Compatible with 90nm CMOS Technology (CMOS IV) for 128Mb SOI DRAM. in IEEE IEDM Tech. Dig., 2005: 307—310.
27. Okuda T and Murotani T. A Four-Level Storage 4-Gb DRAM. IEEE J. Solid-State Circuits, 1997, 32(11): 1743—1747.
28. Watanabe S, Tsuchida K, Takashima D, et al. A Novel Circuit Technology with Surrounding Gate Transistors (SGT's) for Ultra High Density DRAM's. IEEE J. Solid-State Circuits, 1995, 30(9): 960—970.
29. Sunouchi K, Takato H, Okabe N, et al. A Surrounding Gate Transistor (SGT) Cell for 64/256 Mbit DRAMs. in IEEE IEDM Tech. Dig., 1989: 23—26.
30. Masuoka F, Endoh T, and Sakuraba H. New Three Dimensional (3D) Memory Array Architecture for Future Ultra High Density DRAM," in 4th IEEE ICCDCS, 2002: C015.
31. Al-Ars Z. DRAM Fault Analysis and Test Generation. PhD Thesis Delft Univ. of Technology, Delft,

Netherlands, 2005.

32. Masuda H, Hori R, Kamigaki Y, et al. A 5 V-only 64K dynamic RAM based on high S/N design. IEEE J. Solid-State Circuits, 1980, 15(5): 846—854.
33. Itoh K. Trends in Megabit DRAM Circuit Design. IEEE J. Solid-State Circuits, 1990,25(3): 778-789.
34. Sugibayashi T, Takeshima T, Naritake I, et al. A 30-ns 256-Mb DRAM with a Multidivided Array Structure. IEEE J. Solid-State Circuits, 1993, 28(11): 1092—1098.
35. Kimura K, Sakata T, Itoh K, et al. A Block-Oriented RAM with Half-Sized DRAM Cell and Quasi-Folded Data-Line Architecture. IEEE J. Solid-State Circuits, 1991, 26(11): 1511—1518.
36. Hasegawa T, Takashima D, Ogiwara R, et al. An Experimental DRAM with a NAND-Structured Cell. IEEE J Solid-State Circuits, 1993, 28(11): 1099—1104.
37. Hasegawa T, Takashima D, Ogiwara R, et al. An Experimental DRAM with a NAND-Structured Cell. in IEEE ISSCC Dig. Tech. Papers, 1993: 46—47.
38. Shiratake S, Takashima D, Hasegawa T, et al. Folded Bitline Architecture for a Gigabit-Scale NAND DRAM. IEICE Trans Electron, 1997, E80-C(4): 573—581.
39. Kim J S, Choi Y S, Yoo H J, et al. A Low-Noise Folded Bit-Line Sensing Architecture for Multigigabit DRAM with Ultrahigh-Density 6F2 Cell. IEEE J. Solid-State Circuits, 1998, 33(7): 1096—1101.
40. http://www. itrs. net/Links/2011ITRS/Home2011. htm.
41. Kinugawa M, Kakumu M, Yoshida T, et al. "TFT (Thin Film Transistor) Cell Technology for 4Mbit and More High Density SRAMs," in Symp. VLSI Technology Dig. Tech. Papers, 1990: 23—24.
42. Ando M, Okazawa T, Furuta H, et al. A 0. 1μA Standby Current, Bouncing-Noise-Immune 1Mb SRAM. in Symp. VLSI Circuits Dig. Tech. Papers, 1988: 49—50.
43. Ootani T, Hayakawa S, Kakumu M, et al. A 4-Mb CMOS SRAM with a pMOS Thin-Film-Transistor Load Cell. IEEE J. Solid-State Circuits, 25(5): 1082—1092.
44. Yamanaka T, Hashimoto T, Hasegawa N, et al. Advanced TFT SRAM Cell Technology Using a Phase-Shift Lithography. IEEE Trans. Electron Devices, 1995, 42(7): 1305—1313.
45. Sasaki K, Ueda K, Takasugi K, et al. A 16-Mb CMOS SRAM with a 2. 3-pm2 Single-Bit-Line Memory Cell. IEEE J. Solid-State Circuits, 1993, 28(11): 1125—1130.
46. Ukita M, Murakami S, Yamagata T, et al. A Single-Bit-Line Cross-Point Cell Activation (SCPA) Architecture for Ultra-Low-Power SRAM's. IEEE J. Solid-State Circuits, 1993, 28(11): 1114—1118.
47. Bhavnagarwala A J, Tang X, and Meindl J D. The Impact of Intrinsic Device Fluctuations on CMOS SRAM Cell Stability. IEEE J. Solid-State Circuits, 2001, 36(4): 658—665.
48. Agarwal K and Nassif S. Statistical Analysis of SRAM Cell Stability. in IEEE Design Automation Conference, 2006: 57—62.
49. Lohstroh J, Seevinck E, and De Groot J. Worst-Case Static Noise Margin Criteria for Logic Circuits and Their Mathematical Equivalence. IEEE J. Solid-State Circuits, 1983, SC-18(6): 803—807.
50. Seevinck E, List F, and Lohstroh J. Static-Noise Margin Analysis of MOS SRAM Cells. IEEE J. Solid-State Circuits, 1987, SC-22(5): 748—754.
51. Uemoto Y, Fujii E, Nakamura A, et al. A Stacked-CMOS Cell Technology for High-Density SRAM's.

IEEE Trans. Electron Devices, 1992, 39(10): 2359—2363.

52. Vătăjelu E I and Figueras J. Supply Voltage Reduction in SRAMs: Impact on Static Noise Margins. in IEEE Int. Conf. AQTR, 2008: 73—78.

53. Calhoun B H and Chandrakasan A. Static Noise Margin Variation for Sub-Threshold SRAM in 65nm CMOS," IEEE J. Solid-State Circuits, 2006, 41(7): 1673—1679.

54. Noda K, Matsui K, Imai K, et al. "A 1.9-μm^2 Loadless CMOS Four-Transistor SRAM Cell in a 0.18-μm Logic Technology," in IEEE IEDM Tech. Dig., 1998: 643—646.

55. Noda K, Matsui K, Takeda K, et al. A Loadless CMOS Four-Transistor SRAM Cell In A 0.18-μm Logic Technology. IEEE Trans. Electron Devices, 2001, 48(12): 2851—2855.

56. Mai K W, Mori T, Amrutur B S, et al. Low-Power SRAM Design Using Half-Swing Pulse-Mode Techniques. IEEE J. Solid-State Circuits, 1998, 33(11): 1659—1671.

57. Kanda K, Hattori S, and Sakurai T. 90% Write Power-Saving SRAM Using Sense-Amplifying Memory Cell. IEEE J. Solid-State Circuits, 2004, 39(6): 927—933.

58. Chang L, Fried D M, Hergenrother J, et al. Stable SRM Cell Design for the 32nm Node and Beyond. in Symp. VLSI Technology Dig. Tech. Papers, 2005: 128—129.

59. Chang L, Montoye R K, Nakamura Y, et al. An 8T-SRAM for Variability Tolerance and Low-Voltage Operation in High Performance Caches. IEEE J. Solid-State Circuits, 2008, 43(4): 956—963.

60. Morita Y, Fujiwara H, Noguchi H, et al. An Area-Conscious Low-Voltage-Oriented 8T-SRAM Design under DVS Environment. in Symp. VLSI Circuits Dig. Tech. Paper, 2007: 256—257.

61. Raychowdhury A, Geuskens B, and Kulkarni J. PVT-and-Aging Adaptive Wordline Boosting for 8T SRAM Power Reduction. in IEEE ISSCC Dig. Tech. Papers, 2010: 352—353.

62. Hirose T, Kuriyama H, Murakami S, et al. A 20-ns 4-Mb CMOS SRAM with hierarchical word decoding architecture. IEEE J Solid-State Circuits, 1990, 25(5): 1068—1074.

63. 徐葭生. MOS 数字大规模及超大规模集成电路. 清华大学出版社, 1990.

64. Kawagoe H and Tsuji N. Minimum Size ROM Structure Compatible with Silicon-Gate E/D MOS LSI. IEEE J. Solid-State Circuits, 1976, 11(3): 360—364.

65. Tanimoto M, Murota J, Ohmori Y, et al. A Novel MOS PROM Using a Highly Resistive Poly-Si Resistor. IEEE Trans. Electron Devices, 1980, ED-27(3): 517—520.

66. Kahng K and Sze S. A Floating Gate and Its Application to Memory Devices. IEEE Trans. Electron Devices, 1967, 14(9): 629.

67. Eitan B and Frohman D. Hot-Electron Injection into the Oxide in N-Channel MOS Devices. IEEE Trans. Electron Devices, 1981, ED-28(3): 328—340.

68. Yoshikawa K, Yamada S, Miyamoto J, et al. Comparison of Current Flash EEPROM Erasing Methods: Stability and How to Control. in IEEE IEDM Tech. Dig., 1992: 595—598.

69. San K T. Effects of Erase Source Bias on Flash EPROM Device Reliability. IEEE Trans. Electron Devices, 1995, 42(1): 150—159.

70. Masuoka F, Assano M, Iwahashi H, et al. A New Flash E^2PROM Cell Using Triple Polysilicon Technology, in IEEE IEDM Tech. Dig., 1984: 464—467.

71. Bez R, Camerlenghi E, Modelli A, et al. Introduction to Flash Memory. Proc. The IEEE, 2003, 91(4): 489—502.

72. Momodomi M, Itoh Y, Shirota R, et al. An experimental 4-Mbit CMOS EEPROM with a NAND-structured cell. IEEE J. Solid-State Circuits, 1989, 24(5): 1238—1243.

73. Suh K D, Suh B H, Lim Y H, et al. A 3.3 V 32 Mb NAND Flash Memory with Incremental Step Pulse Programming Scheme. IEEE J. Solid-State Circuits, 1995, 30(11): 1149—1156.

74. Kobayashi S, Mihara M, Miyawaki Y, et al. A 3.3 V-only 16 Mb DINOR Flash Memory. in IEEE ISSCC Dig. Tech. Papers, 1995: 122—123.

75. Kume H, Kato M, Adachi T, et al. A 1.28μm^2 Contactless Memory Technology for 3V-Only 64Mb EEPROM. in IEEE IEDM Tech. Dig., 1992: 991—9930.

76. Eitan B, Kazerounian R, and Bergemont A. Alternate Metal Virtual Ground (AMG)-A New Scaling Concept for Very High-Density EPROMs. IEEE Electron Device Lett., 1991, 12(8): 450—452.

77. Pavan P, Bez R, Olivo P, et al. Flash Memory Cells-An Overview. in Proc. of the IEEE, 1997, 85(8): 1248—1271.

78. Yaron G, Prasad S J, Ebel M S, et al. A 16K E^2PROM Employing New Array Architecture and Designed-In Reliability Features. IEEE J Solid-State Circuits, 1982, SC-17(5): 833—840.

79. Miyamoto J, Tsujimoto J, Matsukawa N, et al. An Experimental 5-V-only 256-kbit CMOS EEPROM with a High-Performance Single-Polysilicon Cell. IEEE J Solid-State Circuits, 1986, 21(5): 852—860.

80. Van Houdt J, Haspeslagh L, Wellekens D, et al. HIMOS-A High Efficiency Flash E^2PROM Cell for Embedded Memory Applications. IEEE Trans. Electron Devices, 1993, 40(12): 2255—2263.

81. Cappelletti P, Bez R, Cantarelli D, et al. Failure Mechanisms of Flash Cell in Program/Erase Cycling. in IEEE IEDM Tech. Dig., 1994: 291—294.

82. Kim K. Technology for Sub 50nm Node DRAM and NAND Flash Manufacturing. in IEEE IEDM Tech. Dig., 2005: 323—326.

83. White M H, Adams D A, and Bu J. On the go with SONOS. IEEE Circuits Devices Mag., 2000, 16(4): 22—31.

84. Eitan B, Pavan P, BloomNROM I, et al. A Novel Localized Trapping, 2-Bit Nonvolatile Memory Cell. IEEE Electron Device Lett., 2000, 21(11): 543—545.

85. Lai S C, Lue H T, Hsieh J Y, et al. Study of the Erase Mechanism of MANOS (Metal/Al_2O_3/SiN/SiO_2/Si) Device. IEEE Electron Device Lett., 2007, 28(7): 643—645.

86. Lee C H, Choi K I, Cho M K, et al. A Novel SONOS Structure of SiO_2/SiN/Al_2O_3 with TaN Metal Gate for Multi-Giga Bit Flash Memories. in IEEE IEDM Tech. Dig., 2003: 613—616.

87. Tiwari S, Rana F, Chan K, et al. Volatile and Non-Volatile Memories in Silicon with Nano-Crystal Storage. in IEEE IEDM Tech. Dig., 1995: 521—524.

88. Tang S, Mao C, Liu Y, et al. Nanocrystal Flash Memory Fabricated with Protein-mediated Assembly. in IEEE IEDM Tech. Dig., 2005, 174—177.

89. Bez R and Pirovano A. Non-Volatile Memory Technologies: Emerging Concepts and New Materials. Materials Science in Semiconductor Processing 2004, 7(4—6): 349—90. http://www.imit.kth.se/in-

fo/SSD/KMF/2B1750/2B1750_06_RAMs. pdf.

91. 姚远. 闪存接班人的竞争. CHIP 测试与技术，2007 年第 8 期，第 88—93 页.
92. Buck D A. Ferroelectrics for Digital Information Storage and Switching. Report R-212，MIT，1952.
93. http://en. wikipedia. org/wiki/Ferroelectric_RAM.
94. Sheikholeslami A and Gulak P G. A Survey of Circuit Innovations in Ferroelectric Random-Access Memories. in Proc. the IEEE，2000，88(5)：667—689.
95. Evans J T and Womack R. An Experimental 512-Bit Nonvolatile Memory with Ferroelectric Storage Cell. IEEE J. Solid-State Circuits，1988，23(5)：1171—1175.
96. Jones Jr R E. Ferroelectric Nonvolatile Memories for Embedded Applications Ferroelectric Nonvolatile Memories for Embedded Applications. in IEEE CICC Dig. Tech. Papers，1998：431—438.
97. Zurcher P，Jones R E，Chu P Y，et al. Ferroelectric Nonvolatile Memory Technology：Applications and Integration Challenges. IEEE Trans. Comp.，Packag，Manufact. Tech. A，1997，20(2)：175—181.
98. 王阳元主编. 绿色微纳电子学. 北京：科学出版社，2010 年 7 月.
99. http://en. wikipedia. org/wiki/Giant_magnetoresistance.
100. http://en. wikipedia. org/wiki/Mram.
101. Daughton J M. Magnetoresistive Memory Technology. Thin Solid Films，1992，216(1)：162—168.
102. Gallagher W J and Parkin S S P. Development of the Magnetic Tunnel Junction MRAM at IBM：from First Junctions to a 16-Mb MRAM Demonstrator Chip. IBM J. Research and Development，2006，50(1)：5—23.
103. Maffitt T M，DeBrosse J K，Gabric J A，et al. Design Considerations for MRAM. IBM J. Research and Development，2006，50(1)：25—39.
104. Durlam M，Addie D，Akerman J，et al. A 0.18μm 4Mb Toggling MRAM. in IEEE IEDM Tech. Dig.，2003：995—997.
105. Nahas J，Andre T，Subramanian C，et al. A 4Mb 0.18μm 1T1MTJ Toggle MRAM Memory. in IEEE ISSCC Dig. Tech. Papers，2004：44.
106. Engel B N，? kerman J，Butcher B，et al. A 4-Mb Toggle MRAM Based on a Novel Bit and Switching Method. IEEE Trans. Magn.，2005，41(1)：132—136.
107. Tehrani S. Status and Outlook of MRAM Memory Technology. in IEEE IEDM Tech. Dig.，2006：1—4.
108. Slaughter J. MRAM Technology：Status and Future Challenges. in Cornell CNS Nanotechnology Symp.，2004：
109. http://www. freescale. com/files/microcontrollers/doc/data_sheet/MR2A16A. pdf.
110. http://www. everspin. com.
111. Slonczewski J C. Current-driven excitation of magnetic multilayers. J. Magn. Magn. Mater.，1996，159(1—2)：L1—L7.
112. Berger L. Emission of spin waves by a magnetic multilayer traversed by a current. Phys. Rev. B，1996，54：9353—9358.

113. Hosomi M, Yamagishi H, Yamamoto T, et al. A Novel Nonvolatile Memory with Spin Torque Transfer Magnetization Switching: Spin-RAM. in IEEE IEDM Tech. Dig. Tech., 2005:459—462.

114. Kawahara T, Takemura R, Miura K, et al. 2Mb Spin-Transfer Torque RAM (SPRAM) with Bit-by-Bit Bidirectional Current Write and Parallelizing-Direction Current Read. in IEEE ISSCC Dig. Tech. Papers, 2007: 480—617.

115. Huai Y. Spin-Transfer Torque MRAM (STT-MRAM): Challenges and Prospects. AAPPS Bulletin, 2008, 18(6): 33—40.

116. Kim W, Jeong J H, Kim Y. et al., Extended Scalability of Perpendicular STT-MRAM towards Sub-20-nm MTJ Node. in IEEE IEDM Tech. Dig., 2011: 531—534.

117. Ovshinsky S R. Symmetrical Current Controlling Device. US Patent 3271591, 1966.

118. Ovshinksy S R. Reversible Electrical Switching Phenomenon in Disordered Structures. Physics Review Letters, 1968, 21: 1450—1453.

119. Lai S and Lowrey T. OUM-A 180nm Nonvolatile Memory Cell Element Technology for Stand-Alone And Embedded Applications. in IEEE IEDM Tech. Dig., 2001: 803—806.

120. Gill M, Lowrey T, and Park J. Ovonic Unified Memory-A High-Performance Nonvolatile Memory Technology for Stand-Alone Memory and Embedded Applications. in IEEE ISSCC Dig. Tech. Papers, 2002: 202—459.

121. Cho W Y, Cho B H, Choi B G, et al. A 0.18-μm 3.0-V 64-Mb Nonvolatile Phase-Transition Random Access Memory (PRAM). IEEE J. Solid-State Circuits, 2005, 40(1): 293—300.

122. Ahn S J, Song Y J, and Jeong C W. Highly Manufacturable High Density Phase Change Memory of 64Mb and Beyond. in IEEE IEDM Tech. Dig., 2004: 907—910.

123. Song Y J, Ryoo K C, Hwang Y N, et al. Highly Reliable 256Mb PRAM with Advanced Ring Contact Technology and Novel Encapsulating Technology. in Symp. VLSI Technology Dig. Tech. Papers, 2006: 118—119.

124. Kang D H, Kim J S, Kim Y R, et al. Novel Heat Dissipating Cell Scheme for Improving a Reset Distribution in a 512M Phase-change Random Access Memory (PRAM). in Symp. VLSI Technology Dig. Tech. Papers, 2007: 96—97.

125. Lee K J, Cho B H, Cho W Y, et al. A 90 nm 1.8 V 512 Mb Diode-Switch PRAM with 266 MB/s Read Throughput. IEEE J. Solid-State Circuits, 2008, 43(1): 150—162.

126. Chung H, Jeong B H, Min B J, et al. A 58nm 1.8V 1Gb PRAM with 6.4MB/s Program BW. in IEEE ISSCC Dig. Tech. Papers, 2011: 500—502.

127. Song I, Park M H, Chung H, et al. A 20nm 1.8V 8Gb PRAM with 40MB/s Program Bandwidth. in IEEE ISSCC Dig. Tech. Papers, 2012: 46—48.

128. http://www.samsung.com/cn/business/semiconductor/aboutus/history2009.html.

129. Numonyx. The basics of phase change memory (PCM) technology. White Paper, 2008.

130. Micron. Phase Change Memory (PCM): A New Memory Technology to Enable New Memory Usage Models. White Paper, 2011.

131. Hwang Y N, Um C Y, Lee J H, et al. MLC PRAM with SLC Write-Speed and Robust Read Scheme.

in Symp. VLSI Technology Dig. Tech. Papers, 2010: 201—202.

132. Ha D and Kim K. Recent Advances in High Density Phase Change Memory (PRAM). in Symp. VLSI Tech. Sys. App., 2007: 1—4.

133. Horii H, Yi J H, Park J H, et al. A Novel Cell Technology Using N-Doped Gesbte Films For Phase Change RAM. in Symp. VLSI Technology Dig. Tech. Papers, 2003: 177—178.

134. Kim K, Jeong G, Jeong H, et al. Emerging Memory Technologies. in IEEE CICC Dig. Tech. Papers, 2005: 423—426.

135. Matsui Y, Kurotsuchi K, Tonomura O, et al. Ta_2O_5 Interfacial Layer Between GST and W Plug Enabling Low Power Operation of Phase Change Memories. in IEEE IEDM Tech. Dig., 2006: 760—763.

136. Kang S, Cho W Y, Cho B H, et al. A 0.1-μm 1.8-V 256-Mb Phase-Change Random Access Memory (PRAM) with 66-MHz Synchronous Burst-Read Operation. IEEE J. Solid-State Circuits, 2007, 42(1): 210—218.

137. Sasago Y, Kinoshita M, Morikawa T, et al. Cross-Point Phase Change Memory with $4F^2$ Cell Size Driven by Low-Contact-Resistivity Poly-Si Diode. in Symp. VLSI Technology Dig. Tech. Papers, 2009: 24—25.

138. Chua L O. Memristor-the Missing Circuit Element. IEEE Trans. Circuit Theory, 1971, 18: 507—519.

139. Liu S Q and Wu N J. Ignatiev A. Electric-Pulse-Induced Reversible Resistance Change Effect in Magnetoresistive film. Appl. Phys. Lett., 2000, 76(19): 2749—2751.

140. Kim D C, Seo S, AhN S E, et al. Electrical Observations of Filamentary Conductions for the Resistive Memory Switching in NiO Film. Appl. Phys. Lett., 2006, 88(20): 202102.

141. Kozicki M N. Memory Devices Based on Solid Electrolytes. in Symp. Meter. Res. Soc., 2007: 165—142. Scott J C and Bozano L D. Nonvolatile Memory Elements Based on Organic Materials. Advanced Materials, 2007, 19: 1452—143. Li Y T, Long S B, Zhang M H, et al. Resistive Switching Properties of Au/ZrO_2/Ag Structure for Low-Voltage Nonvolatile Memory Applications. IEEE Elec. Dev. Lett., 2010, 31(2): 117—119.

144. Chen Y, Chen C F, Chen C T, et al. An Access-Transistor-Free (0T/1R) Non-Volatile Resistance Random Access Memory(RRAM) Using a Novel Threshold Switching, Self-Rectifying Chalcogenide Device. in IEEE IEDM Tech. Dig., 2003: 905—908.

145. Lee M J, Park Y, Kang B-S, et al. 2-Stack 1D-1R Cross-Point Structure with Oxide Diodes as Switch Elements for High Density Resistance RAM Applications. in IEEE IEDM Tech. Dig., 2007: 771—774.

146. Sheu S S, Chiang P C, Lin W P, et al. A 5ns Fast Write Multi-Level Non-Volatile 1K bits RRAM Memory with Advance Write Scheme. in Symp. VLSI Circuits Dig. Tech. Papers, 2009: 82—83.

147. Zhang J, Ding Y, Xue X, et al. A 3D RRAM Using Stackable 1TXR Memory Cell for High Density Application. in IEEE ICCCAS, 2009: 917—920.

148. Zhuang W W, Pan W, Ulrich B D, et al. Novel Colossal Magnetoresistive Thin Film Nonvolatile Resistance Random Access Memory (RRAM). in IEEE IEDM Tech. Dig., 2002: 193—196.

149. Stewart R G. High-Density CMOS ROM Arrays. IEEE J Solid-State Circuits，1977，SC-12(8)：502—506.

150. Rabaey J M，Chandrakasan A，and Nikolic B. Digital Integrated Circuits：a Design Perspective (2nd Edition). Pearson Education，2003.

151. Hardee K C and Sud R. A fault-tolerant 30 ns/375 mW 16Kx1 nMOS static RAM. IEEE J Solid-State Circuits，1981，SC-16(5)：435—443.

152. Itoh K，Sasaki K，and Nakagome Y. Trends in Low-Power RAM Circuit Technologies. Proc. the IEEE，1995，83(4)：524—542.

153. Best R E. Phase-Locked Loops：Design，Simulation，and Applications (5th Edition). McGraw-Hill，2003.

154. Dickson J F. On-chip high-voltage generation in MNOS integrated circuits using an improved voltage multiplier technique. IEEE J Solid-State Circuits，1976，11(3)：374—378.

155. Razavi B. Design of Analog CMOS Integrated Circuits. McGraw-Hill，2001.

156. Horiguchi M，Sakata T，and Itoh K. Switched-Source-Impedance CMOS Circuit for Low Standby Subthreshold Current Giga-Scale LSI's. IEEE J Solid-State Circuits，1993，28(11)：1131—1135.

157. Kawahara T，Horiguchi M，Kawajiri Y，et al. Subthreshold Current Reduction for Decoded-Driver by Self-Reverse Biasing. IEEE J Solid-State Circuits，1993，28(11)：1136—1144.

第三章　运　算　器

MOS VLSI 的两大代表性产品是存储器和微处理器。微处理器，又称中央处理器(Central Processing Unit，CPU)是计算机的核心部件，微处理器芯片配上存储器和输入/输出接口电路等就构成了微型计算机，现代微电子技术已经可以把 CPU、存储器、接口电路等集成到一个芯片上，构成片上系统(System on Chip，SoC)。

早在 1971 年 Intel 公司就研制成功第一块集成化的 CPU——Intel 4004，这是一个 4 位字长的微处理器。几年后又研制出 8 位微处理器 Intel 8008，从此，80 系列微处理器不断升级换代，占领了计算机的主要市场。2011 年发布的 Intel 第二代酷睿 i7 处理器，采用 32 纳米工艺制造，包含 4 个微处理器核，时钟频率达到 2.8 GHz，其功能相当于一台巨型机。微处理器芯片的发展推动了计算机系统向着微小型化和高性能发展，促进了计算机、通信系统和消费电子系统的融合，为以互联网和移动互联网应用为特征的现代信息技术提供了硬件支持。

微处理器主要包括运算器、控制器和寄存器堆等模块，很多现代微处理器中还包括高速缓冲存储器(简称高速缓存)及执行浮点运算的协处理器等。图 3.1-1 所示为 CPU 典型结构图，控制器实现指令寄存和指令译码功能，为运算器、寄存器堆和高速缓存提供控制信号。

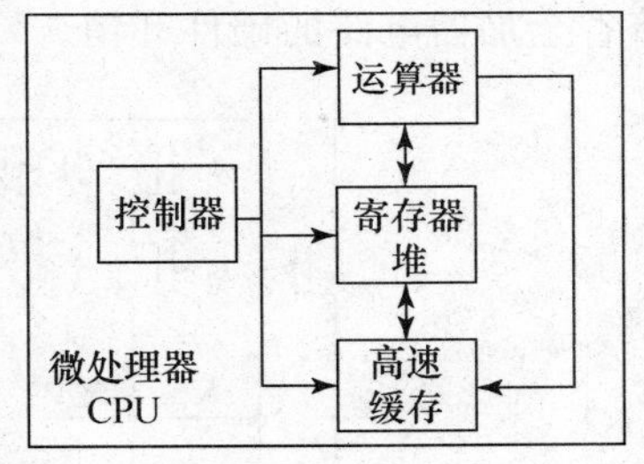

图 3.1-1　微处理器结构示意图

运算器也称为算术逻辑单元(Arithmetic Logic Unit，ALU)，是微处理器中执行算术和逻辑操作的运算部件。主要的算术操作包括加、减、乘、除等，逻辑操作包括与、或、异或移位等功能，算术和逻辑操作的数据通常来自寄存器堆和高速缓存。为了描述方便，本书中把寄存器堆也放在运算器中进行分析，CPU 中包括寄存器堆和运算器的部分主要进行数据的存取和运算，也称作数据通路。

3.1　加　法　器

加法是运算器中最基本的算术操作，减法操作可以通过补码的加法实现，而乘法操作也可以通过操作数移位后相加实现。因此，加法器是运算器中必不可少的组成模块。

加法器实现多位二进制数的带进位加法功能。对于每一位的加法计算来说，需要输入两个一位操作数，即被加数和加数；此外，还需要输入来自低位的进位；而输出包括本位的“和”，以及本位向高位的“进位”。

n 位加法器中第 i 位的加法运算的逻辑功能如公式(3.1-1)和(3.1-2)中所示，其中的 A_i 和 B_i 分别为“被加数”和“加数”的第 i 位信号，C_{i-1} 为低位向第 i 位的“进位输入”信号，S_i 和 C_i 分别为第 i 位的“和输出”信号和第 i 位向第 i+1 位的“进位输出”信号：

$$S_i = A_i \oplus B_i \oplus C_{i-1} \tag{3.1-1}$$

$$C_i = A_iB_i + B_iC_{i-1} + A_iC_{i-1} \tag{3.1-2}$$

3.1.1 全加器

首先讨论最简单的一位加法器，即全加器(Full Adder,FA)，它是完成一位带进位加法的逻辑电路。全加器是运算器中的基本单元电路。

1. 常规 CMOS 全加器

图 3.1-2 给出了一个全加器的 CMOS 电路[1]，其中的 A 为被加数，B 为加数，C_{in} 为“进位输入”信号，C_o 为“进位输出”信号，S 为“和输出”信号。该电路实现公式(3.1-1)和(3.1-2)逻辑功能，其中的“和输出”信号逻辑表达式变形为

$$S = (A + B + C_{in})\overline{C_o} + ABC_{in} \tag{3.1-3}$$

相比公式(3.1-1)，上式中求和逻辑利用了进位逻辑的计算结果，实现了设计复用，因此可以节省全加器电路的硬件开销。

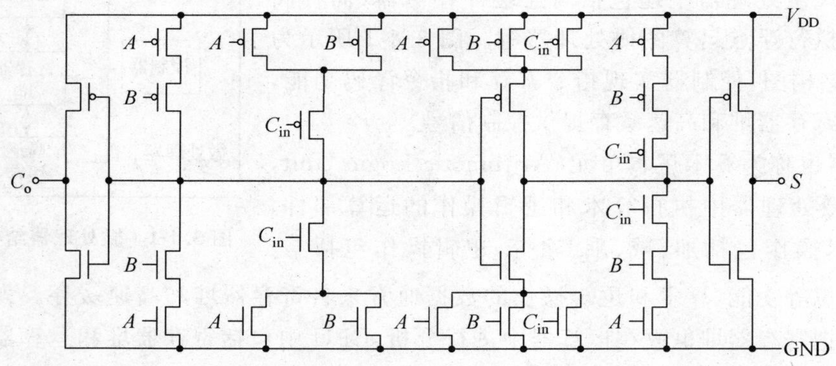

图 3.1-2 28 管镜像结构全加器

从图 3.1-2 中可以看出，这个电路中 nMOS 逻辑块和 pMOS 逻辑块并不是对偶的连接关系，而是完全对称的连接关系，或者称为镜像对称结构。其中的左半部分 nMOS 逻辑块实现公式(3.1-2)所示功能，右半部分的 nMOS 逻辑块实现公式(3.1-3)所示逻辑功能。而左右两部分 pMOS 逻辑块分别实现公式(3.1-4)和(3.1-5)所示的逻辑功能，这两个公式分别可以由(3.1-2)和(3.1-3)变形得到。

$$C_o = AB + (A + B)C_{in} = AB(A + B) + (A + B)C_{in} = (A + B)(AB + C_{in}) \tag{3.1-4}$$

$$S = (A + B + C_{in})\overline{C_o} + ABC_{in}$$
$$= (A + B + C_{in})\overline{C_o} + ABC_{in}(A + B + C_{in}) = (A + B + C_{in})(\overline{C_o} + ABC_{in}) \quad (3.1\text{-}5)$$

利用公式(3.1-4)/(3.1-2)和(3.1-5)/(3.1-3)具有的 pMOS 和 nMOS 镜像结构，可以减少进位与求和逻辑中串联的 pMOS 的数目，有利于提高电路速度。通过比较两组公式易于看出，镜像结构中进位逻辑部分的串联 pMOS 数目从 3 个减少为 2 个，求和逻辑部分的串联数目 pMOS 从 4 个减少为 3 个。

图 3.1-3 给出了一种改进的 24 管的 CMOS 全加器结构[2]。该全加器同样采用了镜像结构，但是其求和部分的逻辑进行了重新组合，以右侧求和逻辑部分的 nMOS 逻辑块为例分析它如何实现公式(3.1-3)的逻辑功能，当$\overline{C_o}=0$，连接 A、B、C_{in} 的 M_3、M_4 和 M_5 3 个 nMOS 串联实现 ABC_{in}；当$\overline{C_o}=1$，连接 A 和$\overline{C_o}$的 M_1 和 M_5 两个 nMOS 串联实现 $A\overline{C_o}$，连接 B、$\overline{C_o}$、$\overline{C_o}$的 M_4、M_1 和 M_2 3 个 nMOS 串联实现 $B\overline{C_o}$，连接 C_{in}和$\overline{C_o}$的 M_3 和 M_2 两个 nMOS 串联实现 $C_{in}\overline{C_o}$；综合起来实现了公式(3.1-3)。而右侧求和逻辑的 pMOS 逻辑块实现公式(3.1-5)功能，分析过程同上。图 3.1-3 中全加器相对图 3.1-2 中结构减少了 4 个 MOS 晶体管，节省面积，降低了内部节点电容，也有利于提高速度。

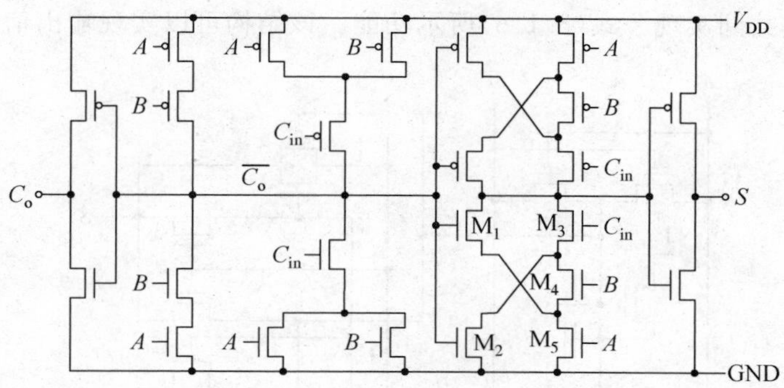

图 3.1-3　24 管 CMOS 全加器

2. 传输门结构全加器

传输门逻辑具有结构灵活的特点，适合于实现更加简单的全加器结构。根据全加器的功能，可以把公式(3.1-1)和(3.1-2)逻辑变形为

$$S = (\overline{A \oplus B})C_{in} + (A \oplus B)\overline{C_{in}} = H \oplus C_{in} \quad (3.1\text{-}6)$$

$$C_o = (A \oplus B)C_{in} + (\overline{A \oplus B})A = HC_{in} + \overline{H}A \quad (3.1\text{-}7)$$

变形后的求和与进位逻辑中都有“同或”和“异或”逻辑，通过复用这部分逻辑可以减少器件数目。异或逻辑也称为半加器(Half Adder，HA)，即实现一位不带进位的求和运算，半加和的输出经常用 H 表示。基于传输门的全加器通常可以分解为半加器部分以及求和与进位部分。图 3.1-4 说明了基于传输门的全加器结构，其中模块 1 和模块 2 为半加器，模

块 3 为二选一多路器，这些基本模块用传输门实现是非常方便简捷的。

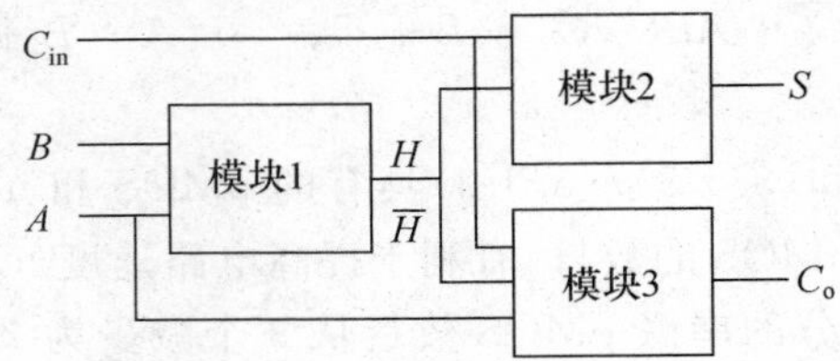

图 3.1-4　基于传输门的全加器结构

图 3.1-5 给出了一个基于传输门的全加器电路[3]，这个电路只用了 14 个 MOS 晶体管，比图 3.1-2 和图 3.1-3 所示的常规 CMOS 逻辑电路简化。易于发现，图中左半部分是半加器部分，而右半部分是求和与进位部分。图中的左半部分实现 A 和 B 的“异或”和“同或”逻辑功能，图中标出了 H 和$\overline{H}$信号，每个输出信号均为三条支路的线或(Wired OR)，其中的异或输出信号功能易于分析，同或输出信号的三个线或支路分别实现 AB，BA 和$(A\,\overline{\oplus}\,B)\cdot$ 1，即 $AB+BA+(A\,\overline{\oplus}\,B)\cdot 1=AB+AB+\overline{A}\ \overline{B}=A\,\overline{\oplus}\,B$；图中右半部分中下边是一个二选一多路器结构，实现公式(3.1-7)中用同或/异或逻辑的输出信号选择 A 和 C_{in} 得到进位输出信号，上边的 CMOS 传输门实现 $C_{in}\overline{H}$，nMOS 传输管也实现 $C_{in}\overline{H}$，而 pMOS 传输管实现$\overline{C_{in}}H$，三条路径线或共同实现公式(3.1.6)所示功能。该结构可以实现输出信号的全摆幅。

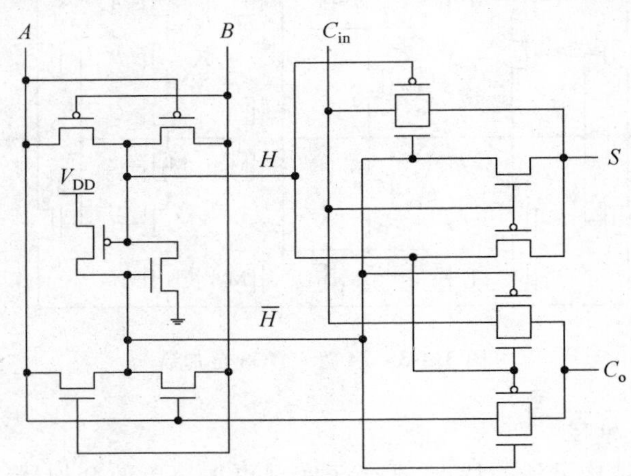

图 3.1-5　基于传输门的 14 管全加器结构

图 3.1-6 中所示为几种常见的基于传输门的半加器结构，输出半加和的正、反码信号，由 6—10 个器件组成，主要区别是输出信号是否有阈值损失，所谓阈值损失是指由 nMOS 传递高电平最高只能达到 $V_{DD}-V_{TN}$，而由 pMOS 传递低电平最低只能达到其阈值电压的绝对值$|V_{TP}|$的情况。例如，图 3.1-6(c)结构中的 H 信号，在 A 和 B 都是低电平的时候利用 pMOS 传递低电平，因此有阈值损失，其反信号经过一级反相器可以恢复为全摆幅。类

似的原因，图 3.1-6(d)结构中的 H 和$\overline{H}$信号都有阈值损失。图 3.1-5 中的半加器部分可以认为是该结构的一个改进，也是由 6 个器件组成，其中的 H 和$\overline{H}$之间的 nMOS 和 pMOS 器件，互相作为电平恢复器件，将有阈值损失的信号恢复为全摆幅。图 3.1-6 中其他几种半加器结构均没有阈值损失问题。

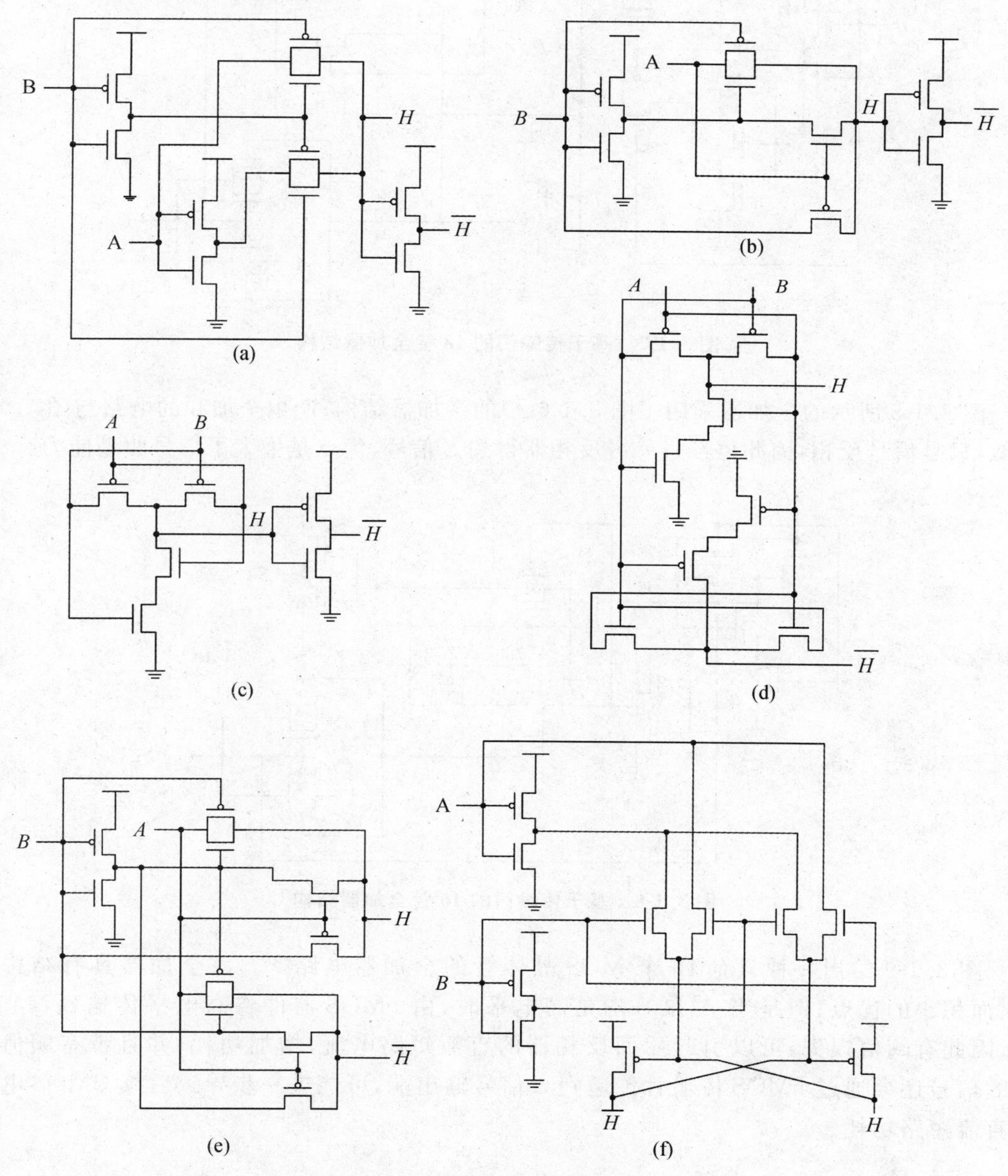

图 3.1-6　基于传输门的各种半加器结构

图 3.1-7 所示的全加器结构中，半加器部分采用了图 3.1-6(a)的结构；整个全加器一共由 18 个器件组成，其中求和部分和进位部分与图 3.1-5 中结构相同。

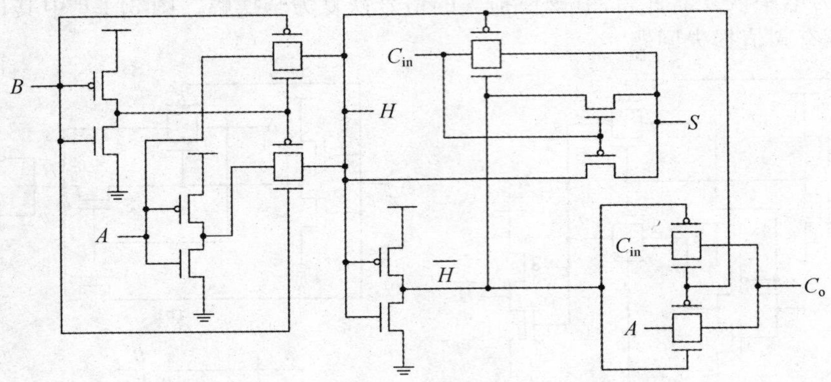

图 3.1-7　基于传输门的 18 管全加器结构

图 3.1-8 所示的全加器采用了图 3.1-6(c)的半加器结构；产生全加和的电路与图 3.1-7 类似，只是信号反相，因此再经过一级反相器得到 S 信号，优点是增大了信号驱动能力。

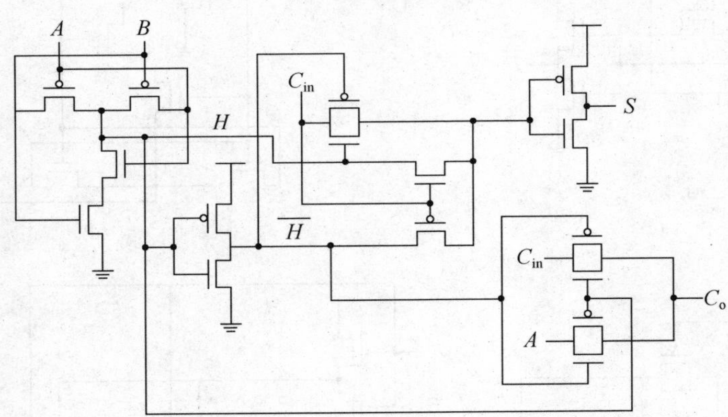

图 3.1-8　基于传输门的 16 管全加器结构

图 3.1-9 给出一种只有 10 个 MOS 晶体管的全加器电路[4]。该全加器具有结构简单、面积小的优点；但是当 A 和 B 均是高电平时，由 nMOS 器件将高电平传输到 $\overline{H}$ 节点处，因此有阈值损失，可以引起后面反相器的直流短路电流，增加功耗，并且带有阈值损失的信号还会通过 nMOS 传输管传递到 S 信号输出端，可能进一步导致后续 CMOS 电路的直流短路功耗。

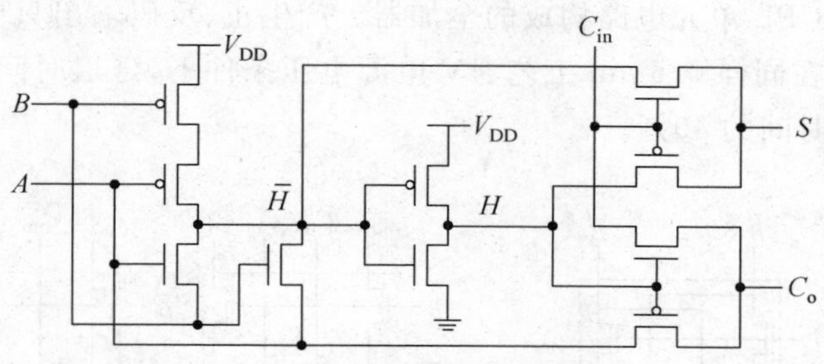

图 3.1-9 基于传输门的 10 管全加器结构

3. CPL 和 DPL 全加器

为了简化线路、减小面积、提高速度，发展了一种新的逻辑电路形式——互补传输晶体管逻辑(Complementary Pass-Transistor Logic，CPL)[5]。CPL 电路是在 CMOS 级连电压开关逻辑(Cascade Voltage Switch Logic，CVSL)的基础上发展起来的。CVSL 电路采用互补的输入信号，同时产生互补输出信号，用 nMOS 传输管构成逻辑块，用一对 pMOS 交叉耦合作负载。由于 pMOS 交叉耦合构成锁存器，其状态翻转需要一定的时间，影响了电路速度的改善。CPL 电路利用 CVSL 中 nMOS 传输管构成逻辑块的原理，但是去掉了交叉耦合的 pMOS 负载，为了得到全电压摆幅的输出信号，增加了 CMOS 反相器作输出驱动器。这种 CPL 电路具有互补输入/输出和灵活的逻辑组合能力的优点。图 3.1-10 是用 CPL 构成的基本逻辑单元电路。CPL 逻辑单元电路的最大优点是结构简单。用 4 个晶体管就可以实现各种二输入的基本逻辑功能，并且可以获得一对互补的输出信号，这样，在传送到其他 CPL 电路输入端时，就不必再用反相器得到反码信号，因此可以减少关键路径所用门级的数目，对提高速度是非常有利的。任何复杂的逻辑关系都可以用这些基本单元电路组合实现。

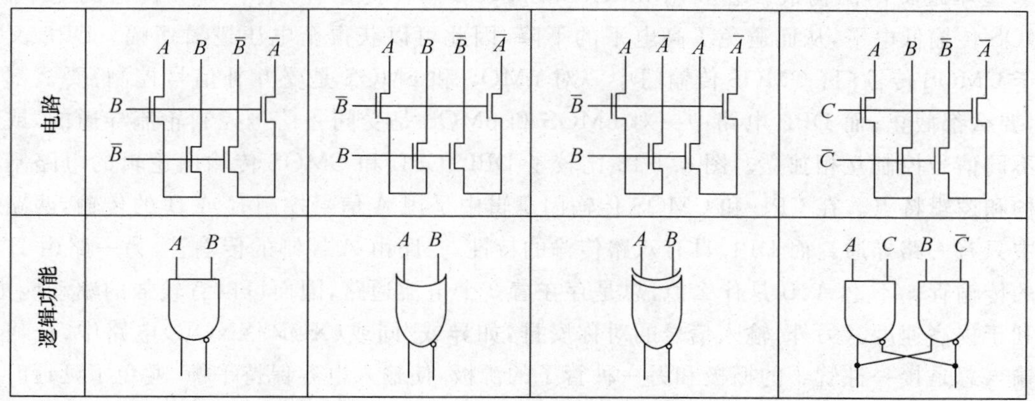

图 3.1-10 CPL 的基本逻辑单元电路

图 3.1-11 是用 CPL 单元电路构成的全加器。产生正、反码输出只要 28 个晶体管。由于减小了输入电容，在同样 0.5 μm 工艺、4V 电源电压条件下，延迟时间为 0.26 ns，仅为常规 CMOS 电路延迟时间的 40%。

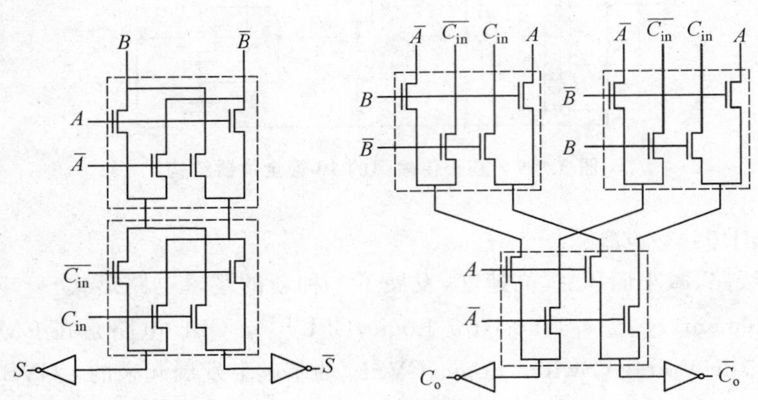

图 3.1-11　用 CPL 单元电路构成的全加器

CPL 电路虽然比常规 CMOS 电路有很大优越性，但是随着集成密度提高，器件尺寸缩小，电源电压下降，噪声容限及速度退化问题不得不引起重视。因为 CPL 电路内部节点的高电平有阈值损失，随着工作电压下降，阈值电压减小，工艺起伏造成的器件阈值失配的影响越来越大。

一种新的双传输晶体管逻辑（Double Pass-Transistor Logic，DPL）[6] 可以克服 CPL 电路高电平有阈值损失的缺点，特别适合于低电压工作的 VLSI 中采用。DPL 电路保留了 CPL 互补输入/输出的特点，保持了灵活的逻辑能力和高速度的优点。图 3.1-12 展现了 DPL 基本逻辑门的构成。它利用 nMOS 和 pMOS 两种传输管，用 pMOS 传输高电平，用 nMOS 传输低电平，从而避免了高电平的下降，因此可以获得全电压逻辑摆幅。DPL 又不同于 CMOS 传输门：CMOS 传输门中一对 nMOS 和 pMOS 是受互补信号控制，要么都导通，要么都截止；而 DPL 电路中一对 nMOS 和 pMOS 是受同一信号控制轮流导通的，或者受不同信号控制互相独立。图 3.1-13 比较了 DPL、CPL 和 CMOS 传输门逻辑的电路基本结构和逻辑特点。在 CPL 和 CMOS 传输门逻辑中是用 A 信号控制 B 或 $\overline{B}$ 的传输，两路传输中只有一路导通。而 DPL 具有双路传输的特性，一路由 A 控制的传输管，另一路由 B 控制的传输管。不论 A、B 是什么值，总是存在着 2 个电流通路，因而可以有较强的驱动能力，有利于提高速度。另外，输入信号的对称安排，如异或/同或（XOR/XNOR）电路中，任何一个输入总是接一种管子的栅极和另一种管子的源极，使输入电容保持平衡，避免了延迟时间对数据的依赖。

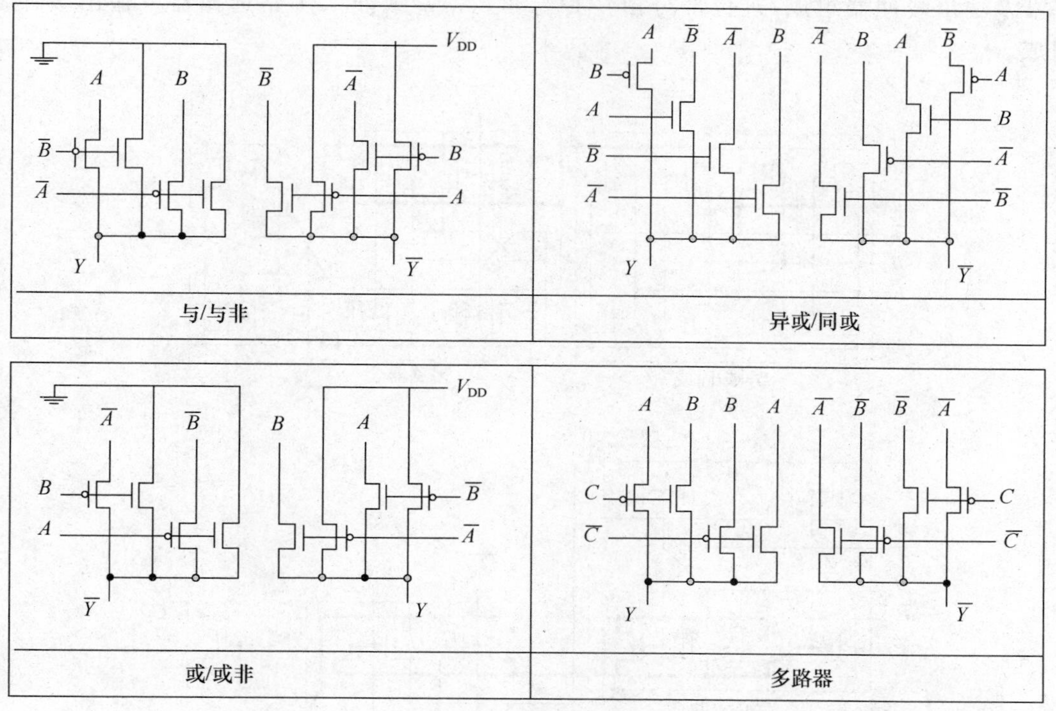

图 3.1-12 DPL 基本逻辑门

	CPL	CMOS	DPL
电路	A, $\overline{B}$, $\overline{A}$, B	A, $\overline{B}$, $\overline{A}$, $\overline{A}$, B, A	A, $\overline{B}$, A, B, $\overline{A}$, B, $\overline{A}$, $\overline{B}$
操作	输入 A B / 输出 / 传送 0 0 / 0 / B 0 1 / 1 / B 1 0 / 1 / $\overline{B}$ 1 1 / 0 / $\overline{B}$	输入 A B / 输出 / 传送 0 0 / 0 / B 0 1 / 1 / B 1 0 / 1 / $\overline{B}$ 1 1 / 0 / $\overline{B}$	输入 A B / 输出 / 传送 0 0 / 0 / B, A 0 1 / 1 / B, $\overline{A}$ 1 0 / 1 / $\overline{B}$, A 1 1 / 0 / $\overline{B}$, $\overline{A}$
摆幅	$0 — (V_{DD}-V_T)$	$0 — V_{DD}$	$0 — V_{DD}$

图 3.1-13 几种异或电路的比较

图 3.1-14 是用 DPL 基本单元电路构成的全加器，求和部分由“异或/同或”、多路选择器及输出缓冲器组成，进位部分由“与/与非”、“或/或非”、多路选择器及输出缓冲器组成。

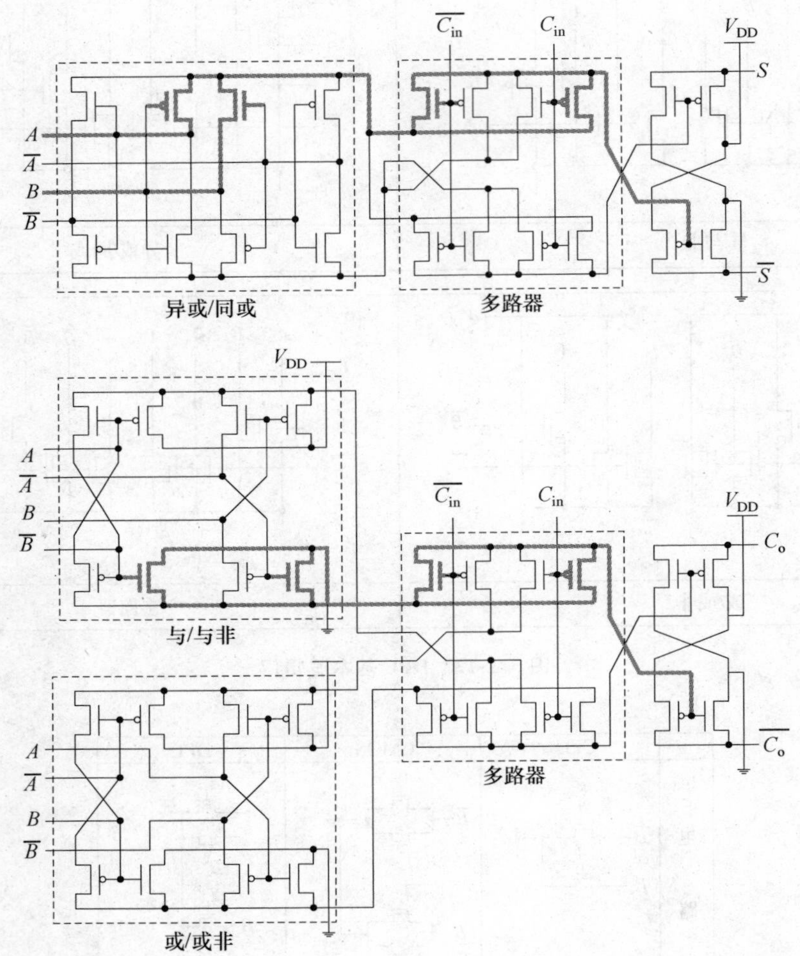

图 3.1-14　DPL 电路构成的全加器

图中的粗黑线表示输入 A、B、C_{in} 都为低电平时 $\overline{S}$ 和 $\overline{C_o}$ 输出所经过的电流路径，可以看出每个模块中都有两路电流。图 3.1-15 比较了常规 CMOS 电路、CMOS 传输门电路及 CPL 和 DPL 全加器的延迟时间。在 2.5V 电源电压、0.2pF 负载电容情况下，DPL 和 CPL 的最慢路径延迟时间差不多，比 CMOS 传输门电路快 18%，比常规 CMOS 电路快 37%。对于关键路径（C_{in}-C_o，$A.B$-C_o）的延迟时间，DPL 电路最小。

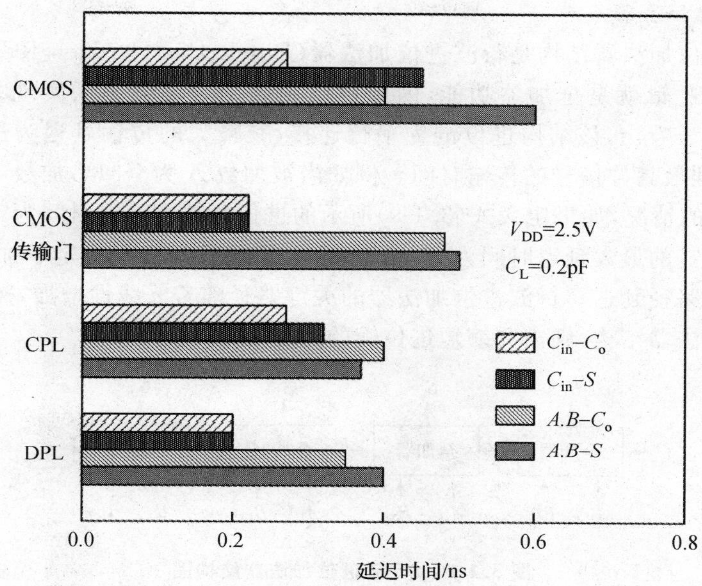

图 3.1-15 几种全加器延迟时间的比较

3.1.2 多位加法器结构

相比于全加器,多位加法器用于实现多位二进制数的加法运算。为了便于表示,我们用几个中间信号来描述第 i 位加法的逻辑功能,定义进位产生(generate)信号 G、进位消除(kill)信号 K 和进位传递(propagate)信号 P 和 T,其逻辑关系如公式(3.1-8)所示,其中进位传递信号 P 和 T 分别为加数和被加数的"异或"和"或"逻辑,T 信号比 P 信号逻辑简单,有利于提高进位链运算速度,而 P 信号既可以用于计算"进位输出"信号又可以用于计算"和输出"信号,这种设计复用有利于节省硬件开销,二者在不同结构加法器中都有使用。利用这些中间信号,公式(3.1-1)和(3.1-2)可以改写为(3.1-9)。

$$G_i = A_i B_i,\ K_i = \overline{A_i}\,\overline{B_i},\ P_i = A_i \oplus B_i,\ T_i = A_i + B_i \tag{3.1-8}$$

$$S_i = P_i \oplus C_{i-1},\ C_i = G_i + P_i C_{i-1} = G_i + T_i C_{i-1} \tag{3.1-9}$$

中间信号(G,K,P,T)只与本位的加数和被加数有关,而与低位的进位无关。而根据式(3.1-9),每一位的进位信号与求和信号则需要前一位的进位信号到来后才能够计算。这样加法器的逻辑实际上可以分为进位无关和进位相关的两个部分,进位无关部分是每位独立运算,因此易于实现;而进位相关逻辑中的进位运算部分,计算本位进位输出需要前一位的进位输出,这部分逻辑也被称为进位链。加法运算的速度主要取决于进位链逻辑,也是各种加法器结构的设计重点。

1. 行波进位加法器

最直接的多位加法器结构是行波进位加法器(Ripple Carry Adder,RCA),实际上该结构中每位实现的逻辑就是全加器功能,因此可以用多个全加器串联实现多位 RCA,如图 3.1-16 所示。易于看出,该结构进位链为串行连接,其最大的传输延迟为进位信号从最低位逐级传递,直到最高位信号的传输时间。例如当被加数 A 为全"1",加数 B 为全"0",而进位输入 C_{in} 为"1"的情况,如果定义式(3.1-9)所示的进位运算的延迟时间为 t_{carry},则 n 位行波进位加法器进位链的最大延迟时间为 $n \cdot t_{carry}$,这个延迟时间直接决定了加法运算的速度,因此也称为关键路径延迟。行波进位加法器的关键路径随着 n 线性增加,速度较慢,如果想要获得更快的加法器结构,则需要缩短进位链的路径延迟时间。

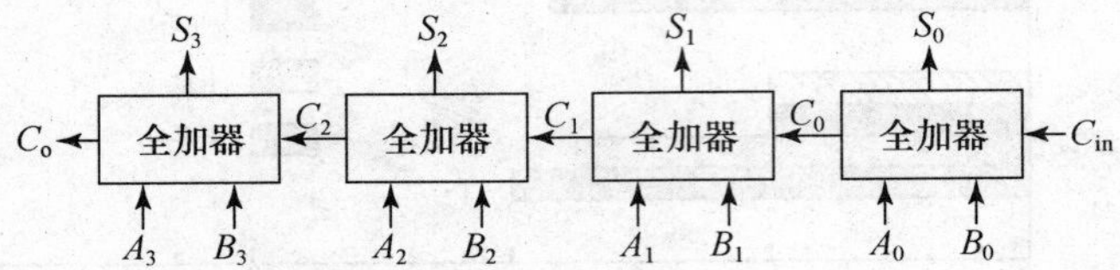

图 3.1-16　行波进位加法器结构图

2. 超前进位加法器

超前进位加法器(Carry Lookahead Adder,CLA)通过并行计算进位逻辑,达到缩短关键路径延迟的目的,是一类被广泛采用的高速加法器结构。为了说明方便,假设 n 位加法器可以分为 k 组,每组 4 位,即 $n=4k$。则对于其中一组,输入为 4 对 G、P 信号和一个进位输入信号,其进位输出逻辑可以表示为

$$\begin{aligned}C_{i+3} &= G_{i+3} + P_{i+3}C_{i+2} = G_{i+3} + P_{i+3}(G_{i+2} + P_{i+2}C_{i+1}) \\ &= G_{i+3} + P_{i+3}(G_{i+2} + P_{i+2}(G_{i+1} + P_{i+1}C_i)) \\ &= G_{i+3} + P_{i+3}(G_{i+2} + P_{i+2}(G_{i+1} + P_{i+1}(G_i + P_iC_{i-1}))) \\ &= (G_{i+3} + P_{i+3}G_{i+2} + P_{i+3}P_{i+2}G_{i+1} + P_{i+3}P_{i+2}P_{i+1}G_i) + (P_{i+3}P_{i+2}P_{i+1}P_i)C_{i-1}\end{aligned} \tag{3.1-10}$$

定义 GG_j 和 GP_j 为组进位产生和组进位传递逻辑,其中 $j \in [1,k]$:

$$GG_j = G_{i+3} + P_{i+3}G_{i+2} + P_{i+3}P_{i+2}G_{i+1} + P_{i+3}P_{i+2}P_{i+1}G_i \tag{3.1-11}$$

$$GP_j = P_{i+3}P_{i+2}P_{i+1}P_i \tag{3.1-12}$$

则式(3.1-10)可以表示为

$$C_{i+3} = GG_j + GP_j \cdot C_{i-1} \tag{3.1-13}$$

根据公式(3.1-11)和(3.1-12),GG 和 GP 为四位一组的组进位产生和组进位传递逻辑,这样每组可以并行运算 GG 和 GP,在组进位输入信号 C_{i-1} 到达后,经过式(3.1-13)所示的一级与-或逻辑门延迟就可以得到组进位输出信号 C_{i+3}。需要指出的是,根据公式(3.1-9),公式(3.1-10)、(3.1-11)、(3.1-12)、(3.1-13)中的进位传递信号 P 也可以用 T 信号代替,不影响进

位链的逻辑功能。

超前进位加法器进位链结构如图 3.1-17 中所示,其中的 GG、GP 模块实现公式(3.1-11)和(3.1-12)逻辑功能,进位逻辑模块实现公式(3.1-13)功能。对于图中 n 位超前进位加法器,从进位输入信号 C_{-1} 到最高位进位输出信号 C_n 的进位链延迟为 $k \cdot t_{carry}$,约为行波进位结构的四分之一,付出的硬件代价是增加了 GG 和 GP 逻辑。图 3.1-17 中只是一级结构的超前进位链,进一步还可以利用小组的 GG 和 GP 构建更大组的组进位产生和传递逻辑,从而实现多级超前进位链结构,提高进位传递速度,当然需要增加相应的硬件代价。

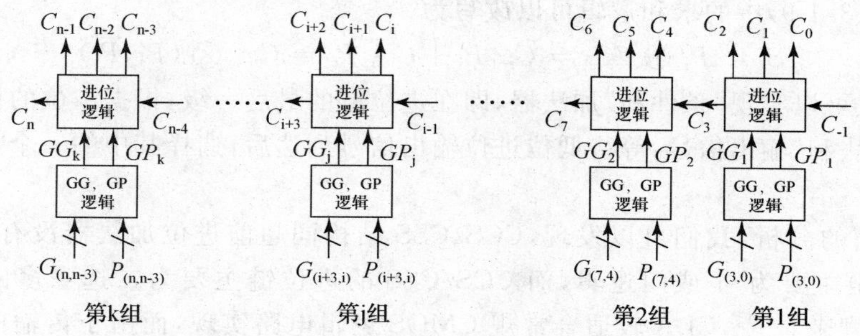

图 3.1-17 超前进位加法器进位链结构图

规则分组的多级超前进位链可以归纳为树形结构。对于 n 位加法器的 CLA 进位链结构,如果每二位分成一组构成组进位逻辑,即 $G_{i+1,i}=G_{i+1}+P_{i+1}G_i$,$P_{i+1,i}=P_{i+1}P_i$,其后每二组再分成一大组,把分组一直延续下去即构成二叉树结构。二叉树结构进位链中,从每一位的 G、P、T 信号到最高位的进位输出信号,进位链延迟为 $\log_2 n \cdot t_{carry}$。树形结构的 CLA 具有速度快、版图结构规整的优点,受到广泛关注[7]。也有研究者通过对进位链的不规则分组获得更快的进位传递速度,但是这样会破坏加法器版图结构的规整性[8]。

3. 条件进位/条件和加法器

另一类应用较多的高速并行加法器是"条件进位选择"加法器/"条件和选择"加法器(Conditional Carry Select Adder,CCS/Conditional Sum Select Adder,CSS)[9,10]。该类结构中,对于加法器中本位进位以及求和逻辑,可以按照假设低位的进位为"1"和"0",计算两套逻辑,等低位的进位到达后,在两套"进位"及"求和"信号中选择正确的作为输出,从而达到结构并行的目的。如果这种条件选择用于"进位"逻辑,待所有进位求出后,再利用"进位"逻辑的输出利用异或门计算"加法和",就称为"条件进位"加法器,或者"进位选择"加法器;如果"求和"逻辑也有两套逻辑,利用进位信号选择得到"加法和",则称为"条件和"加法器。

易于看出,对于式(3.1-9)中的进位逻辑,当低位进位为"0"时,进位输出为 G,当低位进位为"1"时,进位输出为 T,因此可以将该式逻辑变形为

$$C_i = G_i + T_iC_{i-1} = \overline{C}_{i-1}G_i + C_{i-1}T_i = C_{i-1} \otimes (G_i, T_i) \tag{3.1-14}$$

这里我们用符号⊗表示二选一多路选择器逻辑运算,其左边的选择信号 C_{i-1} 为"0"时,

输出括号中第一个变量 G_i;为"1"则输出括号中第二个变量 T_i。公式中括号内的两个逻辑变量只与本位的被加数和加数有关,而与低位进位无关,可以先行计算,等待低位进位信号到达后,利用一个二选一多路选择器就可以计算出本位的进位输出信号。

这种相邻两位的进位选择方法也可以应用到如公式(3.1-10)和(3.1-13)所示的组进位逻辑,实现超前进位结构的进位选择进位链。其思想就是根据每组组内的 GG 和 GP 信号,计算两个组进位输出信号,等待低位一组的进位输出信号到达后,选择其中的一组进位输出信号输出。

同理,式(3.1-9)中的求和逻辑可以改写为

$$S_i = P_i \oplus C_{i-1} = \overline{C}_{i-1} P_i + C_{i-1} \overline{P}_i = C_{i-1} \otimes (P_i, \overline{P}_i) \tag{3.1-15}$$

利用上式可以实现"条件和"加法器,即在进位链的最后一级,根据本位的被加数和加数计算两个"加法和"输出信号,等待低位进位输出信号到达后,选择其中的一个"加法和"信号输出即可。

通过上面的分析,我们可以发现,CCS/CSS 结构同超前进位加法器没有根本的区别,CLA 的进位链主要为与-或门逻辑,而 CCS/CSS 的进位链主要为二选一多路器逻辑。因此,从电路角度来看[11],CLA 较适合常规 CMOS 逻辑电路实现,而由于传输门实现二选一多路器结构的优势,CCS/CSS 较适合传输门逻辑实现。文献[5]中用双传输晶体管逻辑(DPL)设计了一个 32 位 ALU,其中 32 位加法器的组间超前进位电路采用了"条件进位"结构,最终输出采用了"条件和"结构,该 ALU 整体速度比常规 CMOS 电路提高了 30%。

为了实现高速加法运算,还可以采用流水线等结构并行的方法,文献[12]在 CLA 进位链中增加一组锁存器,实现了进位链的流水线运算。

3.1.3 加法器电路结构

前面我们讨论了加法器的结构设计,相同结构的加法器可以有不同的电路实现,例如全加器逻辑可以采用 28 管、24 管常规 CMOS 电路,也可以采用传输门电路,或者采用动态电路提高运算速度。

1. *动态加法器电路*

同常规 CMOS 和传输门结构的静态 CMOS 电路不同,动态 CMOS 逻辑结构简单速度快,适合高速应用。动态电路一般分为预充-求值两个工作阶段,常用的动态电路逻辑包括多米诺和 TSPC(True Single Phase Clock)等。图 3.1-18 所示为 TSPC 电路的基本结构,nMOS 逻辑块或 pMOS 逻辑块实现逻辑功能。以富 nMOS 逻辑为例,时钟低电平时为预充阶段,nMOS 逻辑块的输出端被预充到高电平,同时 M_1 和 M_2 截止,TSPC 的输出端动态保持上一个周期的求值结果;当时钟变为高电平进入求值阶段,M_2 导通,M_1 和 M_3 组成输出反相器,整个 TSPC 功能与多米诺逻辑结构相同,输出求值结果。

图 3.1-19 所示为一个 TSPC 串行加法器结构[13],该结构实现一个串行加法器,也就是包含一个全加器和一个锁存器的逻辑功能,每个时钟周期全加器将用被加数、加数和进位输

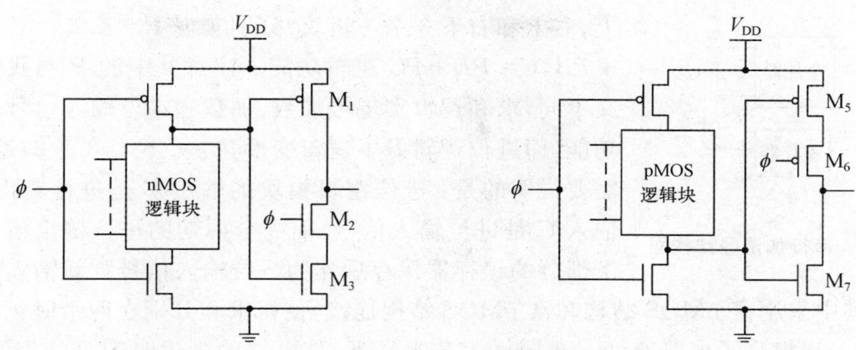

图 3.1-18　TSPC 动态电路基本结构

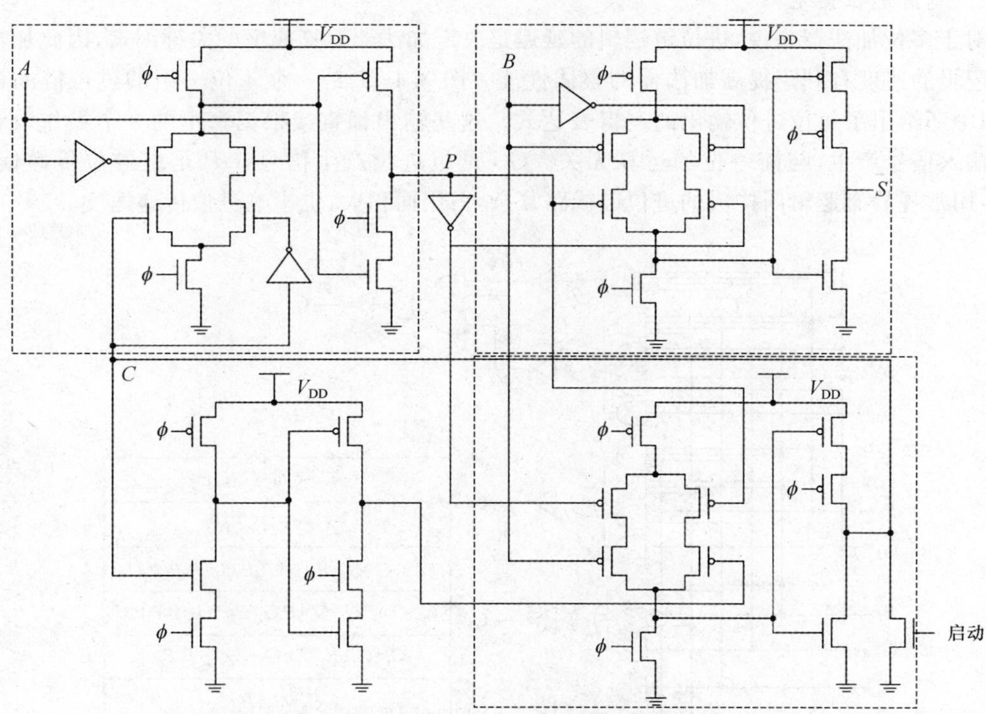

图 3.1-19　TSPC 串行加法器结构

入信号计算输出“全加和”与进位输出信号，进位输出信号在锁存器中暂存后，在下一个时钟周期中同下一位的被加数、加数一同送入全加器继续计算。对于 8 位数据的加法，需要 8 个时钟周期才能够完成，因此称为串行加法器，该加法器的最大优势是硬件开销小，只需要一个全加器和一个锁存器。串行加法器的结构框图如图 3.1-20 所示。

图 3.1-19 所示的串行加法器采用 TSPC 结构，具有电路简单的优点。图中画框的左

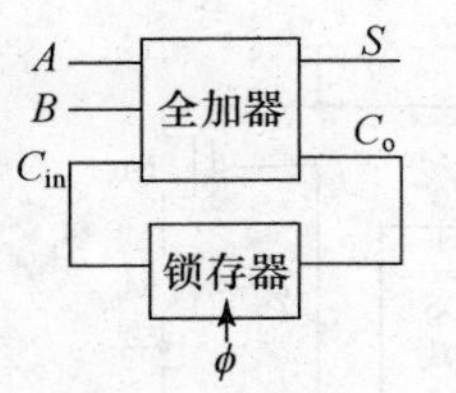

图 3.1-20　串行加法器结构图

上、右上和右下 3 个逻辑块，分别实现 $P=A\overline{C}+\overline{A}C$，$S=P\overline{B}+\overline{P}B$，$C=PB+\overline{P}C$ 逻辑功能。注意其中的 P 与我们之前定义不同，求和逻辑实现被加数、加数和进位输入信号的三异或功能，而进位逻辑做了逻辑变形，实现公式(3.1-2)逻辑功能。需要说明的是：进位逻辑模块的输出 C 是进位输出信号，而输入 C 是进位输入信号，前一个周期的进位输出信号经过左下部分的锁存器保存后作为进位输入信号重新输入到进位逻辑模块。其中采用富 nMOS 结构和富 pMOS 结构连接，使得求和分别在两个时钟的半周期内完成，进一步提高了电路速度。在同样工艺水平下，该电路的延迟时间是常规 CMOS 电路的 53%。

2. 超前进位链电路

对于多位加法器来说，进位链逻辑的延迟是决定加法器运算速度的关键因素，因此加快这部分逻辑的速度有利于提高加法器的整体性能。图 3.1-21 是一个 4 位一组的进位链的逻辑图，图中还给出了每位进位输出的逻辑表达式。这些输出都直接根据每位的 2 个操作数和组进位输入信号产生，与前一位的运算无关。GG 是组进位产生信号，GP 是组进位传递信号。显然，用常规静态逻辑门构成的进位链线路复杂，占用面积大，也影响进位传递速度。

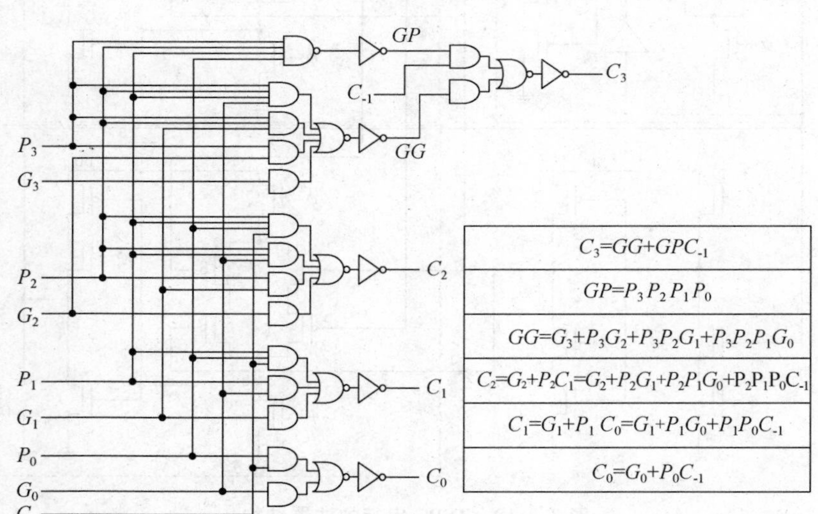

图 3.1-21　用逻辑门构成的 4 位进位链

对于图 3.1-21 所示的四位一组的超前进位链，用多输出多米诺逻辑实现的一组进位链如图 3.1-22 所示[14]。该结构实现图 3.1-8 中逻辑功能，同常规 CMOS 电路相比，省掉了 pMOS 逻辑网络，减少了输出节点电容，提高了放电速度。为了避免动态电路中的电荷分享问题，增加了 3 个 pMOS 管对中间节点进行预充。该电路可以输出 4 位的进位输出信号，其中最高位进位用于向上传递，其他进位信号用于求和。

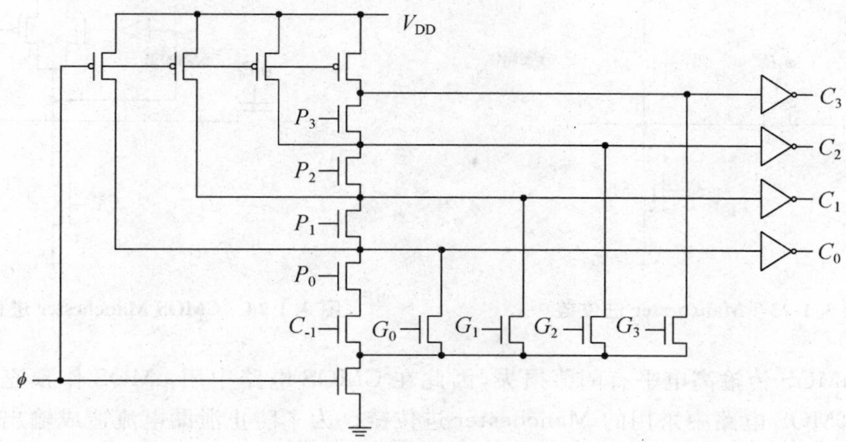

图 3.1-22 多输出的多米诺四位超前进位链结构

3. 曼彻斯特进位链电路

图 3.1-23 是一个曼彻斯特(Manchester)进位链原理图，为了提高工作速度，采用预充-求值的动态工作方式。在下一个操作码引入时，运算器有一个空周期，利用这个空周期使输出预充到高电平，这样可以克服上升时间对工作速度的影响。ϕ_1 和 ϕ_2 是两相不交叠时钟。$\phi_1=1$ 时，通过上面的预充电管 M_3 使 C_i 预充到高电平，即 $C_i=1$。$\phi_2=1$ 时根据本位的输入数据得到 K_i 和 P_i 的值，由此决定本位的进位输出。在 Manchester 进位链中没有用进位产生信号，而是用一个进位消除信号 K_i，$K_i=\overline{A}_i\overline{B}_i$，也就是说，当 A_i 和 B_i 都为 0 时，不管前一位运算结果如何，本位进位输出肯定是 0，即 $K_i=1$，$C_i=0$。用 K_i 控制一个放电管 M_2，当 $K_i=1$ 时，使 C_i 放电到 0。P_i 控制一个传输管 M_1，当 $P_i=1$ 时，传输管把 C_{i-1} 传送到输出端。实际上当 $P_i=1$ 时，若 $C_{i-1}=1$，则 C_i 维持预充的高电平；若 $C_{i-1}=0$，则 C_i 通过 P_i 控制的传输管放电。表 3.1-1 总结了 Manchester 进位链的功能。

表 3.1-1 Manchester 进位链的功能

A_i	B_i	K_i	P_i	C_i
0	0	1	0	0
0	1	0	1	C_{i-1}
1	0	0	1	C_{i-1}
1	1	0	0	1

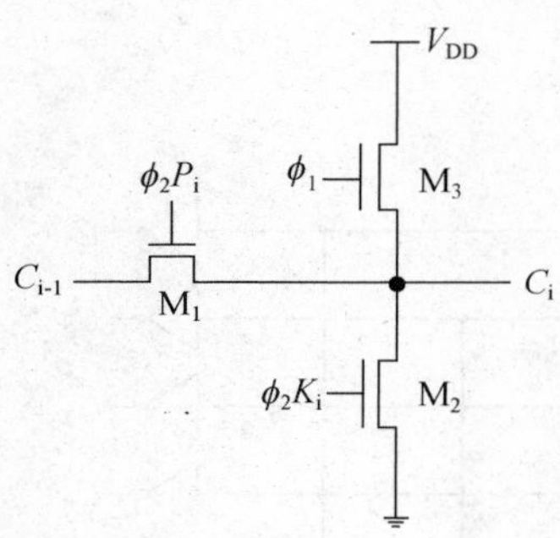

图 3.1-23 Manchester 进位链

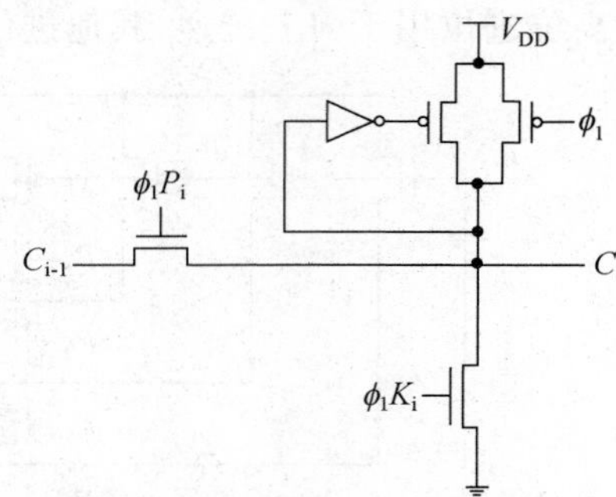

图 3.1-24 CMOS Manchester 进位链

由于 nMOS 传输高电平有阈值损失，因此在 CMOS 电路中用 pMOS 作预充电管。图 3.1-24 是 CMOS 电路中采用的 Manchester 进位链。为了防止泄漏电流造成输出高电平下降，还增加了一个 pMOS 作反馈管。当预充电管截止时若输出应为高电平，则反馈管导通，可以继续对输出结点电容充电，使输出高电平保持在 V_{DD}。

4. 增加旁通电路的进位链

在构成多位进位链时，如果连续几位 P 信号都是“1”，则进位信号要通过多个串联的 MOS 晶体管传输，这将影响电路的速度。有一种改善速度的措施，就是在进位链中增加旁通电路，如图 3.1-25 所示。旁通电路是一个二选一电路(MUX)，当连续几位 P 信号都为 1 且 $C_{in}=0$ 时，切断几个 P 信号控制的串联传输通路，使进位输出直接通过 BP 控制的旁通管放电，而不必通过多个串联的传输管放电，从而提高了进位链的工作速度。

图 3.1-26 是一个 16 位加法器结构，采用带旁通电路的进位链。加法器分成 4 位一组，每组配有进位链。其中“Setup”模块产生每位的 G(或 K)函数和 P 函数，carry 模块是进位链，当 4 位的 P 函数都是“1”时，通过旁通管直接把组进位输入信号传送到下一级模块，从而提高了运算速度，Sum 模块产生每一位的全加和。

5. 条件进位选择/条件和选择(CCS/CSS)加法器电路

前面已经讨论了基于“条件进位选择”(CCS)和“条件和选择”(CSS)实现高速并行加法器的基本原理。基于双传输逻辑实现的高速全加器，设计了一种新的超前进位电路——条件进位选择(CCS)电路[6]。为了说明这种进位链的优点，把 CCS 电路和常规的“与-或”门构成的进位链电路进行比较。在高速运算器中，一般每 4 位分成一组，组间进位用 CLA 实现快速提前进位。CCS 电路根据本组的操作数和前一组的进位信号直接产生向下一组的进位信号。组进位信号如公式(3.1-11)、(3.1-12)和(3.1-13)所示。

常规的进位链电路就是根据这个逻辑表达式用基本的“与-或”门构成，如图3.1-27(a)所示。决定速度的关键路径经过 3 级“与-或”门，若用传输门逻辑，则经过 7 级传输管串联。图中的被加数用 X 表示，加数用 Y 表示。

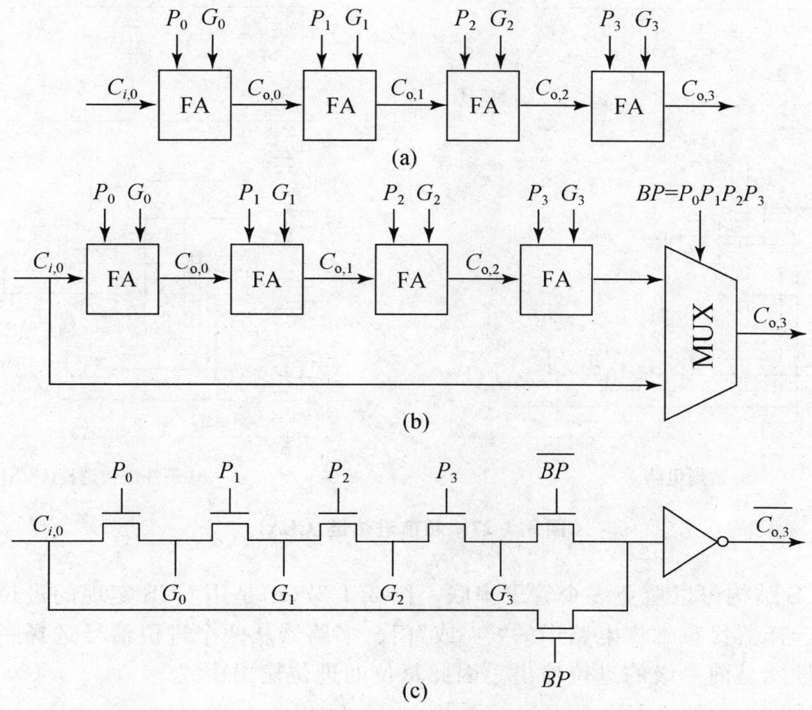

图 3. 1-25　增加旁通电路改善速度

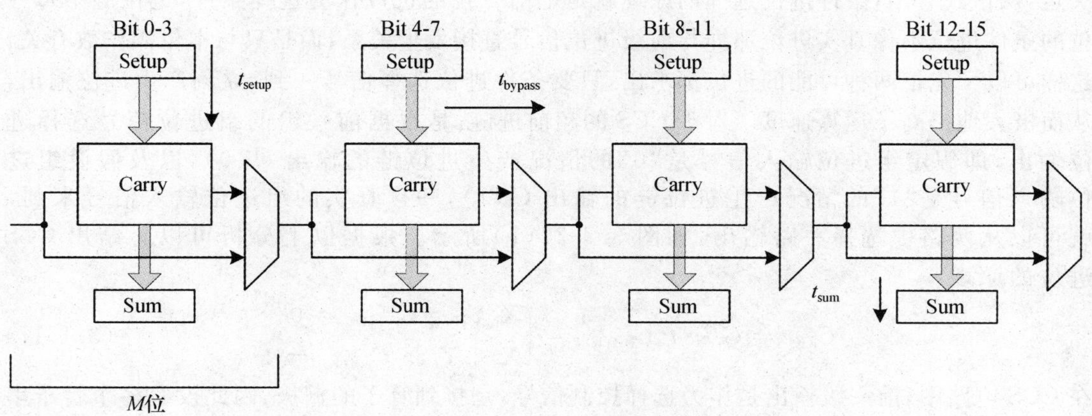

图 3. 1-26　有旁通电路的 16 位加法器

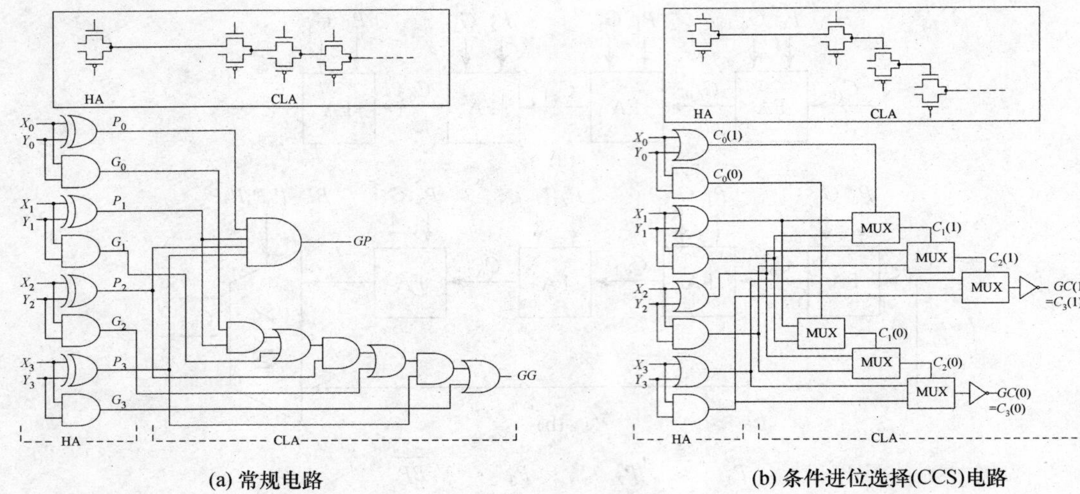

(a) 常规电路　　(b) 条件进位选择(CCS)电路

图 3.1-27　超前进位链(CLA)

采用 CCS 结构可以避免多个管子串联。图 3.1-27(b)是用 CCS 实现的进位链电路，用二选一多路选择器代替常规电路中的“与-或”门。多路器从两个进位信号选择一个输出，而选择控制信号就是前一级的进位输出。因此每位的进位输出由式

$$C_i = \begin{cases} G_i = X_i Y_i, & C_{i-1} = 0 \\ G_i + P_i = X_i + Y_i, & C_{i-1} = 1 \end{cases} \tag{3.1-16}$$

决定，从该式看出，条件进位选择的原理就是把前一位的进位作为选择条件，进位链中每一位的条件进位不像真实进位那样与前级进位信号直接发生关系，而是只与本位操作数有关，这样可以预先把两种可能的进位都求出，只要条件进位选择信号一到，立刻产生进位输出，从而极大地提高了运算速度。对于 CCS 的超前进链，是根据前一组的组进位信号选择进位输出，即假定组进位输入信号是“0”的情况产生进位链的输出 $C_i(0)$，以及假设组进位输入信号是“1”的情况产生进位链的输出 $C_i(1)$，一旦真实的组进位输入信号来到，就可以从两路中选择一路输出，如图 3.1-27(b)所示。根据以上分析可以总结出 CCS 进位的原理：

$$C_{i(K)} = G_i + P_i C_{i-1(K)} = \begin{cases} X_i Y_i, & C_{i-1(K)} = 0 \\ X_i + Y_i, & C_{i-1(K)} = 1 \end{cases} \tag{3.1-17}$$

在 CCS 电路中，前一级输出是作为选择控制信号，是接到管子的栅极，因此没有多个管子串联的问题。

这种条件进位选择的原理也可以用于产生全加和，这就是条件和选择(CSS)电路。如果用 C_{i-1} 作为选择控制信号，就可以得到全加和的 2 种不依赖于前级的可能结果，即

$$S_i = \begin{cases} X_i \oplus Y_i, & C_{i-1} = 0 \\ X_i \overline{\oplus} Y_i, & C_{i-1} = 1 \end{cases} \tag{3.1-18}$$

在以 4 位为一组运算时，同样可以假设组进位输入信号是“0”或者组进位输入“1”的情况产生各位的全加和，一旦真实的组进位输入信号送入，就可以选择其中的一路输出，如图 3.1-28 所示。

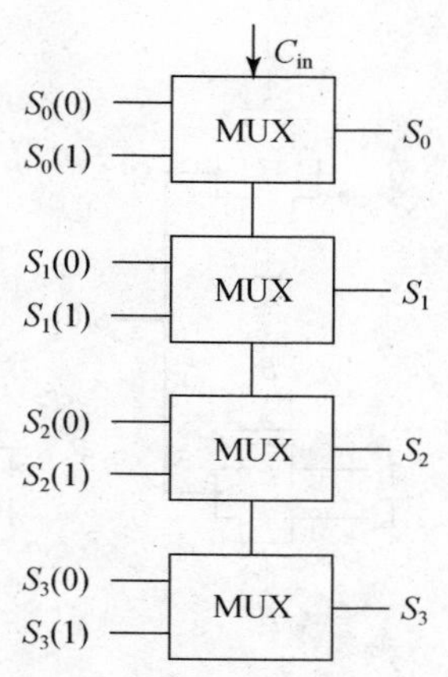

图 3.1-28 条件和选择(CSS)原理

把 CCS 和 CSS 结合起来就可以构成高速并行加法器。图 3.1-29 给出了一个这样的加法器电路结构，这里只给出 4 位加法器的电路，对于更多位加法器，可以按 4 位一组划分，每 4 位的基本电路相同，只是组间还要增加 CCS 超前进位链。图 3.1-30 给出了传输门实现的 CCS/CSS 加法器中的基本单元电路，由于该加法器结构中主要由异或门和二选一多路器逻辑组成，因此采用传输门结构电路实现效果较好。

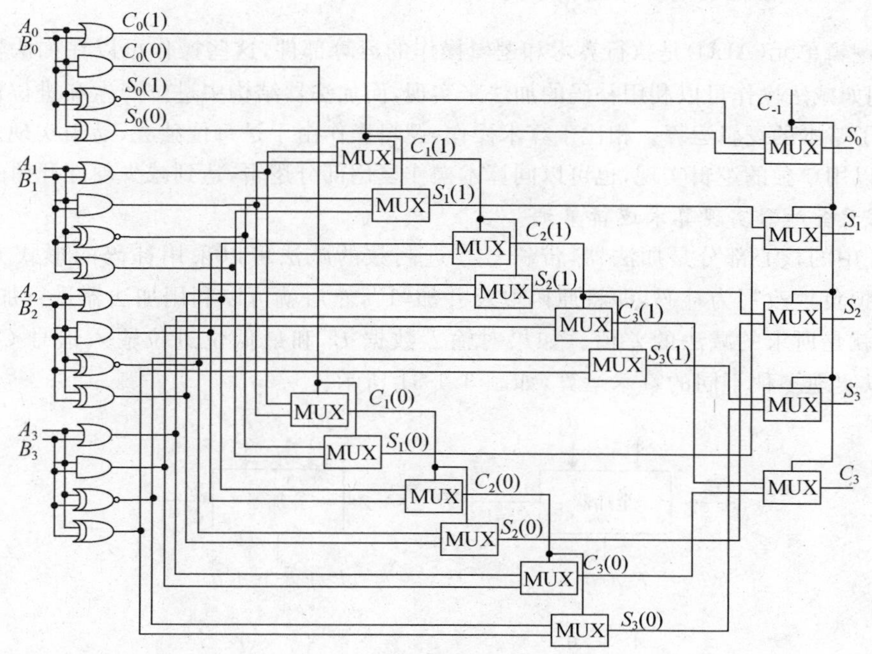

图 3.1-29 4 位 CCS/CSS 加法器

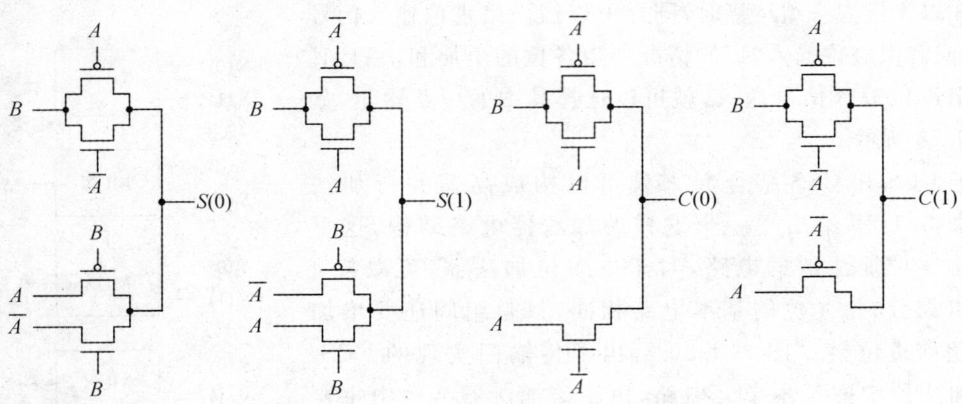

图 3.1-30　CCS-CSS 加法器中的基本单元电路

3.1.4　基于加法器的算术逻辑单元

算术逻辑单元(ALU)是执行算术和逻辑操作的运算部件,这些操作可以在加法器的基础上构成,例如减法操作可以利用补码的加法来实现,而加法器结构中进位产生和进位传递逻辑中也包括了基本的逻辑运算。相比于算术操作,逻辑操作由于是每位独立,易于实现。逻辑操作部分可以用单独的逻辑实现,也可以同算术操作复用部分逻辑,达到减少硬件开销的目的。

1. 基于全加器实现算术逻辑单元

ALU 中的核心部分是加法器,带符号二进制数的减法可以采用补码的形式方便地运算。通过把负数改写为补码,即将原码取反并加"1",然后就可以利用加法器进行加法运算,加法的和就是所求的减法的差值。如果对输入数据 B_i 和最低位进位输入信号 C_{in} 加以控制,就可以实现多种不同的算术运算,如图 3.1-31 所示。

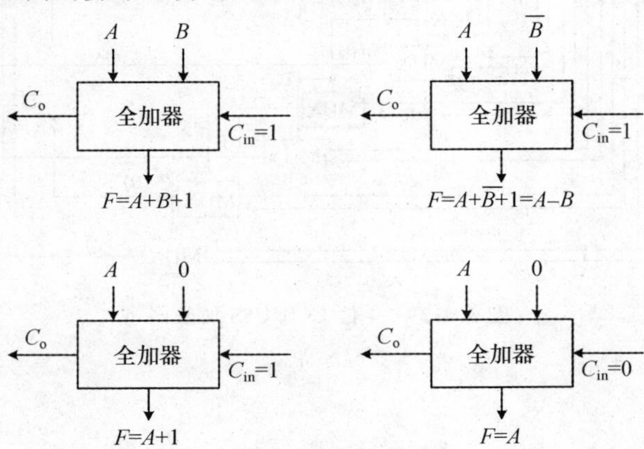

图 3.1-31　用加法器实现不同的算术运算

用一个逻辑电路控制送入全加器的变量 B_i 如图 3.1-32 所示，其中 S_1S_0 为控制信号，其功能如式(3.1-19)及表 3.1-2 中所示。

$$Y_i = S_0B_i + S_1\overline{B_i} \tag{3.1-19}$$

表 3.1-2　一位 ALU 真值表

S_1	S_0	Y_i
0	0	0
0	1	B_i
1	0	$\overline{B}_i$
1	1	1

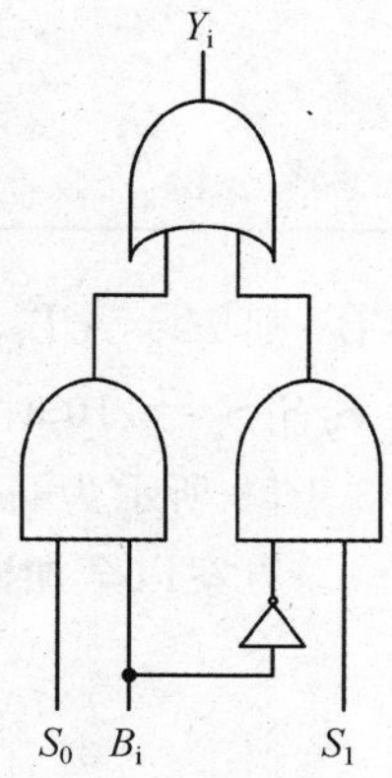

图 3.1-32　对 B_i 控制的电路

把 S_1S_0 的 4 种组合配上 C_{in} 的 2 种输入状态，就可以构成 8 种算术运算，见表 3.1-3。

表 3.1-3　算术运算单元功能

功能选择			Y	输出	功能
S_1	S_0	C_{in}			
0	0	0	0	$F=A$	传送
0	0	1	0	$F=A+1$	加 1
0	1	0	B	$F=A+B$	加法
0	1	1	B	$F=A+B+1$	带进位加
1	0	0	$\overline{B}$	$F=A+\overline{B}$	加反
1	0	1	$\overline{B}$	$F=A-B$	减法
1	1	0	全 1	$F=A-1$	减 1
1	1	1	全 1	$F=A$	传送

如果再加一个控制信号 S_2，当 $S_2=1$ 时，使全加器的每一位进位输入均为 0，则全加器就可以作为逻辑运算电路，其功能见表 3.1-4。

当然，现在实现的逻辑还不能满足常用逻辑运算的要求，还需要再改进。如果当 $S_2S_1S_0=100$ 时，传送的 A_i 用 A_i+B_i 代替，则执行的是常用的"或"功能。当 $S_2S_1S_0=110$ 时，用 A_i+K_i 代替原来的 A_i，则

$$\begin{aligned} F_i &= X_i \oplus Y_i = (A_i + K_i) \oplus \overline{B}_i \\ &= A_iB_i + K_iB_i + \overline{A}_i\overline{K}_i\overline{B}_i \end{aligned} \tag{3.1-20}$$

表 3.1-4 算术运算单元执行的逻辑功能

S_2	S_1	S_0	X_i	Y_i	C_{i-1}	F_i	功能
1	0	0	A_i	0	0	$F_i=A_i$	传送
1	0	1	A_i	B_i	0	$F_i=A_i\oplus B_i$	异或
1	1	0	A_i	$\overline{B}_i$	0	$F_i=A_i\overline{\oplus}B_i$	同或
1	1	1	A_i	1	0	$F_i=\overline{A}_i$	取反

若 $K_i=\overline{B}_i$，则 $F_i=A_iB_i$，执行的是“与”功能。从上面分析看出，在 $S_2S_1S_0=100$ 时，使 $X_i=A_i+B_i$，$S_2S_1S_0=110$ 时，使 $X_i=A_i+\overline{B}_i$，就可以用加法器实现基本的逻辑操作。

图 3.1-33 所示为一种 ALU 的设计方案。这个图中只画了 2 位，多位 ALU 只要类似地扩展即可。该方案以全加器为基础加上适当的输入转换电路。使输入到全加器的 3 个变量为

$$X_i = A_i + S_2\overline{S}_1\overline{S}_0B_i + S_2S_1\overline{S}_0\overline{B}_i \tag{3.1-21}$$

$$Y_i = S_0B_i + S_1\overline{B}_i \tag{3.1-22}$$

$$Z_{i-1} = \overline{S}_2C_{i-1} \tag{3.1-23}$$

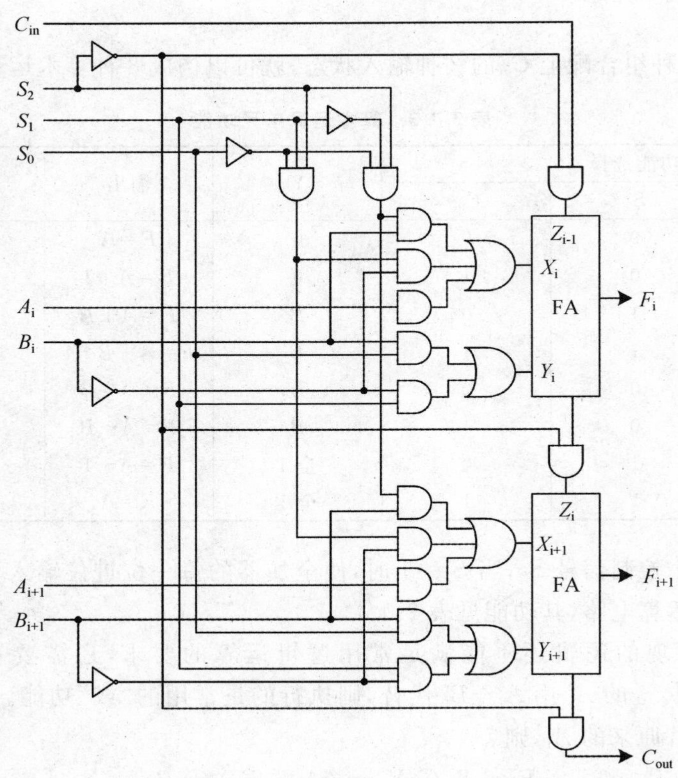

图 3.1-33 在全加器基础上构成 ALU

3个选择变量 $S_2S_1S_0$ 加上 C_{in} 状态的组合，可以实现8种算术运算和4种逻辑运算，表3.1-5列出了这种ALU的功能及相应的选择变量代码。

表 3.1-5 图 3.1-33 所示 ALU 的功能

选择变量				输出	功能
S_2	S_1	S_0	C_{in}		
0	0	0	0	$F=A$	传送
0	0	0	1	$F=A+1$	加1
0	0	1	0	$F=A+B$	加法
0	0	1	1	$F=A+B+1$	带进位加
0	1	0	0	$F=A-B-1$	带借位减
0	1	0	1	$F=A-B$	减法
0	1	1	0	$F=A-1$	减1
0	1	1	1	$F=A$	传送
1	0	0	×	$F=A \vee B$	或
1	0	1	×	$F=A \oplus B$	异或
1	1	0	×	$F=A \wedge B$	与
1	1	1	×	$F=\overline{A}$	取反

2. 基于CCS/CSS加法器的ALU

CCS/CSS是一种高速加法器结构，特别适合基于传输门的电路实现。基于CCS和CSS原理，用DPL电路形式设计了一个32位ALU，图3.1-34画出了它的整体框图。为了提高工作速度和并行处理能力，采用了两级超前进位电路，CLA1是4位一组的组进位链，CLA2是每4组的组间超前进位电路，CLA1和CLA2都是采用“条件进位选择”结构。最终输出采用了“条件和选择”电路。

所有功能块都是用DPL单元电路构成的。T_X、T_Y 是ALU的功能控制信号，其功能选择如表3.1-6所示。

表 3.1-6 32位 ALU 的功能

T_X	T_Y	功能
0	0	无进位加
1	0	带进位加
0	1	位与
1	1	位或

采用0.25 μm CMOS工艺实现的32位ALU总芯片面积0.6 mm^2，在2.5V电源电压下加法运算时间1.5ns，比常规CMOS电路减少30%。

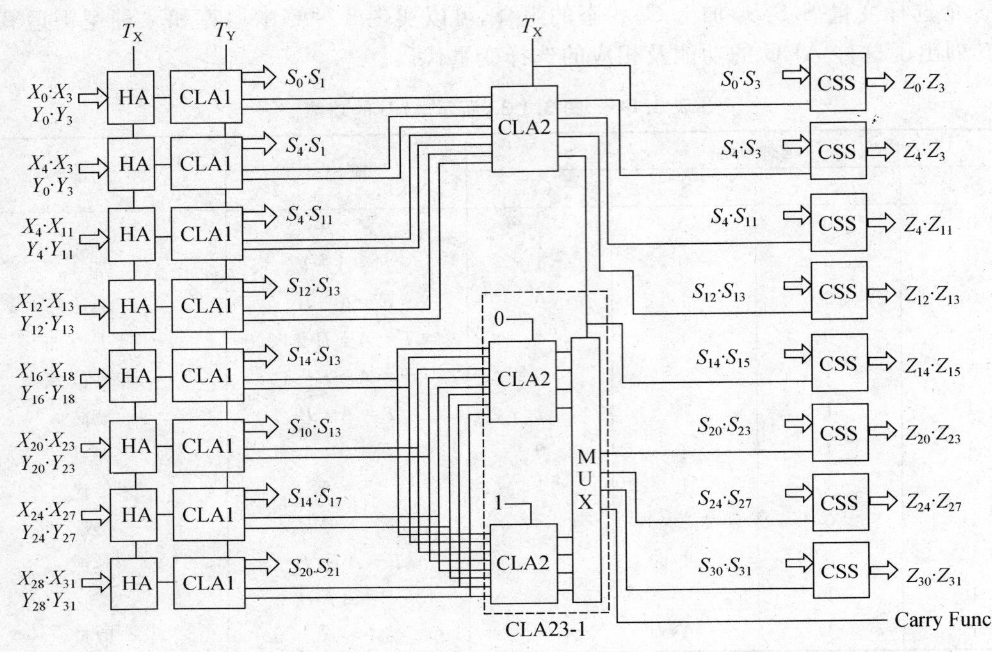

图 3.1-34　基于 CCS/CSS 加法器的 32 位 ALU 总体框图

3. 基于传输门阵列实现的 ALU

由于传输门结构具有结构灵活的特点，在 CMOS VLSI 中经常用传输门（或传输管）来简化电路。利用传输门串、并联的逻辑特点，只要用 8 个 nMOS 传输管就可以构成一位多功能发生器，如图 3.1-35 所示。图中 A、$\overline{A}$、B、$\overline{B}$ 是操作数的正反码，$G_3G_2G_1G_0$ 是控制信号，或者称为控制字。通过改变控制字的值，可以实现对操作数 A、B 的不同运算。根据传输管的逻辑特点，可以得到输出信号 F 与控制信号和操作数的关系：

$$F = G_3AB + G_2A\overline{B} + G_1\overline{A}B + G_0\,\overline{A}\,\overline{B} \tag{3.1-24}$$

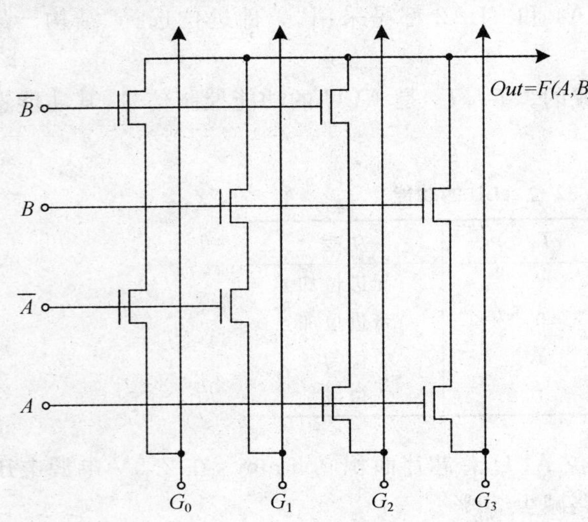

图 3.1-35　nMOS 传输管构成的多功能电路

若控制信号为 $G_3G_2G_1G_0=0001$，则 $F=\overline{A}\overline{B}$，这正是进位链中要求的进位消除信号。若 $G_3G_2G_1G_0=0110$，则 $F=A\oplus B$，这就是进位传递信号，如果把输入信号 A_i、B_i 换成 P_i 和 C_{i-1}，则

这个多功能电路就可以实现加法运算，因为 $F=P_i \oplus C_{i-1}=S_i$。用这种多功能电路配上进位链电路就可以构成 ALU。这种基于传输门逻辑的 ALU 具有线路简单、速度快的优点。图 3.1-36 是一个 ALU 的框图，这里给出其中的 4 位。图中 P、K、R 的方块是多功能电路，标着 C 的方块就是图 3.1-23 中的进位链电路。送入 P 块和 K 块的是每一位的操作数 A_i、B_i 的正、反码，送入 R 块的是 P_i 和 C_{i-1} 的正、反码。

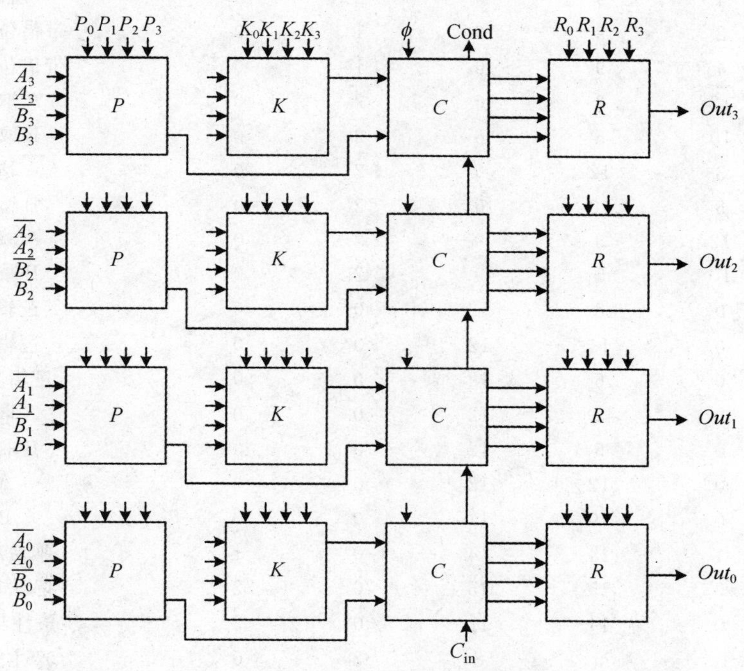

图 3.1-36　一个 4 位 ALU 的框图

ALU 的功能由 12 位控制字 $R_3R_2R_1R_0$、$K_3K_2K_1K_0$、$P_3P_2P_1P_0$ 控制。表 3.1-7 列出了这种 ALU 的功能及对应的控制字的值。表中 P、K、R 的值分别代表 $P_3P_2P_1P_0$、$K_3K_2K_1K_0$ 和 $R_3R_2R_1R_0$，3 组 4 位二进制代码的十进制表示。12 位控制字应该可以产生 4 096种控制，但其中很多是没有意义的或重复的操作，表中列出了 25 种基本操作。表中 C_{in}不是进位输入，而是控制进位输入的代码，Cond 是控制标志字的条件。

下面举几个例子说明 ALU 的操作。若控制字 $KPR=166$，即

$$K = K_3K_2K_1K_0 = 0001$$
$$P = P_3P_2P_1P_0 = 0110$$
$$R = R_3R_2R_1R_0 = 0110 \tag{3.1-25}$$

则 K 功能块产生进位消除信号 $K_i=\overline{A}_i\overline{B}_i$，$P$ 功能块产生进位传递信号 $P_i=A_i \oplus B_i$，R 功能块产生全加和 $Out_i=P_i \oplus C_{i-1}=A_i \oplus B_i \oplus C_{i-1}$。

表 3.1-7 ALU 功能表

	K	P	R	C_{in}	Cond	功能
$A+B$	1	6	6	0	0	加法
$A+B+C_{in}$	1	6	6	1	0	带进位加法
$A-B$	2	9	6	2	0	减法
$B-A$	4	9	6	2	0	反减
$A-B-C_{in}$	2	9	6	1	0	带借位减法
$B-A-C_{in}$	4	9	6	1	0	带借位反减
$-A$	12	3	6	2	0	A 取负
$-B$	10	5	6	2	0	B 取负
$A+1$	3	12	6	2	0	A 增量
$B+1$	5	10	6	2	0	B 增量
$A-1$	12	3	9	2	0	A 减量
$B-1$	10	5	9	2	0	B 减量
$A \wedge B$	0	8	12	0	0	逻辑与
$A \vee B$	0	14	12	0	0	逻辑或
$A \oplus B$	0	6	12	0	0	逻辑异或
$\overline{A}$	0	3	12	0	0	A 取非
$\overline{B}$	0	5	12	0	0	B 取非
A	0	12	12	0	0	A
B	0	10	12	0	0	B
Mul	1	14	14	0	1	乘法单步
Div	3	15	15	0	2	除法单步
A/O	0	14	12	0	3	条件与/或
Mask	10	5	8	2	0	产生掩码
SHLA	3	0	10	0	0	A 左移位
Zero	0	0	0	0	0	取 0

若控制字 $KPR=296$，即

$$\begin{aligned} K &= K_3K_2K_1K_0 = 0010 \\ P &= P_3P_2P_1P_0 = 1001 \\ R &= R_3R_2R_1R_0 = 0110 \end{aligned} \tag{3.1-26}$$

则在这些控制信号控制下，K 功能块实现 $K_i=\overline{A}_iB_i=\overline{\overline{A}_i\cdot\overline{B_i}}$，$P$ 功能块实现 $P_i=A_i\oplus\overline{B_i}$，$R$ 功能块实现 $Out_i=P_i\oplus C_{i-1}$。只要最低位进位输入 $C_{in}=1$，则 $Out_i=A_i+\overline{B}_i+1=A_i-B_i$，因此当 $KPR=296$ 时，ALU 实现减法操作。

由于 nMOS 传输高电平有阈值损失，因此基于图 3.1-35 的多功能电路构成的 ALU 性能不好，特别是随着器件尺寸缩小工作电压下降，阈值损失的影响越来越大。因此，可以把 nMOS 传输门的多功能电路改为 CMOS 电路。图 3.1-37 给出了用 CMOS 传输门实现的多功能电路，当然，其代价是增加了元件数目。

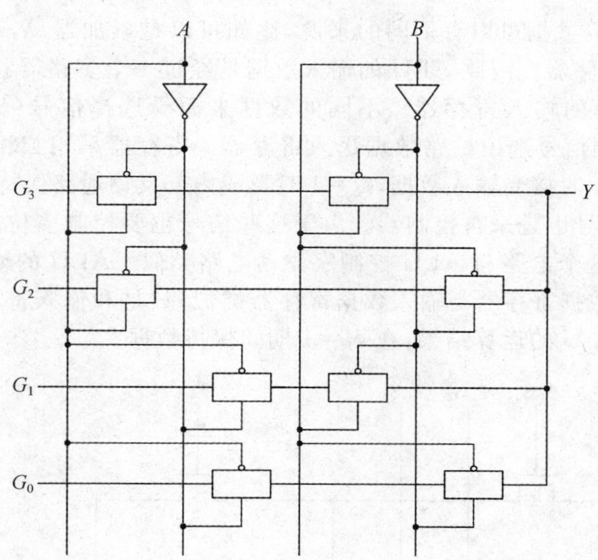

图 3.1-37 CMOS 传输门构成的多功能电路

4. ALU 的配套电路

在上述 ALU 中控制字要驱动多位的功能块,因此外部输入的控制信号要经过输入缓冲器再送入相应的功能块电路。图 3.1-38 是控制字输入缓冲驱动电路。因为进位链在 $\phi_1=1$ 时预充,因此 ALU 应在 $\phi_2=1(\phi_1=0)$ 时执行运算操作。在 $\phi_1=1$ 时输入缓冲器接受控制器来的操作码,此时 $\overline{\phi_2}=1$,由 $\overline{\phi_2}$ 控制的管子使控制线输出也预充到高电平。当 $\phi_1=0$,$\phi_2=1$ 时,$\overline{\phi_2}$ 控制的管子不起作用,输入级反相器根据 ϕ_1 期间接受的操作码决定控制线的输出:若操作码为“1”,则输出保持高电平;若操作码为“0”,则输出放电到“0”。

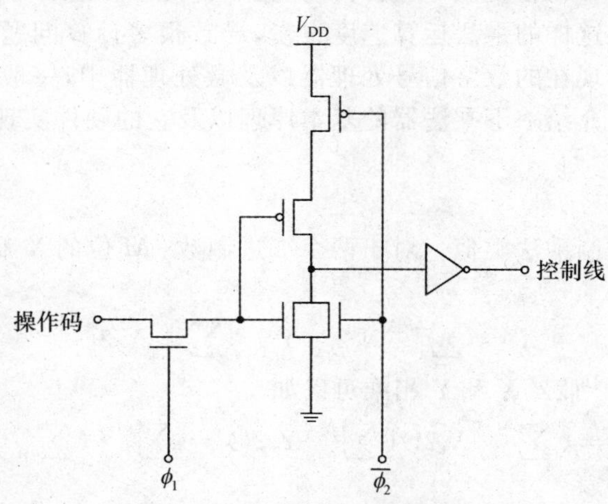

图 3.1-38 ALU 控制字驱动电路

由于 ALU 的运算数据可以有不同的来源，比如可以是累加器 A，可以是内部寄存器，也可以来自外部的存储器。因此 ALU 的输入数据是经过一个多路器和寄存器送入的。图 3.1-39 是带多路选择的输入寄存器。不同的数据来源受选择信号（S_1，S_2，S_3）控制。在 $\phi_1=1$时根据选择控制信号选出一路数据送入寄存器。寄存器采用二相时钟控制的准静态 D 触发器形式。$\phi_1=1$ 时接受输入数据，$\phi_2=1$ 时形成内部反馈通路保持数据稳定。

数据选择控制信号也是来自控制器。由于这些信号也要控制多位的数据选择，因此同样要经过驱动电路，这个电路与 ALU 控制字驱动电路类似。ALU 的输出数据也通过寄存器再传送出去，输出数据寄存器与输入数据寄存器类似，只是和输入寄存器的时序相反，它是在 $\phi_2=1$ 时接受 ALU 的运算结果，在 $\phi_1=1$ 期间保持数据。

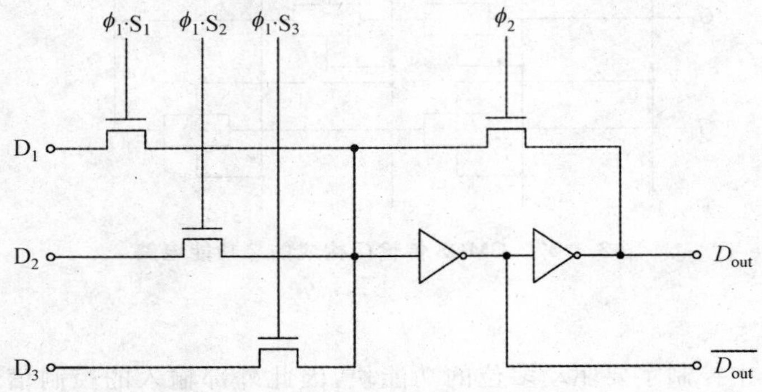

图 3.1-39　输入多路器和数据寄存器

3.2　乘　法　器

二进制数的乘法运算比较复杂，早期的计算机中都是采用软件编程方式利用运算器中的加法器来实现。但是这样的乘法运算速度很慢，导致很多计算问题的执行速度往往直接由乘法器的性能决定。现在的数字信号处理器以及微处理器中，一般都集成有硬件方式实现的乘法器。本节主要介绍一下乘法器的基本原理以及它的硬件实现方式。

3.2.1　乘法算法

二进制乘法跟十进制乘法类似。对于两个二进制数：M 位的 X 和 N 位的 Y，X 和 Y 可以分别表示为

$$X=\sum_{t=0}^{M-1}X_t2^t \quad Y=\sum_{f=0}^{N-1}Y_f2^f \tag{3.2-1}$$

其中，X_i 和 $Y_j\in\{0,1\}$。那么 X 和 Y 相乘可以如

$$Z=X*Y=(\sum_{t=0}^{M-1}X_t2^t)(\sum_{f=0}^{N-1}Y_f2^f)=\sum_{t=0}^{M-1}(\sum_{f=0}^{N-1}X_tY_f2^{t+f}) \tag{3.2-2}$$

表示。

所以二进制数的乘法计算可以分为两步：首先用乘数的每一位与被乘数相乘，得到的积我们称之为部分积(也可称为位积)(Partial Product，PP)；然后将所有的'部分积'累加起来，得到的和就是我们需要的结果。图 3.2-1 以 2 个 4 位的二进制数的乘法 1101×1011＝10001111 为例说明了乘法操作的过程。

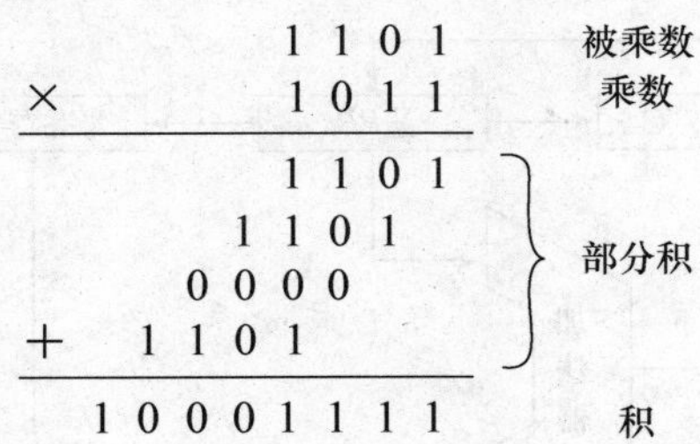

图 3.2-1　二进制乘法的例子

从上面的例子可以看出，乘法操作中，部分积的累加实际上就是移位和加法运算的结合。根据乘数的某一位为"1"或者"0"，来决定加或者不加。而加上的数就是被乘数向左移位后结果。这样两个 N 位的数相乘时，需要用到 $2N$ 位的全加器。而实际上部分积每累加一次，就会产生一个已经确定的位(低位到高位逐渐被确定)，所以做加法的时候，真正相加的就只有 N 位。所以在计算机中用软件实现乘法运算时，都将被乘数的左移改成每次累加得到结果(这一结果也可以同样称为部分积)的右移。图 3.2-2 仍以 1101×1011＝10001111 为例，说明软件实现乘法操作的过程。

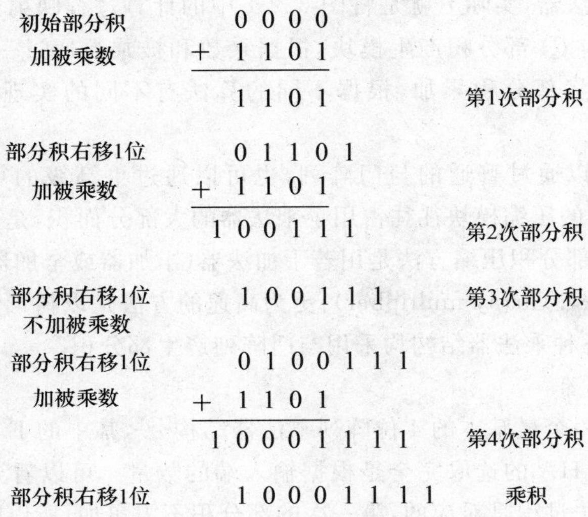

图 3.2-2　软件实现乘法操作的过程

图 3.2-3 给出了计算机中软件实现乘法的结构框图。X 寄存器中存放被乘数，Y 寄存器中存放乘数。每一步都取 Y 寄存器中的 1 位来决定加或者不加；另外 Y 寄存器中取过后的位在后面就用不到了，所以为了节省硬件，空出的位置可以用来存放部分积的低位。最终 $\sum PP_i$ 和 Y 寄存器中的数据共同组成了所需要的计算结果。

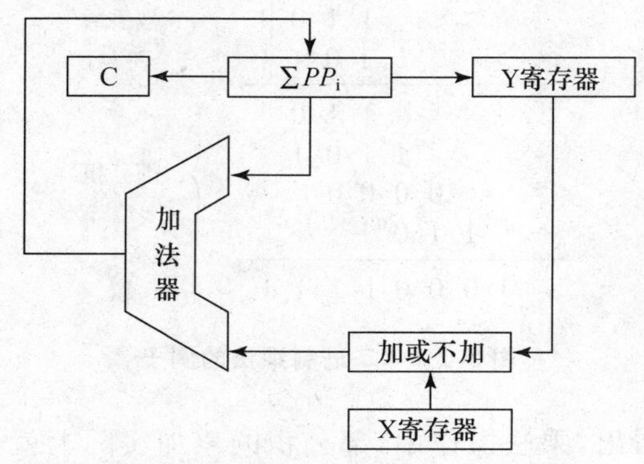

图 3.2-3　用软件实现乘法的结构框图

可以看到，如果被乘数为 M 位、乘数为 N 位的话，用软件实现乘法时，只需要用到一个 M 位的加法器，但是却需要 N 个时钟周期，无法满足高速应用的性能要求。

3.2.2　乘法器结构

用硬件实现的乘法器，实际上就是将图 3.2-1 中的计算过程映射到硬件上。硬件乘法器一般由两部分组成：① 部分积产生模块，根据乘数和被乘数通过一定算法产生部分积；② 部分积压缩模块，将部分积累加，根据不同的算法有不同的实现方式，最终得到乘法结果。

部分积的产生可以通过普通的与门阵列，也可以通过更高级的算法，如波茨算法（见 3.2.3 小节）。部分积的压缩模块往往占用了乘法器的大部分面积，是决定乘法器性能的主要决定因素。常见的部分积压缩方法是用若干加法器（半加器或全加器）组成阵列来完成累加，因而得名阵列乘法器（array multiplier）；更为高速的方法是以树形结构完成累加。为简单起见，本小节中的各种乘法器结构均采用与门阵列产生部分积。

1. 简单阵列乘法器

图 3.2-4 给出了一个最基本的 4 位阵列乘法器结构[15]，其中的 FA 和 HA 分别代表全加器和半加器，FA 和 HA 的选取完全是根据输入端的数量。可以看到这样一个阵列乘法器和图 3.2-1 中的乘法过程是对应的，第一次的部分积不需累加，所以阵列中只需要 3 行加法器。对于 M 位×N 位的乘法器，则需要用到 $M-1$ 行 N 列的加法器阵列。这些加法器排列整齐，通过简单的布线即可压缩成矩形，使版图紧凑规整。

但是，确定这种简单阵列乘法器的传播延迟并不容易。对于图 3.2-4 中的 4 位乘法器，部分积的累加通过行波进位的方式实现，而这样不便于寻找关键路径。可以看到，有多条长度相当的路径存在，而且关键路径会随着乘法器规模的增大而急剧加长。图 3.2-4 中用灰色标出了其中一条关键路径上的加法器，可以看到这条关键路径上存在 8 个加法器。决定关键路径延迟的参数包括加法器输入到本位和的延迟 t_{sum}、加法器输入到进位输出的延迟 t_{carry} 以及 1 个与门的延迟 t_{and}。对于不同的关键路径，t_{sum} 和 t_{carry} 所占比重不同，所以优化时必须同时考虑这两个参数。

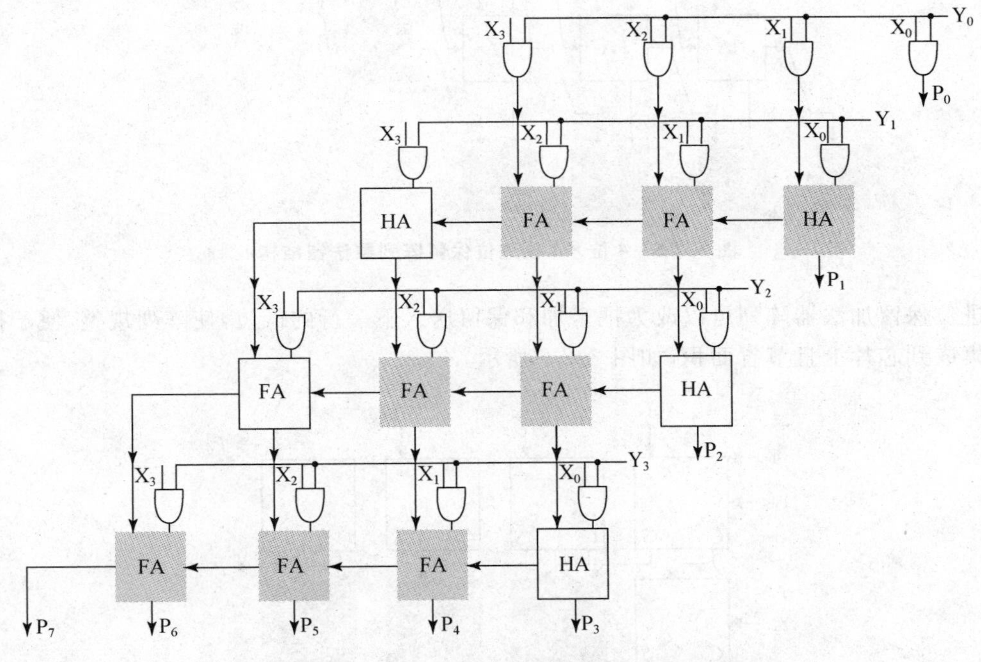

图 3.2-4　一个 4 位×4 位简单阵列乘法器结构

2. 进位保留阵列乘法器

为了提高乘法器的速度，乘法器中的加法器阵列可以采用进位保留加法器(Carry Save Adder，CSA)结构。图 3.2-5 给出了一个 4 位×4 位的进位保留阵列乘法器的结构。可以看到，阵列中每个加法器(最后一行除外)产生的进位信号不是送入本行左边的高位加法器，而是送入斜下方的加法器，即下一行的高位加法器中。因此，这种加法器也被形象地称为斜进位加法器。这样，在高位运算时，不必等待同一行低位的进位信号。通过进位保留的方式，在第三行加法器中产生了两个需要相加的量，这时我们需要增加额外的一行加法器完成最终的加法。同样，图中用深色表示出了这种阵列乘法器的关键路径，可以看到其关键路径上只有 7 个加法器。

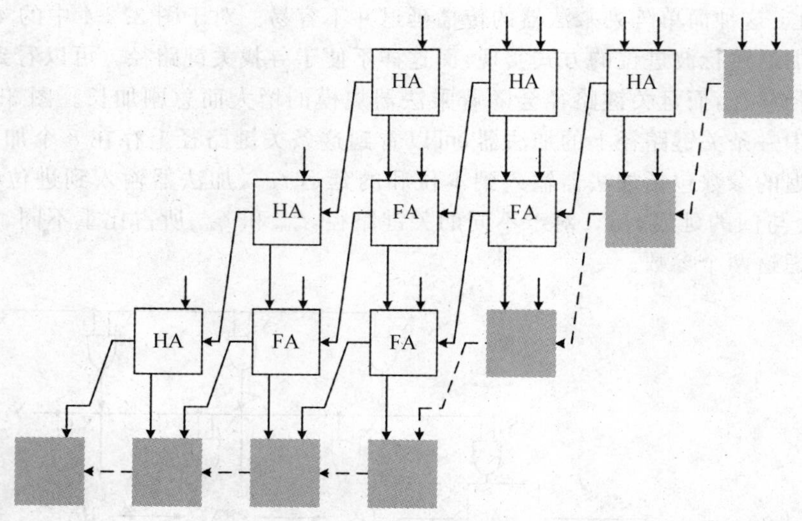

图 3.2-5　4 位×4 位进位保留阵列乘法器结构

进位保留加法器阵列可以改为把全加和保留送入下一行的低位，使阵列规整，便于把乘法器集成到芯片上且节省面积，如图 3.2-6 所示。

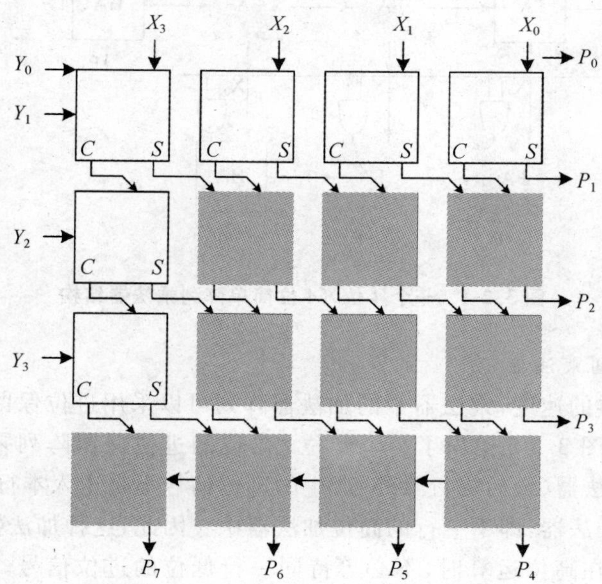

图 3.2-6　4 位×4 位进位保留阵列乘法器版图布局

3. 树形乘法器

前面介绍的阵列结构乘法器都是将部分积按顺序累加，但这也使得累加的速度受到限制。树形结构乘法器的基本思想是将部分积分组，再将各组同时累加。每累加一次，部分积的数量就成倍减少，然后重复分组累加，直至得到最终结果。

考虑一个只包含 4 个部分积的简单例子，每一个部分积都是 4 位宽，如图 3.2-7(a)所示。可以看到部分积阵列中只有第三列必须加四位，则可以首先减少这一列相加所需的加法器数目。为了直观地显示不同列的深度，将原始的部分积阵列排列成图 3.2-7(b)中的结构。我们的目标是，用最小的深度和最少的加法器来压缩整个矩阵。可供选择的加法器包括全加器(又称 3-2 压缩器，图中用包含 3 个点的圈表示)和半加器(图中用包含两个点的圈表示)。

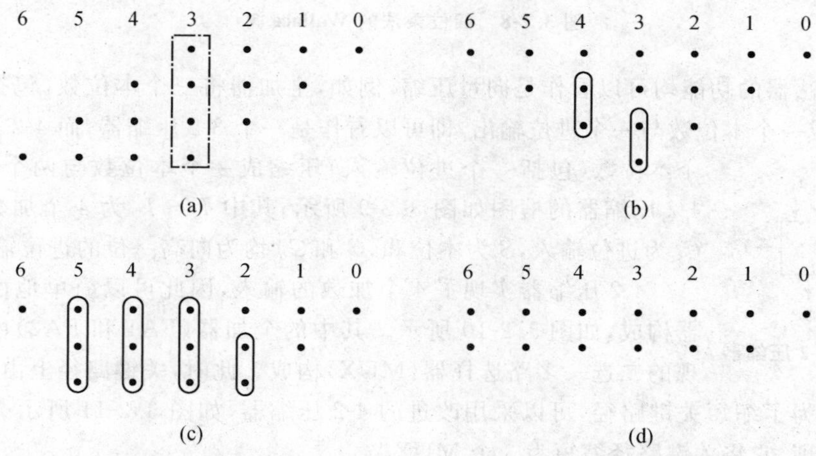

图 3.2-7　运用反复覆盖过程把一个部分积树(a)转变成一个 Wallace 树(b,c,d)

压缩的过程从树形结构最密集的部分开始，反复利用全加器或半加器来“覆盖”部分积树。第一步，在第 4 列和第 3 列引入半加器，见图 3.2-7(b)，缩减后的树如图 3.2-7(c)所示；第二步，引入 1 个半加器和 3 个全加器，压缩后的树变成图 3.2-7(d)中的结构，产生了一个深度为 2 的树；最后，只需要用一个加法器链将两个向量合并。

上面介绍的这种结构就是华莱士(Wallace)树[16]，它的电路实现如图 3.2-8 所示。这种结构有效减小了乘法运算的延迟，实际上可以证明其传播延迟仅为 $O(\log_{3/2} N)$。当乘法器位数较多时，Wallace 树结构比进位保留阵列结构速度快，但其缺点是结构不规则，不利于版图布局。所以在乘法器位数较少时，通常仍采用结构规整的进位保留阵列结构。

在树形结构的乘法器中，树的逻辑深度不同，导致最后一级加法器链各输入信号的到达时间差别很大，如图 3.2-8 中虚线框部分。这时应采用特殊结构的加法器，如进位选择加法器。另外，也可以采用特殊结构的加法器单元，来平衡或减少树的逻辑深度，如采用 4-2 压缩器。

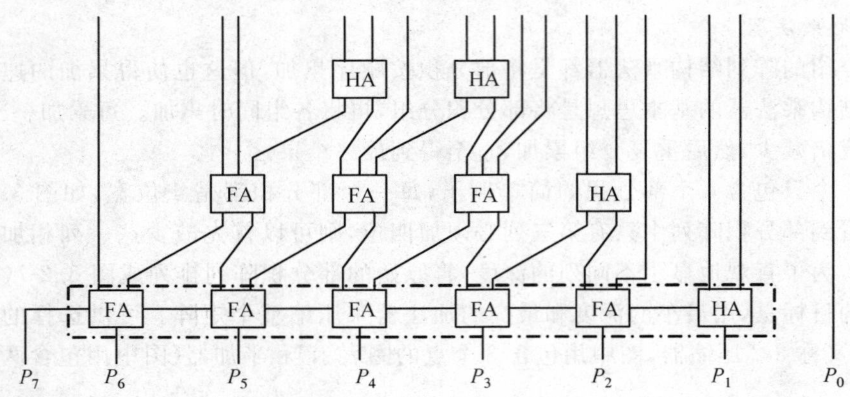

图 3.2-8　四位乘法的 Wallace 树

一位加法器的功能均可以看作是向量压缩，例如，全加器将三个本位数（包括一个进位输入）压缩成一个本位数与一个进位输出，即可以看作是一个 3-2 压缩器，而 4-2 压缩器将 5 个本位数（包括一个进位输入）压缩成一个本位数与两个进位输出。4-2 压缩器的框图如图 3.2-9 所示，其中 $I_1 \sim I_4$ 为 4 个加数/被加数，C_i 为进位输入，S 为本位和，C 和 C_o 均为向高一位的进位输出。

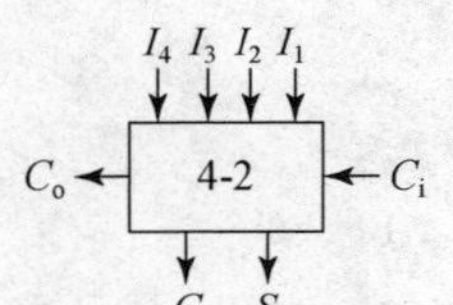

图 3.2-9　4-2 压缩器

4-2 压缩器实现了 4 个加数的输入，因此可以简单地由两个全加器构成，如图 3.2-10 所示。其中的全加器（FA1 和 FA2）由传输管实现的二选一多路选择器（MUX）构成。此时，关键路径上由 4 个 MUX 延迟组成。为了缩短关键路径，可以采用改进的 4-2 压缩器，如图 3.2-11 所示[17]。通过信号的并行处理，它将关键路径缩短为 3 个 MUX。

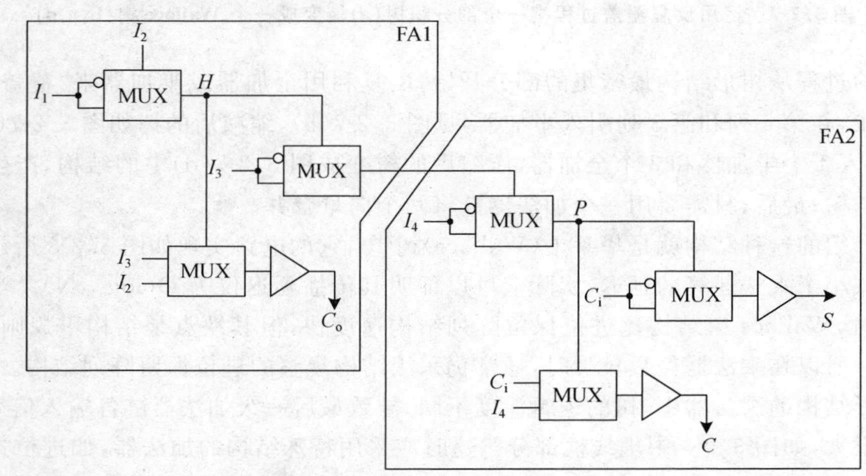

图 3.2-10　基于全加器的 4-2 压缩器

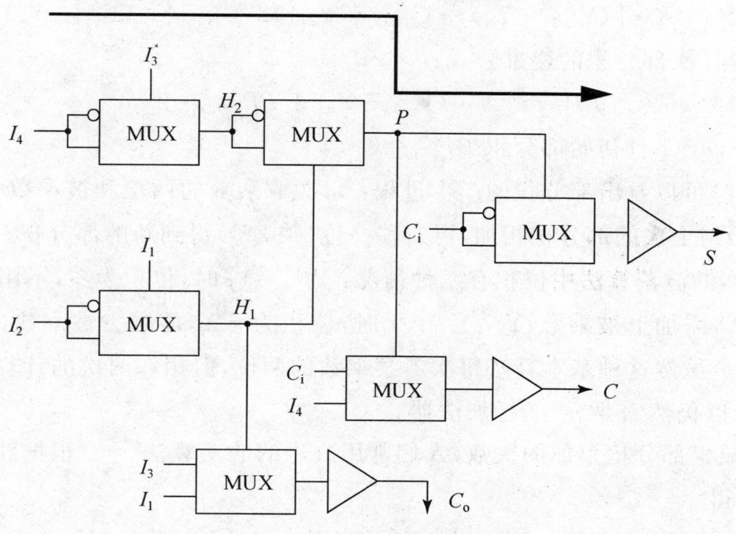

图 3.2-11　改进的 4-2 压缩器

文献[18]采用 4-2 压缩器实现 54 位×54 位树形乘法器。4-2 压缩器缩短了 Wallace 树的逻辑深度，也使其更加平衡，从而提高了运算速度。

3.2.3　波茨算法

产生部分积最直接的办法就是用乘数的每一位与被乘数相与，这样对于 N 位的乘数，需要用到 N 行"与门"来产生 N 个部分积。但是，部分积数量越少，其累加速度就越快，需要的硬件资源也越少。波茨(Booth)算法[19]就是一种减少部分积数量的方法。

1. *波茨算法的基本原理*

波茨算法的基本思想是，产生部分积时，每次不再只取乘数的一位与被乘数运算，而是考虑乘数的多位。这样，部分积的产生变得复杂，但部分积的压缩变得简单。

波茨算法是针对二进制补码的运算。二进制乘数 Y 的真值与其补码的关系为

$$Y = -Y_S 2^n + \sum_{i=0}^{n-1} Y_i \cdot 2^t \tag{3.2-3}$$

其中 Y_S 为符号位，对于正数 $Y_S=0$，对于负数 $Y_S=1$。将上式右边除以 2^n，得到

$$\begin{aligned} Y &= -Y_s + Y_{n-1} \cdot 2^{-1} + Y_{n-2} \cdot 2^{-2} + \cdots + Y_0 \cdot 2^{-n} \\ &= -Y_s + (Y_{n-1} \cdot 2^0 - Y_{n-1} \cdot 2^{-1}) + (Y_{n-2} \cdot 2^{-1} - Y_{n-2} \cdot 2^{-2}) + \cdots \\ &\quad + (Y_0 \cdot 2^{-(n-1)} - Y_0 \cdot 2^{-n}) \\ &= (Y_{n-1} - Y_s) + (Y_{n-2} - Y_{n-1})2^{-1} + \cdots + (Y_{-1} - Y_0)2^{-n} \end{aligned} \tag{3.2-4}$$

其中 $Y_{-1} \equiv 0$ 为补充位。当用 Y 乘 X 时，有

$$X \cdot Y = X \cdot [(Y_{n-1} - Y_S) + (Y_{n-2} - Y_{n-1})2^{-1} + \cdots + (Y_{-1} - Y_0)2^{-n}] \quad (3.2\text{-}5)$$

由此可以得到第 i 次部分积的递推公式：

$$PP_i = [X \cdot (Y_{i-1} - Y_i) + PP_{i-1}] \cdot 2^{-1} \quad (3.2\text{-}6)$$

其中 $i=0,1,\cdots,n-1$ 且初始部分积 $PP_{-1}=0$。

由式(3.2-6)可以看出部分积的产生过程：每次取乘数的两位和被乘数相与，得到的位积 $X(Y_{i-1}-Y_i)$ 与上次的部分积相加，再右移一位(乘 2^{-1})得到新的部分积。这就是基本的波茨算法。基本的波茨算法中位积有三种情况：$Y_{i-1}=Y_i$ 时，位积为零，不用累加；$Y_{i-1}Y_i=10$ 时，位积为 X，需加上被乘数；$Y_{i-1}Y_i=01$ 时，位积为 $-X$，需减去被乘数(将 X 取反加 1 即可得到 $-X$)。虽然这种基本算法每次考察乘数的两位，但相邻两次的计算中总有一位乘数是重叠的，所以仍然需要 $n-1$ 行加法器。

为了真正减少部分积累加的次数，人们常用改进的波茨算法[20]。根据波茨算法的迭代公式(3.2-6)可得

$$PP_i = [X \cdot (Y_{i-1} - Y_i) + PP_{i-1}] \cdot 2^{-1}, \quad PP_{i+1} = [X \cdot (Y_i - Y_{i+1}) + PP_i] \cdot 2^{-1}$$

把 PP_i 代入 PP_{i+1} 的表达式中，得到

$$\begin{aligned} PP_{i+1} &= \{X \cdot (Y_i - Y_{i+1}) + [X \cdot (Y_{i-1} - Y_i) + PP_{i-1}] \cdot 2^{-1}\} \cdot 2^{-1} \\ &= [X \cdot (Y_{i-1} + Y_i - 2Y_{i+1}) + PP_{i-1}] \cdot 2^{-2} \end{aligned} \quad (3.2\text{-}7)$$

其中 $i=0,2,4,\cdots$。

这就是改进的波茨算法的递推公式，从中可以看出部分积产生的过程：在乘数的最低位后补充 $Y_{-1}=0$，把乘数从低位向高位按每三位一组划分，相邻两组仅重叠一位；部分积每次需要累加的数值由这三位乘数决定，它总是被乘数 X 的倍数；部分积累加后右移两位(乘 2^{-2})得到新的部分积。由于每次所取的三位乘数中只有一位重叠，所以部分积的数量可以减少一半。由式(3.2-13)可以得到不同的乘数位对应的位积，如表 3.2-1 所示。

表 3.2-1　改进的波茨算法的位积规律

Y_{i+1}	Y_i	Y_{i-1}	位积
0	0	0	$+0$
0	0	1	$+X$
0	1	0	$+X$
0	1	1	$+2X$
1	0	0	$-2X$
1	0	1	$-X$
1	1	0	$-X$
1	1	1	-0

改进的波茨算法实际上就是对乘数按三位一组划分后进行再编码，用乘数的编码值与被乘数运算。可以看到共有5种编码结果：0，$\pm X$，$\pm 2X$。且三位乘数中的最高位 Y_{i+1} 决定了编码结果的正负，$Y_{i+1}=1$ 对应负项，$Y_{i+1}=0$ 对应正项。对于补码运算，负数采用“求反加1”的方法处理，由于负项对应 $Y_{i+1}=1$，可将被乘数X求反后加 Y_{i+1}；$\pm 2X$ 则是把 $\pm X$ 的结果左移一位得到(后面补零)。需要注意的是，每个部分积的符号位必须扩展到最高位再进行运算，最后相加的结果就是乘积的补码形式。

如果产生部分积时考虑乘数的更多位，则可以进一步减少部分积压缩时加法的次数。但这样也将使乘数的编码更加复杂，从而使编码电路的设计变得困难。

2. 波茨编码器与选择器

波茨编码器的功能是根据输入的三位乘数，产生3个控制信号 $1X$、$2X$ 和 Comp。其中 $1X$ 和 $2X$ 决定位积的大小，Comp 决定位积的符号，如表3.2-2所示。

表 3.2-2 波茨编码后控制信号决定的位积情况

$1X$	$2X$	Comp	位积
0	0	X	0
1	0	0	$+X$
1	0	1	$-X$
0	1	0	$+2X$
0	1	1	$-2X$

这三个控制信号可以控制移位和求补电路，从而产生所需位积。这样，在采用波茨算法的乘法器阵列中，每一行都会有一个波茨编码器和一个补码器。

根据表3.2-1可以写出波茨编码器的逻辑表达式：

$$1X = Y_i \oplus Y_{i-1}$$
$$2X = \overline{1X} \cdot (Y_i \oplus Y_{i+1}) = \overline{1X + Y_i \overline{\oplus} Y_{i+1}}$$
$$\text{Comp} = Y_{i+1} \tag{3.2-8}$$

由此可以构建出一种波茨编码器的结构，如图3.2-12所示。配合如图3.2-13所示的波茨选择器，便可产生部分积。在图3.2-12中，$P_{i,j}$ 是第j个部分积的第i位，$1X_j$、$2X_j$ 和 Comp_j 是产生第j个部分积时波茨编码器的相应输出，a_i 和 a_{i-1} 是被乘数的第i位和第i－1位。$P_{i,j}$ 的逻辑表达式为

$$P_{i,j} = (a_i \cdot 1X_j + a_{i-1} \cdot 2X_j) \cdot \overline{\text{Comp}_j} + \overline{(a_i \cdot 1X_j + a_{i-1} \cdot 2X_j)} \cdot \text{Comp}_j$$
$$= \overline{(a_i \cdot 1X_j + a_{i-1} \cdot 2X_j)} \oplus \text{Comp}_j \tag{3.2-9}$$

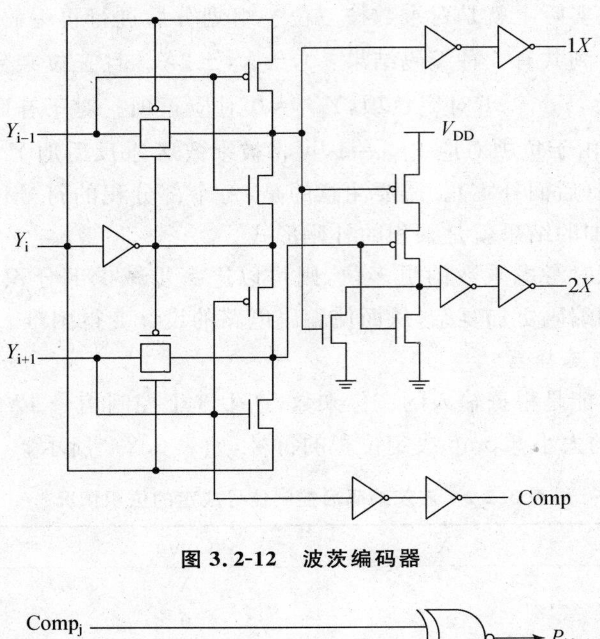

图 3.2-12　波茨编码器

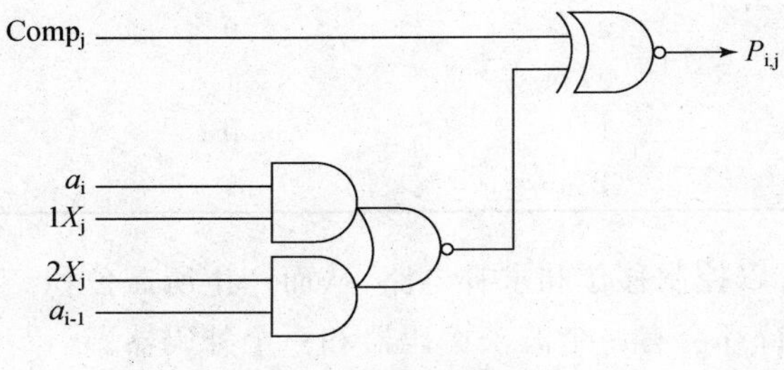

图 3.2-13　波茨选择器

通过波茨编码器、选择器、移位器、补码器以及加法器，就可以构成波茨算法的乘法器。当乘法运算的位数较大时，这种乘法器在速度、面积和功耗等方面的优势使其得到了广泛应用。

3.3　移　位　器

由前可知，乘法器中需要用到移位操作。实际上，移位操作是运算器的重要功能之一，可以用于执行指令集中与移位相关的各种指令。简单的移位器利用 MOS 传输管的双向导通性能即可实现，但速度慢；在现代高速微处理器芯片中，普遍使用了筒式移位器，它可以在一个周期内实现各种位数、多种方向的移位操作。以下将分别介绍这几种移位器。

3.3.1　简单移位器

一种基于 MOS 传输管的简单双向移位器如图 3.3-1 所示。它可以实现数据的左移、右移或不移位，这里只画出了其中的两位。这种移位器线路简单，但每次只能使数据移动一位。如果要移动多位，就需要多个周期，速度慢。

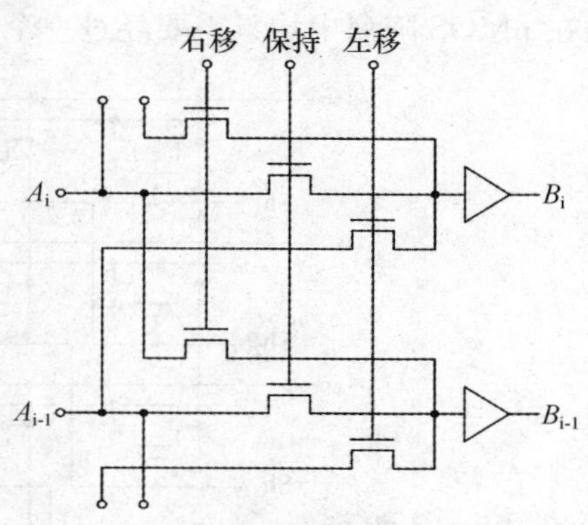

图 3.3-1 基于 MOS 传输管的简单双向移位器

3.3.2 对数移位器

对数移位器利用 MOS 开关阵列可以实现多位移位操作，具有规整的版图结构，其电路结构如图 3.3-2 所示，其中控制信号 Sh_1、Sh_2 和 Sh_4 分别表示进行 1 位、2 位和 4 位移位操作；当 3 个控制信号均为"1"时，移位器将实现移位 7 位的操作。从图中可以看出，该移位器最多可以移位 7 位，并且无论移位几位，输入数据信号都需要经过 3 个串联的 nMOS 器件到达输出缓冲器，因此速度受到限制。

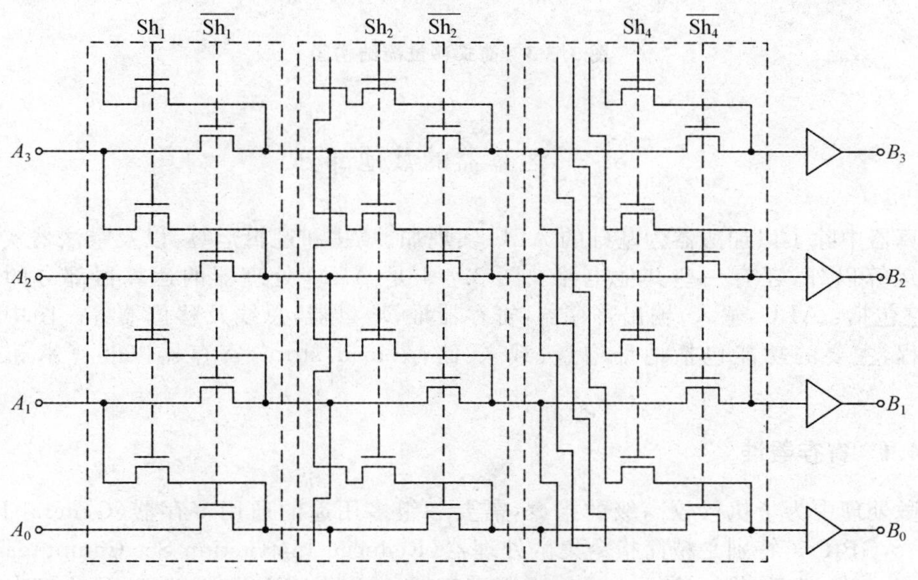

图 3.3-2 对数移位器结构图

3.3.3 筒式移位器

筒式移位器[15]也是利用 MOS 开关阵列实现数据的移位操作。图 3.3-3 所示为 nMOS 阵列筒式移位器结构图，左边是输入的数据，右边是移位后输出的数据，Sh_{0-3} 为移位控制信号，分别控制输入数据移位 0—3 位后输出到缓冲器。现以数据移动 1 位为例说明其工作过程：控制信号 $Sh_0Sh_1Sh_2Sh_3=0100$，控制信号 Sh_1 连接的 4 个 nMOS 开关导通，$A_3A_3A_2A_1$ 数据经过开关阵列和输出缓冲器传递到 $B_3B_2B_1B_0$。可以看出，该结构中无论移位多少，数据在 nMOS 阵列中均只需要经过一个 MOS 开关，因此具有较高的运算速度。

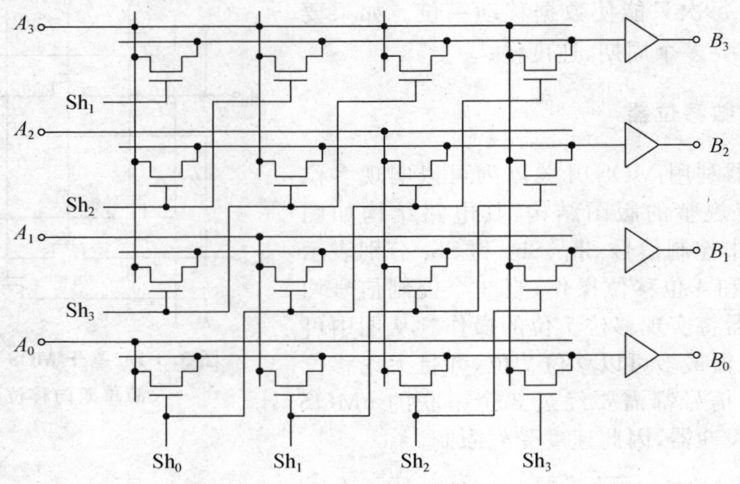

图 3.3-3 筒式移位器结构图

3.4 运算器的其他部分

运算器中除了以加法器为基础的 ALU 实现加、减法和逻辑运算，以及乘法器实现乘法和除法运算以外，还有一些其他电路。图 3.4-1 是 ARM 处理器的运算器部分的结构框图[21]，它包括：ALU，输入、输出寄存器，寄存器堆，增量器，总线及移位器等。图中画出了数据流程，主要的功能包括地址增量、载入/储存(load/store)寄存器以及算术和逻辑操作等。

3.4.1 寄存器堆

在微处理中为了执行较高级的指令，需要一组多用途的通用寄存器(General Purpose Registers，GPR)。特别是精简指令集微处理器(Reduced Instruction Set Computer，RISC)采用 load-store 体系结构，需要大量的通用寄存器。这些 GPR 集中放置，称为寄存器堆或者寄存器文件。

为了增强指令系统的灵活性，使用越来越多的通用寄存器也是一个发展趋势。例如 8080 微处理器有 8 个 8 位通用寄存器，另外有 2 个 16 位特殊寄存器 PC 和 SP，总共是 12 个 8 位寄存器。8086 则有 8 个 16 位通用寄存器，4 个基址寄存器，再加上 16 位的 PC 和 SP 寄存器，共有 14 个 16 位寄存器。Alpha21264 处理器包含了 80 个整数寄存器和 72 个浮点寄存器。而 UltraSparc 处理器中有 160 个 64 位的通用寄存器[22]。

这些通用寄存器可以作为运算中存储数据和中间结果的工作寄存器，如累加器，另外还可以寄存有特殊意义的指示字，如程序计数器(PC)、栈指针(SP)、基址寄存器及状态字

(Flag)寄存器等。

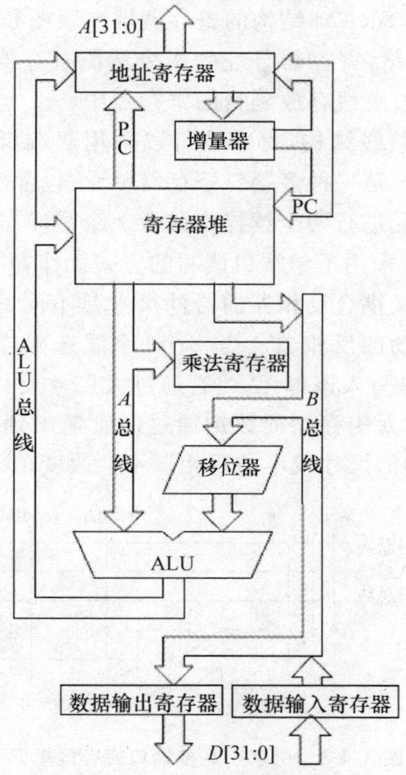

图 3.4-1 ARM 处理器运算器框图

数量较少 GPR 的寄存器堆可以用 D 触发器实现，多个触发器排列起来可以存储多位数据，利用标准单元库中的 D 触发器单元就可以实现。触发器实现的寄存器堆占用面积较

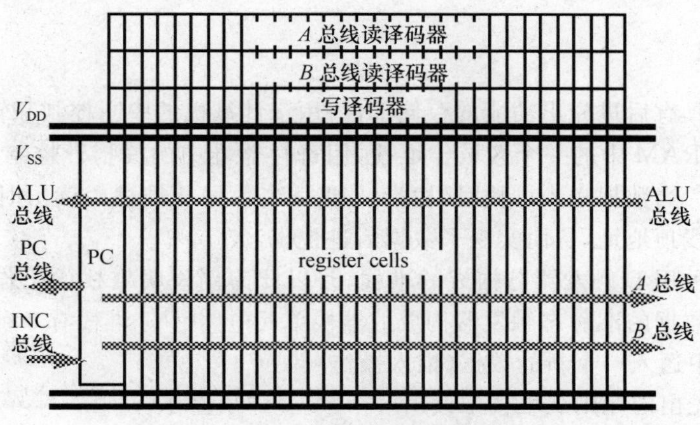

图 3.4-2 ARM 处理器中寄存器堆结构

大,较大规模的寄存器堆可以用一小块 SRAM 阵列实现。如图 3.4-2 所示,ARM 处理器中包含 31 个 32 位寄存器,采用 SRAM 结构的寄存器堆在版图布局上同移位器等宽,与 ALU 一同构成微处理器的数据通路;寄存器寻址的指令从源寄存器中读出数据,进行移位或者 ALU 操作,并将运算结果通过总线存放到目的寄存器中。

为了配合运算器中的双总线结构,寄存器可以采用双端口,这样可以方便地与总线 A 或总线 B 交换数据。图 3.4-3 是一种多端口寄存器单元,包含两个读端口和一个写端口,可以支持一个时钟周期内对单元进行两个读操作或者一个写操作。该寄存器单元的基本结构类似于一个 6 管 SRAM,只是采用了单端口读写的方式工作,并且具有 2 个读字线和 1 个写字线;值得注意的是,两个交叉耦合反相器的器件尺寸是不同的,写字线门管驱动反相器的器件尺寸大于读字线门管驱动的反相器。当 write 字线选中,来自于算术逻辑运算单元输出的 ALU 总线上的数据可以写入该单元,门管通过大尺寸反相器可以较容易地写入数据;当 readA/readB 字线选中,单元中存储的数据通过门管输出到 A/B 总线上,在读操作对位线的充放电过程中,受到影响的尺寸较小的反相器不会改变单元中存储的数据信息。

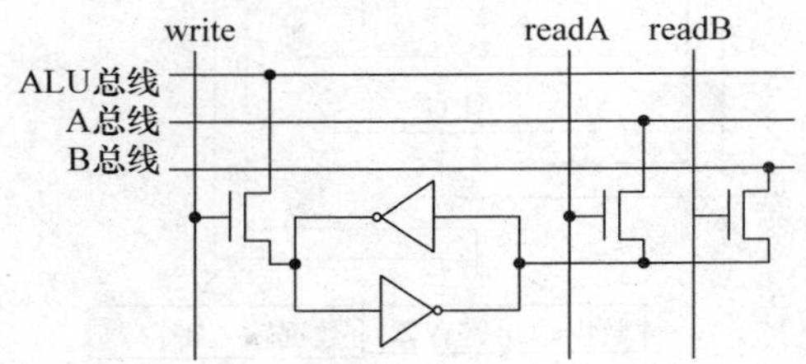

图 3.4-3 两读一写多端口寄存器单元

在超标量 CPU 中,寄存器堆需要能够在一个周期中读出多个数据,并存储多个计算结果,因此要求 GPR 是多端口结构。Alpha21264 处理器中的寄存器堆包括 6 个写端口和 4 个读端口。

3.4.2 堆栈

堆栈是一种具有后进先出功能的存储部件,用于计算机的中断控制和转子程序的控制。一般机器中是用 RAM 中的一个区域作堆栈,用寄存器堆中的栈指针控制数据送入堆栈或者从堆栈中读出。当数据送入堆栈时,栈指针加 1,当数据从堆栈中读出时,栈指针减 1,使栈指针总是指向栈顶地址,从而实现了数据后进先出。

下面介绍一种用 D 触发器链构成的堆栈,并以此为例说明堆栈的工作原理。图 3.4-4 是用可双向传送数据的准静态触发器构成的堆栈单元电路[23]。堆栈有 3 种操作:

(1) 向堆栈中送入一个新的数据(推入操作);

(2) 按后进先出的原则从堆栈中读出一个数据(弹出操作);

(3) 保存现有数据(保持操作)。

堆栈的 3 个操作由 4 个控制信号控制：

SHR·ϕ_1——右移控制；

SHL·ϕ_2——左移控制；

TRR·ϕ_2——右传控制；

TRL·ϕ_1——左传控制。

若 SHR·ϕ_1=1,且 TRR·ϕ_2=1,则执行推入操作。若 SHL·ϕ_2=1,且 TRL·ϕ_1=1,则执行弹出操作。若 TRL·ϕ_1=1,TRR·ϕ_2=1,则是保持功能。这些控制信号是由图 3.4-5的控制电路产生的。OP 是来自控制器的操作命令。若 OP 在 ϕ_2 期间来一个高电平,则接下来的 ϕ_1 期间开始执行推入操作;若 OP 在 ϕ_1 期间为高电平,则接下来的 ϕ_2 期间执行弹出操作;若 OP 维持低电平,则堆栈处于数据保持状态。

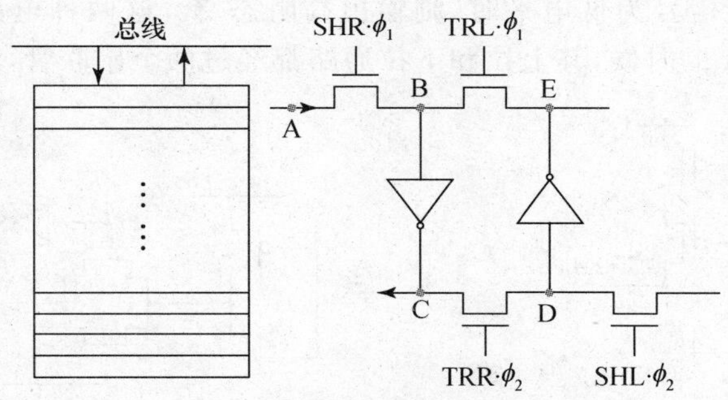

图 3.4-4 堆栈原理及其单元电路

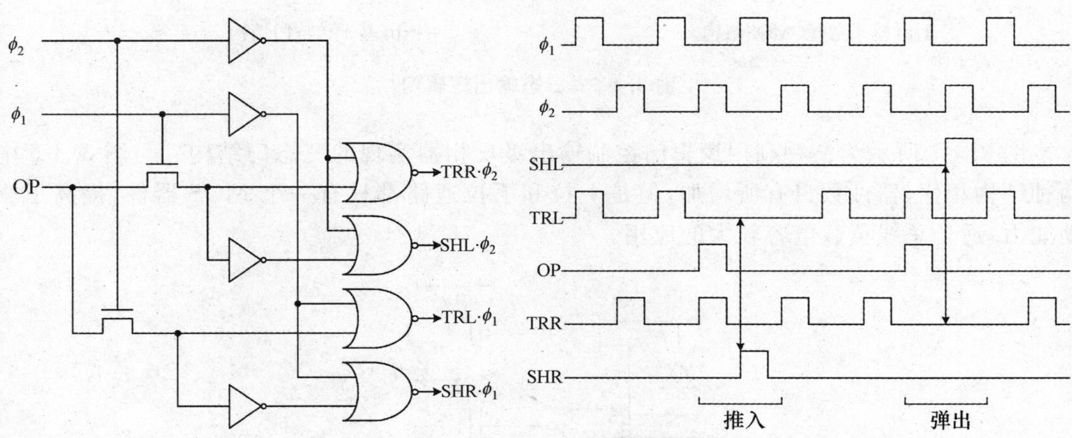

图 3.4-5 堆栈控制电路及工作时序图

3.4.3 总线

总线是运算器各部分之间交换数据的公用通路，为一组多位的互连线，在总线控制电路的控制下，通过分时复用的方法，总线上的各个模块公用这段连线进行数据交换。一条总线上可以挂多个模块，但是在任意时刻只能有一个主模块(master)使用这组总线向另一个从模块(slave)传递数据；这个时间段内其他模块不使用总线，从电路角度说，就是既不对总线充电也不对总线放电，即输出高阻态。当一个模块利用总线完成数据传递后，通知总线控制器，控制器根据其他模块的申请优先级，将总线分配给另一组模块使用。

为了使用总线，总线上的模块需要能够输出三态，即逻辑 0，逻辑 1 和高阻态，图 3.4-6 所示为 2 种三态输出逻辑门结构，实现功能为 $Y=EA+\overline{E}Z$，即当使能信号 E 为高电平时，则输出信号 A；当使能信号为低电平时，则输出高阻态 Z。这两种电路具有结构简单的优点，但是当输出信号 A 的时候，其上拉和下拉通路都经过两个串联管，驱动能力差。

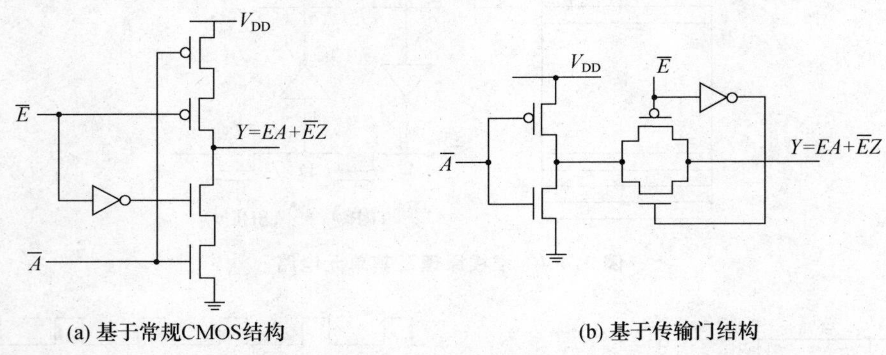

(a) 基于常规CMOS结构　　(b) 基于传输门结构

图 3.4-6　三态输出逻辑门

图 3.4-7 所示为一种利用逻辑门控制输出级反相器实现的三态门结构。与图 3.4-6 中两种结构相比，器件数目有所增加，但是上拉和下拉通路都只有一个 MOS 器件，提高了驱动能力，适合总线负载电容较大的应用。

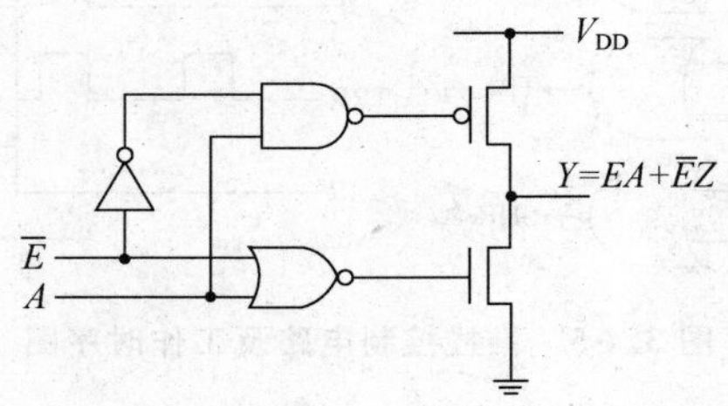

图 3.4-7　逻辑门控制输出级反相器实现三态输出

为了提高工作速度，总线也可以采取预充电的动态电路工作方式，图 3.4-8 是一种预充式总线结构。V_P 是控制脉冲，$V_P=0$ 时总线预充到高电平 V_{DD}，$V_P=1$ 时根据数据选通信号 E_i 决定哪一个数据送到总线。若某个 $E_i=1$，且 $D_i=0$，则或非门输出高电平，使 nMOS 下拉管导通，把总线拉到低电平，也就是 D_i 数据传到总线。若 $E_i=0$ 或者 $D_i=1$，则或非门输出低电平，总线保持预充的高电平。为了避免泄露电流使高电平下降，增加了一个 pMOS 反馈管 M_f。

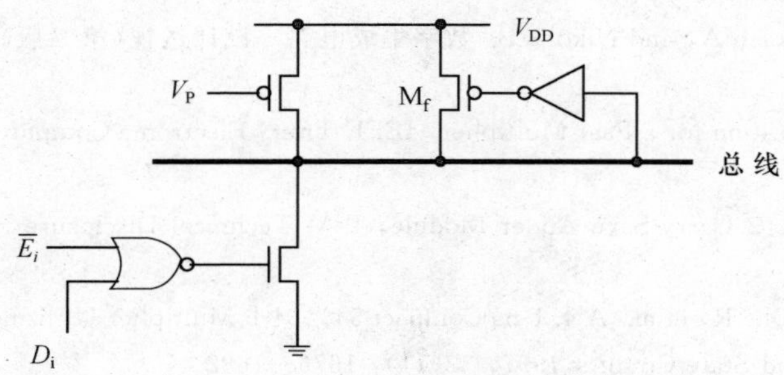

图 3.4-8　一种总线结构

参 考 文 献

1. 甘学温，赵宝瑛，陈中建，金海岩. 集成电路原理与设计. 北京：北京大学出版社，2006 年.
2. Shubin V, et al. New High-Speed CMOS Full Adder Cellof Mirror Design Style. International Conference and Seminar on Micro/Nanotechnologies and Electron Devices, 2010: 128—131.
3. Abu-Shama E and Bayoumi M A. New Cell for Low Power Adders. in Midwest Symp. on Circuits and Systems, 1995: 1014—1017.
4. Vasefi F and Abid Z. 10-Transistor 1-bit Adders for n-bit Parallel Adders. 16th International Conference on Microelectronics. 2004: 174—177.
5. Yano K, Yamanaka T, Nishida T, et al. A 3.8ns CMOS 16×16 Multiplier Using Complementary Pass-Transistor Logic. IEEE J. Solid-State Circuits, 1990, 25(2):388—395.
6. Uzuki M, Ohkubo N, Shinbo T, et al. A 1.5ns 32-b CMOS ALU in Double Pass-Transistor Logic. IEEE J. Solid-State Circuits, 1993,28(11):1145—1151.
7. Weste N and Harris D. CMOS 大规模集成电路设计(英文版第三版). 北京：机械工业出版社，2005.
8. Lee B and Oklobdzija V. Optimization and Speed Improvement Analysis of Carry-Lookahead Adder Structure, 24th Asilomar Conference on Signals, Systems and Computers, 1990: 918—922.
9. Sklansky J. Conditional-Sum Addition Logic, IRE Tran. Electronic Computers, 1960, 9(2): 226—231.
10. Bedrij O. Carry-Select Adder, IRE Tran. Electronic Computers, 1962, 11(3):340—346.
11. Zimmermann R and Fichtner W. Low Power Logic Styles: CMOS Versus Pass Transistor Logic, IEEE J. Solid-State Circuits, 1997, 32(7): 1079—1090.

12. Dobberpuhl D，et al. A 200 MHz 64b Dual Issue CMOS microprocessor，IEEE J. Solid-state Circuits，1992，27(11)：1555—1567.

13. Yuan J.，Svensson C. High-Speed CMOS Circuit Technique，IEEE J. Solid-State Circuits，1989，24(1)：62—70.

14. Hwang I and Fisher A. Ultrafast Compact 32-bit CMOS Adders in Multiple-output Domino Logic CMOS，IEEE J. Solid-State Circuits，1989,24(2)：358—369.

15. Rabaey J，Chandrakasn A，and Nikolic B. 数字集成电路—设计透视(第二版).北京：清华大学出版社,2004.

16. Wallace C. A Suggestion for a Fast Multiplier，IEEE Tran. Electronic Computers，1964，13(1)：14—17.

17. Weinberger A. A 4:2 Carry-Save Adder Module，IBM Technical Disclosure Bulletin，1981，23(8)：3811—3814.

18. Goto G，Inoue A，Ohe R，et al. A 4.1-ns Compact 54×54-b Multiplier Utilizing Sign-select Booth Encoders,IEEE J. Solid-State Circuits,1997，32(11)：1676—1682.

19. Booth A. A Signed Binary Multiplication Technique，Quarterly Journal of Mechanics and Applied Mathematics，1951，4(part 2)：236—240.

20. Koren I. Computer Arithmetic Algorithms，Prentice Hall，1993.

21. Furber S. ARM SoC 体系结构(第一版).北京：北京航空航天大学出版社,2002.

22. Chandrakasan A. Design of High-Performance Microprocessor Circuits. IEEE Press，2001.

23. 徐葭生. MOS数字大规模及超大规模集成电路.北京：清华大学出版社,1990.

第四章 控 制 器

运算器和控制器是构成计算机的核心。通过对控制器的分析,可以使我们从电路级提高到更高层次——系统级,来了解一个数字系统或子系统是如何工作的。

控制器的作用就是按照一定的程序指挥各部分电路执行一系列具体操作。在每个机器周期里,运算器所执行的操作都是由控制器发出的一串控制字来决定的。产生这些控制字序列的部件有的可能很简单,有的可能很复杂。控制器的结构特性对整个数字系统的结构及程序设计等都有重要影响。本章将根据由浅入深的原则,从简单的有限状态机控制逐步深化到存储程序控制和微程序控制。另外,也会针对低功耗的设计要求,简单介绍一种有限状态机状态编码的方法。

4.1 有限状态时序机

图 4.1-1 是一种简单的有限状态时序机(Finite State Machine, FSM),它是一个无外部输入的自循环的控制结构,用可编程逻辑阵列(Programmable Logic Array, PLA)(第 3 节详细介绍)实现。PLA 的或阵列的某些输出信号作为数据通路的输入控制信号,某些输出信号反馈到与阵列,由此确定时序机的下一个状态。它按照固定的状态序列周期性地循环。数据通路的时钟信号和控制器同步,数据通路按照控制器提供的控制信号进行运算。这种控制器只能控制很简单的操作,比如控制数字滤波器,数据从数据通路的一端输入,经过一组固定的简单操作从另一端输出结果。

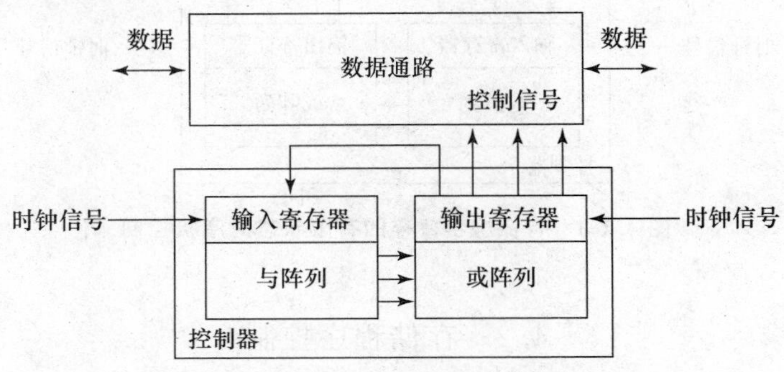

图 4.1-1 简单的有限状态时序机

为了扩充这种控制器的功能,可以把运算结果的某些标志(flag)反馈到与阵列,使控制时序成为前一次运算结果的函数,如图 4.1-2 所示。有了标志字反馈到控制器的输入,就使得控制器产生的下一状态的控制信号与本次运算结果或输入数据有关。比如标志位可设置表示运算结果是 0，操作数 A = 操作数 B 等状态标志，当连续作减法时，若产生输出为 0 的标志，则由它控制使下次减法运算自动停止。

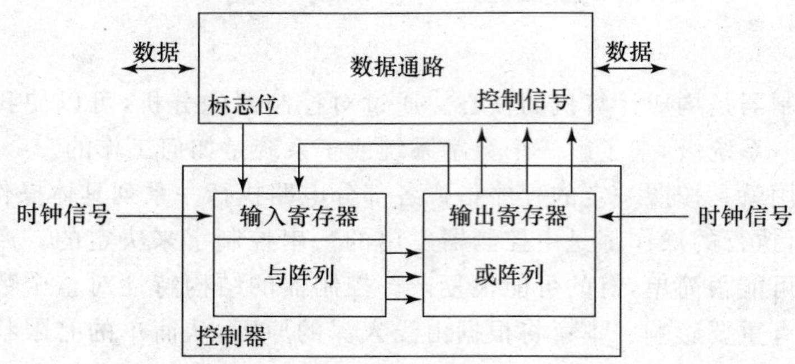

图 4.1-2　有标志字反馈的控制器

图 4.1-3 是在图 4.1-2 的基础上又作了改进的有限状态时序机。它增加了标志寄存器，并且用或阵列的一个输出信号控制标志寄存器向与阵列反馈标志信号。这样可以使得由某一特定操作产生的标志字能用于控制状态机以后的许多状态和操作，只有当或阵列产生新的加载信号时才用新的标志字取代原有的标志字。这种控制器已经有了一点存储控制，只是标志字寄存器所能提供的信息比较少。有限状态时序机只能实现预先设计好的一套简单控制流程，因此只能用于专用数字系统。

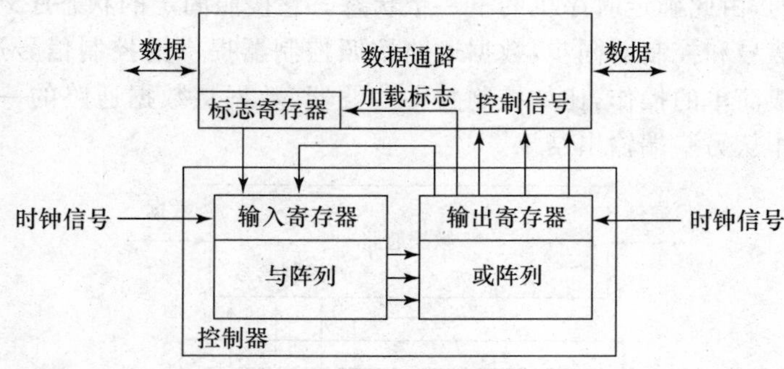

图 4.1-3　有标志字寄存的有限状态时序机控制

4.2　存储程序控制

由冯·诺依曼提出的存储程序控制已广泛应用于通用计算机中。存储程序克服了简单的有限状态时序机的局限，不是只能执行一组预先设计好的专用操作，而是能执行任意一组预先规定好的基本操作，这样一组基本操作就是机器的指令系统。有了指令系统，程序可以由机器指令序列组成，算法可以以程序的形式实现，这样就可以实现不同用户要求的不同运算。

图 4.2-1 是一个简单的存储程序机的原理图。机器中必须设有一个专用寄存器作程序计数器(Program Counter,PC),PC 作为一个指针指向存储器中程序所在的位置。PC 的内容就是存储器的一个地址，在机器处于取指状态时(FNI)，从该地址取出预先存储的指令码，输入到控制器中，经过指令译码器(可以由 PLA 实现)，产生一系列控制信号，控制运算器进行一系列操作。当一条指令取出后，程序计数器加 1，指向下一条指令。在这条指令执行完毕后，再以 PC 的内容作为地址取出下一个指令操作码。这样顺序执行下去，直到预先存在存储器中的程序全部执行完毕。

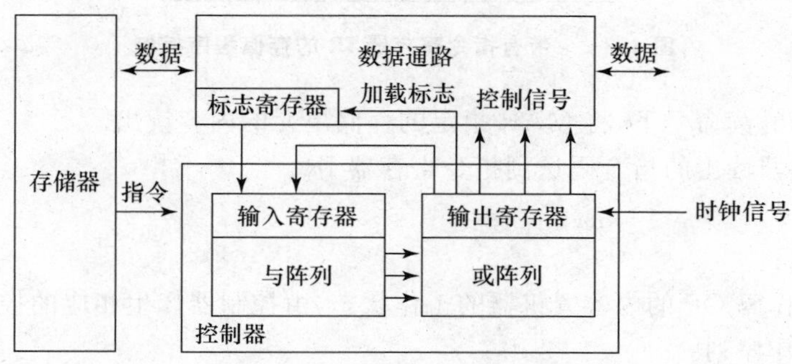

图 4.2-1 简单的存储程序控制

这种简单的存储程序控制机存在一个问题，因为一般一个指令周期包含若干个机器周期，也就是说，执行一条指令包含若干个步骤，而在大部分步骤中都需要用指令码作为输入信息产生相应的控制信号，这就需要靠指令译码的 PLA 中或阵列的输出反馈到与阵列来保持指令码的信息，这将增加 PLA 的面积和反馈通路的位数。

为了解决上述问题，在机器中增加了指令寄存器(Instruction Register,IR)，如图 4.2-2 所示。指令寄存器受控制器的一条输出线控制，只有当控制器产生指令加载信号时，才从存储器取出一条指令存入 IR。在执行指令的一系列步骤中，都以 IR 的内容作为输入信号送入 PLA，由此产生相应的控制信号，这样可以减少或阵列到与阵列的反馈位数，使 PLA 工作更有效。

存储程序计算机是根据用户设计的程序，从存储器中一条条地取出指令，然后翻译执行。每条指令的执行步骤大致可以分 6 个阶段，当然有些指令执行过程可能跳越其中一些阶段。

(1) 取指令

取指过程是执行指令的起点，是所有指令的公共操作，与指令的类型和内容无关。取指过程又可细分为以下几个步骤：

① 把程序计数器的内容送到存储器的地址寄存器 MAR，即 MAR←PC。

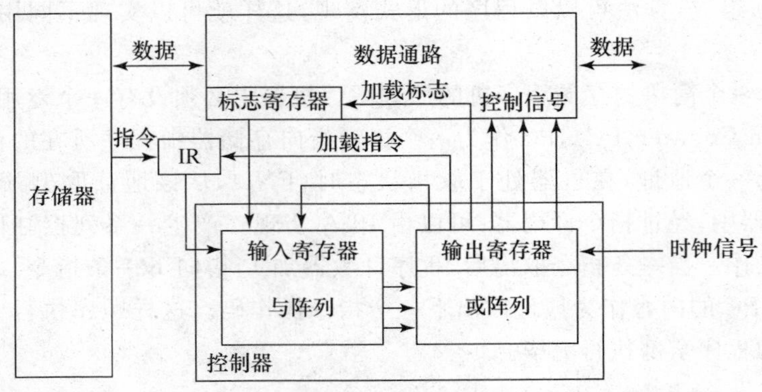

图 4.2-2 带有指令寄存器 IR 的存储程序控制

② 在控制器的读命令下，将 MAR 指定的存储单元的内容读出。

③ 把从存储器读出的指令码送到指令寄存器 IR。

④ PC←PC＋1。

（2）指令译码

根据指令操作码 OP 的内容置机器的工作状态，由控制器产生相应的控制信号，以便执行指令规定的操作序列。

（3）取操作数

指令中可以直接给出操作数，但是大部分指令是给出存放操作数的寄存器或存储器的地址。按指令中给出的地址取出操作数送到数据通路的输入寄存器。

（4）执行过程

按照 OP 代码所规定的操作执行对操作数的运算。

（5）存储运算结果

把运算结果存入指定地点，并置状态字寄存器的状态。

（6）确定下一条指令的地址，返回到取指阶段

大部分情况下程序是顺序执行的，因此 PC＋1 就是下一条指令的地址，而 PC＋1 的操作在取指阶段同时完成了。遇到转移指令，可根据状态字寄存器的内容修改 PC 的值，由此确定下一条指令的地址。

这里以加法为例说明指令执行的过程。一条加法指令可能是如下形式：

ADD	Ad_1	Ad_2	Ad_3
操作码	操作数 1 地址	操作数 2 地址	结果 地址

执行这条加法指令的步骤是：

① 取指令

MAR←PC	PC 内容送存储器地址寄存器，存储器进行读操作
IR←M	从存储器读出的指令送 IR
PC←PC+1	给出下一条指令地址

② 指令译码

[Y′=fun (op)]	根据操作码决定机器下一状态

③ 取操作数

A←Ad_1	Ad_1 内容送累加器 A
B←Ad_2	Ad_2 内容送 B 寄存器

④ 执行运算

A←A+B	执行 A+B 操作，结果暂存在累加器 A 中

⑤ 存储结果

Ad_3←A	把运算结果送到存储器指定地点

⑥ 返回取指状态

[Y′=FNI]	不是转移型指令，直接返回取指状态

一旦指令系统和运算器的结构确定下来，就可以设计解释指令所需的指令译码器(可以是 PLA，也可以是复杂逻辑电路)。当然，即使一个简单的控制器，指令系统也可能需要上百个状态，因此这一设计过程是比较复杂的。

4.3 控制器的电路实现

控制器的设计主要是基于机器指令系统完成指令译码器和指令执行控制信号的设计，简单的有限状态机可以用可编程逻辑器件(Programmable Logic Device，PLD)实现，适用于控制器实现的主流的 PLD 包括：

- 可编程只读存储器(Programmable Read Only Memory，PROM)
- 可编程逻辑阵列(Programmable Logic Array，PLA)
- 可编程阵列逻辑(Programmable Array Logic，PAL)
- 现场可编程门阵列(Field Programmable Gate Array，FPGA)

其中，PROM 是 PLA 和 PAL 的基础，它的结构简单、应用灵活。PAL 是 PLA 的一个变种。PLA 与 PAL 结构的不同在于：在 PLA 中与阵列的每个输出都可以成为或阵列中的输入信号，所以或阵列面积比较大。而 PAL 结构中，或阵列改为固定的或门，其中每个输出的或门固定连接几个与阵列乘积项，也就是说，PLA 的与阵列和或阵列都是可编程的，而 PAL 的或阵列改为几个固定的或门。FPGA 的集成度更高，且应用范围更加广泛，具体将在下一章进行介绍。

本章节将重点介绍 PROM 逻辑特点和 PLA 结构的电路实现以及控制器实现方法。

4.3.1 PROM 的逻辑特点

PROM 的功能是根据给定的地址读出相应的存储内容。给定地址码后，通过地址译码器得到相应的字线信号。以一个 4×4 bit 的 ROM 为例，每个单元是一个 nMOS 晶体管，低阈值的管子表示存“1”，高阈值的管子表示存“0”。如果以一行的 4 个单元为一个字，每次读取一行，需要 2 位地址码实现四选一。表 4.3-1 列出了译码器的功能，A_1、A_0 是 2 位地址码，W_3、W_2、W_1 和 W_0 是译码器输出的字线信号，用“1”表示该字线选中，对 nMOS 单元管就是高电平选中。

表 4.3-1 4×4 bit ROM 译码器真值表

A_1 A_0	W_3	W_2	W_1	W_0
0 0	1	0	0	0
0 1	0	1	0	0
1 0	0	0	1	0
1 1	0	0	0	1

根据真值表可以得到字线信号与地址码的逻辑关系：

$$\begin{aligned} W_0 &= A_1A_0 \\ W_1 &= A_1\overline{A_0} \\ W_2 &= \overline{A_1}A_0 \\ W_3 &= \overline{A_1}\,\overline{A_0} \end{aligned} \tag{4.3-1}$$

对上式稍加变换，就得到用或非门实现的译码器，因为采用动态电路或类 nMOS 电路作译码器可以节省很多面积，这种情况用或非门实现是 nMOS 并联，有利于提高速度。

$$\begin{aligned} W_0 &= A_1A_0 = \overline{\overline{A_1}+\overline{A_0}} \\ W_1 &= A_1\overline{A_0} = \overline{\overline{A_1}+A_0} \\ W_2 &= \overline{A_1}A_0 = \overline{A_1+\overline{A_0}} \\ W_3 &= \overline{A_1}\,\overline{A_0} = \overline{A_1+A_0} \end{aligned} \tag{4.3-2}$$

图 4.3-1 画出了这个 4×4 bit ROM 的单元阵列和译码器电路，采用的是类 nMOS 电路形式。存储单元中的高阈值管子没有画出，因为高阈值管子在读操作时不能导通，相当于这个 MOS 晶体管不起作用。因此，也可以理解为有 MOS 晶体管的单元存“1”，没有 MOS 晶体管的单元存“0”。译码器是 4 个二输入的或非门，它们也排成阵列结构，便于版图布局。

从图中可以得到存储器的位线输出信号：

$$\begin{aligned} B_3 &= \overline{W_0+W_1+W_2+W_3} \\ B_2 &= \overline{W_1+W_3} \\ B_1 &= \overline{W_2} \end{aligned}$$

$$B_0 = \overline{W_0 + W_1} \tag{4.3-3}$$

把字线信号的表达式(4.3-1)代入式(4.3-3),就得到了位线信号与输入的地址信号的逻辑关系。

$$\begin{aligned}
B_3 &= \overline{W_0 + W_1 + W_2 + W_3} = \overline{A_1 A_0 + A_1 \overline{A_0} + \overline{A_1} A_0 + \overline{A_1}\,\overline{A_0}} \\
B_2 &= \overline{W_1 + W_3} = \overline{A_1 \overline{A_0} + \overline{A_1}\,\overline{A_0}} \\
B_1 &= \overline{W_2} = \overline{\overline{A_1} A_0} \\
B_0 &= \overline{W_0 + W_1} = \overline{A_1 A_0 + A_1 \overline{A_0}}
\end{aligned} \tag{4.3-4}$$

把位线信号再经过一个反相器作输出缓冲,这样得到的输出信号与输入的地址信号就是某种"与-或"逻辑关系。

$$\begin{aligned}
D_3 &= \overline{B_3} = A_1 A_0 + A_1 \overline{A_0} + \overline{A_1} A_0 + \overline{A_1}\,\overline{A_0} \\
D_2 &= \overline{B_2} = A_1 \overline{A_0} + \overline{A_1}\,\overline{A_0} \\
D_1 &= \overline{B_1} = \overline{A_1} A_0 \\
D_0 &= \overline{B_0} = A_1 A_0 + A_1 \overline{A_0}
\end{aligned} \tag{4.3-5}$$

式(4.3-5)说明了 ROM 的逻辑特点。对于 nMOS NOR 结构的 ROM,译码器输入信号取反,位线输出信号再经过一级反相器,就实现了输入信号(地址)的"与-或"逻辑。译码器输出的字线信号实现了"与"逻辑,存储单元阵列实现了字线信号的"或"逻辑,因此,把译码器叫做"与矩阵"或"与阵列",存储单元叫做"或矩阵"或者"或阵列"。

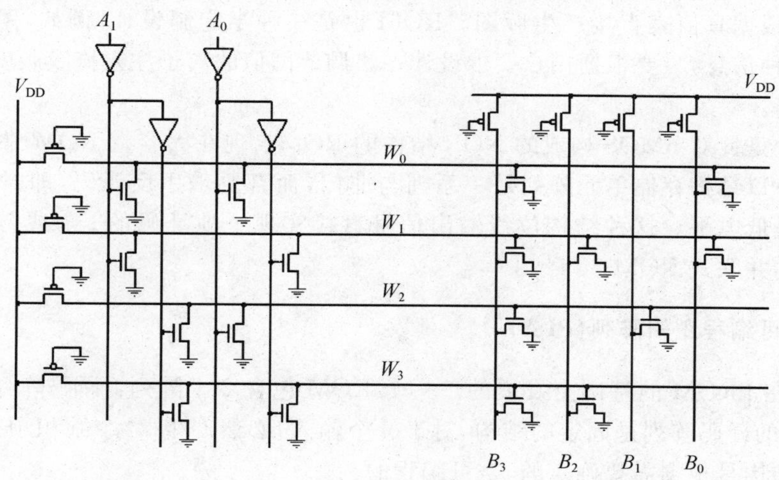

图 4.3-1 4×4 bit ROM 的单元阵列和译码器电路

从图 4.3-1 看出 ROM 的存储单元和译码器都是阵列结构。如果阵列中的 MOS 晶体管都是相同的尺寸,只要确定了 MOS 晶体管的位置就很容易得到版图。因此,我们可以用简单的点阵图来表示实际电路,点阵图中用黑点表示 MOS 晶体管的位置。图 4.3-2 给出了

图 4.3-1 电路对应的点阵图。点阵图中包含了输出缓冲器，但是没有画出负载管。点阵图也叫逻辑图，因为根据点阵图就可以写出输出变量的逻辑表达式。

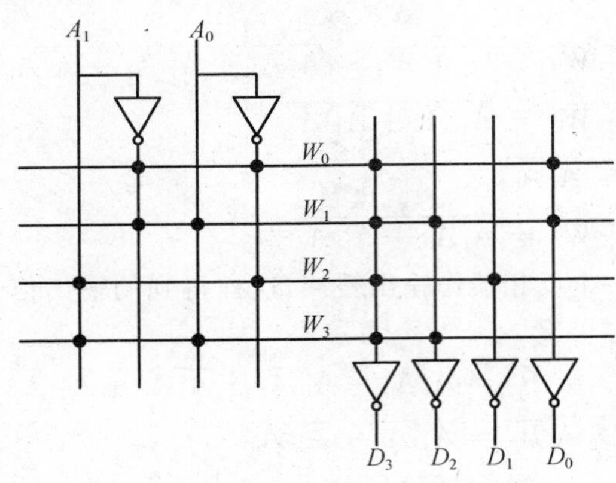

图 4.3-2　nMOS NOR 结构 ROM 的点阵图

由于任何组合逻辑都可以表示为输入变量的某种“与-或”关系，因此用 ROM 可以实现任意的组合逻辑，而且可以同时实现多个逻辑表达式，即多输入、多输出的逻辑。用 ROM 实现组合逻辑的优点是，不论多么复杂的“与-或”逻辑都是通过 2 级或非门实现(不考虑输入、输出缓冲器)；另外，结构规整便于版图自动化设计。用 ROM 实现专用集成电路是非常方便的，可以根据真值表直接产生版图。ROM 也是一种半定制设计，例如，用两种阈值表示“0”、“1”两种信息，只要根据用户要求设计一块调节阈值的离子注入掩膜版就可以实现用户要求的电路。

以上讨论是针对 nMOS 构成的 NOR 结构的 ROM。现在大容量 ROM 常采用 NAND 结构，对 NAND 结构存储单元阵列是一系列与非门，而且要采用反译码，即对 nMOS 单元管选中字线是低电平。这种结构位线输出信号直接实现了地址码的“与-或”逻辑，相当于 pMOS 构成的并联式 ROM。

4.3.2　可编程逻辑阵列(PLA)

PLA 是在 PROM 的基础上发展的。一个 ROM 包含 2 个阵列：译码阵列和存储单元阵列。ROM 的译码阵列是固定的结构，对于 n 个输入，必然产生 2^n 个乘积项。ROM 存储单元阵列的结构是根据需要确定的，是可编程的。

PLA 和 PROM 的区别在于它的与阵列和或阵列都是可编程的。也就是说，PLA 中的译码是不完全译码，对应 n 个输入，与阵列的输出小于 2^n。图 4.3-3 比较了 ROM 和 PLA 的差别。对于多个输出且它们有较多共享的乘积项时，用 PLA 实现是非常经济的。如微处理器中的指令译码器就可以用 PLA 实现。

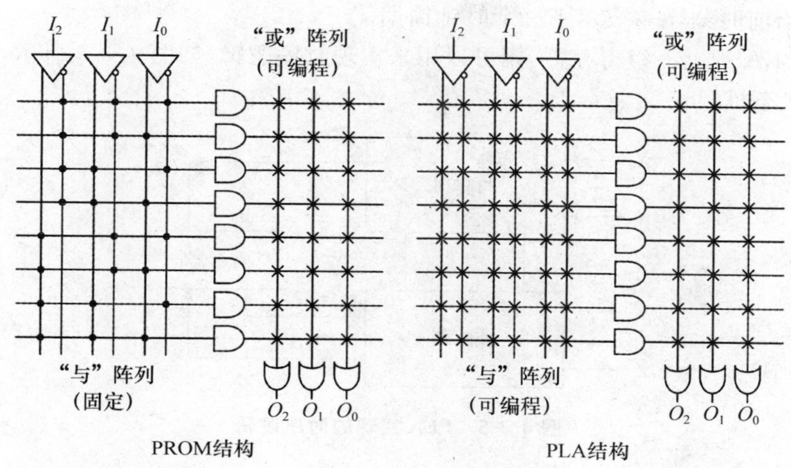

图 4.3-3　PROM 和 PLA 的结构特点

4.3.3　用 PLA 实现时序逻辑

逻辑电路有组合逻辑和时序逻辑两种类型。组合逻辑电路的输出只是当前输入变量的函数，而时序逻辑的输出不仅与当前输入有关，还与前一时刻的状态有关。在时序逻辑中必须有存储元件，用来记忆电路原来的状态。图 4.3-4 说明了组合逻辑与时序逻辑的原理。

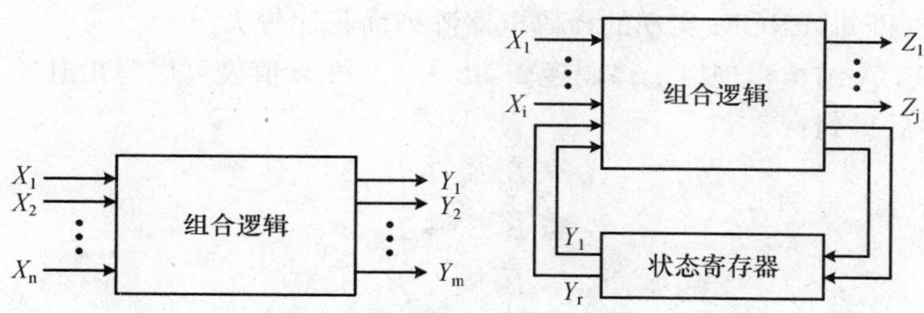

图 4.3-4　组合逻辑与时序逻辑的原理

对于组合逻辑电路，输出可表示为：

$$Y = F(X)$$

其中

$$Y = (y_1, y_2 \cdots y_m),\ X = (x_1, x_2 \cdots x_n)$$

对于时序逻辑电路有：

$$Y(t_{n+1}) = AY(t_n) + BX(t_n) \qquad \text{状态方程}$$

$$Z(t_n) = CY(t_n) + DX(t_n) \qquad \text{输出方程}$$

其中 t_n 表示当前时刻，t_{n+1} 表示下一个时钟周期。

如果把 PLA 配上一组寄存器，则可以用来实现时序逻辑，如图 4.3-5 所示，这实际上就是一种有限状态机。

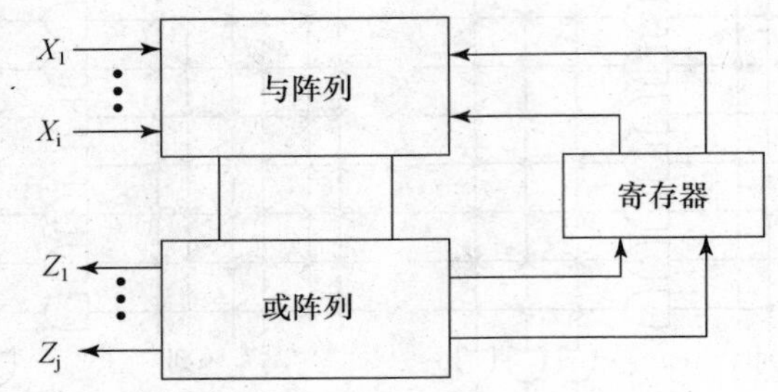

图 4.3-5　PLA 实现的时序逻辑

4.3.4　PLA 电路的优化

1. 组合逻辑的优化

在采用 PLA 结构实现控制器中的组合逻辑时，可以通过适当的逻辑化简减少乘积项的数目，从而缩小与阵列的面积。下面以控制器中的译码电路为例进行说明。

表 4.3-2 列出了某控制器中 4 位输入数据与 4 位输出数据之间的逻辑译码关系。用 PROM 实现该译码逻辑十分简单，图 4.3-6 就是用 nMOS 并联式 ROM 实现的点阵图，上面是与阵列，接收输入数据，产生乘积项；下面是或阵列，实现乘积项的“或”，得到输出数据。从实现结构可以得知，PROM 实现的译码电路阵列面积比较大。

下面采用 PLA 结构实现以上译码逻辑，由表 4.3-2 真值表可以写出其输出的逻辑表达式，经过化简最后得到：

$$G_0 = \overline{B_1} B_0 + B_1 \overline{B_0}$$

$$G_1 = \overline{B_2} B_1 + B_2 \overline{B_1}$$

$$G_2 = \overline{B_3} B_2 + B_3 \overline{B_2}$$

$$G_3 = B_3$$

用 ROM 实现的译码电路，与阵列是完全译码，对应 4 个输入共产生 16 个乘积项。现在用 PLA 实现，经过逻辑化简后只要 7 个乘积项，因而使阵列面积减少一半以上。图 4.3-7 是用 nMOS 的 PLA 实现的译码电路点阵图，图中 $P_1 \sim P_7$ 表示产生的 7 个乘积项。可见译码电路的阵列面积大大减小。对有些输入、输出端数不多，但是需要乘积项较多的逻辑电路不适宜用 PLA 实现。

表 4.3-2　译码关系真值表

输入数据				输出数据			
B_3	B_2	B_1	B_0	G_3	G_2	G_1	G_0
0	0	0	0	0	0	0	0
0	0	0	1	0	0	0	1
0	0	1	0	0	0	1	1
0	0	1	1	0	0	1	0
0	1	0	0	0	1	1	0
0	1	0	1	0	1	1	1
0	1	1	0	0	1	0	1
0	1	1	1	0	1	0	0
1	0	0	0	1	1	0	0
1	0	0	1	1	1	0	1
1	0	1	0	1	1	1	1
1	0	1	1	1	1	1	0
1	1	0	0	1	0	1	0
1	1	0	1	1	0	1	1
1	1	1	0	1	0	0	1
1	1	1	1	1	0	0	0

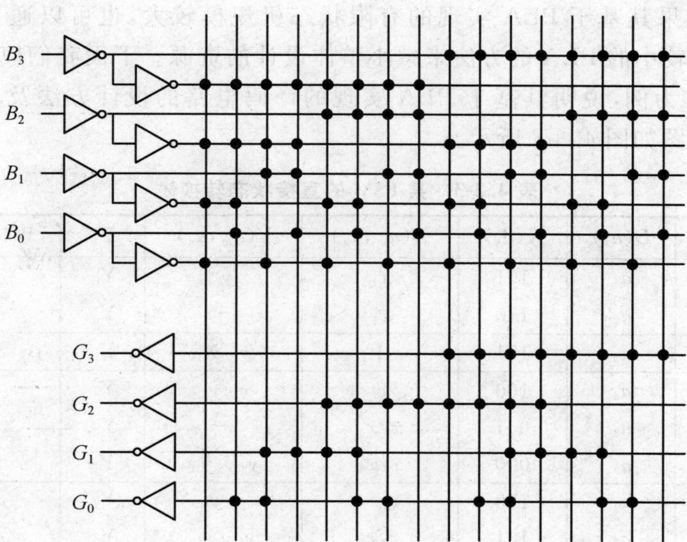

图 4.3-6　用 nMOS 并联式 ROM 实现 4 位代码转换的点阵图

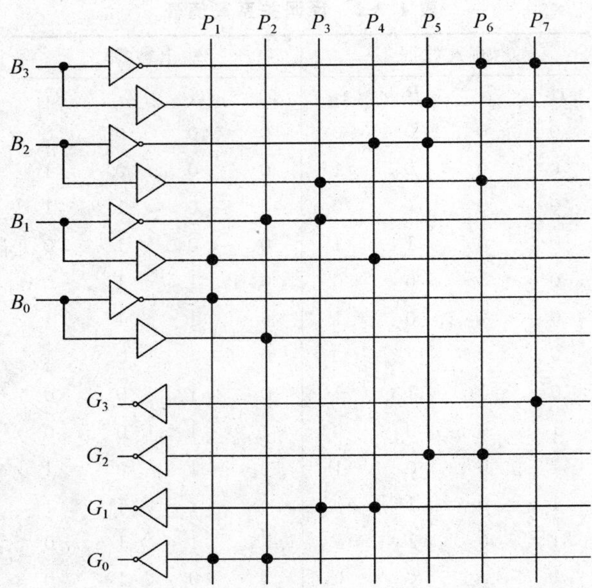

图 4.3-7 实现 4 位代码转换的 PLA 结构

2. 时序逻辑的优化

在 PLA 的设计中，除了通过逻辑化简减少乘积项来减少实现阵列的面积外，对 PLA 实现的时序电路，如果其基于 PLA 实现的有限状态机规模较大，也可以通过分割一块大的 PLA 为几块规模较小的 PLA 的方法来减小整体设计的资源。下面我们以表 4.3-3 所示的有限状态机 FSM 为例，说明其基于 PLA 实现的译码电路的设计方法及其优化方法。该 FSM 的状态转换图如图 4.3-8 所示。

表 4.3-3 某 FSM 的直接状态转换表

$T(a_m)$	$K(a_m)$	$D(a_s)$	$K(a_s)$	$X(a_m,a_s)$	$Y(a_m,a_s)$	Y_t	$W(a_m,a_s)$	H
a_1	110	a_3	101	x_1	y_7	Y_8	d_1d_3	1
		a_1	110	$\bar{x}_1$	—	Y_0	d_1d_2	2
a_2	000	a_3	101	1	$y_{10}y_{11}$	Y_4	d_1d_3	3
a_3	101	a_6	100	x_7	$y_{10}y_{11}$	Y_4	d_1	4
		a_8	001	$\bar{x}_7x_8$	—	Y_0	d_3	5
		a_2	000	$\bar{x}_7\bar{x}_8$	$y_2y_5y_{10}$	Y_1	—	6
a_4	010	a_1	110	x_1x_3	y_3y_4	Y_2	d_1d_2	7
		a_3	101	$x_1\bar{x}_3$	$y_1y_3y_4$	Y_3	d_1d_3	8
		a_7	111	$\bar{x}_1x_2$	y_3y_4	Y_2	$d_1d_2d_3$	9
		a_4	010	$\bar{x}_1\bar{x}_2$	y_1y_3	Y_6	d_2	10

续表

$T(a_m)$	$K(a_m)$	$D(a_s)$	$K(a_s)$	$X(a_m,a_s)$	$Y(a_m,a_s)$	Y_t	$W(a_m,a_s)$	H
a_5	011	a_4	010	x_4x_6	y_6y_{13}	Y_9	d_2	11
		a_5	011	$x_4\overline{x}_6$	y_6y_{13}	Y_9	d_2d_3	12
		a_8	001	$\overline{x}_4$	y_6y_8	Y_5	d_3	13
a_6	100	a_2	000	x_5	$y_{10}y_{11}$	Y_4	—	14
		a_3	101	$\overline{x}_5x_7$	y_{12}	Y_{10}	d_1d_3	15
		a_8	001	$\overline{x}_5\overline{x}_7$	$y_{10}y_{11}$	Y_4	d_3	16
a_7	111	a_5	011	1	y_1y_3	Y_6	d_2d_3	17
a_8	001	a_8	001	x_6	—	Y_0	d_3	18
		a_5	011	$\overline{x}_6$	y_9y_{14}	Y_7	d_2d_3	19

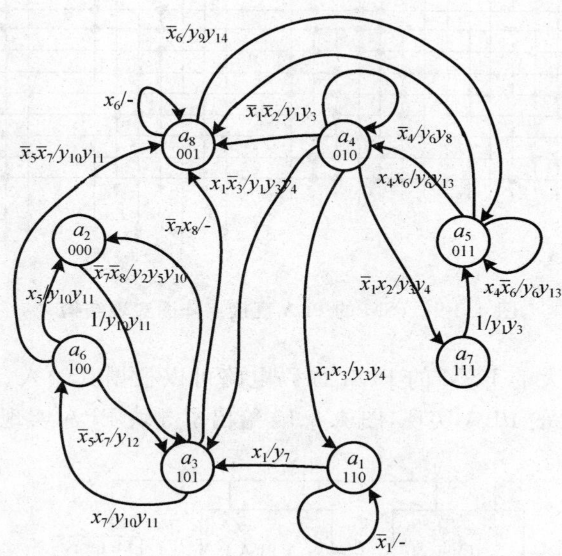

图 4.3-8　某 FSM 的状态转换图

表 4.3-3 和图 4.3-8 中的字符定义说明如下：

$T(a_m)$和 $K(a_m)$：表示当前状态及其状态编码；

$D(a_s)$和 $K(a_s)$：表示下一个状态及其状态编码；

$X(a_m,a_s)$：表示状态从 a_m 到 a_s 转换时，所有输入信号中其值为“1”的信号集合；

$Y(a_m,a_s)$：表示状态从 a_m 到 a_s 转换时，所有输出信号中其值为“1”的信号集合，用子集 Y_t，$t=0,1,\cdots,J$ 表示；

$W(a_m,a_s)$：表示状态从 a_m 到 a_s 转换时，下一状态的状态编码中其值为“1”的位；

H：表示 FSM 状态转换编号。

该 FSM 的 PLA 译码电路实现的直接点阵图结构如图 4.3-9 所示。该 PLA 点阵图的实现密度不高,占用了比较大的资源和芯片面积。下面将通过分割图 4.3-9 中的 PLA 点阵图为 3 块子 PLA 点阵图的方法来提高 PLA 实现密度,进行资源和面积的优化。

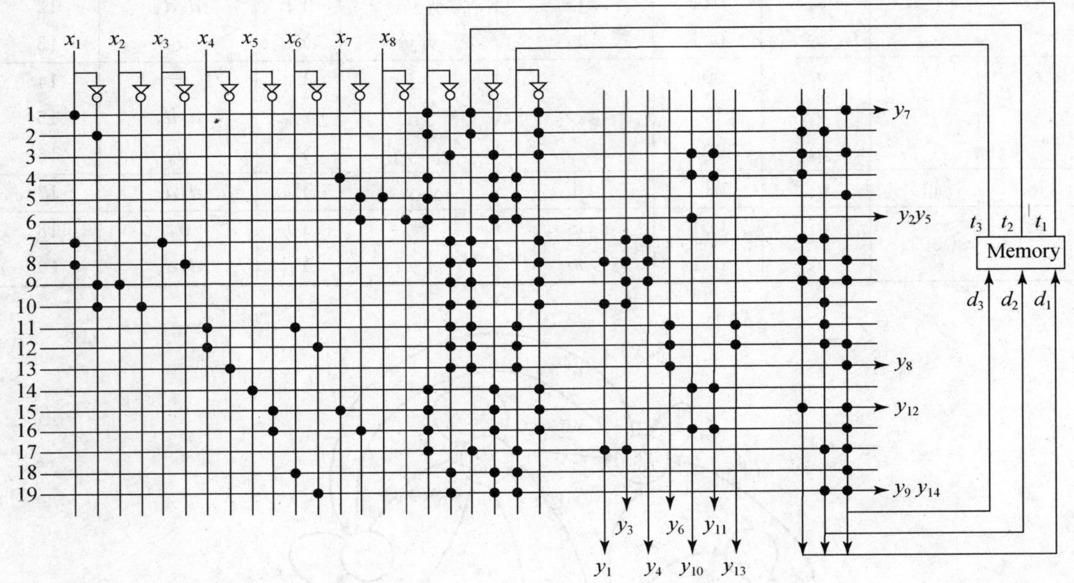

图 4.3-9　FSM 的 PLA 直接点阵图实现结构

通常情况下,一个大的 FSM 的 PLA 译码电路可以根据其输入、输出信号和状态转换的情况分解为 3 块主要的 PLA 实现,图 4.3-10 给出了 3 块 PLA 实现的框架结构。

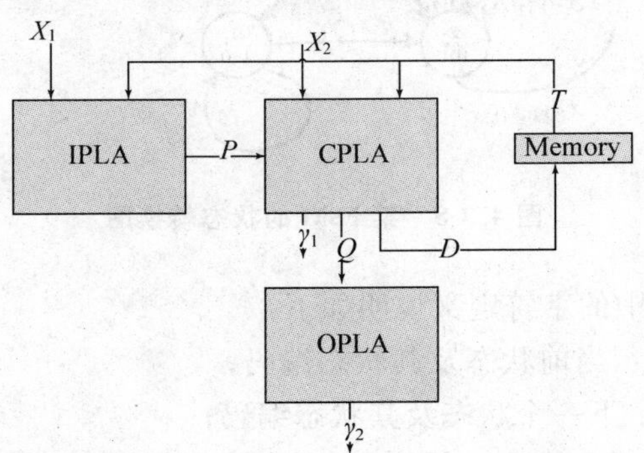

图 4.3-10　3 块 PLA 实现的 FSM 框架结构

一个有限状态机完成的是$(X \cup T) \Rightarrow (Y \cup D)$的转换(符号$\cup$表示并集),其中:

$X = \{x_1, \cdots, x_L\}$:输入信号的集合,$X = X_1 \cup X_2$,$X_1 \cap X_2 = \Phi$(符号$\cap$表示交集,符号 Φ 表示“空或 0”);

$Y=\{y_1,\cdots,y_N\}$：输出信号的集合，$Y=\gamma_1\cup\gamma_2,\gamma_1\cap\gamma_2=\Phi$；

$T=\{a_1,\cdots,a_m\}$：当前状态的集合，T 中的每一个状态 $a_i,i=1,\cdots,m$ 可以用$[t_1,\cdots,t_r]$位二进制数进行状态编码，r 由 T 集合中的状态数决定；

$D=\{a_1,\cdots,a_s\}$：下一状态的集合，D 中的每一个状态 $a_j,j=1,\cdots,s$ 可以用$[d_1,\cdots,d_s]$位二进制数进行状态编码，s 由 D 集合中的状态数决定。

图 4.3-10 中，IPLA 表示输入功能转换 PLA，CPLA 表示核心功能转换 PLA，OPLA 是输出功能转换 PLA。IPLA 完成部分输入信号 X_1 和 FSM 当前状态 T 到辅助中间变量 P 的功能转换；有限状态机的核心功能由 CPLA 实现，它是辅助中间变量 P、部分输入信号 X_2 和当前状态 T 到辅助中间变量Q、部分输出控制信号 γ_1 和 FSM 下一状态 D 的函数；OPLA 实现辅助中间变量 Q 到部分输出控制信号 γ_2 的功能转换。每块 PLA 的转换过程描述如下：

- 输入功能 IPLA 实现$(X_1\cup T)\Rightarrow P$ 的功能转换，$X_1\subset X$（符号$\subset$表示属于关系）；
- 核心功能 CPLA 实现$(X_2\cup P\cup T)\Rightarrow(Q\cup\gamma_1\cup D)$的功能转换，$X_2\subset X,\gamma_1\subset Y$；
- 输出功能 OPLA 实现 $Q\Rightarrow\gamma_2$ 的功能转换，$\gamma_2\subset Y$。

引入的 2 个辅助中间变量定义如下：

$P=\{p_1,\cdots,p_K\}$：IPLA 的输出信号集合（CPLA 的辅助输入信号集合）；

$Q=\{q_1,\cdots,q_M\}$：CPLA 的输出信号集合（OPLA 的辅助输入信号集合）。

注意 CPLA 的设计依赖于 IPLA 和 OPLA 的功能设计。

(1) 输入功能转换 IPLA

假设 $X(a_m)$是与状态 a_m 相关的输入信号的集合，根据表 4.3-3 中可见：

$X(a_1)=\{x_1\};X(a_2)=\Phi;X(a_3)=\{x_7,x_8\}$

$X(a_4)=\{x_1,x_2,x_3\};X(a_5)=\{x_4,x_6\};X(a_6)=\{x_5,x_7\}$

$X(a_7)=\Phi;X(a_8)=\{x_6\}$

通过 IPLA，输入信号 X_1 可以产生一组新的信号变量集合 P。集合 P 的变量数应小于等于 $X(a_m)$的最大输入变量数。在本例中，$|P|\leqslant 3$。状态 a_m 的编码方式如下：

$K(a_1)=110;K(a_2)=000;K(a_3)=101$

$K(a_4)=010;K(a_5)=011;K(a_6)=100$

$K(a_7)=111;K(a_8)=001$

下面对状态 a_m 的编码进行优化，表 4.3-4 给出了变量 X_1 产生变量 P 的一种可能的转换方法，变量 P 由 3 位二进制数 $p_1p_2p_3$ 表示。

表 4.3-4　状态 a_m 与输入信号的编码转化表

a_m	p_1	p_2	p_3
a_1	x_1	—	—
a_2	—	—	—
a_3	x_7	x_8	
a_4	x_1	x_2	x_3
a_5	x_4	x_6	
a_6	x_7	x_5	
a_7	—	—	—
a_8	—	x_6	—

其中，p_3 只由输入信号 x_3 决定，可以将 x_3 单独划分到直接与 CPLA 相关的输入数据的集合 X_2，从而使得 x_3 不参与 IPLA 的功能运算，简化了 IPLA 的电路实现。这样，集合 X_1 就是输入数据集合 X 剪掉集合 X_2 后的集合，表示为：

$$X_2 = \{x_3\},\ X_1 = X \backslash X_2$$

IPLA 的另 2 个输出变量 p_1 和 p_2 可以通过下面的卡诺图进行化简，其中 $t_1t_2t_3$ 是状态 a_m 的二进制编码，t_1 为最高位，t_3 为最低位。

p_1的卡诺图

t_2t_1 \ t_1	0	1
00	*	x_7
01	*	x_7
11	x_1	x_1
10	x_4	*

p_2的卡诺图

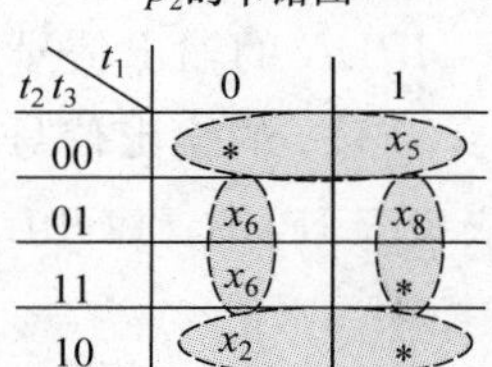

得到表达式为：

$$p_1 = t_2\,\overline{t_3}x_1 + \overline{t_2}x_7 + t_2t_3x_4$$

$$p_2 = t_1t_3x_8 + t_2\,\overline{t_3}x_2 + \overline{t_1}t_3x_6 + \overline{t_2}\,\overline{t_3}x_5$$

可见，以上 $P(p_1p_2)$与输入数据 $X_1(x_1x_2x_4x_5x_6x_7x_8)$和状态 $T(t_1t_2t_3)$之间的表达式可以用更小规模的 PLA 实现。

（2）输出功能转换 OPLA

OPLA 的功能是将变量 Q 集合转化为输出变量 γ_2 集合。

根据表 4.3-3，Y_t，$t=0,1\cdots J$ 表示输出信号 y_i 的一个集合。在本例中，$J=10$。Y_t 的集合如下：

$$Y_0 = \Phi; Y_1 = \{y_2, y_5, y_{10}\}; Y_2 = \{y_3, y_4\}; Y_3 = \{y_1, y_3, y_4\}$$

$$Y_4 = \{y_{10}, y_{11}\}; Y_5 = \{y_6, y_8\}; Y_6 = \{y_1, y_3\}$$

$$Y_7 = \{y_9, y_{14}\}; Y_8 = \{y_7\}; Y_9 = \{y_6, y_{13}\}; Y_{10} = \{y_{12}\}$$

对 Y_t 进行二进制编码，用 $K(Y_t)$ 表示，其编码位宽 $M \geqslant |\log_2 J|$。在 $K(Y_t)$中，寻找与 OPLA 的输入信号变量$\{q_1,\cdots,q_M\}$相关的最小集合定义为 B_j。这样，输出变量 $y_i(i=1,\cdots,$

N)可以用最小集合 $B_j(j=1,\cdots,J)$表示,本例中:

$$y_1 = B_3 + B_6; y_2 = B_1; y_3 = B_2 + B_3 + B_6$$
$$y_4 = B_2 + B_3; y_5 = B_1; y_6 = B_5 + B_9; y_7 = B_8$$
$$y_8 = B_5; y_9 = B_7; y_{10} = B_1 + B_4; y_{11} = B_4$$
$$y_{12} = B_{10}; y_{13} = B_9; y_{14} = B_7$$

以上 B_j 与 y_i 之间的表达式可以用 PLA 结构实现。图 4.3-10 中的 CPLA 输出信号的集合 γ_1 由唯一一个 B_j 集合决定,即由单一"与"操作项实现,OPLA 输出信号的集合 γ_2 由 B_j 集合的组合决定,需要"或"操作。本例中:

$$\gamma_2 = \{y_1, y_3, y_4, y_6, y_{10}, y_{11}, y_{13}\},\ \gamma_1 = Y\backslash\gamma_2$$

其中集合 γ_2 中的 $y_{11}=B_4, y_{13}=B_9$,因为其子集合 B_4 和 B_9 在多种状态 Q 转换下输出数据相同,所以$\{y_{11}, y_{13}\}$与 Q 相关,划归入集合 γ_2。

本例中,集合 B_j 的二进制编码用穿刺码实现,可以用 q_1、q_2、q_3 三位表示,具体译码关系参见图 4.3-11。

(3) 核心功能转换 CPLA

CPLA 完成($X_2 \cup P \cup T$)$\Rightarrow$($Q \cup \gamma_1 \cup D$)的功能转换,转换功能和下一状态的定义与表 4.3-3 相同,其状态转换表如 4.3-5 所示。

表 4.3-5 CPLA 的状态转换表

$T(a_m)$	$K(a_m)$	$D(a_s)$	$K(a_s)$	$P(a_m,a_s)$	$Q(a_m,a_s)$	$W(a_m,a_s)$	H
a_1	110	a_3	101	p_1	B_8	d_1d_3	1
		a_1	110	$\overline{p}_1$	B_0	d_1d_2	2
a_2	000	a_3	101	1	B_4	d_1d_3	3
a_3	101	a_6	100	p_1	B_4	d_1	4
		a_8	001	$\overline{p}_1 p_2$	B_0	d_3	5
		a_2	000	$\overline{p}_1\ \overline{p}_2$	B_1	—	6
a_4	010	a_1	110	$p_1 x_3$	B_2	d_1d_2	7
		a_3	101	$p_1\ \overline{x}_3$	B_3	d_1d_3	8
		a_7	111	$\overline{p}_1 p_2$	B_2	$d_1d_2d_3$	9
		a_4	010	$\overline{p}_1\ \overline{p}_2$	B_6	d_2	10
a_5	011	a_4	010	$p_1 p_2$	B_9	d_2	11
		a_5	011	$p_1\ \overline{p}_2$	B_9	d_2d_3	12
		a_8	001	$\overline{p}_1$	B_5	d_3	13
		a_2	000	p_2	B_4	—	14
a_6	100	a_3	101	$\overline{p}_2 p_1$	B_{10}	d_1d_3	15
		a_8	001	$\overline{p}_2\ \overline{p}_1$	B_4	d_3	16
a_7	111	a_5	011	1	B_6	d_2d_3	17
a_8	001	a_8	001	p_2	B_0	d_3	18
		a_5	011	$\overline{p}_2$	B_7	d_2d_3	19

基于表 4.3-5 实现的 FSM 及其 PLA 译码电路是一个密集的点阵图，优化后的 PLA 结构点阵图如图 4.3-11 所示。

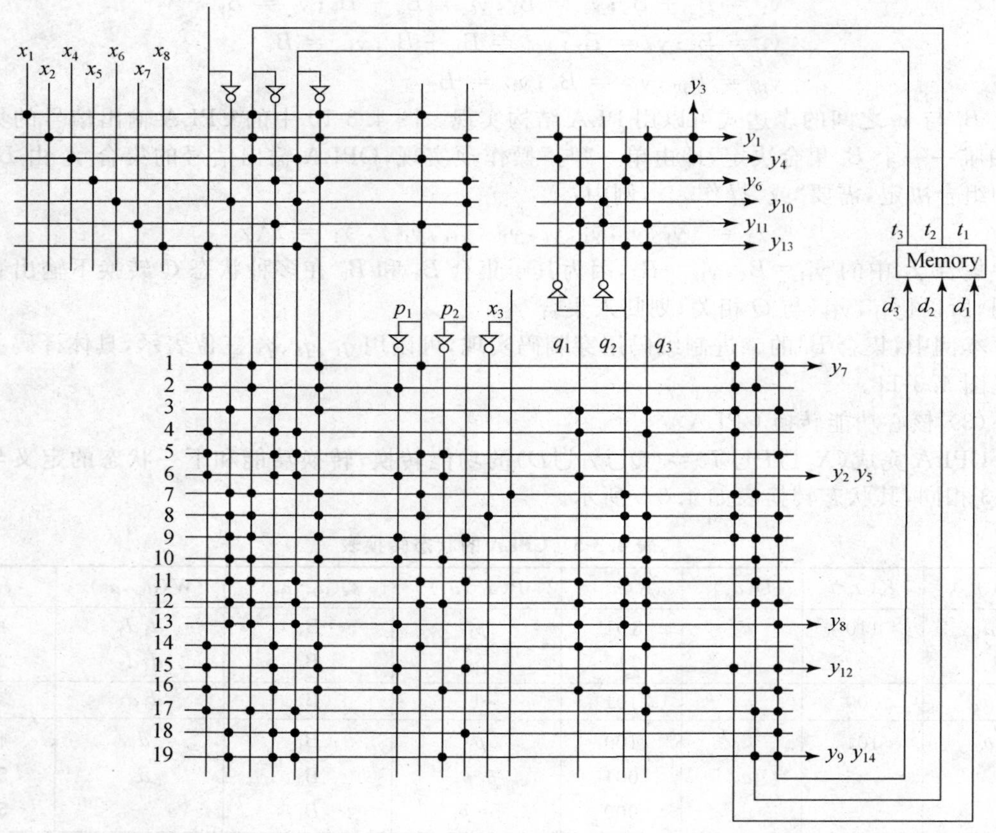

图 4.3-11 优化后的 PLA 点阵图实现结构

优化后的点阵图有 479 个“与-或”功能点，相比于最初的 608 个“与-或”功能点的实现结构，面积减少了 22%。

3. PLA 版图化简——折叠 PLA

以上介绍的 PLA 化简方法是通过逻辑化简减少 PLA 的乘积项数目，或提取部分中间变量，分隔大规模的 PLA 点阵图为几个小的 PLA 实现，从而减小整个设计的面积。本节介绍的折叠 PLA 并不改变逻辑设计，也就是说并没有减少乘积项的数目，而是在版图布局上去掉一些空单元所占的空间，使芯片面积减小。

根据 PLA 中不同乘积项共用的输入/输出端的情况可以采用行折叠或列折叠。图 4.3-12 说明了行折叠和列折叠的情况。把 PLA 的输入/输出线作为列，把乘积项作为行，列折叠是把不同的输入/输出线折叠成一列，由单侧输入/输出改为双侧输入/输出；行折叠是把不同的乘积项折叠到一行，图 4.3-12 给出了一个实现下述逻辑功能的 PLA 点阵图，并给出了经过行折叠和列折叠后的阵列结构。通过适当的行、列折叠设计可以极大地减小 PLA 的面积。

$$X = AC + \overline{A}\,\overline{C} + D + \overline{B}$$

$$Y = \overline{C}\,\overline{D} + CD$$

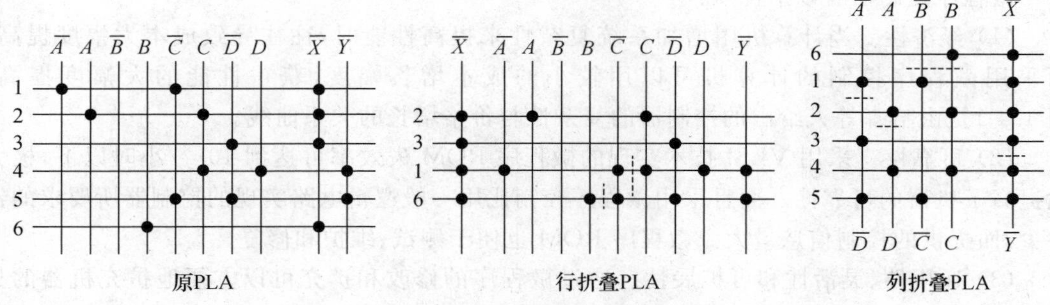

图 4.3-12 行折叠和列折叠的 PLA

4.4 微程序控制

4.4.1 微程序控制简介

计算机的每一条指令都是通过一系列基本操作来实现的，这些基本操作又叫做微操作。某一个特定的微操作是否执行，则由相应的控制信号来选择和控制。控制器就是根据指令的要求产生控制信号，控制一系列微操作的执行。由于计算机的指令很多，执行指令所要求的总的控制信号数目也就相当多。对这些控制信号选择、组合和定序的硬件控制器是很复杂的，因此设计这样的硬件控制器成本是相当高的，而硬件控制器一旦设计好并做好，就很难再修改。

微程序控制是一种新的设计方法，是用软件设计方法即程序设计方法来实现复杂的控制逻辑。把控制微操作的控制信息用微命令来定义，并用二进制代码来表示，通过微命令的适当组合构成控制一组微操作的微指令。计算机每一条指令的执行可以分解成若干步骤，每一步骤用一条微指令来表示，用一系列微指令构成的微程序对机器指令进行解释执行，这就是微程序控制的原理。微程序控制器把硬件控制器的逻辑电路设计简化为微程序设计，因此可以把程序设计的方法和技巧用于微程序设计中。微程序很容易修改和补充，因此比硬件控制器应用更方便更灵活。

设计好的微程序是由一系列微指令代码构成，可以把它们放在专门的存储器中，这样的存储器叫作微程序控制存储器，或叫微代码存储器。每一条微指令由两部分组成：控制字段和地址字段。控制字段给出控制微操作的控制信号，地址字段则显示或隐式地给出下一条微指令在微代码存储器中的地址。微代码存储器可以用 RAM 也可以用 ROM 实现。随着 VLSI 技术的发展，设计和制造 VLSI 的周期和成本不断下降，因此用微电子技术实现软件固化，把设计好的微程序做成 ROM 是很方便的，也有利于提高系统的可靠性和保密性。如果不同的微指令数目为 M，每条微指令是 N 位代码，则构成 $M\times N$ bit 的微代码 ROM。

微程序控制器有以下优点：

(1) 经济性。当计算机用增加系统复杂性来提高性能时，往往导致成本大幅度提高。而采用微程序控制的计算机可以用较小的成本增长幅度，获得性能的大幅度提高。图 4.4-1是由哈森等人给出的控制器的复杂性与价格增长的关系曲线。

(2) 可靠性。采用 VLSI 技术实现的微程序 ROM 失效率可达到 10^{-8}/小时以下，极大地提高了机器的可靠性。而且采用微程序控制比用一般逻辑电路实现的控制器所要求的器件少，而提供的控制信息量大。微程序 ROM 也便于测试、维护和修复。

(3) 通用性、灵活性和可扩展性。通过微程序的修改和扩充可以方便地扩充机器的指令系统，或使结构差别很大的机器具有程序的兼容性。如果采用可读/写的微代码存储器，这种灵活性、通用性和可扩展性将更加吸引人。

微程序仿真技术的发展，为计算机系统设计和分析提供了强有力工具。

微程序控制器的主要缺点是速度还不够高。

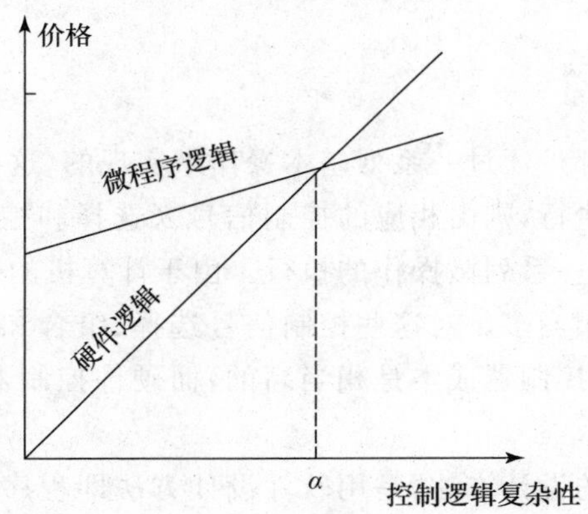

图 4.4-1　控制器的复杂性/价格比

4.4.2　微程序控制原理

英国的威尔克斯在 1951 年首次提出用一种有规则的存储逻辑来设计机器的复杂控制器。图 4.4-2 是威尔克斯的微程序控制器模型。微程序控制器由控制存储器(Control Memory，CM)、控制存储器的地址寄存器(Control Memory Address Register，CMAR)和译码器组成。控制存储器 CM 是一个 8×12bit 的 ROM，ROM 矩阵分为两部分，左边矩阵 A 是微指令的控制字段，右边矩阵 B 是地址字段，给出下一条微指令的地址。

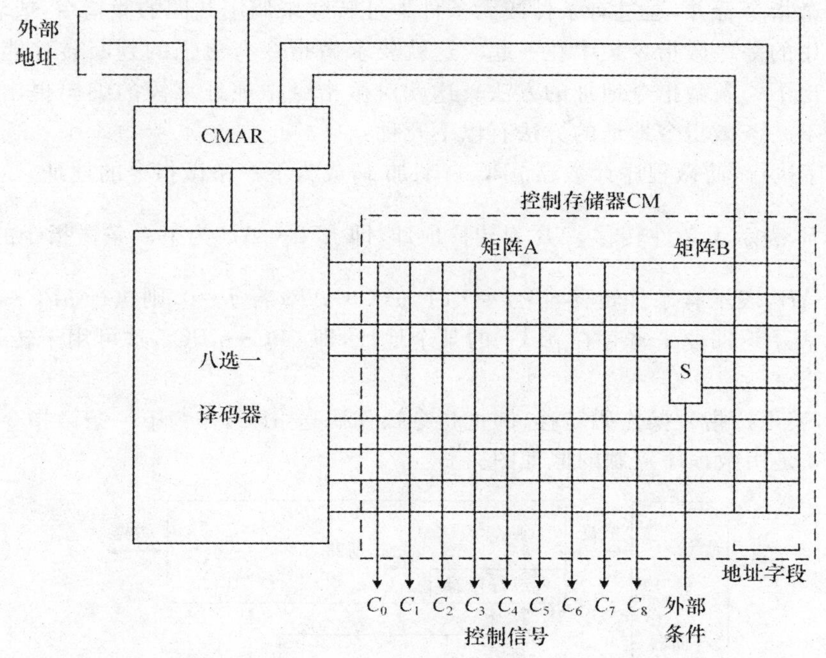

图 4.4-2　威尔克斯微程序控制器模型

这个简单的微程序控制器的工作过程是这样的：

(1) 根据机器指令的操作码决定微程序的入口地址，入口地址送到 CMAR，为启动微程序作好准备。

(2) 根据 CMAR 的内容由译码器选择 CM 中的一行，这就是当前要执行的微指令。由矩阵 A 给出这条微指令对应的控制信号 C_i 同时由矩阵 B 给出待执行的下一条微指令地址，把它送到 CMAR。

(3) 重复步骤(2)，直到完成所要求的全部微操作。

矩阵 B 中有一个控制开关 S，可以实现下一地址的条件转移。

威尔克斯的原始模型有两个缺点：① 每条微指令直接给出控制机器操作的控制信号。当机器微操作数以百计时，控制字段的位数可能需要几百位，这将极大地增加 CM 的容量，而且降低了控制字段的利用率，因为每条微指令中只有少数控制位为“1”，其余大部分都是零。② 每条微指令必须直接给出后续微指令的完整地址，判断转移能力很弱。

为了节省芯片面积，必须尽量减小微程序 ROM 的容量，这可以从两方面努力。一是对微指令的控制字段合理编码，提高控制位的利用率，这方面有很多关于微指令编码的研究。值得注意的是，经过重新编码的微指令不能直接给出微操作的控制信号，需要经过译码才能产生相应的控制信号，因此需要增加微指令译码器。另一个压缩 ROM 容量的途径就是尽量把共同的微指令合并，通过有条件或无条件地址转移来调用共同的微指令，或者通过转子微程序把通用的一些微指令集中在一起。这就要求微指令有更强的判断转移能力，或者说更灵活地给出下一条微指令地址的方法。这就对微指令中地址字段的编码提出更高要求。常用的给出下一条微指令地址的方法有以下几种：

(1) 顺序执行，使微程序计数器 μPC 自动加 1，成为下一条微指令的地址。

(2) $|\overrightarrow{AB}$，表示无条件转移，AB 为转移地址，即 $\mu\text{PC}\leftarrow AB$ 为下一条微指令的地址。

(3) $|J\,\overrightarrow{AB}$，表示有条件转移，当 $J=1$ 时，$\mu\text{PC}\leftarrow AB$；若 $J=0$，则执行 $\mu\text{PC}\leftarrow\mu\text{PC}+1$。

(4) ↰，表示返回原来寄存在 μPC^0 的某个地址，即 $\mu\text{PC}\leftarrow\mu\text{PC}^0$，这可用于转子微程序后的返回。

(5) ↑，表示按指令操作码转移，即把指令操作码送 μPC，作为下一条微指令地址。

图 4.4-3 是用微程序控制的原理图。

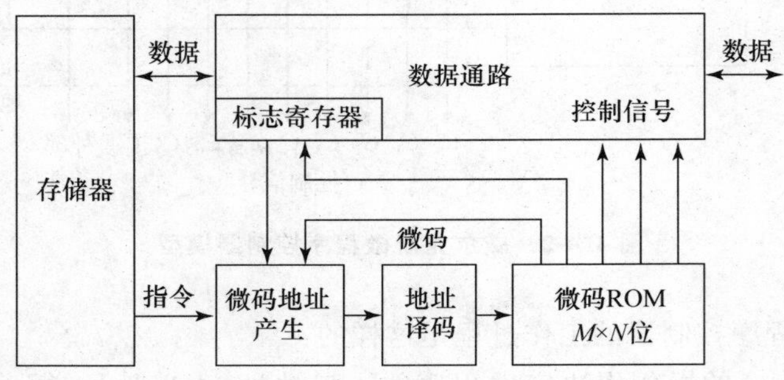

图 4.4-3 微程序控制原理图

4.4.3 微程序控制器的设计

图 4.4-4 是一个微程序控制器的总体结构框图，它包括以下几部分：

- 指令寄存器 IR，用来寄存从存储器读出的机器指令的操作码。
- 指令译码器 ID，把指令的操作码译成对应的微程序入口地址。
- 微程序计数器 μPC，用于产生控制存储器的地址。
- 微地址寄存器 μAR，也就是控制存储器的地址寄存器。
- 控制存储器 CM，用于存放微指令。
- 微指令寄存器 μIR，用来寄存从控制存储器读出的微指令代码。

一条微指令包括微命令信息、控制判别信息和一个下一地址字段，该字段将指明 ROM 中下一条微指令的地址，如图 4.4-4 所示。

微程序控制器工作过程是这样的，当取指操作后，把指令的操作码送 IR，IR 的内容经过 ID 译码得到微程序的入口地址，送到微程序计数器 μPC。μPC 计算得到的微地址送微

地址寄存器 μAR，以 μAR 为地址从控制存储器 CM 中取出要执行的微指令，该微指令产生控制信号控制运算器的操作，同时给出控制方式和下一条微指令的地址。如此循环下去，直到这条指令对应的所有微指令执行完毕，机器又回到新的取指状态。

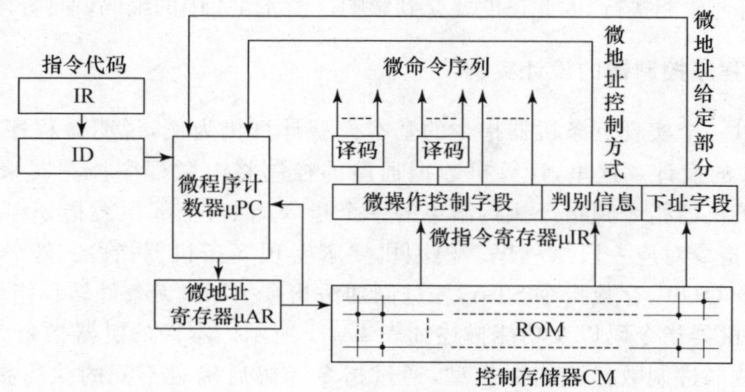

图 4.4-4 微程序控制其结构框图

微指令的设计和编码对微程序的设计和微程序存储器的大小，以及机器的工作性能等都有重要影响。对微指令合理编码，有利于减小微指令的长度，提高控制位的利用率，增强地址转移的灵活性，并保持较高的微操作的并行程度。

威尔克斯早期设计的微程序控制器中，微指令采用直接控制法或叫不译法编码。这种微指令的控制字段的每一位直接对应一个微操作的控制信号，用每位的“0”、“1”信号表示对应的微操作不执行或执行。这种编码方法简单直观，而且微指令不必通过译码可以直接执行，执行速度快，并行控制能力强，有利于缩短微程序的长度。现在一些大型机和高速计算机仍然采用这种直接控制法。不过，这种微指令编码方法的最大缺点是控制字段位数太多。一般计算机中的微操作多达几百种，使微指令字长有几百位。但是每条微指令中起作用的微操作总是少数，使得微指令中大部分控制字位是 0，因而浪费了很多存储空间。

为了减小微程序存储器的容量，应该减小微指令的长度，对微指令的控制字段采用编译法设计。编译法的基本思想是把所有微操作按二进制统一编码，若有 N 种微操作，再加上一个空操作，总共有$(N+1)$种操作。若用直接控制法则要有 $N+1$ 位控制字，而编译法只用 $\log_2(N+1)$位控制字，这是最短的控制字。但是，这种编译法得到的微指令必须经过译码和适当组合才能形成所需要的控制信号，这将影响微指令的执行速度。另外，这种编码方法每条微指令只能选中一个微操作，把原来可以并行执行的微操作变成串行执行。因此尽管减小了微指令的长度，却又增加了微程序的长度。

实际上采用的编码方法是介于直接控制法和最短字长编译法之间的一种分段编译法。分段编译法不是把所有的微操作统一编码，而是进行适当分组，把互相排斥的微操作放在一组，对每组微操作分别编码。一条微指令的控制字分成几段，每段对应一组微操作的编码，不同控制字段用于控制不同部分的操作。例如,微指令中某一字段控制 ALU 的运算类型,某一字段控制总线数据来源,还有的字段控制主存的读/写,等等,这样既通过合理编码缩小了微指令的长度,又可以通过不同控制字段提高微操作的并行程度。分段编译法的微指令也要通过译码和适当组合才能执行,因此速度要受到影响。图 4.4-4 中的编码就是分段编译法。

4.4.4 微程序控制器的设计实例

下面我们以一个实现五条机器指令的基本模型计算机为例,说明微程序控制器的设计及微代码 ROM 的设计。这里,计算机数据通路的控制将由微程序控制器来完成,CPU 从内存中取出一条机器指令到指令执行结束的一个指令周期,全部由微指令组成的序列来完成,即一条机器指令对应一段微程序。模型机要求实现 5 条机器指令:外设输入指令 IN,输出到外设指令 OUT,存数指令 STA,二进制加法指令 ADD,无条件转移指令 JMP,5 条指令的指令格式、机器指令码以及功能描述如表 4.4-1 所示。本例的机器指令为 16 位二进制码,其中,高 4 位二进制数标识指令类型,通过指令译码后确定不同的执行指令。表 4.4-1 中,R0 表示数据寄存器,如图 4.4-5 中所示;[addr]表示以指令中的 addr 为地址从 RAM 中读出的操作数。

表 4.4-1 指令格式、机器指令码以及功能

助记符	机器指令码(二进制)	功能
IN	0000 ×××× ××××××××	输入外部开关量→R0
ADD addr	0001 ×××× ××××××××	[addr]+R0→R0
STA addr	0010 ×××× ××××××××	R0→[addr]
OUT addr	0011 ×××× ××××××××	[addr]→OUTPUT
JMP addr	0100 ×××× ××××××××	[addr]→PC

在本例中,简化的 CPU 结构如图 4.4-5 所示。图中也给出了内存 RAM(程序存储器与数据存储器为同一块 RAM,通过地址总线片选不同的存储区域)以及输入、输出模块;图中方框内部分是 CPU,其中控制信号由微指令中的相关比特译码产生,从而决定 CPU 的工作情况。各个部件所需要的控制信号定义如表 4.4-2 所示。

在本例中,一个指令周期会根据具体指令的不同而不同,图 4.4-6 给出了本设计中的 5 条指令的执行流程图。首先,控制器需将程序计数器 PC 的值送图 4.4-5 中的地址寄存器 AR,产生存储器 RAM 的地址信号,之后完成 PC+1。第二步,读取程序存储器的相应地址中的内容,完成取指操作,并将指令送入指令寄存器 IR。第三步,控制器根据指令译码结果,选择不同的处理流程进行处理:如果取到的指令为外设输入指令 IN,则将 INPUT 端口的数据通过数据总线送入 R0 寄存器,完成指令执行,返回第一步;如果取到的指令是二进制加法指令 ADD addr,则需要完成寄存器 R0 中的数据与[addr]地址所放的数据之间的加法操作,并将加法结果送 R0 寄存器([addr]+R0→R0)。具体步骤如分支后第 2 列所示:

① 根据当前指令中的 addr，确定存储器 RAM 的读取地址；② 根据 addr 指定的地址从 RAM 中取加法操作的第一个操作数送 DR2 寄存器；③ 将 R0 寄存器中的数据作为第二个操作数送寄存器 DR1；④ 完成 DR1＋DR2 的操作，结果写回 R0 寄存器。这样完成 ADD addr 指令的全部步骤，返回第一步。

其他几条指令的执行步骤依次列出在流程图中，请读者自行分析。

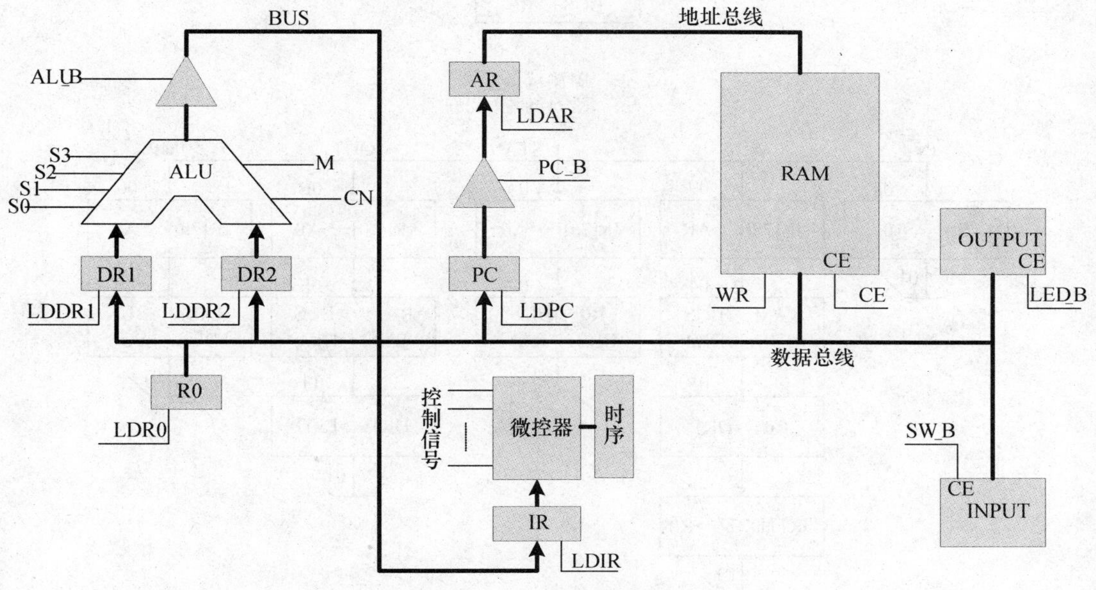

图 4.4-5 简化的 CPU 框图

表 4.4-2 控制信号的定义

信号名	功能说明	信号来源
LDR0	寄存器 R0 加载信号	微程序控制器产生
LDDR1/LDDR2	寄存器 DR1/DR2 加载信号	
M/CN/S0/S1/S2/S3	用于判别算术运算或逻辑运算	
ALU_B	ALU 输出缓冲器的使能信号	
LDPC	PC 加载信号	
PC_B	PC 输出缓冲器的使能信号	
LDAR	AR 加载信号	
LDIR	IR 加载信号	
CE	RAM 使能信号	指令相关位译码产生
WR	RAM 读写信号	
SW_B	INPUT 端口数据输入使能信号	
LED_B	OUTPUT 端口数据输出使能信号	

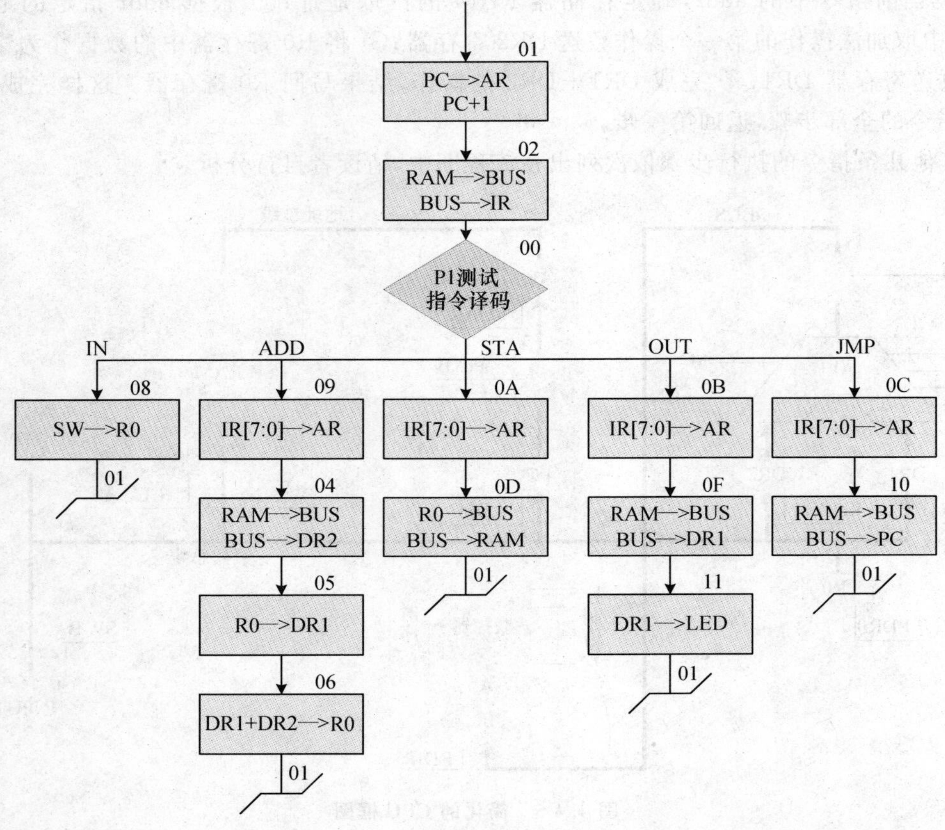

图 4.4-6　微程序流程图

以上指令的执行将由微程序控制器来实现控制，控制器首先根据机器码相应位译码确定指令类型，从而确定微程序的入口地址。本例中，指令寄存器 IR 的高 4 位和微程序入口地址之间的译码关系如表 4.4-3 所示。指令译码器需要根据译码逻辑产生不同的微程序入口地址。

表 4.4-3　指令寄存器 IR 相应位与微程序入口地址之间的关系

IR_{15}	IR_{14}	IR_{13}	IR_{12}	$IR_{[11:0]}$	入口地址
0	0	0	0	X	08
0	0	0	1	X	09
0	0	1	0	X	0A
0	0	1	1	X	0B
0	1	0	0	X	0C

微程序控制器的结构框图如图 4.4-7 所示。它由控制存储器、微地址寄存器、微命令寄存器和地址转移逻辑几部分组成。微地址寄存器和微命令寄存器两者的总长度即为一条微指令的长度,二者合在一起称为微指令寄存器。控制存储器 CM 中存放微程序,也就是全部的微指令。图 4.4-7 中,微指令寄存器的“控制字段”产生微命令,这些微命令将用于数据通路中的相关控制信号,从而控制数据通路的动作。微指令寄存器中的“p 字段”通过地址转移逻辑产生下一条指令的“微地址”的偏移量,从而和微指令寄存器中“微地址”信息共同决定下一条微指令的地址。CM 的容量取决于微指令的总数。

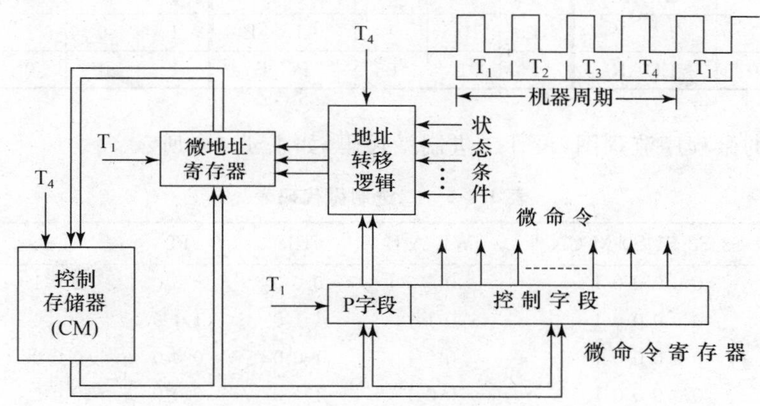

图 4.4-7 微程序控制器的结构框图

对于图 4.4-6 的微程序流程图中的每一步,均可以用对应的微指令实现。根据微程序流程图和 CPU 的逻辑结构示意图中所需要的微操作信号,设计本系统的微指令格式,如表 4.4-4 所示。

表 4.4-4 微指令格式

24	23	22	21	20	19	18	17	16	15	14	13	12	11	10	9	8	7	6	5	4	3	2	1
S3	S2	S1	S0	M	CN	WE	A	B		F1			F2			F3		μA5	μA4	μA3	μA2	μA1	μA0

其中,μA5~μA0 为 6 位的后续微地址,A 和 B 位的作用是选择连接外部扩展 I/O 的数据总线和地址总线;WE 控制总线方向为读出还是写入;M、CN、S0、S1、S2、S3 用于判别算术运算或逻辑运算;F1、F2、F3 为 3 个译码字段,分别由 3 个控制位译码得到数据通路中相应的控制信号,其编码方案如表 4.4-5 所示。F3 字段中译码得到的 P1~P4 是 4 个测试字位,其功能是根据机器指令及相应微代码进行译码,使微程序转入相应的微地址入口,从而实现微程序的顺序、分支、循环等运行。在本例中,F3 相应字段为“001”,进入 P1 测试阶段。

表 4.4-5　F1、F2、F3 字段的编码方案

F1 字段				F2 字段				F3 字段			
15	14	13	有效信号	12	11	10	有效信号	9	8	7	有效信号
0	0	0		0	0	0		0	0	0	
0	0	1	LDR0	0	0	1		0	0	1	P1
0	1	0	LDDR1	0	1	0		0	1	0	P2
0	1	1	LDDR2	0	1	1		0	1	1	P3
1	0	0	LDIR	1	0	0		1	0	0	P4
1	0	1		1	0	1	ALU_B	1	0	1	
1	1	0	LDAR	1	1	0	PC_B	1	1	0	LDPC

根据指令的微程序流程图，设计二进制微代码，如表 4.4-6 所示。

表 4.4-6　二进制微代码表

微地址	S3 S2 S1 S0 M CN	WE A B	F1	F2	F3	μA5…μA0
00	0 0 0 0 0 1	0 0 0	0 0 0	0 0 0	0 0 1	00
01	0 0 0 0 0 1	0 1 1	1 1 0	1 1 0	1 1 0	02
02	0 0 0 0 0 1	0 0 1	1 0 0	0 0 0	0 0 0	00
03	0 0 0 0 0 1	0 0 1	1 1 0	0 0 0	0 0 0	00
04	0 0 0 0 0 1	0 1 0	0 1 1	0 0 0	0 0 0	05
05	0 0 0 0 0 1	0 0 0	0 1 0	0 0 0	0 0 0	06
06	1 0 0 1 0 1	0 1 1	0 0 1	1 0 1	0 0 0	01
07	0 0 0 0 0 1	0 0 1	1 1 0	0 0 0	0 0 0	00
08	0 0 0 0 0 1	0 0 1	0 0 1	0 0 0	0 0 0	01
09	0 0 0 0 0 1	0 0 1	1 1 0	0 0 0	0 0 0	04
0A	0 0 0 0 0 1	0 0 1	1 1 0	0 0 0	0 0 0	0D
0B	0 0 0 0 0 1	0 0 1	1 1 0	0 0 0	0 0 0	0F
0C	0 0 0 0 0 1	0 0 1	1 1 0	0 0 0	0 0 0	10
0D	0 0 0 0 0 1	0 0 1	0 0 0	0 0 0	0 0 0	01
0E	0 0 0 0 0 1	0 0 1	1 1 0	0 0 0	0 0 0	00
0F	0 0 0 0 0 1	0 0 1	0 1 0	0 0 0	0 0 0	11
10	0 0 0 0 0 1	0 0 1	1 0 1	0 0 0	1 1 0	01
11	0 0 0 0 0 1	1 1 0	0 0 0	1 0 1	0 0 0	01

微指令存储器的“h00”地址，存放的是一条测试判断指令，如果读取了“h00”地址的指令，下一条微指令地址 μA5～μA0 为“h00”，控制器将根据程序存储器中读取的具体指令类型判断具体的分支执行路径，从而进入相关的指令测试流程。这里我们以一个 7 个指令周期的二进制加法指令 ADD 为例，说明微程序控制器如何控制 CPU 工作：

(1) 第1个指令周期:读取"h01"地址的微指令,产生相应的有效控制信号,{A B}为"b11",选通外部扩展的数据/地址总线。F2译码结果使控制信号PC_B有效,PC_B控制的输出缓冲器选通。F1译码结果使控制信号LDAR有效,PC寄存器的值送至AR寄存器。F3译码结果使控制信号LDPC有效,PC寄存器的值可以被更新。CN有效,通过ALU计算PC+1的新值,通过数据总线更新PC寄存器的值。下一条微指令指向地址"h02"。

(2) 第2个指令周期,读取"h02"地址的微指令,CN保持有效,{A B}为"b01",选通地址总线。F3/F2译码不产生相关的控制信号,F1译码使控制信号LDIR有效,从程序存储器的相应地址取指令,并将指令送指令寄存器IR。下一条微指令指向地址"h00"。

(3) 第3个指令周期,指令译码,如果机器指令码的高4位IR[15:12](表4.4-1中下划线标注的位)为"0001",根据表4.4-3,译码出微程序控制器的入口地址"h09",该入口地址是指令ADD addr的入口地址,从而进入ADD指令的执行周期。下一条微指令指向地址"h09"。

(4) 第4个指令周期,读取"h09"地址的微指令,CN保持有效,{A B}为"b01",选通地址总线。LDAR有效,指令寄存器IR中的低8位地址加载给地址寄存器AR,下一条微指令指向地址"h04"。

(5) 第5个指令周期,读取"h04"地址的微指令,CN保持有效,{A B}为"b10",选通数据总线。LDDR2有效,根据第4周期的AR地址,从RAM中取出加法操作的第一个操作数,通过数据总线送DR2寄存器。下一条微指令指向地址"h05"。

(6) 第6个指令周期,读取"h05"地址的微指令,CN保持有效,{A B}为"b00",外部数据/地址总线关断。LDDR1有效,将R0寄存器中的数据作为第二个操作数送寄存器DR1;下一条微指令指向地址"h06"。

(7) 第7个指令周期,读取"h06"地址的微指令,CN保持有效,{A B}为"b11",选通数据/地址总线。控制信号{S3,S2,S1,S0}="1001",表示ALU执行加法操作。同时控制信

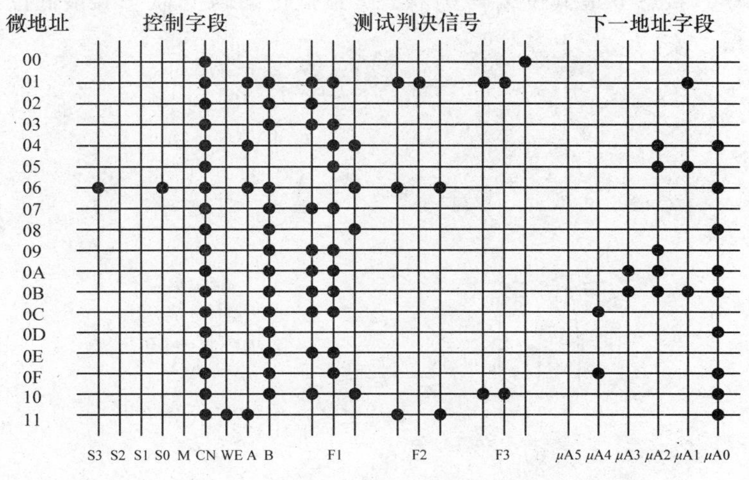

图 4.4-8 微代码 ROM

号 LDR0 有效，ALU_B 有效，加和结果写回 R0 寄存器。下一条微指令指向地址“h01”。这样完成 ADD 指令的全部步骤，重新开始下一条指令的取指操作。

对于其他指令，请自行分析。表 4.4-6 所示的微代码 ROM 可以用图 4.4-8 所示的结构实现，从而实现微控制器功能。

4.5　控制器的低功耗优化技术

低功耗设计已经成为当今集成电路设计和研究的焦点，控制器的设计中也需要充分考虑功耗的问题，本节将简单介绍基于有限状态机的控制器的实现方法和有限状态机的低功耗状态编码技术。其控制器的基本设计流程如下：首先根据控制器功能需求设计状态转换图，之后通过状态化简和低功耗优化编码实现有限状态机，从而实现控制器的功能。

有限状态机的低功耗状态编码主要的目标是使状态之间互相转换比较频繁的状态编码相邻，这样能降低状态翻转时的以该编码为输入的后续电路的功耗。针对一个状态转移流图，如何能够得到最优的编码呢？现在已经研究出了相应的算法，主要是根据状态转换概率来编码。下面基于一个简单的 8 个状态的状态转移流图来进行说明。

图 4.5-1(a)给出了一个简单的 8 个状态的状态转移流图，圆圈表示状态，圆圈之间的联线表示状态之间的转移，联线上的数字表示状态之间的转移概率，圆圈外的数字 0/1 表示当前状态编码中的最低位编码。我们寻找状态之间的两两匹配，使它们之间的状态转移概率尽量大，如图 4.5-1(b)所示，将一组内 8 个状态中的两两状态合并为一个新的状态，如状态 1 和状态 2 合并为新状态 a，状态 3 和状态 5 合并为新状态 b，状态 4 和状态 6 合并为新状态 c，状态 7 和状态 8 合并为新状态 d。同时对于得到的新状态分别分配新的最低位编码，状态 a 最低位编码 0，状态 b 最低位编码 0，状态 c 最低位编码 1，状态 d 最低位编码 1，以上新

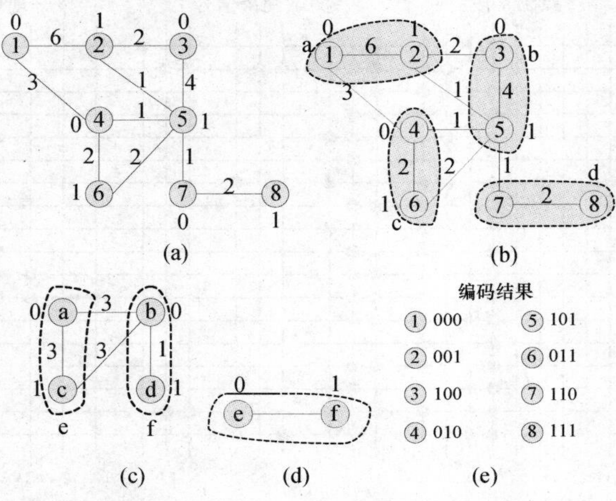

图 4.5-1　某 8 个状态的状态转移流图

状态的最低位编码是初始状态的次低位编码。根据新状态 a、b、c、d 计算状态之间的转移概率,新状态的转移概率的计算方法是将穿过新状态的初始状态之间的转移概率求和,从而构成了新的状态转移流图,如图 4.5-1(c)所示。按照以上方法,再分组、编码、合并,构成新状态图,直至得到一组新状态转移图,如图 4.5-1(d)所示。可见状态 e 的编码为 0,状态 f 的编码为 1。这样即可得到整个状态流图 4.5-1(a)中的 8 个状态的状态编码。最后的编码结果如图 4.5-1(e)所示。

以上介绍的编码方式只考虑了状态码之间的跳变率最小,实际电路中还应考虑用于产生编码的组合电路的复杂度。目前的 EDA 工具已经可以支持从状态编码到工艺映射等各个层次的低功耗 FSM 自动优化。

参 考 文 献

1. Baranov S. , Levin I. , Keren O. , et al. Designing fault tolerant FSM by nano-PLA. 15th IEEE International On-Line Testing Symposiμm,2009, 229—234.
2. Barkalov A. , Titarenko L. , Chmielewski S. Optimization of Moore control unit with refined state encoding. 15th International Conference on Mixed Design of Integrated Circuits and Systems(MDICS), 2008, 417—420.
3. Czerwinski R, Kania D. CPLD-oriented Synthesis of Finite State Machines. 12th Euromicro Conference on Digital System Design, Architectures, Methods and Tools, DSD '09, 2009,521—528.
4. Lin Yuan, Gang Qu, Villa T, et al. An FSM Reengineering Approach to Sequential Circuit Synthesis by State Splitting. IEEE Transactions on Computer-Aided Design of Integrated Circuits and Systems, 2008, 27(6) : 1159—1164.
5. Garcia-Vargas I, Senhadji-Navarro R, Jimenez-Moreno G, et al. ROM-Based Finite State Machine Implementation in Low Cost FPGAs. IEEE International Symposiμm on Industrial Electronics, ISIE 2007, 2007,2342—2347.
6. Barkalov A, Titarenko L, Chmielewski S. Reduction in the nμmber of PAL macrocells for Moore FSM implemented with CPLD. Design & Test Symposiμm (EWDTS), 2010 East-West, 2010, 390—394.
7. Barkalov A, Titarenko L, Chmielewski S. Optimization of Moore FSM on system-on-chip using PAL technology. International Conference on Modern Problems of Radio Engineering, Telecommunications and Computer Science,2008,314—317.
8. Titarienko L, Wegrzyn M . Optimization of Moore FSM on FPGA. 9th International Conference-The Experience of Designing and Applications of CAD Systems in Microelectronics, CADSM '07. 2007, 246—250.
9. 白中英. 计算机组成原理(第 3 版). 北京: 科学出版社,2002.

第五章　集成电路设计方法

随着集成电路集成度的提高，现代集成电路的复杂度急剧增加。设计一个包含几百万门甚至千万门量级的电路并保证其流片后功能正确，这是设计者面临的巨大的挑战。要实现高效地将大量器件集成为功能正确、性能优良和面积优化的芯片产品，必须依靠先进的设计方法和计算机辅助设计工具。本章将讨论集成电路的设计方法，包括全定制设计方法和半定制设计方法。

5.1　集成电路设计方法概述

集成电路的发展伴随着集成电路设计技术的发展，集成电路设计方法学已经成为一门新学科，在集成电路发展过程中起到举足轻重的作用。集成电路的设计分为几个不同层级来完成，图 5.1-1 给出了在 3 个域中描述设计抽象层次的 Gajski-Kuhn Y 图[1-2]，分别是行为域、结构域和物理域。行为域用来描述希望实现的系统功能；结构域给出了实现目标系统所需的子系统或功能块之间的互连关系；物理域给出了各个部件的尺寸、形状和物理位置，以便将它们连接起来。Y 图中，3 个域沿着箭头方向每向外移动一个圆，抽象级别提高一

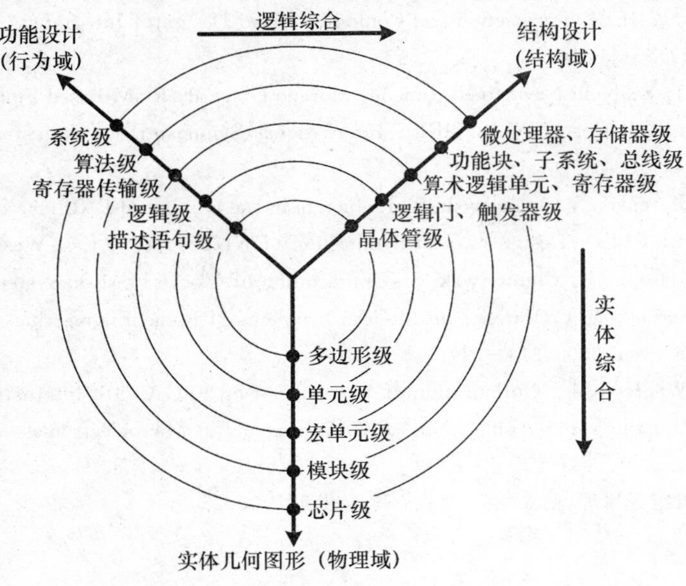

图 5.1-1　Gajski-Kuhn Y 图

级，代表着更高的设计复杂度。每一个同心圆代表了相似的设计抽象级别。例如，在行为域最低的抽象级别是描述语句级，其对应着 VHDL 或者 Verilog HDL 描述语句，该抽象级别在结构域对应着一些 MOS 晶体管，在物理域对应着这些 MOS 晶体管映射的版图信息，即一些多边形。表 5.1-1 进一步说明了不同层级设计的复杂度。

表 5.1-1　不同层级设计的复杂度

设计层次	内容	元件数
系统级	复杂系统	10^7-10^9 晶体管
功能块级	信号处理器	10^5-10^7 晶体管
寄存器级	乘法器	10^3-10^5 晶体管
逻辑门级	全加器	2－50 晶体管
晶体管级	nMOS，pMOS	1 个晶体管
版图级	信号处理器	10^8-10^9 矩形图形

集成电路的设计分为几个不同层级来完成，每个层级都有其设计方法和计算机辅助设计（Computer Aided Design，CAD）工具。集成电路工艺水平通常用集成度（芯片上晶体管的数目）表示，其复合年均增长率（Compound Annual Growth Rate，CAGR）＝1.58，而$(1.58)^3\approx 4$，即三年四倍，这就是众所周知的摩尔定律。而集成电路设计水平的 CAGR 仅为 1.21，$(1.21)^3<2$，也就是说 3 年不足 2 倍。显而易见，工艺水平和设计水平的增长呈不同斜率的直线，如图 5.1-2 所示，按此趋势发展，二者之差将愈来愈大，设计水平将远远落后于工艺水平，最终将抑制工艺水平的发展。但实际二者的发展并未形成剪刀差。这是因为，大约每 10 年就会出现一个新的设计技术，推动设计水平发生一次阶跃式的提高，缩小了与工艺水平的差距[3－5]。图 5.1-2 中的①－④表示已经发生的 4 次阶跃：

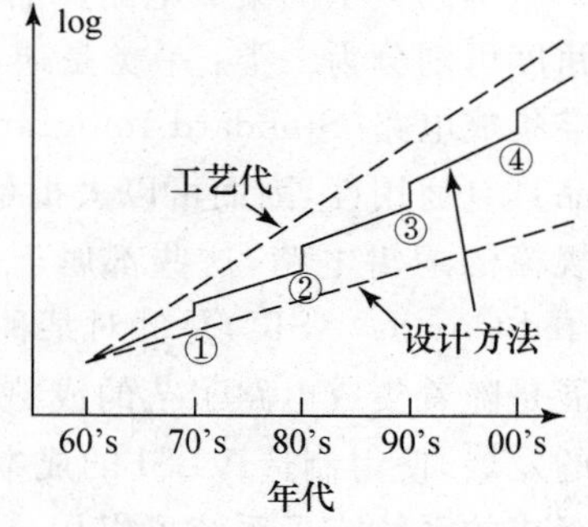

图 5.1-2　集成电路设计方法学的发展

① 70 年代的 CAD 工具发展，基本是在低层次上帮助设计人员完成设计。如电路仿真工具 SPICE，通过电路仿真分析电路功能和性能，指导设计人员改进电路级设计；版图编辑器可以帮助设计人员绘制版图，更快更准确地完成版图级设计。

② 80 年代集成电路设计方法学和设计工具的研究迅速发展，出现了很多商品化产品，可以提供从逻辑图输入、逻辑仿真到布局布线的全程辅助设计系统，使集成电路的设计方法从 CAD 发展到计算机辅助工程（Computer Aided Engineering，CAE）。CAE 时代的一个重要特征就是开发出自动布局布线（Placement & Routing）工具，使基于单元库的设计方法逐渐成为设计的主流。

③ 随着芯片功能复杂度的提高，为了缩短设计周期，需要开发更完善的设计工具，以保证从提出系统到生成电路结构的整个过程正确，并且可以大幅度缩短这个设计过程。90 年

代出现的逻辑综合(Synthesis)就是为了解决高层级设计自动化的新一代设计工具。逻辑综合工具可以把一个用硬件描述语言(Hardware Describe Langrage,HDL)写成的结构描述转换成电路的网表,其不仅解决了从系统级描述到电路图生成这个过程的自动化问题,而且可以对这一过程进行优化。这使得集成电路设计方法进入了电子设计自动化(Electronic Design Automation,EDA)时代。

④ 工艺技术进入深亚微米阶段之后,设计能力滞后于工艺的状况再一次突出。这是因为在深亚微米阶段半导体器件和电路互连线的本征效应和寄生效应更为复杂,使得设计的难度加大。解决或者缓解这个问题更需进一步利用设计积累,将已有优化的子系统甚至系统级模块纳入到新的系统设计之中,这就是片上系统(System on Chip,SoC)技术。知识产权(Intellectual Property,IP)核是指具有知识产权的电路模块或子系统的全套设计,是设计者付出大量精力和才智实现的最优设计,即芯片面积最小、运行速度最快、功率消耗最低、工艺容差最大,并且经过流片验证。IP 核这样的电路模块在 SoC 设计中可以直接拿来使用,而不必再从头设计,这就是 IP 复用。IP 核是 SoC 中的核心,SoC 的很多特点是通过 IP 设计和 IP 复用来体现和实现的。

对不同类型的集成电路产品,集成电路设计方法的选择是截然不同的。集成电路从应用角度可划分为二类:一类是通用集成电路;另一类是专用集成电路。通用集成电路也叫标准集成电路(Standard Integrated Circuit,SIC),这些电路并不针对任何用户的要求设计,产品具有通用性,因而可以大批量生产。例如通用的存储器芯片,微处理器以及大量的中、小规模的逻辑电路,这些都属于通用集成电路。专用集成电路(Application Specific Integrated Circuit,ASIC)是针对某种整机或电子系统的需求而专门设计的集成电路。ASIC 的发展是随着集成电路工艺的成熟及设计工具的不断完善而发展起来的。由于 VLSI 工艺技术的发展,使得制造 VLSI 的成本不断下降。一些整机用户原来用一些中、小规模的标准电路组成的系统或子系统可以用一块 ASIC 芯片取代,从而使整机体积缩小、性能提高,同时也有利于提高保密性。这些优越性使 ASIC 越来越受到用户的欢迎。表 5.1-2 比较了 SIC 与 ASIC 的差别。

表 5.1-2 SIC 与 ASIC 的差别

SIC	ASIC
功能规范化	功能复杂多样化
产品大批量生产	产量小,但品种多
产品生命周期长	产品不断变换更新
设计要求芯片面积利用率高	设计要求快速、自动化
设计和测试费用对电路成本影响很小	设计和测试费用对电路成本影响很大
封装管脚较少,规范化	封装形式多样,管脚多

每个集成电路芯片的成本可以用式

$$C = \frac{mD + nM}{N} + \frac{W}{cY} + \frac{T}{Y} + P \tag{5.1-1}$$

近似估算，其中第一项是设计成本，D 是平均每个人月的设计成本，m 是以人月为单位的设计时间，M 是制作一块掩膜版的费用，n 是芯片生产所需要的掩膜版数目，N 是合格芯片的总产量；第二项是芯片加工成本，W 是加工一个硅片的费用，Y 是平均每个硅片上合格芯片所占的比例，即成品率，c 是每个硅片上的芯片数；第三项是芯片测试成本，T 是封装前的测试费用；第四项是封装成本，P 是平均每个芯片的测试和封装费用。

因此，对于不同种类的集成电路产品要根据它们的性能要求和产量需求选择合适的设计方法，以便实现更好的性价比。

一种是全定制(Full-Custom)设计方法。全定制设计是深入到晶体管级的设计，设计者要确定芯片中各部分的电路结构、每个晶体管的尺寸以及版图的结构，需要设计出全套掩膜版的图形。这种设计方法工作量巨大，设计周期长，设计成本高，而且一次设计的成功率也比较低。但是全定制设计中每个晶体管的尺寸、形状、在芯片中的位置以及和其他器件的连接等问题都经过设计者的精心考虑，因此可以获得非常紧凑的版图和最好的性能，有利于降低每个芯片的制作成本，紧凑的面积和最佳的性能可以提高产品竞争力。另外，采用全定制设计还有利于设计人员发挥创造性，设计出新的器件结构、电路结构和版图结构。全定制设计花费的大量时间和很高的设计成本可以通过大批量生产来补偿。SIC 产品由于产量非常大，设计费用对产品成本影响很小，因此一般都采用全定制设计，这样可以获得最好的性能和芯片利用率。

另一种是半定制(Semi-Custom)设计方法。半定制设计是厂商提供一定规格的功能块，如门阵列(Gate Array)、标准单元(Standard Cell)或可编程逻辑器件(Programmable Logic Device，PLD)等，设计者根据产品要求将这些功能块进行必要的连接，设计出所需要的电路。基于门阵列的设计方法中厂商在硅片上预先制作出规则阵列的"门"或元件阵列，设计者只需根据要求设计出金属互连的掩膜版。由于极大减少了要设计和制作的掩膜版数目，从而使芯片成本比全定制设计下降。基于标准单元的设计方法中厂商预先设计了许多不同功能的基本单元电路，设计者只要将所需单元从单元库中调出，排列成行，完成布局布线即可。设计者虽然不需要设计全套掩膜版，但最终制造时需要制作全部掩膜版，成本比全定制设计减小，但是比门阵列略高。基于 PLD 的设计方法中厂商提供各种系列的 PLD，设计者根据需求对 PLD 进行编程，如熔丝或者反熔丝的编程方法，实现特定的功能。该方法不需要设计和制作掩膜版，可以省掉成本中的第一项。ASIC 产品由于用途专一，产量较小，因此一般采用半定制设计来降低设计成本、缩短设计周期。当然，如果用户对产品性能要求很高时，也可以采用全定制设计，但设计成本会有很大增加。

表 5.1-3 比较了不同设计方法的特点。图 5.1-3 比较了几种设计方法在不同产量情况下的芯片成本[6-7]。对于小批量生产的 ASIC 芯片，采用半定制设计方法，利用了已有的单元电路版图，从而减小了版图设计的工作量，缩短了设计周期，降低了设计成本。对于大批

量的通用 SIC 芯片，采用全定制设计方法，可以做到速度、面积性能优化的最佳，开发前期成本较高，但均摊到每个芯片的设计成本较低。

表 5.1-3　不同设计方法的特点

设计方法	速度优化程度	面积优化程度	所需掩膜版数目	产品开发周期
全定制设计	最佳	最佳	全套	最长
基于标准单元的设计	良好	良好	全套	较长
基于门阵列的设计	一般	一般	部分	较短
基于 PLD 的设计	一般	一般	不需要	最短

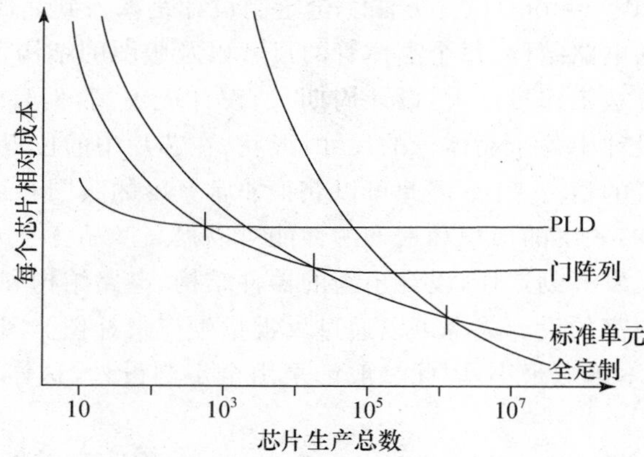

图 5.1-3　设计方法与产量对芯片成本的影响

5.2　全定制设计方法

全定制设计方法也称为自底向上（Bottom-up）的设计方法，这是由于其设计对象为晶体管，在设计层级中处于底层。该方法通过原理图输入、电路仿真优化和手工版图设计等过程完成模块电路的设计，然后利用这些较小的模块构建更大规模的电路。

由于设计层级较低，全定制方法的最大缺点是工作量大，设计周期长。1989 年的研究数据表明，采用这种设计方法，每个工程师每天只能完成 6 到 17 个晶体管的设计工作[8]，导致设计成本提高；而且，对于功能比较复杂的集成电路，很难一次设计成功，需要反复修改设计并重新制版流片，这可能进一步增加设计成本。在实际的应用中，只有解决了设计周期和经济性引起的设计成本的问题，才可能采用全定制的方法。目前的全定制设计主要应用在两个方面，一个是通用芯片产品的设计，另一个是可以复用的电路模块的设计。通用集成电路产品，如标准逻辑电路、存储器、通用微处理器等产量非常大、性能要求较高，全定制设计所花费的大量成本可以通过大批量生产来进行补偿。而半定制方法中采用的标准单元和

IP 核模块的设计，由于可以通过设计复用被大量的其他电路采用，这些模块的设计时间和成本可以得到分担，而其优化性可以提高半定制设计的性能质量。

5.2.1 全定制设计流程

图 5.2-1 所示为全定制方法的设计流程[8]。设计者可以对整个芯片中每一部分电路的晶体管级电路结构和器件的尺寸进行调整，并利用基于精确器件模型的电路仿真器 SPICE 对电路进行分析，最后采用基于几何图形的手工版图进行设计实现。由于精心考虑了每个晶体管的尺寸、电路结构和互连关系以及在芯片中的物理位置等问题，该方法可以获得最佳的电路性能和最小的芯片面积，从而有利于降低每个芯片的制造成本，提高产品竞争力。

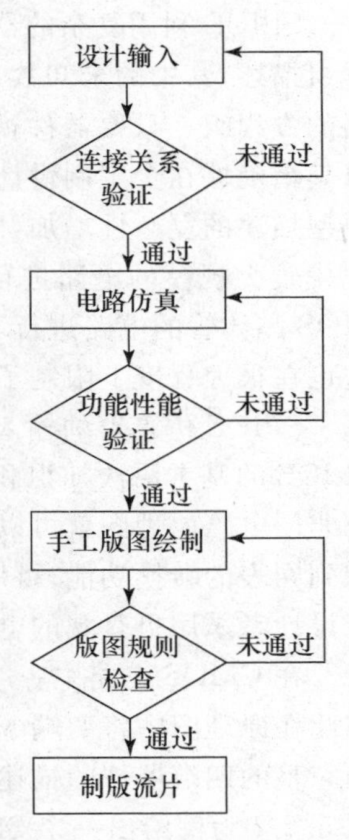

图 5.2-1 全定制设计流程

全定制方法的设计对象是晶体管等半导体器件，这些器件通过适当的连接构成逻辑功能电路。在 CMOS 电路中，nMOS 按照“串与并或”规律构成下拉网络，pMOS 按照“串或并与”规律构成上拉网络。例如，图 5.2-2 的 CMOS 电路实现了 $Y=\overline{AB+C}$的逻辑功能，这里给出了电路原理图(Schematic View)和符号图(Symbol View)两种表示方式。电路原理图(或称电路图)描述了 6 个 MOS 晶体管的连接关系，构成的静态 CMOS 电路可以实现与或非即 $Y=\overline{AB+C}$的逻辑功能。符号图是通过例化的方式实现一种层次化的表示方法，这样便于利用较小规模的单元电路构建更大的模块电路。

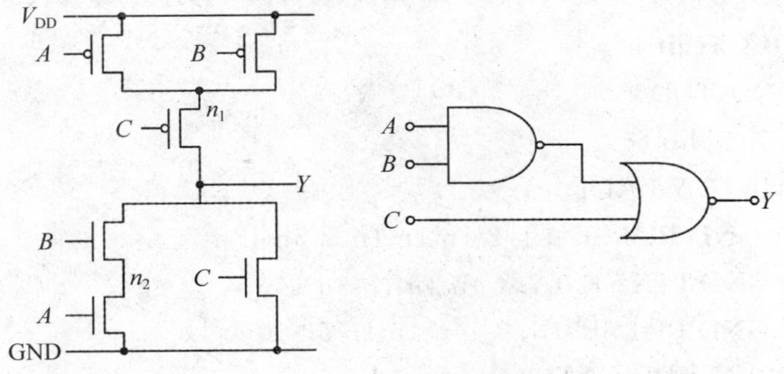

图 5.2-2 静态 CMOS 与或非门电路图和符号图

设计输入就是对半导体器件及其连接关系的描述，例如图 5.2-2 给出的电路原理图。完成原理图输入以后，设计者需要对输入的电路进行分析，以便确认所设计的电路的特性能够实现特定的功能，并能够满足性能等设计要求。全定制方法中的设计分析是通过电路仿真来实现的，电路仿真的工具为 SPICE 仿真器。

SPICE 利用复杂的器件模型来描述器件在电路中的特性，将整个电路用一个巨大的方程组描述，其中的未知数是各个结点的电压及各个支路的电流，通过数值分析的方法求解电路的方程组。只要器件模型足够精确，模拟结果就可以非常接近实际情况。因此，SPICE 以其精确性在全定制设计中获得了广泛的应用。随着器件尺寸缩小，二级效应引起的器件模型描述的复杂性增加，同时由于数值分析算法固有的复杂度的限制，SPICE 仿真器在对现代较大规模的电路进行分析的时候需要耗费大量的计算时间，例如，对一个包括几万个 MOS 晶体管的电路进行一次 SPICE 仿真可能需要计算机花费几天的计算时间才能完成，这也在很大程度上限制了全定制设计的规模。

SPICE 仿真器的输入文件为电路网表，电路网表的描述遵守特定的 SPICE 语法规则。SPICE 的基本语法知识和使用方法请参考相关书籍，本书不再赘述。例如图 5.2-2 中的与或非门电路原理图就可以用对应的 SPICE 网表来描述。有些电路仿真器附带有电路原理图到网表的转换功能，可以将设计者输入的电路原理图自动转换为 SPICE 网表，这样有助于设计者采用更直观的电路原理图来完成设计输入。

在 CMOS 电路中一般 pMOS 的体端统一连接到电源 V_{DD}，nMOS 的体端连接到 GND，因此在原理图中将四端 MOS 晶体管简化为三端器件。要注意的是：在 SPICE 网表中必须用完整的四端器件的描述，同时要给出器件的沟道长度和宽度等几何尺寸的信息。下面以图 5.2-2 为例给出一个 SPICE 网表，为了便于层次化设计进行电路调用，图 5.2-2 的与或非门被描述成子电路的形式，用. SUBCKT 语句对其描述。用 n65 和 p65 分别表示相关工艺中的 pMOS 和 nMOS 模型参数名称。而具体的模型参数被存放在模型库文件 65 nm. lib 中，通过. INCLUDE 语句对其进行调用。

```
**************************************************************************************
  Title: An AOI Circuit
  .GLOBAL GND VDD
  .INCLUDE 65nm.lib
        X1 Ai Bi Ci Yo AOI
        VA Ai GND PULSE 0 1.2 1n 1n 1n 5.5n 17n
        VB Bi GND PULSE 0 1.2 4n 1n 1n 6n 14n
        VC Ci GND PULSE 0 1.2 14n 1n 1n 5n 10n
        VSUPPLY VDD GND 1.2
  .SUBCKT AOI A B C Y
        M1 n1 A VDD VDD p65 l=65n w=0.13u
        M2 n1 B VDD VDD p65 l=65n w=0.13u
        M3 Y C n1 VDD p65 l=65n w=0.13u
```

```
    M4 n2 A GND GND n65 l=65n w=0.13u
    M5 Y B n2 GND n65 l=65n w=0.13u
    M6 Y C GND GND n65 l=65n w=0.13u
.ENDS AOI
.TRAN 0.1n 20n
.END
```

****

电路仿真的过程就是通过观察电路对输入激励的输出响应来判断电路的功能和性能是否满足要求的过程。SPICE 网表中分别描述了 VA、VB、VC 三个输入激励信号，均为脉冲电压源，所有激励信号的上升和下降时间均取为 1ns。图 5.2-3 给出了对图 5.2-2 的与或非门进行仿真时仿真电路的激励信号和输出响应信号的波形。根据仿真的波形，观察电路仿真结果同与或非的逻辑关系的符合情况，我们可以判断电路是否实现了设计功能；通过测量输出信号和输入信号变化的时间差，我们还可以得到电路的性能，即信号传输延迟等信息，从而判断电路是否满足性能的要求。如果不满足，可以通过改变电路、调整器件尺寸等方法进行电路的优化，直至得到满足设计要求的电路原理图，电路设计完成以后可以进入到版图设计阶段。

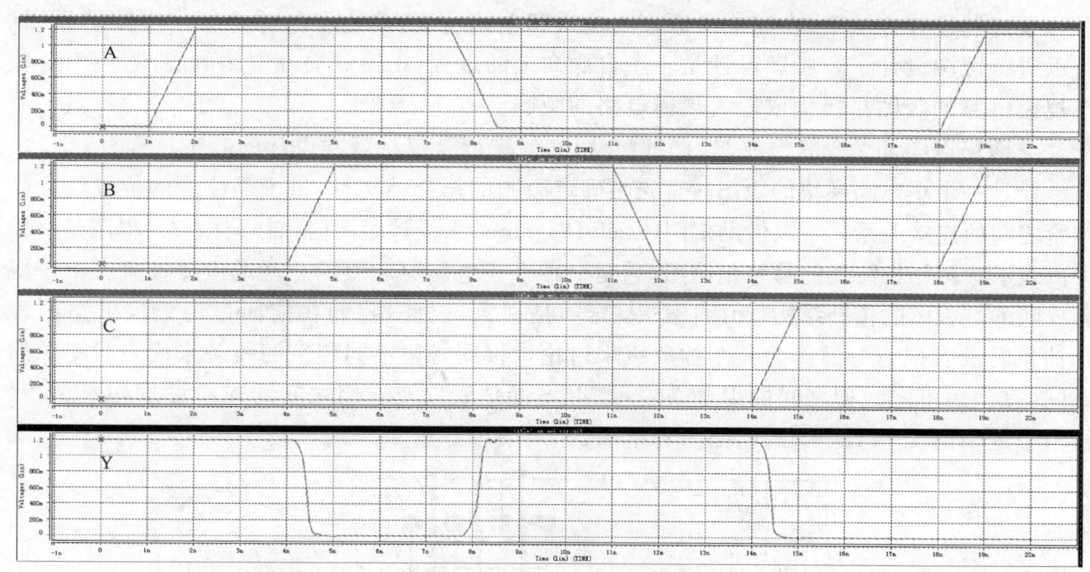

图 5.2-3　静态 CMOS 与或非门的电路仿真波形图

5.2.2　全定制的版图设计

集成电路的设计最终要落实到版图，也就是要设计出用于芯片制作的掩膜版的图形。早期的版图完全是设计人员手工绘制。随着集成度不断提高，芯片上集成的管子数目越来越多，电路的结构也越来越复杂，已经无法用手工完成版图设计，因此促进了 EDA 技术不断发展，使集成电路设计的自动化程度不断提高，使设计周期和设计成本都极大减小。

全定制版图设计就是由版图设计师根据版图设计规则绘制出电路中的每一个 MOS 晶体管、每一条互连线的图形。全定制设计的版图可以获得最小面积和最佳性能，其代价是工作量大，费时费力。当性能或版图密度(定义为每平方毫米内晶体管的数目)是首要设计目标时，可以采用全定制版图设计方法。

版图是表示半导体加工过程中使用的掩膜版上的几何图形的集合，该集合中的每一个图形都位于一定的图层。例如，如果在加工过程中有一个光刻有源区的工艺步骤，就需要在版图设计中给出一层有源区图形的集合。包括加工工艺中需要的所有掩膜版的各个图层的数据就是最终的版图，大部分的版图图形是矩形，或者是矩形拼接成的多边形。

早期的版图设计类似于工程制图。现代计算机辅助设计技术的发展为全定制版图设计提供了设计工具，也提高了全定制版图设计的效率，这些工具包括版图编辑器、版图检查工具等。目前，手工版图设计可以使用版图编辑器来辅助完成。版图编辑器(Layout Editor)是一个交互的图形编辑程序，一般都支持层次化的版图设计。为了便于区分不同图层，在版图编辑器中，需要规定好表示各个图层的颜色、填充图案等。

全定制设计方法中，在完成了原理图输入和电路仿真，确定了晶体管级的电路图后，就可以进行版图设计了。版图设计是一个自底向上的过程，先绘制局部电路的版图，再用这些小规模电路的版图拼接构成较大规模电路的版图。

下面仍以图 5.2-2 的与或非门为例介绍如何进行全定制版图设计的基本过程。

设计一个小电路模块的版图时首先是确定版图的拓扑结构，即每个晶体管的位置以及晶体管之间的连接关系。可以借助棍图(Stick Diagrams)来设计版图的拓扑结构[9]。棍图是一种可以表示版图拓扑结构的符号化简图，它是一种介于电路图和版图之间的设计抽象。由于棍图反映的是版图的拓扑结构，和版图的差异不是很大，因此，我们在前面讨论集成电路的设计抽象时没有把它专门作为一个抽象级来讨论。棍图是用不同图例的线条来代表版图中的不同图层，用不同线型之间的组合来表示 MOS 晶体管以及它们之间的连接关系。图 5.2-4 给出了逻辑门 $Y=\overline{AB+C}$ 的电路图和棍图。

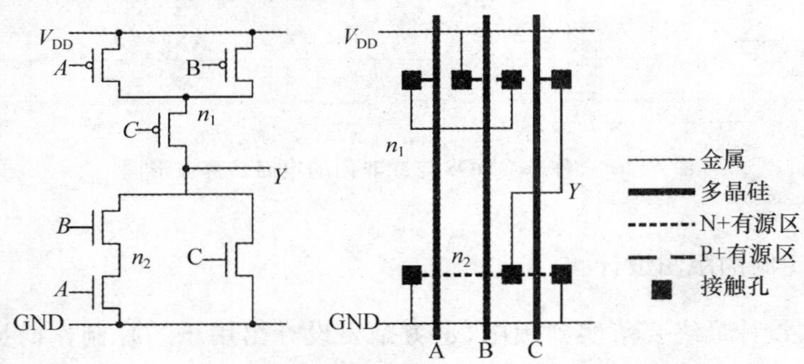

图 5.2-4　静态 CMOS 逻辑门的电路图和棍图

由图 5.2-4 中的棍图可知，在设计棍图时，设计者只需关注各个图层的相对位置及连接关系，不需要考虑每层图形的尺寸和设计规则，因此可以极大简化设计、减小工作量，从而提高了设计效率。设计版图时，大多数 CMOS 逻辑门可以使用一行共享 n^+（或 p^+）扩散区的晶体管来设计，只需通过改变他们的源、漏连接来实现不同的逻辑输出。一般会将 nMOS 放在下方，靠近地线(GND)，称之为下拉支路；将 pMOS 放在上方，靠近电源线(V_{DD})，称之为上拉支路；nMOS 和 pMOS 的栅极常使用共同的多晶硅线条连接在一起。按照哪种顺序排列各个晶体管，来使最终实现的版图面积最紧凑呢？为了寻找这个最优晶体管排列顺序，可以用尤拉路径(Euler Path)进行优化，首先需要把电路图转化为用节点和边表示的路径图：

节点——与电路图中的节点对应；

边——若两个节点之间有 MOS 晶体管，则这两个节点间有条边，边名为 MOS 晶体管的栅信号；

尤拉路径——从任意节点出发，能达到路径图中所有节点并且每条边都只访问一次的一条路径。若下拉支路中存在尤拉路径，则输入对应的多晶硅线条的排列顺序能使 nMOS 用不间断 n^+ 扩散区实现，边的排列顺序等于版图中输入信号对应的多晶硅线条的排列顺序。而对于上拉支路，同理成立。

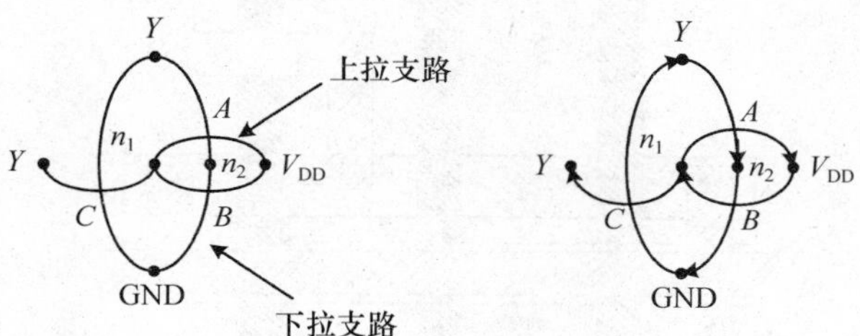

图 5.2-5　尤拉路径

按照上述规则，图 5.2-4 所示的电路图可以转换为如图 5.2-5 所示的路径图，包含两个支路：一个是上拉支路，用水平方向路径表示；一个是下拉支路，用垂直方向路径表示。要实现最优的版图布局，需依照以下步骤：

(1) 找出图中所有的尤拉路径；

(2) 找出上拉和下拉支路中相同的尤拉路径；

(3) 如果无法实现(2)，则以实现(2)的最小位置数断开栅的连接，将其分为独立的尤拉路径。

分析上拉和下拉支路，可以得到以下结论：按照 A→B→C 的顺序上拉和下拉支路有相同的尤拉路径。也就验证了图 5.2-4 所示棍图的优化结果。一旦用棍图确定了版图的拓扑结构，就可以很容易地画出对应的版图。图 5.2-6 给出了根据图 5.2-4 的棍图画出的 $Y=\overline{AB+C}$ 的版图，该版图是针对 n 阱 CMOS 工艺设计。图 5.2-6 下方的图例中给出了版图编辑器中定义的该工艺使用的主要图层，包括 n 阱、有源区、多晶硅、金属和用于金属与多晶硅和有源区连接的接触孔等。

图 5.2-6 中的 A、B、C 三个输入信号用多晶硅层引出，而输出信号 Y、电源 V_{DD} 和 G_{ND} 等用金属(metal)引出。三个 pMOS 放在 n 阱(n-well)中，而三个 nMOS 放在 n 阱外，这样实现了器件衬底的隔离。n^+ 和 p^+ 分别表示高浓度 n 型和 p 型注入的有源区，主要作为 MOS 晶体管的源、漏区，还可以作为 MOS 晶体管体端引出的欧姆接触。该工艺中的多晶硅(poly)主要作为 MOS 晶体管的栅极，也可以作为单元内部的短距离互连线。金属层主要作为互连线使用。图中只给出了一层金属用于单元内的互连，现代 CMOS 工艺中一般可以提供多层金属用于单元和模块之间的互连。在金属和有源区之间有氧化层隔离，因此工艺提供接触孔(contact)穿通氧化层，连接金属和有源区。

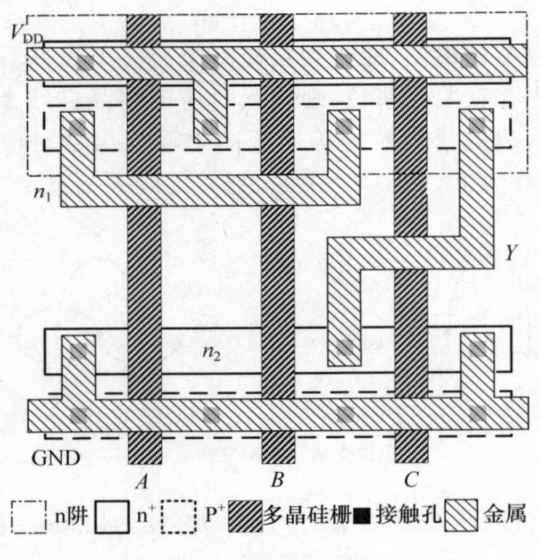

图 5.2-6　$Y=\overline{AB+C}$电路的版图

通过观察我们可以进一步理解图 5.2-6 的版图同图 5.2-4 中电路原理图的对应关系，图中标识 n_1 和 n_2 是电路中的中间结点，可以帮助我们联系版图和原理图的结构。注意观察该图中的 n 阱和 p 衬底偏置的实现方式，也就是 pMOS 和 nMOS 的“体”端偏置的实现方式，这一点需要特别注意。刚开始设计版图时很容易遗漏 MOS 晶体管的“体”端连接；MOS 晶体管的“体”端必须有确切的连接，不能悬浮，否则电路不能正常工作。

5.2.3　版图设计规则

CMOS 集成电路的版图设计就是根据电路功能要求和工艺水平要求设计出供光刻用的掩膜版上的几何图形。版图是包括所有图层的一组图形，不同图层的版图对应于不同的工艺步骤，每一层版图用不同的图案来表示。一般 CMOS 集成电路的版图(掩膜版)包括以下图层：n 阱、有源区、多晶硅、n^+/p^+ 注入、接触孔、金属层、通孔等。版图与所采用的制备工艺紧密相关，在版图设计之前，需要确定工艺。为了保证制作的集成电路合格并保证一定的成品率，不仅要严格控制各种工艺参数，而且要有设计正确合理的版图，这就要求设计版图时必须严格遵守版图设计规则。

版图设计规则是工艺加工厂商为设计者在进行版图设计时规定的几何尺寸限制，包括：各层图形的最小尺寸、同一层图形之间的最小间距、不同层次图形之间的对准容差（套刻间距）等，从而保证经工艺加工后的硅片上能保持该设计的拓扑和几何关系。版图设计规则并不代表正确生产与不正确生产之间的严格界限，但它代表了一种容差要求，这种容差要求可保证最高概率的成品率。所以，版图设计规则反映了性能和成品率之间可能最好的折衷：规则越严格保守，成品率越高；规则越激进进取，电路性能改进可能性更大，但会大大牺牲成品率。一般用 MOS 晶体管的特征尺寸（栅长）来标志工艺水平，并确定相应水平的版图设计规则，如“0.18 μm 规则”、“0.13 μm 规则”等。

通常有两种方法描述版图设计规则：

(1) 以 λ 为单位的设计规则。以 λ 为单位的设计规则是首先由 Mead 和 Conway 在 1980 年提出。在这类规则中，把版图设计中各种几何尺寸限制约定为 λ 的倍数。然后根据不同工艺的工艺分辨率，给出与工艺相容的 λ 值。通常 λ 可看作是线宽偏离理想特征尺寸的上限以及掩膜版之间的最大套刻间距，一般等于栅长的一半。表 5-2-1 给出了一个 n 阱 CMOS 工艺的 λ 设计规则。λ 设计规则最大的优势是版图设计可以独立于工艺和实际尺寸，对于不同的工艺水平，只要改变 λ 值即可获得不同的设计规则，使设计规则得以简化通用。

表 5.2-1　一个 n 阱 CMOS 工艺的 λ 设计规则

图形层次	设计规则内容	几何尺寸要求
n 阱	NW1——最小宽度	10λ
	NW2.1——等电位 n 阱最小间距	6λ
	NW2.2——不等电位 n 阱最小间距	9λ
有源区	AA1——最小宽度	3λ
	AA2——最小间距	3λ
	AA3——n 阱内 p^+ 有源区到 n 阱边界最小间距	5λ
	AA4——n 阱外 n^+ 有源区与 n 阱最小间距	5λ
多晶硅	GT1——最小宽度	2λ
	GT2——最小间距	2λ
	GT3——伸出有源区外的最小长度	2λ
	GT4——硅栅到有源区边界的最小距离	3λ
	GT5——与有源区的最小外间距	1λ
注入框	SN1——最小宽度	5λ
	SN2——最小间距	2λ
	SN3——对有源区的最小覆盖	2λ

续表

图形层次	设计规则内容	几何尺寸要求
接触孔	CT1×CT1——最小接触孔面积	2λ×2λ
	CT2——最小间距	2λ
	CT3——有源区或多晶硅对接触孔的最小覆盖	1.5λ
	CT4——有源区接触孔到多晶硅栅的最小间距	2λ
	CT5——多晶硅接触孔到有源区的最小间距	2λ
	CT6——金属对接触孔的最小覆盖	1λ
金属	M1——最小线宽	3λ
	M2——最小间距	3λ

(2) 以微米为单位的设计规则。随着器件特征尺寸的不断缩小，当 CMOS 集成电路发展到深亚微米及 0.1 μm 以下，λ 设计规则会出现一些明显的不足。版图设计中有些尺寸，如压焊块、接触孔、通孔等，不可能一直按比例缩小。因此，不能再简单套用 λ 设计规则，以微米为单位的设计规则已经成为 CMOS 工艺版图设计规则的主流。在以微米为单位的设计规则中，每个尺寸之间没有必然的比例关系，各尺寸之间可以独立选择，从而使每一尺寸的合理程度得到大大提高。表 5.2-2 给出了一个 65 nm 工艺水平的微米设计规则。微米设计规则制定时灵活性大，针对性强。缺点是通用性差，一旦工艺变化，必须重新制定设计规则。值得注意的是"以微米为单位的设计规则"只是一个术语，并不表示设计规则必须以"微米"为单位，现在工艺水平已经进入纳米尺度，因此设计规则也会以"纳米"为单位。图 5.2-7 说明了各层图形的设计规则。

表 5.2-2　一个 65 nm 工艺水平的微米设计规则

图形层次	设计规则内容	几何尺寸要求
n 阱	NW1——最小宽度	0.36 μm
	NW2——等电位 n 阱最小间距	0.36 μm
	NW3——不等电位 n 阱最小间距	0.48 μm
有源区	AA1——最小宽度	0.08 μm
	AA2——最小间距	0.10 μm
	AA3——n 阱内 p^+ 有源区到阱边界最小间距	0.15 μm
	AA4——n 阱外 n^+ 有源区与阱最小间距	0.15 μm
	AA5——n 阱至阱外 p^+ 区的最小间隔	0.15 μm
	AA6——n 阱至阱外 n^+ 区的最小间隔	0.15 μm
多晶硅	GT1.a——最小宽度(1.0V 的 nMOS/pMOS)	0.06 μm
	GT1.b——最小宽度(1.8V 的 nMOS/pMOS)	0.20 μm
	GT1.c——最小宽度(2.5V 的 nMOS/pMOS)	0.28 μm
	GT1.d——最小宽度(3.3V 的 nMOS/pMOS)	0.38 μm
	GT2——最小间距	0.12 μm
	GT3——伸出有源区外的最小长度	0.12 μm

续表

图形层次	设计规则内容	几何尺寸要求
多晶硅	GT4——有源区外多晶硅与有源区边界的最小距离	0.14 μm
	GT5——有源区上多晶硅与有源区边界的最小距离	0.12 μm
	GT6——硅栅与有源区的最小外间距	0.05 μm
注入框	SN1——最小宽度	0.18 μm
	SN2——最小间距	0.18 μm
	SN3——对有源区的最小覆盖	0.10 μm
接触孔	CT1×CT1——最小面积	0.09 μm×0.09 μm
	CT2——最小间距	0.11 μm
	CT3——有源区或多晶硅对接触孔的最小覆盖	0.07 μm
	CT4——有源区接触孔到多晶硅栅的最小间距	0.05 μm
	CT5——多晶硅接触孔到有源区的最小间距	0.09 μm
	CT6——金属对接触孔的最小覆盖	0.025 μm
金属	Mn1——最小线宽	0.09 μm
	Mn2——最小间距	0.09 μm
通孔	Vn1×Vn1——最小面积	0.09 μm×0.09 μm
	Vn2——最小间距	0.11 μm
	Vn3——金属对通孔的最小覆盖	0.00 μm
压焊块	PA1——最小面积	55 μm×55 μm
	PA2——最小中心距	60 μm

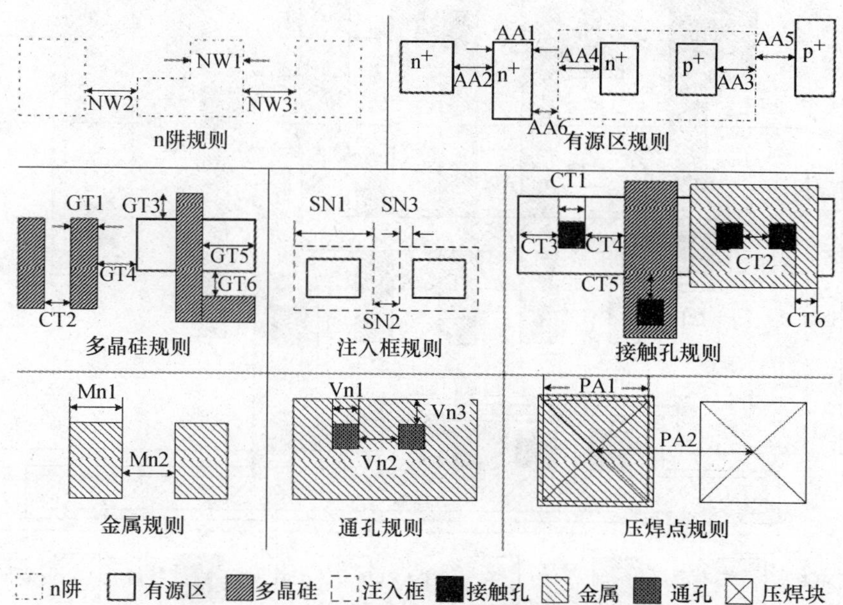

图 5.2-7　版图几何设计规则图解

图 5.2-8 给出了一个实现逻辑 $Y=ABCD$ 即四输入与门版图与版图设计规则所对应的相关尺寸。

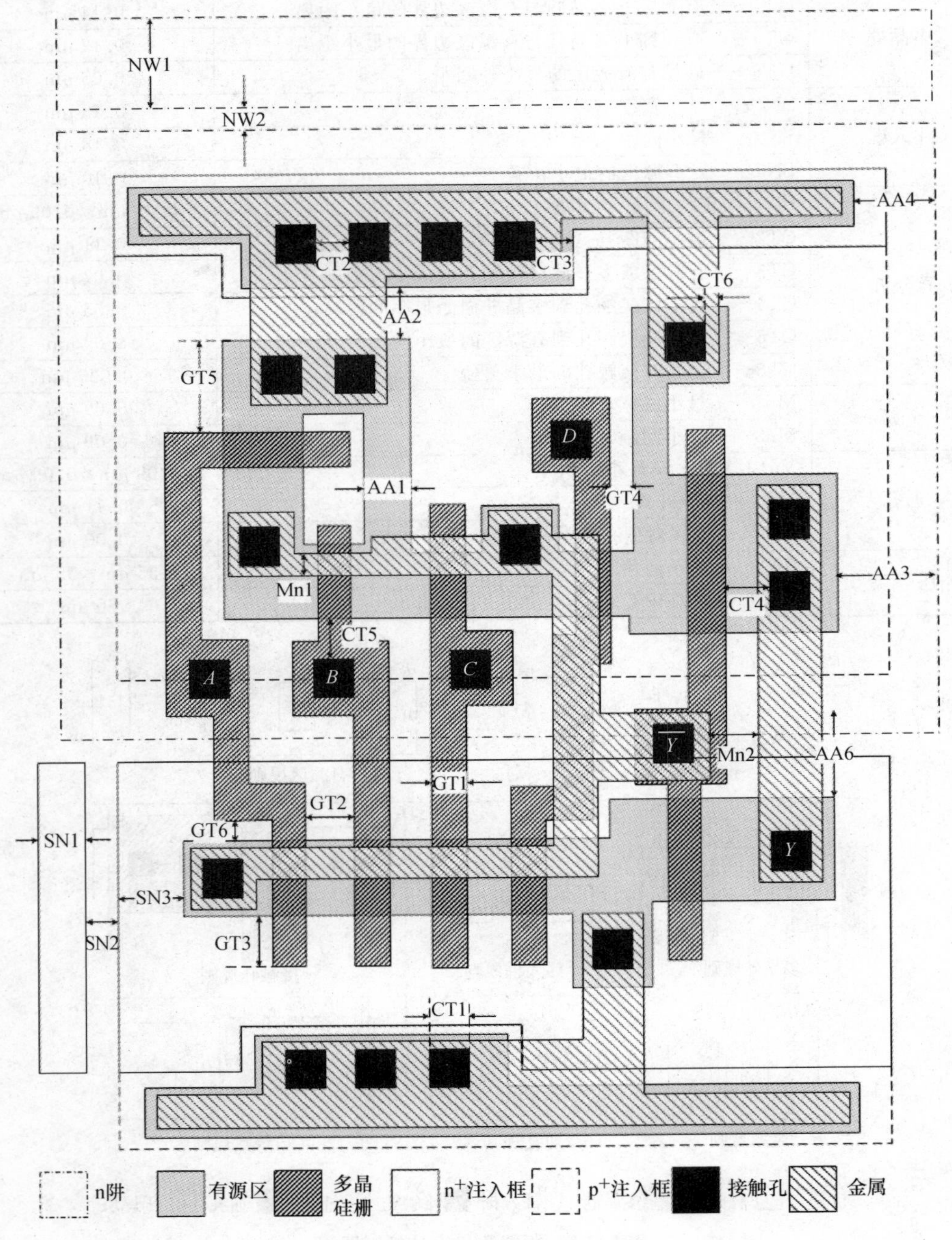

图 5.2-8　四输入与门版图与版图设计规则

版图设计规则中每一项内容的要求都考虑到加工的容差或电性能的可靠性，从而保证制作的成品率。例如，多晶硅的最小线宽和最小间距就是根据光刻工艺能够实现的最小精度决定的；有源区与阱的距离就是为防止闩锁效应而设计的。如果设计的版图在某些方面违背了版图设计规则，就有可能在加工中出现问题，使器件不能正常工作。因此，通常版图设计完成后，需要设计者进行设计规则检查（Design Rule Check，DRC），只有 DRC 通过的设计，才能保证加工后的良率。

5.3　半定制设计方法

全定制的设计方法利用原理图输入作为设计输入手段、SPICE 电路仿真作为设计验证和优化手段、手工版图作为设计实现手段。但是这种方法在设计输入、分析和实现等过程需要耗费大量的时间和人力，这种方法无法满足大规模数字集成电路对产品的上市时间和成本等方面的要求。因此，需要开发更有效率的 VLSI 数字系统设计的方法，半定制设计方法应运而生。此外，基于离散信号的数字电路很容易抽象为门级、结构级和行为级等更高层级的描述，这也为半定制设计方法提供了可能。

5.3.1　半定制设计流程

半定制的设计方法是自顶向下（Top-down）的过程，利用高级语言作为设计输入手段、逻辑仿真作为设计验证手段、逻辑综合作为设计优化手段、自动布局布线作为设计实现手段，同全定制方法相比大幅度提高了设计自动化程度，因而大大提高了设计效率、缩短了设计周期。

图 5.3-1 给出了基于半定制方法的 VLSI 的典型设计流程[10]。一个复杂数字系统的设计可以从最高抽象级——系统级开始。在系统级，要给出对设计要求的准确描述。设计要求一般应包括电路要实现的功能、性能，对面积和功耗的限制，以及测试方法、成本和寿命等。不过，随着设计的进展，往往会对原定设计要求进行适当调整。明确设计要求后，就需要把设计要求转化为可以执行和仿真验证的高层级行为描述。这种高层级行为描述通常用高级计算机编程语言来编写，并通过程序仿真来验证功能是否满足设计要求。经仿真验证正确的高层级行为描述可以被手工或者利用高层级综合工具，转换为寄存器传输级（Register Transfer Level，RTL）硬件描述，并可以通过 RTL 仿真进行设计验证。RTL 硬件描述经仿真验证正确后，送入逻辑综合工具进行优化，得到由基于特定工艺的标准单元库中的库单元构成的门级网表。该网表描述了构成设计的库单元以及它们之间的互连关系，该门级网表已经实现了工艺映射，设计进入逻辑级阶段。一般来说，我们将设计输入到门级网表的转化过程称为自顶向下设计方法中的前端设计过程，而将门级网表到物理版图的转化过程称为后端设计过程。

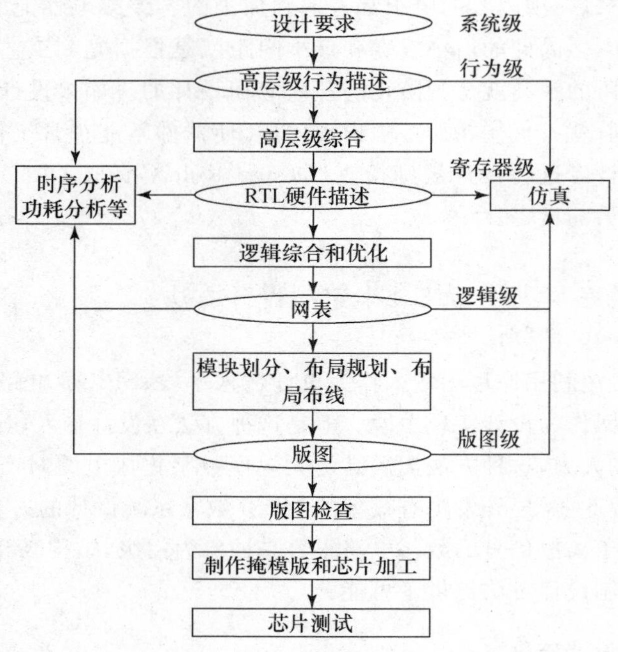

图 5.3-1 半定制的设计流程

由于目前用于系统级向结构级转换的高层级综合算法和工具还没有十分成熟，大部分的半定制设计是从行为级和结构级的 RTL 设计开始的，逻辑综合工具已经发展得很成熟，可以有效地将 RTL 级描述转换为门级网表。

半定制方法的后端设计过程，是利用自动布局布线工具把逻辑门级网表转化为物理版图。现代的自动布局布线工具包括对芯片进行版图规划、布局和布线等过程，直到得到合适的芯片版图。为了评估版图中的寄生效应对电路时序的影响，可以进一步从版图中提取出寄生电容和寄生电阻，进行后仿真，这种后仿真的结果由于带有了连线的物理信息，因此比逻辑仿真的结果要精确，可以帮助设计者评估时序是否满足设计要求。如果不满足时序要求，则需要返回到较高层级的设计阶段重新设计，直到满足时序要求为止。满足时序要求的版图在送去制作掩膜版之前，需要按照工艺加工线提供的版图设计规则对版图进行设计规则检查，以确保版图正确。版图检查通过后，就可以输出最终的版图数据，送到掩膜版加工厂商进行制版。

图 5.3-1 给出的半定制设计流程是一个自顶向下的设计过程。在此过程中，每一层次都有多种实现方案可选，每种实现方案得到的电路延迟、面积、功耗等信息都基于相应的模型，设计者只能依据模型中有限的信息并结合自己的设计经验来选择实现方案，这是自顶向下设计流程的不足。而自底向上的全定制设计流程是从较小规模的简单电路模块入手，因

此，低层次电路模块的面积、延迟、功耗等信息比较精确，有利于电路模块的优化设计。实际的电路设计流程可以融合自顶向下和自底向上两种设计方法。

自顶向下的半定制设计方法需要在较高的设计层级进行电路的描述，基于晶体管的SPICE网表和电路原理图无法满足复杂数字系统的结构和行为描述的要求，硬件描述语言(Hardware Description Language，HDL)是人们用于对数字系统进行有效描述的高级计算机语言。同原理图相比，硬件描述语言可以更有效地描述数字系统的行为级和结构级的特性。支持HDL电路描述的逻辑仿真和逻辑综合等软件的开发使得自顶向下的设计流程成为可能。在集成电路设计方法的发展过程中，这种从低级语言到高级语言的硬件描述的发展过程类似于软件设计中二进制代码到汇编语言和高级编程语言的转化过程，高级语言可以支持更复杂的建模，从而能够实现更大规模的设计。目前应用较多的硬件描述语言有VHDL和Verilog等，本书中我们以Verilog为例讲述自顶向下的设计方法，Verilog的基本语法知识可参考相应的工具书。

5.3.2　基于门阵列的设计方法

门阵列在20世纪70年代就开始出现，当时主要是TTL、ECL等双极型电路，只有百门级的规模，性能也较差。到70年代中后期，采用CMOS工艺的门阵列芯片得到广泛应用。但是，随着CMOS工艺技术的迅速发展，集成度不断提高，特别是MOS存储器和微处理器芯片的高速发展和普及，使门阵列似乎被人们淡忘了。

随着集成电路集成度的增加，一个芯片包含的电路越来越复杂，制造工艺步骤也更加繁多，因此需要的光刻掩膜版数目不断增加。这使得集成电路的设计工作更加困难，设计时间加长，设计成本提高。对于需求量小而品种多样的专用电路必须缩短设计周期才能降低成本，提高产品的竞争力。因此必须发展快速、准确、自动化的设计方法。门阵列是一种规则的版图结构，便于实现自动化，而且对不同产品，不需要重新设计全套版图，有利于缩短设计周期降低设计成本。门阵列作为实现专用电路的设计方法而得到迅速发展。特别是CMOS工艺的成熟，CMOS用于门阵列，使门阵列产品的集成密度和电性能不断提高。CAD技术的发展，使门阵列设计的自动化程度越来越高[11]。

1. 门阵列总体结构

门阵列就是把预先设计好的没有连线的晶体管组成的基本单元版图排成规则的阵列，并可以预先加工好这样的阵列母片，然后根据用户要求设计好晶体管之间的连线以实现特定的电路功能。

一个门阵列版图通常包含以下几部分：

(1) 单元阵列；

(2) 电源线(V_{DD}和V_{SS})的分布网；

(3) 输入/输出(Input/Output，I/O)单元；

(4) 压焊点;

(5) 测试图形。

门阵列基本单元在排成阵列时可以采用行单元结构或无隙单元(也称为门海)结构,如图 5.3-2 所示。

(1) 行单元结构

把单元排成行或列,只在行之间(或列之间)的通道中可以走过互连线。由于留有专门的布线通道,实现布线比较方便,但是布线通道要占用较大的面积,不利于提高集成度。

(2) 门海结构

门海结构适用于特大容量的门阵列,必须采用多层金属布线。另外在布线中有些单元可能被连线占用。这种结构有利于提高硅片利用率,但布线难度加大。

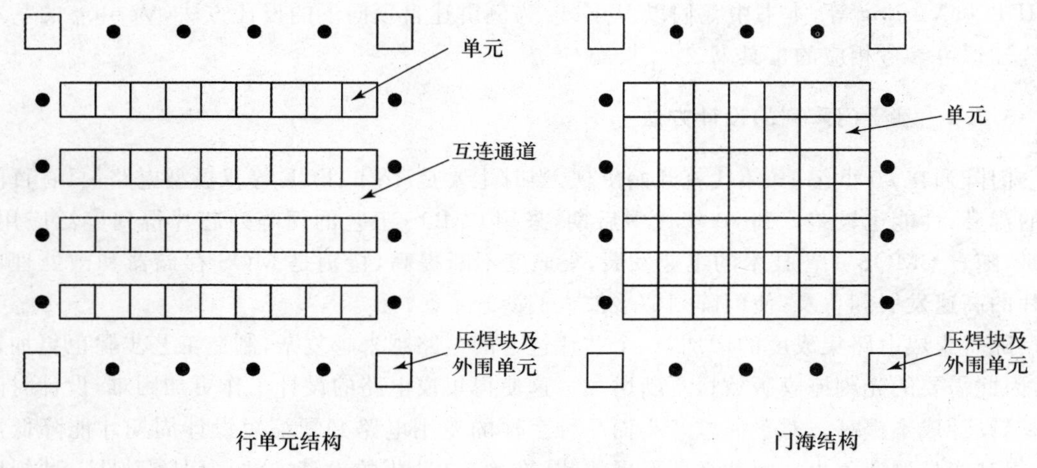

图 5.3-2　门阵列单元排列结构

图 5.3-3 是一个 CMOS 门阵列母片中的部分单元阵列,这是一个行单元结构。单元实际是排成竖列,每两列单元之间是布线通道。在布线通道中和每两个单元之间都有多晶硅跨接线,便于实现连接。

这里要解释一下门阵列规模(容量)的衡量标准。门阵列实际上并不是由逻辑门排列构成,门阵列的母片是由一些没有连线没有任何功能的晶体管单元排列构成。在说到门阵列规模时有 2 种含意:一种是用包含的单元数目来衡量,如图 5.3-3 中 3 个 CMOS 对管是一个单元。由于不同门阵列产品单元结构不同,每个单元中包含的管子数目也不同,因此用单元数目反映门阵列规模不准确。另一种是用等效的二输入“与非门”(或者“或非门”)数目来表征门阵列的容量,这也就是门阵列名称的由来。

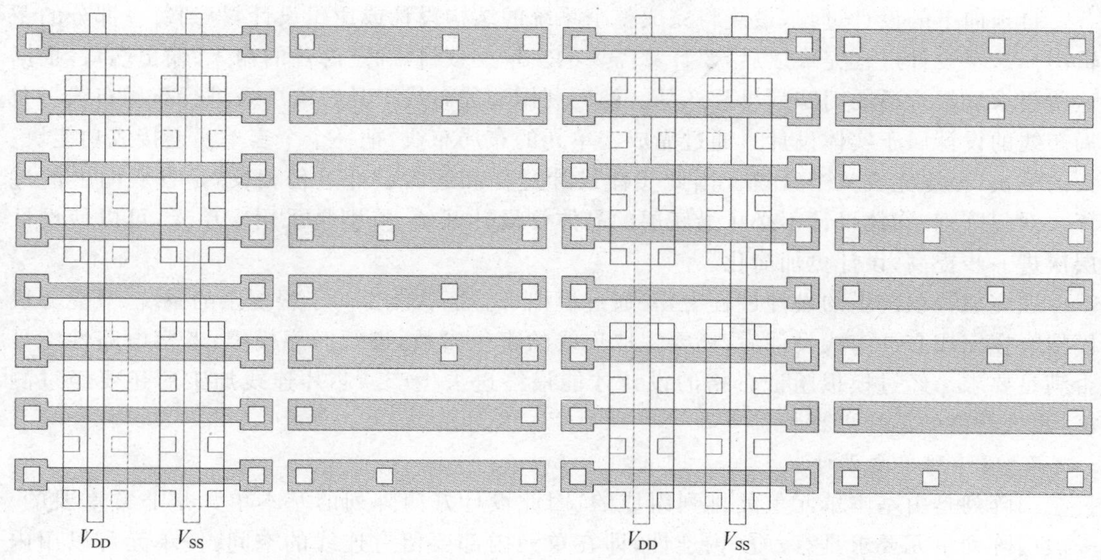

图 5.3-3　一个 CMOS 门阵列母片中的部分单元阵列

2. 门阵列的设计流程

图 5.3-4 给出了门阵列的设计流程，一般都是采用自顶向下的设计方法。首先要从最高层次的设计开始，通过对系统要求的分析，把设计分割成许多功能模块，给出对这些功能模块的输入/输出和时序要求。然后再将每一模块细分，直到每一个小功能块都可以用已有的库单元电路实现。这种自顶向下的设计还是一种层次化设计。在顶层的设计一般是较高的层次，即行为级设计，只要确定模块的功能和主要指标，而不必涉及具体细节。通过层层细分，使设计逐渐深入到具体结构，直至深入到门级或晶体管级的设计。在有了完备的宏单元库的情况下，一般不必深入到晶体管级的设计。随着系统复杂性的增长、集成规模增大，如果不采用这种层次化设计，设计工作会非常困难和不可容忍的麻烦，甚至无从下手。设想如果完成一个 25 万门级的门阵列设计，如果直接深入到具体结构设计，将要对 25 万门的电路进行具体连线设计，这是难以完成的。

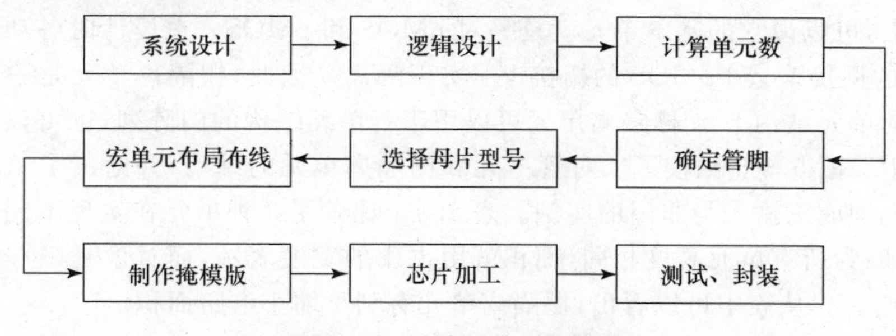

图 5.3-4　门阵列的设计流程

自顶向下的设计过程，最终将完成整个系统的结构设计或逻辑设计，得到每一部分的逻辑图。这个设计过程完成以后，要计算需要的宏单元数目，确定芯片的输入、输出端口，根据这些要求选择合适的门阵列母片产品。然后利用布局布线工具对宏单元进行布局布线。布局布线的设计属于实体设计。通过完成宏单元的布局布线，把一个个宏单元连接成功能块、大的模块，最终完成整个系统。因此实体设计过程和逻辑设计过程相反，是自底向上的过程。对门阵列，实体设计不必从最底层的晶体管设计开始，特别是采用宏单元，可以使设计层次进一步提高，设计更加简化。

在完成自顶向下的设计过程中，要通过模拟来验证功能。对于很复杂的系统，只能分块模拟。在完成布局布线设计后，还要提取连线的寄生参数，进行时序模拟，考察电路性能是否满足要求。经过模拟验证合格的设计才能最终送去生产。芯片连线加工后还要经过测试，测试合格的芯片再封装。

3. 门阵列单元设计

门阵列是由基本单元重复排列组成的，因此设计好门阵列的基本单元是非常重要的。一般门阵列单元要求具有：① 内连性，即在单元内部要留有连线的空间，使单元可以用内连线形成一定的功能电路，如反相器、与非门、或非门等；② 互连性，即单元和单元之间要容易连接形成复杂的功能电路，为此门阵列单元中晶体管的栅、源、漏极一般都从双端引出，以便于与各方向的其他单元互连，提高互连的灵活性；③ 可重复性，即门阵列单元一般都采用规则、对称的矩形结构，这样有利于单元重复排列构成矩阵，单元也可以采用镜像对称结构；④ 可穿透性，为了使整体布局布线优化，应该允许一些与本单元无关的连线穿过单元以实现需要的电路连接，也就是说单元本身还应该可以作为连线通路，这对于门海单元尤为重要。

门阵列单元结构五花八门，不同工艺的区别更大。以典型 CMOS 单元结构为例。CMOS 单元有简单的两对管、三对管单元，也有复杂的四对管、五对管甚至八对管单元，还有一种新型的栅隔离单元。由于单元之间要有场区隔离，如果单元设计得太简单，在构成复杂功能电路时，需要的单元数目很多，过多的场区隔离将浪费硅片面积。如果单元设计得很复杂，包括的管子很多，可以节省隔离区面积，但在构成功能电路时可能会浪费单元中的一些管子。栅隔离单元则完全去掉了单元之间的场区隔离，它是把 nMOS 和 pMOS 对管一直连续排列下去，可以说它的基本单元就是一对 nMOS 和 pMOS。在设计时各功能电路之间通过 nMOS 的栅接 V_{SS} 和 pMOS 的栅接 V_{DD} 实现隔离。因此，栅隔离单元是一种简单灵活又节省面积的单元结构[12]。栅隔离单元可以用于行单元结构的门阵列，也可以用于门海结构的门阵列中。图 5.3-5 比较了二对管单元和栅隔离单元的结构，并给出了用二对管单元和栅隔离单元构成三输入与非门的实例。表 5.3-1 比较了几种单元在实现不同功能电路时占用的面积，因为所有单元高度相同，面积就用占用的宽度表示，而宽度是以一个线宽加间距(Pitch)为单位。从表中可以看出，栅隔离单元有利于缩小电路面积。

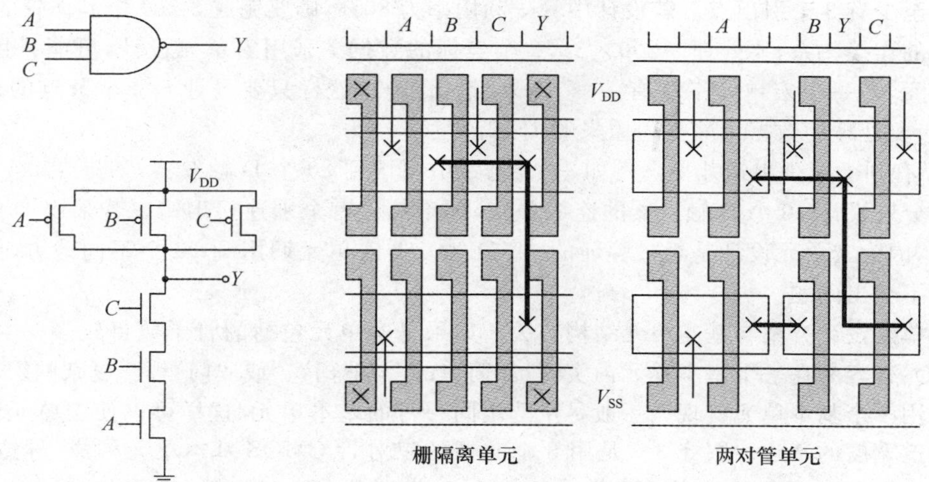

图 5.3-5　栅隔离单元和两对管单元结构实现 3 输入与非门

表 5.3-1　不同单元构成功能电路时占用面积比较

逻辑功能	栅隔离单元		两对管单元		三对管单元	
	单元数	宽度	单元数	宽度	单元数	宽度
反相器	2	2	1	3	1	4
3 输入与非	4	4	2	6	1	4
16 输入与非	28	28	11	33	8	32
异或	9	9	4	12	3	12
D 触发器	23	23	9	27	8	32

4．宏单元设计

门阵列的基本单元实际是几个晶体管，没有实现任何逻辑功能。直接用门阵列基本单元连接成一个复杂的电路是很费时费力的。实际上，在门阵列设计中普遍采用宏单元设计。

宏单元就是事先把门阵列的一些基本单元连接成具有一定功能的单元电路或功能块。这种连接只是软连接，只是设计好连线的路径，而并不做出连线。然后把设计好的连接关系存入计算机，建立起宏单元库。在用门阵列设计一个系统时，只要根据需要调用有关的宏单元，完成宏单元的布局和宏单元之间的连线设计就可以了。采用宏单元有以下好处：

① 提高了设计层次，不是用一个个晶体管去连接电路，而是用单元电路和功能块去连成系统，这样就简化了设计，缩短了设计时间。

② 可以避免由于重复描述相同功能电路而造成的对一些多余数据的存储、传输和操作。

③ 简化了布线设计，减少了处理的数据量。例如，一个门阵列有 4 000 个晶体管，每个

晶体管至少有 3 个引出点。若设计中管子利用率为 80%，则要完成 3 200 个晶体管的 9 600 个节点的连接关系，要处理 3 200×3×2 个坐标的数据。采用宏单元设计，可能只用到 80 个宏单元，若每个宏单元平均有 10 个输入、输出节点，这样只要设计 800 个节点的连接关系，相应要处理的数据量减少为原来的 1/12。

④ 有利于减少出错几率。例如，一个电路中要用到 20 个 D 触发器，如果在 20 个需要的地方分别设计 20 个 D 触发器的连线关系，则难免会有个别连接出错。若采用 D 触发器宏单元，因为宏单元设计是经过验证的，把 D 触发器宏单元调用到 20 个不同地方，则可以保证都不会出问题。

宏单元设计方案与基本单元结构有关。如果基本单元包括的管子数目较多，一些简单的宏单元很容易在一个基本单元内实现，如简单的"与非门"、"或非门"等。复杂的宏单元电路则要用多个基本单元实现。一般尽量选用同一行的基本单元，这样可以使宏单元适用于不同通道宽度的基片。图 5.3-6 是用 3 个共栅的三对管 CMOS 基本单元构成"异或非"电路的连线设计。可以看到，在所用的 3 个基本单元中，上、下 2 个基本单元都有一对管没有

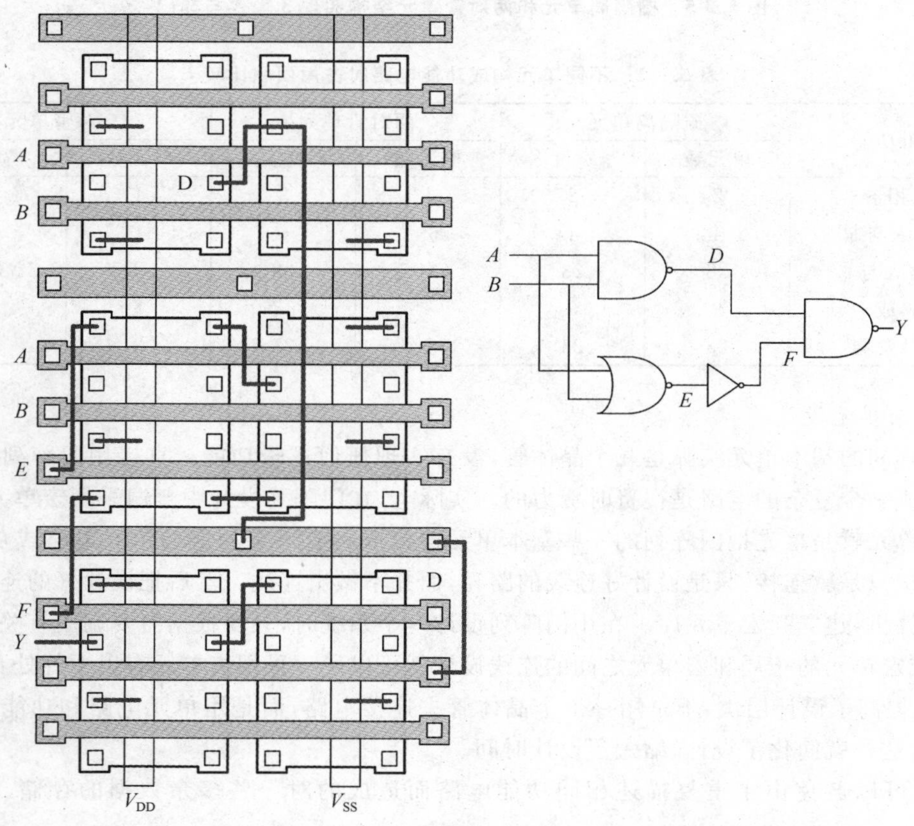

图 5.3-6 用 3 个共栅的三对管 CMOS 基本单元构成宏单元——"异或非"门

用。这就是门阵列存在的另一个缺点，在用门阵列实现电路设计时，并不是每个基本单元中的所有管子都被利用，而且也不是门阵列中所有基本单元都被利用，一般门阵列中单元利用率只有70%左右，在门海中利用率更低，因为很多基本单元要作为连线的通路。

在设计宏单元时，最重要的是如何使版图紧凑，充分利用基本单元中的管子，从而减少宏单元的面积，提高电路性能。同样功能的宏单元，可以有不同的布线设计。一般宏单元电路只用单元内部的连线路径就可以实现，对复杂功能的宏单元则可能要用到通道布线。宏单元设计好以后必须经过验证，保证功能正确，各项性能满足要求。

5.3.3　基于标准单元的设计方法

基于门阵列的设计方法有两个缺点，一是芯片利用率低，因为门阵列母片中有很多没有使用的单元，在单元中也有没有使用的管子。另外一个缺点是电路性能不够优化，因为门阵列中所有管子的尺寸都是一样的，是预先设计好的，无法根据电路性能要求改变。为了克服门阵列的这些缺点，同时又保持门阵列半定制设计的优点，发展了一种基于标准单元的设计方法。基于标准单元的半定制设计方法成熟于20世纪80年代，其基本思想是：用全定制方法精心设计好各种基本单元和常用的功能电路（如基本的与、或等组合逻辑和触发器等时序逻辑）的版图，把这些优化设计的并经过验证的单元电路版图存入数据库，用它们代替门阵列的宏单元，这些单元称之为标准单元。标准单元一般都被设计成等高的矩形版图，因此也可以像门阵列的基本单元那样排列成行，行间留有布线通道。包括这些标准单元的设计数据库称为标准单元库，现代的标准单元库一般包括几百个单元。分别使用标准单元库里的逻辑仿真模型、逻辑综合模型和物理模型可以完成电路的逻辑仿真、逻辑综合和物理设计等。如果不考虑标准单元和门阵列宏单元内部的差别，则基于标准单元设计和基于门阵列设计的方法和步骤是一样的。设计者只要根据需要调用必要的标准单元，然后完成单元的布局布线。很多支持门阵列设计的CAD工具也都支持标准单元设计。

标准单元设计方法保持了门阵列这种半定制设计方法的许多优点，如提高了设计层次；对不同用户要求，只需完成单元的布局布线设计，从而简化了设计，缩短了设计时间，提高了设计的准确率等。而且标准单元比门阵列更有利于提高芯片利用率，有利于电路性能的优化。因为在用门阵列设计时有无用的基本单元，而用标准单元设计时只调用需要的单元，也就是说它的单元利用率是100%。标准单元的电路版图是经过优化的，是根据电路性能要求设计管子的尺寸，在单元内部没有无用的管子，因此单元面积也比较紧凑。当然，由于要求所有单元设计成等高的矩形，使得标准单元的版图还不能像全定制设计那样紧凑。

1. 标准单元设计

标准单元的设计要考虑不同电路的需求，有多样性。比如反相器可以设计几种不同要求的反相器：输入级反相器、内部反相器、驱动低负载的输出级反相器以及驱动高负载的输出级反相器。库单元的设计还要有灵活性，能适应工艺的发展，尽量延长库单元的使用寿命。一般库单元都采用规整格式设计，即用工艺特征尺寸λ为单位来确定所有设计尺寸，网格结构也按λ的倍数设计，对不同工艺水平，只要在输入单元工艺参数时输入特征尺寸λ的值，这样单元版图尺寸就可以根据工艺水平改变。一般为了方便布线，单元的I/O端都采用双端引出。单元中的多晶硅线条和金属线条规则地按2个方向排列，如图5.3-7是一个标准单元库中的反相器和2输入与非门的版图，图中管子栅极的多晶硅是竖线条，单元的引出端用垂直的多晶硅线从上、下引出。电源线和地线是横线条，所有单元的电源和地线在同一水平位置，以便单元拼接。

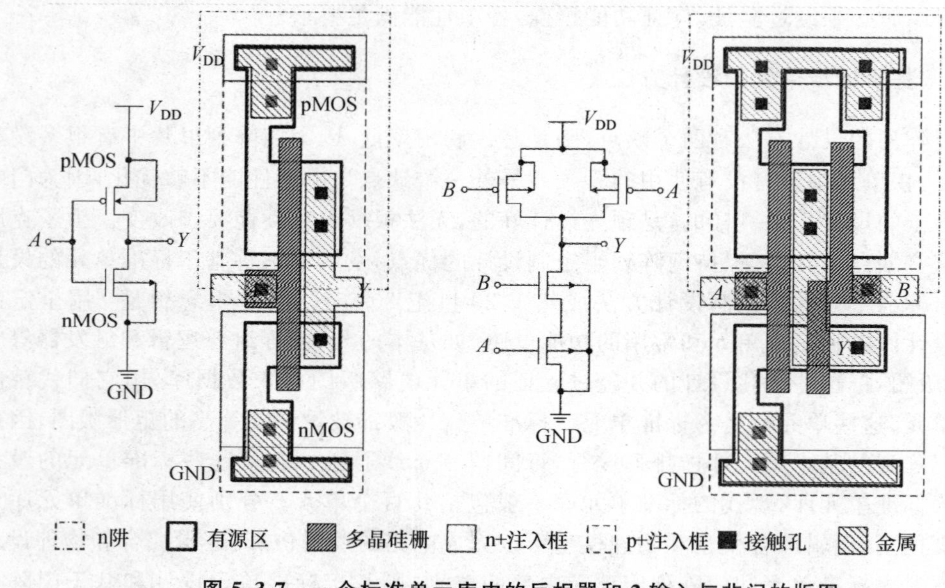

图5.3-7 一个标准单元库中的反相器和2输入与非门的版图

单元的版图设计好以后要存入单元库中，同时还要存入单元电路的逻辑图和电路图以及单元输入、输出端口位置的拓扑图。逻辑图可以作为逻辑图输入和逻辑仿真调用，电路图用于电路性能仿真，拓扑图用于布局布线，版图用来综合成整个芯片的版图。

2. 单元库设计

标准单元设计方法最重要的是建立单元库。为了适应不同用户的需求，库单元要比较丰富，但考虑到库的容量有限，单元电路要适当规范化。标准单元库中的单元一般分为基本单元库、输入/输出单元库和宏单元库三大类。

输入/输出单元库包括输入电路、各种驱动能力的输出电路、三态输出电路、双向I/O电路、各种电源/地单元等。

宏单元库包括各种规模的可编译的SRAM和ROM等。

基本单元库可以分为以下几类，每类都有一定的功能范围：

(1) 驱动缓冲器。包括反相器、缓冲器、三态功能驱动器以及时钟树驱动器等，其扇出从1X到4X、8X甚至更大，以满足不同的负载要求。

(2) 逻辑门。包括基本的与门、与非门、或门、或非门、异或门以及一些两级混合门，如与或非门。这些门单元的输入端从基本的 2 输入到多输入，扇出也从 1X 到 4X、8X 甚至更大。

(3) 多路器。包括 2 选 1、3 选 1 和 4 选 1 等多路选择器，也可以通过级联方式扩展为更多位的多路器。

(4) 触发器。一般都采用可靠性高的主从式触发器，多为单边沿(上升沿或下降沿)触发的 D 触发器，单端或双端输出，清零/置位端可选。

(5) 锁存器。采用 D 锁存器。

(6) 运算单元。包括半加器、全加器、减法器、4-2 压缩器等。

(7) 寄存器堆单元。

(8) 其他特殊单元。如填充单元(Filler)、延迟单元、耦合电容单元、天线效应消除单元等，在布局布线阶段，这些特殊单元会根据要求自动添加到版图中。

单元库的数据包中首先包含一份参数手册，对上述每一个标准单元特征信息加以说明。以一个 2 输入与门为例，其参数表如图 5.3-8 所示，包括：

(a) 逻辑符号；

(b) 逻辑电路图；

(c) 真值表，说明该单元输出与输入之间的逻辑关系；

(d) 单元的几何尺寸，可以看到当扇出变化时，单元只是宽度发生变化，高度不变；

(e) 负载参数，表示每个输入端口的负载电容；

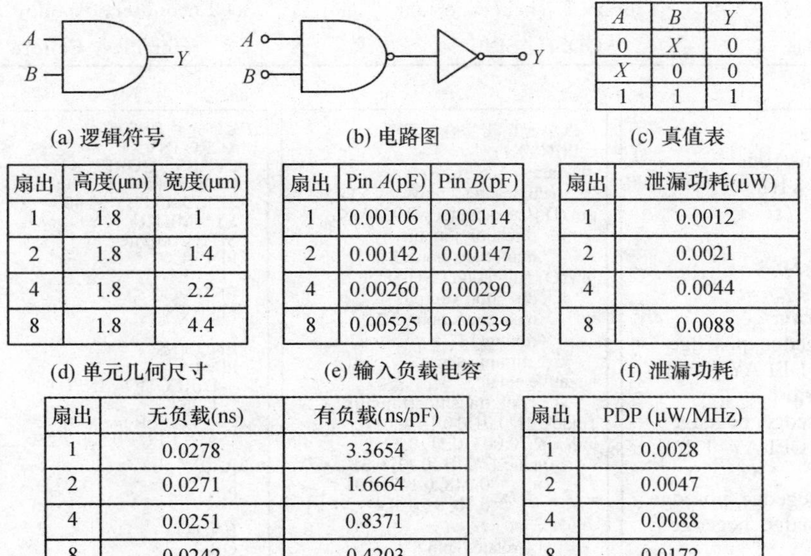

(a) 逻辑符号　　(b) 电路图

A	B	Y
0	X	0
X	0	0
1	1	1

(c) 真值表

扇出	高度(μm)	宽度(μm)
1	1.8	1
2	1.8	1.4
4	1.8	2.2
8	1.8	4.4

(d) 单元几何尺寸

扇出	Pin A(pF)	Pin B(pF)
1	0.00106	0.00114
2	0.00142	0.00147
4	0.00260	0.00290
8	0.00525	0.00539

(e) 输入负载电容

扇出	泄漏功耗(μW)
1	0.0012
2	0.0021
4	0.0044
8	0.0088

(f) 泄漏功耗

扇出	无负载(ns)	有负载(ns/pF)
1	0.0278	3.3654
2	0.0271	1.6664
4	0.0251	0.8371
8	0.0242	0.4203

(g) 延时特性

扇出	PDP (μW/MHz)
1	0.0028
2	0.0047
4	0.0088
8	0.0172

(h) 功耗延时积

图 5.3-8　标准单元库的参考手册

(f) 泄漏功耗，表示该单元 V_{DD} 到 V_{SS} 之间泄漏电流引起的静态功耗；

(g) 延时特性，图中给出数据为有/无负载情况下数据的建立时间；

(h) 功耗延时积。

单元库的数据用于逻辑输入、逻辑仿真、逻辑综合、时序功耗分析、布局布线和物理验证等阶段。表 5.3-2 给出了不同的设计阶段对应的库模型，以及相应的目前主流的 EDA 工具。图 5.3-9 中给出了一个二输入与门单元 AND2 分别应用于逻辑仿真、逻辑综合和布局布线三个阶段所需的逻辑仿真模型、逻辑综合模型和物理模型。逻辑仿真模型用于门级仿真，是一段 Verilog 描述，主要包含库单元的逻辑功能和门级延迟信息；逻辑综合模型为 liberty 格式，主要包含库单元的逻辑功能、面积以及时序和功耗等信息，其中的时序和功耗信息采用查表法建模；物理模型为 Library Exchange Format(LEF)格式，主要包含库单元的功能、面积以及详细的版图信息，包括 I/O 端口的位置以及单元内金属线的位置等，自动布局布线工具在布线过程中连接两个单元中的端口，并避免同单元内的金属线发生短路。

表 5.3-2　库模型与 EDA 工具

设计阶段	库模型	支撑的 EDA 工具
逻辑输入	Symbol Library	Cadence Composer
逻辑仿真	Verilog/VHDL Model Library	ModelSim，NC-sim，VCS
逻辑综合	Synthesis Model Library	Design Compiler，Ambit
时序功耗分析	Power Library	Prime Time，Power Compiler
布局布线	Library Exchange Format	SoCEncounter，Apollo，Astro
物理验证	GDSII，SPICE	Hercules，Calibre

```
//库单元仿真模型
`timescale 1ns/10ps
module INVX1(I,O);
input I;
output O;
  not I_O(O,I);
  specify
    specparam
tpd_I_O_negedge_posedge =
`DEFAULT_DELAY_TIME;
    specparam
tpd_I_O_posedge_negedge =
`DEFAULT_DELAY_TIME;
( I => O ) =
( tpd_I_O_negedge_posedge ,
tpd_I_O_posedge_negedge );
endspecify
endmodule
```

```
/*库单元逻辑综合模型*/
cell(INVX1) {
    area : 126.36;
    cell_leakage_power : 2536;
pin (I) { capacitance : 0.0240686;
      direction : input;
      max_transition : 3.2; }
pin (O) { function : "((!I))";
      direction : output;
      max_transition : 3.2;
      timing() {
        timing_sense :
negative_unate;
      fall_transition(timing)
{index_1("0.015, 0.14, 0.61");
index_2("0.003, 0.11, 0.27");
    values( "0.01, 0.13, 0.31",\
            "0.048, 0.147, 0.317",\
            "0.10, 0.26, 0.4");     }
.........
        related_pin : "I";
      }
    }
  });
```

```
//库单元物理模型
MACRO INVX1
  CLASS  CORE ;
  ORIGIN 0.000 0.000 ;
  SIZE 5.400 BY 23.400 ;
  SYMMETRY X Y  ;
  SITE CoreSite ;
  PIN VCC
......
  END VCC
  PIN VSS
......
  END VSS
  PIN I
    DIRECTION INPUT ;
    PORT
      LAYER metal1 ;
        RECT 0.500 7.250 2.200 13.750 ;
    END
  END I
  PIN O
  ......
  END O
  OBS
    LAYER metal1 ;
        RECT 3.850 7.900 4.850 7.000 ;
    END
```

图 5.3-9　标准单元库的库模型

3. 标准单元库分类

为了满足用户的不同设计需求，工艺厂商通常会提供标准阈值(RVT)、低阈值(LVT)和高阈值(HVT)3 种标准单元库。

用户如果优先考虑电路性能的设计要求，可以选择低阈值的标准单元库。从改善电路性能(即电路速度)考虑，阈值电压应尽量减小，因为在一定的电源电压下减小阈值电压可增大器件的驱动电流，从而减小电路延迟时间。CMOS 电路的延迟时间可近似表示为：

$$t_{\mathrm{d}} \propto \frac{C_{\mathrm{L}} V_{\mathrm{DD}}}{I_{\mathrm{D}}} = \frac{C_{\mathrm{L}} V_{\mathrm{DD}}}{K(V_{\mathrm{DD}} - V_{\mathrm{T}})^2} \tag{5.3-1}$$

其中，C_{L} 是电路总的负载电容，V_{DD} 表示 CMOS 电路的逻辑摆幅即电源电压，K 是导电因子，对于给定的器件 K 是常数。图 5.3-10 针对不同电源电压给出了归一化延迟时间与阈值电压的关系。显然，要使电路性能不退化，阈值电压应随电源电压的降低按比例减小[13]。图 5.3-11 说明了延迟时间与阈值电压相对电源电压比例的关系[14]。从图中看出，当 $V_{\mathrm{T}}/V_{\mathrm{DD}}$ 接近 0.5 时，延迟时间急剧增大，而当 $V_{\mathrm{T}}/V_{\mathrm{DD}}$ 小于 0.2 以后，延迟时间变化很小。在电源电压较高时，一般都取 $V_{\mathrm{T}}=0.2V_{\mathrm{DD}}$，图中的延迟时间就是以 $V_{\mathrm{T}}/V_{\mathrm{DD}}=0.2$ 时的延迟时间归一化的。显然从电路性能考虑，阈值电压不应大于 $0.2V_{\mathrm{DD}}$。

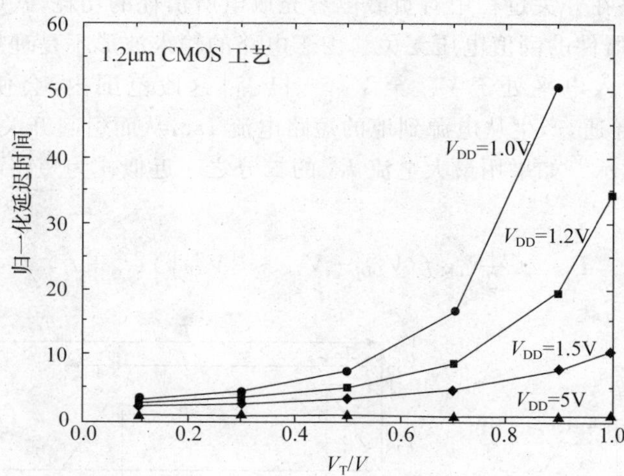

图 5.3-10　不同电源电压下 CMOS 电路归一化延迟时间与阈值电压的关系

从减小电路功耗考虑，阈值电压应尽量增大。用户如果优先考虑功耗，可以选择高阈值的标准单元库。CMOS 电路的功耗由 3 部分组成：

(1) 动态功耗：

$$P_{\mathrm{D}} = fC_{\mathrm{L}}V_{\mathrm{DD}}^2 \tag{5.3-2}$$

(2) 开关过程中的附加短路功耗：

$$P_{\mathrm{SC}} = fV_{\mathrm{DD}}\int_{\mathrm{T}} I_{\mathrm{SC}}(t)\,\mathrm{d}t \tag{5.3-3}$$

(3) 静态功耗：

$$P_S = I_{leak} V_{DD} \tag{5.3-4}$$

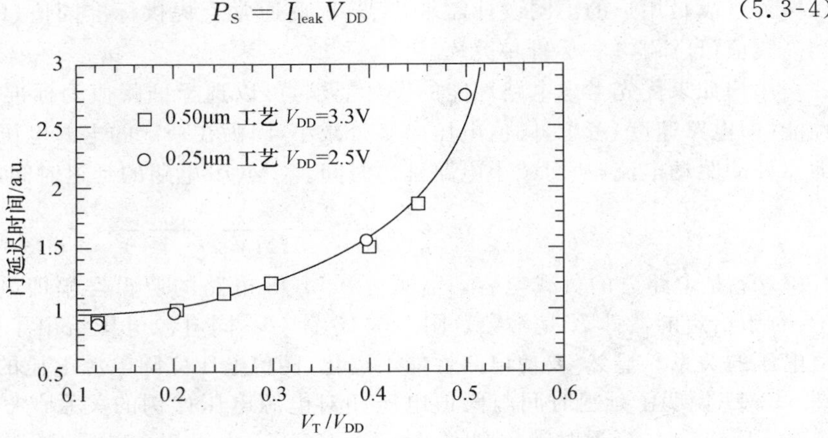

图 5.3-11　CMOS 电路归一化延迟时间与 V_T/V_{DD} 的关系

动态功耗是电路在开关过程中对负载电容充放电所消耗的功耗，式(5.3-2)中 f 是工作频率，这部分功耗与器件的阈值电压无关。由于电路的输入波形不是理想方波，存在上升边和下降边，因此在输入电平处于 V_{TN} 至 $V_{DD} - |V_{TP}|$ 这段范围内，会使 CMOS 电路中的 pMOS 和 nMOS 都导通，产生从电源到地的短路电流 I_{SC}，从而引起开关过程中的附加短路功耗，如图 5.3-12 所示。如果用最大电流 I_{DM} 的二分之一近似作为短路电流的平均值，则短路功耗可表示为

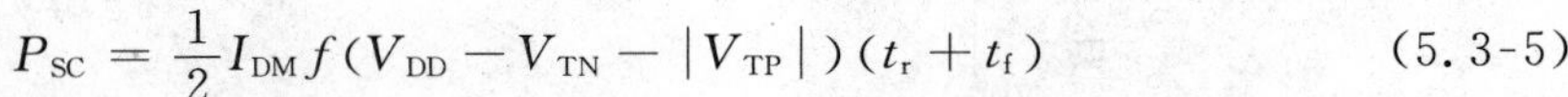

$$P_{SC} = \frac{1}{2} I_{DM} f (V_{DD} - V_{TN} - |V_{TP}|)(t_r + t_f) \tag{5.3-5}$$

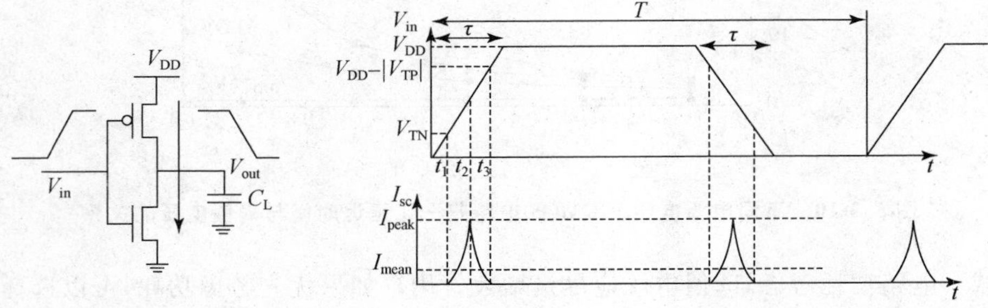

图 5.3-12　CMOS 电路中的短路功耗

如果求出一个周期内短路电流的平均值，则可以用式

$$P_{SC} = f V_{DD} \int_T I_{SC}(t) \mathrm{d}t \approx V_{DD} I_{mean} = \frac{K}{6} (V_{DD} - 2V_T)^3 \frac{\tau}{T} \tag{5.3-6}$$

计算短路功耗，式中 $\beta=2K_N=2K_P$，I_{mean} 是短路电流的均值；$V_T=V_{TN}=-V_{TP}$；τ 是输入波形的上升或下降时间，T 是周期时间。从式(5.3-6)看出，短路功耗与(V_{DD}-2V_T)有强烈依赖关系。对于一定的电源电压，增大阈值电压 V_T 有助于减小短路功耗。图 5.3-13 给出了短路功耗与动态功耗的比例随阈值电压的变化。一般要求短路功耗与动态功耗的比例应小于10%。因此从减小短路功耗考虑，阈值电压的下限是 0.1V_{DD}[15]。

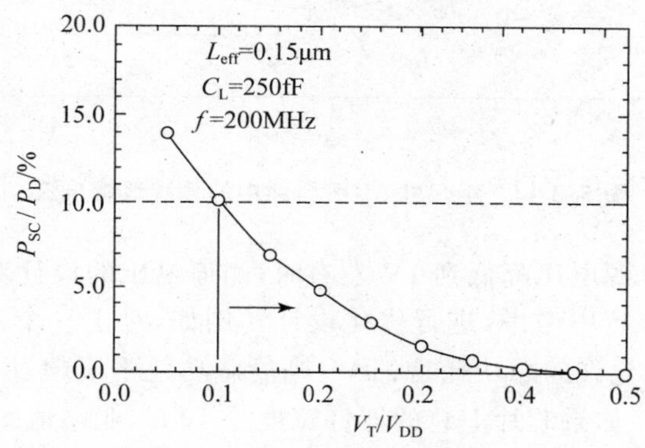

图 5.3-13 P_{SC}/P_D 随阈值电压的变化

理想情况下 CMOS 电路的静态功耗是零，因为在稳态下或者 nMOS 截止，或者 pMOS 截止，电路不存在直流导通电流。但是实际上 CMOS 电路的静态功耗不为零，因为处于截止态的 MOS 晶体管存在亚阈值电流 I_{ST}，形成电路在稳态下的直流电流。另外电路中还存在其他泄漏电流，也会引起静态功耗。CMOS 电路的静态功耗决定于电路中总的泄漏电流。对于纳米尺度的 CMOS 器件，泄漏电流主要包括：亚阈值电流 I_{ST}，源、漏区 pn 结反向电流 I_j，栅-沟道区的氧化层隧穿电流 I_g，栅感应的漏极泄漏电流 I_{GIDL}，以及源-漏穿通电流 I_{PT}。图 5.3-14 说明了小尺寸 CMOS 器件中存在的各种泄漏电流。在这些泄漏电流中最主要的也是与阈值电压有关的是亚阈值电流。亚阈值电流可表示为

$$I_{ST}=I_0W\exp\left[\frac{-(V_T-V_{GS})}{S/\ln 10}\right] \tag{5.3-7}$$

其中 I_0 是在阈值条件下单位宽度器件的电流，W 是器件宽度，S 是亚阈值斜率。对应 $V_{GS}=0$ 的亚阈值电流就是 MOS 器件截止态的泄漏电流，即

$$I_{leak}=I_0W\exp\left[\frac{-V_T}{S/\ln 10}\right] \tag{5.3-8}$$

随着器件尺寸缩小，电源电压要降低，阈值电压也必须减小，但是亚阈值斜率不能按比例减小，对体硅 CMOS 器件，在室温下 S 的值一般在 80—100 mV/decade，这将使 MOS 晶体管截止态的泄漏电流指数增大，从而引起电路静态功耗增加。

从降低功耗考虑希望器件的阈值电压尽可能增大，但是从提高电路性能考虑又希望尽量减小阈值电压。对深亚微米乃至纳米 CMOS 器件的阈值电压设计必须综合考虑速度和

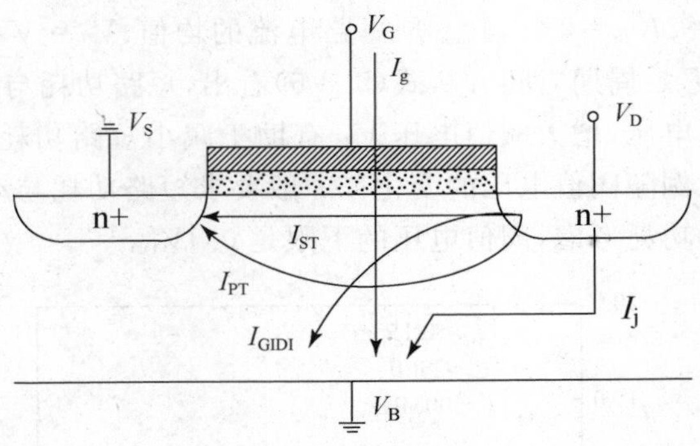

图 5.3-14　小尺寸 MOS 器件中的各种泄漏电流

功耗的要求，特别是当电源电压降低到 1V 左右时，阈值电压的设计对电路性能将有重要影响，这就需对几方面要求折中考虑，进行优化设计。例如，对于一个工作在 1V 电源电压的高端 RISC 处理器，如果允许的总功耗是 10W，则静态功耗不应超过总功耗的 10%，也就是说静态功耗应小于 1W。如果芯片上总的器件宽度是 10 m，亚阈值斜率为 100 mV/decade，$I_0=1\ \mu A/\mu m$，则从静态功耗考虑，阈值电压的数值必须大于 0.1V。由于实际上引起静态功耗的还有其他泄漏电流，因此对阈值电压的要求应该更高一些。

上文提到，从降低功耗考虑，器件的阈值电压 V_T 应该尽可能大，但从电路工作速度考虑又希望尽量减小 V_T。为了解决速度和功耗的矛盾，基于多阈值 CMOS(Multi-Threshold CMOS，MTCMOS)的功率门控(Power Gating)技术逐渐在集成电路设计中被广泛采用[16]。MTCMOS 技术是指在一个电路中采用不同阈值电压的 MOS 晶体管分别用于控制亚阈值电流和实现高速度，基本原理如图 5.3-15 所示。对影响速度的关键路径器件采用低阈值电压(LVT)器件，称为低阈值模块。为了抑制低阈值模块的泄漏电流，在该模块和电源(或地)之间连接高阈值电压(HVT)器件，也被称为休眠管(Sleep Transistor，ST)。Sleep 信号是低阈值模块是否工作的控制信号。当 sleep=0 时，ST 管导通，此时该模块就跟电源(V_{DD})连接，ST 的漏极相当于一个虚的电源(V_{DDV})，低阈值模块处于工作状态；当 sleep=1 时，ST 管断开，低阈值模块处于不工作状态，此时该模块就跟 V_{DD} 断开，V_{DDV} 相当于悬空。由于 ST 的阈值电压较高，其泄漏电流较小，所以低阈值模块的泄漏电流被 ST 抑制，减小了电路的泄漏电流。功率门控技术正是基于 MTCMOS 的，当设计中一些模块没有使用时，通过 ST 临时将其关断，降低了电路的静态功耗。功率门控技术按照 ST 管控制单元多少通常分为细粒度、

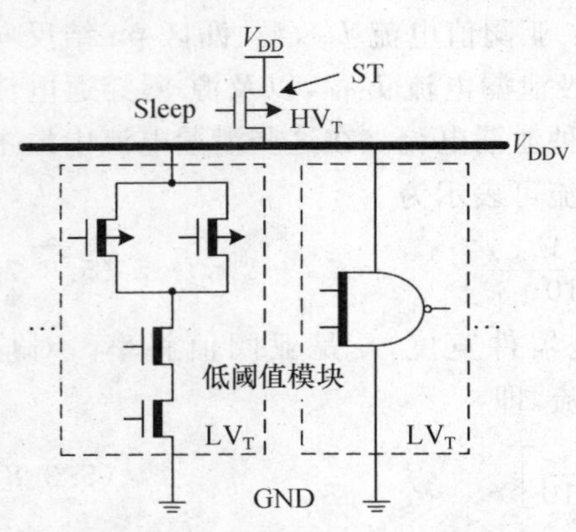

图 5.3-15　MTCMOS 技术示意图

中粒度和粗粒度三种。在细粒度功率门控中，设计者要在每个库单元和电源之间放一个 ST 管。这种方法能精确实现对每个单元的控制，但消耗的面积太大。而且为了避免真正电源/地和虚拟电源/地之间过大的 IR 压降，ST 管的尺寸都比较大。在粗粒度功率门控中，设计者要建立一个电源开关网络，它基本上是一组 ST 管，并行地将整个块打开或关闭。这一技术没有细粒度技术的面积问题，但很难在单元基础上做特性描述。中粒度功率门控技术则是一种折中，将整个芯片分为多个独立控制的分立电源域，功率门控单元将单独为各个域供电[17]。

4. 基于标准单元的设计流程

下面我们以一个 16 位加法器的设计为例，说明一下基于标准单元的设计流程。

(1) 设计输入和逻辑仿真

首先，使用 Verilog 或 VHDL 将设计要求转换为 RTL 级描述。设计目标 16 位行波进位加法器是由 4 个 4 位加法器构成的，设计为两层结构，顶层的 16 位加法器 adder16 利用下一层的 4 位加法器 adder4 模块构建，而 adder4 是由单元库中的全加器单元 FA1 来构建的。

16 位加法器 adder16 及其验证电路 testadder16 的 Verilog 描述设计输入如下：

```
*************************************************************************************
//16 位行波进位加法器的 RTL 级描述
    module adder16(s16,co,a16,b16,ci);
        input [15:0] a16,b16;
        input ci;
        output [15:0] s16;
        output co;
        wire [3:1] cg;
        adder4 A1(s16[3:0],cg[1],a16[3:0],b16[3:0],ci);
        adder4 A2(s16[7:4],cg[2],a16[7:4],b16[7:4],cg[1]);
        adder4 A3(s16[11:8],cg[3],a16[11:8],b16[11:8],cg[2]);
        adder4 A4(s16[15:12],co,a16[15:12],b16[15:12],cg[3]);
    endmodule
//四位行波进位加法器的 RTL 级描述
    module adder4(s4,co,a4,b4,ci);
        input [3:0] a4,b4;
        input ci;
        output [3:0] s4;
        output co;
        wire [3:1] c;
            FA1 F1(s4[0],c[1],a4[0],b4[0],ci);
            FA1 F2(s4[1],c[2],a4[1],b4[1],c[1]);
```

```
        FA1 F3(s4[2],c[3],a4[2],b4[2],c[2]);
        FA1 F4(s4[3],co,a4[3],b4[3],c[3]);
    endmodule
//标准单元库中全加器单元 FA1 的描述
    `timescale 1ns/1ns
    module FA1(s,co, a,b,ci);
        input a,b,ci;
        output s,co;
        parameter celldelay=1;
        wire x,y,z;
        and #celldelay I1(x,a,b);
        and #celldelay I2(y,a,ci);
        and #celldelay I3(z,b,ci);
        or #celldelay I4(co,x,y,z);
        xor #celldelay I5(s,a,b,ci);
    endmodule
//16 位加法器验证电路的描述
      `timescale 1ns/1ns
      module testadder16;
          reg [15:0] ra, rb;
          reg rci;
          wire [15:0] ws;
          wire wco;
              adder16 ist(ws,wco,ra,rb,rci);
          initial
          begin
              ra=16'b0;
              rb=16'b1111_1111_1111_1111;
              rci=1'b0;
              #200
              rci=1'b1;
              #300
              rci=1'b0;
              #100
```

```
        $stop;
    end
endmodule
```

****

全加器单元 FA1 含三个输入（被加数 a，加数 b，进位输入 ci）和两个输出端口（全加和 s，进位输出 co）。为了描述全加器内部逻辑操作的时序行为，规定每个逻辑操作的延迟时间为 1ns，即计算“进位输出”信号 co 需要经过“与”“或”两种逻辑操作，延迟时间为 2 个 ns，而计算“和”信号 s 只有“异或”一个逻辑操作，只需要 1 个 ns。这些时序信息是一种近似，但是这种门级模型同晶体管级的电路描述相比包含的数据量大大降低，使得基于逻辑模型的逻辑仿真器可以对大规模设计进行快速的仿真，避免了 SPICE 仿真大量的计算时间，因此可以有效地验证数字系统设计的功能。

利用仿真软件可以验证 Verilog 设计的语法和功能的正确性，这同晶体管级设计中利用 SPICE 仿真器对电路进行验证的过程类似。仿真电路 testadder16 例化 16 位加法器，reg 信号 ra、rb 和 rci 将激励信号送入被验证电路，通过观察输出信号 ws 和 wco，设计者可以判断 16 位加法器的功能是否满足要求，还可以通过门级延迟判断电路的性能。图 5.3-16 中的波形为仿真过程中的激励和输出信号，输入信号 a 为全 0，b 为全 1，波形图说明了输出的“和”信号以及“进位输出”信号随着“进位输入”信号变化的情况。我们还可以观察到电路的延迟信息，“进位输入”信号 ci 到输出信号 s 和 co 的延迟约为 32ns，这是由于全加器单元 FA1 中规定“进位输入”信号到“进位输出”信号经过的 2 级门延迟时间为 2ns，16 位串行进位链的延迟即为 32ns。

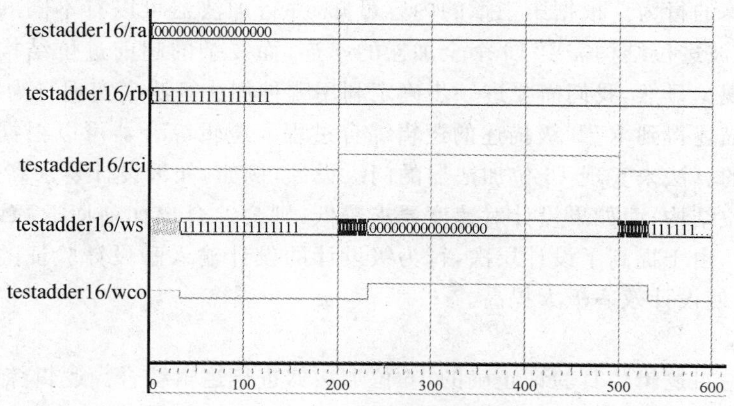

图 5.3-16　16 位加法器验证电路逻辑仿真的结果

同全定制设计相比，RTL 级设计把设计层级从电路级提高到结构级，设计对象从晶体管等半导体器件变为标准单元库中的逻辑门。当电路规模进一步增加，门级描述无法有效实现设计输入，而门级仿真对千万门级的设计来说也显得力不从心。因此有必要进一步提高设计层级,使得设计人员可以在行为级开始设计输入。一个 16 位加法器的行为级 Verilog 描述如下,其中包括逻辑功能和输入、输出信号的端口等信息。

```
******************************************************************************
//16 位加法器的行为级描述
module adder16(s16,co,a16,b16,ci);
    input [15:0] a16,b16;
    input ci;
    output [15:0] s16;
    output co;
    assign {co,s16}=a16+b16+ci;
endmodule
******************************************************************************
```

对比前面的 RTL 级设计,行为级描述中只用几行硬件描述语言就可以描述这样一个 16 位加法器的逻辑功能和端口信号,提高了设计输入的效率。

行为级的设计也可以采用逻辑仿真进行功能验证,由于行为级设计并没有映射到标准单元库,所以不需要利用单元库的仿真模型。这种逻辑仿真也被称为行为仿真,由于仿真器程序处理的是行为级描述,仿真速度比门级仿真提高很多,同逻辑级设计相比提高了设计验证的效率。同样可以利用前面激励文件中的验证电路 testadder16 对 16 位加法器的行为级描述进行仿真,验证其逻辑功能,会得到类似于图 5.3-16 中的波形。

上述的 16 位加法器行为级 Verilog 描述利用连续赋值语句 assign 描述了 16 位二进制带进位加法运算的行为。根据第三章的内容可知,并行加法器可以有不同的算法和电路结构,最简单的行波进位结构需要 16 个全加器的串连,而复杂的超前进位结构可能需要数百个逻辑门来实现。显然,我们需要进一步确定利用哪种加法算法来实现行为级的描述,这就需要从行为级描述得到 RTL 级描述的逻辑综合过程。逻辑综合器可以根据设计者的设计要求采用适当的算法来实现 16 位加法器的门级设计,例如,如果设计要求高速度,综合器可以采用超前进位结构;而如果设计对速度要求较低,则会综合出如前面 RTL 级描述的行波进位串行结构。由于提高了设计层次,行为级设计的设计输入和设计验证的速度都比逻辑级的设计要快,使设计效率极大提高。

(2) 逻辑综合

下一步就是对逻辑仿真验证正确的 16 位加法器进行逻辑综合。逻辑综合技术是 20 世纪 80 年代中期发展并被广泛应用到自顶向下的设计方法中的,第一个商用的逻辑综合工具是 Synopsys 公司的 Design Compiler(DC),也是目前应用最多的逻辑综合器。逻辑综合带来了数字设计行业的革命,有效地提高了设计效率,减少了设计周期时间,逻辑综合技术使得数字电路的设计层级从基于逻辑门的结构级提高到行为级。逻辑综合就是把高层次的行为级或者 RTL 级描述转化为门级设计的过程,利用逻辑综合器软件可以把高层次设计转化为优化的门级设计，逻辑综合器输出的是映射到标准单元库的门级网表。

逻辑综合器的原理一般包括两部分，分别为工艺无关和工艺相关的阶段：在工艺无关阶段，综合器对输入的行为级或 RTL 级设计进行逻辑化简，简化不必要的冗余逻辑，避免这些逻辑对电路速度和面积的影响，同时对输入的设计进行 RTL 级的优化，即选择适当的结构实现行为级描述要求的功能，生成一个能够实现逻辑功能的网表；在工艺相关阶段，综合器将工艺无关的网表中的逻辑单元用标准单元库中的相同功能的单元进行替换，即进行工艺库映射(Library mapping)，并根据设计要求选择标准单元库中同一功能的不同性能的单元对设计进行优化。

下面给出对 16 位加法器进行逻辑综合并经过工艺库映射后得到的 Verilog 描述。可以看到 Verilog 代码中已经调用了工艺库单元，其中 ADDFULL 是一个全加器单元，INV_0X 和 INV_3X 是两个不同驱动能力的反相器单元。

```
**********************************************************************************
module adder16 (s16, co, a16, b16, ci);
    output [15:0] s16;
    input [15:0] a16;
    input [15:0] b16;
    input ci;
    output co;
    wire n1;
    adder16_DW01_add_0 add_1_root_add_6_2 (.A({n1, a16}), .B({n1, b16}), .CI
    (ci), .SUM({co, s16}));
    TIELO_X1M_A12TL U3 (.Y(n1));
endmodule

module adder16_DW01_add_0 (A, B, CI, SUM, CO);
    input [16:0] A;
    input [16:0] B;
    output [16:0] SUM;
    input CI;
    output CO;
    wire n35, n36, n37, n38, n39, n40, n41, n42, n43, n44, n45, n46, n47, n48, n49,
        n50, n51, n1, n3, n5, n7, n9, n11, n13, n15, n17, n19, n21, n23, n25, n27,
        n29, n31, n33;
    wire [16:1] carry;
    ADDFULL U1_15 (.A(A[15]), .B(B[15]), .CI(carry[15]), .CO(n35), .S(n36));
```

```
ADDFULL U1_14 (.A(A[14]), .B(B[14]), .CI(carry[14]), .CO(carry[15]), .S(n37));
ADDFULL U1_13 (.A(A[13]), .B(B[13]), .CI(carry[13]), .CO(carry[14]), .S(n38));
ADDFULL U1_12 (.A(A[12]), .B(B[12]), .CI(carry[12]), .CO(carry[13]), .S(n39));
ADDFULL U1_11 (.A(A[11]), .B(B[11]), .CI(carry[11]), .CO(carry[12]), .S(n40));
ADDFULL U1_10 (.A(A[10]), .B(B[10]), .CI(carry[10]), .CO(carry[11]), .S(n41));
ADDFULL U1_9 (.A(A[9]), .B(B[9]), .CI(carry[9]), .CO(carry[10]), .S(n42));
ADDFULL U1_8 (.A(A[8]), .B(B[8]), .CI(carry[8]), .CO(carry[9]), .S(n43));
ADDFULL U1_7 (.A(A[7]), .B(B[7]), .CI(carry[7]), .CO(carry[8]), .S(n44));
ADDFULL U1_6 (.A(A[6]), .B(B[6]), .CI(carry[6]), .CO(carry[7]), .S(n45));
ADDFULL U1_5 (.A(A[5]), .B(B[5]), .CI(carry[5]), .CO(carry[6]), .S(n46));
ADDFULL U1_4 (.A(A[4]), .B(B[4]), .CI(carry[4]), .CO(carry[5]), .S(n47));
ADDFULL U1_3 (.A(A[3]), .B(B[3]), .CI(carry[3]), .CO(carry[4]), .S(n48));
ADDFULL U1_2 (.A(A[2]), .B(B[2]), .CI(carry[2]), .CO(carry[3]), .S(n49));
ADDFULL U1_1 (.A(A[1]), .B(B[1]), .CI(carry[1]), .CO(carry[2]), .S(n50));
ADDFULL U1_0 (.A(A[0]), .B(B[0]), .CI(CI), .CO(carry[1]), .S(n51));
INV_0X U1 (.A(n35), .Y(n1));
INV_3X U2 (.A(n1), .Y(SUM[16]));
INV_0X U3 (.A(n36), .Y(n3));
INV_3X U4 (.A(n3), .Y(SUM[15]));
INV_0X U5 (.A(n51), .Y(n5));
INV_3X U6 (.A(n5), .Y(SUM[0]));
INV_0X U7 (.A(n50), .Y(n7));
INV_3X U8 (.A(n7), .Y(SUM[1]));
INV_0X U9 (.A(n49), .Y(n9));
INV_3X U10 (.A(n9), .Y(SUM[2]));
INV_0X U11 (.A(n48), .Y(n11));
INV_3X U12 (.A(n11), .Y(SUM[3]));
INV_0X U13 (.A(n47), .Y(n13));
INV_3X U14 (.A(n13), .Y(SUM[4]));
INV_0X U15 (.A(n46), .Y(n15));
INV_3X U16 (.A(n15), .Y(SUM[5]));
INV_0X U17 (.A(n45), .Y(n17));
INV_3X U18 (.A(n17), .Y(SUM[6]));
INV_0X U19 (.A(n44), .Y(n19));
INV_3X U20 (.A(n19), .Y(SUM[7]));
```

```
    INV_0X U21 (.A(n43), .Y(n21));
    INV_3X U22 (.A(n21), .Y(SUM[8]));
    INV_0X U23 (.A(n42), .Y(n23));
    INV_3X U24 (.A(n23), .Y(SUM[9]));
    INV_0X U25 (.A(n41), .Y(n25));
    INV_3X U26 (.A(n25), .Y(SUM[10]));
    INV_0X U27 (.A(n40), .Y(n27));
    INV_3X U28 (.A(n27), .Y(SUM[11]));
    INV_0X U29 (.A(n39), .Y(n29));
    INV_3X U30 (.A(n29), .Y(SUM[12]));
    INV_0X U31 (.A(n38), .Y(n31));
    INV_3X U32 (.A(n31), .Y(SUM[13]));
    INV_0X U33 (.A(n37), .Y(n33));
    INV_3X U34 (.A(n33), .Y(SUM[14]));
endmodule
********************************************************************************
********************************************************************************
//库单元 ADDFULL 的 Verilog 描述
  module ADDFULL (CO, S, A, B, CI);
  output S, CO;
  input A, B, CI;
      xor `ARM_UD_DP I0(S, A, B, CI);
      and I1(a_and_b, A, B);
      and I2(a_and_ci, A, CI);
      and I3(b_and_ci, B, CI);
      or `ARM_UD_DP I4(CO, a_and_b, a_and_ci, b_and_ci);
  endmodule
//库单元 INV_3X 的 Verilog 描述
  module INV_3X (Y, A);
      output Y;
      input A;
      not `ARM_UD_DP I0(Y, A);
  endmodule // INV_3X
//库单元 INV_0X 的 Verilog 描述
  module INV_0X (Y,VDD, VSS, A);
```

```
    inout VDD, VSS;
    output Y;
    input A;
    not I0(out_temp, A);
    assign Y=((VDD===1'b1) && (VSS===1'b0))? out_temp : 1'bx;
    specify
    (A=>Y)=(`ARM_PROP_DELAY,`ARM_PROP_DELAY);
    endspecify
endmodule
***************************************************************************************
```

现代的逻辑综合软件可以根据设计者的要求综合出不同性能的门级网表,这种设计要求就是综合过程中需要遵守的设计约束。设计约束包括时序,面积和功耗等,即要求综合器优化出一个满足一定时序要求,并且最终版图面积和电路功耗不超过一定限制的门级网表。

(3) 物理设计

RTL 级设计经过逻辑综合生成门级网表,该 Verilog 文件描述了工艺单元库中的单元在电路中的连接关系,设计者需要按照这种连接关系完成该电路的版图设计。版图设计也称为物理设计,全定制设计方法中采用手工方法进行物理设计,而半定制设计一般采用自动布局布线软件完成物理设计,提高设计效率。

基于标准单元的自动布局布线设计分为布局和布线两个阶段。在布局阶段,工具软件将网表中包含的所有标准单元直接排列成行,行间作为标准单元之间实现互连的布线通道。图 5.3-17 给出基于标准单元设计的 16 位加法器电路的部分版图,网表中的标准单元被放置在三行中。

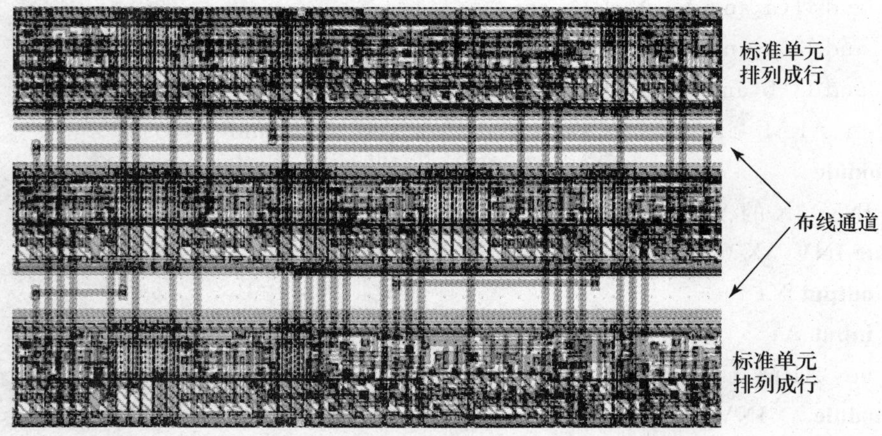

图 5.3-17　基于标准单元设计的 16 位加法器电路的部分版图

在布线阶段，工具软件根据网表中单元之间的连接关系利用金属线连接相关的单元，从而得到最终版图。图 5.3-17 中为一个两层金属工艺的版图，可以看出，芯片中相当一部分面积是布线通道，现代的多层金属工艺可以在单元行上利用上层金属进行走线，这样可以省去布线通道占用的面积。

逻辑综合器可以将 RTL 设计转化为门级网表，而自动布局布线工具把门级网表转化为物理版图。因此，基于标准单元的自顶向下的设计方法可以高效率地实现大规模数字集成电路的设计。

5.3.4　基于 PLD 的设计方法

可编程逻辑器件(Programmable Logic Device，PLD)是一种结构简单、应用灵活的专用集成电路。从结构上分可以分为两大类：一类是基于 ROM 结构，由“与阵列”和“或阵列”组成，包括 PROM、PLA、PAL、GAL 和 CPLD 等；另一类是基于门阵列，由可编程逻辑单元组成，包括 FPGA。

PROM 和 PLA 器件在第 4 章已作介绍，这里不做赘述。可编辑阵列逻辑(Programmable Array Logic，PAL)是 PLA 的一个变种，它由可编程的“与阵列”和固定的“或阵列”组成，采用熔丝编程方法。通用阵列逻辑(Generic Array Logic，GAL)在 PAL 的基础上做了进一步改进，采用输出逻辑宏单元形式和 E^2PROM 工艺，因此具有可擦除、可重复编程可重构等优点。PAL 和 GAL 都属于低密度 PLD，其结构简单、设计灵活，但规模小、难以实现复杂的逻辑功能。20 世纪 80 年代末，随着集成电路工艺的不断发展，PLD 突破传统单一结构，向着高速、高集成度、低功耗、可重构方向发展，并相继出现了各种不同结构的高密度 PLD。

复杂可编程逻辑器件(Complex Programmable Logic Device，CPLD)是基于 PAL 结构的高密度 PLD，采用 E^2PROM 工艺。由可编程逻辑宏单元围绕中心的可编程互连矩阵单元组成。其中宏单元结构较复杂，并具有复杂的 I/O 单元结构，可由用户根据需要生成特定的电路结构，完成一定的功能。CPLD 集成度比 PAL 和 GAL 高很多，具有编程灵活、集成度高、设计开发周期短、适用范围宽、开发工具先进、设计制造成本低、对设计者的硬件经验要求低、标准产品无需测试、保密性强、价格大众化等特点。

现场可编程门阵列(Field Programmable Gate Array，FPGA)是基于门阵列结构的高密度 PLD，采用 SRAM 工艺。FPGA 采用了逻辑单元阵列(Logic Cell Array，LCA)概念，内部包括可配置逻辑模块(Configurable Logic Block，CLB)、输入/输出模块(Input/Output Block，IOB)和可编程互连资源(Interconnect Resource，IR)3 个部分构成[18]。

CPLD 和 FPGA 的主要区别是他们的系统结构。CPLD 是一个有限制性的结构，由一个或者多个可编辑结果之和的与或逻辑组合和一些相对少量的寄存器。这样的结构缺乏编辑灵活性，但是却有可以预测的延迟时间和逻辑单元对连接单元高比率的优点。而 FPGA 却是有很多的连接单元，这样虽然让它可以更加灵活地编辑，但是结构却复杂得多。

FPGA 结构需要布局布线设计，因此延迟时间依赖于所执行的功能和实际布局布线，无法预先估算延迟时间，必须在完成布局布线后进行时序仿真。下面以 FPGA 为例说明 PLD 的结构和设计方法。

1. FPGA 的基本结构

下面以 Xilinx 的 XC4000 系列 FPGA 为例，分析其结构特点。这种类型的 FPGA 一般由 3 种可编程模块和一个用于存放编程数据的 SRAM 组成。如图 5.3-18 所示，CLB 构成芯片核心；IOB 分布在芯片的四周，每个 IOB 和一个压焊点相连；IR 包括各种长度的连线线段和一些可编程的开关矩阵，将各个 CLB 之间或 CLB 与 IOB 之间以及 IOB 之间连接起来，分布在单元之间的通道内。

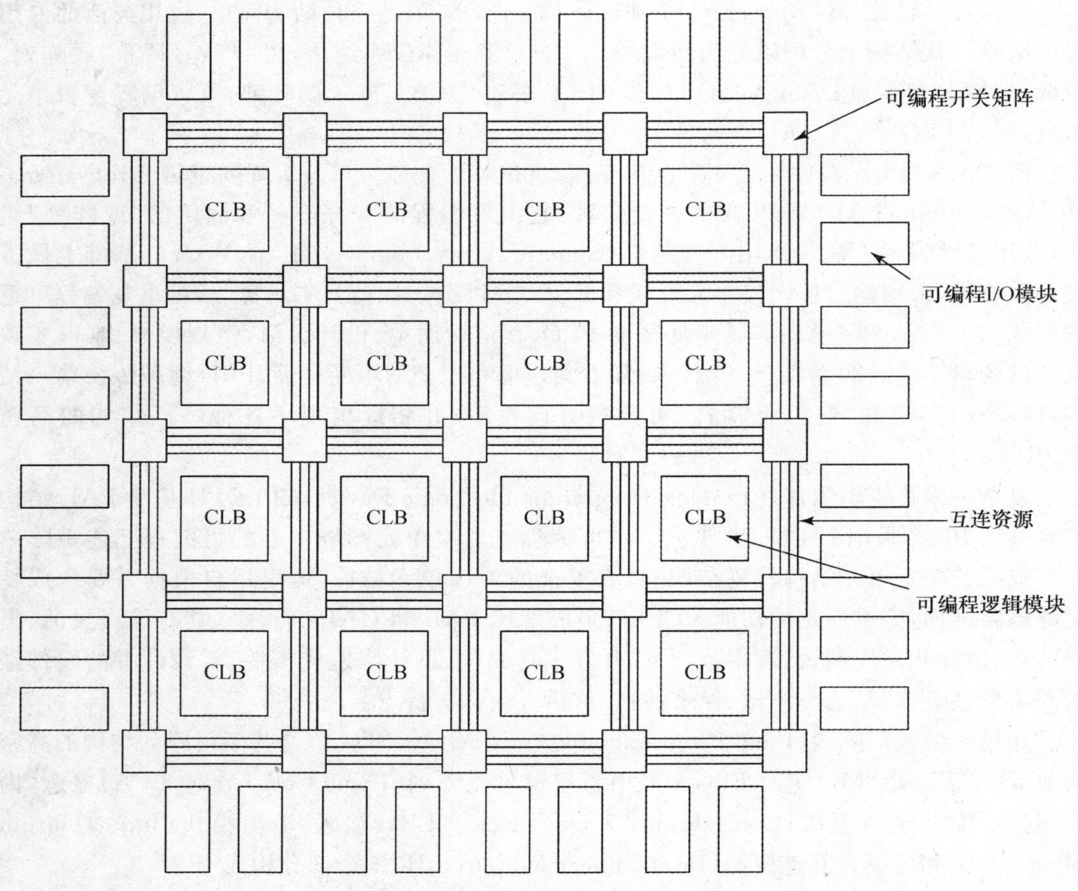

图 5.3-18　FPGA 基本结构示意图

FPGA 的功能由逻辑结构的配置数据决定。配置数据可以存储在片外的其他存储体中，工作时，需要将这些配置数据加载并存放在片内的 SRAM 中。用户可以控制加载过程，在现场修改器件的逻辑功能，即所谓的现场可编程。

(1) CLB 结构

图 5.3-19 是 XC4000 系列 FPGA 的 CLB 基本结构框图，它主要由函数发生器、触发器、数据选择器等电路构成。

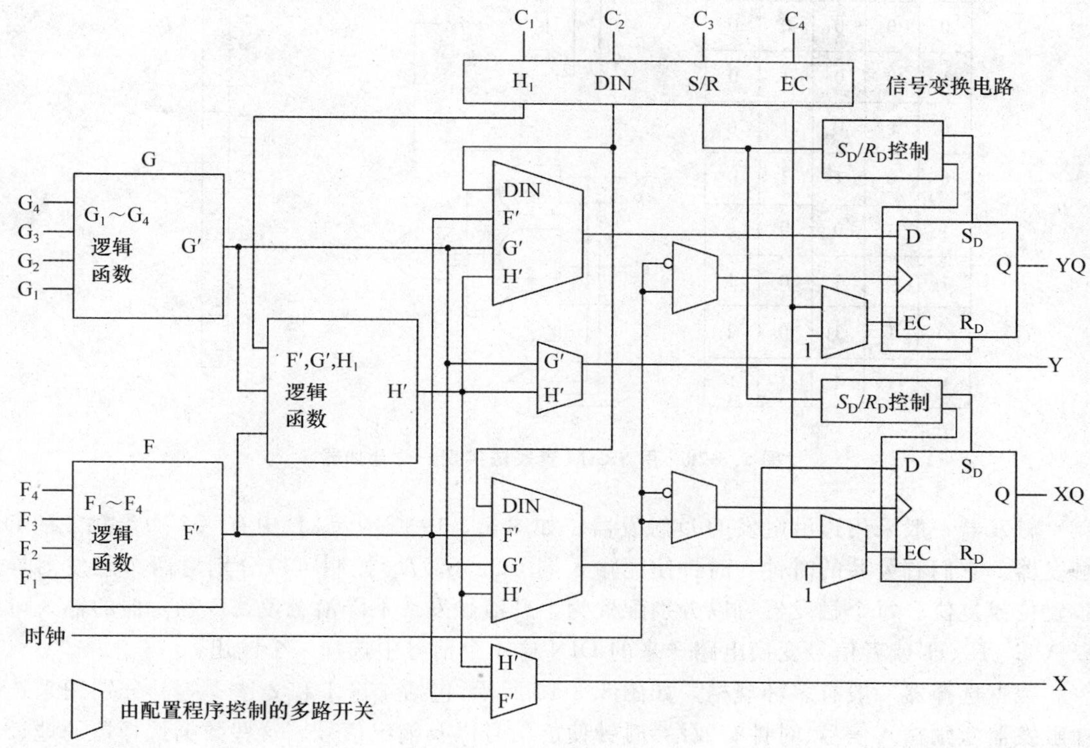

图 5.3-19　CLB 的基本结构

函数发生器一般采用 SRAM 查表法构成，其基本原理是：将 M 个输入的某种逻辑函数的真值表存储在一个 $2^M \times 1$bit 容量的 SRAM 中，SRAM 的地址是输入信号，SRAM 的读出信号就是所要求的函数值。用 SRAM 查表法的困难在于若输入端数量很多时，需要的 SRAM 单元将按幂次方增长。因此，一般将 SRAM 函数发生器的输入端控制在 5 个之内。图 5.3-20 说明了用 SRAM 查表法实现一位全加器的原理。用一个 4 输入的真值表对应一个 16×1bit 的 SRAM，把它分为两个 8×1bit 的 SRAM，分别存储 S 和 C_O 的值。图 5.3-19 中有 3 个函数发生器，分别是 G、F 和 H，相应的输出分别是 G′、F′和 H′。G 和 F 函数发生器是 4 输入的，而且是完全独立的，均可实现 4 输入变量的任意组合逻辑函数。H 函数发生器是 3 输入的，输入信号来自 G 和 F 函数发生器的输出 G′和 F′，以及信号变化电路的输出 H1。G、F 和 H 3 个函数发生器组合起来可以实现多达 9 输入的组合逻辑函数。

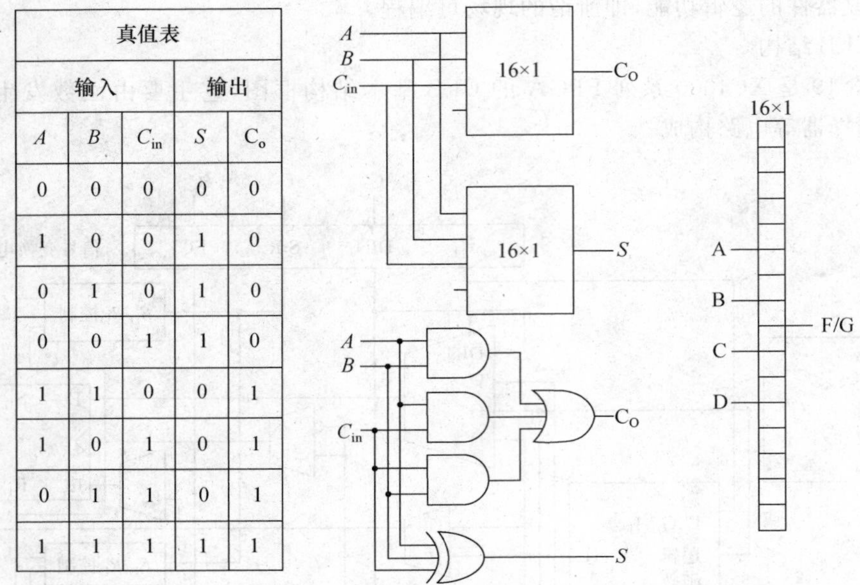

真值表				
输入			输出	
A	B	C_{in}	S	C_o
0	0	0	0	0
1	0	0	1	0
0	1	0	1	0
0	0	1	1	0
1	1	0	0	1
1	0	1	0	1
0	1	1	0	1
1	1	1	1	1

图 5.3-20 用 SRAM 查表法实现一位全加器

触发器一般采用边沿触发的D触发器。如图5.3-19所示,CLB中有两个边沿触发的D触发器。它们有公共的时钟和时钟使能输入端EC。S_D/R_D 控制可以分别对两个触发器异步置位或复位。每个触发器可以分别配置为上升沿触发或下降沿触发。D触发器的输入可以从G′、F′、H′或者信号变换电路送来的DIN这4个信号中选择一个输出。

数据选择器一般有多种规格。如图5.3-19所示,包括4选1和2选1等。分别用来选择触发器激励输入信号、时钟有效沿、时钟使能信号以及输出信号。这些数据选择器的地址控制信号均由编程信息提供。

(2) IOB结构

图5.3-21是XC4000系列FPGA的IOB基本结构图,它主要由输入缓冲器、输入保护电路、输出缓冲器、三态控制、触发器以及多路器组成。通过编程可实现输入、输出、双向I/O等功能。

当IOB控制的引脚被配置为输入时,I/O PAD上的信号先被送到输入缓冲器。缓冲器输出分为两路:一路直接送入内部电路;另一路先送入D触发器寄存后再送入内部电路。

当IOB控制的引脚被配置为输出时,内部的输出信号OUT也有两条路径:一路是直接送给输出缓冲器;另一路是先送入D触发器寄存后再送给输出缓冲器。此外,输出缓冲器既可以受到CLB送来的三态信号控制使输出引脚高阻,还可以受转换速率(Slew Rate)控制电路的控制,使电路可以高速或者低速输出,低速时有抑制噪声的作用。

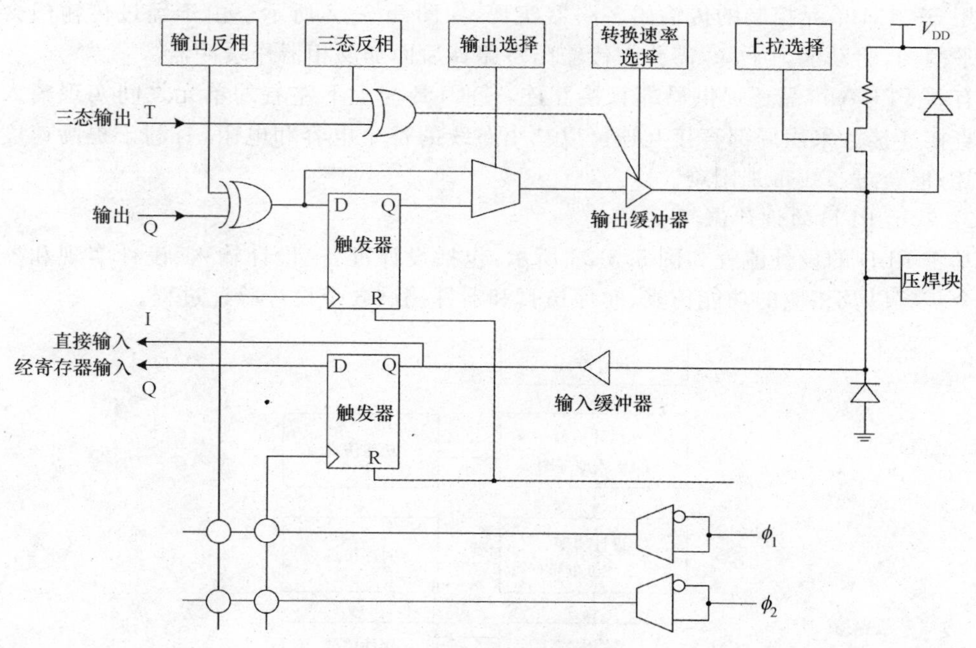

图 5.3-21　IOB 的基本结构

(3) IR 结构

FPGA 中提供 3 种连线资源：长线、通用互连网和直接互连网。

长线是贯穿整个芯片的水平线或垂直线，用来传递全局信号。长线必须是金属线。长线信号送入单元作为输入信号是很方便的，但是单元输出接到长线需要有 SRAM 控制。

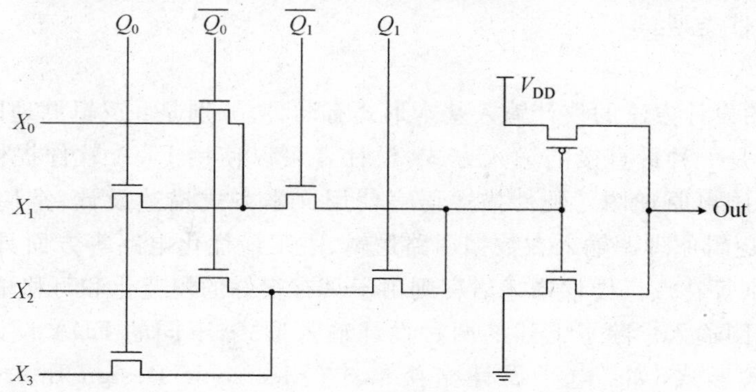

图 5.3-22　用传输门多路器做互连开关矩阵

通用互连网是分布在通道内部的水平线和垂直线，交叉处设有可编程的开关矩阵，用来控制线间的连接。通用互联网是次全局连线，也是 CLB 之间的主要连接途径。开关矩阵可以采用 SRAM 单元控制的传输门多路器实现，如图 5.3-22 所示。由于经过传输门会使信号电平削弱，驱动能力下降，需要在传输门多路器后面加反相器作缓冲器。

有些 FPGA 产品还提供局部直接互连，使 CLB 与上下左右的单元之间实现输入和输出的直接连接。采用局部直接互连可以减小布线的寄生电容和电阻，有利于提高速度和降低功耗，但会对布线带来困难。

2. 基于 PLD 的设计流程

基于 PLD 的设计流程如图 5.3-23 所示，包括设计准备、设计输入、设计实现和器件编程 4 个步骤以及相应的功能仿真、时序仿真和器件测试 3 个设计验证过程。

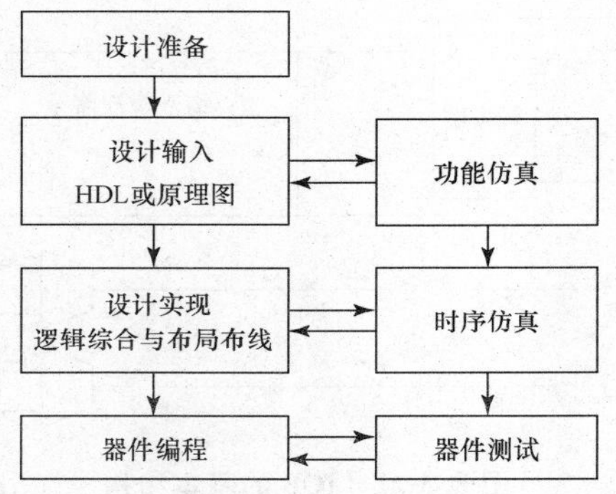

图 5.3-23　基于 PLD 的设计流程

(1) 设计准备

在进行 PLD 设计之前，首先要进行设计可行性论证、系统设计和器件选择等设计准备工作。设计者首先要根据设计要求，如系统所完成的功能、复杂程度、工作频率等，选择合适的设计方案和器件类型。

(2) 设计输入

基于 PLD 的设计方法的设计输入基本形式有两种，分别是：逻辑原理图和硬件描述语言。逻辑原理图是一种最直接的输入方式，设计者可以使用 EDA 软件提供的元器件库及各种符号和连线画出原理图。硬件描述语言使用文本方式描述设计，常用的有 VHDL 和 Verilog HDL。逻辑原理图输入在数据通路逻辑、手工最优化电路等方面具有图形化强、单元简洁、功能明确等特点。硬件描述语言则由于具有很好的规范化和可移植性，在大规模设计中已取代原理图输入。除了上述的两种设计输入形式，不同的 EDA 设计软件还可以支持其他设计输入形式，如：电子设计交换格式(Electronic Design Interchange Format, EDIF)网表输入、波形输入、状态流图输入等。

(3) 设计实现

设计实现是整个流程中的核心环节。该环节中，编译软件将设计输入文件进行逻辑综合和优化后，进行自动布局布线，最后产生编程用的编程文件。

逻辑综合，和基于标准单元的设计方法类似，就是针对给定的电路实现功能和实现此电路的约束条件，如速度、功耗、成本及电路类型等，通过 EDA 软件进行优化处理，获得一个能满足上述要求的电路设计方案。也就是说，被综合的文件是 HDL 文件，综合的依据是逻辑设计的描述和各种约束条件，综合的结果则是一个硬件电路的实现方案，该方案必须同时满足预期的功能和约束条件。对于综合来说，满足要求的方案可能有多个，综合器工具将产生一个最优的或接近最优的结果。因此，综合的过程也就是设计目标的优化过程。综合后形成的网表可以用 EDIF 格式输出，也可以用 VHDL 或 Verilog HDL 格式输出。综合完成后可以输出报告文件，列出综合状态与综合结果，如资源使用情况、综合后层次信息等。常用的综合工具有 Synopsys 公司的 DC 和 Synplicity 公司的 Synplify。

自动布局布线，就是利用 EDA 工具把逻辑映射到目标器件结构的资源中，决定逻辑的最佳布局，选择逻辑与输入/输出功能连接的布线通道进行连线，并产生相应文件（如配置文件与相关报告）。通常可分为如下 5 个步骤。

① 转换：将多个设计文件进行转换并合并到一个设计库文件中。

② 映射：将网表中逻辑门映射成物理元素，即把逻辑设计分割到构成可编程逻辑阵列内的 CLB 与 IOB 及其他资源中的过程。

③ 布局与布线：布局是指从映射取出定义的逻辑和 IOB，并把它们分配到FPGA 内部的物理位置；布线是指利用自动布线软件使用布线资源选择路径试着完成所有的逻辑连接。可以使用约束条件操作布线软件，完成设计规定的性能要求。在布局布线过程中，可同时提取时序信息形成相关报告。

④ 时序提取：产生一反标文件，供给后续的时序仿真使用。

⑤ 生成编程数据文件：产生 FPGA 配置时的所需的比特流数据文件。

自动布局布线工具和 FPGA 芯片的提供厂商有关，主要有 Altera 公司的 Quartus II 和 Xilinx 公司的 ISE。

（4）设计验证

包含功能仿真、时序仿真和器件测试 3 项主要内容。功能仿真（即前仿真）指仅对逻辑功能进行测试模拟，以了解其实现的功能是否满足原设计的要求，仿真过程没有加入时序信息，不涉及具体器件的硬件特性，如延时特性。常用的功能仿真工具有 Synopsys 公司的 VCS 和 Mentor 公司的 ModelSim。时序仿真（即后仿真）包括两部分，分别是在映射后需要对一个设计的实际功能块的延时和估计的布线延时进行静态时序分析；而在布局布线后，提取有关的器件延迟、连线延时等时序参数进行静态时序分析。器件测试在器件编程后完成。在设计实现过程中，从某种程度来讲，静态时序分析可以说是整个 FPGA 设计中最重要的步骤，它允许设计者详尽地分析所有关键路径并得出一个有次序的报告，而且报告中含有其他调试信息，比如每个网络节点的扇出或容性负载等。与综合过程相似，静态时序分析也是一个重复的过程，它与布局布线步骤紧密相连，这个操作通常要进行多次直到时序约束得到很好的满足。静态时序分析工具可以用来检查设计的逻辑和时序，以便计算各通路性能，识别可靠的踪迹，检测建立和保持时间的配合。常用的时序分析工具有 Synopsys 公司的 PrimeTime 和 Mentor 公司的 ModelSim。

(5) 器件编程

器件编程是在功能仿真与时序仿真正确的前提下，将综合后形成的比特流下载到具体的 FPGA 芯片中，也叫芯片配置。FPGA 设计有两种配置形式：直接由计算机经过专用下载电缆进行配置；由外围配置芯片进行上电时自动配置。因 FPGA 具有掉电信息丢失的性质，因此可在验证初期使用电缆直接下载数据流，如有必要再将数据烧录到 PROM 芯片中。因 FPGA 芯片大多支持 IEEE 的 JTAG 标准，所以使用芯片上的 JTAG 接口是常用下载方式。将比特流文件下载到 FPGA 器件内部后进行实际器件的物理测试即为电路验证，当得到正确的验证结果后就证明了设计的正确性。

5.3.5 基于 IP 核的 SoC 设计方法

随着电子产品功能越来越复杂，原本在印刷线路板上构成的系统容易受到连线延时、信号串扰以及可靠性、重量体积等因素的限制，无法满足整机系统对高速度、超小型、高集成、高可靠的要求；另一方面，从 20 世纪 90 年代至今，集成电路的设计、制造技术飞速发展，集成规模日益提高，使得系统设计人员有可能将更多的功能集成到单个芯片上，称为片上系统或系统级芯片(System on Chip，SoC)。SoC 概念第一次出现是在 1998 年定制集成电路会议(CICC)设立的 SoC 分会上，继而在 1999 年的国际半导体技术蓝图(ITRS)中出现[20]。SoC 可以是一个产品，是将微处理器、存储器、输入/输出接口以及模拟 IP 核集成在单一硅片的面向特定用途的 IC 产品，如图 5.3-24 所示。SoC 也可以指一种设计方法，是以深亚微米工艺为基础、以知识产权(Intellectual Property，IP)核复用技术为起点，以软硬件协同设计为手段，实现最短时间、最高优化完成系统芯片的设计方法。

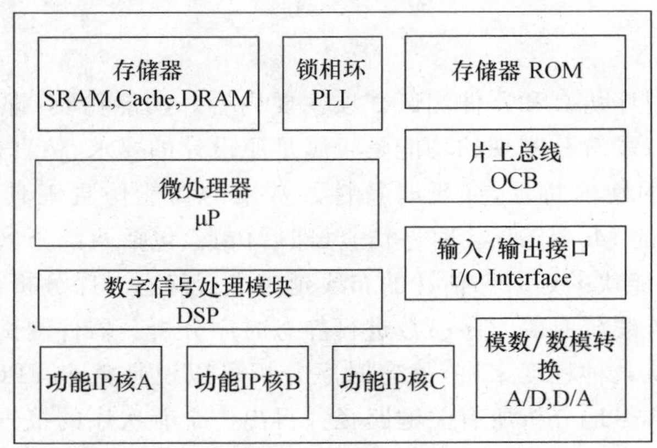

图 5.3-24　SoC 芯片示意图

1. IP 核设计

IP 核是 SoC 中最重要的概念之一，SoC 的很多特点是通过 IP 核设计和 IP 核复用来体现和实现的。IP 核是指具有知识产权的电路模块或子系统的全套设计，是设计师付出大量精力和才智实现的最优设计，即芯片面积最小、运行速度最快、功率消耗最低、工艺容差最大。这样的电路模块在 SoC 设计中可以直接拿来使用，而不必再从头设计，这就是 IP 复用。基于 IP 核的 SoC 设计具有更高的设计起点，系统设计者面对的不再是基本逻辑门电路，而是已经实现了某种功能的 IP 核，不仅缩短了设计周期，而且降低了设计风险，因此提高了设计效率，也使深亚微米工艺的集成能力得以充分的发挥。

根据其在 SoC 设计中被使用的形式，IP 可分为软核(soft core)、固核(firm core)和硬核(hard core)三种。软核是 RTL 级的硬件描述语言代码，SoC 设计者可以在 RTL 级仿真和逻辑综合过程中使用软核。固核是映射到工艺单元库的门级网表，SoC 设计者可以在门级仿真和物理设计中使用固核。硬核是物理版图(GDSII)形式的 IP 核，可以直接用于版图设计，设计者也可以使用其仿真和综合模型进行前端设计。

IP 设计的重点是易于复用，并能够保护其知识产权。上述 IP 核的三种形式中，软核设计周期短，设计投入少，由于不涉及物理实现，为后续设计留有很大的发挥空间，增大了 IP 核的灵活性和适应性。硬核最容易保护知识产权。硬核可以通过提供仿真模型、综合模型和物理模型来提高其易用性，因此是目前应用最多的 IP 核形式[21]。

同标准单元库类似，SoC 设计者利用 IP 核来构建更高层设计，因此，IP 核的可靠性直接影响系统设计的功能和性能。高质量的 IP 核需要进行充分的验证以后才能提供给系统设计者使用的，验证手段包括仿真验证和加工后的测试验证等。

由于 IP 核是其开发商(IP Vendor)提供给 SoC 设计者使用的，对于 SoC 设计者而言 IP 核就是一个只有端口信息和库模型的黑盒子。常用的 IP 核特别是硬核必须包含各种设计模型。这些设计模型一方面能够有效地在仿真、综合和物理设计等流程中使用，另一方面也是出于保护 IP 核提供者的知识产权的目的。目前，IP 核的库模型同标准单元的模型格式类似，一般采用 HDL 格式的仿真模型、liberty 等格式的逻辑综合模型和 LEF 等格式的物理模型。SoC 设计者利用这些库模型构建出整个电路的仿真、综合和物理模型，完成设计输入、设计验证和物理设计等过程。

目前的核心 IP 核包括：微处理器、存储器，片上总线，输入/输出接口、混合信号 IP 核等。IP 核首先是一块电路，IP 核的设计者根据其应用要求采用半定制或全定制的设计方法来实现。混合信号 IP 核(如锁相环和 ADC 等)和结构规则的数字 IP 核(如存储器和数据通路等)一般采用全定制的设计方法，而复杂的数字 IP 核可以根据设计要求和结构特点采用半定制的方法，或者是二者混合的方法实现。

(1) 微处理器 IP 核

嵌入式微处理器 IP 核是 SoC 的核心。一般微处理器 IP 核具备以下 4 个特点：① 对实时多任务有很强的支持能力，能完成多任务并且有较短的中断响应时间；② 具有功能较强的存储区保护功能；③ 可扩展的处理器结构，以能最迅速地开发出满足应用的各种性能微处理器；④ 低功耗。最著名的微处理器核是英国 ARM 公司设计开发的通用 32 位精简指令集计算机(RISC)微处理器体系结构，简称 ARM 核，其主要优势在于简单的设计和高效的指令集。ARM 的设计目标是实现微处理器的微型化、低功耗、高性能。目前，ARM 微处理器家族在嵌入式系统、掌上电脑、智能卡和全球移动通讯系统终端控制器等领域都获得广泛的应用，目前已占有约 75%的 32 位嵌入式产品市场。

(2) 存储器 IP 核

在一个 SoC 芯片中，大约有 50%—60%的面积被存储器占用。目前 SoC 设计中，大多数存储器都是通过存储器编译器(Memory Compiler)来完成的。存储器编译器提供一个包含物理、逻辑、电学描述在内的架构。用户只需给出相关规格定义(如字数、位数、端口、工艺参数等)，编译器即可生成存储阵列。编译器的输出信息包括仿真模型、时序模型、物理模型、SPICE 网表以及版图等文件，如图 5.3-25 所示。

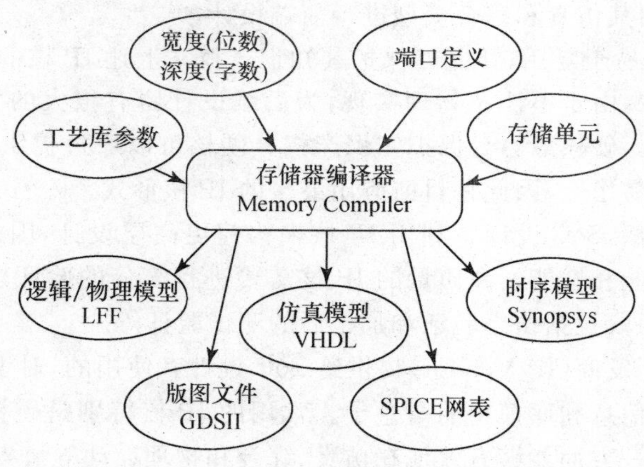

图 5.3-25　存储器编译器示意图

(3) 片上总线

SoC 的设计过程中，由于 IP 核的设计千差万别，IP 核的连接就成为构造 SoC 的关键。片上总线(OCB)是实现 SoC 中 IP 核连接最常见的技术手段，它以总线方式实现 IP 核之间数据通信。与板上总线不同，片上总线不用驱动底板上的信号和连接器，使用更简单，速度更快。一个片上总线规范一般需要定义各个模块之间初始化、仲裁、请求传输、响应、发送接收等过程中驱动、时序、策略等关系。业界出现了很多片上总线标准，其中由 ARM 公司推出的高性能微控制总线结构(AMBA)受到广大 IP 开发商和 SoC 系统集成者的重视，已成为一种流行的工业标准片上结构。AMBA 总线是一个多总线系统，规范定义了 3 种可以组合使用的不同类型的总线：高性能总线(AHB)、系统总线(ASB)、外围总线(APB)。在这 3 种总线中，AHB 适用于高性能和高时钟频率的系统模块，通常作为高性能系统的骨干总线，主要用于连接高性能和高吞吐量设备之间的连接，如 CPU、片上存储器、直接存储器存取(DMA)设备和 DSP 或其他协处理器等。ASB 适用于高性能的系统模块，在不必使用 AHB 高速特性的场合，可选择 ASB 作为系统总线。它同样支持处理器、片上存储器和片外处理器接口与低功耗外部宏单元之间的连接。其主要特性与 AHB 类似，主要不同点是它读数据和写数据采用同一条双向数据总线。APB 适用于低功耗的外部设备，它已经过优化，以减少功耗和对外设接口的复杂度；它可连接在两种系统总线上。图 5.3-26 给出了一个典型的基于 AMBA 总线结构的 SoC 结构图，其中包括 3 种总线的应用。

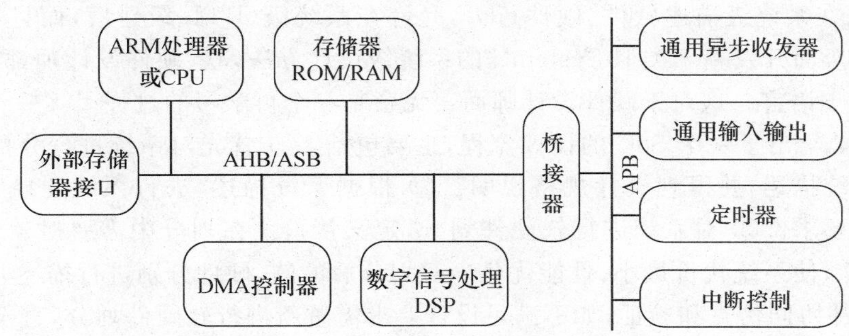

图 5.3-26　基于 AMBA 片上总线的 SoC 架构

(4) 输入/输出接口

随着集成电路工艺和设计能力的不断发展，SoC 芯片内部时钟频率和微处理器的速度已经达到了 GHz 量级，所需传送的数据量越来越大，速度越来越快。另一方面，由于受到电路以及传输线的限制，输入/输出接口(I/O)电路仅能工作在 MHz 量级，因此，需要设计新的高速 I/O 接口。常用的高速 I/O 接口 IP 核有：低压差分信号技术(LVDS)，串行解串器(SerDes)，串行硬盘驱动器接口(satA)，通用串行总线 2.0(USB2.0)，快速外围部件接口(PCI-Express)总线，等等。

(5) 模拟/混合信号 IP 核

相比纯数字 IP 核的设计，模拟/混合信号 IP 核的设计会遇到更多的麻烦，例如模拟电路品种繁多，一般需要更高的精度、工作频率、噪声敏感度、工艺敏感度、动态范围等。对于软核和固核，与纯数字 IP 核不同，模拟/混合信号 IP 核是不可综合的。模拟和数字电路之间的噪声隔离直接关系到模拟/混合信号 IP 核的应用和性能。特别是在射频应用时相互干扰会更加严重，隔离数字功能和模拟功能的成本会随着尺寸的减小而增大。要找到一种通用的隔离信号的办法非常困难。常用的模拟/混合信号 IP 核包括数模转换器(DAC)、模数转换器(ADC)、锁相环(PLL)、射频收发器、带隙基准源、电源管理模块、滤波器和传感器等。

2. SoC 设计方法

SoC 设计的系统包括软件和硬件部分，传统系统设计中二者分开进行，最终的集成一般要到硬件流片实现之后。如果出现问题，需修改硬件重新流片，造成设计周期过长，改正代价过高。因此需要在设计阶段早期就进行软硬件集成和验证，即进行软硬件协同设计，做好软硬件的权衡，最小化设计风险。软硬件协同设计主要包括软硬件划分、协同指标定义、协同分析、协同仿真、协同验证及接口定义等方面。在软硬件协同设计中首先需要解决的就是系统描述语言。传统的硬件描述语言 HDL 与软件设计语言不一致，难以将软件和硬件链接在一起进行协同设计、验证和测试；传统 C/C++ 等软件语言在描述硬件时又不能满足硬件的要求，而且不能提供硬件设计库。针对这些问题，一些 EDA 公司给出了进行软硬件协同设计时可用的系统描述语言，如 Synopsys 公司推出的基于面向对象 C++ 语言的 SystemC，就可以在系统级描述软件、硬件行为，允许在系统级、RTL 级建模，而且测试代码复用。因此，要全面开发基于类似 SystemC 的系统级设计方法，软、硬件设计师都需要谙熟面向对象的 C++ 语言。这对于硬件设计师而言无疑是一个再学习的过程[22—24]。

图 5.3-27 给出了一个 SoC 的设计流程，主要包括：① 首先对系统进行分析，确定设计要求，完成系统描述，并得到设计规格说明。② 根据系统描述，进行系统建模和验证并改进，直到满足要求。③ 对系统进行软硬件划分，定义接口。在划分中需要对软硬件完成的功能进行平衡，使系统代价最小，性能优化。对划分后的软、硬件分别进行描述、设计、综合。④ 进行软硬件协同仿真和验证，如不满足设计要求需重新进行软硬件划分，直至满足要求。⑤ 最后完成物理设计、系统集成，并完成相关验证测试。

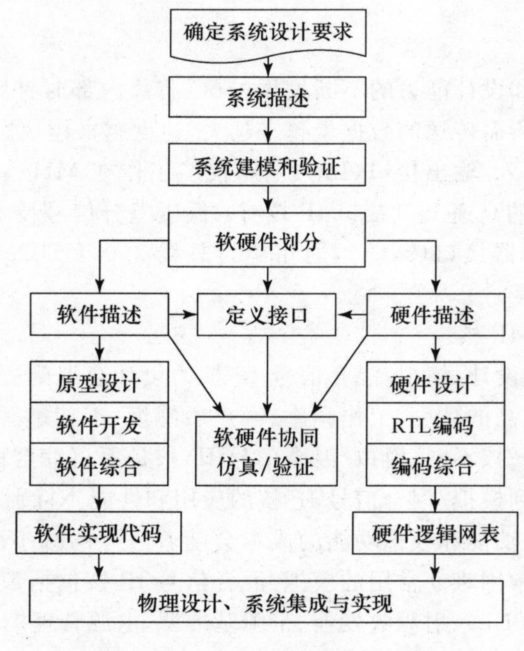

图 5.3-27 SoC 的主要设计流程

图 5.3-28[25]给出了一个基于 IP 核的无线通信系统设计的芯片版图。该系统主要包括

一个嵌入式处理器以及存储器。其中嵌入式处理器是软核形式的 IP，而存储器则是硬核形式的 IP。软核形式的微处理器可以面向不同工艺进行设计实现，应用灵活；而存储器由于其结构规则，适合全定制设计，采用的是硬核形式；一般来说，系统的通信协议层的功能可以通过为微处理器运行软件实现，也可以用单独的硬件模块来实现。两种方法中，软件实现的设计灵活性好，可以根据未来的需要改进协议，而硬件实现的设计速度较快，但是一旦完成无法升级。该系统中用于面向专用的通信协议，并且为了避免增加处理器的性能要求，采用硬件实现的方式。

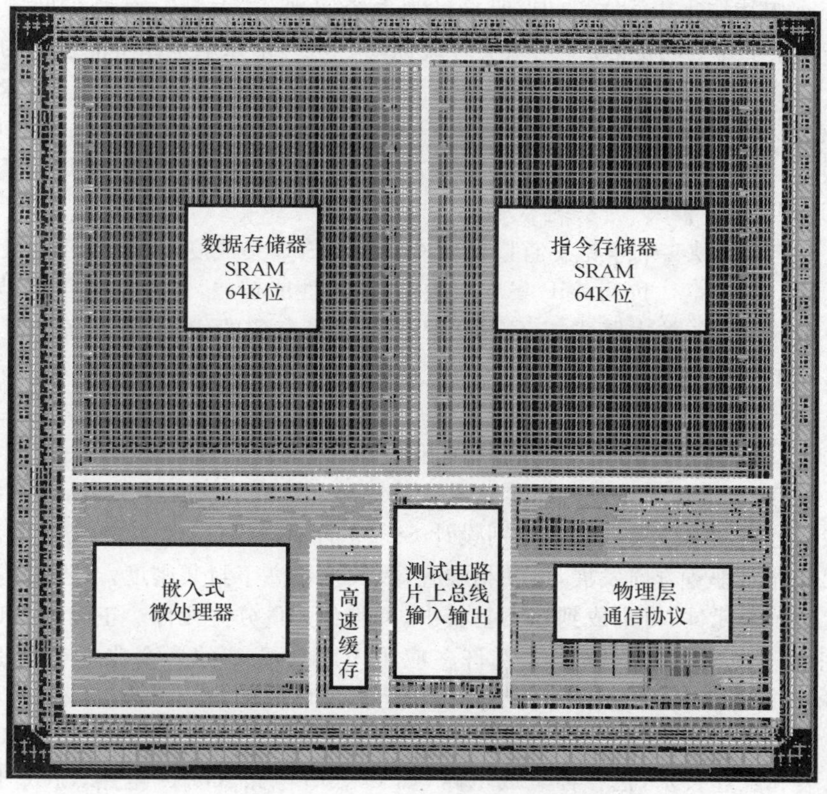

图 5.3-28 基于 IP 核的无线通信处理器 SoC 设计

从这个 SoC 的例子中我们可以发现，对于系统的体系结构设计，以及具体到模块的设计和实现，都有不同的方法可以选择，有经验的设计者可以选择适当的方法来完成设计，做到既能够满足设计要求又能够减少成本和设计周期。

未来 SoC 的设计涉及到更多的方面，包括工艺、体系架构、速度功耗，再加上消费类 SoC 所关切的上市时间，使得设计愈加复杂，进一步扩大了设计能力与工艺能力之间的差距，因此需要有 EDA 工具和设计理念的重要改进。这些重要改进仍然是在 IP 核复用层面，一是加大IP核的规模，二是提高IP核复用的层次，因此需要研发适合高层次IP核复用的EDA工具和完成IP核的高层次建库。另一方面是加大嵌入IP核的规模，就是从单元电路到模块电路再到系统电路，提高SoC的设计效率。要完成这种水平的IP建库需要做好两件事：一是提升已有IP核的层次水平和SoC设计师的使用层次；二是加快IP核的工艺代转移，IP核特别是硬核是和工艺代紧密相连的。

此外，现在的SoC已经嵌入了微处理器、协处理器、大量的存储器和I/O接口，成为许多系统的“心脏”，但它还不能称作与SoC的名字完全符合的真正意义上的“系统”。CMOS工艺按Moore定律取得很大的进步，但只是为系统实现了“大脑”，而现实世界还要求眼、耳、鼻甚至声带、手臂的功能，才能与人类环境互动。这些是摩尔定律不能包括的，也可以说是超越摩尔定律的内容。如果我们从产品经济学方面考量，把差异很大的工艺器件勉强集成为单片，不仅不能真正发挥最高端CMOS工艺的作用，同时也增加了SoC的工艺加工成本。与其这样，还不如以各自最适合的工艺做好芯片、再以系统级封装（System-in-Package，SiP）的形式“集成”为系统芯片。

SoC和SiP孰优孰劣的争论一直以来没有定论。SoC集成度高，整机性能最优，功能强大，但设计周期长，成本代价高；SiP集成度较低，整机性能较差，但设计周期短，易实现。其实作为两种系统集成的技术路线，SoC和SiP这二者各有各的优势，各有各的应用市场，在技术上和应用上都是相互补充的关系。通常高密度内存和模拟器件往往难以完全集成在SoC中，而SiP却能将它们整合在一起，所以SiP是SoC的一种很好补充。它与SoC相比具有如下优点：第一，可采用市售的商用电子元器件，降低产品制造成本；第二，上市周期短，风险小；第三，可灵活采用混合组装技术安装各类芯片和各类无源元件，如引线键合、FC技术等；第四，可采用混合设计技术分别设计SiP中的不同组件，为客户带来灵活性；第五，封装内的元器件向垂直方向发展，可互相堆叠，极大地提高了封装密度，节省封装基板面积；第六，“埋置型无源元件”可集成到各类基板中，可避免大量分立元件。正因为SiP具有上述优点，其越来越受到业界的青睐，SiP在许多应用中成为SoC的一个非常有吸引力的替代品。相比SoC，在越来越多的电子产品中，SiP是更为可取的解决方案，不仅因为它有内在的成本和上市时间优势，还因为SiP最终将使得新一波产品创新成为可能。SiP技术是使用成熟的封装和互连技术，把各种集成电路（如CMOS电路、GaAs电路、SiGe电路）、光电子器件、MEMS器件以及各类无源元件（如电容、电感）等集成到一个封装体内，实现整机系统的功能，如图5.3-29所示[24]。

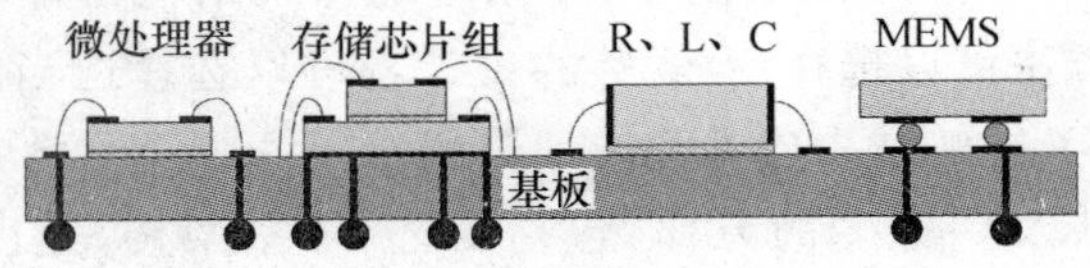

图5.3-29　SiP结构示意图

参考文献

1. Gajski D D and Kuhn R H. Guest Editors Introduction-New VLSI Tools. IEEE Computer，1983，11—14.
2. Walker R A and Thomas D E. A Model of Design Representation and Syntheses. 22nd Design Automation Conference，1985，453—459.
3. 魏少军.集成电路设计方法学的几个热点.电子科技导报，1998 年，第 1 期，第 20—24 页.
4. 魏少军.SoC 设计方法学.电子产品世界，2001 年，第 13—16 页.
5. Mutschler A S. EDA 设计方法学将发生改变.电子经理世界，2006 年，第 6 期，第 26 页.
6. Morant M J. Integrated Circuit Design and Technology. Chapman and Hall，1990.
7. Veendrick H. Deep-submicron CMOS ICs：From Basics to ASICs. Kluwer Academic Publishers，2000.
8. 甘学温.数字 CMOS VLSI 分析与设计基础.北京：北京大学出版社，1999 年.
9. Rabaey J M. Digital Integrated Circuits：A Design Perspective（影印版），清华大学出版社，1999.
10. Weste N and Harris D. CMOS VLSI Design：a Circuits and Systems Perspective（4th Edition）. Addison-Wesley，2009.
11. Veendrick H. MOS ICs：From Basics to ASICs. VCH，1992.
12. Smith M. Application-Specific Integrated Circuits. Addison-Wesley，1997.
13. Chandrakasan A P and Brodersen R W. Low Power Digital CMOS Design. Kluwer Academic Publishers，1995，116.
14. 叶良修.半导体物理（上册）.北京：高等教育出版社，1983 年.
15. Oyamatsu H，Kinugawa M，and Kakumu M. Design Methology of Deep Submicron CMOS Devices for 1V Operation. IEICE Trans. Electron，1996，E79-C(12)：1720—1724.
16. Tseng T M，Chao M，Lu C P，et al. Power-switch routing for coarse-grain MTCMOS technologies. in Proc. ICCAD，2009：39—46.
17. Jiao H and Kursun V. Ground bouncing noise aware combinational MTCMOS circuits. IEEE Trans. Circuits Syst. I，Reg. Papers，2010，57(8)：2053—2065.
18. George V and Rabaey J. Low-Energy FPGAs. Kluwer Academic Publishers，2001.
19. The Xilinx-4000 Product Series. http://china. xilinx. com/support/documentation/xc4000. htm. Xilinx，Inc.
20. http://www. irts. net.
21. Keating M and Bricaud P. Reuse Methodology Manual for System on a Chip Designs（2nd Edition）. Kluwer Academic Publisher，2002.
22. Chang H，Cooke L R，Hunt M，et al. A McNelly and L Todd，Surviving the SoC Revolution：A Guide to Platform Design. Kluwer Academic Publisher，1999.
23. Claasen T. An Industry Perspective on Current and Future State of the Art in System-on-Chip（SoC）Technology. Proceedings of the IEEE，2006，94(6)：1121—1137.
24. Eshraghian K. SoC Emerging Technologies. Proceedings of the IEEE，2006，94(6)：1197—1213.
25. 甘学温，贾嵩，王源，孙雷.大规模集成电路原理与设计.北京：机械工业出版社，2006 年.

第六章　SOI、BiCMOS 和纳米 CMOS 技术

本章将讨论 CMOS 集成电路在发展中出现的一些新技术，以及 CMOS 技术未来的发展趋势。

6.1　SOI 技术

SOI(Silicon-on-Insulator)技术作为一种全介质隔离技术，是与体硅(Bulk Silicon)技术并存的另外一种 CMOS 工艺技术。虽然已经提出几十年了，但是直到 1998 年才被 IBM 公司的 PowerPC 微处理器所采用，其芯片速度比采用相同工艺的体硅电路提高了大约 30%[1]。于是 SOI 在商业上开始得到人们的重视，其重要性日益突出。此后 IBM、HP、Infineon、NXP、TI、AMD、ARM 和 NVIDIA 等公司的一些产品均采用了 SOI 技术。图 6.1-1给出了 2006 年全球 12 英寸硅片的销量统计，从中可以看到，在逻辑应用的芯片中，采用 SOI 技术的产品大约是采用体硅技术的一半[2]。

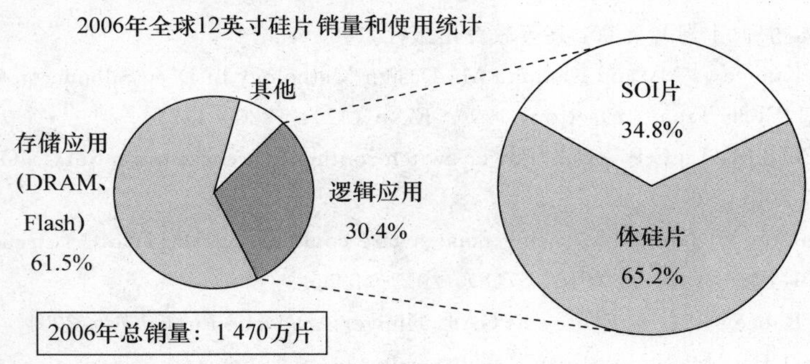

图 6.1-1　2006 年全球 SOI 硅片的销量统计图[2]

顾名思义，SOI 技术就是在“绝缘衬底上的硅”材料上制作器件和电路，而体硅 CMOS 技术是以阱的反向 pn 结作为隔离将 nMOS 和 pMOS 器件分开。由于 SOI CMOS 实现了完全介质隔离，因此具有抗辐照、高速度、低功耗、高集成度、耐高温等一系列优点。它的缺点是生产成本相对体硅工艺略高，并且 SOI 器件具有一些不同于体硅器件的特性会使得电路设计变得略微复杂。图 6.1-2 是 IBM 公司采用 SOI 工艺的一个 CPU 芯片产品的 SEM 照片[3]。

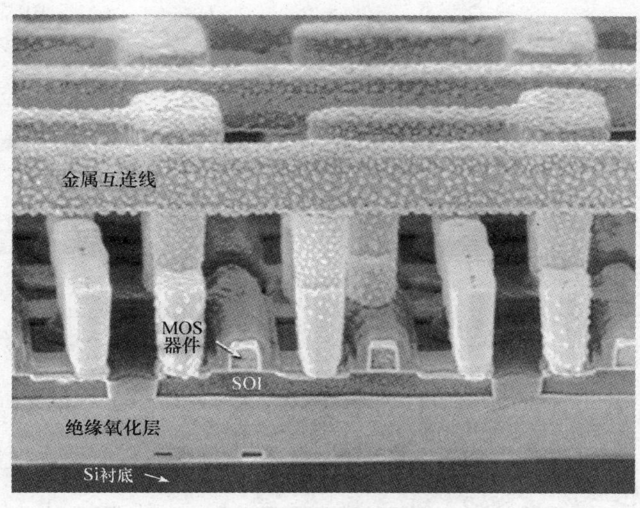

图 6.1-2　IBM公司的一个采用SOI技术的芯片产品截面图

本小节将对SOI CMOS技术进行一个简单的介绍，深入的讨论可以进一步参考相关的著作[4—7]。

6.1.1　SOI CMOS的工艺与器件特性

1. SOI CMOS的结构特点

SOI和体硅CMOS技术的根本区别是，SOI器件的源、漏和体都是由绝缘的埋氧化层（简称埋氧，或BOX）所包围的，而不是导电的衬底和阱（称为体硅衬底）。如图6.1-3所示，SOI可以提供更小的pn结表面积以及更厚的埋氧层（而不是体硅中较薄的耗尽层），从而使源、漏区的寄生结电容更低。并且SOI器件的源、漏区底部没有pn结，从而降低了结的泄漏电流。因此，使用SOI的主要优点就是消除了源、漏区与体硅衬底之间的电容，从而提高了器件的速度，同时具有较低的截止态泄漏电流，所以SOI技术具有高性能和低功耗的潜在优势。不过，埋氧化层的引入也意味着器件的体区不再通过衬底或阱连到GND或V_{DD}。体电位的任何变化都会调节阈值电压V_T，这既会增加电路设计的复杂度，也会带来好处。

采用SOI CMOS结构还有一个显而易见的好处。在常规的体硅CMOS结构中，存在从电源到地之间的pnpn可控硅结构，一旦满足可控硅触发条件，将引起电源到地的极大电流，破坏电路工作甚至烧毁电路，这就是闩锁效应（latch-up）。而采用SOI技术就自然消除了可控硅结构，也就解决了体硅CMOS中的闩锁效应。

此外，SOI CMOS的抗辐照性能强。宇宙射线引起的γ射线或者α粒子会产生一个光电流，其大小取决于电路中电荷的收集量并与结面积成正比。而SOI埋氧化层以下的硅衬底产生的电子-空穴对不能到达沟道，减小了电荷的收集量，因此辐照产生的光电流可以比

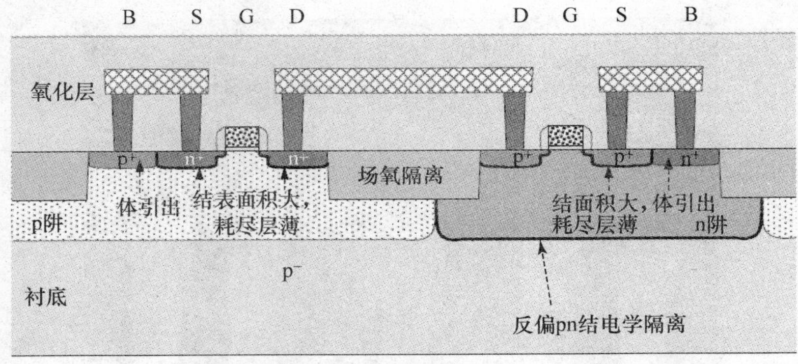

(a) 体硅CMOS的剖面示意图

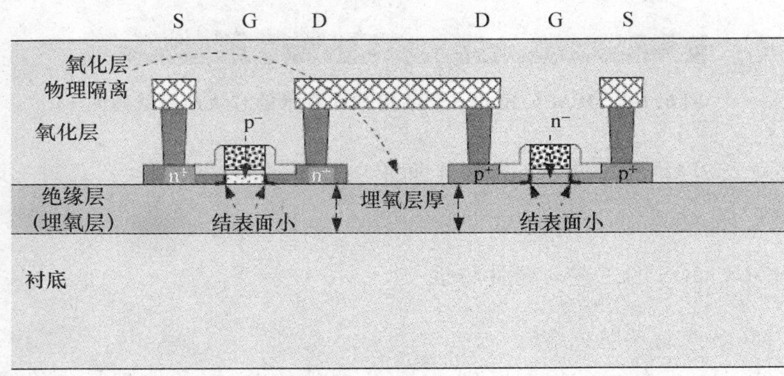

(b) SOI CMOS的剖面示意图

图 6.1-3　体硅和 SOI CMOS 的结构比较

体硅 CMOS 电路小近 3 个数量级。所以 SOI 技术在军事和空间等应用领域十分重要，这也是其早期的应用所在。

2. SOI CMOS 的基本工艺

SOI 工艺中最重要的是 SOI 衬底材料的制备，供应商目前有以下两种主流的 SOI 硅片技术。

(1) 注氧隔离(Separation by IMplantation of OXygen，SIMOX)工艺。将氧离子倒掺杂注入在裸硅片下得到高浓度的氧化层。注入造成的损伤可以在后续的退火阶段得到修复。

(2) 智能剥离(Smart Cut)工艺，这是目前最常用的方法。如图 6.1-4 所示，在原始硅片上首先生长一层氧化层，注入氢离子在表面以下某一距离形成一层“脆弱”的富氢层。清洗该硅片并把其翻过来与另一硅片进行键合。在剥离阶段，硅片被加热使其恰好在注入氢的脆弱层处分离。剥离剩下的部分硅片还可以重新利用以节省成本。随后也需要一个退火过程修复注入损伤。最后再进行 CMP 使表面平坦化，SOI 衬底就完成了。

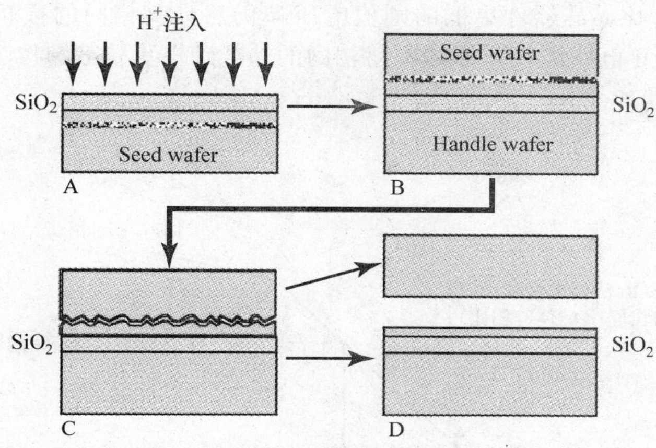

图 6.1-4　智能剥离工艺的主要流程示意图

3. SOI CMOS 器件的种类和基本特性

SOI CMOS 器件可以分为沟道部分耗尽(Partially Depleted，PD)SOI 和沟道全耗尽(Fully Depleted，FD)SOI 两种，如图 6.1-5 所示。在 FD SOI 中，硅膜的厚度要比沟道耗尽区宽度小一些，由于沟道区硅膜全耗尽，因此体电荷是固定的，体电压也不会改变。在 PD SOI 中，硅膜要更厚一些(一般大于 60 nm)，硅膜中存在中性体区，体电压会随着体区中电荷的多少而变化，这个变化的体电压又会通过体效应改变阈值电压 V_T。此外，在 FD SOI 技术的基础上又演变出两种新器件结构：如果 FD SOI 的硅膜继续减薄到 10 nm 以内，则称之为超薄体(Ultra-Thin Body，UTB)SOI 器件，可以进一步改善器件的短沟特性；一般应用中 SOI 衬底的埋氧层(BOX)厚度约为 140 nm 左右，如果在 UTB SOI 基础上，BOX 的厚度继续减薄(10～30 nm)，则称之为 UTBB(即 Ultra-Thin Body & BOX) SOI(或称为 UT2B SOI)，可以为器件增加额外背栅的控制。PD SOI 的应用已经比较成熟，在 IBM、AMD 等公司的 CPU 芯片产品中早已实现；而 FD SOI 的商业前景尚未明确，特别是 UTBB 的技术还在研发之中，将在 6.3.2 小节进一步讨论。

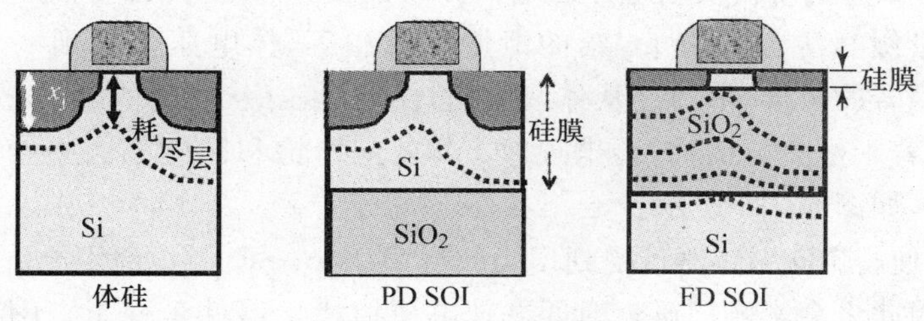

图 6.1-5　体硅 MOS 器件与两种 SOI 器件(PD SOI、FD SOI)的截面示意图

如前所述，SOI 器件的一个重要优点是它的源、漏区寄生电容小，因此寄生延时小。此外，SOI 器件可以有比体硅器件更低的阈值电压却仍然具有相同的截止态泄漏电流（见图 6.1-6），从而使得 SOI 电路能在与体硅电路相同的功耗下以更快的速度工作，或者在相同的速度下达到更低的功耗。

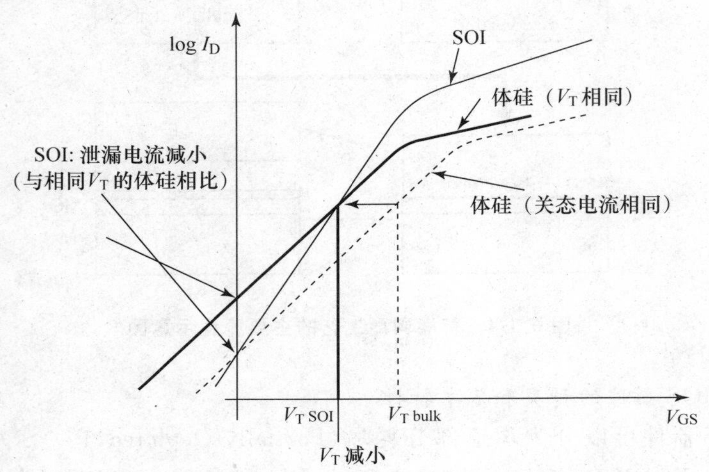

图 6.1-6　SOI 与体硅 MOS 器件的转移电流特性曲线的示意图

对于 PD SOI 器件，由于其器件的中性体区是浮置的，故简称为浮体（Floating Body），如图 6.1-7 所示。理解 SOI 器件的关键是体电压，如果体电压是固定的，那么阈值电压也是固定的。在 PD SOI 器件中，浮体电压会随着体区的充放电而变化，称之为浮体效应。图 6.1-7说明了电荷产生、积累和离开体区的机制。体区电荷的缓慢积累主要有两种途径：一个是漏端和体区之间的反偏 pn 结 D_{DB}（或源体结 D_{SB}）会将二极管泄漏电流带入体区；另一个是碰撞电离产生电子-空穴对，电子往栅上注入，空穴在体区积累造成体电压上升。积累的电荷通过另外两条路径离开体区：随着体电压的上升，D_{SB}轻微正向导通，最终从 D_{SB}结流出的电流与从 D_{DB}注入的电流相等；栅和漏端电压的上升也会耦合到体区使其电压增高，使得 D_{SB}结正向强导通，从而很快地把体区电荷释放出去。总之，当器件“空闲”的时间足够长时（达到微秒数量级），源和漏端 pn 结的泄漏电流相等，体电压会达到一个平衡状态。随后，当器件开始翻转的时候，电荷会从体区溢出，使体电压（从而阈值电压）产生很大的漂移，对器件特性造成若干影响。例如，会出现“Kink 效应”，饱和区电流会突然增加造成输出电流曲线发生翘曲，如图 6.1-8 所示。

浮体效应还使得 PD SOI 器件受到历史效应（History Effect）的影响。体电压的变化会调制阈值电压，因此也会影响门延迟时间。体电压取决于器件是处于空闲状态还是翻转状态，因此门延迟时间与翻转历史相关，故称之为历史效应。历史效应会使得门延迟时间发生波动或涨落，还可能使本应匹配的晶体管的阈值电压产生一定的差异（失配）。

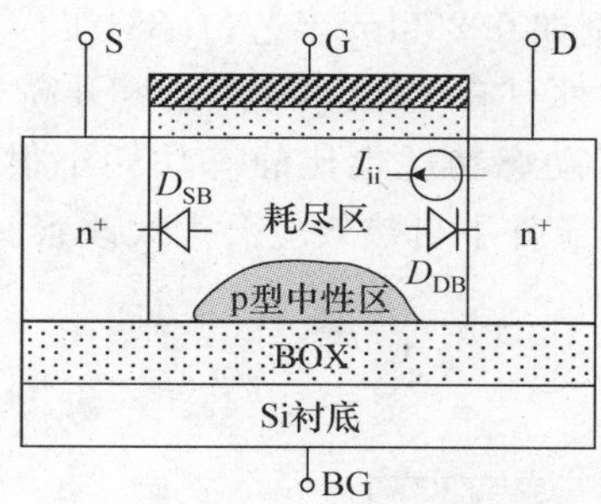

图 6.1-7　PD SOI 器件的浮体效应示意图

PD SOI 中的另一个问题来自于器件中的横向寄生双极晶体管。如图 6.1-9 所示，器件的源、体、漏分别形成了一个 npn 双极晶体管的发射极、基极和集电极。对于体硅器件，体区一般接地，而在 PD SOI 中，由于体区（基极）浮置，寄生双极晶体管易于被触发导通，使得在 MOS 晶体管关断时，也可能会产生一个很大的从漏到源的电流脉冲。这个电流脉冲也被称为瞬态传输门泄漏（Pass Gate Leakage）电流，因为该脉冲广泛地存在于关闭的传输管中。在静态电路中，MOS 晶体管的导通电流可用于抵消这个电流脉冲，因此它不是一个主要问题。但是，电流脉冲可能引起动态锁存器和动态逻辑的功能错误。

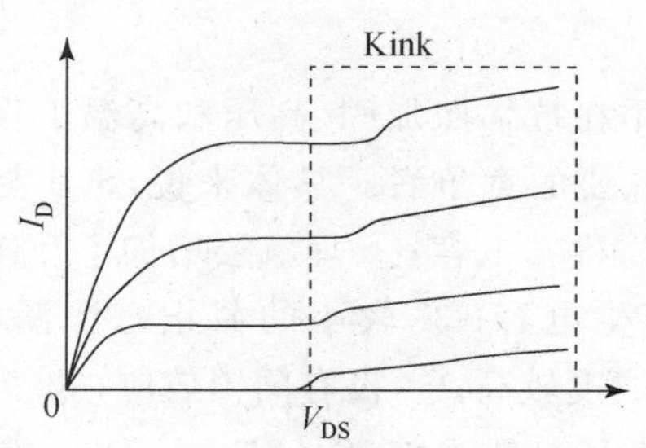

图 6.1-8　PD SOI nMOS 器件的 Kink 效应示意图

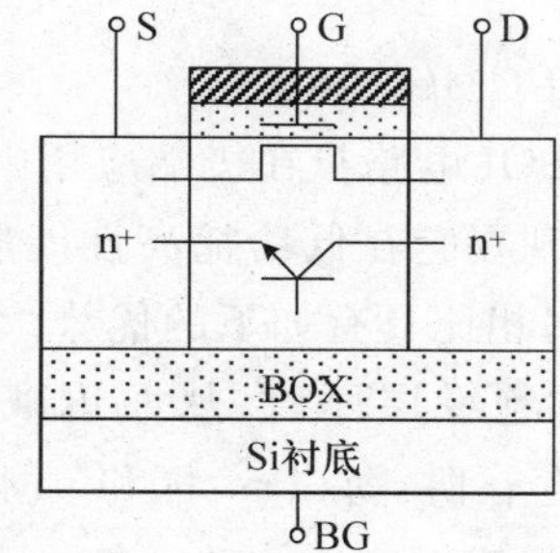

图 6.1-9　PD SOI 器件中的横向寄生双极晶体管的示意图

避免浮体效应的一个直接方法，就是要给器件做单独的体引出接地（见图 6.1-10(a)—(c)）或者连到源端（见图 6.1-10(d)）。需要注意的是，体引出可能无法完全抑制浮体效应。要完全消除浮体效应，则需要采用 FD SOI 结构。由于沟道全耗尽，FD SOI 几乎不显示出浮体效应、Kink 效应和历史效应，但是会受到较为明显的自热效应（Self-heating Effect）的影响。因为 SOI 中埋氧层的热导率很低，器件在工作时产生的热量不能很快地散到衬底中，使得器件温度升高，从而使得器件电流相应地降低，速度减慢，并可能影响到器件的可靠性。电流减小的直接表现是在输出电流特性曲线中可能会出现负微分输出电阻。对于单个

SOI 器件，在直流工作条件下，例如 0.22 μm 工艺、1.8V 工作电压下，会引起大约60～100℃的温度升高，而相对应的体硅器件只有 12～20℃的温度升高。当然，对于开关电路，器件只在导通的瞬间才传导电流，并且动态功耗也比静态功耗小很多，所以电路中大多数的 SOI 器件温度升高较小，在高频工作条件下自热效应会大大改善。

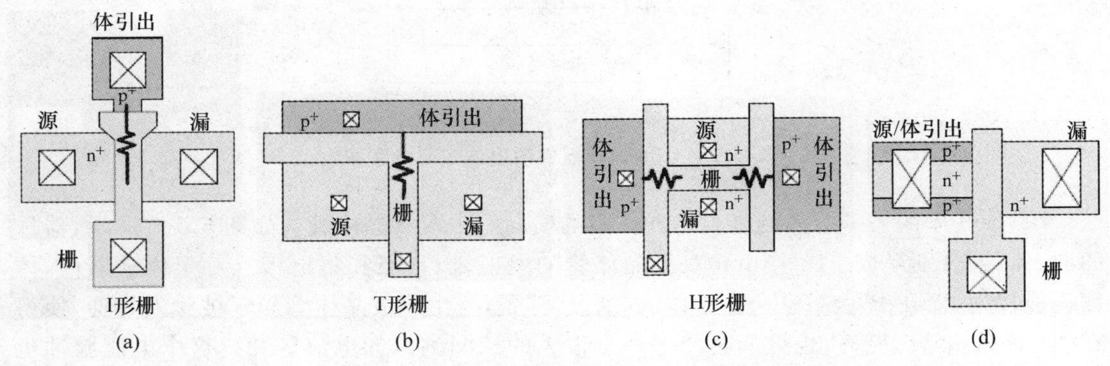

图 6.1-10　SOI 器件的体引出方法示意图

6.1.2　SOI CMOS 电路

1. SOI CMOS 的优势

最初，SOI 电路只在极端应用中被采用，比如应用在抗辐照加固、高压和高温工作的集成电路中，现在它在低功耗高性能应用中成为一个主要的竞争者。具体来说，SOI 与体硅 CMOS 技术相比具有如下的优势：① 较小的晶体管寄生结电容；② 埋氧层增加了互连线和衬底之间的绝缘层厚度，从而也减小了互连线的寄生电容；③ 较小的截止态泄漏电流；④ 由于不存在阱，所以 n^+ 区和 p^+ 区的间距较小，集成度较高；⑤ 没有闩锁效应；⑥ 短沟效应改善，亚阈值斜率比体硅器件更小；⑦ 抗辐照，降低了软错误率(Soft-Error Rate，SER)；⑧ 显著减小了衬底噪声(但在频率非常高时不一定)；⑨ SOI 器件可以工作在 350℃的高温中，而体硅器件只能工作在大约 175℃以下。

总之，SOI 技术对于实现高速 CMOS 逻辑电路很有吸引力：寄生电容的减小使得电路延迟时间更小；在保持相同截止态泄漏电流的情况下可以降低 V_T 来提供更大的驱动电流，从而提高速度。同时，SOI 对低功耗设计也很有吸引力：寄生电容的减小降低了动态功耗；速度的提高可以转换为使用更低的 V_{DD}，从而进一步降低动态功耗；陡直的亚阈值斜率可以降低亚阈值泄漏电流，从而降低了静态功耗。在存储电路应用中，例如，SRAM 存储阵列中使用的差分对位线结构，其结电容占了整个位线电容的绝大部分，而 SOI 技术由于减小了器件的结电容而显现出了明显优势。此外，SOI 衬底能实现数字、模拟和射频电路部分之间较好的隔离，从而使得衬底噪声对电路的影响减小。并且 SOI 器件由于寄生电容小，本身也显示出较好的射频性能。所以，对于包含有数字、模拟和射频电路的低压 CMOS 系统级芯片(SoC)的设计，SOI 技术有望比体硅 CMOS 工艺提供更好的性能。

此外，SOI 技术相对体硅工艺更便于实现 Wafer 级的三维立体集成[8]。采用三维立体结构可以使电路模块之间通过垂直路径直接连接，如图 6.1-11 所示，有利于减小互连线的长度，从而减小延迟、降低功耗、提高电路性能。

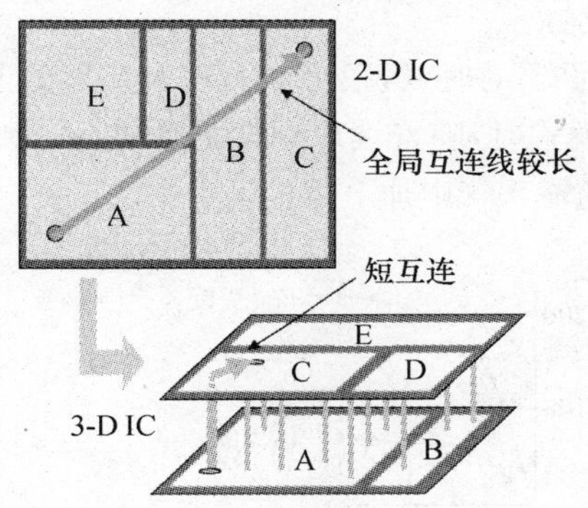

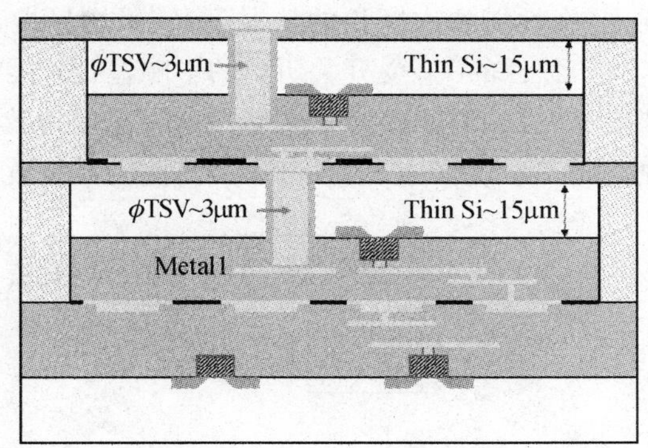

图 6.1-11　三维集成的示意图

虽然 FD SOI 器件的优点是消除了浮体效应并具有更好的短沟特性，但是阈值电压较低，而且对工艺过程和硅膜厚度的变化具有较大的敏感性，其商业应用前景尚未明确。而 PD SOI 与体硅类似，可以通过改变沟道掺杂浓度来得到所需的(多种)阈值电压，并且生产工艺简单，所以，目前的 SOI CMOS 芯片产品均采用 PD SOI 工艺。采用 PD SOI 技术的 CMOS 电路与相同技术代的体硅 CMOS 电路相比，除了性能有所提高，其余的行为都很相似。但是，PD SOI 器件特有的浮体效应使其电路设计具有一定的挑战；此外由于不存在衬底二极管，SOI CMOS 的 ESD 保护电路的设计也会变得复杂。

2. PD SOI CMOS 电路设计中的问题

PD SOI CMOS 的大部分设计方法与体硅 CMOS 技术类似，但 PD SOI 的浮体效应会引入新的电路行为，需要设计者注意。所以，在 PD SOI CMOS 电路设计中要把浮体效应的影响最小化，主要是历史效应和传输门瞬态漏电的影响[9—11]。

(1) 历史效应对电路的影响

因为 PD SOI 的体电压取决于器件先前的状态，因此门延迟时间与它的历史状态相关，并可能会导致器件间的不匹配，这给电路的分析和设计增加了困难。

历史效应会使门控时钟的偏移(skew)增大，这是因为在时钟被禁止了相当长一段时间后，它的第一个有效翻转的速度会比较慢。历史效应也会导致门延迟时间随着输入模式的不同而变化。那么，当不能确定通过门的延迟时，怎样来设计电路？需要指出的是，其实在体硅 CMOS 电路的设计中，已经存在许多涨落的来源，比如物理栅长的涨落、工作电压和工作温度的波动、噪声、器件可靠性退化等。在实际的工作环境波动和器件参数涨落的条件下，控制不确定性的基本技术是在关键时序（特别是锁存器的建立时间和保持时间）中引入容限。PD SOI 的历史效应引起的涨落（它与体硅 CMOS 设计中的典型涨落具有相同的数量级，可以使门延时产生 8％的涨落[1]）使得容限略有增加，可以将其加入到时序规则中。在大多数电路中，可以将 SOI 电路的衬底初始化为高电平（对于速度最快的情形）或者为低电平（对于速度最慢的情形）来限制电路的延迟波动。在考虑最快路径时，可以采用最快时序规则；在性能要求宽松的情况下，应采用最慢速的设置。

由于器件的 V_{BS}受开关历史的影响，当器件匹配很重要的时候，很可能出现有差异的 V_{BS}。例如图 6.1-12，当 SRAM 的灵敏放大器重复地读同一模式时，随着读取周期的推进，V_{BS}和 V_T出现失配[10]。为了避免这一影响，需要在灵敏放大器的输入管中加上体接触引出。

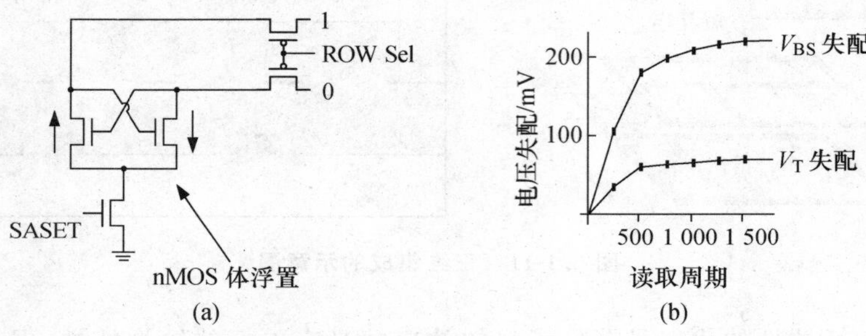

图 6.1-12　仿真得到的 PD SOI SRAM 中 V_{BS}和 V_T 失配的情况

（2）传输门瞬态漏电对电路的影响

即使动态节点所连接的传输门是关闭的，也会由于传输门漏电而使动态节点上的电荷泄漏。这个电流比器件开启时的电流要小得多（大约为 1％），但仍然会引起许多电路的故障。有两种电路是最容易受传输门泄漏影响的：没有保持管（Keeper Device）的节点（例如 DRAM 单元以及其他没有保持管的动态节点）和大扇入的或非门（例如在动态电路或者 SRAM 中）。

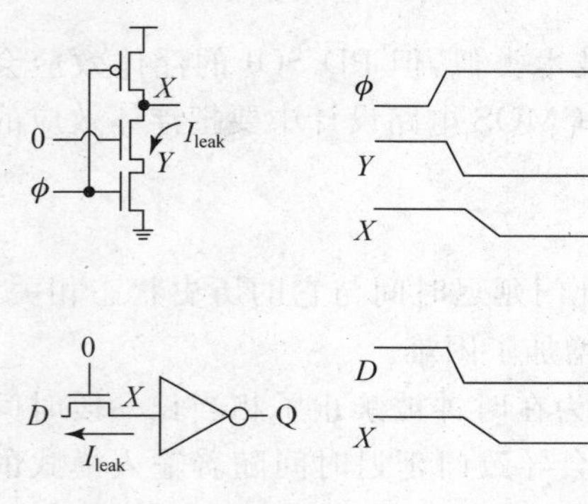

图 6.1-13　瞬态传输门漏电对动态电路的影响

图 6.1-13 说明了传输门漏电对动态锁存器和动态逻辑电路的影响，可能会使动态节点的电荷丢失。在两种情况下，节点 X 的电位最初都为高电平，并且与这个节点相连的 MOS 晶体管关闭。MOS 晶体管的源端开始为高电平，随后下拉为低电平，使寄生双极晶体管导通，泄放节点 X 上的一部分电荷。为了克服传输门泄漏电流，在锁存器中应该使用一个交叉耦合的反相器对，在动态逻辑电路中要有一个 pMOS 保持管，这样才能保持节点 X 的电平稳定性。为了抵消泄漏电流，稳定电平的保持管应该有一定强度，一般为正常路径强度的 1/4[11]。但是保持管会影响电路

输出节点下拉，所以电路的速度会变慢。动态电路可以预先对内部节点进行放电，来防止产生传输门漏电，但是随后必须处理由这些内部节点电荷分享所带来的问题。

图 6.1-14(a)给出了具有弱保持管的动态电路中大扇入或非门的例子。如果所有 A_i(i=1,…,k)控制的器件截止，并且在很长一段时间内它们的源、漏都保持高电平，因此会有电荷积累。当器件 C 打开(即器件 A_i 的源端被下拉到低电平)，寄生双极晶体管会产生一个电流脉冲通过器件 A_i。如果所有 A_i 器件的沟道总宽度足够大，它们就可以使动态节点放电(如图 6.1-14(b)所示)。简单的解决方法有：增加保持管的尺寸(但会损失部分性能)；限制或非门的总宽度；使用消除共享电荷的 pMOS；将 A_i 器件的公共源端周期性(毫秒量级)放电，使得电荷积累来不及发生[12,13]。

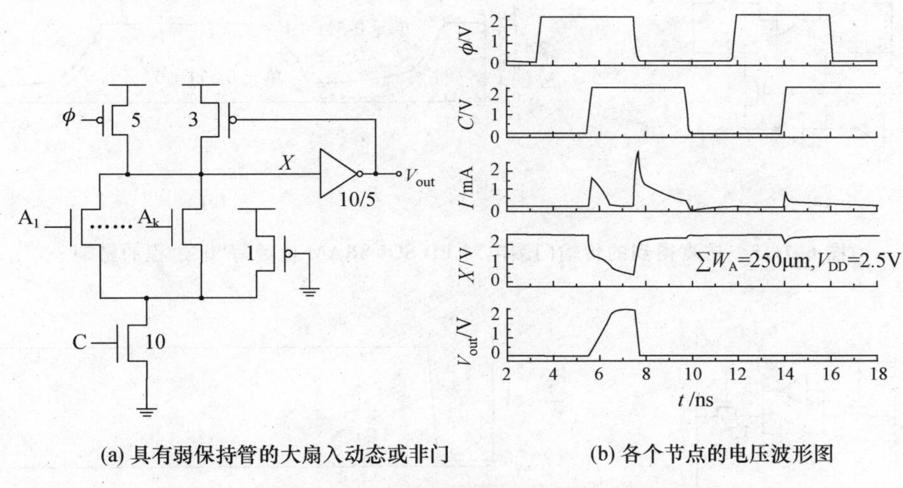

(a) 具有弱保持管的大扇入动态或非门　　(b) 各个节点的电压波形图

图 6.1-14　传输门瞬态漏电对大扇入动态电路的影响

在 SRAM 中，位线 BL 上门管的泄漏电流会影响 SRAM 的时序(当然，这与 SRAM 单元中保存的数据模式有关)。图 6.1-15 给出了传输门漏电对写操作时间的影响[10]。如果位线上所有的单元保持为“1”(见图 6.1-15(a))，并且保持这个数据足够长的时间使门管有电荷积累，那么对位线上的一个单元写“0”将会引起所有其他单元的瞬态传输门漏电注入到这个位线上。这些额外的电流是写入电路的额外负载。在这种情况下，写时间将比在当所有单元都为“0”的情况下所用的时间更长(见图 6.1-15(b))。类似的问题在读操作中也会发生。如果某一个单元存储的是“0”，而其他所有单元存储的是“1”，那么当读“0”时，所有其他的单元将有瞬时放电，使得 BL 和 $\overline{BL}$ 之间产生电压差异所需的时间延长。图 6.1-16 给出了当所有单元都存储“0”和只有一个单元存储“0”的情形下分别进行读操作过程中的 BL 电压(没有加灵敏放大器)[10]。在 SRAM 中，时序对存储模式的依赖是 SOI 中的一个独特问题，在电路分析和设计时应该考虑到最坏的存储模式情况。有一些方法可以减小该影响，比如：限制 BL 上单元的数量，把 BL 预充到小于 V_{DD}，增加写驱动电路的器件尺寸，等等。

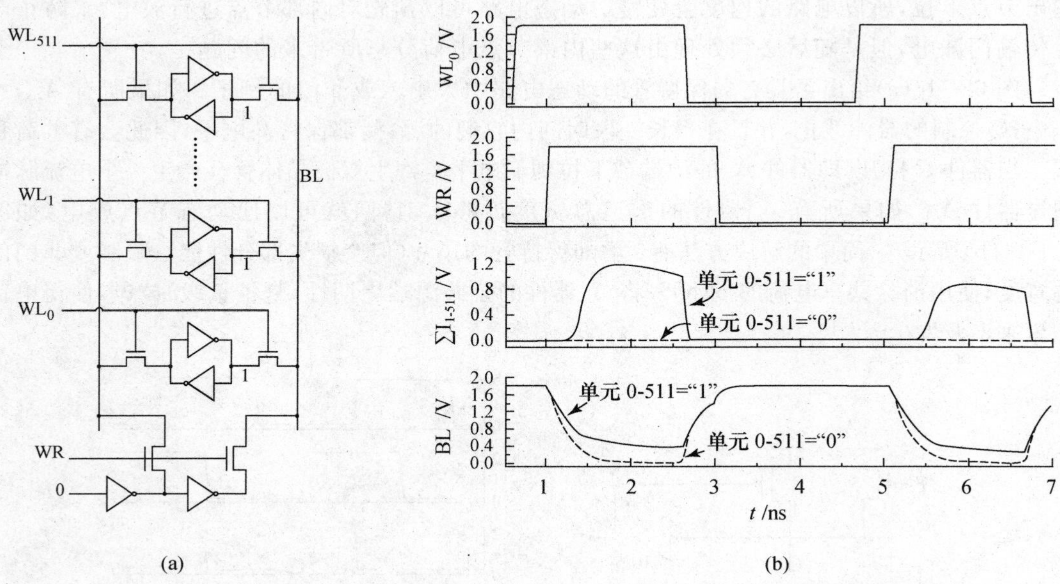

图 6.1-15 仿真得到的传输门漏电对 PD SOI SRAM 位线写"0"过程的影响

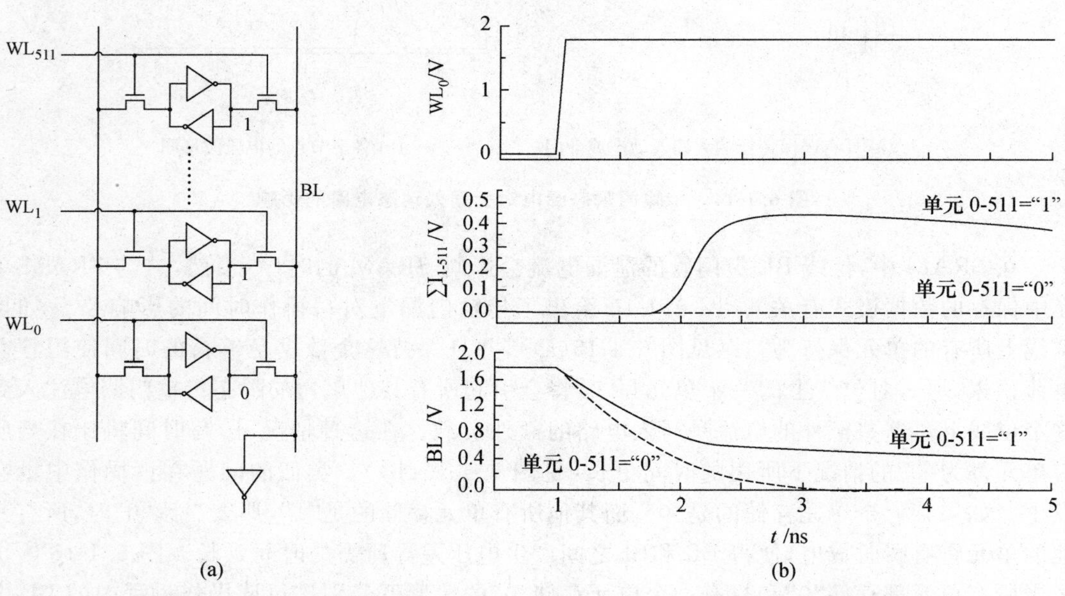

图 6.1-16 仿真得到的传输门漏电对 PD SOI SRAM 位线读"0"过程的影响

需要指出的是，虽然浮体效应会带来一些电路设计上的问题，但其实也会带来一定程度上的好处。如图6.1-7所示，因为D_{SB}从不反偏，SOI中几乎没有体硅MOS器件的反向衬底偏压效应（比如体硅CMOS中的串联晶体管和传输门的情况）。由于在大多数状态转换的情况下，V_{BS}是正偏的，器件开关瞬间SOI器件中的开启电流会比体硅器件高，再加上寄生电容小，所以SOI CMOS的无负载反相器比传统体硅CMOS中的相同电路快20%～25%。由于SOI器件的浮体效应阻止V_T随着串联的nMOS数目的增加而增加，所以当串联nMOS的数目从二输入与非门增加至四输入与非门时，SOI相对体硅的性能增益由27%增至50%[10]。

3. 基于SOI技术的嵌入式DRAM

相比于体硅工艺，SOI DRAM大大降低了位线电容（只有体硅的25%），从而SOI中的存储电容可以比体硅DRAM小55%左右。例如，对于一个256Mb工作在1.5V的DRAM，采用SOI技术只需要12fF的存储电容，而采用体硅技术则需要34fF[5]。DRAM单元在读操作时，电容所存储的电荷在存储电容和位线电容之间重新分配，位线上获得的读出信号十分微弱，对于低电压DRAM的设计，位线电容与存储电容的比值必须减小。采用SOI技术自然就降低了位线电容，并且存储电容还可以通过存储单元设计来进一步提高。此外，SOI器件的截止态泄漏电流比体硅器件低，由于保持时间与存储电容和泄漏电流相关，较低的泄漏电流意味着更长的保持时间。图6.1-17给出了采用不同技术的DRAM单元的充电效率[5]，可见SOI器件的充电效率远高于体硅器件，从而SOI DRAM拥有更高的写入速度。而体硅DRAM若想达到类似的性能，在充电过程中必须提高字线的电压。

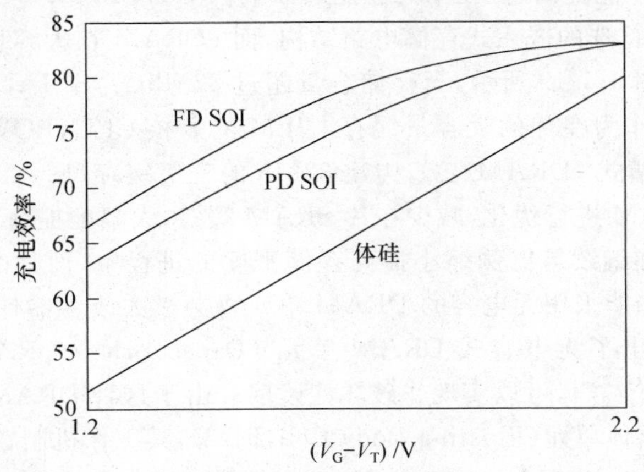

图6.1-17　采用不同技术的DRAM的充电效率

此外，对于深槽式电容结构的DRAM，采用SOI技术比体硅技术大大简化了工艺，所以SOI技术在嵌入式DRAM（embedded DRAM，eDRAM）的应用上很有优势[14,15]。如图6.1-18所示，对于体硅工艺，需要一个复杂的“衣领”工艺来形成厚栅氧的长沟寄生器件来有效地隔离槽式电容的上下电极；而在SOI工艺中，埋氧层是一个天然的隔离，这不仅简化了工艺，还增强了存储电容。SOI DRAM 中，深槽电容仅仅在表面以下大约 250 nm 处，而体硅 DRAM 中深槽电容则需要在表面 1 μm 以下。

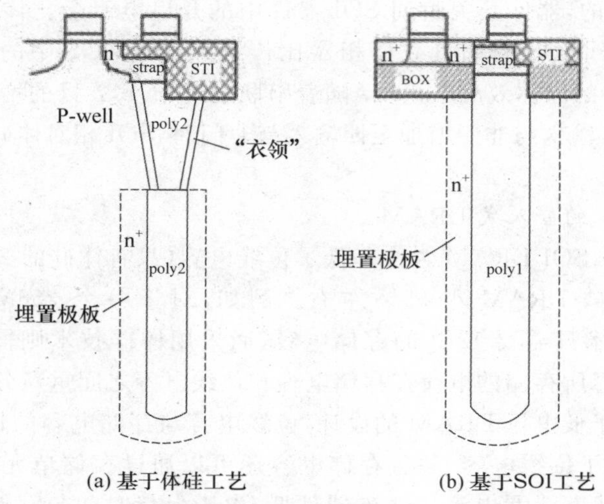

(a) 基于体硅工艺　　(b) 基于SOI工艺

图 6.1-18　深槽式电容的 DRAM

多核 CPU 设计的兴起，对在片缓存的容量提出了更大的要求。虽然采用 SOI 技术的 eDRAM 相比体硅有性能提高，但在单元性能层面上仍不如 SRAM 单元，所以，SRAM 依旧是高性能小容量缓存首选的嵌入式存储电路结构，而 eDRAM 在大容量的条件下比 SRAM 的性能更有优势，如图 6.1-19 所示，当存储容量超过 32Mb 后，SOI eDRAM 性能已经超过 SRAM[16]，所以可以作为在片的大容量缓存。IBM 的 8 核 CPU(POWER7)正是基于 SOI CMOS 技术，采用深槽式 eDRAM 工艺构建 32Mb 的三级缓存(图 6.1-20)，从而能够对一级和二级缓存的 SRAM 进行优化，减少在片 SRAM 缓存，大幅度提高芯片的性能[17]。

嵌入式 DRAM 在继续等比例缩小提高存储密度的进程中，面临的主要挑战来自于制作电容的工艺，所以如能采用无电容的 DRAM 单元将会极大改善器件性能。基于 PD SOI 器件的浮体效应，提出了无电容式 DRAM 单元 (Capacitorless DRAM)，以替代传统的 1T1C 的 DRAM 单元[18—20]，可以实现非破坏性读取。由于这种 DRAM 单元采用浮体结构存储多子，故又称为浮体单元(Floating Body Cell，FBC)，其工作机制在第 2 章已经讨论。

与传统的 1T1C 的 DRAM 单元相比，FBC 具有多方面的优势。首先，其单元仅包含一个晶体管，结构更为简单，解决了由电容引起的工艺和材料实现困难等问题。其次，单管的单元结构大大缩小了 DRAM 的单元面积。对于传统的 DRAM 单元，最小可实现 $8F^2$ 的单元面积，而 FBC 只需 $4F^2$。更为重要的是，无电容的结构使 FBC DRAM 单元与逻辑电路的工艺兼容性大大提高，1T1C 单元为了制作存储电容需要进行若干步额外的光刻，而 FBC 只需进行很小的工艺改进。在读取方式上，1T1C 单元进行读取时，存储电容上的电荷在存储电容和位线电容间进行再分配，存储电荷发生变化，即为破坏性读取；而 FBC 可以实现非破

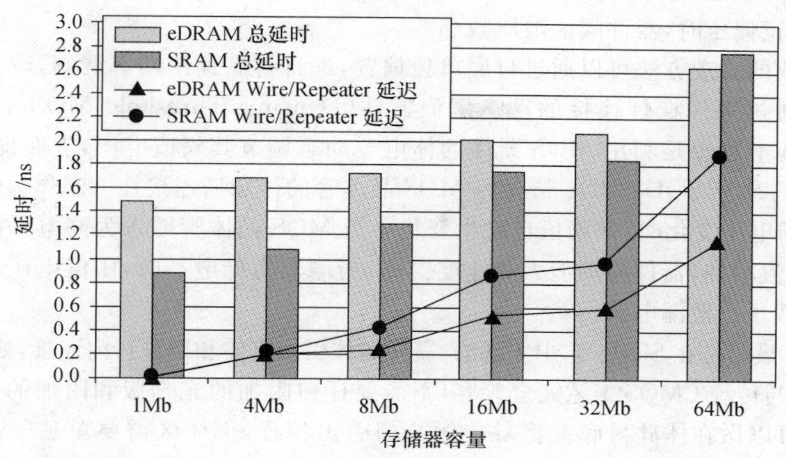

图 6.1-19　45 nm 工艺 SOI 技术中 SRAM 与 eDRAM 的总延时与存储容量大小的关系

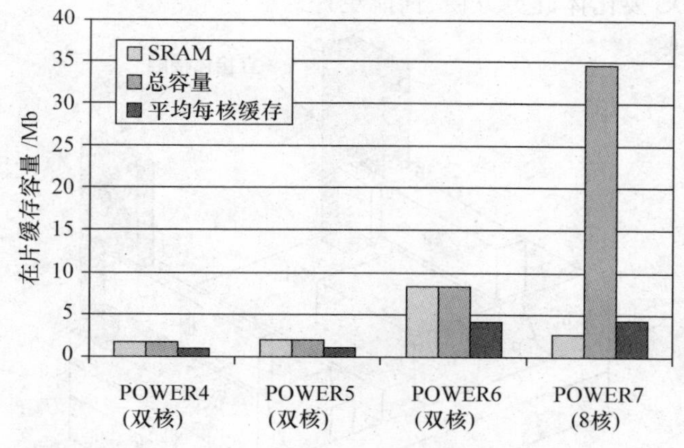

图 6.1-20　IBM 的 POWER 微处理器的在片缓存架构的演变

坏性读取，单元在读取后无需进行"再生"的刷新操作，简化读取过程。并且 FBC 技术还可以转移到体硅工艺以及其他新结构器件上。因此，FBC 已经引起了大家的关注，具有良好的应用潜力。

4. SOI DTMOS 电路

众所周知，除了直接降低 V_{DD}以外，降低功耗的有效途径可以采用多阈值器件的电路，在影响速度的关键路径采用低阈值器件增大驱动电流，在非关键路径采用较高阈值的器件以降低电路功耗。而另外一种方法就是采用动态阈值的思想，即在截止区器件阈值电压高，保证较小的泄漏电流，降低功耗；而在器件导通时阈值电压低，实现较高的电流驱动能力。动态阈值可以通过改变衬底偏压来实现，对于 nMOS 器件，当衬底加负偏压时，阈值电压增大；当衬底加正偏压时，器件阈值电压减小。

动态阈值的实现方法可以通过衬底单独偏置，进行衬底偏压动态调制，改变阈值电压；也可以直接通过采用栅体连接的动态阈值器件（Dynamic Threshold MOS，DTMOS）[21]。DTMOS的基本思想是利用MOS器件的体电位动态调节其阈值电压，进而提升器件的性能。如图6.1-21所示，DTMOS器件将MOS晶体管的体和栅连接在一起作为输入端，这样DTMOS中栅电压变化时，其阈值也发生变化。当MOS晶体管输入为高电平时，阈值电压较低，导通电流增加，器件驱动能力和速度提高；当输入为低电平时，阈值电压相对较高，可保持较小的截止态泄漏电流。

DTMOS最早是在SOI工艺中实现的，需要做体引出将体和栅进行内连接，如图6.1-21所示，器件制备与传统CMOS工艺完全兼容，不需要任何附加的光刻版和附加的工艺步骤[4]。DTMOS还可以做在体硅衬底上将阱接触与栅引出相连，但体区需要单独隔离，所以体硅DTMOS必须要通过特殊的多阱和深阱工艺来实现衬底偏置的控制。但由于阱对衬底有较大的寄生电容，改变衬底偏压引起对寄生电容充放电的电流要比SOI器件大20倍，因此使用SOI实现DTMOS要比体硅更方便、性能更好。

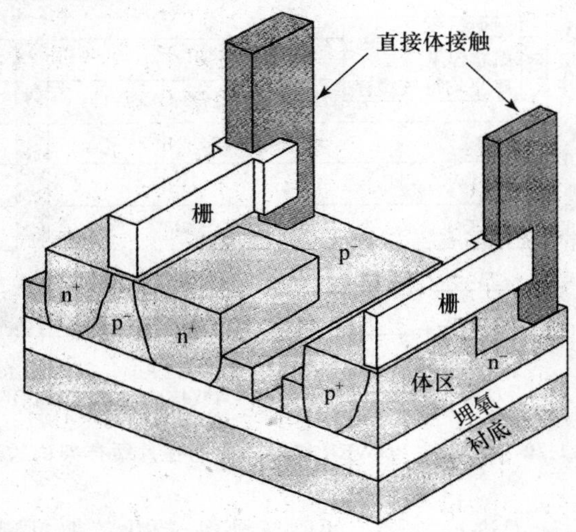

图6.1-21　栅体相连的SOI DTMOS的结构示意图

对比常规MOS器件，DTMOS不仅阈值电压在高栅压下会降低，而且该器件中垂直于沟道方向的电场会降低，可提高载流子迁移率，使得驱动电流大大提高；器件的截止态电流基本不变；而且器件可以拥有接近理想的亚阈值斜率。图6.1-22给出了DTMOS与常规MOS器件之间转移特性的比较[22]，可以清楚看到这一点（图中器件沟道宽度为5 μm，栅长为0.3 μm，有效沟道长度为0.2 μm，栅氧化层厚度为7.5 nm，硅膜厚度为150 nm左右，沟道掺杂浓度为$3\times10^{17}\ cm^{-3}$）。

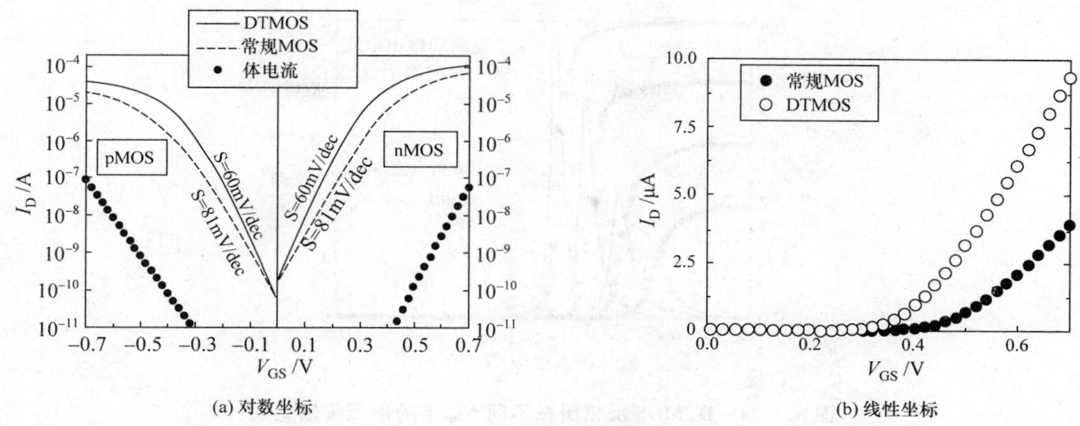

图 6.1-22　DTMOS 器件与常规 MOS 器件之间转移特性的比较

图 6.1-23 比较了 SOI DTMOS 器件、浮体的 PD SOI 器件和有体引出接地的 PD SOI 器件组成的环形振荡器的门延迟时间[23]，可见由于 DTMOS 器件比浮体或体接地的 SOI 器件具有更高的驱动电流，即使等效栅电容在高电压下有所增加，速度依然是最快的。此外，当电源电压降低到 0.7V 以下时，浮体或体接地 SOI MOS 器件的速度性能迅速退化，而 DTMOS 器件变化相对很小。图 6.1-24 给出了 DTMOS 反相器在不同电源电压下的电压传输特性[22]。如果要求反相器的噪声容限不小于 0.4V_{DD}、增益不小于 4，那么 DTMOS 反相器在 V_{DD}降到 0.2V 时依然可以正常工作。由此可见，DTMOS 特别适合于低压、低功耗电路应用。

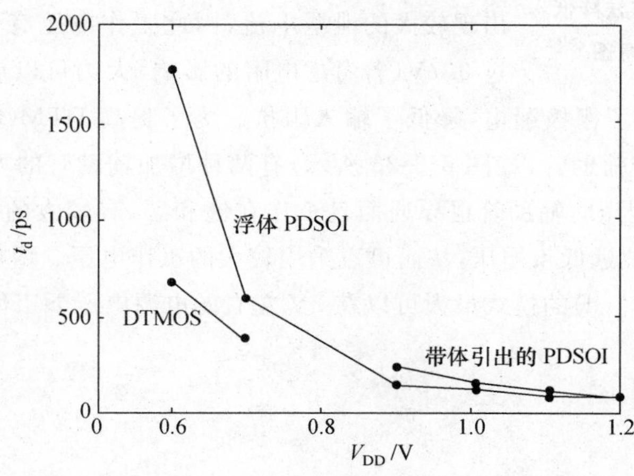

图 6.1-23　DTMOS、浮体 PD SOI 和体引出接地的 PD SOI 组成的环振电路的单门延迟

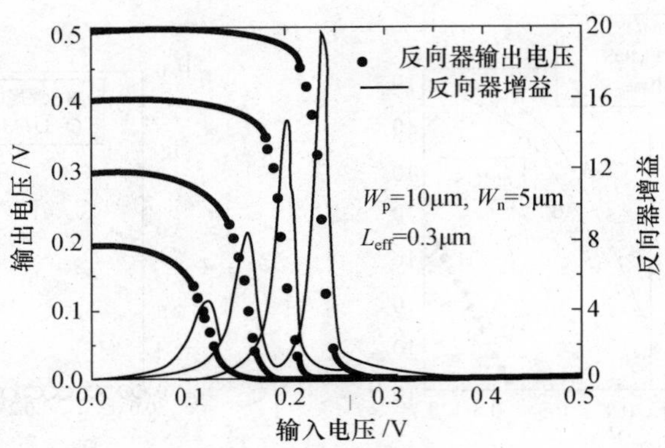

图 6.1-24　DTMOS 反相器在不同 V_{DD} 下的电压传输特性

DTMOS 器件也存在一些问题，包括源-体和漏-体寄生电容的增大、体接触处的寄生电容等。此外，由于栅体相连时通常采用体侧边引出，存在体电阻，而体电阻具有分布性，器件在沿沟道宽度方向阈值电压不均匀，而且会增大从沟道到体接触处的 RC 延迟。这个问题可以通过几个较窄器件并联的方法改进，也可以用埋孔的方法改进，如图 6.1-25 所示，多晶硅栅与重掺杂的体接触区直接相连，不需要金属，可以减小体引出长度，还可以降低图 6.1-21 中栅体接触处的寄生电容。

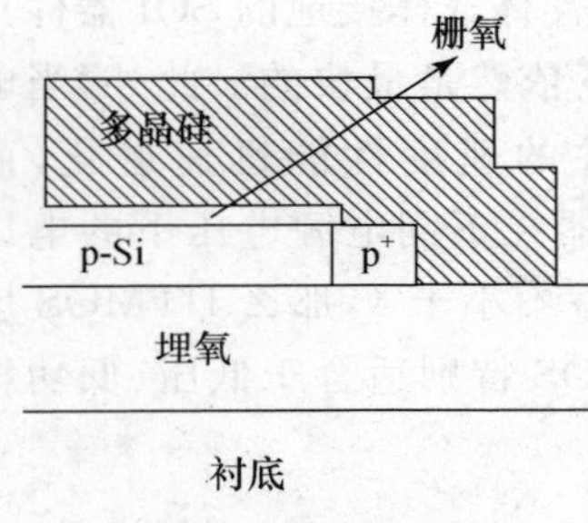

图 6.1-25　用埋孔方法降低体引出长度的示意图

另一个问题是，由于 DTMOS 器件的体与栅相连，当电源电压接近或超过 0.7V，源-体结和漏-体结二极管会导通，出现较大的泄漏电流，因此工作电压有一个限制，一般不超过 0.7V(若考虑电阻的影响，大约可以放宽到 0.9V 左右)。而且该泄漏电流增大了栅极漏电，降低了输入阻抗。为了提高 DTMOS 的工作电压，可以在栅和体之间加一个辅助管，如图 6.1-26 所示，有两种增加辅助管的方式可以控制主管的体电位[24]。由于加栅压时辅助管也导通而且工作在饱和区，有较大的漏源电压，限制了体电位的提高，使体电位远低于栅压，从而可以采用较大的工作电压。增加辅助管不仅可以增大工作电压(图 6.1-26(d)的模式最大可以在 2V 左右的电源电压下工作)，还可以降低 DTMOS 栅极漏电。

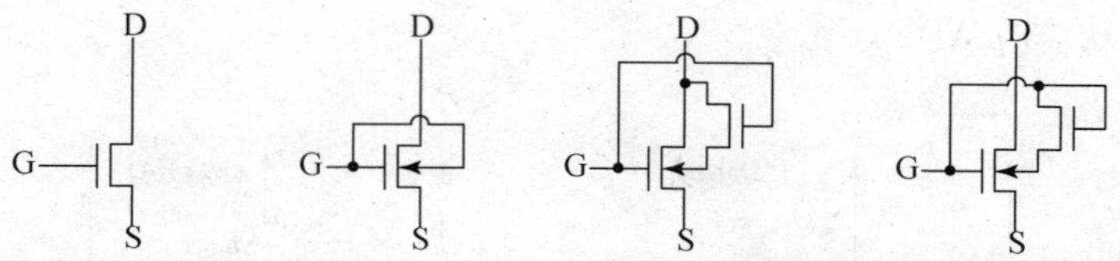

图 6.1-26　采用辅助管的 DTMOS 示意图

总体而言，DTMOS 具有较大的导通电流和较小的截止态泄漏电流，在低压、低功耗数字集成电路领域具有很大的优势。

图 6.1-27 给出了一个采用辅助管结构的 DTMOS反相器的例子。下面简单分析一下这个电路的下拉过程[25]。当输入从低电平转变到高电平时，主管 $M_{N,main}$ 和辅助管 $M_{N,aux}$ 均导通，此时输出电压还处在高电平。主管 $M_{N,main}$ 的体区通过辅助管 $M_{N,aux}$ 进行充电使其体电位上升，于是降低了主管的阈值电压，从而提高了其驱动能力使得下拉过程变快。在下拉过程的后期，$M_{N,aux}$ 的源端（同时也是 $M_{N,main}$ 的体端）比其漏端电压（同时也是反相器的输出电压）高，于是在 $M_{N,main}$ 的体区积累的电荷会注入回漏端，从而 $M_{N,main}$ 的体电位恢复到低电平使得其阈值电压也变回初始值。电路的上拉过程与此类似。

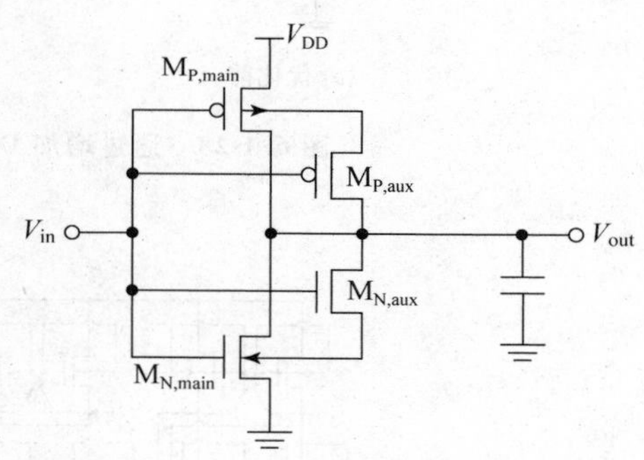

图 6.1-27　一个采用辅助管结构的 DTMOS 反相器的例子

图 6.1-28(a)是一个动态 D 锁存器，在时钟 ϕ 为低电平时采样，当输入为高电平时，M_{N1}、M_{P3} 和 M_{P2} 导通使输出为高电平，但是由于 M_{P3} 传输低电平有阈值损失，减小了 M_{P2} 的栅源电压，影响了上拉速度。图 6.1-28(b)通过采用 DTMOS 来提高上拉管的速度（M_{P3} 和 M_{P2} 采用了有辅助管结构的 DTMOS），改善了电路性能。

图 6.1-29(a)是一个采用 DTMOS 的传输门缓冲链电路，每个器件均是栅体相连，该电路在 0.5V 电压下工作时，比常规的 SOI 传输门逻辑电路速度快 33%[26]。在此电路中，由于 pMOS 上拉管的体区直接接到输出节点，在输出节点被拉到足够低之前，pMOS 导通后将保持在一个高阈值电压。图 6.1-29(b)是对此电路的进一步改进[26]，其中上拉管采用“体输入”结构，即每个 pMOS 管的体区与 nMOS 晶体管的栅和体一起接到输入端，从而 pMOS 上拉管在导通后其阈值电压立即减小，使得电路性能比图 6.1-29(a)的结构提高了 36%。图 6.1-30 是一个基于 DTMOS 的可在亚阈区工作的六管 SRAM 单元，其中 pMOS 管采用 DTMOS。在 90 nm 的工艺条件下，该电路可以在 135 mV 的低电压下

工作，功耗只有 0.13 μW[27]。

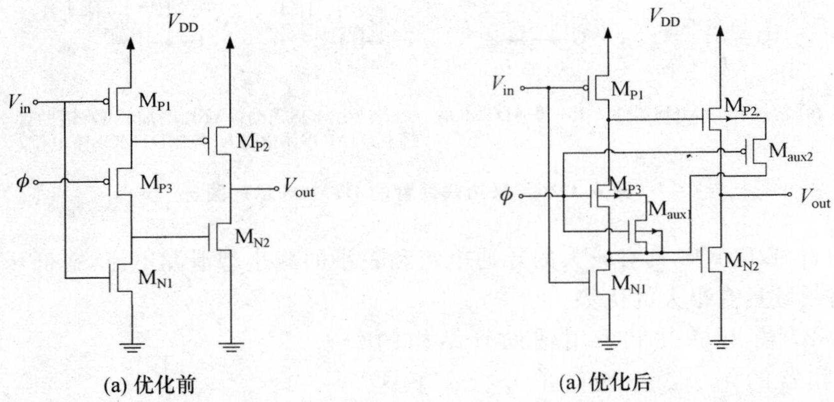

(a) 优化前　　　　(a) 优化后

图 6.1-28　通过增加 DTMOS 晶体管提高电路性能的例子

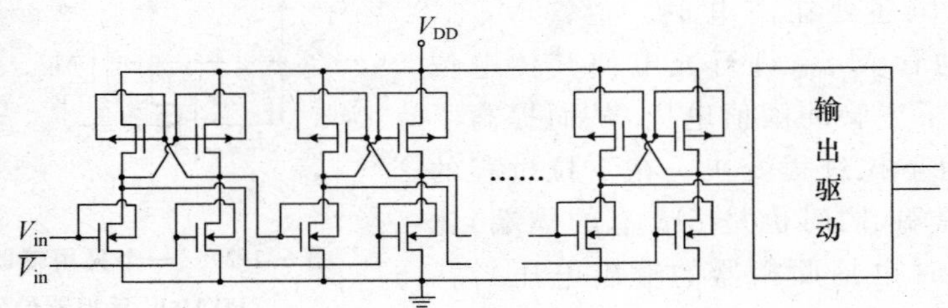

(a) 采用传统栅体相连DTMOS架构的缓冲链

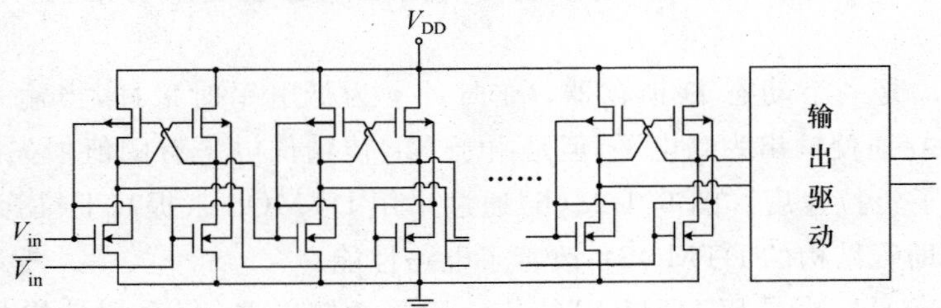

(b) 采用体输入架构的缓冲链

图 6.1-29　采用 DTMOS 的两种传输门缓冲链电路结构

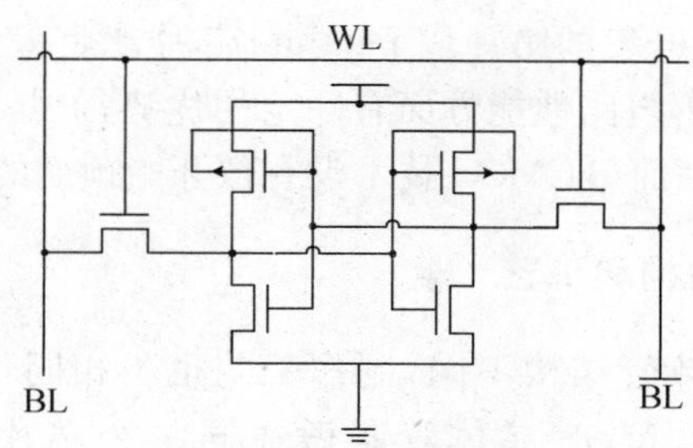

图6.1-30　基于DTMOS的低功耗六管SRAM单元

6.2　BiCMOS技术

集成电路的发展一方面表现为不断提高集成密度，另一方面表现为不断改进电路性能，特别是不断提高电路工作速度。由于CMOS电路具有功耗低、抗干扰能力强、集成密度高等优点，自20世纪80年代，CMOS发展成为VLSI的主导技术，而且，通过不断缩小器件尺寸、优化工艺和设计，使CMOS VLSI电路的速度不断提高。但是，从根本上说，MOS器件比起双极型(Bipolar)器件的增益要低得多，不能提供大的驱动电流，影响了电路速度的提高。另外，双极型器件在频率特性和噪声特性方面也优于MOS器件。如果把MOS器件和Bipolar器件结合起来，集成在一个芯片内，把CMOS高集成密度、低功耗的优点和双极型器件高速度的优势结合在一起，就可以使集成电路性能极大改善。这就是BiCMOS技术发展的原因。图6.2-1说明BiCMOS综合了CMOS低功耗和Bipolar器件高速度的优点[28]。

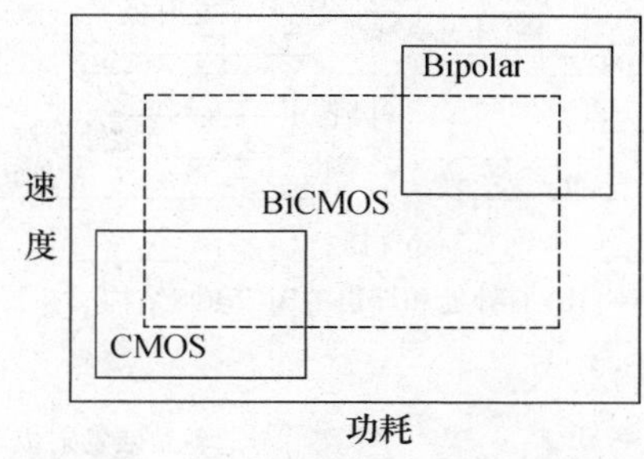

图6.2-1　BiCMOS综合了CMOS低功耗和Bipolar高速度的优点

早在20世纪70年代人们就开始尝试把MOS器件和Bipolar器件集成在一起，到70年代中期美国RCA公司开发了一种金属栅MOS器件的BiMOS技术，并用于制作运算放大器。到70年代末期，Stanford大学把MOS器件、Bipolar器件和功率器件DMOS集成在一起，他们开发的技术由德州仪器公司商品化，用于显示驱动器产品。从20世纪80年代后期，BiCMOS技术的研究掀起了一个高潮，很多著名的半导体公司都开发了BiCMOS工艺，BiCMOS技术也开始用于数字集成电路，出现了很多BiCMOS存储器、微处理器以及BiCMOS

门阵列产品。例如，Intel 公司开发的第一代 Pentium 芯片就是采用 0.8μm BiCMOS 工艺制作的。尽管 BiCMOS 技术在改善电路性能方面有一定的优势，但是制作 BiCMOS 电路的工艺比较复杂，使得电路成本增加，因而 BiCMOS 技术没有像开始预期的那样得到广泛应用。

6.2.1 BiCMOS 基本结构和工艺

双极晶体管和 MOS 晶体管结构不同，制作工艺也不相同，要实现 BiCMOS 集成电路，必须开发能把双极晶体管和 MOS 晶体管制做在同一个芯片内的 BiCMOS 工艺。由于 CMOS 工艺需要做 n 阱或 p 阱，本身就存在 npn 或 pnp 结构，容易和双极工艺兼容，因此，BiCMOS 工艺基本上都是基于成熟的 CMOS 工艺发展而成。

早期低成本的 BiCMOS 工艺只是在 n 阱 CMOS 工艺基础上增加双极晶体管的基区注入，图 6.2-2(a)给出了这种低成本的 BiCMOS 结构。显然，这样形成的 npn 双极晶体管的性能不好，集电极串联电阻太大。高性能的 BiCMOS 工艺是在外延双阱 CMOS 工艺基础上

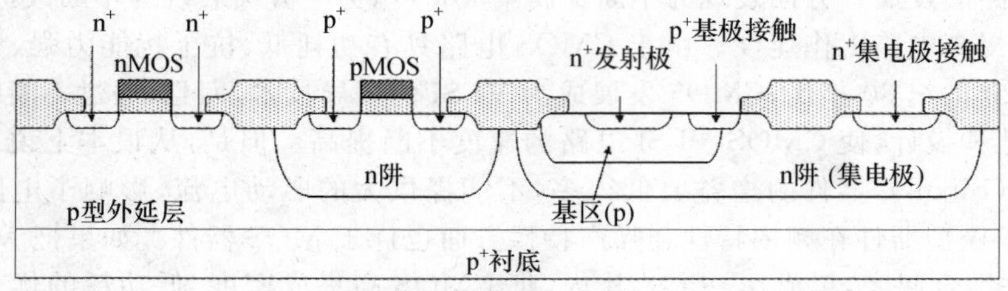

(a) 低成本的BiCMOS结构

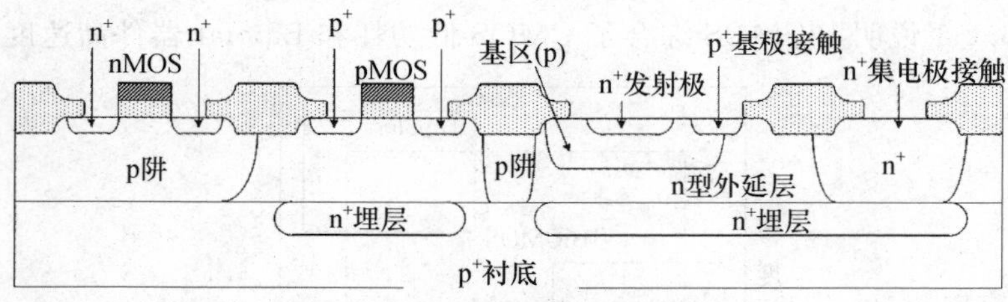

(b) 有外延和埋层的BiCMOS结构

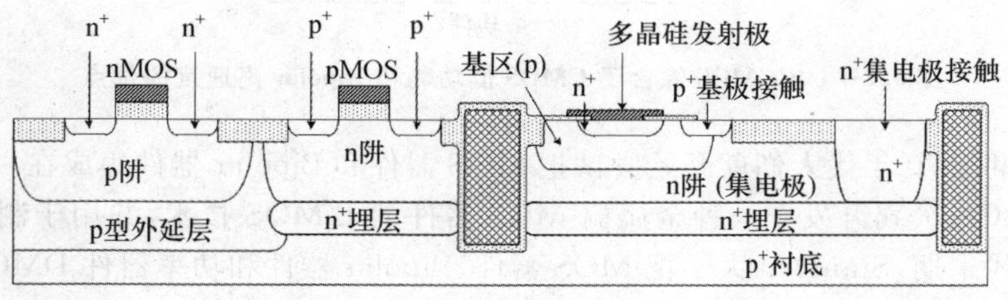

(c) 先进的BiCMOS结构

图 6.2-2 几种 BiCMOS 工艺对应的剖面结构

发展的。由于在双极晶体管下方增加了 n^+ 埋层，并增加了深的 n^+ 集电极接触区，极大减小了集电极串联电阻。这种 BiCMOS 工艺中形成双极晶体管的工艺和标准埋层集电极(Standard Buried Collector，SBC)双极工艺一样，因而可以获得较好的双极晶体管性能，当然，其代价是增加了工艺步骤和成本。图 6.2-2(b)给出了这种 SBC 的 BiCMOS 结构。不过，通过离子注入形成双极晶体管发射区的工艺，很难实现更小的发射区尺寸和很薄的基区，限制了双极晶体管增益和频率性能的改善。更先进的 BiCMOS 工艺采用多晶硅发射极双极晶体管结构，并基于外延双阱和沟槽隔离的先进 CMOS 工艺发展而成，图 6.2-2(c)给出了这种先进的 BiCMOS 结构。在模拟集成电路中为了获得更高频率的器件，目前常采用异质结双极晶体管。不管是什么样的 BiCMOS 工艺，都比相应的 CMOS 工艺增加一些工艺步骤，因此，BiCMOS 工艺成本比较高，大约是 CMOS 工艺成本的 1.4 倍，这是限制 BiCMOS 技术广泛应用的一个重要因素[28-32]。

6.2.2　基本的 BiCMOS 逻辑门

BiCMOS 逻辑门仍采用 CMOS 器件实现逻辑功能，为了提高速度用双极晶体管作驱动输出，最常用的是图腾柱式的驱动输出。图 6.2-3 是一个基本的 BiCMOS 反相器电路[33]，其中 MOS 晶体管 M_P、M_N 是实现逻辑控制，双极晶体管 Q_1 和 Q_2 实现推挽驱动输出，M_1 和 M_2 是下拉器件，控制 Q_1 和 Q_2 的基极放电。当输入信号为低电平时，M_P 导通对 Q_1 基极充电，使 Q_1 导通，同时使 M_2 导通，对 Q_2 基极放电，因此 Q_1 导通、Q_2 截止。Q_1 对负载电容 C_L 充电，使输出上升为高电平。反之，若输入为高电平，则使 M_N 和 M_1 导通，M_1 对 Q_1 基极放电使 Q_1 截止，M_N 对 Q_2 基极充电使 Q_2 导通，负载电容 C_L 通过 Q_2 放电，使输出下降为低电平。由于 Q_1 和 Q_2 轮流导通，没有直流电流，降低了功耗。另一方面，导通的 Q_1 或 Q_2 把 M_P 或 M_N 的电流放大，从而极大地提高了电路的驱动能力，有利于改善电路速度。

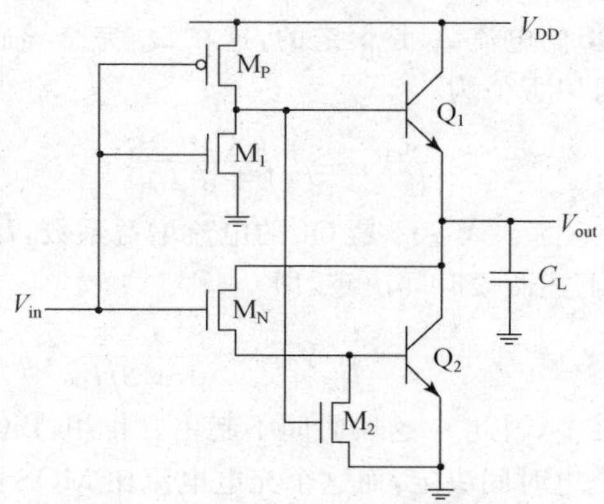

图 6.2-3　基本的 BiCMOS 反相器电路

下面简单分析一下 BiCMOS 反相器的性能[34]。当 V_{in} 是低电平时，M_P 和 Q_1 导通，把输出上拉到高电平，由于 pMOS 传输高电平没有损失，M_P 可以把 Q_1 基极电位上拉到 V_{DD}，但是 Q_1 导通时发射结保持一个正向导通电压 $V_{BE,on}$（约 0.7V，为了简化后面都表示为 V_{BE}），因此，输出高电平要比电源电压损失一个 V_{BE}，即

$$V_{OH} = V_{DD} - V_{BE} \tag{6.2-1}$$

类似地，输出低电平时，Q_2 的发射结保持一个正向导通电压 V_{BE}，M_N 的作用使 Q_2 的基极和集电极最终达到相同电位，因此，输出低电平为：

$$V_{OL} = V_{BE} \tag{6.2-2}$$

也就是说，它的逻辑摆幅比电源电压降低 $2V_{BE}$，而 CMOS 逻辑门可以达到全电源电压摆幅。这是常规 BiCMOS 逻辑门的缺点，不过，可以在电路上改进来实现全摆幅，后面将讨论实现全摆幅的技术。

下面分析一下 BiCMOS 反相器的瞬态特性。由于 Q_1 和 Q_2 是轮流导通的，因此，上升时间只决定于 Q_1，下降时间决定于 Q_2。图 6.2-4 是输出上升过程的等效电路。上升过程可以分成两个阶段。

第一阶段，M_P 导通对 Q_1 基极充电，使 Q_1 发射极结达到导通电压 V_{BE}。这段时间用 t_1 表示，则

$$t_1 = \frac{C_1 V_{BE}}{I_{DP}} \tag{6.2-3}$$

C_1 是 Q_1 基极结点的寄生电容，I_{DP}是 M_P 的导通电流，由式

$$I_{DP} = \frac{K_P}{2}(V_{DD} - V_{IL} - |V_{TP}|)^2 \tag{6.2-4}$$

决定，其中 V_{IL}是输入低电平。因为开始充电时 Q_1 基极电位还比较低，故 M_P 工作在饱和区。

当 Q_1 的发射结电压达到 V_{BE}时，Q_1 开始导通，到达第二阶段。Q_1 导通后对负载电容 C_L 充电，为了简化，假定 Q_1 的电流 I_E 是恒定的，这在 Q_1 完全导通后是合理的，因此，Q_1 对负载电容 C_L 充电的时间可以近似为

$$t_2 \cong \frac{C_L}{I_E} V_L \cong \frac{C_L}{(1+\beta) I_{DP}} V_L \tag{6.2-5}$$

其中，V_L 是逻辑摆幅，$V_L = V_{DD} - 2V_{BE}$；β 是 Q_1 的电流增益系数，I_{DP}是 Q_1 的基极电流。

反相器的上升时间由上述两段时间决定，即

$$t_r = t_1 + t_2 = \frac{C_1}{I_{DP}} V_{BE} + \frac{C_L}{(1+\beta) I_{DP}} V_L \tag{6.2-6}$$

由于 $C_1 V_{BE}$比起 $C_L V_L$ 小得多，因此 t_1 这段时间不起主要作用，BiCMOS 反相器的上升时间主要由 Q_1 对负载电容的充电时间决定，而这个充电电流比 MOS 晶体管提供的电流近似增大 β 倍，这就是 BiCMOS 反相器相对于 CMOS 反相器的优势。

类似地，可以推导出 BiCMOS 反相器的下降时间，图 6.2-5 是对输出结点放电的等效电路。输出下降过程也分为 2 个阶段。第一阶段是 M_N 导通对 Q_2 基极充电，使 Q_2 导通；当

Q_2 导通后，第二阶段开始对负载电容放电。要注意的是，M_N 的导通电流同时也对负载电容放电。因此，可以得到输出下降时间的表达式

$$\begin{aligned} t_f &= \frac{C_2}{I_{DN}}V_{BE} + \frac{C_L}{I_{DN}+I_C}V_L \\ &= \frac{C_2}{I_{DN}}V_{BE} + \frac{C_L}{(1+\beta)I_{DN}}V_L \end{aligned} \tag{6.2-7}$$

如果 Q_1 和 Q_2 的参数对称，M_P 和 M_N 的参数对称，BiCMOS 反相器的上升时间和下降时间基本相同，也就是说，BiCMOS 反相器采用对称设计也可以获得对称的输出特性。

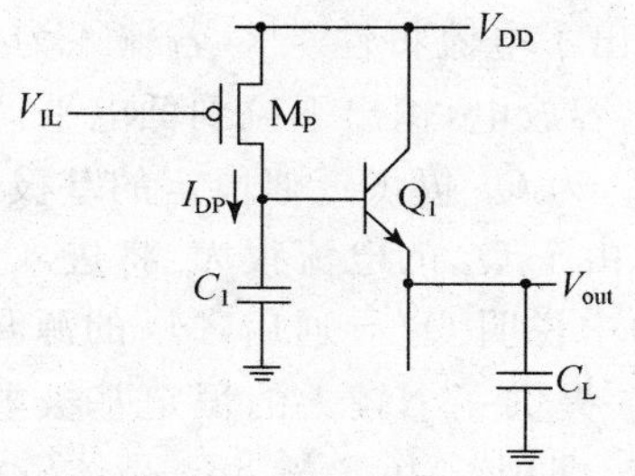

图 6.2-4　输出上升过程的等效电路

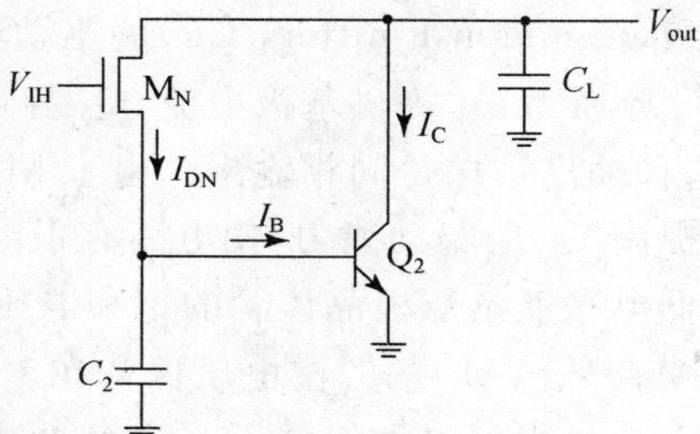

图 6.2-5　输出下降过程的等效电路

类似于这种 BiCMOS 反相器的结构，可以构成不同逻辑功能的 BiCMOS 电路[35-37]。图 6.2-6 给出了一个 BiCMOS 与非门电路，其中 M_{NA}、M_{NB} 和 M_{PA}、M_{PB} 是实现"与非"功能的逻辑块，与一般 CMOS 与非门结构一样。Q_1 和 Q_2 是双极晶体管组成的推挽输出级，用来提供大的驱动电流。M_1、M_2 和 M_3 是用来对 Q_1 和 Q_2 基极放电的下拉器件。为了实现"与非"功能，Q_1 基极放电必须在两个输入都是高电平的情况，故用 M_2 和 M_3 串联控制。BiCMOS

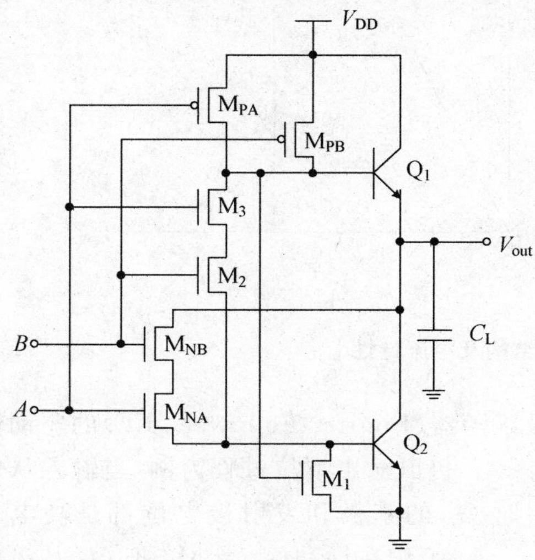

图 6.2-6　二输入 BiCMOS 与非门

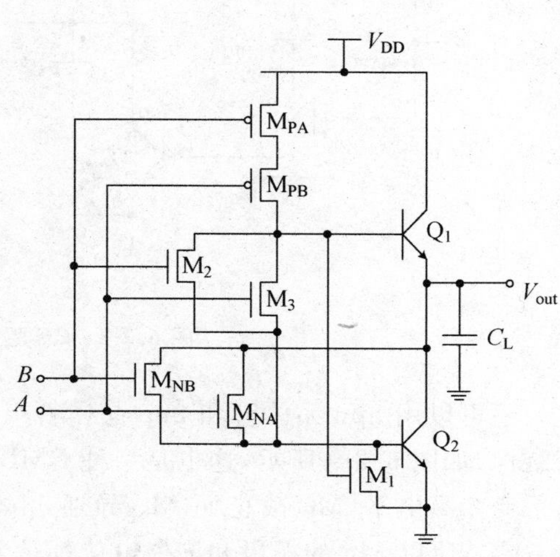

图 6.2-7　二输入 BiCMOS 或非门

或非门也是用 CMOS 或非门加上两个双极晶体管做驱动输出级构成，同时增加对 Q_1 和 Q_2 基极放电的下拉管。对 Q_1 放电的下拉管和 pMOS 逻辑块形成互补逻辑性能。图 6.2-7 是一个二输入的 BiCMOS 或非门。按照与非门、或非门这种设计原则，可以组成任意的 BiCMOS“与或非”门。这些 BiCMOS 逻辑门都是在 BiCMOS 反相器基础上扩展而成，因此，这些电路的逻辑电平及其瞬态特性等，都和图 6.2-1 的反相器类似，只是对 Q_1 和 Q_2 基极充、放电不是通过单个 MOS 晶体管，而是通过一些串、并联的 MOS 晶体管。

上面的 BiCMOS 电路采用 2 个 npn 晶体管构成图腾柱式的驱动输出结构，在 BiCMOS 电路中也可以用 npn 晶体管和 pnp 晶体管共同实现互补驱动输出。图 6.2-8 给出了一种共发射极(Common Emitter，CE)的驱动输出结构，并给出了电流特性[28]。若输入为低电平，则 M_P 导通为 Q_2 提供基极电流，Q_2 导通对输出负载电容放电，输出下拉到低电平。可以看出，这种输出结构是同相输出。由于 M_P 工作在饱和区，为 Q_2 提供近似恒定的基极电流，有利于提高 Q_2 的驱动能力，使电路有很高的工作速度。由于 Q_2 的电流很大，将进入饱和区，输出低电平就是双极晶体管的饱和电压 $V_{CE,sat}$。图(b)中说明 Q_2 导通后，M_P 的源漏电压保持在 V_{DD}-V_{BE}，M_P 的源栅电压保持在 V_{DD}-$V_{CE,sat}$，为 Q_2 提供一个较大的恒定基极电流。对输出上拉过程可以类似分析。这个电路还有一个特点，即用 nMOS 与 pnp 晶体管配合，用 pMOS 与 npn 晶体管配合，这种结合又叫做互补的 MOS/Bipolar 逻辑(Complementary MOS/Bipolar Logic，CMBL)。在一定工艺下，一般 nMOS 比 pMOS 性能好，npn 晶体管比 pnp 晶体管性能好，这种结合有利于性能互补，使电路获得较为对称的输出特性。

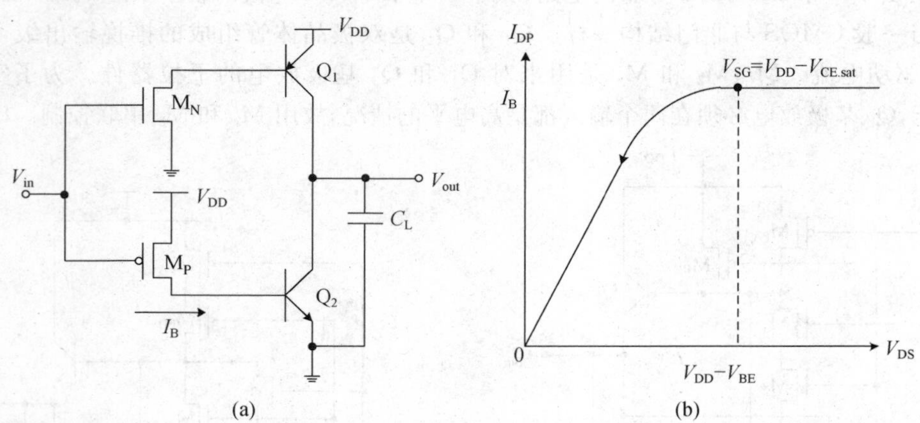

图 6.2-8　CE 驱动输出结构及电流特性

还可以用 npn 晶体管和 pnp 晶体管组成射极跟随器(Emitter Follower，EF)的驱动输出结构，如图 6.2-9 所示，这也是一种 CMBL 结构[28]。仍以输出下拉过程为例，当输入从低电平变为高电平，M_P 截止而 M_N 导通，由于初始时 Q_2 的基极和发射极电位都是高电平 V_{DD}-V_{BE}，所以 M_N 的栅极和漏极电位都是 V_{DD}-V_{BE}，M_N 工作在饱和区，当 M_N 把 Q_2 基极电位下拉至V_{DD}-2V_{BE}，Q_2导通使输出下拉到低电平。由于M_N最终工作在线性区，可以把Q_2基极电位下拉到0，但是Q_2发射极作输出，低电平达不到0，只能达到V_{BE}。同理，输出高电平也是射极跟随器形式，高电平为V_{DD}-V_{BE}。由于M_N和M_P的栅-源电压都固定在最大电压V_{DD}-V_{BE}，因此可以为双极晶体管提供较大的基极电流，有利于提高输出驱动能力。

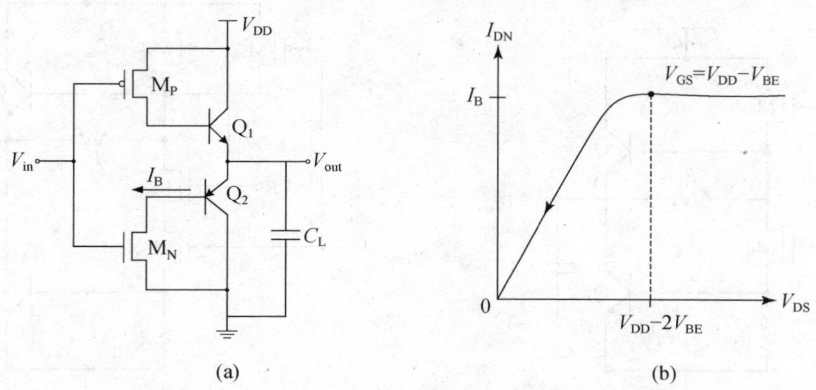

图 6.2-9　射极跟随器驱动输出结构及电流特性

上述BiCMOS电路都存在一个问题，达不到全电源电压的逻辑摆幅，这将影响电路在低电源电压下应用。为了实现全摆幅需要在电路结构上改进，改进的措施很多，常用的是在双极晶体管的基极和发射极之间增加旁路器件，提供另一个充、放电通路。可以用电阻作旁路器件。图6.2-10给出了一个用电阻作旁路器件的BiCMOS反相器电路。这个反相器在输出高电平达到V_{DD}-V_{BE}以后Q_1截止，然后靠pMOS M_P和电阻R_1把输出高电平拉到V_{DD}；在输出低电平时，靠nMOS M_N和R_1、R_2把输出低电平最终拉到0。这个电路把对Q_1和Q_2基极放电的2个MOS晶体管省掉了，用M_N对Q_1基极放电，用R_2对Q_2基极放电。这个电路改善了逻辑摆幅，但是输出驱动能力会有些降低，因为旁路电阻会分掉一部分基极电流。因此，旁路电阻的阻值不能太小，但是阻值太大又影响输出拉到全摆幅的时间，这就需要优化设计。类似地，也可以用电阻作旁路器件，构成全摆幅的BiCMOS与非门，如图6.2-11所示。

由于在CMOS工艺中制作MOS晶体管比制作电阻更方便，因此，可以用一个小尺寸的MOS晶体管代替电阻作旁路器件。图6.2-12给出了一个全摆幅（Full Swing, FS）CMBL射极跟随器输出结构的BiCMOS二输入与非门电路。这个电路中M_{PA}、M_{PB}和M_{NA}、M_{NB}是执行与非逻辑功能；M_{P2}和M_{N2}是旁路器件，它们的栅极分别接最低电位和最高电位，保证这2个MOS晶体管常导通；M_{N1}和M_{P1}控制双极晶体管基极放电。下面以输出下降过程为例分析其工作原理。当A和B输入都变为高电平时，M_{PA}和M_{PB}截止，M_{NA}和M_{NB}导通为Q_2提供基极电流，Q_2导通把输出从高电平下拉到V_{BE}，然后Q_2进入截止状态，但是M_{N2}仍然导通，依靠M_{N2}和M_{NA}、M_{NB}构成的另一条下拉通路，使输出低电平可以下拉到0。M_{N2}的导电因子应设计得比较小，因为它构成对 Q_2 基极电流的分流。另外，M_{NA} 和 M_{NB} 导通，使 y 点电位下降，传输门 M_{P1} 和 M_{N1} 导通，把 x 点的电位也下拉，从而保证在输出下降过程 Q_1 截止。对输出上升过程可以类似分析。

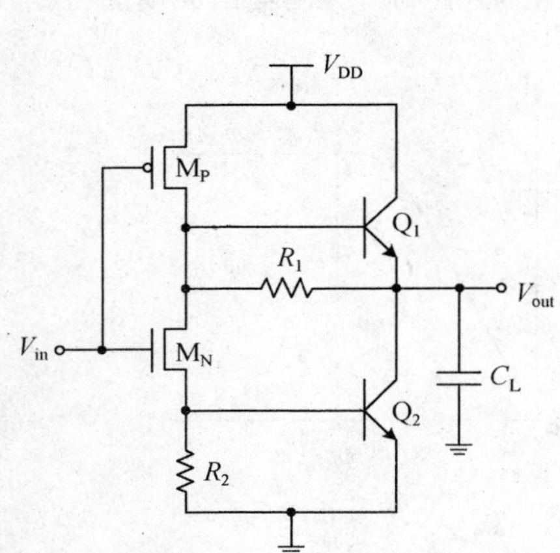

图 6.2-10　实现全摆幅的 BiCMOS 反相器

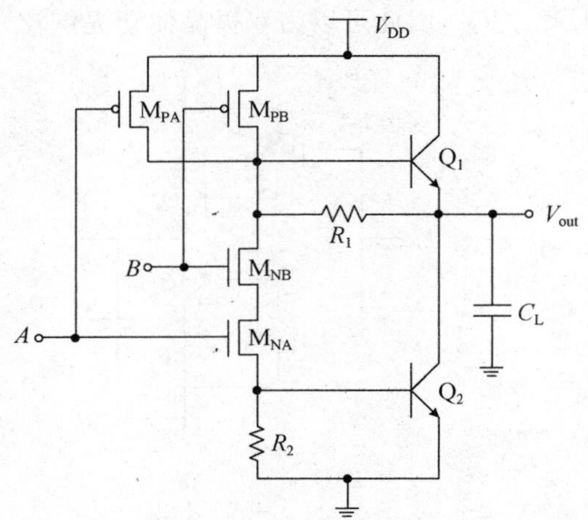

图 6.2-11　实现全摆幅的 BiCMOS 与非门

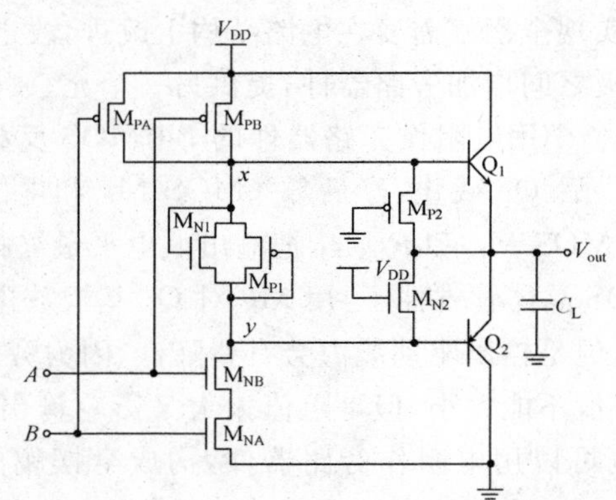

图 6.2-12　FS-CMBL BiCMOS 与非门

为了减少旁通 MOS 晶体管对双极晶体管基极电流的影响，可以不用常导通的 MOS 晶体管，而是用输出反馈来控制旁通 MOS 晶体管的栅极。图 6.2-13 给出了用反相器输出反馈来控制旁通 MOS 晶体管的 FS-CMBL 三输入与非门电路。它的工作原理与上面的电路相似，只是旁通器件 M_{P2} 和 M_{N2} 的栅极不是分别接地和电源电压，而是受 M_{P3} 和 M_{N3} 构成的反相器的输出控制，这个反相器是起反馈作用，它的输入接电路的输出，当输出从高电平向低电平转换时，反相器初始输出为低电平，使 M_{N2} 截止不会分流 Q_2 的基极电流，直到输出下拉到一定程度，反相器的输出电平抬高到可以使 M_{N2} 导通，才会形成旁路电流。这种靠输出反馈控制旁路器件比用常导通的旁路器件更有利于改善电路速度，但是它的电路结构更复杂。更简单的实现全摆幅的方法是在BiCMOS电路的输出并联一个CMOS反相器，如图6.2-14所示。

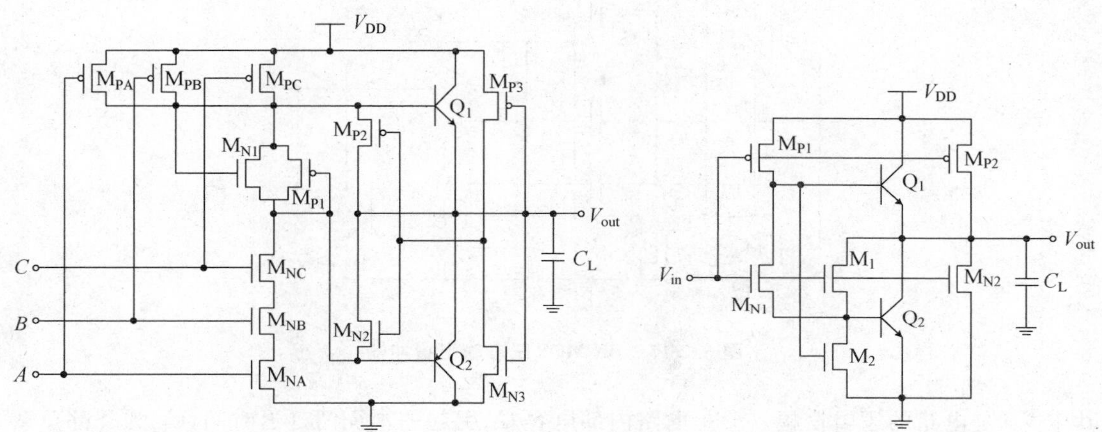

图6.2-13　有输出反馈控制的FS-CMBL与非门电路

图6.2-14　输出并联CMOS反相器

实际的BiCMOS逻辑电路有很多不同的电路形式，例如，可以只用双极晶体管作输出上拉，而输出下拉仍然用nMOS，这样的电路叫做BinMOS输出。类似地，也可以有Bip-MOS输出电路。也可以在复杂CMOS逻辑电路后面加一个BiCMOS反相器作驱动输出，或者在类nMOS逻辑电路后面加一个BiCMOS反相器作驱动输出。总之，BiCMOS电路是利用CMOS高密度的优势，因此在电路中CMOS器件占大多数，同时利用双极晶体管的大电流来驱动输出负载电容，有利于提高速度。图6.2-15的三态输出缓冲器[33]就体现了BiCMOS电路的这个特点，电路中主要是CMOS器件，用来实现三态输出控制，用2个双极晶体管作输出驱动。当输出使能信号E为高电平时，电路应正常输出，此时M_{N2}截止，M_{P2}和M_1、M_2导通，如果输入信号V_{in}是低电平，则M_{P3}导通，与M_{P2}共同为Q_1提供基极电流，使Q_1导通把输出上拉到高电平，同时M_3截止、M_4导通，保证Q_2截止；如果输入是高电平，则M_2和M_3导通，为Q_2提供基极电流，使Q_2导通把输出下拉到低电平，同时M_1、M_{N3}导通，对Q_1基极放电，保证Q_1截止。当E为低电平时，输出应该是高阻态，此时M_{P2}和M_1、M_2都截止，M_{N2}导通，不论输入是什么，Q_1和Q_2都截止，因为切断了它们的基极电流，从而使输出为高阻态。这个电路是有三态控制的反相输出缓冲器。

为了进一步说明采用双极晶体管作驱动输出的优越性，下面比较CMOS和BiCMOS驱动输出的特性。图6.2-16给出了CMOS和BiCMOS电路的输出结构，并表示出电路内部节点电容及外部负载电容C_L[34]。CMOS反相器的平均门延迟时间可以近似表示为

$$t_d \cong t_0 + \frac{V_L}{I_D} C_L \tag{6.2-8}$$

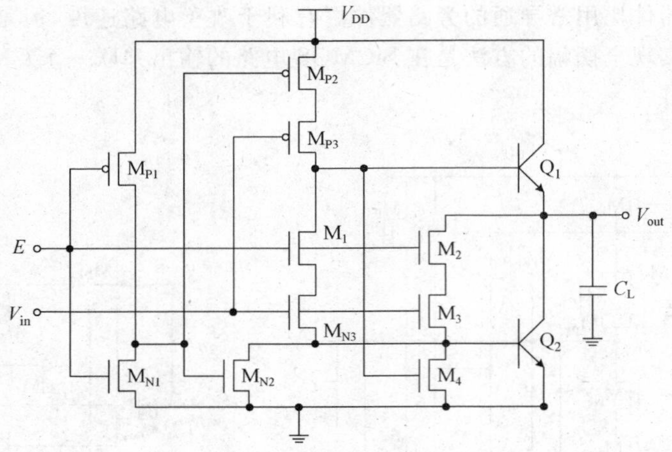

图 6.2-15　BiCMOS 三态输出缓冲器

其中 V_L 是电路的逻辑摆幅。t_0 是电路内部电容 C_1 引起的本征门延迟时间，C_L 为外部负载电容，如下级电路的输入电容和连线电容等。根据前面分析的 BiCMOS 反相器的瞬态特性，可以得到 BiCMOS 反相器平均门延迟时间的近似表达式为

$$t_d \cong t_1 + \frac{V_L}{\beta I_D} C_L \tag{6.2-9}$$

其中 t_1 是对电路内部电容充放电引起的延迟时间。

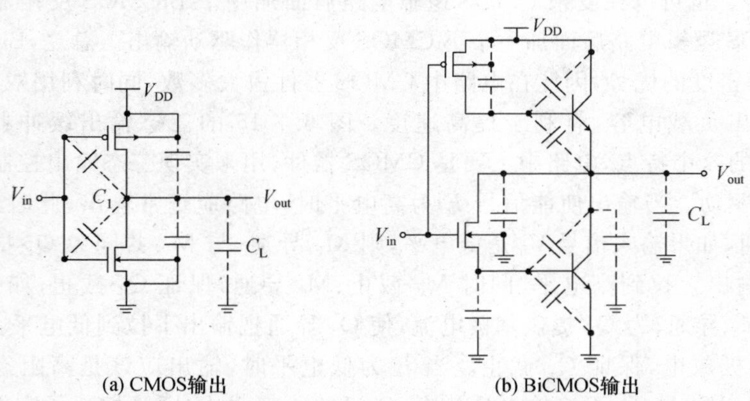

图 6.2-16　CMOS 和 BiCMOS 电路输出结构比较

由于 BiCMOS 可以提供放大 β 倍的驱动电流，因而有利于提高速度，减小门延迟时间，特别是在驱动大的外部负载电容 C_L 的情况下。图 6.2-17 比较了 CMOS 电路和 BiCMOS 电路的延迟时间与负载电容 C_L 的关系。可以看出，在同样工艺水平下，CMOS 的 t_0 比 BiCMOS 的 t_1 小，因为 CMOS 电路简单，所以它的内部电容小，但是 CMOS 延迟时间增长的斜

率大，斜率为 V_L/I_D，而BiCMOS延迟时间随负载电容增长的斜率小，为 $V_L/\beta I_D$。因此，当负载电容比较大时，BiCMOS电路的速度明显优于CMOS电路。两条曲线的交点以及 t_0、t_1 的大小决定于电路的设计尺寸及工艺参数。

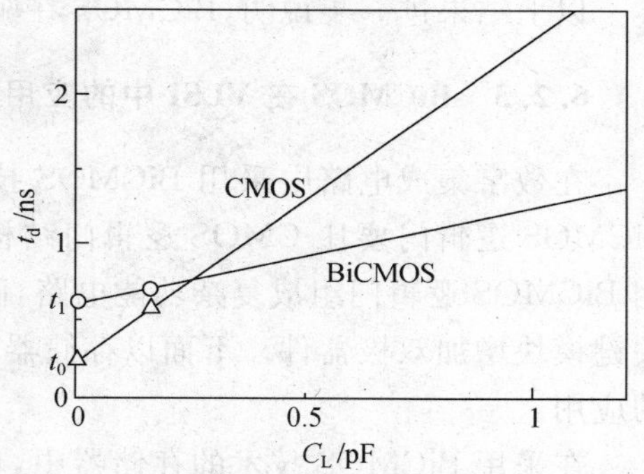

图 6.2-17　CMOS和BiCMOS门延迟时间与负载电容 C_L 的关系

更精确的分析表明，对于图6.2-16(b)的电路，在一定负载情况下，要获得优化的最小延迟时间 $t_{d,min}$，应使双极晶体管工作在高电流区的起始点，也就是说，要选择优化的MOS器件和Bipolar器件的尺寸，如果双极晶体管的电流太大，会由于Kink效应使其电流增益下降，反而使延迟时间增加。优化的延迟时间 $t_{d,min}$ 只与负载有关，即只是扇出系数 F 的函数。如果保证双极晶体管工作在高电流区的起始点，则BiCMOS的最小门延迟时间 $t_{d,min}$ 与扇出系数的关系可以近似表示为

$$t_{d,min} = A + B\sqrt{F} \tag{6.2-10}$$

其中 A 和 B 是由工艺参数和器件尺寸决定的系数。CMOS的门延迟时间与扇出系数的关系可以表示为

$$t_{d,min} = T + KF \tag{6.2-11}$$

图6.2-18是针对0.8 μm 9 GHz双极晶体管的BiCMOS工艺模拟得到的CMOS和BiCMOS上升延迟时间及下降延迟时间的比较[37]，并给出了根据模拟结果得到的系数 A、B 和 T、K。

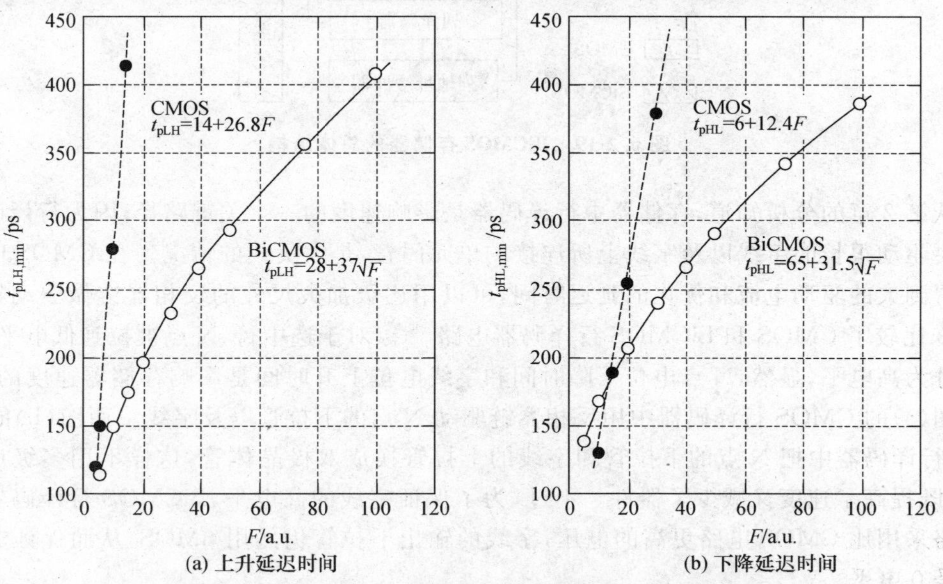

图 6.2-18　CMOS和BiCMOS上升及下降延迟时间的比较

以上结果进一步说明，BiCMOS 在驱动大负载，即大扇出情况有明显的优势。

6.2.3 BiCMOS 在 VLSI 中的应用

在数字集成电路中采用 BiCMOS 技术主要是为了提高电路速度，考虑到同样功能的 BiCMOS 逻辑门要比 CMOS 逻辑门结构复杂、占用面积大，因此，在 VLSI 中，不是简单地用 BiCMOS 逻辑门组成复杂功能电路，而是以 CMOS 电路为主，在影响速度的关键路径或关键模块增加双极器件。下面以存储器和微处理器中的几个例子说明 BiCMOS 在 VLSI 中的应用。

在采用 BiCMOS 技术的存储器中，单元阵列必须采用 CMOS 电路，以便获得高密度。在需要提供大驱动电流的模块，如行译码器、输入/输出缓冲器，则采用 BiCMOS 电路。另外，灵敏放大器中的关键器件也需要用双极晶体管，以便获得高灵敏度和低噪声特性。图 6.2-19 示意说明 BiCMOS 存储器的总体结构，可以看出，在影响速度的关键模块都采用了 BiCMOS 电路。

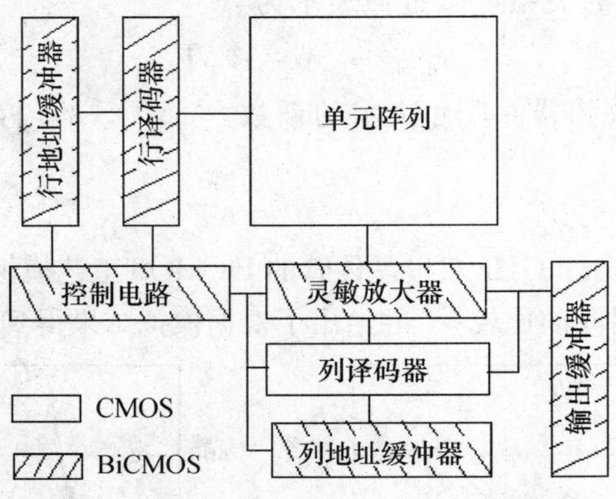

图 6.2-19 BiCMOS 存储器的总体结构

从第 2 章的分析知道，存储器中行译码器是影响速度的一个关键路径，因为行译码器的输出要驱动很长的字线以及字线上所连接的单元门管，是大负载的情况。在 CMOS 电路中为了得到大的驱动电流和优化的延迟时间，可以用逐级加大尺寸的反相器链做驱动器。图 6.2-20 比较了 CMOS 和 BiCMOS 行译码器电路[38]。对于选中行，N 点被拉到低电平，使字线上升为高电平，显然，N 点电位下降时间和字线电位上升时间是影响存储器速度的关键。因此图(a)的 CMOS 行译码器中用反相器链驱动 N 点的下拉管以及字线。而图(b)的 BiCMOS 行译码器中把 N 点的下拉管和字线的上拉管换成双极晶体管，这样不用多级反相器驱动，既提高了速度又减少了器件。不过，为了保证字线的高电平，BiCMOS 行译码器的输出电路采用比 CMOS 电路更高的电压，字线的输出下拉管仍然用 nMOS，从而保证非选中字线是 0 电平。

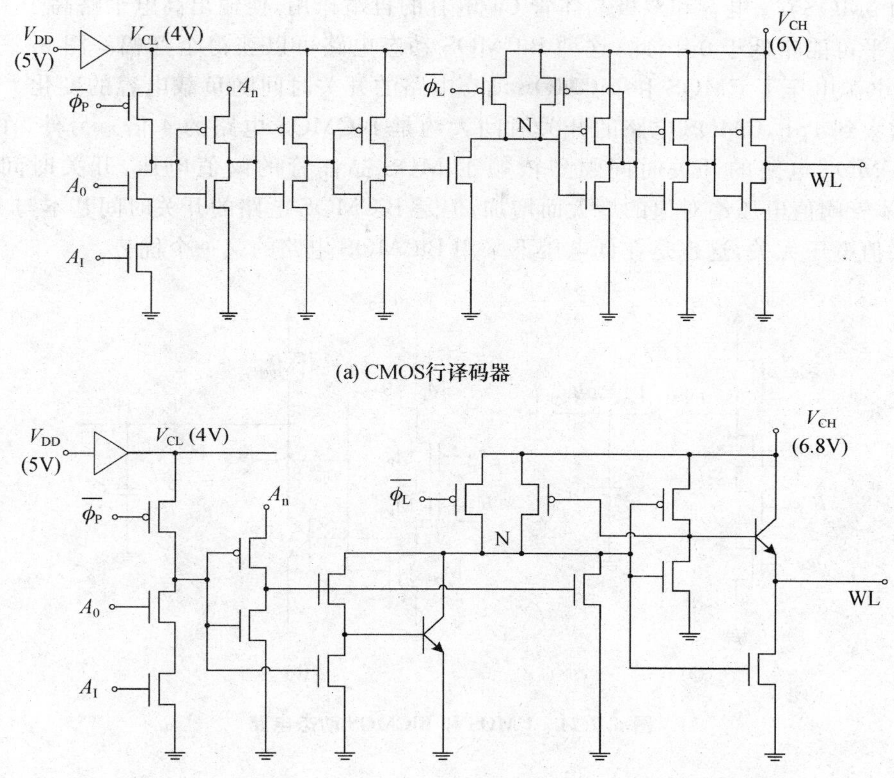

图 6.2-20　CMOS 和 BiCMOS 行译码器电路比较

全加器和进位链是运算器中的关键模块，因此可以采用 BiCMOS 电路来提高运算速度。一种适合于低电压的全摆幅的 BiCMOS 动态电路在加法器和乘法器中得到应用。图 6.2-21 给出了这种动态电路的基本结构，并和 CMOS 动态电路作比较[39]。可以看出，这种 BiCMOS 动态电路的结构特点是：用 pMOS 逻辑块实现功能控制，用 BipMOS 实现驱动输出，由于 pMOS 占多数，也可以叫做富 pMOS 动态电路。当时钟为低电平时，电路是预充阶段，pMOSM_{PC}导通，把输出预充到高电平 V_{DD}，同时，时钟低电平使与非门输出高电平，使 M_{P1} 截止、M_{N1} 导通，M_{N1} 把 V_b 下拉到 0，保证双极晶体管 Q_1 截止。由于预充时间不是影响电路性能的关键，因此不必用双极晶体管上拉。当时钟为高电平时，电路进入求值阶段，要根据输入信号决定电路输出。预充的高电平和时钟高电平使与非门输出低电平，使 M_{N1} 截止、M_{P1} 导通，若输入信号 i_1 和 i_2 都是低电平，则 M_{P1}、M_{P2} 和 M_{P3} 为 Q_1 提供基极电流，Q_1 导通把输出下拉到低电平。当输出下降到低电平又使与非门输出高电平，则使 M_{P1} 截止、M_{N1} 导通，Q_1 也截止。因此，Q_1 只是在输出转换的瞬态过程导通，这样有助于降低功耗。由于预充电的 pMOS C_{GD}电容和双极晶体管 C_{BC}电容的自举作用，使输出高电平略高于 1.5V，而输出低电平可能略低于 0，因此，这种 BiCMOS 动态电路可以获得全摆幅。图 6.2-22 比较了 1.5V 电源电压下 CMOS 和 BiCMOS 动态电路的开关时间随负载电容的变化[39]。当负载电容增大到 1pF，CMOS 电路的开关时间大约是 BiCMOS 电路的 4 倍。另外，在低电源电压下，CMOS 电路的开关时间强烈依赖于 MOS 晶体管的阈值电压，开关时间会随着 MOS 晶体管阈值电压绝对值的增大而增加；但是 BiCMOS 电路的开关时间基本与 MOS 晶体管的阈值电压无关，这也是在低电压下采用 BiCMOS 电路的又一个优势。

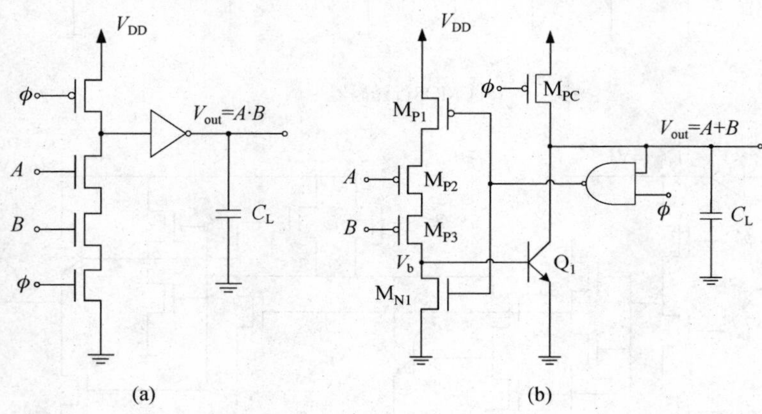

图 6.2-21　CMOS 和 BiCMOS 动态电路

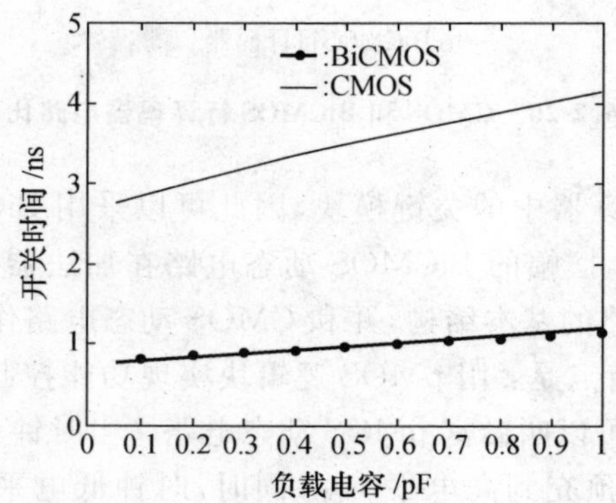

图 6.2-22　CMOS 和 BiCMOS 性能比较

如果把上述 BiCMOS 动态电路中受输入信号控制的 M_{P2}、M_{P3} 换成更复杂的 pMOS 逻辑块，就可以实现更复杂的功能。图 6.2-23 给出了 BiCMOS 动态全加器和进位链电路[39]，图(b)中还画出了与非门的具体电路。这 2 个电路的工作原理与前面分析的类似，这里就不再分析了。要注意的是，电路(a)中增加了 M_{P7}、M_{P14} 和 M_{P19}，电路(b)中增加了 M_{P4}，这几个受时钟控制的 pMOS 是为了防止动态电路电荷分享问题。由于中间节点电容较小时电荷分享问题不严重，M_{P19} 也可以不要。

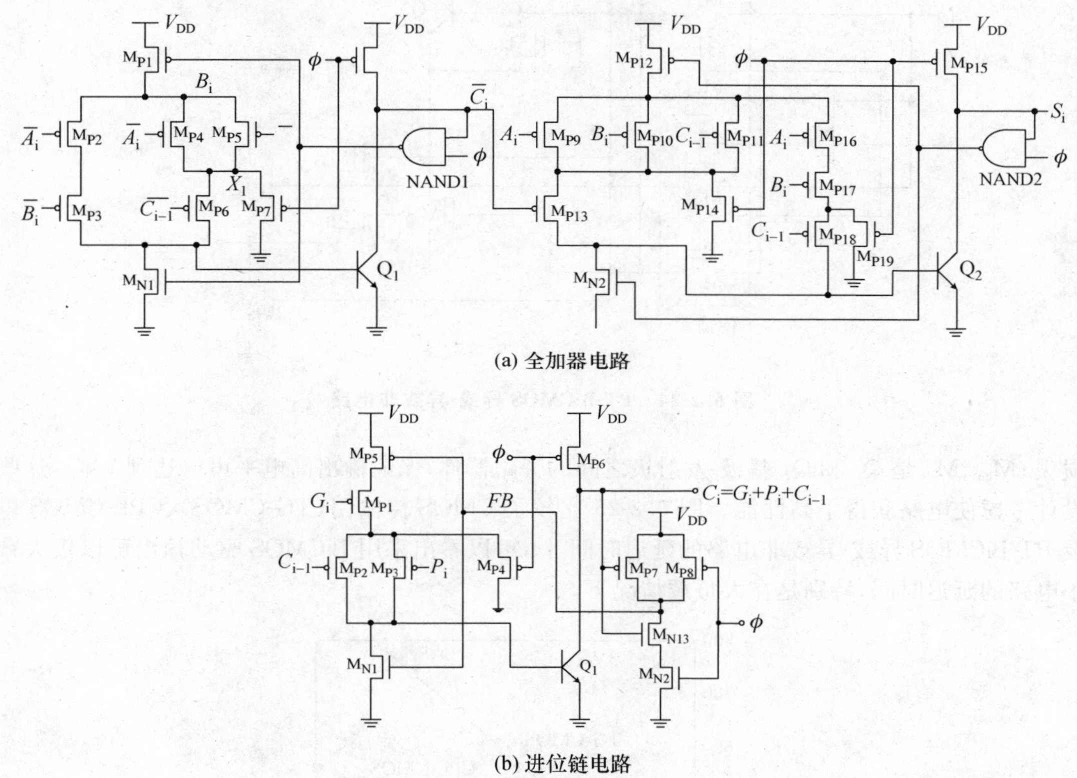

(a) 全加器电路

(b) 进位链电路

图 6.2-23　BiCMOS 实现动态加法器

基于上述 BiCMOS 动态全加器和进位链电路，实现了一个 8 位×8 位的乘法器，采用 Wallace 树结构。与基于静态 CMOS 电路的乘法器相比，在 5V 电源电压下采用 BiCMOS 动态电路在延迟时间上有 3.67 倍的改进；在 1.5V 电源电压下则有 2.26 倍的改进[39]。

如第 3 章的分析，异或及异或非电路是 CLA 的基本单元，在运算器中大量用到。在 CMOS 电路中用传输门实现异或及异或非功能是非常简化的结构。在 BiCMOS 中也可以基于传输门和 BiCMOS 驱动输出来实现简单、高速的异或及异或非电路。图 6.2-24 给出了一个传输管加 BiCMOS 驱动输出（简称为 PT-BiCMOS）的电路结构[40]。这个电路用 nMOS 传输管实现异或及异或非功能，没有采用 CMOS 传输门，这样可以减少 MOS 晶体管数目，有利于减小面积和寄生电容；另外，采用 BinMOS 驱动输出，可以保证低电平下拉到 0；输出上拉驱动用双极晶体管 Q_1 和 Q_2，传输管的逻辑输出直接接到双极晶体管基极，减少了中间的延迟，同时增加 M_{P1}、M_{P2} 为 Q_1 和 Q_2 提供基极电流，并消除 nMOS 传输管的阈值

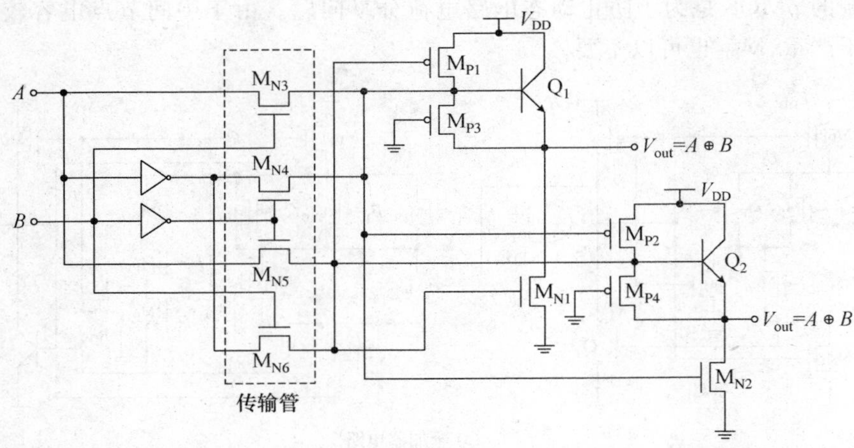

图 6.2-24　PT-BiCMOS 异或-异或非电路

损失；M_{P3}、M_{P4} 是 Q_1 和 Q_2 基极-发射极之间的旁路器件，保证输出高电平可以达到 V_{DD}。这些设计考虑使电路获得了高性能。图 6.2-25 比较了 CMOS 传输门(TG-CMOS)、CPL-CMOS 以及 PT-BiCMOS 异或-异或非电路的延迟时间[40]，可以看出采用 BiCMOS 驱动输出可以极大减小电路的延迟时间，特别是在大负载情况下。

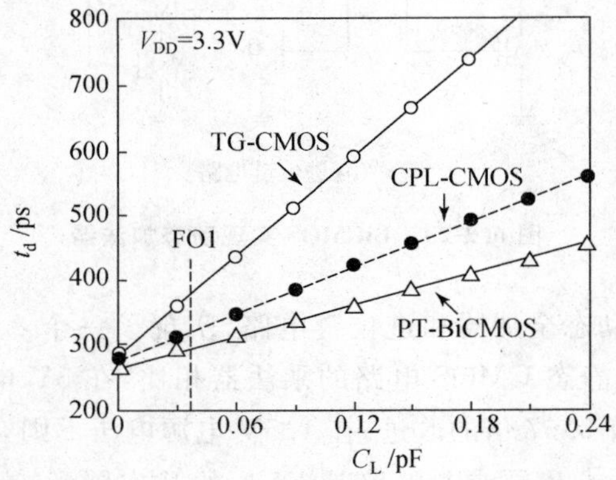

图 6.2-25　TG-CMOS、CPL-CMOS 和 PT-BiCMOS 电路性能比较

基于上述 PT-BiCMOS 异或-异或非电路构建了一个 64 位超前进位加法器(CLA)，图 6.2-26是 CLA 基本单元结构[40]，每个基本单元采用 3 个图 6.2-24 的电路模块。在同样工艺水平和 3.3V 电源电压下，采用 PT-BiCMOS 电路比采用 TG-CMOS 电路的关键路径延迟时间减少 25%。

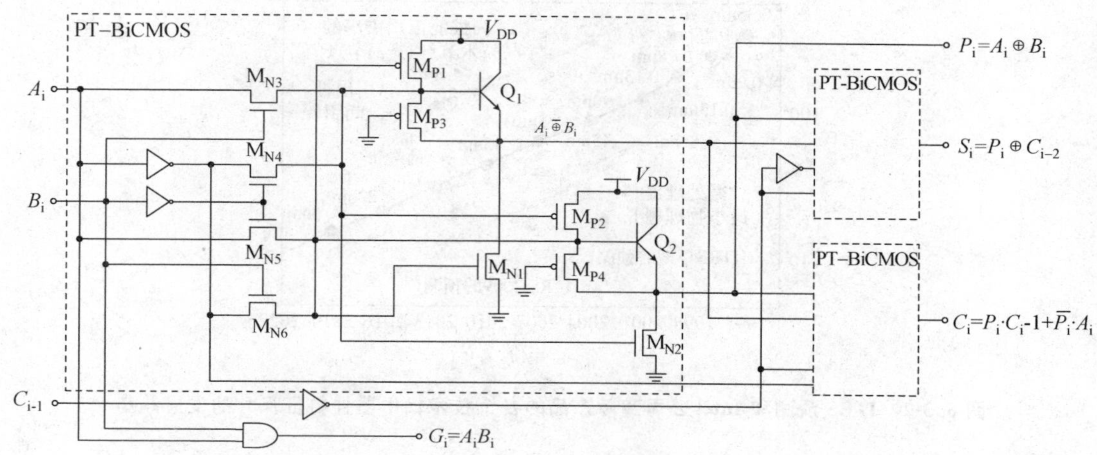

图 6.2-26　基于 PT-BiCMOS 的 CLA 基本单元结构

6.3　新型纳米 CMOS 器件技术

通过不断缩小器件尺寸使集成电路产品遵循“摩尔定律”向前快速推进，高性能微处理器芯片上集成的晶体管数目早已突破 10 亿。集成电路中器件的特征尺寸已经从深亚微米进入到纳米尺度，如图 6.3-1 所示[41]。目前先进的 45 nm 和 32 nm 技术节点（technology node）的集成电路已经进入大规模生产，22 nm 集成电路技术研发也已经完成，刚刚进入市场，16 nm 及以后的集成电路技术的研发正在展开。据国际半导体技术发展蓝图（ITRS）的预测[42]以及 Intel 公司实际产品[41]中的情况，虽然 MOS 器件物理栅长的按比例缩小（可简称为“缩比”）的节奏相比以往的趋势有所变缓，但如图 6.3-2 所示，器件的引出栅间距（contacted gate pitch）仍然按照既定的节奏缩比。因此，高性能应用的集成电路中器件的特征尺寸在未来一段时间内仍将继续缩小。

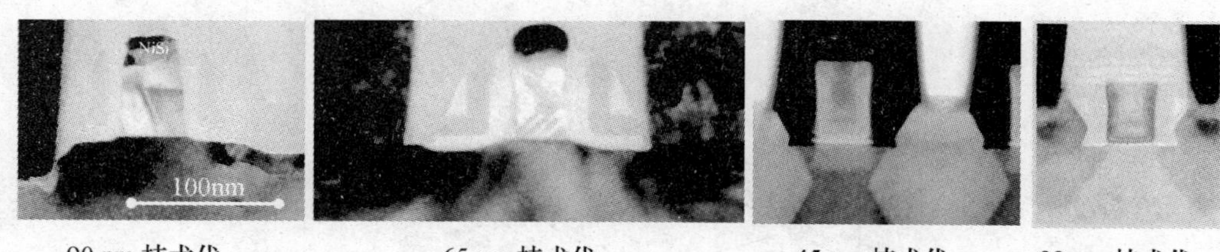

图 6.3-1　Intel 公司先进技术代的产品中 MOS 器件的 SEM 截面图（图中尺度一致）

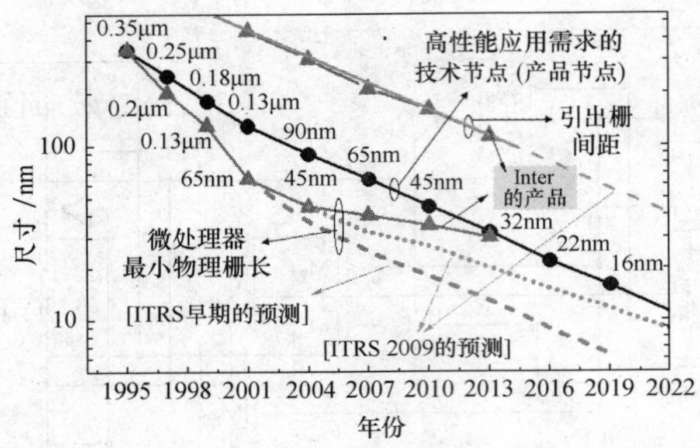

图 6.3-2　ITRS 预测和 Intel 公司实际产品的各个技术代中器件特征尺寸的发展趋势

作为集成电路基本器件的 MOS 晶体管仍将在未来相当长的时间内作为主流微电子器件，然而随着器件尺寸进入纳米尺度，MOS 器件继续缩比面临着一系列的困难和挑战，常规的平面体硅器件通过优化已经很难满足电路性能的要求。在此背景下，学术界和产业界以提高器件的输运特性和缩比能力为线索，从 90 nm 技术节点开始，对纳米尺度 MOS 器件进行了一系列的创新。

6.3.1　纳米 CMOS 器件与电路的挑战

当器件特征尺寸进入亚 100 nm 量级，MOS 器件结构的主要组成部分，即栅叠置层(包括栅电极和栅介质)、沟道和源、漏区都面临着各种问题和困难，如果继续单一地按比例缩小器件尺寸，器件的性能(如本征延迟等)会饱和甚至退化，图 6.3-3 表明在器件尺寸缩小到 60 nm 以后，由器件决定的本征延迟时间不再减小，因此，单纯靠缩小尺寸很难满足电路应用对器件性能的要求。

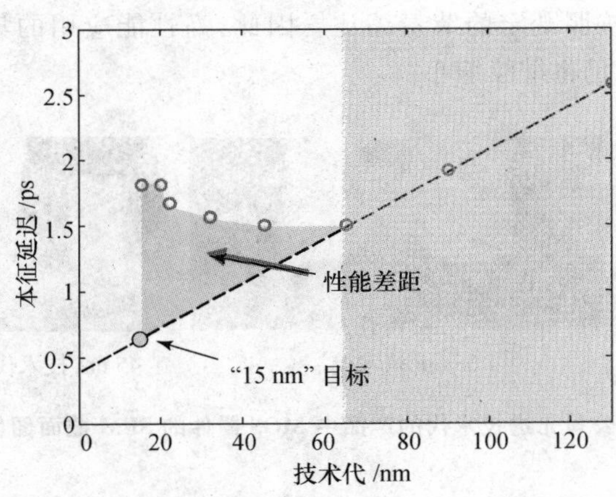

图 6.3-3　传统 MOS 器件继续单一地缩比后性能的变化趋势[43—44]

从器件结构各部分考虑，图 6.3-4 总结了纳米尺度 MOS 器件面临的问题和挑战[45]。

首先，随着器件尺寸不断缩小，短沟效应、强场效应、量子效应等对器件本征的静电学控制和载流子输运特性，比如截止态泄漏电流(I_{off})、亚阈值斜率(SS)、漏致势垒降低(DIBL)、导通电流(I_{on})等性能的影响愈来愈突出[46—53]。总之，小尺寸器件面临的这些问题使器件的电流驱动能力并不随器件尺寸缩小以预计的程度提高。

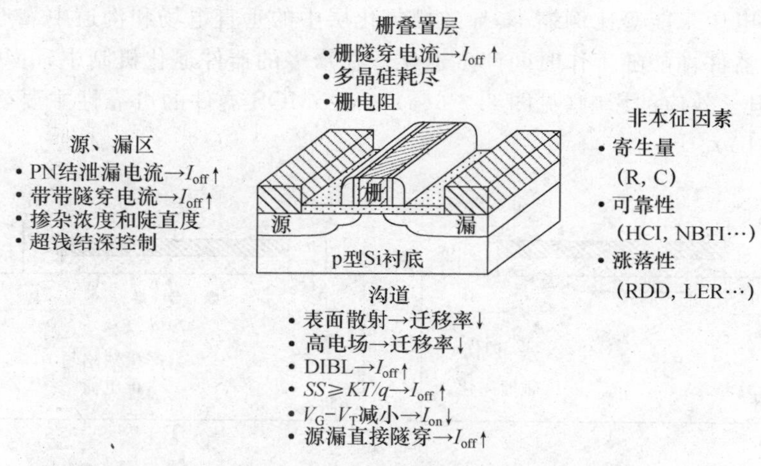

图 6.3-4 纳米尺度 MOS 器件遇到的主要问题[45]

其次，除了器件本征的静电学和输运问题之外，在实际应用中，一些非本征因素在纳米尺度下的影响逐渐增大，主要包括：

(1) 寄生参量(Parasitics)，主要是器件源、漏区寄生电阻和栅寄生电容、以及金属互连线的电阻和寄生电容的影响。如图 6.3-5 所示，随着器件尺寸的缩小，沟道电阻不断减小，但寄生电阻不会等比例缩小，如果不做任何改变，寄生电阻将会超越沟道电阻、削弱电流驱

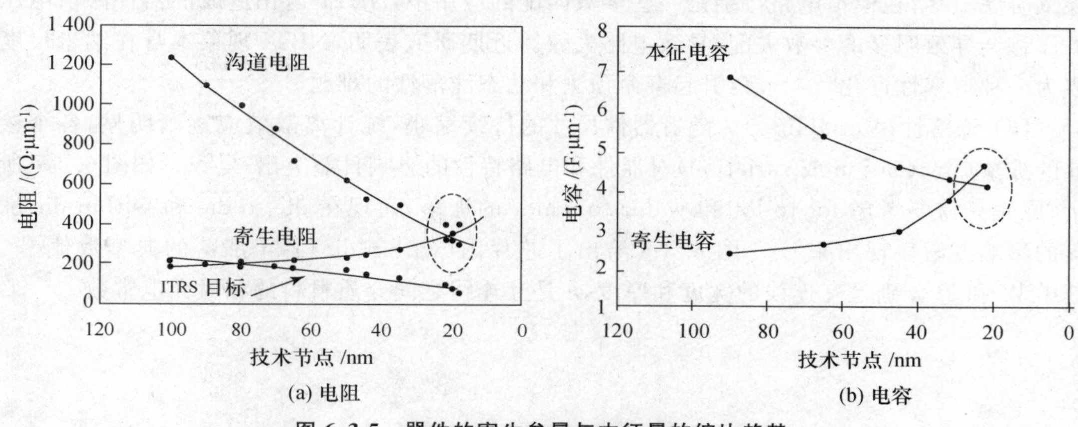

(a) 电阻　　(b) 电容

图 6.3-5 器件的寄生参量与本征量的缩比趋势

动能力。同时，器件本征电容也在减小，而寄生电容却在不断增加，尤其是栅到源、漏和接触孔金属的边缘电容迅速增加。

(2) 可靠性(Reliability)，主要是 nMOS 器件中的热电子效应(Hot Carrier Injection，HCI)、pMOS 器件的负偏压温度不稳定性(Negative Bias Temperature Instability，NBTI)以及超薄栅氧化层的击穿的影响。由于在 MOS 器件的横向和纵向尺寸按比例缩小的同时，器件的工作电压未能等比例缩小，导致栅氧化层中的垂直电场和沟道中靠近漏端的横向电场增强，使得器件性能随工作时间产生退化。在众多的器件退化机制中，nMOS 器件的可靠性主要受热电子效应的影响(见图 6.3-6(a))，而 pMOS 器件的可靠性主要受 NBTI 的制约(见图 6.3-6(b))。

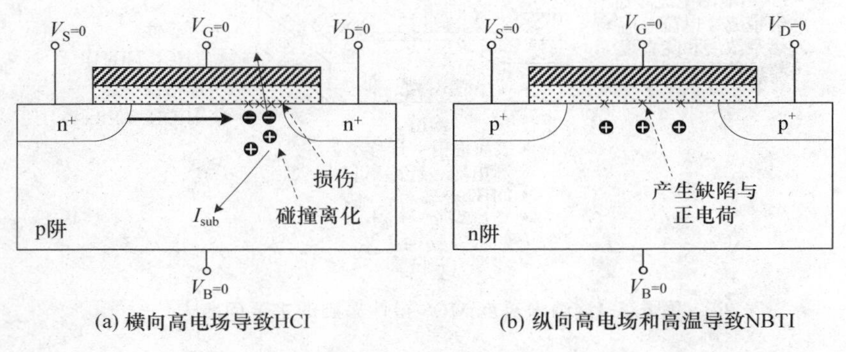

图 6.3-6 纳米 MOS 器件的可靠性问题

近年来，由于栅氧化层厚度过于激进的缩减以及栅介质工艺的变化，NBTI 效应逐渐代替热电子效应成为 MOS 器件最重要的可靠性问题。NBTI 严重影响着电路的可靠性，在数字电路应用中，NBTI 退化引起的器件导通电流的降低会增加时序电路中的信号延迟从而导致时序漂移；在模拟电路特别是一些参数匹配的应用中，NBTI 退化造成的器件阈值电压的漂移会导致明显的参数失配，导致电路失效。近期研究表明，NBTI 现象本身在纳米尺度成为一种概率性退化[55—56]，会引起寿命预测和动态涨落性的难题。

(3) 涨落性(Variability)。随着器件尺寸的持续缩小，统计离散效应逐渐明显，各个参数的涨落(fluctuation 或 variation)对器件和电路特性的影响日益突出[57—60]。如图 6.3-7 所示，原先只需要考虑 lot-to-lot 和 wafer-to-wafer 的涨落，而现在 die-to-die 和 within-die 涨落的影响逐渐显现出来[45]。图 6.3-8 给出了芯片内(within-die)各个涨落的典型数值[60]。其中 W 和 T 分别是互连线的宽度和厚度，k 是互连线之间介质材料的相对介电常数。

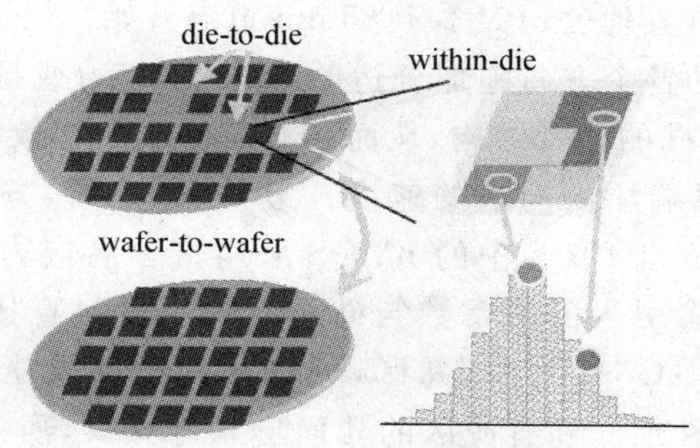

图 6.3-7　集成电路中涨落的示意图

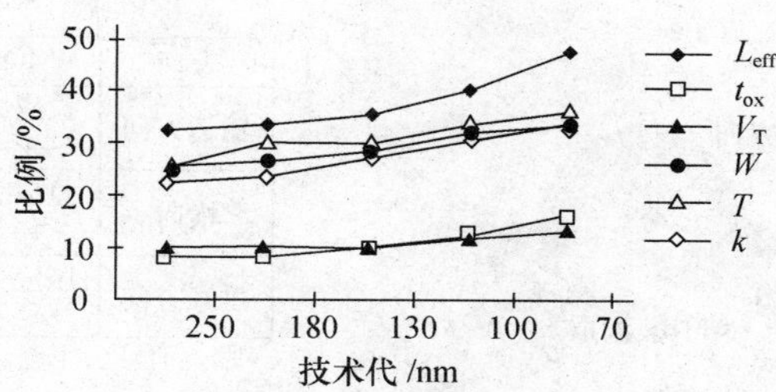

图 6.3-8　随着器件缩比，芯片内(within-die)的涨落量(3σ/μ)逐渐增加

上述纳米CMOS器件面临的主要问题已在本书第一章进行了讨论，这里不再赘述。凡事总有两面性，纳米尺度下MOS器件和电路面临的挑战，自然同时也是一种机遇，孕育着重大的变革和创新的产生，下面将简要分析纳米CMOS器件的新技术。

6.3.2　纳米CMOS器件的新技术

为了解决常规平面体硅CMOS技术发展中面临的挑战，必须在器件结构、材料选用、工艺技术以及器件物理等方面寻求对策。为此，近些年来人们从新材料新工艺(包括新型栅材料、沟道工程和源、漏工程等)和新器件结构两大方面进行了改革。

新材料和工艺方面的改革主要包括以下几项：

(1) 引入高介电常数(high-k)栅介质和金属栅电极。采用高 k 栅介质，可以在形成相同栅电容的情况下增加栅介质层的物理厚度，从而解决为提高栅控能力降低栅氧化层厚度而带来的栅隧穿电流增加、静态泄漏电流增加等传统超薄 SiO_2 栅介质的问题。采用金属栅电极，可以解决传统多晶硅栅的耗尽效应带来的等效栅电容减小、栅电阻增大等栅电极问题。Intel已经从45 nm技术节点开始采用了高 k 栅介质和金属栅结合的技术，成功获得了优越的器件和电路性能，其他公司基于成本考虑大多是从32 nm/28 nm节点才开始大范围使用。

(2) 通过采用应变硅(strained-Si)沟道、优化晶向或引入高迁移率沟道材料(如SiGe、Ge和III-V族半导体)等来提高载流子迁移率，以有效提高器件的电流驱动能力。Intel公司从 90 nm 技术节点开始(其他公司大多于 65 nm 节点开始),已经采用了应变硅技术。如图 6.3-9 所示[61],在器件的各个方向施加合适的应力(压应力或拉应力),“+”号越多表明效果越强。可以略微改变硅的能带结构,从而减小载流子的有效质量和相关散射,最终提高载流子的迁移率和从源端注入沟道的速度。最常用的工艺方法是引入高应力的薄层介质覆盖在器件上,如图 6.3-10(a)中的 nMOS 采用富含高应力的 SiN 薄膜材料以提供沿沟道方向的拉应力;或者引入晶格常数与硅不匹配的材料直接作用在沟道上,如图 6.3-10(b)中的 pMOS 采用 SiGe 作为源、漏区,可以对沟道提供压应力[41,61]。值得一提的是,由于应力的大小与器件尺寸和有源区的几何形状等相关,所以具有版图敏感性,因此在采用了应变硅技术的先进工艺下进行电路设计,需要在版图层面的后仿真中对此加以分析和验证。

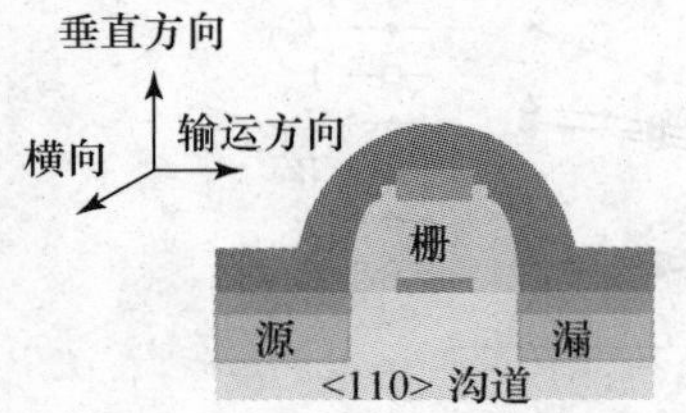

方向	nMOS	pMOS
输运方向	拉应力 +++	压应力 ++++
横向	拉应力 ++	拉应力 ++
垂直方向	压应力 ++++	拉应力 +

图 6.3-9　对于〈110〉沟道 MOS 器件各个方向的应力优化

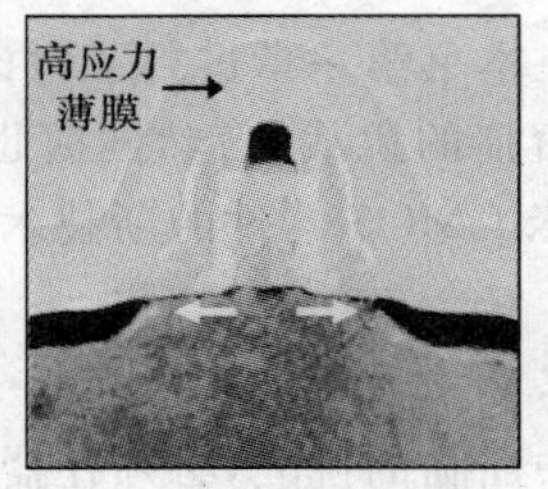

SiN 覆盖层
沟道拉应力

(a) nMOS

SiGe 源漏
沟道压应力

(b) pMOS

图 6.3-10　两种常见的提供应力的方法

应变硅能够有效地提高载流子的注入速度,但其终究还是属于硅基材料,在器件尺寸继续缩小后其提升效率将进入饱和,需要进一步引入更高迁移率的材料以维持载流子速度的增强。最近,基于高迁移率 III-V 族半导体沟道的 MOS 器件技术正在研究之中,得到了强烈关注。

(3) 采用硅化物源、漏区和降低肖特基势垒的工艺(如杂质分凝等),来减小源、漏区串联电阻,以提高器件性能,如第 1 章所讨论的。

正是由于在 90 nm 节点以后采用了诸如应变硅和高 k/金属栅等新技术,才使得 MOS

器件的性能可以持续提高。图 6.3-11(a)说明了从 0.13 μm 节点到 32 nm 节点的推进过程中，如果仅仅单纯地按比例缩小器件，对于其性能提升的贡献可以忽略；而由于采用了高 k/金属栅和应变硅等新材料新工艺，才使得器件的驱动电流得到稳步增加[62]。此外，由于 pMOS 比 nMOS 对于应力提升的敏感性更高，导致 nMOS 与 pMOS 的电流比值从经典的 2～3减小到如今的 1.2 左右，如图 6.3-11(b)所示[62]。

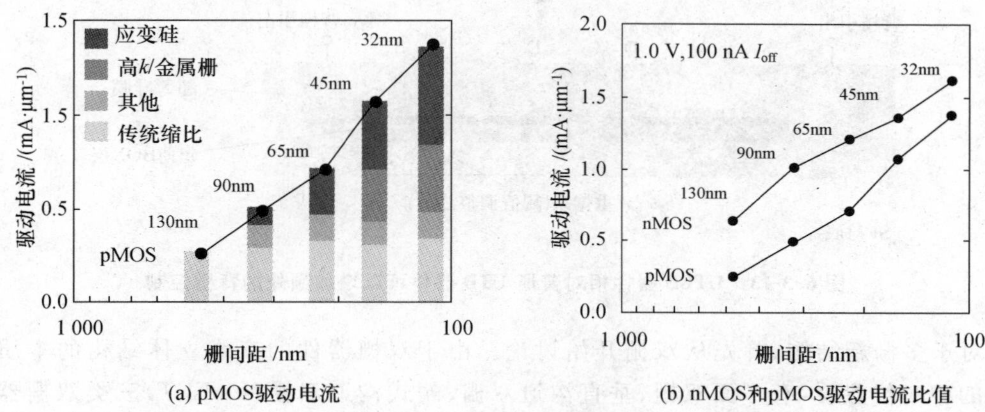

图 6.3-11　采用新材料、新工艺对 MOS 器件驱动电流的提升

在新器件结构方面，主要是针对器件泄漏电流增大的问题做出的创新。

如第 1 章所讨论的，传统平面体硅 MOS 器件中存在远离沟道表面的体内泄漏通道。去除或者抑制这个泄漏通道一般有两个途径：一是采用超薄体(UTB)结构，如 6.1 节所述，用 SOI 衬底在绝缘层上用一层超薄硅膜(厚度往往需要小于 10 nm)作为沟道，由于超薄硅膜全耗尽使得沟道中不存在远离表面的体区，从而没有泄漏通道残留，如图 6.3-12(a)所示。二是采用多栅(multi-gate)结构，图 6.3-12(b)示意了一个双栅结构，通过增加栅的数量，使栅极从多于一边的地方控制沟道，有效地增强栅对沟道的控制能力。并且，多栅器件往往结合薄体结构，使得沟道全耗尽以保证沟道中央完全没有泄漏通道存在。不过，由于比单栅 UTB 器件的栅控能力更强，多栅结构对薄体厚度的要求可以大大放宽。由于沟道全耗尽，沟道可以不掺杂或者轻掺杂，从而可以提高迁移率并减小沟道中杂质随机涨落的影响。此外，多栅耦合使得沟道中电场减弱，也有利于迁移率的提高。值得一提的是，上述新结构改善了器件的静电学特性，降低了泄漏电流，改善了亚阈值摆幅，使得器件可以在更低的阈值电压下工作，达到类似于图 6.1-6 的效果。

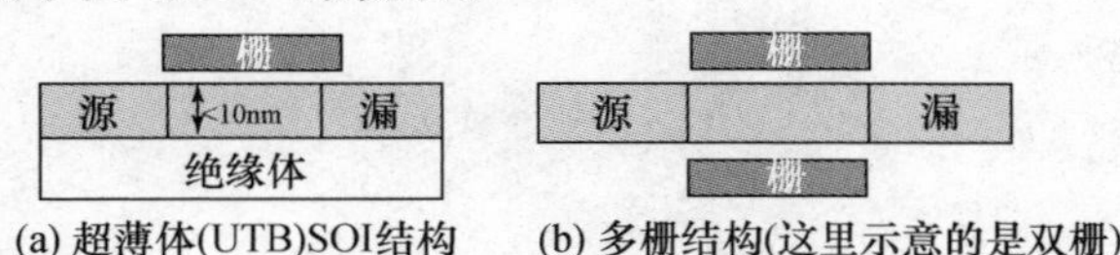

(a) 超薄体(UTB)SOI结构　　(b) 多栅结构(这里示意的是双栅)

图 6.3-12　抑制体内泄漏通道的两种主要途径

对于UTB SOI器件，如6.3.1小节所述，当BOX层继续减薄到30 nm以下后成为UTBB器件，如图6.3-13所示。UTBB结构可以额外增加背栅控制，并且可以在刻蚀掉超薄BOX层的地方混合集成体硅器件[63—64]。但是这种器件需要在超薄BOX层下面的硅衬底进行额外的阈值调整注入。

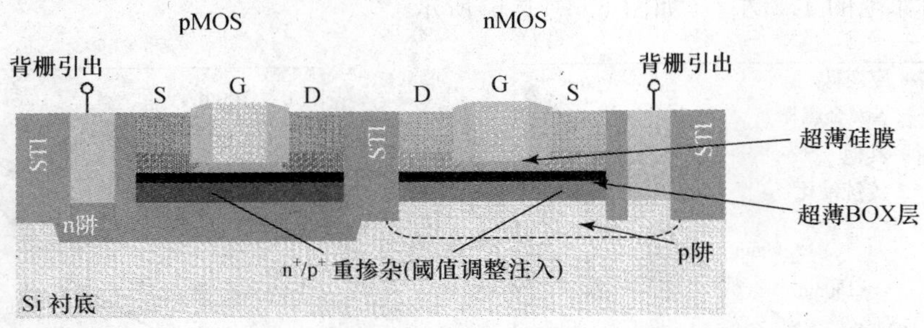

图6.3-13　UTBB器件相对普通UTB器件可以增加额外的背栅控制

对于多栅新结构，首先从双栅开始讨论。由于双栅器件的三维立体结构的本质，从双栅的相对位置看，有平面双栅、垂直沟道双栅、鳍式沟道双栅(FinFET)三类双栅器件，如图6.3-14所示[65]。

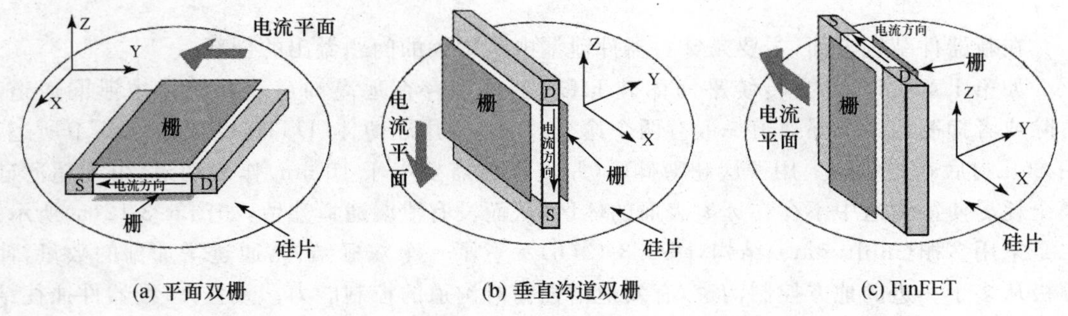

图6.3-14　双栅器件的三种类型

其中，FinFET结构能够与传统的CMOS平面工艺和版图兼容，不仅可以制备在SOI衬底上，还可以与STI工艺兼容从而在体硅衬底上实现(但需要有额外的工艺以抑制鳍栅(Fin)底部的寄生管)，还可以通过增加Fin沟道的个数来增加沟道宽度从而增加电流驱动能力，如图6.3-15所示。

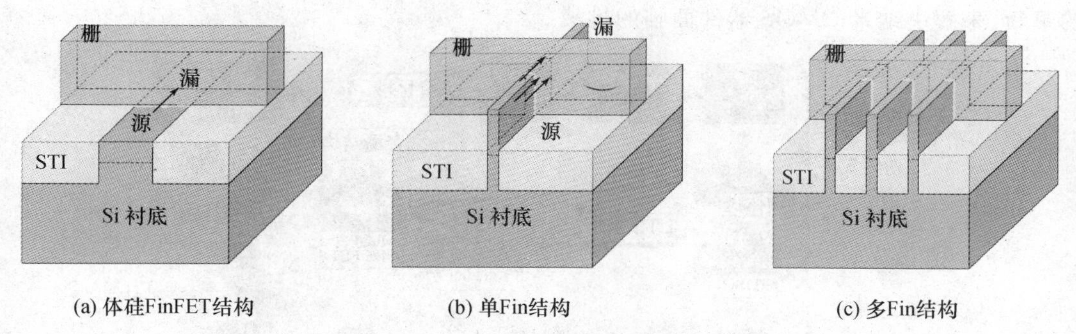

图 6.3-15　体硅 FinFET 结构示意图

在双栅 FinFET 的鳍式结构基础上，为进一步提高栅的控制能力，可以继续增加栅的数量，以适应特征尺寸不断缩小的趋势。如图 6.3-16 所示，人们发展了三栅（Tri-Gate）MOS 器件、Ω-栅 MOS 器件、Π-栅 MOS 器件以及围栅（Gate-All-Around，GAA）器件结构[45]。其中，三栅 MOS 器件和 GAA 器件分别相当于三个栅和四个栅结构，Ω 栅和 Π 栅 MOS 器件栅的等效数量介于两者之间。随着栅的数目增多，栅控能力逐渐增强，器件可以更为有效地降低短沟效应，等比例缩小能力增大，从而对薄体硅膜的厚度（T_{Si}）要求逐渐放宽（即 T_{Si}/L_G 的比值可以增大）。

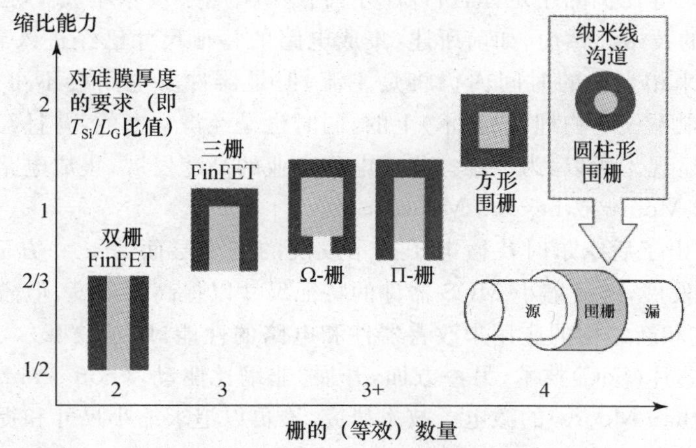

图 6.3-16　基于 FinFET 鳍式结构的多栅器件的演变

其中，圆柱形的 GAA 器件是最理想的多栅结构，具有最强的栅控能力，被认为是最有潜力拓展到亚十纳米量级领域的器件结构之一。因为其沟道直径很小，已经成为一根“纳米线”（nanowire），所以通常也称之为 GAA 纳米线器件。

综上所述，进入纳米尺度后，MOS 新器件的大体发展趋势如图 6.3-17 所示[42,45]，遵循增强对沟道的静电学控制和载流子输运能力两条主线，通过新材料新工艺和新结构等方面的革新，来解决纳米 CMOS 器件面临的挑战。

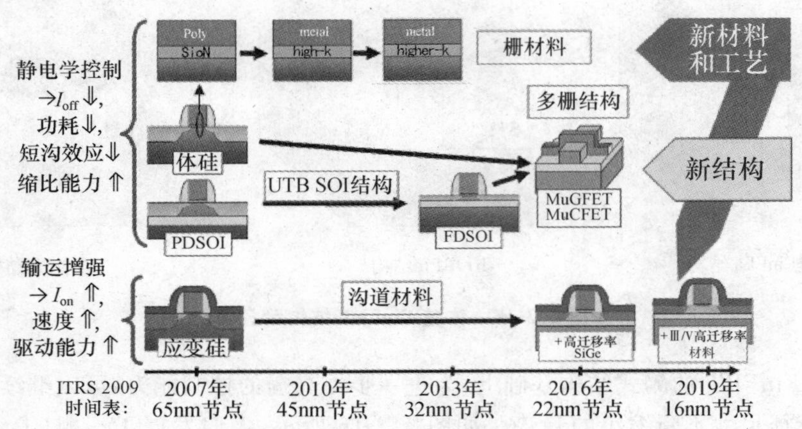

图 6.3-17 基于 ITRS 预测的 MOS 新器件的大体发展趋势

6.3.3 纳米 CMOS 新器件与后摩尔时代的展望

以硅基 CMOS 集成电路为基础的微电子技术，50 年来一直遵循摩尔定律快速发展。摩尔定律的基础是等比例缩小定律，所以摩尔时代的微电子技术本质上是以缩比为驱动力(scaling driven)的技术。然而，如前所述，集成电路的特征尺寸已经进入到纳米尺度，虽然 CMOS 技术在未来相当长的时间内仍将是主流，但是器件及电路会不可避免地逼近其极限。这一缩比极限不仅是物理(或技术)上的，同时也是经济学上的，并且经济学瓶颈可能会比物理极限更早显现。所以，为了维持集成电路产业的高速发展，集成电路技术已经逐渐进入"后摩尔"(post Moore 或 beyond Moore)时代。

图 6.3-18 给出了后摩尔时代微电子技术发展的三个层面[42]。一方面，延续摩尔定律(more Moore)的发展，继续缩小 MOS 器件的特征尺寸以提高集成度，但需要通过上文所述的新材料、新工艺和新结构的应用来改善器件和电路的性能，以延长摩尔定律的精神，同时继续推进系统级芯片(SoC)技术；另一方面，开展"非缩比驱动"(non-scaling driven)的超越摩尔定律(More than Moore)的微电子技术研究，不再以追求缩小尺寸和提高器件密度为目标，而是着眼于增加系统集成的功能多样化，走以系统级封装(SiP)为代表的多元化器件和功能集成的道路；再一方面，探索新型的"后 CMOS"器件(post CMOS 或 beyond CMOS)，寻找新原理的器件以补充甚至替代 CMOS 技术。

1. 纳米 CMOS 新器件与延续摩尔定律

如前文所述，为了延续摩尔定律需要继续发展纳米 CMOS 新器件技术。已经引入了新材料和工艺，比如高 k/金属栅和应变硅技术。目前正在研究高迁移率的新沟道材料，比如硅上外延锗或 III-V 族半导体材料，以及新型的石墨烯(graphene)材料。在新器件结构方

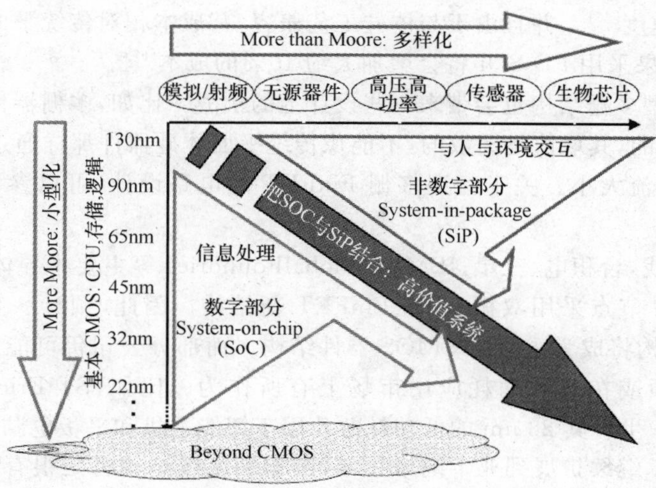

图 6.3-18 后摩尔时代的微纳电子技术发展示意图

面，学术界原先一直在争论平面FD SOI结构（主要是UTB SOI）与立体FinFET多栅结构究竟谁先胜出，然而2011年Intel出人意料地宣布其22 nm的产品将采用体硅三栅FinFET结构（结构示意见图6.3-15，器件TEM照片和电流特性见图6.3-19(a)），并于2012年完成量产。

根据Intel的数据，采用三栅FinFET新结构后，其CPU芯片可以工作在更低的电压下，并且其性能比体硅、PD SOI以及FD SOI均有大幅度提高[67]。如图6.3-19(b)所示，与平面体硅技术相比，三栅FinFET在低电压下有37%的性能提升、在相同性能下有大于50%的功耗降低。其采用三栅FinFET新技术的22 nm SRAM电路在1V的工作电压可以

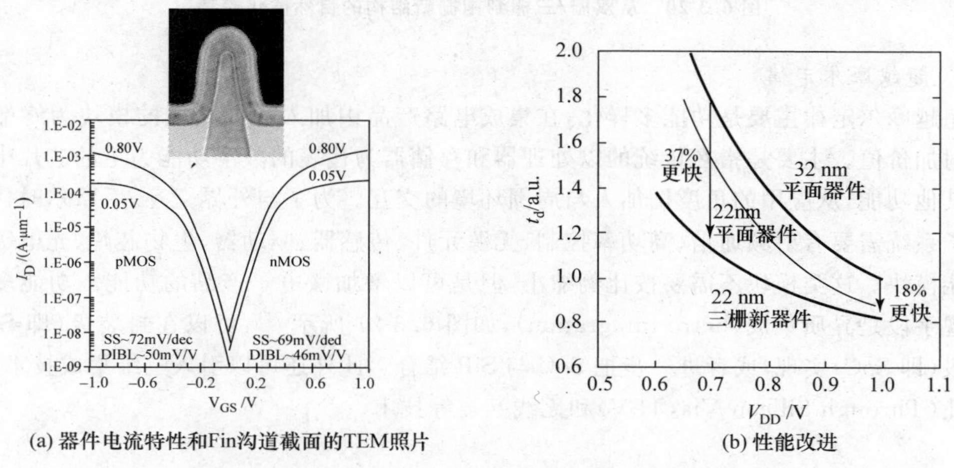

(a) 器件电流特性和Fin沟道截面的TEM照片

(b) 性能改进

图 6.3-19 Intel公司22 nm产品采用三栅FinFET新结构

达到 4.6 GHz 的速度[66]。并且由于与体硅工艺兼容,其成本相对传统平面体硅工艺仅增加了 2%～3%;而如果采用 FD SOI 将会增加大约 10%的成本[67]。

当然,采用新型多栅结构也会带来一些设计上的挑战。比如,多栅器件的沟道宽度是靠多 Fin 的根数调节的,其取值是离散的,不能像传统平面体硅器件那样通过连续地改变沟道宽度来调节驱动电流大小。关于新型多栅 FinFET 的电路设计,可以参考相关文献,诸如[68—72]等。

紧随 Intel 步伐,台积电、三星、IBM 和 GlobalFoundries 等主要半导体公司也相继宣布将在 16 nm/14 nm 节点采用双栅/三栅 FinFET 新结构。因此,预计一直到 10 nm 左右,FinFET 多栅新结构将成为主流的 CMOS 器件结构。而部分公司仍可能采用 UTB SOI 结构以保护市场份额或在超低功耗应用市场上有所作为。比如,ST-Ericsson 宣布将采用 UTBB SOI 结构[64]生产其 28 nm 的低功耗芯片用于智能手机和平板电脑。

待 CMOS 技术继续扩展到亚十纳米领域,围栅纳米线结构将是很有潜力的新器件,如图 6.3-20 所示。基于传统体硅 CMOS 工艺平台,三星公司已经成功演示了在亚十纳米栅长的尺度下,围栅硅纳米线 CMOS 器件结构具有良好的工艺可控性和大规模生产的潜力[73]。目前实验室中做出的最小 MOS 器件是栅长仅为 3.8 nm 的硅纳米线器件,并且获得了较好的性能[74]。

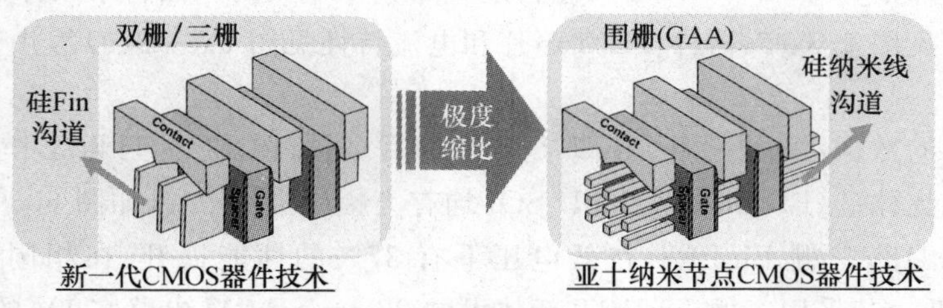

图 6.3-20　从双栅/三栅到围栅新结构的自然演化趋势

2. 超越摩尔定律

超越摩尔定律主要是功能多样化,在集成电路产品中加入不同功能的模块为终端用户提供附加价值。主要是指在传统的以处理器和存储器为代表的数字功能为主的芯片中嵌入一些其他功能,从应用的角度增加人与周围环境的交互。为了与外界交互,后摩尔时代的智能电子系统需要有射频通信、高功率控制、无源元件、传感器、驱动器、生物芯片、光电等非数字功能模块。这类模块不需要按比例缩小,但是可以增加微电子产品的功能。功能多样化的实现手段是异质集成(hetro-integration),如图 6.3-21 所示[75],可以在封装级(即 SiP)或芯片级(即 SoC)实现,或者进一步把 SoC 与 SiP 结合。此外还可以引入三维集成技术,比如硅通孔(Through Silicon Via,TSV)和无线互连等技术。

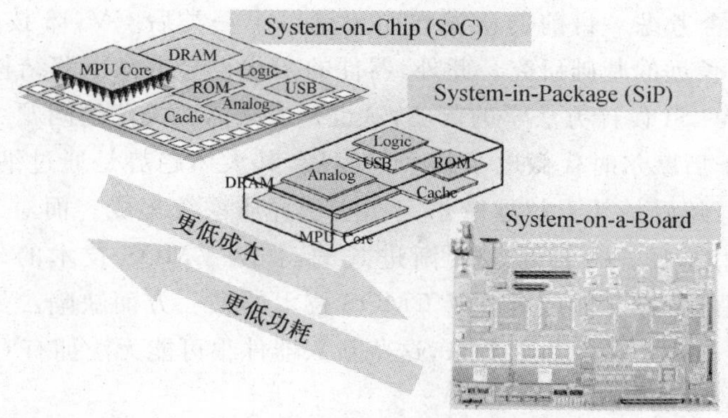

图 6.3-21　异质集成的 SoC 与 SiP 示意图

3. 后 CMOS 技术的探索

后 CMOS 技术包含 5 个层次：在器件层次上寻找新的逻辑开关，比如基于非电荷状态变量的信息处理器件；在互连层次上寻找新的器件间的通信方式，比如非电荷的数据传输；在算法层次上寻找计算的新方法，比如非平衡系统；在系统层次上寻找散热管理的新方法，比如纳米尺度的声子工程；在工艺层次上寻找结构制备的新方法，比如直接的自组装。最终目的是寻找用于信息处理的下一代新的逻辑开关器件，期望能在功能密度、性能和功耗等方面（或其中某方面）得到突破性的改进，补充或超越目前的 CMOS 技术。当然，新的逻辑器件要有配套的存储器件以及二者之间兼容的界面接口等。

从信息载体或计算状态变量的角度，后 CMOS 器件可以划分成两大类，一类与 MOS 晶体管类似，仍然是基于电荷；另一类是采用新的状态变量的信息处理器件，即基于非电荷(non-charge-based)的逻辑开关，器件工作机制有根本的改变。

基于电荷的第一类后 CMOS 新器件中，除了纳米线、纳米管和纳米带等器件外，另外还有一类开关功能原理与 MOS 晶体管有本质区别的器件，其中最重要的是基于超低功耗考虑而提出的陡直开关（具有超陡亚阈值斜率）器件。例如，新型隧穿场效应晶体管（Tunneling FET，TFET）、碰撞电离 MOS 器件（Impact Ionization MOS，IMOS）和金属薄膜纳米继电器开关，它们分别采用量子遂穿、雪崩碰撞离化、静电力等方法实现器件的导通，可以突破传统 MOS 晶体管常温下亚阈值斜率为 60mV/dec 的理论极限，降低器件截止态的泄漏电流，从而有效降低器件静态功耗，在超低功耗应用领域具有很大潜力。

第二类后 CMOS 新器件主要是基于新开关机制的“纳电子器件”。非电荷的信息载体包括自旋、磁畴、物相、极性、磁量子通量、分子组态和其他量子态等。该类型的器件主要有自旋器件、原子开关（atomic switch）、磁畴壁输运（moving domain wall）器件和分子器件等。

后 CMOS 的新型器件是否能够最终替代 CMOS 器件，需要从缩比能力、性能、能效（energy efficiency）、增益、可靠性、工作温度、与 CMOS 技术的兼容性以及与 CMOS 体系结构的兼容性等方面综合考虑。目前的研发导向还是以第一类后 CMOS 技术为主,第二类后 CMOS 技术需要更长远的基础研究。此外,器件的变化也会带来电路结构和系统架构方面的变化,进而带来 VLSI 设计方法学的革新,这也是未来需要关注的问题。

综上所述,对于后摩尔时代微电子技术的发展,其大体趋势是通过纳米 CMOS 新器件技术延续摩尔定律,随后是基于超越摩尔定律实现异质系统集成。而对于后 CMOS 技术,有两种可能的应用途径。一种是缓慢渐进式的,作为 CMOS 技术的外围引入,以补充 CMOS 所不能实现的特殊功能或者改善 CMOS 技术的某一方面缺陷。另一种是作为突破性的技术完全取代 CMOS。但目前看来,这些新兴器件很可能无法拥有 CMOS 器件的全部优势,所以前一种的可能性更大。

参 考 文 献

1. Shahidi G. SOI technology for the GHz era. IBM J. Research and Development, 2002, 46(2/3): 121~131.
2. 数据来源: SOI Industry Consortium (http://www.soiconsortium.org).
3. http://www.chips.ibm.com/bluelogic/showcase/soi/.
4. 黄如、张国艳、李映雪、张兴. SOI CMOS 技术及其应用. 北京: 科学出版社, 2005.
5. Marshall A, Natarajan S. SOI Design: Analog, Memory and Digital Techniques. New York: Kluwer Academic Publishers, 2003.
6. Bernstein K, Rohrer N J. SOI Circuit Design Concepts. New York: Kluwer Academic Publishers, 2002.
7. Kuo J B, Lin S C. Low-Voltage SOI CMOS VLSI Devices and Circuits. New York: JOHN WILEY & SONS, INC, 2001.
8. Chen C K, Wheeler B, et al. SOI-Enabled Three-Dimensional Integrated-Circuit Technology. in IEEE INTERNATIONAL SOI CONFERENCE, 2010: 166~167.
9. Chuang C T, Lu P F, Anderson C J. SOI for Digital CMOS VLSI: Design Considerations and Advances. Proceedings of the IEEE, 1998, 86(4): 689~720.
10. Shahidi G G, Assaderaghi F, Antoniadis D. SOI Technology and Circuits. in Design of High-performance Microprocessor Circuits, Chandrakasan A, Bowhill W J and Fox F, Eds., New York: John Wiley & Sons, Ltd., 2001.
11. Weste N H E, Harris D M. CMOS VLSI Design: A Circuits and Systems Perspective. 4th Edition. Boston: Addison-Wesley, 2011, 360~364.
12. Assaderaghi F, et al. Transient pass-transistor leakage current in SOI MOSFETs. IEEE Electron Dev. Lett., 1997, 18: 241.
13. Allen D H, et al. A 0.2 micron 1.8V SOI 550MHz 64b PowerPC Microprocessor. in ISSCC, 1999: 438~439.
14. Wang G, Radens C, Safran J, et al. Embedded Memory Considerations in SOI. in IEEE INTERNA-

TIONAL SOI CONFERENCE，2010，125～126.

15. Klim P J，Barth J，Reohr W R，et al. A 1 MB Cache Subsystem Prototype With 1.8 ns Embedded DRAMs in 45 nm SOI CMOS. IEEE J. Solid-State Circuits，2009，44(4)：1216.
16. Wang G，et al. A 0.127 μm^2 High Performance 65nm SOI Based embedded DRAM for on-Processor Applications. IEEE IEDM Tech. Dig.，2006，1～4.
17. Barth J，et al. A 45nm SOI embedded DRAM macro for POWER7TM 32MB on-chip L3 cache. in IEEE ISSCC，2010，342～343.
18. Wann H，Hu C. A Capacitorless DRAM Cell on SOI Substrate. IEEE IEDM Tech. Dig.，1993，635～638.
19. Tack M R，et al. The Multistable Charge-Controlled Memory Effect in SOI MOS Transistors at Low Temperatures. IEEE Trans. Electron Devices，1990，37：1373～1382.
20. Okhonin S，Nagoga M，Sallese J M，Fazan P. A capacitor-less SOI 1T-DRAM concept. in IEEE INTERNATIONAL SOI CONFERENCE，2001，153～154.
21. 王阳元. 绿色微纳电子学. 北京：科学出版社，2010.
22. Assaderaghi F，et al. Dynamic Threshold-voltage MOSFET (DTMOS) for Ultra-Low Voltage VLSI. IEEE Trans. Electron Devices，1997，44(3)：414～421.
23. Workman G O，Fossum J G. A Comparative Analysis of the Dynamic Behavior of BTG/SOI MOSFET's and Circuits with Distributed Body Resistance. IEEE Trans. Electron Devices，1998，45(10)：2138～2145.
24. Lee J W，Kim H K，et al. A New SO1 MOSFET for Low Power Applications. IEEE INTERNATIONAL SOI CONFERENCE，1998，65～66.
25. Chung I Y，Park Y J，Min H S. A New SO1 Inverter Using Dynamic Threshold for Low-Power Applications. IEEE Elec. Dev. Let.，1997，18(6)：248～250.
26. Fuse T，et al. 0.5V SOI CMOS Pass-Gate Logic. IEEE ISSCC，1996，88～89.
27. Hwang M E，Roy K. A 135mV 0.13(W Process Tolerant 6T Subthreshold DTMOS SRAM in 90nm Technology. IEEE CICC，2008，419～422.
28. Yeo K S，Rofail S S，Goh W L. CMOS/BiCMOS ULSI Low Voltage，Low Power. New Jersey：Prentice-Hall PTR，2002.
29. Iwai H，Sasaki G，Unno Y. 0.8μm Bi-CMOS Technology with High f_T Ion-Implanted Emitter Bipolar Transistor. IEEE IEDM，1987，28～31.
30. Kipse M，Zehner B，Wieder A. BiCMOS，A Technology for High Speed / High Density IC's. IEEE ICCD，1989，304.
31. Sun S W，Tsui Paul G Y，Somero B M. A fully Complementary BiCMOS Technology for Sub-half-micrometer Microprocessor Applications. IEEE Trans Electron Devices，1992，39(12)：2733～2739.
32. Wel W V D，Koster Ronald，Jansen S C L. A Low-Power，Ultra-Low Capacitance BiCMOS Process Applied to a 2 GHz Low-Noise Amplifier. IEEE Trans Electron Devices，1996，43(9)：1539～1546.
33. Uyemura J P. Circuit Design for CMOS VLSI. Boston：Kluwer Academic Publishers，7th printing，1996.

34. Kubo M, Masuda I, Miyata K, et al. Perspective on BiCMOS VLSI's. IEEE J Solid-State Circuits, 1988, 23(1): 5~11.

35. Leung W C. A High-Performance, Low-Power Complementary Coupled BiCMOS Circuit. IEEE J Solid-State Circuits, 1997, 32(4): 610~612.

36. Nagano T, Shukuri S, Hiraki M, et al. What Can Replace BiCMOS at Lower Supply Voltage Regime? IEEE IEDM, 1992, 393~396.

37. Kuroda Tadahiro, Sakata Yoshinori, Matsuo Kenji. Analysis and Optimization of BiCMOS Gate Circuits. IEEE J Solid-State Circuits, 1994, 29(5): 564~571.

38. Watanabe T, Kitsukawa G, Kawajiri Y, et al. Comparison of CMOS and BiCMOS 1-Mbit DRAM Performance. IEEE J Solid-State Circuits, 1989, 24(3): 771~778.

39. Kuo J B, Su K W, Lou J H. A BiCMOS Dynamic Multiplier Using Wallace Tree Reduction Architecture and 1.5-V Full-Swing BiCMOS Dynamic Logic Circuit. IEEE J Solid-State Circuits, 1995, 30(8): 950~954.

40. Ueda K, Suzuki H, Suda K, et al. A 64-bit Carry Look Ahead Adder Using Pass Transistor BiCMOS Gates. IEEE J Solid-State Circuits, 1996, 31(6): 810~818.

41. 图片和数据来源：Intel 公司(http://www.intel.com).

42. International Technology Roadmap for Semiconductors (ITRS). (http://public.itrs.net/).

43. Khakifirooz A, Antoniadis D A. MOSFET Performance Scaling—Part I: Historical Trends. IEEE Trans. Electron Devices, 2008, 55(6): 1391~1400.

44. Khakifirooz A, Antoniadis D A, MOSFET Performance Scaling—Part II: Future Directions. IEEE Trans. Electron Devices, 2008, 55(6): 1401~1408.

45. 王润声. 基于多栅结构的纳米尺度 MOS 新器件研究. 博士学位论文,北京大学,2010.

46. 王阳元、王永文. 我国集成电路产业发展之路——从消费大国走向产业强国. 北京：科学出版社,2008.

47. Frank D J, et al. Device Scaling Limits of Si MOSFETs and Their Application Depedencies. Proceeding of the IEEE, 2001, 89(3): 259~288.

48. Wong H S P, et al. Nanoscale CMOS. Proceeding of the IEEE, 1999, 87(4): 537~570.

49. Saraswat K. High Mobility Materials and Novel Device Structures for Advanced CMOS Technology. IEEE IEDM 2007 Short Course, Dec. 2007.

50. Leong M, et al. Silicon Device Scaling to the sub-10-nm Regime. Science, 2004, 306(5704): 2057~2060.

51. Skotnicki T, et al. The end of CMOS Scaling IEEE Circuits & Devices Magazine, 2005, 21(1): 16~19.

52. 甘学温、黄如、刘晓彦、张兴. 纳米 CMOS 器件. 北京：科学出版社,2004.

53. Deleonibus S. Physical and Technological limitation of NanoCMOS devices to the end of the roadmap and beyond. Eur. Phys. J. Appl. Phys., 2006, 36(3): 197~214.

54. Thompson S E, Parthasarathy S. Moore's law: the future of Si microelectronics. Materials Today, 2006, 9(6): 20~25.

55. Grasser T，et al. The Paradigm Shift in Understanding the Bias Temperature Instability：From Reaction-Diffusion to Switching Oxide Traps. IEEE Trans. Electron Devices，2011，58(11)：3652～3666.
56. Liu C，Zou J，Wang R，et al. Towards the Systematic Study of Aging Induced Dynamic Variability in nano-MOSFETs：Adding the Missing Cycle-to-Cycle Variation Effects into Device-to-Device Variation. IEEE IEDM Tech. Dig.，2011，571～574.
57. Bernstein K，Frank D J，et al. High-performance CMOS variability in the 65-nm regime and beyond. IBM J. Res. Develop.，2006，50(4/5)：433～449.
58. Asenov A，Brown A R，et al. Simulation of intrinsic parameter fluctuations in decananometer and nanometer-scale MOSFETs. IEEE Trans. Electron Devices，2003，50(9)：1837—1852.
59. Kuhn K J，et al. Process Technology Variation. IEEE Trans. Electron Devices，2011，58(8)：2197.
60. Nassif S. Delay variability：sources，impact and trends. in IEEE International Solid-State Circuits Conference，2000，368～369.
61. Yang B，Cai M. Advanced strain engineering for state-of-the-art nanoscale CMOS technology. SCIENCE CHINA：Information Sciences，2011，54(5)：946～958.
62. Kuhn K J，Murthy A，Kotlyar R，Kuhn M. Past，present and future：SiGe and CMOS transistor scaling. ECS Transactions，2010，33(6)：3～17.
63. SOI Industry Consortium (http://www.soiconsortium.org).
64. Fenouillet-Beranger C，et al. Impact of local back biasing on performance In hybrid FDSOI/Bulk high-k/Metal gate Low Power (LP) technology. International Conference on Ultimate Integration on Silicon，2012，165～168.
65. Wong H S P. Beyond the conventional transistor. IBM J. Res. Develop.，2002，46(2/3)：133～168.
66. Auth C，et al. A 22nm High Performance and Low-Power CMOS Technology Featuring Fully-Depleted Tri-Gate Transistors，Self-Aligned Contacts and High Density MIM Capacitors. IEEE Symp. VLSI Tech. Dig.，2012，131～132.
67. Bohr M. The Evolution of Scaling from the Homogeneous Era to the Heterogeneous Era. IEEE IEDM，2011，1～6.
68. Gu J，et al. Width Quantization Aware FinFET Circuit Design. IEEE CICC，2006，337～340.
69. Guo Z，et al. FinFET-Based SRAM Design，ISLPED，2005，2～7.
70. Carlson A，et al. SRAM Read/Write Margin Enhancements Using FinFETs. IEEE Trans. on Very Large Scale Integration System，2010，18(6)：887～900.
71. Fulde M，et al. Advances in Multi-Gate MOSFET Circuit Design，ICECS，2007，186～189.
72. Pacha C，et al. Efficiency of Low-Power Design Techniques in Multi-Gate FET CMOS Circuits. ESSCIRC，2007，111～114.
73. Li M，et al. Sub-10 nm Gate-All-Around CMOS Nanowire Transistors on Bulk Si Substrate. IEEE Symp. VLSI Tech. Dig.，2009，94～95.
74. Suk S D，et al. Characteristics of sub 5nm Tri-Gate Nanowire MOSFETs with Single and Poly Si Channels in SOI Structure. IEEE Symp. VLSI Tech. Dig.，2009，142～143.
75. Sakurai T. Perspectives on power-aware electronics. IEEE ISSCC，2003，26～29.

附录 1　集成电路发展历史的大事记

年代	发明人或单位	成果	参考文献
1930 年	Lilienfeld	提出场效应晶体管概念	[1]
1933 年	Lilienfeld	提出 MOS 晶体管 晶体管结构	[2]
1935 年	Heil	提出 MOS 结构中反型沟道的理论	[3]
1947 年	Shockley	提出少子发射理论	[4]
1948 年	Bardeen, Brattain	制作出点接触晶体管	[5][6]
1949 年	Shockley	提出双极晶体管和 pn 结理论	[7]
1951 年	Shockley	提出扩散基区的结型晶体管结构	[8]
1952 年	Teal, Buehler	生长出单晶硅	[9]
1952 年	Pfann	用扩散方法改变硅电导率	[10]
1952 年	Shockley	提出结型场效应晶体管理论	[11]
1954 年	Shockley	用离子注入形成结	[12]
1957 年	Frosch, Derrick	实现氧化层掩蔽扩散	[13]
1957 年	Yourke	提出 ECL 电路	[14]
1958 年	Kilby	制作出第一块集成电路	[15]
1960 年	Hoerni	制作出硅平面晶体管	[16]
1960 年	Noyce	制作出平面工艺的硅单片集成电路	[17]
1960 年	Kahng, Atalla	制作出硅基 MOS 晶体管	[18]
1960 年	Ross, Team	制作出硅外延双极晶体管	[19][20]
1962 年	Beeson, Ruegg	提出 TTL 电路	[21]
1963 年	Wanlass, Sah, Moore	提出 CMOS 技术	[22][23]
1965 年	Gorden Moore	Moore 定律提出	[24]
1966 年	Igarashi	提出 nMOS SRAM 单元	[25]
1967 年	Kerwin, Klein, Sarace	提出多晶硅栅自对准结构	[26]
1967 年	Kahng, Sze	非挥发性半导体存储器	[27]
1968 年	Dennard	提出单管 DRAM 单元	[28]
1970 年	Intel Co. Ltd	制作出 1024 位 DRAM 芯片	[29]
1971 年	Intel Co. Ltd	制作出第一个微处理器芯片 Intel 4004	[30]
1971 年	Bentchkowsky	提出 EPROM 电路	[31][32]
1972 年	Hart, Slob	提出 I^2L 电路	[33]
1974 年	Dennard	提出 CMOS Scaling 理论	[34]
1978 年	Intel Co. Ltd	制作出 8086 微处理器芯片	[35]

续表

年代	发明人或单位	成果	参考文献
1984年	IBM	制作出1M的RAM芯片	[36]
1984年	Masuoka	提出NOR和NAND型Flash Memory	[37]
1988年	Eaton	提出铁电存储器	[38]
1991年	Schutz	第一块100MHz微处理器	[39]
1993年	Intel Co. Ltd	Pentium处理器诞生,集成度超过10^6	[35]
1993年	Paraszczak	提出铜互连工艺	[40]
1995年	Sugibayashi Tadahiko	研制出1G DRAM	[41]
1997年	Intel Co. Ltd	Pentium-II处理器诞生	[35]
1998年	IBM, Motorola	实现6层铜互连工艺	[36]
1999年	IBM	实现System-on-a-chip	[36]
1999年	Intel Co. Ltd	Pentium-III处理器诞生	[35]
2000年	IBM	第一块1GHz的CMOS微处理器	[42]
2000年	Scheuerlein	提出磁存储器MRAM	[43]
2000年	Intel Co. Ltd	Pentium-4处理器诞生,集成度超过10^7	[35]
2001年	Intel Co. Ltd	实现15nm沟长的MOS晶体管	[44]
2001年	Intel Co. Ltd	64位Itanium处理器诞生	[44]
2002年	Sharp Co. Ltd	提出高性能RRAM技术	[45]
2003年	Wakabayashi	实现5nm沟长的MOS晶体管	[46]
2005年	IBM, Sony Corp., Sony Group, Toshiba Corp.	用于超级计算机的Cell处理器诞生,集成度超过10^8	[36]
2007年	Intel Co. Ltd	使用高K+金属栅的45nm工艺成功投产	[47]
2007年	Intel Co. Ltd	超低功耗Intel 45nm Atom处理器诞生	[48]
2007年	Intel Co. Ltd	4核Core 2 Extreme处理器诞生,集成度达到10^9	[44]
2007年	Apple, Inc.	推出第一款真正意义上的智能手机iPhone。自个人电脑之后,掀起了以智能手机和平板电脑为代表的集成电路产品重要应用的新一波潮流。	[49]
2012年	Intel Co. Ltd	使用三栅FinFET新结构器件的22nm工艺成功量产	[50]

参考文献

1. J. E. Lilienfeld, "Method and apparatus for controlling electric currents," U. S. Patent 1 745 175. Application filed Oct. 8, 1926, granted Jan. 18, 1930.

2. J. E. Lilienfeld, "Device for controlling electric current," U. S. Patent 1 900 018. Application filed Mar. 28, 1928, granted Mar. 7, 1933.

3. O. Heil, "Improvements in or relating to electrical amplifiers and other control arrangements and de-

vices," British Patent 439 457, application filed Mar. 4, 1935, granted Dec. 6, 1935. Germany Convention Date, Mar. 2, 1934.

4. W. Shockley, "The path to the conception of the junction transistor," IEEE Trans. Electron Devices, vol. ED-23, no. 7, pp. 597—620, July 1976. Reprinted, vol. ED-31, no. 11, pp. 1523—1546, Nov. 1984.
5. J. Bardeen and W. H. Brattain, "Three-electrode circuit element utilizing semiconductive materials," U. S. Patent 2 524 035. Application filed June 17, 1948, granted Oct. 3, 1950.
6. J. Bardeen and W. H. Brattain, "The transistor, a semi-conductor triode," Phys. Rev., vol. 74, no. 2, 230—231, July 15, 1948.
7. W. Shockley, "Theory of p-n junctions in semiconductors and p-n junction transistors," Bell Syst. Techn. J., vol. 28, no. 7, pp. 436—489, July 1949.
8. W. B. Shockley, "Circuit element utilizing semiconductive material," U. S. Patent 2 569 347. Application filed June 26, 1948, granted Sept. 25, 1951.
9. G. L. Pearson and W. H. Brattain, "History of semiconductor research," Proc. IRE, vol. 43, no. 12, pp. 1794—1806, Dec. 1955.
10. W. G. Pfann, "Semiconductor Signal Translating Devices," U. S. Patent No. 2 597 028, 1952.
11. W. Shockley, "A unipolar field effect transistor," Proc. IRE, vol. 40, no. 11, pp. 1365—1376, Nov. 1952.
12. W. Shockley, "Forming semiconductive devices by ionic bombardment," U. S. Patent 2 787 564. Application filed Oct. 28, 1954, granted Apr. 12, 1958.
13. C. J. Frosch and L. Derrick, "Surface protection and selective masking during diffusion in silicon," J. Electrochem. Soc., vol. 104, no. 5, pp. 547—552, May 1957.
14. H. S. Yourke, "Millisecond Transistor Current Switching Circuits," ISSCC Digest of Technical Papers, pp. 9—10, February 1957.
15. J. S. Kilby, "Invention of the Integrated Corcuit," IEEE Trans, Electron Devices ED-23, 648, 1976. U. S. Patent No. 3 138 743, filed 1959, granted 1961.
16. J. A. Hoerni, "Planar silicon transistors and diodes," presented at the 1960 IRE International Electron Device Meeting, Oct. 27—29, 1960, Technical Article and Paper Series, No. TP-14, 9 pp., 1961. Fairchild Semiconductor Corporation, 645 Whisman Road, Mountain View, CA.
17. R. N. Noyce, "Semiconductor device-and-lead structure," U. S. Patent 2 981 877. Application filed July 30,1959, granted Apr. 25, 1961.
18. D. Kahng and M. M. Atalla, "Silicon-silicon dioxide field induced surface devices," presented at the IRE-AIEE Solid-State Device Research Conference at Carnegie Institute of Technology, Pittsburgh, PA, 1960.
19. H. C. Theuerer, J. J. Kleimack, H. H. Loar, and H. Christenson, "Epitaxial diffused transistors," Proc. IRE, vol. 48, no. 9, pp. 1642—1643, Sept. 1960.
20. I. M. Ross, 1963 Morris N. Leibmann Award of I. R. E. "For contribution to the development of the epitaxial transistor and other semiconductor devices."

21. R. Beeson and H. Ruegg, "New Forms of All Transistor Logic," ISSCC Digest of Technical Papers, pp. 10—11, Feb. 1962.

22. F. M. Wanlass and C. T. Sah, "Nanowatt logic using field-effect metal-oxide semiconductor triodes," in Technical Digest of the IEEE 1963 int. Solid-State Circuit Conf., pp. 32—33, February 20, 1963.

23. G. E. Moore, C. T. Sah, and F. Wanlass, "Metal-oxide-semiconductor field-effect devices for micropower logic circuitry," in Micropower Electronics, Edward Keonjian, Ed. New York, NY: Pergamon Press, 1964, pp. 41—55.

24. G. Moore, "Cramming more Components into Integrated Circuits," Electronics, Vol. 38, Nr 8, April 1965.

25. R. Igarashi, T. Kurosawa, T. Yaita, "A 150-Nanosecond Associative Memory Using Integrated MOS Transistors," ISSCC Digest of Technical Papers, pp. 104—105, February 1966.

26. R. E. Kerwin, D. L. Klein, and J. C. Sarace, "Method for making MIS structures," U. S. Patent 3 475 234, filed Mar. 27, 1967, issued Oct. 28, 1969.

27. D. Kahng, S. M. Sze, "A Floating Gate and Its Application to Memory Devices," Bell Syst. Tech. J. 46, 1283, 1967.

28. R. H. Dennard, "Field-effect transistor memory," U. S. Patent 3 387 286, application filed July 14, 1967, granted June 4, 1968.

29. E. Hoff, "Silicon-Gate Dynamic MOS Crams 1,024 Bits on a Chip," Electronics, pp. 68—73, August 3, 1970.

30. "Intel's First Microprocessor—the Intel[R] 4004", Intel, Intel Museum entry, on the website http://www.intel.com/museum/archives/4004.htm.

31. Frohman-Bentchkowsky D., "Memory behavior in a floating-gate avalanche-injection MOS (FAMOS) structure", Applied Physics Letters, 18, p. 332, 1971.

32. D. Frohman-Bentchkowsky, "A Fully-Decoded 2048-Bit Electrically-Programmable MOS-ROM," ISSCC Digest of Technical Papers, pp. 80—81, February 1971.

33. C. Hart and M. Slob, "Integrated Injection Logic—A New Approach to LSI," ISSCC Digest of Technical Papers, pp. 92—93, Feb. 1972.

34. R. H. Dennard, F. H. Gaensslen, H. N. Yu, V. L. Rideout, E. Bassous, and A. R. LeBlanc, "Design of ion-implanted MOSFETs with very small physical dimensions," IEEE J. Solid-State Circuits, vol. SC-9, pp. 256—268, Oct. 1974.

35. "Microprocessor Hall of Fame", Intel, Retrieved on 2007-08-11, on the website http://www.intel.com/museum/online/hist_micro/hof/.

36. "IBM Archives: History of IBM", IBM, History of IBM interactive exhibit, on the website http://www-03.ibm.com/ibm/history/history/history_intro.html.

37. Masuoka, F.; Asano, M.; Iwahashi, H.; Komuro, T.; Tanaka, S., "A new flash E2PROM cell using triple polysilicon technology", Electron Devices Meeting, 1984 International Volume 30, 1984 Page(s):464—467.

38. S. S. Eaton, D. B. Butler, M. Parris, D. Wilson, H. McNeillie, "A Ferroelectric Nonvolatile Memory,"

ISSCC Digest of Technical Papers, pp. 130—131, February 1988.

39. J. Schutz, "A CMOS 100MHz Microprocessorp," ISSCC Digest of Technical Papers, pp. 90—91, February 1991.

40. J. Paraszczak, et al, "High Performance Dielectrics and Processes for ULSI Interconnection Technologies," IEEE Int. Electron Device Meeting, p. 261, 1989.

41. Sugibayashi Tadahiko, Naritake Isao, Utsugi satoshi, et al. A 1Gb DRAM for File Applications. IEEE ISSCC'95, Tech. Dig. 1995: 254—255.

42. P. K. Green, "A 1GHz IA-32 Architecture Microprocessor Implemented on 0. 18mm Technology with Aluminum Interconnect," ISSCC Digest of Technical Papers, pp. 98—99, February 20002.

43. R. Scheuerlein, W. Gallagher, S. Parkin, A. Lee, S. Ray, R. Robertazzi, W. Reohr, "A 10ns Read and Write Non-Volatile Memory Array Using a Magnetic Tunnel Junction and FET Switch in Each Cell," ISSCC Digest of Technical Papers, pp 128—129 February 2000.

44. "The Evolution of a Revolution", Intel, an informative overview of Intel processor history, on the Website http://download. intel. com/pressroom/kits/IntelProcessorHistory. pdf.

45. W. W. Zhuang et al, Novell colossal magnetoreistive thin film nonvolatile resistance random accesss memory(RRAM), Sharp laboraties of America, Sharp corporation, 2002.

46. Wakabayashi, H. Yamagami, S. Ikezawa, N. Ogura, A. Narihiro, M. Arai, K. Ochiai, Y. Takeuchi, K. Yamamoto, T. Mogami, T., "Sub-10-nm planar-bulk-CMOS devices using lateral junction control", Electron Devices Meeting, 2003. On page(s): 20. 7. 1—20. 7. 3.

47. Mistry, K. et al, "A 45nm Logic Technology with High－k＋Metal Gate Transistors, Strained Silicon, 9 Cu Interconnect Layers, 193nm Dry Patterning, and 100% Pb-free Packaging," Electron Devices Meeting, 2007. IEDM 2007. IEEE International, pp. 247—250, 10—12 Dec. 2007.

48. Intel, on the Website http://www. intel. com/.

49. Apple, on the Website http://www. apple. com/.

50. Auth C., et al., "A 22nm High Performance and Low-Power CMOS Technology Featuring Fully-Depleted Tri-Gate Transistors, Self-Aligned Contacts and High Density MIM Capacitors," VLSI 2012, pp. 131—132, 2012.

附录2 主要物理常数

物理常量	符号	数值
电子电荷	q	1.602×10^{-19} C
电子质量	m_0	9.109×10^{-31} kg
真空中的光速	c	2.998×10^{10} cm·s^{-1}
真空电容率	ε_0	8.854×10^{-14} F·cm^{-1}
真空磁导率	μ_0	1.257×10^{-8} H·cm^{-1}
玻尔兹曼常数	k	1.381×10^{-23} J·K−1
普朗克常数	h	6.626×10^{-34} J·s
热电势	kT/q	0.026 V
电子伏	eV	1eV$=1.602\times10^{-19}$ J

附录3 Si、SiO_2、Si_3N_4 在300K的主要特性

性能参数	硅(Si)	二氧化硅(SiO_2)	氮化硅(Si_3N_4)
原子或分子密度/cm^{-3}	5.02×10^{22}	2.3×10^{22}	
晶格结构	金刚石型	非晶	非晶
密度/(g·cm^{-3})	2.33	2.27	3.1
击穿电场/(V·cm^{-1})	$\approx3\times10^5$	$\approx10^7$	$\approx10^7$
相对介电常数	11.9	3.9	7.5
禁带宽度/eV	1.12	9	≈5.0
电子亲和势/V	4.05	0.9	
本征载流子浓度/cm^{-3}	1.5×10^{10}		
本征电阻率/(Ω·cm)	3.16×10^5	$10^{14}\sim10^{16}$	$\approx10^{24}$
折射率	3.42	1.46	2.05
热膨胀温度系数/(1·°C^{-1})	2.59×10^{-6}	5×10^{-7}	
热导率/(W·(cm·K)$^{-1}$)	1.31	0.14	
熔点/°C	1412	≈1600	

附录 4　常用单位词头

词头名称	表示符号	因数
exa 艾[可萨]	E	10^{18}
peta 拍[它]	P	10^{15}
tera 太[拉]	T	10^{12}
giga 吉[咖]	G	10^{9}
mega 兆	M	10^{6}
kilo 千	k	10^{3}
hecto 百	h	10^{2}
deca 十	da	10
deci 分	d	10^{-1}
centi 厘	c	10^{-2}
milli 毫	m	10^{-3}
micro 微	μ	10^{-6}
nano 纳[诺]	n	10^{-9}
pico 皮[可]	p	10^{-12}
femto 飞[托姆]	f	10^{-15}
atto 阿[托]	a	10^{-18}

符 号 表

A_D	MOS 晶体管漏-衬底 pn 结面积
A_S	MOS 晶体管源-衬底 pn 结面积
a_{if}	栅电极底部和源、漏侧壁之间耦合电容的经验拟合参数
a_{of}	栅电极侧壁与源、漏区之间耦合电容的经验拟合参数
BV_{DS}	MOS 晶体管漏区 pn 结击穿电压
C_B	存储器位线的寄生电容
C_D	半导体表面单位面积耗尽层电容 DRAM 阵列虚单元电容
C_{DBN}	nMOS 晶体管漏-衬底 pn 结电容
C_{DBP}	pMOS 晶体管漏-衬底 pn 结电容
C_{eq}	浮栅相对控制栅的等效电容
C_G	MOS 晶体管总的栅电容
C_{GB}	MOS 晶体管栅-衬底本征电容
C_{GB}'	MOS 晶体管栅-衬底覆盖电容
C_{GD}	MOS 晶体管栅-漏本征电容
C_{GD}'	MOS 晶体管栅-漏寄生电容
C_{GS}	MOS 晶体管栅-源本征电容
C_{GS}'	MOS 晶体管栅-源寄生电容
C_{in}	输入电容
C_{it}	反映 Si-SiO_2 界面陷阱电荷变化有关的电容
C_j	单位面积的 pn 结电容
C_{jA}	单位面积的 pn 结底部电容
C_{jC}	拐角电容
C_{jP}	单位周长的 pn 结侧壁电容
C_{jP0}	零偏压时单位长度的 pn 结侧壁电容
C_{j0}	零偏压时单位面积的 pn 结底部电容
C_{if}	栅电极底部与源、漏区侧壁之间的耦合电容
C_L	负载电容
C_I	互连线线间的寄生电容
C_{of}	栅电极侧壁与源、漏区之间的耦合电容
C_{ox}	单位面积栅氧化层电容
C_{ov}	MOS 晶体管覆盖电容
C_S	DRAM 单元的存储电容
C_{SB}	源-衬 pn 结电容

续表

C_{si}	半导体表面单位面积的耗尽层电容
C_T	互连线总的寄生电容
C_V	互连线底部寄生电容
E	电场强度,能量
E_c	导带底能级
ΔE_c	栅介质材料与硅的导带间距
E_{eff}	表面处的有效纵向电场
E_g	禁带宽度
E_m	沟道漏端的最大电场强度
E_y	沿沟道方向的电场强度
E_n	量子化能级
E_{ox}	氧化层电场强度
EOT	高 k 介质的等价氧化层厚度
E_s	半导体表面垂直方向的电场强度
E_{sat}	漂移速度达到饱和的临界电场强度
f	工作频率
F	扇出系数
h	普朗克常数
H	互联线绝缘层厚度
I_D	MOS 晶体管漏极电流
I_{ch}	MOS 晶体管导通的沟道电流
I_{DN}	nMOS 晶体管的漏极电流
I_{DO}	MOS 晶体管雪崩倍增时衬底的反向饱和电流
I_{DP}	pMOS 管的漏极电流
I_{DS}	MOS 晶体管漏源电流
I_e	寄生双极性晶体管的发射极电流
I_g	MOS 晶体管栅极电流
$I_{g,max}$	MOS 晶体管栅极电流的最大值
I_h	碰撞离化产生的空穴电流
I_{ii}	碰撞离化产生的电流
I_j	源、漏区 pn 结反向电流
I_{leak}	电路中总的泄漏电流
I_{mean}	平均短路电流
I_n	衬底少子电流
I_{on}	导通态电流
I_{off}	截止态电流
I_{ST}	MOS 晶体管的亚阈值电流
I_s	MOS 晶体管雪崩倍增时来自源区的电流
I_{sub}	MOS 晶体管的衬底电流

续表

$I_{sub,max}$	MOS 晶体管的衬底电流的最大值
I_0	MOS 晶体管中 $V_{GS}=V_T$ 时的电流
K	MOS 晶体管的导电因子(K 因子)
K_a	SRAM 单元中门管导电因子
K_d	SRAM 单元中驱动管导电因子
K_N	nMOS 晶体管的导电因子
$K_{N,eff}$	nMOS 晶体管管的等效导电因子
K_P	pMOS 晶体管的导电因子
K_p	SRAM 单元中负载管导电因子
$K_{P,eff}$	pMOS 晶体管的等效导电因子
K'	本征导电因子
K_r	MOS 反相器的比例因子
k	玻尔兹曼常数
J_{FN}	F-N 隧穿电流密度
J_D	直接隧穿电流密度
L	MOS 晶体管沟道长度
L_c	栅边沿粗糙度的相关长度
L_{co}	接触窗口的长度
L_{eff}	MOS 晶体管有效沟道长度
L_g	MOS 晶体管栅长即栅极线条宽度
L_{pc}	栅电极和源、漏引出电极之间的距离
l_{ov}	栅和源、漏区之间的覆盖长度
L_S	屏蔽长度
L_{th}	热长度
M	pn 结的雪崩倍增系数
M^*	MOS 晶体管沟道电流的倍增系数
m_1	底面积电容缓变系数
$m_e{}^*$	电子的有效质量
m_x	垂直表面方向的电子有效质量
n	电子密度 栅极和硅衬底之间的电荷耦合系数
n_a	MOS 晶体管沟道区的杂质原子数目
N_A, N_D	衬底掺杂浓度
N_{ac}	积累层的载流子浓度
N_B	冶金结处的衬底掺杂浓度
N_{eff}	有效衬底掺杂因子
N_f	氧化层固定电荷的面密度
n_i	本征载流子浓度
N_{it}	界面态电荷的面密度

续表

N_S	反型层载流子面密度
P_D	MOS晶体管漏-衬底pn结周长
PDP	功耗延迟积
P_S	CMOS电路的静态功耗
P_{sc}	开关过程中的动态短路功耗
Q_B	表面耗尽层电荷的面密度
Q_{Bm}	表面耗尽层电荷面密度的最大值
Q_{ch}	沟道中可动电荷的面密度
Q_{FG}	浮栅上存储的电荷
Q_{inv}	反型层电荷的面密度
Q_{ox}	栅氧化层电荷面密度
Q_S	DRAM单元的电荷量
Q_C	DRAM单元的临界电荷量
Q_s	半导体表面单位面积电荷
q	电子电荷量
R	电阻
R_{ac}	栅-源、栅-漏覆盖区的积累层电阻
R_{co}	接触电阻
R_D	MOS晶体管漏区串联电阻
R_G	栅电阻
R_L	负载电阻
R_{poly}	MOS晶体管栅多晶硅电阻
R_S	MOS晶体管源区串联电阻
R_{sh}	源/漏扩散区的薄层电阻
R_{SiO2}	MOS晶体管栅氧化层等效电阻
R_{sp}	扩展电阻
R_{sub}	硅衬底的寄生电阻
$R_{\square}$	薄层电阻或叫方块电阻
S	亚阈值斜率 栅到接触孔的距离 互连线间距
T	绝对温度 周期时间 互连线厚度 电荷传输效率
t_{bd}	依赖于时间的介质击穿的氧化层寿命
t_{and}	与门的延迟时间
t_{carry}	进位运算的延迟时间
t_d	延迟时间

续表

$t_{d,min}$	BiCMOS 的最小门延迟时间
t_{dp}	多晶硅耗尽层厚度
T_e	等效电子温度
t_f	输出信号的下降时间
T_g	栅电极高度
t_h	信号的保持时间
t_{in}	结晶感应时间
T_L	晶格温度
T_M	PRAM 存储材料的熔点温度
t_{ox}	MOS 晶体管栅氧化层厚度
t_p	电路的平均传输延迟时间
t_{pHL}	输出从高到低转换的传输延迟时间
t_{pLH}	输出从低到高转换的传输延迟时间
t_{qm}	反型层量子化形成的分布厚度
t_r	输出信号的上升时间
t_h	DRAM 单元存储信息的保持时间
t_s	信号的建立时间
t_{sum}	本位和运算的延迟时间
T_X	PRAM 存储材料的结晶温度
V_B	MOS 晶体管体电位
$V_{BE,on}$，V_{BE}	双极性晶体管发射结正向导通电压
V_{BS}	MOS 晶体管衬底-源偏压
V_{bs}	MOS 晶体管内部体-源偏压
V_{bi}	pn 结自建势
V_c	MOS 晶体管沟道中出现热电子发射的电位
v_c	与纵向声学声子散射有关的参数
$V_{CE,sat}$	双极性晶体管的饱和电压
V_D	MOS 晶体管漏电位
V_{DS}	MOS 晶体管漏-源电压
V_{DS}'	有效 MOS 晶体管漏-源电压
V_{DD}	电源电压
V_{Dsat}	MOS 晶体管漏饱和电压
V_{FB}	平带电压
V_G	MOS 晶体管栅电位
V_{GS}	MOS 晶体管栅-源电压
V_{GS}'	有效 MOS 晶体管栅-源电压
V_G'	MOS 晶体管有效栅电压
V_{GD}	MOS 晶体管栅-漏电压
V_h	发生闩锁效应时的维持电压

续表

V_{IH}	输入高电平
V_{IL}	输入低电平
V_{in}	输入电平
V_{it}	反相器的逻辑阈值电平
V_L	输出电压的逻辑摆幅
V_{NHM}	CMOS 反相器输入高电平的最大噪声容限
V_{NLM}	CMOS 反相器输入低电平的最大噪声容限
V_{OH}	输出高电平
V_{OL}	输出低电平
V_{on}	导通电压
V_{out}	输出电平
V_{ox}	氧化层上的电压
V_{PT}	MOS 晶体管的穿通电压
V_S	MOS 晶体管源电位
V_{SS}	地线电位
V_T	MOS 晶体管阈值电压
V_{TN}	nMOS 晶体管阈值电压
V_{TP}	pMOS 晶体管阈值电压
V_{T0}	衬底偏压为零时的 MOS 晶体管阈值电压
V_t	热电压
v	载流子漂移速度
v_s	载流子饱和漂移速度
W	MOS 晶体管沟道宽度
W_{co}	接触窗口的宽度
W_D	漏-衬底 pn 结耗尽区宽度
W_{eff}	MOS 晶体管有效沟道宽度
W_m	金属功函数
W_R	电阻宽度
W_S	半导体功函数 源-衬底 pn 结耗尽区宽度
x_c	表面积累层厚度
X_{eff}	等效的最小氧化层厚度
x_d	MOS 结构半导体表面耗尽层厚度
x_{dm}	最大耗尽层厚度
x_j	结深
X_m	Pn 结空间电荷区宽度
x_{QC}	沟道电荷共享系数
x_s	表面低掺杂层的厚度

续表

α	按比例缩小因子 电路的开关活动因子
β	MOS 晶体管导电因子
β_Q	SRAM 单元驱动管与门管导电因子之比
β_R	SRAM 单元负载管与门管导电因子之比
γ	MOS 晶体管体效应系数
δ	窄沟道效应因子 表面散射与不平整度的均方根有关的拟合系数
δ_i	实际栅边沿与理想栅边沿的差别
Δ	栅边沿粗糙度的方均根值
Δ_{LWR}	线条宽度粗糙度的方均根值
ε_{cap}	覆盖栅电极的绝缘层的相对介电常数
ε_{in}	绝缘层的相对介电常数
ε_k	高 k 介质相对介电常数
ε_{ox}	SiO_2 相对介电常数
ε_{si}	硅的相对介电常数
ε_0	真空电容率
λ	工艺特征尺寸 MOS 晶体管沟道长度调制系数 电子运动平均自由程
λ_i	碰撞-离化决定的自由程
λ_p	光学声子散射决定的自由程
μ_{ac}	积累层的载流子迁移率
μ_B	体迁移率
μ_{coul}	库仑散射决定的迁移率
μ_{eff}	反型载流子表面有效迁移率
μ_n	电子的表面有效迁移率
μ_p	空穴的表面有效迁移率
μ_{ph}	声子散射决定的迁移率
μ_{phb}	声子散射决定的体迁移率
μ_{sr}	表面散射决定的迁移率
μ_0	低场下的有效迁移率
ξ	体积元 v 中的杂质原子数目
ρ	电阻率
$\rho_\square$	源、漏区的薄层电阻率
ρ_c	接触电阻的电阻率
σ	DIBL 效应引起的阈值电压的变化量
τ	RC 延迟的时间常数

续表

τ_{bk}	计算耦合电容的经验参数
τ_E	能量弛豫时间
ϕ	静电反馈因子
ϕ_b	$Si\text{-}SiO_2$ 界势垒高度
ϕ_F	半导体的体费米势
ϕ_i	碰撞-离化所要求的阈值能量
ϕ_{MS}	MOS 晶体管栅材料和衬底之间的功函数差
ϕ_s	半导体表面势